NEURO-PSYCHOPHARMAKA

Ein Therapie-Handbuch

Band 2: Tranquilizer und Hypnotika

Herausgegeben von

P. Riederer, G. Laux und W. Pöldinger

Mit Beiträgen von

M. Berger U. Bongartz K. Broich W. Classen O. Dietmaier
W. W. Fleischhacker J. Fritze T. Glaser J. M. Greuel W. Haefely †
G. Hajak H. Hartmann R. Hänsel K. Heininger F. Hohagen
E. Klieser U. Klotz G. Laux A. Miretzky W. E. Müller W. E. Platz
E. Rüther J. P. Sieb W. Sieghart J. Tkaczik U. Voderholzer
H.-P. Volz J. De Vry J. Wildmann C. Wurthmann

Springer-Verlag Wien GmbH

Prof. Dr. PETER RIEDERER
Psychiatrische Universitätsklinik, Würzburg, Bundesrepublik Deutschland

Prof. Dr. GERD LAUX
Psychiatrische Universitätsklinik, Bonn, Bundesrepublik Deutschland

Prof. Dr. WALTER PÖLDINGER
Wien, Österreich

Ursprünglich erschienin bei Springer-Verlag/Wien 1995
Softcover reprint of the hardcover 1st edition 1995

Druck: Konrad Triltsch GmbH, Würzburg
Gedruckt auf säurefreiem Papier

Mit 91 Abbildungen

ISSN-0937-9401

ISBN 978-3-7091-7357-2   ISBN 978-3-7091-6593-5 (eBook)
DOI 10.1007/978-3-7091-6593-5

Geleitwort

Psychopharmaka gehören zu den meistverordneten Medikamenten, ihre zentrale Bedeutung für die ambulante wie auch stationäre Behandlung psychischer Erkrankungen ist unbestritten. Sie waren die Voraussetzung für die Durchführung sozialpsychiatrischer Reformen, sie eröffneten auch dem Nicht-Psychiater die Möglichkeit der Therapie psychischer Störungen. Heute werden durch Allgemeinärzte, Internisten und Frauenärzte mehr Psychopharmaka verordnet als durch Nervenärzte – eine Entwicklung, die aufgrund der in den letzten Jahren gemachten Erfahrungen als problematisch angesehen werden muß. Geringes pharmakotherapeutisches Wissen führte zu unsachgemäßem Einsatz von Psychopharmaka und verstärkte in der Öffentlichkeit die negativen Attitüden gegenüber dieser Medikamentengruppe.

Innerhalb der biologischen Psychiatrie hat die pharmakologisch-biochemische Grundlagenforschung in den letzten Jahren neue Erkenntnisse für die Psychopharmakologie erbracht, vice versa können „Challenge"-Untersuchungen mittels Psychopharmaka wichtige Beiträge für die Hypothesengenerierung einer Pathophysiologie und Pathoneurochemie psychischer Erkrankungen liefern.

1987 erschien in den USA in Assoziation mit dem American College of Neuropsychopharmacology (ACNP) das über 1700 Seiten umfassende Buch „Psychopharmacology: The Third Generation of Progress". Über 270 Autoren geben in diesem Werk eine Übersicht zu den neurobiologischen Grundlagen der Psychiatrie, die klinische Psychopharmakologie umfaßt 700 Seiten dieses Werkes.

Auf diesem Hintergrund entschlossen wir uns, ein Handbuch zu diesem Themenkreis zu konzipieren. Ende 1988 fragten wir bei renommierten deutschsprachigen Neuro-Psychopharmaka-Experten an, ob Interesse an Konzeption und Mitarbeit eines diesbezüglichen Standardwerkes bestünde. Die überaus positive Resonanz ermunterte uns, das Projekt eines mehrbändigen „Viel-Autoren-Werkes" zu wagen. Die Fülle des Stoffes sowie die erstrebte Handlichkeit ließen es sinnvoll erscheinen, ein mehrbändiges Werk zu planen; in sich abgeschlossene Einzelbände sollten des weiteren die Möglichkeit überarbeiteter Neuauflagen erleichtern.

Die Buchreihe wendet sich an in Klinik und Praxis tätige Nervenärzte, Psychiater und Neurologen sowie in der Neuropsychopharmakologie tätige Grundlagenforscher, denen es als kompetentes Standardwerk und Therapie-Handbuch dienen soll. Für die Fachkompetenz des Nervenarztes, Psychiaters und Neurologen der 90er Jahre soll die Buchreihe eine verläßliche Basis bieten.

Größter Wert wurde darauf gelegt, die komplexe Thematik übersichtlich darzustellen. Alle Bände folgen einem gleichen, strikt gegliederten Aufbau, durch Tabellen und Abbildungen soll die Materie bestmöglich veranschaulicht werden. Die Herausgeber haben sich durch intensive redaktionelle Bearbeitung um größtmögliche Objektivität bemüht, trotz über 100 Autoren hoffen wir, einen akzeptablen Homogenitäts-Spielraum erreicht zu haben.

Zur raschen Vermittlung praxisrelevanter Informationen sollen farblich abgesetzte Übersichtstabellen mit sämtlichen Handelsnamen der in den drei deutschsprachigen Ländern verfügbaren Substanzen am Schluß des jeweiligen Buchbandes dienen.

Die traditionelle Gliederung der Psychopharmaka in Neuroleptika, Antidepressiva und Tranquilizer kann in Anbetracht fließender Übergänge bei neueren Substanzen sowie je nach Dosis heute nicht mehr voll akzeptiert werden, hat sich jedoch bewährt und etabliert und wird deshalb beibehalten.

In Band 1 werden die allgemeinen Grundlagen der Pharmakopsychiatrie dargestellt. Band 2 umfaßt Tranquilizer und Hypnotika, Band 3 Antidepressiva und Phasenprophylaktika, Band 4 Neuroleptika. Band 5 beinhaltet Parkinsonmittel und Nootropika, Band 6 die systematische Abhandlung der Antiepileptika, Betablocker und sonstiger Psychopharmaka sowie die Notfalltherapie.

Die Literatur ist jedem einzelnen Kapitel zugeordnet und umfaßt angesichts der erforderlichen Beschränkung neben wichtigen Primärquellen vor allem relevante Übersichtsarbeiten.

Im vorliegenden Band erfolgt zunächst die Definition, Einteilung und chemische Klassifikation der Tranquilizer und Hypnotika. Im Zentrum der Darstellung stehen dann Pharmakologie, Neurobiochemie/Wirkmechanismus sowie Klinik (Indikationen, Dosierung, unerwünschte Wirkungen, Interaktionen, Kontrolluntersuchungen, allgemeine Behandlungsrichtlinien) der Benzodiazepin-Tranquilizer und -Hypnotika. In zwei Exkursen wird auf natürliche Benzodiazepin-Rezeptor-Liganden sowie das Abusus- und Abhängigkeitsproblem eingegangen. Es schließt sich ein Kapitel über niedrigdosierte Neuroleptika an („Neurolept-Anxiolyse", Neuroleptika in Tranquilizer-Indikation). Das darauffolgende Kapitel hat die chemisch neuartigen Tranquilizer und Hypnotika Buspiron, Zolpidem und Zopiclon zum Gegenstand. Da die Zulassung für Aminpräkursoren (L-Tryptophan, 5-Hydroxy-L-Tryptophan/Oxitriptan) derzeit ruht, haben wir aufgrund der aktuellen Situation auf die vorgesehene Darstellung dieser Substanzen verzichtet.

Das sich anschließende Kapitel widmet sich ausführlich den Phytotherapeutika, also pflanzlichen Mitteln mit psychotroper Wirkung. Im letzten Kapitel werden kurz die älteren Psychosedativa (Antihistaminika, Barbiturate, Chloralhydrat, Clomethiazol, Meprobamat, Methaqualon) abgehandelt.

Wie in jedem Band finden sich am Schluß – farblich hervorgehoben – Übersichtstabellen der Einzelpräparate mit wichtigen praktisch-klinischen Angaben zur raschen Information.

Die Herausgeber danken vor allem den Autoren, die die Herausgabe dieses Werkes durch termingerechte Manuskriptabgabe und unprätentiöse Vornahme der gewünschten Modifikationen ermöglicht haben. Besonders gedankt sei Frau I. Riederer für ihre unermüdliche Sekretariats-Tätigkeit sowie dem Springer-Verlag für die verständnisvolle, angenehme Zusammenarbeit und die hervorragende Ausstattung des Werkes.

Für konstruktive Kritik und Anregungen sind wir aufgeschlossen. Möge mit der Herausgabe dieser Handbuchreihe auch im deutschsprachigen Raum die Forschung auf dem Gebiete der Neuro-Psychopharmakologie trotz zunehmender Hindernisse intensiviert werden. Dem in Klinik und Praxis tätigen Facharzt soll die tägliche Arbeit durch ein kompetentes Handbuch erleichtert werden.

Würzburg/Bonn/Wien, im Mai 1995 P. Riederer, G. Laux, W. Pöldinger

Inhaltsverzeichnis

Autorenverzeichnis

M. Berger, Prof. Dr. med., Psychiatrische Universitätsklinik, Hauptstraße 5, D-79104 Freiburg

U. Bongartz, Dr. med., Neurologische Klinik und Poliklinik, Berufsgenossenschaftliche Kliniken Bergmannsheil Bochum, Bürkle-De-La-Camp-Platz 1, D-44789 Bochum

K. Broich, Dr. med., Psychiatrische Universitätsklinik, Julius-Kühn-Straße 7, D-06112 Halle

W. Classen, Dr. med., Dr. rer. nat., Herz-Jesu Krankenhaus, Friedrich-Wilhelm-Straße 29, D-54290 Trier

O. Dietmaier, Dr. rer. nat., Psychiatrisches Landeskrankenhaus, D-74189 Weinsberg

W. W. Fleischhacker, Prof. Dr. med., Psychiatrische Universitätsklinik, Anichstraße 35, A-6020 Innsbruck

J. Fritze, Priv.-Doz. Dr. med., Psychiatrische Universitätsklinik, Heinrich-Hoffmann-Straße 10, D-60528 Frankfurt/M.

T. Glaser, Dr., Troponwerke GmbH & Co. KG, Berliner Straße 156, D-51063 Köln

J. M. Greuel, Dr. rer. nat., Ulmenallee 9, D-51427 Bergisch-Gladbach

G. Hajak, Dr. med., Psychiatrische Universitätsklinik, von Siebold-Straße 5, D-37075 Göttingen

R. Hänsel, Prof. Dr., Westpreußenstraße 71, D-81927 München

H. Hartmann, Prof. Dr. rer. nat., Zentralinstitut für Seelische Gesundheit, Abteilung Psychopharmakologie, J 5, D-68159 Mannheim

K. Heininger, Priv.-Doz. Dr. med., Bayer AG, PH/FE/ME/KFI, Gebäude 431, D-42096 Wuppertal

F. Hohagen, Priv.-Doz. Dr. med., Psychiatrische Universitätsklinik, Hauptstraße 5, D-79104 Freiburg

E. Klieser, Priv.-Doz. Dr. med., Psychiatrische Abteilung, Evangelisches Krankenhaus, Munckelstraße 27, D-45879 Gelsenkirchen

U. KLOTZ, Prof. Dr., Dr. Margarete Fischer-Bosch-Institut für klinische Pharmakologie, Auerbachstraße 112, D-70376 Stuttgart

G. LAUX, Prof. Dr. med., Dipl.-Psych., Psychiatrische Universitätsklinik, Sigmund-Freud-Straße 25, D-53105 Bonn

A. MIRETZKY, Dr. med., Psychiatrische Universitätsklinik, Sigmund-Freud-Straße 25, D-53105 Bonn

W. E. MÜLLER, Prof. Dr., Zentralinstitut für Seelische Gesundheit, Abteilung Psychopharmakologie, J 5, D-68159 Mannheim

W. E. PLATZ, Dr. med., Karl-Bonhoeffer-Nervenklinik, Wittenau, D-13437 Berlin

E. RÜTHER, Prof. Dr. med., Psychiatrische Universitätsklinik, von Siebold-Straße 5, D-37075 Göttingen

J. P. SIEB, Dr. med., Neurologische Universitätsklinik, Sigmund-Freud-Straße 25, D-53105 Bonn

W. SIEGHART, Prof. Dr., Allgemeines Krankenhaus, Währinger Gürtel 18–20, A-1090 Wien

J. TKACZIK, Dr. med., St. Elisabeth-Krankenhaus, Koblenzer Straße 91, D-54516 Wittlich

U. VODERHOLZER, Dr. med., Psychiatrische Universitätsklinik, Hauptstraße 5, D-79104 Freiburg

H. P. VOLZ, Dr. med., Psychiatrische Universitätsklinik, Philosophenweg 3, D-07740 Jena

J. DE VRY, Dr., Troponwerke GmbH & Co. KG, Berliner Straße 156, D-51063 Köln

J. WILDMANN, Dr., Im Dorn 14, D-37079 Göttingen

C. WURTHMANN, Dr. med., Psychiatrische Klinik, Otto-von-Guericke-Universität, Leipziger Straße 44, D-39120 Magdeburg

Neuro-Psychopharmaka, Bd. 2
Riederer P. / Laux G. / Pöldinger W. (Hrsg.)

1
Definition, Einteilung, Chemie

W. E. Müller und H. Hartmann

1.1 Definition

Das Ziel bei der therapeutischen Anwendung sedativ-hypnotischer Substanzen ist die Erzeugung von Schläfrigkeit und die Induktion von Schlaf (Rall 1992). Dies geht auch deutlich aus der heute immer mehr im Vordergrund stehenden Bezeichnung „**Hypnotika**" hervor. Die frühere Bezeichnung „**Sedativa**" ist dem heutigen Wissensstand nach nicht mehr präzise genug. Sie geht auf Zeiten zurück, wo im wesentlichen nur niedrig-dosierte Hypnotika zur Verfügung standen, um ängstliche und übererregte Patienten zu beruhigen.

Mit der in den fünfziger Jahren dieses Jahrhunderts eingeleiteten Entwicklung spezifischer Tranquilizer ist der frühere Begriff „Sedativa" sehr stark in den Hintergrund getreten. Er wird heute im wesentlichen noch im Zusammenhang mit Tagessedation benutzt, meint hier aber eigentlich Tranquillisierung bzw. Anxiolyse.

Heute noch benutzte Vertreter der ursprünglichen Gruppe sedativ-hypnotischer Substanzen sind die Barbiturate oder Ethanol als Nicht-Arzneimittel. In niedriger „sedierender" Dosierung reduzieren diese Substanzen die Erregbarkeit und beruhigen den einnehmenden Patienten. In höheren „hypnotischen" Dosen induzieren diese Substanzen dann Schläfrigkeit (Tageseinnahme) oder induzieren Schlaf oder zumindest verlängern den natürlichen Schlaf (nächtliche Einnahme). Viele dieser Substanzen bewirken in hoher Dosierung auch eine Narkose (Bewußtseinsausschaltung und Reflexunterdrückung). Sedation, Schlafinduktion und Narkose werden daher bei diesen Substanzen als unterschiedliche Punkte eines Kontinuums angesehen, das durch unterschiedliche Schweregrade einer generellen ZNS-Depression gekennzeichnet wird (Abb. 1). Aufgrund dieser pharmakologischen Eigenschaften der klassischen sedativ-hypnotischen Substanzen wurde lange angezweifelt, inwieweit **Tranquilizer** wirklich eine neuartige Substanzgruppe darstellen, bei denen erregungsunterdrückende bzw. angstlösende Eigenschaften spezifisch vorhanden und nicht auf eine unspezifische „sedierende" Wirkung zurückzuführen sind. Dies gilt auch für die **Benzodiazepine**, obwohl sich diese Substanzen von den klassischen sedativ-hypnotischen Substanzen

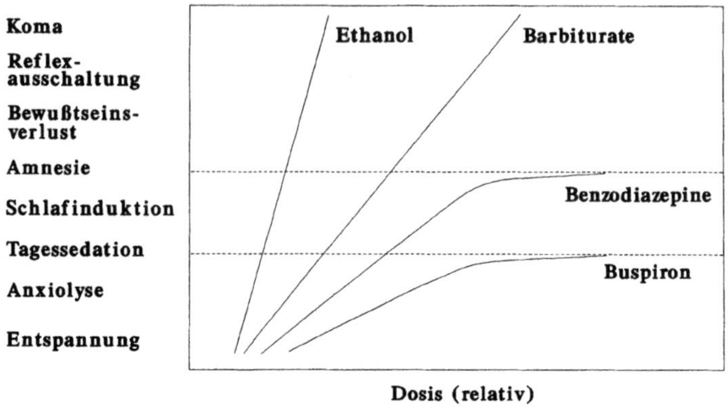

Abb. 1. Sedativ-hypnotisches bzw. tranquillisierendes Wirkungsprofil (schematisch) verschiedener anxiolytisch wirksamer Substanzen

spezifisch dahingehend unterscheiden, daß es im Tierexperiment durchaus möglich ist, spezifische angstunterdrückende Wirkungsqualitäten in Dosisbereichen zu zeigen, die noch nicht zu einer allgemeinen ZNS-Depression führen. Die Frage, inwieweit sich sedativ-hypnotische von eigentlichen tranquillisierenden Eigenschaften differenzieren lassen, ist eigentlich erst durch modernere Substanzen wie das Buspiron oder durch klinische Erfahrungen mit nichtsedierenden Antidepressiva als gleichwertige Anxiolytika beantwortet worden.

Damit versteht man heute unter einem Tranquilizer eine Substanz, die spezifische anxiolytische, d.h. angst- und spannungslösende Wirkungen auf psychischer, aber auch vegetativer Ebene zeigt, die nicht oder mindestens nicht ausschließlich mit unspezifischen, sedierenden Eigenschaften parallel gehen. Der Begriff Ataraktika wird im wesentlichen synonym verwendet.

1.2 Einteilung

Das im vorangegangenen geschilderte Phänomen, daß sich die Gruppe der Tranquilizer (Anxiolytika) eigentlich erst in den letzten zwei Dekaden von den alten sedativ-hypnotischen Substanzen abgelöst hat, äußert sich auch in der Schwierigkeit, klare Einteilungskriterien für Tranquilizer auf der einen Seite und Hypnotika auf der anderen Seite zu finden. Vergegenwärtigt man sich die Fülle unterschiedlicher Substanzen, die z.B. in der Indikation Tranquilizer eingesetzt werden wie Benzodiazepine, Buspiron, trizyklische Antidepressiva, moderne Serotoninwiederaufnahmehemmer und niedrig dosierte Neuroleptika, dann liegt es auf der Hand, wie schwierig es ist, hier einen einheitlichen substanzspezifischen Gesichtspunkt zu finden.

Das gleiche Problem hat man, wenn man Hypnotika (darunter seien Substanzen zur Behandlung von Hyposomnien verstanden) einheitlich klassifizieren möchte, wenn man sich vergegenwärtigt, daß hier heute neben Benzodiazepinen ältere Substanzen aus der Gruppe der Barbiturate oder Barbiturat-ähnliche Verbindungen, aber auch sedierende Neuroleptika oder Antidepressiva eingesetzt werden. Aus diesen ungelösten klassifikatorischen Problemen heraus soll daher im folgenden die Gruppe der Tranquilizer und Hypnotika auf der Basis der traditionellen Zuordnung zu anderen Pharmakagruppen gegliedert werden.

1.2.1 Barbiturate

Von den vor der Jahrhundertwende als Hypnotika zur Verfügung stehenden Substanzen (Chloralhydrat, Paraldehyd, Urethan, Sulfonal) wird heute in Einzelfällen das **Chloralhydrat** eingesetzt, das eigentlich ein oralwirksames Chloroform sein sollte, was aber eher eine partial-synthetische Abwandlung des uralten Hypnotikums Ethanol darstellt, da es im wesentlichen über den sehr schnell gebildeten Metaboliten Trichlor-Ethanol wirkt (RALL 1992). Die eigentliche Ära der Hypnotika begann mit der Synthese der ersten Barbitursäure-Derivate wie dem Barbital (1882), dessen hypnotische Wirkung erst 20 Jahre später entdeckt wurde.

Es wird berichtet, daß einer der beiden Entdecker (E. FISCHER und J. v. v. MERING) nach Einnahme der Substanz im Zug einschlief und erst in Verona aufwachte, obwohl er in Basel aussteigen wollte. Dies soll zu dem Handelsnamen Veronal® geführt haben (LINDE 1988).

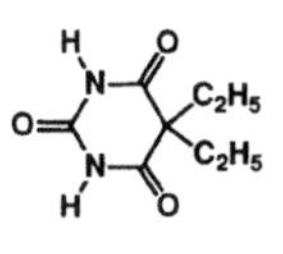

Barbital

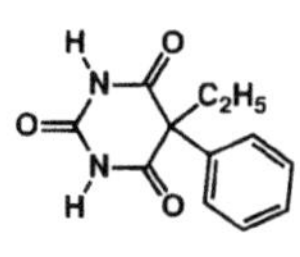

Phenobarbital

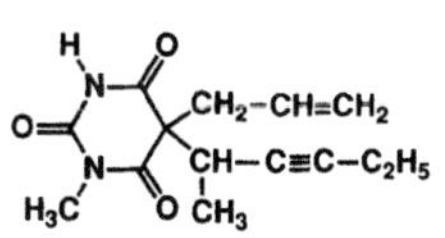

Methohexital

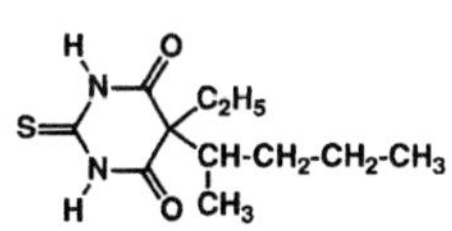

Thiopental (Thiobarbiturat)

Abb. 2. Strukturformeln einiger auch heute noch therapeutisch eingesetzter Barbiturate (Ausnahme: Barbital sollte wegen seiner sehr langsamen Elimination nicht mehr verwandt werden)

Auch die heute noch verwendeten Barbiturate sind wie das Barbital zweifach an C-5 substituierte Derivate der Barbitursäure bzw. Thiobarbitursäure (Abb. 2), die beide selbst keine hypnotische Wirkung haben. Die therapeutische Anwendung der Barbiturate liegt heute hauptsächlich im Bereich der Anfallsleiden bzw. der intravenösen Narkose, während ihr Einsatz als Hypnotika weitgehend verschwunden ist (RALL 1992).

Barbiturate (als eine chemische Substanzgruppe) können auch heute noch als eine pharmakologisch einheitliche Substanzgruppe mit gemeinsamem Wirkungsmechanismus und gemeinsamen pharmakologischen Eigenschaften betrachtet werden, wenn auch heute die Möglichkeit besteht, sie in eher hypnotische bzw. narkotische Substanzen (Typsubstanz Pentobarbital) oder eher antikonvulsive Substanzen (Typsubstanz Phenobarbital) zu unterscheiden. Barbiturate stellen die klassische Substanzgruppe dar, die in der klinischen Anwendung das gesamte Wirkungsspektrum der sedativ-hypnotischen Substanzen abgedeckt hat, ausgehend vom Einsatz in niedriger Dosierung im Sinne einer anxiolytischen Therapie über die Schlaf-induzierende Wirkung bei dem Einsatz als Hypnotika hin bis zur Auslösung eines Narkose-ähnlichen Zustandes bei ihrem Einsatz als intravenöse Narkotika (vgl. Abb. 1).

1.2.2 Meprobamat

Der erste Schritt in Richtung eines echten Tranquilizers war die Entwicklung der Substanz Mephenesin gegen Ende des zweiten Weltkrieges, die eine Entspannung der Skelett-Muskulatur auslöst, aber auch eine gewisse Ruhigstellung der Patienten zeigt, vor allen Dingen auch schon bei Dosen, bei denen die muskelerschlaffende Wirkung noch nicht so ausgeprägt ist (LINDE 1988). Während das Mephenesin heute nur noch in Einzelfällen als Myotonolytikum eingesetzt wird mit sedierenden Eigenschaften als störender unerwünschter Arzneimittelwirkung, führte die Weiterentwicklung des Mephenesins zum Meprobamat, das 1955 eingeführt wurde und als der erste weltweit verwendete Tranquilizer gelten kann. Aber auch beim Meprobamat war die Differenzierung zwischen tranquillisierenden und sedativ-hypnotischen Eigenschaften nur angedeutet, so daß die Substanz über den Einsatz als Tranquilizer (Anxiolytikum) hinaus auch breite Verbreitung als Schlafmittel fand (RALL 1992). Auch in dieser Indikation hat sie bis heute bei uns in wenigen Präparaten überlebt.

Die dem Mephenesin noch zu Grunde liegende Glycerin-Ätherstruktur wurde im Meprobamat soweit durch aliphatische Substitution an C_2 verändert, daß das Meprobamat als Dicarbaminsäure-Ester des 2-Methyl-2-propyl-1,3-propandiols aufzufassen ist (Abb. 3).

Mephenesin Meprobamat

Abb. 3. Strukturformeln von Mephenesin und Meprobamat

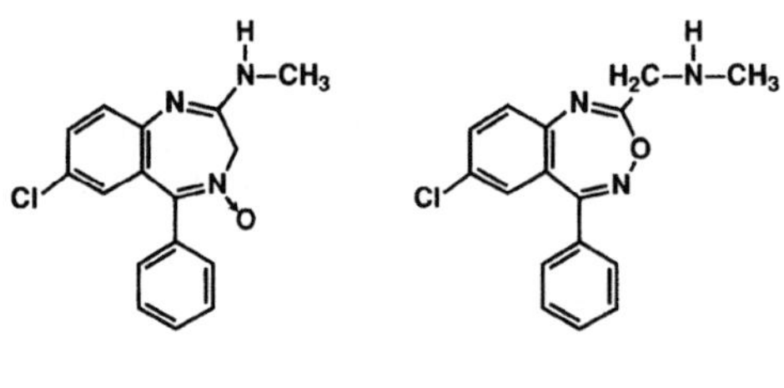

Chlordiazepoxid

Abb. 4. Chlordiazepoxid und das Benzoheptoxydiazin-Derivat, das man eigentlich synthetisieren wollte

1.2.3 Benzodiazepine

Der nächste Schritt in Richtung der Entwicklung von tranquillisiernden (anxiolytischen) Substanzen waren unzweifelhaft die Benzodiazepine. Auch hier wurde zunächst angezweifelt, Substanzen mit einer spezifischen anxiolytischen Wirkungskomponente in der Hand zu haben, die unabhängig von der sedativ-hypnotischen Wirkung ist. Die intensive Forschung mit diesen Substanzen in den letzten 20 Jahren hat heute dann doch zu dem Ergebnis geführt, anxiolytische Wirkqualitäten als unabhängige pharmakologische Komponente, losgelöst von sedativ-hypnotischen Eigenschaften anzuerkennen. Diese wichtige Eigenschaft bildet sich allerdings auf therapeutischer Ebene weniger ab, da die Substanzgruppe der Benzodiazepine eben auch deutliche sedativ-hypnotische Eigenschaften zeigt, die sich in dem breiten Einsatz als Schlafmittel oder in ihren sedierenden Nebenwirkungen beim Einsatz als Anxiolytika niederschlagen. Im Gegensatz zu den Barbituraten und in gewisser Parallele zum Meprobamat ist aber schon bei den Benzodiazepinen die letzte Komponente des hypnotisch-narkotischen Kontinuums nicht mehr oder nur minimal ausgeprägt, so daß man in der Regel mit Benzodiazepinen alleine keine volle narkotische Wirkung auslösen kann (vgl. Abb. 1). Benzodiazepine gehen zwar auf die geplante Entwicklung von tranquillisierenden Substanzen mit ähnlichen Eigenschaften wie die vom Meprobamat zurück, allerdings wollte man eigentlich Substanzen mit ganz anderer chemischer Struktur synthetisieren (STERNBACH 1988). Die erste hier getestete Verbindung (Chlordiazepoxid), die dann auch in die Klinik eingeführt wurde, ging noch in die initiale pharmakologische Testung als Benzoheptoxydiazin (Abb. 4) ein. Die chemische Struktur dieser neuen Substanz als 1,4-Benzodiazepin wurde erst nach den sehr vielversprechenden initialen pharmakologischen Tests erkannt (STERNBACH 1988).

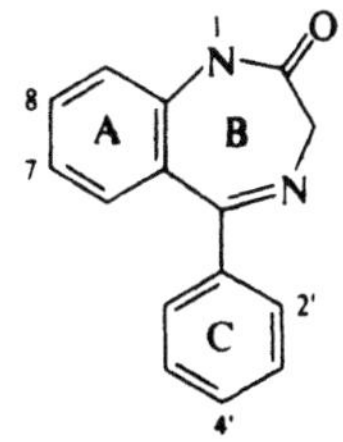

Tabelle 1. Struktur-Wirkungsbeziehungen einiger charakteristischer 5-Phenyl-1,4-benzodiazepinone. Die Daten sind halbmaximale Dosen in mg/kg (STERNBACH 1988) gegen durch Pentetrazol-ausgelöste Krämpfe an der Maus

Verbindung	Substituent in Stellung					ED_{50} (mg/kg)
	1	7	8	2'	4'	P (Maus)
a						800
Nordazepam		Cl				6
b			Cl			334
c		CH_3				175
Diazepam	CH_3	Cl				1,4
d	$CH_2CH(CH_3)_3$	Cl				8,5
e	$C(CH_3)_2$	Cl				> 800
f	$CH_2CONHCH_3$	Cl				0,5
g		Cl			Cl	> 800
h		Cl		Cl		0,4
i		Cl		F		0,08
j		CF_3				1
k		N_3				4,6
l		NO_2				0,5
Flunitrazepam	CH_3	NO_2		F		0,12

Wichtige Struktur-Wirkungs-Beziehungen. Die Stellung der Substituenten spielt eine wichtige Rolle, wobei der Substituent in der 7-Stellung (Ring A) von allergrößter Bedeutung ist; elektronenabziehende Atome oder Gruppen erhöhen die Wirksamkeit beträchtlich, während elektronenliefernde den umgekehrten Effekt haben. Dies sieht man, wenn man die niedrige Wirkungsstärken der Verbindungen a und c mit derjenigen von Nordiazepam vergleicht. Die Verbindungen j, k und l veranschaulichen die Wirkung von CF_3, Azido- und Nitrogruppen. Wenn aber der pharmakophore Substituent sich in irgendeiner anderen Stellung von Ring A befindet, nimmt die Wirksamkeit erheblich ab, wie bei der Verbindung b mit dem Chloratom in Stellung 8 zu sehen ist. Die ausgeprägteste positive Wirkung von Substituenten in der 1-Stellung wird durch Methylierung erreicht. Dies wird aus dem Vergleich von Nordiazepam mit Diazepam ersichtlich. Eine Zunahme der Größe des Substituenten in 1-Stellung bewirkt eine geringere Aktivität, wie am Beispiel von d zu erkennen ist. Ein nahezu völliges Verschwinden der Aktivität ist beim tert-Butyl-Derivat e festzustellen.

Die Verbindung f ist wegen ihres ungewöhnlichen pharmakologischen Profils interessant. Sie hat praktisch keine muskelrelaxierende und sedative Eigenschaften, scheint aber stark antikonvulsiv zu wirken. Ein Halogen in der 4'-Stellung führt zu einer nahezu vollständigen Desaktivierung der Verbindung, wie dies bei der Verbindung g ersichtlich ist. Eine Substitution mit Halogenen in 2'-Stellung hat dagegen einen sehr vorteilhaften Effekt. In einigen Tests stellt man eine mehr als zehnfache Erhöhung der Aktivität fest. Die beiden Tests hinsichtlich Muskelrelaxation bei der Katze und Wirksamkeit gegen durch Pentetrazol herbeigeführte Konvulsionen scheinen für die Benzodiazepin-Reihe die bezeichnendsten zu sein. Je höher die Aktivität in den Tests, um so höher ist die Wirkungsstärke beim Menschen.

Die letzte Verbindung in dieser Tabelle (Flunitrazepam) vereint in sich alle charakteristischen Merkmale, von denen man weiß, daß sie eine hohe Wirksamkeit verleihen: die CH_3-Gruppe in Stellung 1, die Nitro-Gruppe in Stellung 7 und ein Fluor in Stellung 2'. Wie zu erwarten, stellt diese Verbindung auch eines der pharmakologisch wirksamsten Benzodiazepinone dar und veranschaulicht deutlich die additiven oder potenzierenden Eigenschaften pharmakophorer Gruppen in der Benzodiazepin-Reihe

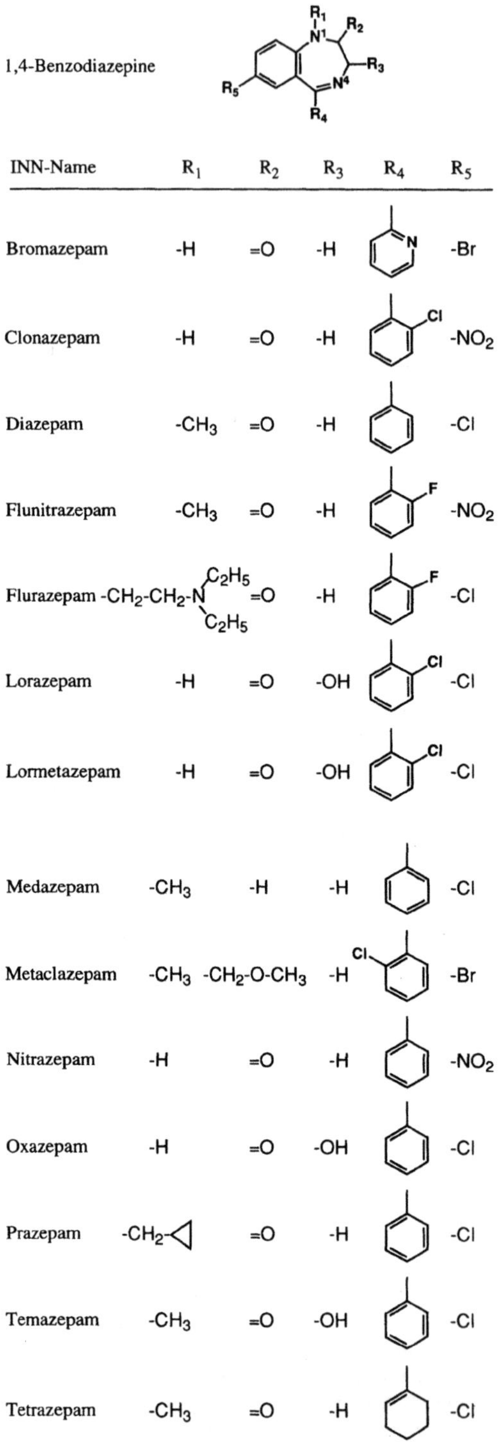

Abb. 5. Strukturformeln therapeutisch eingesetzter 1,4-Benzodiazepine

Was aber war das Besondere der neuen Verbindung, die sich später als Chlordiazepoxid herausstellte? Wichtig war zu dieser Zeit (1957), daß sie auf mg/kg-Basis in den gängigen pharmakologischen Tests wirksamer war als der einzige damals zur Verfügung stehende Tranquilizer Meprobamat. Darüber hinaus war sie in Tests indikativ für Anxiolyse, Muskelrelaxation und antikonvulsive Eigenschaften wirksam bei Dosen, die kaum Sedation induzierten. Nach weiterer präklinischer und klinischer Testung konnte die Substanz nach unter heutigen Bedingungen ungewöhnlich schneller Zeit 1960 in die Therapie eingeführt werden. Die neue Substanzklasse der Benzodiazepine war damit geschaffen und ihr *rasanter* Aufstieg zu einer der am häufigsten verordneten Arzneimittelklassen ist Geschichte.

Ausgehend von der Grundstruktur des Chlordiazepoxids wurden in den folgenden Jahren eine Fülle strukturanaloger Verbindungen synthetisiert, die zunächst direkte Derivate des 1,4-Benzodiazepin-Grundgerüstes sind. Für diese Substanzen ermittelte wichtige Struktur-Wirkungsbeziehungen sind in Tabelle 1 zusammengefaßt. Viele weitere 1,4-Benzodiazepine wurden in die Therapie eingeführt (Abb. 5). Auch die weiterführenden Verbindungen aus den Klassen der 1,4-Triazolo-Benzodiazepine (Abb. 6), der 1,4-Imidazolo-Benzodiazepine (Abb. 7) oder 1,5-Benzodiazepine (Abb. 7) waren letztlich Substanzen, die noch unter dem chemischen Begriff Benzodiazepine subsummiert werden können.

Es ist damit nicht weiter verwunderlich, daß sich auch in pharmakologischen Lehrbüchern die chemische Bezeichnung Benzodiazepine für eine pharmakologische Substanzgruppe durchgesetzt hat. Dies wurde natürlich auch dadurch extrem begünstigt, daß es trotz erheblicher quantitativer Unterschiede bei den einzelnen Benzodiazepinen (mg/kg-Dosis am Tier bzw. Tagesdosis am Menschen) nicht gelungen war, qualitativ deutlich unterschiedliche Substanzen zu entwickeln, so daß alle diese Benzodiazepinderivate doch im wesentlichen ein sehr ähnliches pharmakologisches Wirkspektrum aufweisen. Therapierelevante Unterschiede liegen daher mehr in den pharmakokinetischen als in den pharmakodynamischen Eigenschaften. Diese pharmakologische Übereinstimmung gilt auch für die 1,4-Thieno-Diazepinderivate Clotiazepam (Abb. 7) und Brotizolam (Abb. 6), die allerdings von chemischer Seite korrekt nicht mehr als Benzodiazepin bezeichnet werden können.

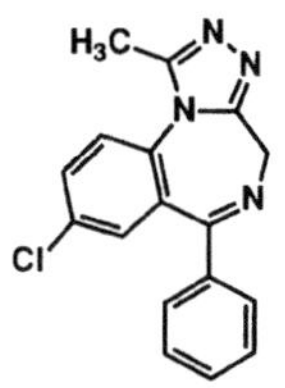

Alprazolam

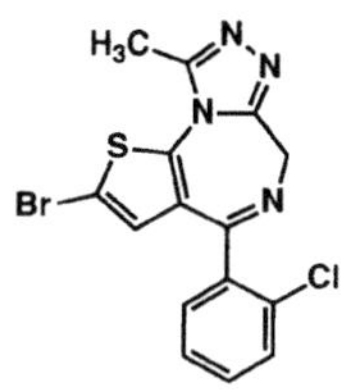

Brotizolam

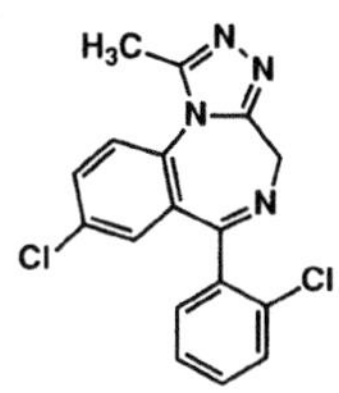

Triazolam

1,4-Triazolobenzodiazepine

Abb. 6. Strukturformeln therapeutisch eingesetzter Triazolo-Benzodiazepine bzw. Thienodiazepin

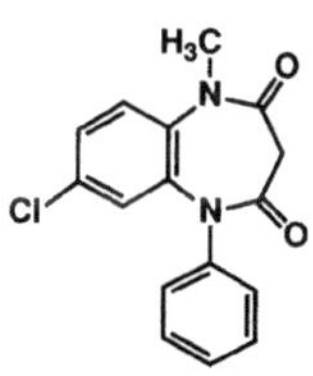

Clobazam

(1,5-Benzodiazepin)

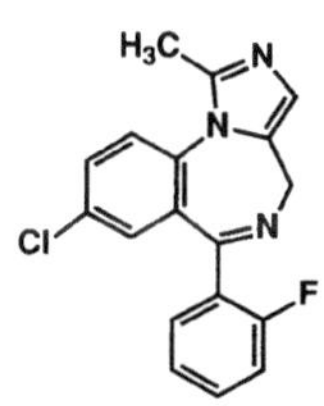

Midazolam

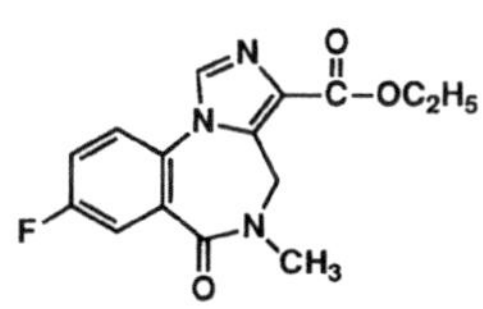

Flumazenil

(1,4-Imidazolobenzodiazepine)

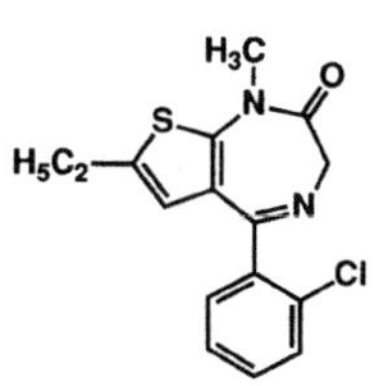

Clotiazepam

(1,4-Thienodiazepin)

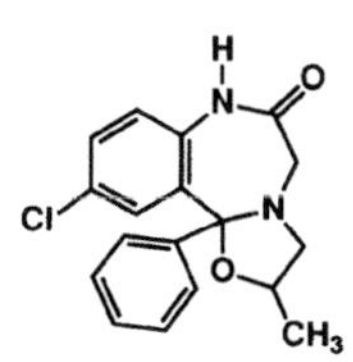

Oxazolam

(Oxazolo-1,4-benzodiazepin)

Abb. 7. Strukturformeln weiterer analoger Benzodiazepine bzw. Diazepin

Man hat daher vorgeschlagen, die Substanzgruppe als Diazepine zu bezeichnen, ein Begriff, der zwar chemisch zutreffend ist, allerdings noch keine breite Akzeptanz gefunden hat.

1.2.4 Andere am Benzodiazepinrezeptor angreifende Substanzen

Der Konflikt mit der chemischen Bezeichnung für eine eigentliche pharmakologische Substanzklasse ist erst in jüngster Zeit wieder relevant geworden. Während es auch früher nie besonders gestört hat, daß es *zahlreiche* 1,4-Benzodiazepinverbindungen gibt, die nicht die pharmakologischen Eigenschaften des Chlordiazepoxids haben, hat man über viele Jahre das spezifische pharmakologische Wirkungsspektrum der Benzodiazepine (siehe Typsubstanz Chlordiazepoxid) eben nur in Substanzen aus der Gruppe der Benzodiazepine oder besser der Diazepine, wenn man die Thieno-Diazepine berücksichtigt, gefunden. Dies war auch noch zumindest für die ersten Jahre nach der Entdeckung des Benzodiazepin-Rezeptors als dem pharmakologischen Angriffspunkt dieser Substanzen im zentralen Nervensystem der Fall (MÖHLER und OKADA 1977, SQUIRES und BRAESTRUP 1977). Auch hier fand man zunächst nur Substanzen aus der Gruppe der Diazepine, die an diesen Rezeptor binden und damit das dieser Substanzgruppe typische pharmakologische Wirkungsspektrum auslösen (MÜLLER 1987). Die sprunghafte Entwicklung gerade in den letzten zehn Jahren hat nun aber dazu geführt, daß eine Reihe von Benzodiazepin-Rezeptor-Liganden entwickelt worden sind, bei denen die Parallelität von chemischer Substanzklasse und pharmakologischer Substanzklasse nicht mehr stimmt. Ein wichtiger Entwicklungsschritt war die Substanz **Flumazenil**, die zwar immer noch als Imidazobenzodiazepin bezeichnet werden kann, die sich aber strukturell schon sehr deutlich von anderen benzodiazepinartigen Imidazo-Benzodiazepinen unterscheiden wie z.B. dem Midazepam (Abb. 7). Da sich diese Substanz als Antagonist am Benzodiazepin-Rezeptor herausstellte, war allerdings auch mit dem Flumazenil noch kein eigentliches klassifikatorisches Problem entstanden, so daß man ohne weiteres hier den Benzodiazepin-Antagonisten sehen konnte, ohne auf die Parallelität von pharmakologischer und chemischer Stoffklasse verzichten zu müssen.

Dieses Problem ist erst in allerjüngster Zeit deutlich zu Tage getreten und zwar mit der Einführung der beiden Verbindungen **Zopiclon** (ein Cyclopyrrolonderivat) und **Zolpidem** (ein Imidazopyridinderivat), die nun eindeutig weder Benzodiazepine noch Diazepine von ihrer chemischen Struktur her sind (Abb. 8). Pharmakologisch gesehen wirken aber beide Substanzen als Agonisten am Benzodiazepin-Rezeptor ähnlich wie die klassischen Benzodiazepine, allerdings mit leichten qualitativen Unterschieden (MÜLLER 1991b, 1992).

Beide Verbindungen sind vor wenigen Jahren in die Therapie als Schlafmittel eingeführt worden, also zu einer Zeit, als es schon eindeutig klar war, daß die Benzodiazepine auch Probleme bei der therapeutischen Anwendung (z.B. Abhängigkeitspotential) zeigen können. Der terminologische Konflikt, der jetzt ausgebrochen ist, ist der, daß die Hersteller beider Verbindungen natürlich sehr großen Wert darauf legen, daß beide Verbindungen keine Benzodiazepine sind (was von der chemischen Seite her zutrifft), daß von pharmakologischer Seite aber eingewendet werden muß, daß im Hinblick auf ihr präklinklinisches und klinisches Wirkungsspektrum die Substanzen zumindest teilweise den heute verwendeten Hypnotika aus der Gruppe der Benzodiazepine ähnlich sind. Damit besteht die Gefahr, daß bei zu großer Betonung der chemischen Nicht-Ähnlichkeit zu den Benzodiazepinen ein Wirkungsunterschied impliziert wird, der nicht existiert. Aus unserer Sicht wäre die einfachste Lösung, den ursprünglich chemischen Namen Benzodiazepine zu übernehmen, damit aber alle am Benzodiazepinrezeptor agonistisch wirksamen Substanzen einzuschließen. Hier hätte man immer noch die Möglichkeit, gewisse pharmakologische Unterschiede, wie sie sich heute bei einigen Entwicklungssubstanzen abzeichnen, in die Bezeichnung mithineinzunehmen, wie z.B. partieller Agonist oder Agonist mit Selektivität für die oder die Benzodiazepin-Rezeptor-Unterklasse. Die hier von den Pharmakologen des Herstellers von Zolpidem vorgeschlagene Terminologie von Omega-Rezeptor-Agonisten (LANGER et al. 1988) ist unserer Meinung nach nicht überzeugend, da mit dem Begriff Omega weder eine pharmakologische noch eine chemische Zuordnung möglich ist.

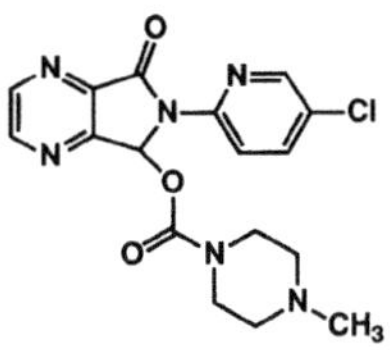

Zopiclon

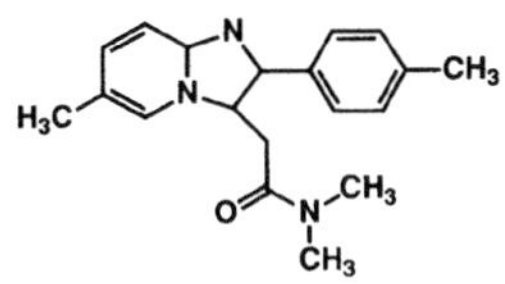

Zolpidem

Abb. 8. Die beiden chemischen Nicht-Diazepine Zopiclon (Cyclopyrrolon-Derivat) und Zolpidem (Imidazopyridin-Derivat)

Buspiron

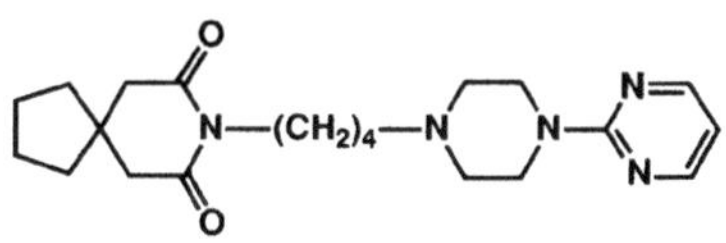

Gepiron

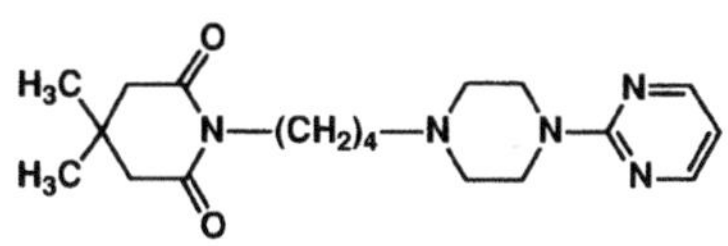

Ipsapiron

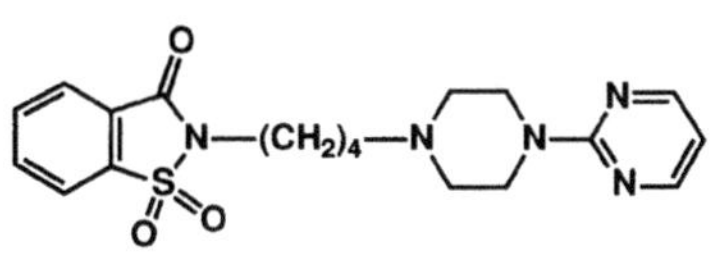

Tandospiron

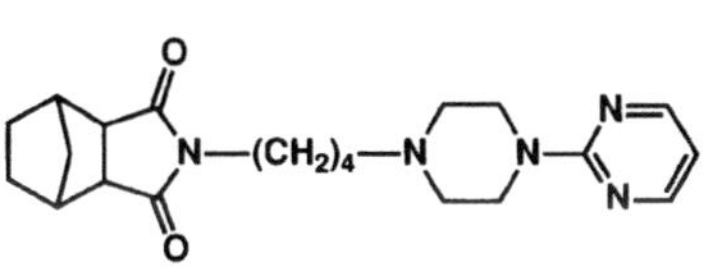

Abb. 9. Buspiron und verwandte 5-HT_{1A} Agonisten

1.2.5 *Buspiron und andere 5-HT_{1A}-Agonisten*

Während bei den Benzodiazepinen anxiolytische Wirkung zumindest zu Beginn der Therapie immer noch von z.T. ausgeprägter Sedierung begleitet ist, konnte in dem Azaspirodecandion-Derivat Buspiron der Prototyp einer neuen Klasse von Anxiolytika gefunden werden, die zweifelsfreie Hinweise darauf geben, daß anxiolytische Wirkung nicht über sedativ-hypnotische Mechanismen erklärt werden muß (TUNNICLIFF und EISON 1991).

Im Wirkungsmechanismus von Buspiron spielen wahrscheinlich dopaminerge Mechanismen nicht die Rolle, die man ursprünglich vermutet hatte (die Substanz ist ausgehend von einem Neuroleptikum synthetisiert worden), sondern die neurochemischen Untersuchungen mit Buspiron haben vielmehr die Hinweise verstärkt, daß der serotoninergen Neurotransmission eine wichtige Rolle bei Pathogenese und therapeutischer Korrektur von Angsterkrankungen zukommt (EISON et al. 1991). Ausgehend von Buspiron sind eine große Anzahl weiterer Azaspirone synthetisiert worden (Abb. 9), die sich zur Zeit in unterschiedlichen Phasen der präklinischen und klinischen Prüfung befinden. Neben der chemischen Verwandtschaft als Azaspirone verhalten sich alle diese Verbindungen im biochemischen Experiment als Agonisten oder partielle Agonisten an 5-HT-1A-Rezeptoren und sind im verhaltenspharmakologischen Experiment anxiolytisch wirksam (TRABER und GLASER 1987).

1.2.6 *H_1-Antihistaminika*

Die sedierenden Eigenschaften fast aller älterer H_1-Antihistaminika waren über viele Jahre sehr unangenehme Begleitwirkungen beim therapeutischen Einsatz dieser Verbindung, z.B. in der Kupierung von Sympto-

Diphenhydramin

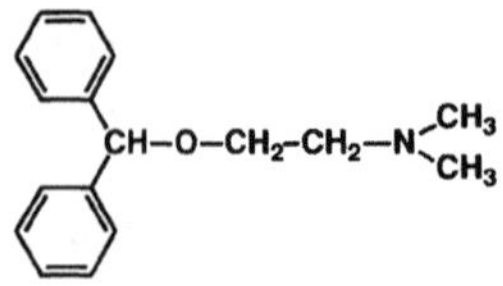

Doxylamin

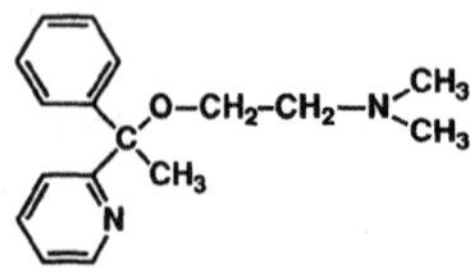

Meclozin

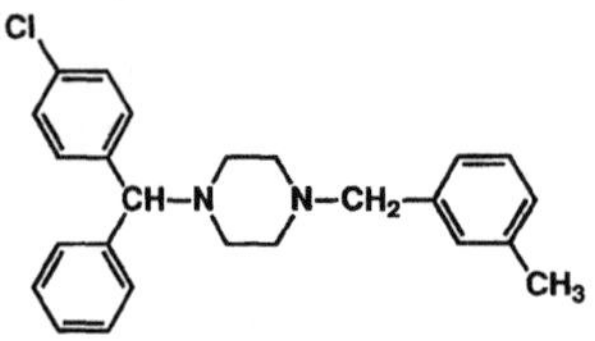

Hydroxyzin

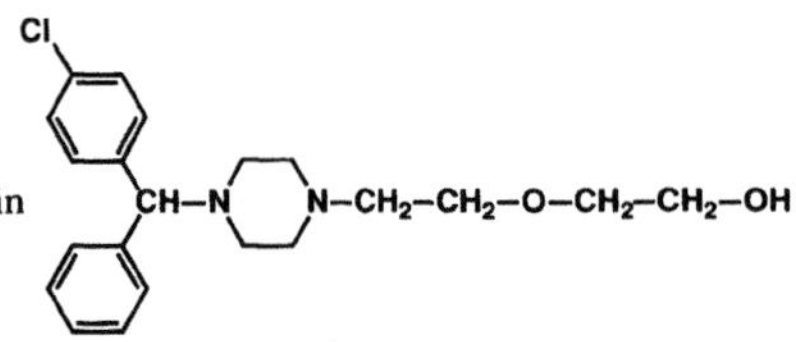

Abb. 10. Als Hypnotika bzw. Tranquilizer eingesetzte H_1-Antihistaminika

men des Heuschnupfens. Bei einigen dieser Verbindungen sind diese sedativ-hypnotischen Effekte so ausgeprägt, daß man sie als leichte Schlafmittel (speziell im rezeptfreien Bereich) in die Therapie eingeführt hat (Rall 1992). Das strukturverwandte H_1-Antihistaminikum Hydroxyzin (Abb. 10) spielt therapeutisch in soweit eine Sonderrolle, als es schon seit vielen Jahren als sedierend wirksamer Tranquilizer therapeutisch eingesetzt wird (Natens 1992). Selbst durch die Benzodiazepine war es nie ganz verdrängt und erlebt heute sogar eine gewisse Renaissance auf Grund der zum Teil deutlichen Zurückhaltung bei der Verwendung von Benzodiazepinen.

1.2.7 Opipramol, Antidepressiva und Neuroleptika

Die als Antidepressivum, vor allen Dingen aber auch als Anxiolytikum und leichtes Hypnotikum eingesetzte Verbindung

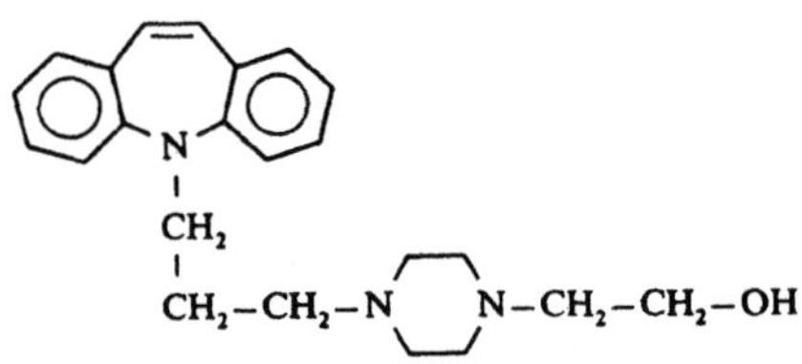

Opipramol

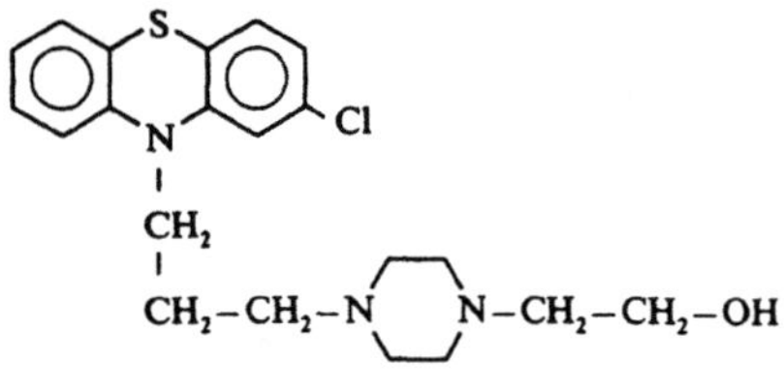

Perphenazin

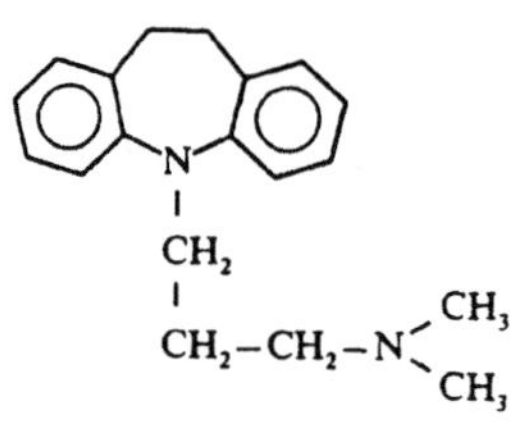

Imipramin

Abb. 11. Strukturverwandtschaft von Opipramol mit dem trizyklischen Antidepressivum Imipramin und dem Neuroleptikum Perphenazin

Opipramol leitet sich zwar strukturchemisch sehr deutlich von den trizyklischen Antidepressiva ab (Abb. 11), zeigt aber in neurobiochemischer Hinsicht deutlich weniger Parallelen zu diesen Substanzen. Als Erklärungsmöglichkeit für die tranquillisierenden Eigenschaften dieser Verbindung werden u.a. auch Dopamin-D2-antagonistische und Histamin-H1-antagonistische Eigenschaften herangezogen (WENDT 1985). Es bestehen auch gewisse Strukturparallelen zu einigen Neuroleptika (vgl. Abb. 11). Auch eine ganze Reihe von Substanzen aus der Klasse der **trizyklischen oder atypischen Antidepressiva** werden als Anxiolytika bei verschiedenen Angsterkrankungen eingesetzt. Da hier sowohl sedierende wie nicht-sedierende und typische wie atypische Verbindungen eingesetzt werden, gibt es bis heute keine chemischen oder biologisch-pharmakologischen Kriterien, als Anxiolytika eingesetzte Antidepressiva von den anderen Antidepressiva differenzieren zu können.

Ähnliches gilt für den Einsatz niedrig dosierter **Neuroleptika** in der Indikation Tranquilizer. Da wir auch hier davon ausgehen müssen, daß der Wirkungsmechanismus als Tranquilizer von einer Dopamin-D2-Rezeptor-antagonisierenden Wirkung (hier allerdings präsynaptisch) ausgelöst wird, wird die Präferenz für nur bestimmte Neuroleptika in dieser Indikation mehr von pharmakokinetischen oder Marketingerwägungen getragen als von echten pharmakologischen Unterschieden (MÜLLER 1991a).

Literatur

EISON AS, YOCCA FD, TAYLOR DP (1991) Mechanism of action of buspirone: current perspectives. In: TUNNICLIFF G, EISON AS, TAYLOR DP (eds) Buspirone. Mechanisms and clinical aspects. Academic Press, San Diego, pp 279–326

LANGER SZ, ARBILLA S, SCATTON B, NIDDAM R, DUBOIS A (1988) Receptors involved in the mechanism of action of zolpidem. In: SAUVANET JP, LANGER SZ, MORSELLI PL (eds) Imidazopyridines in sleep disorders. Raven Press, New York, pp 55–70

LINDE OK (1988) Chemie und Schlaf – Hoffnung und Hilfe für die Psychiatrie. In: LINDE OK (Hrsg) Pharmakopsychiatrie im Wandel der Zeit. Tilia, Klingenmünster, S 56–77

MÖHLER H, OKADA T (1977) Benzodiazepine receptor: demonstration in the central nervous system. Science 198: 849–851

MÜLLER WE (1987) The benzodiazepine receptor: drug acceptor only or a physiologically relevant part of our central nervous system? Cambridge University Press, Cambridge

MÜLLER WE (1991a) Wirkungsmechanismus niedrigdosierter Neuroleptika bei Angst und Depression. In: PÖLDINGER W (Hrsg) Niedrigdosierte Neuroleptika bei ängstlich-depressiven Zustandsbildern und psychosomatischen Erkrankungen. Braun, Karlsruhe, S 24–38

MÜLLER WE (1991b) Zopiclon. Unterschiede und Gemeinsamkeiten zu Benzodiazepin-Hypnotika. Arzneimitteltherapie 10: 301–303

MÜLLER WE (1992) Zolpidem. Wirklich ein neuartiges Hypnotikum? Arzneimitteltherapie 10: 303–306

NATENS J (1992) Present position of hydroxyzine and related ataractic drugs in the treatment of anxiety. In: LANGER SZ, MENDLEWICZ J, RACAGNI G (eds) Target receptors for anxiolytics and hypnotics: from molecular pharmacology to therapeutics. Karger, Basel, pp 78–84 (Int Acad Biomed Drug Res, vol 3)

RALL TW (1992) Hypnotics and sedatives; ethanol. In: GILMAN AG, RALL TW, NIES AS, TAYLOR P (eds) Goodman and Gilman's the pharmacological basis of therapeutics. Pergamon Press, New York, pp 345–382

SQUIRES RF, BRAESTRUP C (1977) Benzodiazepine receptors in rat brain. Nature 266: 732–734

STERNBACH L (1988) Die Benzodiazepin-Story. In: LINDE OK (Hrsg) Pharmakopsychiatrie im Wandel der Zeit. Tilia, Klingenmünster, S 271–299

TRABER J, GLASER T (1987) 5-HT_{1A} receptor related anxiolytics. TIPS 8: 432–437

TUNNICLIFF G, EISON AS (1991) Clinical pharmacology of buspirone action. In: TUNNICLIFF G, EISON AS, TAYLOR DP (eds) Buspirone. Mechanisms and clinical aspects. Academic Press, San Diego, pp 19–34

WENDT G, BINZ U, MÜLLER AA (1985) Opipramol bei Angst und Schlafstörungen – eine Alternative zu Tranquilizern. Med Welt 36: 506–512

Neuro-Psychopharmaka, Bd. 2
Riederer P. / Laux G. / Pöldinger W. (Hrsg.)

2 Benzodiazepin-Tranquilizer

2.1 Pharmakologie

2.1.1 Pharmakokinetik

U. Klotz

Allgemeine Vorbemerkungen

Das bekannte Wirkprofil der Benzodiazepine (anxiolytisch, sedativ-hypnotisch, muskelrelaxierend, antikonvulsiv) wird über spezifische Rezeptoren vermittelt, von denen mehrere Subtypen existieren und die eine unterschiedliche Verteilung im Gehirn aufweisen (MÖHLER 1992, DOBLE und MARTIN 1992). Ob den verschiedenen Rezeptorsubtypen einzelne Wirkungsschwerpunkte zugeordnet werden können oder ob diese durch eine unterschiedliche (dosisabhängige) Rezeptorbesetzung zustanden kommen, ist noch Gegenstand der wissenschaftlichen Diskussion.

Trotzdem wird schon seit längerem versucht, die zahlreichen Benzodiazepin-Derivate nach den zwei hauptsächlichsten Anwendungsgebieten in Tranquilizer und Hypnotika zu gruppieren, obwohl alle Substanzen mehr oder weniger ein gleichartiges Wirkspektrum zeigen. Da die rezeptorvermittelten pharmakodynamischen bzw. therapeutischen Effekte reversibel sind und für viele Derivate ein Zusammenhang mit den Plasmakonzentrationen gezeigt werden konnte (KLOTZ et al. 1986, MANDEMA et al. 1992), sind diese zeitabhängigen Konzentrationsveränderungen, d.h. die pharmakokinetischen Eigenschaften der Benzodiazepine, für das bessere Verständnis der klinischen Wirkungen von Bedeutung. Da andererseits die größten Unterschiede bei den Benzodiazepinen auf der pharmakokinetischen Ebene liegen, hat eine pharmakokinetische Betrachtungsweise für die Auswahl der verschiedenen Alternativen eine zusätzliche Bedeutung (KLOTZ 1985, 1992). Beispielsweise ist das relative Risiko von alten Personen (≥ 65 Jahre) eine Oberschenkelhalsfraktur zu erleiden von 1,1 auf 1,7 erhöht, wenn Benzodiazepine mit längerer (≥ 24 h) Halbwertszeit ($t_{1/2}$) eingenommen werden als wenn Derivate mit einer $t_{1/2}$ unter 24 Stunden benutzt werden (RAY et al. 1989).

Klinisch relevante pharmakokinetische Kenngrößen

In der Regel werden Benzodiazepine sowohl als Tranquilizer als auch als Hypnotika peroral eingenommen. Da der Wirkort im Gehirn liegt, kommt der sogenannten Bioverfügbarkeit (F), das heißt wieviel von der verabreichten Dosis und wie rasch der Wirkstoff die systemische Zirkulation erreicht,

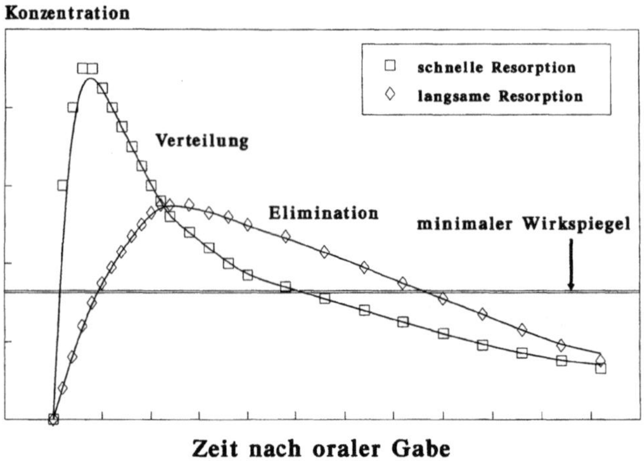

Abb. 2.1.1.1. Schematischer Konzentrationsverlauf zweier Benzodiazepine mit unterschiedlicher Resorptionsgeschwindigkeit; bei der langsam resorbierten Substanz wird die Wirkung erst später eintreten

eine wichtige Bedeutung zu. Dies schließt die Vorgänge der Freisetzung und Auflösung des Wirkstoffes aus seiner galenischen Formulierung, die Resorption (Absorption) im Gastrointestinaltrakt und eine möglicherweise präsystemische Elimination (sogenannter intestinaler und/oder hepatischer first-pass Effekt) ein.

Neben dem Bioverfügbarkeits-Faktor F (%-Angabe im Vergleich zu einer intravenösen Gabe) interessiert der Zeitpunkt (t_{max}), wann die maximale („peak") Konzentration (C_{max}) im Blut (Plasma, Serum) erreicht wird. Die 3 Kenngrößen F, t_{max} und C_{max} determinieren ob und wann nach oraler Einnahme mit einem Effekt zu rechnen ist (siehe Abb. 2.1.1.1).

Dabei ist zu bedenken, daß die nur in der systemischen Zirkulation einfach zu messenden Konzentrationen nicht unbedingt den Konzentrationsverlauf im Gehirn bzw. am Wirkort widerspiegeln. Zwischen beiden Kompartimenten stellt sich jedoch in der Regel rasch ein Gleichgewicht ein, so daß die Plasmakonzentrationen ersatz- und näherungsweise als repräsentativ angesehen werden können. Es sollte aber deutlich werden, daß Wirkungseintritt und Wirkungsdauer auch von der Anflutungsgeschwindigkeit der Wirkstoffe ins Gehirn bzw. von der Rückverteilung aus dem Gehirn in periphere Gewebe mitbestimmt werden. Dabei spielt die Lipophilie, die Plasmaeiweißbindung bzw. der freie (wirksame) Anteil (f_u) der Benzodiazepine eine wichtige Rolle. Die Bindung an Proteine im Plasma (hauptsächlich Albumin) und Geweben sowie die Polarität bestimmen ihrerseits wiederum das sogenannte scheinbare Verteilungsvolumen (V), d.h. in welchem Ausmaß sich ein Benzodiazepin im gesamten Organismus verteilt. Diese theoretische Größe gestattet es, Mengen bzw. Massen (d.h. Dosen) und Konzentrationen miteinander in Beziehung zu setzen und gegenseitig umzurechnen.

In der Regel stellen Benzodiazepine fettlösliche und gut resorbierbare, stark an Plasmaproteine gebundene und rasch mit dem Blut ins Gehirn anflutende Substanzen dar, die sich im gesamten Körper verteilen.

Mit dem Blutstrom gelangen die Benzodiazepine auch zu ihrem Haupteliminationsorgan, der Leber. Die verschiedenen Ab- und Umbauwege (Dealkylierung, Hydroxylierung, Reduktion, Glukuronidierung, Azety-

Tabelle 2.1.1.1. Hauptabbauwege von einigen Benzodiazepinen (BZD) und deren (aktiven) Metaboliten

BZD	Oxidative Phase I-Reaktion			Phase II
	Hydroxylierung	Reduktion der Nitrogruppe	Dealkylierung	Glukuronidierung
Alprazolam	+		+	
Bromazepam	+			
Brotizolam	+		+	+
Camazepam[b]			+	+
Chlordiazepoxid	+		+	+
Clobazam	+		+	+
Clonazepam	+	+		+ / Azetylierung
Clorazepat[a]	+			+
Clotiazepam	+		+	
Diazepam	+		+	+
Flunitrazepam	+	+	+	+
Flurazepam	+		+	+
Ketazolam[a]	+		+	+
Loprazolam	+		+	+
Lorazepam	–		–	+
Lormetazepam	–		(+)	+
Medazepam[a]	+		+	+
Metaclazepam			+	
Midazolam	+			+
Nitrazepam	+	+		Azetylierung
Oxazepam	–		–	+
Oxazolam[a]	+		+	+
Prazepam[a]	+		+	+
Temazepam	–		–	+
Tetrazepam	+		+	
Triazolam	+		+	+

[a] Vorstufen („prodrugs") des aktiven Diazepams und/oder Desmethyldiazepams
[b] Wird durch Hydrolyse zu Temazepam und durch Demethylierung zu Oxazepam verstoffwechselt

lierung; siehe Tabelle 2.1.1.1) verändern häufig die biologische Aktivität kaum. Diese Metabolite werden teilweise langsamer als ihre Muttersubstanzen eliminiert und können entscheidend zur Wirkung beitragen. Während die bei den oxidativen (Cytochrom P450 abhängig) Phase I Reaktionen entstehenden Metabolite (siehe z.B. Abb. 2.1.1.2) häufig noch aktiv sind, stellen die aus Phase II Reaktionen hervorgegangenen und über die Niere ausgeschiedenen Glukuronide inaktive Metabolite dar.

In unveränderter Form werden nur geringe Mengen ausgeschieden, so daß der Nierenfunktion für die Benzodiazepinelimination keine große Bedeutung zukommt (Ausnahme glukuronidierte Metabolite). Das beste Maß für den hepatischen Eliminationstyp

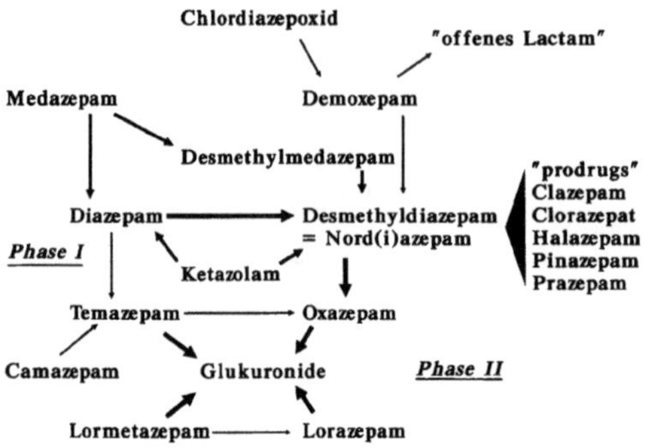

Abb. 2.1.1.2. Hauptabbauwege bzw. Metabolismus von einigen Benzodiazepinen

stellt die systemische oder totale Clearance (CL) dar, die der hepatischen Clearance (CL_H) gleichgesetzt werden kann, da extrahepatische (z.B. renale, biliäre) Eliminationswege bei den Benzodiazepinen vernachlässigt werden können. Somit kommt der Leberfunktion (funktionelle Leberzellmasse, Leberdurchblutung Q_H) die entscheidende Bedeutung für die Eliminationsgeschwindigkeit zu.

Nach Erreichen der maximalen Konzentrationen im Plasma ist bei fast allen Benzodiazepinen ein biphasischer Konzentrationsabfall zu beobachten, so daß die pharmakokinetische Auswertung nach dem sogenannten offenen 2-Kompartiment-Modell erfolgen sollte. Den Konzentrationsabfällen während der initialen Verteilungsphase und der terminalen Eliminationsphase kann jeweils eine Halbwertszeit zugeordnet werden, die für die Wirkdauer von Bedeutung sind. Nach einer einmaligen Gabe wird in Abhängigkeit der verwendeten Dosis häufig während den innerhalb von 1 bis 4 Stunden stattfindenden (Um-) Verteilungsvorgängen die minimale Wirkkonzentration unterschritten, so daß die terminale oder Eliminationshalbwertszeit ($t_{1/2}$) von untergeordneter Bedeutung ist (siehe Kurve a in Abb. 2.1.1.3). Bei höheren Dosen (siehe Kurve b) bzw. nach mehrmaliger Gabe, d.h. unter steady state (Fließgleichgewicht) Bedingungen (siehe Kurve c) wird diese minimale Wirkkonzentration jedoch erst während der Eliminationsphase unterschritten, so daß jetzt neben der Dosis die terminale $t_{1/2}$ die Wirkdauer bestimmt. Nach der Formel $t_{1/2} = 0{,}693 \times V / CL$ hängt $t_{1/2}$ auch vom Verteilungsvolumen (insbesondere der Rückverteilungsgeschwindigkeit aus peripheren Geweben) ab, so daß dieser Parameter nicht nur die reinen Eliminationsvorgänge charakterisiert.

Die Kenngröße $t_{1/2}$ ist wichtig zur Berechnung des Zeitraumes, der vergehen muß, bis bei mehrmaliger Gabe und nach jeder Dosisänderung das Fließgleichgewicht zwischen Arzneimittelzufuhr und -ausfuhr erreicht ist. Diese sogenannte steady state Konzentration stellt sich nach 4 bis 5 × $t_{1/2}$ ein. Die Höhe der mittleren C_{ss} (C_{ss}^{av}) hängt von der bioverfügbaren Dosis (F × D), dem Dosierungsintervall (τ) und CL ab:

$$C_{ss}^{av} = F \times D / CL \times \tau$$

Somit stellt neben der bioverfügbaren Dosis (F × D) und dem Dosierungsintervall (τ) CL eine wichtige Determinante der konzentrationsabhängigen Benzodiazepinwirkungen dar. Sie zeigt eine große interindividuelle Variabilität und hängt von zahlreichen Patientenfaktoren ab. Aus der Relation von τ zu $t_{1/2}$ – dem sogenannten relativen Dosierungsintervall $\varepsilon = \tau / t_{1/2}$ – läßt sich ein Kumulationsfaktor berechnen, d.h. wie stark die Konzentrationen bei mehrmaliger Gabe ansteigen werden (siehe Abb. 3.1.1.1).

Variabilität der pharmakokinetischen Kenngrößen

Für jedes Benzodiazepinderivat können für die wichtigsten pharmakokinetischen Parameter (F, C_{max}, t_{max}, f_u, V, $t_{1/2}$, CL) bestimmte Zahlenwerte oder Bereiche angegeben werden. Diese Angaben stammen häufig von jüngeren, gesunden Probanden und seltener von Patienten, die diese Arzneimittel

einnehmen müssen. Man sollte sich deshalb bewußt sein, daß sie im individuellen Einzelfall mehr oder weniger deutlich von diesen Literaturangaben abweichen können. Variabilität in Bioverfügbarkeit, Verteilung und Elimination wird insbesondere durch Rauchen, Nahrungsmittelaufnahme, Gabe anderer Arzneimittel, Alter, Geschlecht, Körpergewicht (Fettleibigkeit), Leberfunktion, Begleiterkrankungen sowie die genetische Konstitution des jeweiligen Patienten hervorgerufen (BERTILSSON et al. 1990).
Die im folgenden Abschnitt und im Kapitel 3.1.1 angegebenen Zahlenwerte wurden aus verschiedenen Quellen zusammengetragen:
dem vierteljährlich aktualisierten amerikanischen PC-Programm „Drugdex"; dem deutschen Nachschlagwerk „Arzneistoff-Profile"; den Monographien KLOTZ et al. (1980), KLOTZ (1985); den Übersichtsartikeln GREENBLATT et al. (1983), KLOTZ (1984) sowie den Buchbeiträgen von KLOTZ (1982, 1989, 1992), in denen jeweils immer zahlreiche Original-Referenzen angegeben sind.

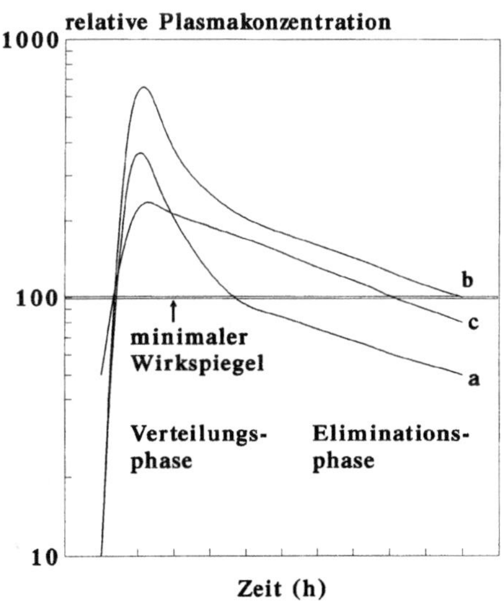

Abb. 2.1.1.3. Schematische Plasmakonzentrationszeitverläufe eines Benzodiazepinderivates nach einmaliger oraler Gabe einer einfachen (Kurve a) und doppelten (Kurve b) Dosis sowie nach mehrmaliger Applikation (Kurve c; im Fließgleichgewicht [= steady state] ist die Verteilungsphase meistens nicht mehr zu erkennen)

Pharmakokinetische Charakterisierung von wichtigen Benzodiazepin-Tranquilizern

Alprazolam stellt ein neueres Triazolo – Benzodiazepin dar, das oxidativ verstoffwechselt wird (29 Metabolite!), wobei auch ein noch zu 50% aktiver Metabolit (α-OH-Alprazolam) gebildet wird. Nach einer oralen Gabe von 1 mg werden nach 1 bis 2 Stunden C_{max}-Werte um 15 ng/ml erreicht (8 bis 37 ng/ml im Dosisbereich von 0,5 bis 3 mg). Der hohe F-Wert (85–90%) deutet auf eine vollständige Resorption hin.
Die Plasmaeiweißbindung beträgt 80% und V scheint vom Alter und Geschlecht beeinflußt zu werden (0,97 bis 1,17 l/kg), bei Fettleibigen wurde ein mittleres V von 114 l gefunden. Die normale $t_{1/2}$ von 11 bis 16 Stunden ist im Alter auf 19 Stunden, bei Fettleibigen auf 22 Stunden und bei Zirrhotikern auf 20 Stunden verlängert. Das aktive α-OH-Alprazolam weist eine $t_{1/2}$ von 11 bis 15 Stunden auf. Mit einem mittleren CL-Wert von 90 ml/min (bei Zirrhotikern auf 45 ml/min erniedrigt) gehört Alprazolam zu den sogenannten „low clearance" Arzneimitteln (hepatische Elimination von Leberdurchblutung unabhängig; kein hepatischer first-pass Effekt). Im Gegensatz zu anderen Benzodiazepinen wird relativ viel (20% der Dosis) unverändert in den Urin ausgeschieden.
Bromazepam weist nach oraler Einnahme von 6 mg innerhalb von 1 bis 2 Stunden C_{max}-Werte zwischen 70 und 100 ng/ml auf und F wird mit 62% (normale Tablette) bzw. 99% („enteric coated" Tablette) angegeben. Das Verteilungsvolumen von etwa 67l bzw. 0,9 bis 1,2 l/kg soll im Alter kleiner sein; f_u liegt bei 30%. Bromazepam wird durch Hydroxylierung mit einer $t_{1/2}$ von 8 bis 20 h und einer CL von etwa 60 ml/min hepatisch eliminiert.

Bei alten Patienten ist $t_{1/2}$ etwa um den Faktor 2 verlängert.

Camazepam zeigt eine orale Bioverfügbarkeit von nahezu 100%. Nach einmaliger oraler Gabe von 20 mg werden die C_{max}-Werte (140–190 ng/ml) nach 1 bis 2 Stunden erreicht. Camazepam wird zu den aktiven Metaboliten Temazepam (z.T. bereits im sauren Magensaft) und Oxazepam umgewandelt und mit einer $t_{1/2}$ von etwa 21 Stunden hepatisch eliminiert.

Chlordiazepoxid wird nach oraler Gabe mittelschnell (t_{max} = 0,5–6 Stunden; $t_{1/2}$ der Resorption 0,5–0,75 h) und vollständig (F = 100%) resorbiert. Nach der schmerzhaften i.m.-Injektion werden niedrigere Peakkonzentrationen später (t_{max} = 7,6 h, $t_{1/2}$ der Resorption 3–5 h) erreicht. Die Resorption ist unvollständig (F = 86%) und erratisch, da die Substanz an der Injektionsstelle ausfällt. Die Plasmaeiweißbindung liegt bei 95% und das alters- und geschlechtabhängige Verteilungsvolumen variiert zwischen 0,25 und 0,5 l/kg. Chlordiazepoxid wird in der Leber zu mehreren, biologisch noch aktiven Metaboliten (Desmethylchlordiazepoxid, Demoxepam, Desmethyldiazepam, Oxazepam) verstoffwechselt, die teilweise bei mehrmaliger Gabe kumulieren. Die hepatische Clearance liegt zwischen 20 und 35 ml/min und ist bei alten (10 ml/min) und leberkranken (7 ml/min) Patienten herabgesetzt; entsprechend kann die normale $t_{1/2}$ (9–18 h) bis auf 40 Stunden bei beiden Populationen verlängert sein. Plasmakonzentrationen über 700 ng/ml scheinen für eine Anxiolyse notwendig zu sein.

Clobazam repräsentiert ein 1,5-Benzodiazepin, das ähnlich wie Diazepam primär zum aktiven Desmethylclobazam demethyliert wird. Beide Substanzen kumulieren bei mehrmaliger Gabe, da die hepatische Elimination sowohl vom Clobazam ($t_{1/2}$ = 17–31 h, CL = 40 ml/min; bei alten männlichen Patienten $t_{1/2}$ bis auf 70 h verlängert und CL um Faktor 2 reduziert) als auch vom N-Desmethylclobazam ($t_{1/2}$ etwa 50 h) langsam erfolgt.

Nach einmaliger oraler Gabe wird die Substanz relativ rasch (t_{max} nach 1–2 h) und fast vollständig resorbiert (F = 80–95%). Plasmaeiweißbindung und Verteilungsvolumen werden mit 83% bzw. 0,9 bis 1,8 l/kg angegeben; letzteres nimmt mit dem Alter zu und ist bei Frauen größer als bei Männern.

Clonazepam wird zwar in Europa als Antiepileptikum benutzt, in USA und Kanada wird es jedoch auch als Anxiolytikum bei Panikerkrankungen breit eingesetzt, so daß es hier kurz besprochen werden soll. Nach einer raschen und vollständigen Resorption (t_{max} = 2–4 h; F = 95%) wird es langsam hepatisch eliminiert ($t_{1/2}$ = 20–40 h; Cl = 80–100 ml/min).

Der oxidative Stoffwechsel schließt Hydroxylierung mit anschließender Glukuronidierung und Reduktion der Nitrogruppe mit folgender Azetylierung (wahrscheinlich genetisch polymorph) ein. Das Verteilungsvolumen variiert zwischen 1,5 und 4,4 l/kg und die Plasmaeiweißbindung beträgt 82%. Effektive steady state Konzentrationen sollen im Bereich von 20 bis 70 ng/ml liegen.

Clorazepat ist das Dikaliumsalz des hydroxylierten und carboxylierten Desmethyldiazepams. Es unterliegt im sauren Magenmilieu sowie bei der ersten Leberpassage (hepatischer first-pass Effekt) einer Säurespaltung, so daß in der systemischen Zirkulation in wirksamen Konzentrationen (200–1000 ng/ml) nur Desmethyldiazepam nachweisbar ist. Nach i.m.-Applikation beträgt die $t_{1/2}$ dieser Umwandlung 10 bis 90 Minuten. Alle folgenden kinetischen Daten beziehen sich auf das aktive **Desmethyldiazepam** (Nordiazepam).

Nach einmaliger Gabe werden die maximalen Plasmaspiegel (C_{max} um 200 ng/ml bei 20 mg p.o.) nach 0,5 bis 2 Stunden (p.o.) bzw. nach 1 bis 6 Stunden (i.m.) erreicht. Die Plasmaeiweißbindung von 97 bis 99% ist bei Patienten mit Nieren- oder Leberfunktionsstörungen erniedrigt (f_u nimmt um den Faktor 2 bis 3 zu). Das altersabhängige Verteilungsvolumen schwankt zwischen 0,6 und

1,7 l/kg. Desmethyldiazepam wird sehr langsam ($t_{1/2}$ = 50–75 h, bei alten Patienten bis 150 h, bei Patienten mit Lebererkrankungen bis 110 h; CL = 10–17 ml/min, 50% Abnahme der CL bei Alten und Leberzirrhotikern) zum biologisch aktiven Oxazepam hydroxyliert. Diese sehr langsame hepatische Elimination führt bei mehrmaliger Gabe zu einer ausgeprägten Kumulation.

Clotiazepam stellt ein Thienodiazepin dar. Die C_{max}-Werte (um 120 ng/ml) werden bei einmaliger oraler Gabe nach 0,5 bis 1 Stunde erreicht (F ist unbekannt). Die sehr stark proteingebundene Substanz (f_u = 1%) hat ein Verteilungsvolumen von 0,9 bis 5,3 l/kg, was mit dem Alter zunimmt. Clotiazepam wird durch zahlreiche oxidative Reaktionen (z.T. noch aktive Metabolite) relativ rasch ($t_{1/2}$ = 3–12 h, CL = 2,1–7 ml/min/kg) hepatisch eliminiert. Ein Hauptmetabolit, das 7-α-Hydroxy-N-Desmethylclotiazepam, hat eine $t_{1/2}$ von 18 Stunden.

Diazepam stellt nach wie vor die Standardsubstanz unter den Benzodiazepinen dar. Bei einmaliger Dosierung werden die maximalen Plasmakonzentrationen (C_{max} um 200 ng/ml bei 10 mg p.o.) nach oraler Gabe rascher (t_{max} = 1–1.5 h) als nach i.m.-Injektion (stark schwankende / erratische Resorption) erreicht und F ist mit 100% (p.o.) deutlich höher als bei i.m.-Gabe (60–80%), die zudem schmerzhaft ist. Der freie Anteil im Plasma beträgt 2 bis 4% und ist bei Patienten mit Nieren- oder Leberinsuffizienz um den Faktor 2 bis 3 erhöht. Das Verteilungsvolumen (1,1 l/kg) nimmt mit dem Alter zu und ist bei Patienten mit Leberzirrhose auf 1,7 l/kg vergrößert. Diazepam wird in der Leber langsam ($t_{1/2}$ = 20–45 h; CL = 20–40 ml/min) zu den biologisch aktiven Metaboliten Desmethyldiazepam und Oxazepam verstoffwechselt. Diese hepatische Elimination ist bei Leberzirrhotikern beeinträchtigt ($t_{1/2}$ = 105 h; CL = 14 ml/min). Alte, gesunde Probanden wie auch Frühgeborene zeigen eine bis auf 100 Stunden verlängerte $t_{1/2}$. Klinisch wirksame Konzentrationen schwanken zwischen 100 und 500 ng/ml. Äquieffektive Plasmakonzentrationen liegen bei Patienten über 65 Jahre um den Faktor 2 niedriger.

Ketazolam wird nach einmaliger oraler Gabe langsam (t_{max} = 3–4 h) resorbiert (C_{max} um 5 ng/ml, F unbekannt). Es wird rasch ($t_{1/2}$ = 1,5 h) zu den aktiven Metaboliten Desmethylketazolam, Diazepam und Desmethyldiazepam verstoffwechselt, die ihrerseits langsam ($t_{1/2}$ um 50 h) hepatisch eliminiert werden und bei mehrmaliger Gabe deutlich kumulieren und entscheidend zu den pharmakodynamischen Wirkungen beitragen.

Beim **Lorazepam** – wie auch bei den vielen anderen Benzodiazepinen – fällt eine klare Zuordnung zu den Tranquillantien und/oder Hypnotika schwer. Nach oraler Einnahme ist die Resorption relativ rasch (t_{max} = 1–2,5 h) und vollständig (C_{max} = 25 ng/ml nach 2 mg; F = 90–100%). Die Plasmaeiweißbindung von 93% ist bei Patienten mit Lebererkrankungen auf 88% erniedrigt. Das Verteilungsvolumen schwankt zwischen 0,7 und 1,3 l/kg. Lorazepam wird zum inaktiven Glukuronid konjugiert ($t_{1/2}$ = 10–20 h; CL = 60–90 ml/min) und diese sogenannte Phase II-Reaktion bleibt durch Alter, Nieren- und Leberfunktionsstörungen unbeeinflußt.

Metaclazepam erreicht bei oraler Gabe (10 mg) nach etwa 1 Stunde C_{max}-Werte um 180 ng/ml (F ist unbekannt). Es wird mit einer $t_{1/2}$ von 18 bis 20 Stunden und einer oralen CL von 520 ml/min zu dem aktiven Metaboliten N-Desmethylmetaclazepam ($t_{1/2}$ = 22–31 h) verstoffwechselt.

Oxazepam wird aufgrund seiner geringeren Fettlöslichkeit etwas langsamer (t_{max} = 2–4 h) und nicht ganz vollständig (F = 70–86%) resorbiert. Proteinbinding und Verteilungsvolumen werden mit 87 bis 95% bzw. 1,0 l/kg angegeben. Die hepatische Elimination zum inaktiven und renal eliminierten Glukuronid verläuft relativ rasch und unabhängig von Alter und Leberfunktion ($t_{1/2}$ = 8–15 h; CL = 76–136 ml/min). Da bei Nierenversagen eine $t_{1/2}$ von 48 Stunden gemessen wurde, könnte dies auf eine mögliche Deglukuronidierungsreaktion hindeuten.

Oxazolam wird analog dem Clorazepat präsystemisch sehr rasch ($t_{1/2}$ = 1,5 h) zum eigentlichen Wirkstoff Desmethyldiazepam umgewandelt (kinetische Parameter siehe deshalb Clorazepat).

Prazepam stellt ebenso eine Vorstufe („prodrug") vom aktiven Desmethyldiazepam dar. Die Umwandlung geschieht größtenteils bereits präsystemisch. Nach oraler Gabe sind während der ersten 4 Stunden noch geringe Konzentrationen (8–32 ng/ml) an unverändertem Prazepam nachweisbar, das selbst mit einer $t_{1/2}$ von 1,3 Stunden eliminiert wird, während die im Bereich um 300 ng/ml liegenden Desmethyldiazepamkonzentrationen mit einer $t_{1/2}$ von 60 bis 95 Stunden abfallen (weitere kinetische Parameter siehe Clorazepat).

Tetrazepam wird zwar hauptsächlich als zentrales Muskelrelaxans vermarktet, aber aufgrund seiner großen strukturellen und

Tabelle 2.1.1.2. Einfluß des Patientenalters auf die wichtigsten pharmakokinetischen Parameter einiger Benzodiazepine (BZD)

BZD		V (l/kg)		$t_{1/2}$ (h)		CL (ml/min)	
		jung	alt	jung	alt	jung	alt
Alprazolam	♂	0,89	1,02	13,6	↑ (r = 0,72)	1,03	↓ (r = 0,56)
	♀	0,91	1,22	15,0	ns	0,85[a]	↓ (r = 0,70)
Bromazepam	♂	1,4	0,9	20,4	32,2	58,5	31,9
	♀	1,6	0,9	28,5	28,2	41,7	26,4
Brotizolam		0,63	0,56	4,8	9,3	109	40
Chlordiazepoxid		0,42	0,52	10,1	18,2	46,3	26,6
Clobazam	♂	0,87	1,40	16,6	47,7	0,63	0,36
	♀	1,37	1,83	30,7	48,6	0,56[a]	0,48
Clotiazepam	♂	2,01	ns	8,0	ns	3,01	ns
	♀	2,75	↑ (r = 0,57)	8,1	↑ (r = 0,56)	3,91[a]	ns
Diazepam		0,5	2,0	20	100	25	20
Desmethyldiazepam		0,64	0,85	51	151	11,3	4,3
Desalkylflurazepam	♂			74	160		
	♀			90	120		
Flunitrazepam		4,1	3,0	33	22	95	196
Loprazolam				11,2	19,8		
Lorazepam		1,28	ns	22	ns	0,75[a]	ns
Lormetazepam		4,5	2,8	11	12	227	182
Metaclazepam		227 l	151 l	3,4	3,9	640	522
Midazolam		1,3	1,6	2,1	5,6	534	339
Nitrazepam		1,9	2,9	26	38	63	64
Oxazepam		48 l	61 l	5,1	5,6	114	136
Temazepam		1,5	1,3	13	12	97	104
Triazolam		0,8	1,0	2,6	3,4	292	273

[a] ml/min/kg; *ns* keine signifikante Veränderung mit dem Alter; ↑ Zunahme / ↓ Abnahme mit dem Alter als kontinuierlich geprüfter Variablen (r = Korrelationskoeffizient der linearen Regressionsgeraden)

pharmakologischen Ähnlichkeit mit Diazepam, könnte es auch als ein Tranquilizer angesehen werden. Nach oraler Gabe von 50 mg werden C_{max}-Werte um 1 μg/ml nach etwa 1 Stunde erreicht (F unbekannt). Tetrazepam liegt zu 70% in gebundener Form im Plasma vor und das Verteilungsvolumen variiert zwischen 3 und 7 l/kg. Es wird mit einer $t_{1/2}$ zwischen 15 und 22 Stunden und einer CL von 4,5 ml/min/kg zu den aktiven Metaboliten Nortetrazepam (= Methyloxazepam; $t_{1/2}$ um 36 h) und Hydronortetrazepam metabolisiert.

Faktoren, welche die Pharmakokinetik von Benzodiazepinen beeinflussen können

Wie schon bei einigen Einzelsubstanzen erwähnt, können durch verschiedene exogene und endogene Faktoren die einzelnen pharmakokinetischen Parameter verändert werden, wobei die klinisch relevanten Einflüsse des **Alters** und der **Leberfunktion** für alle untersuchten Benzodiazepine nochmals in Tabelle 2.1.1.2 bzw. 2.1.1.3 zusammengefaßt sind. Einige weitere Hinweise sollen dies gleichermaßen für Tranquilizer wie auch Hypnotika illustrieren. Am Beispiel des Temazepams bzw. Diazepams konnte gezeigt werden, daß die **galenische Formulierung** die Resorptionsgeschwindigkeit determiniert und daß diese durch gleichzeitige Gabe von **Nahrungsmitteln** verzögert wird.

Aufgrund der lipophilen Eigenschaften der Benzodiazepine und der altersabhängigen und **geschlechtsspezifischen** Zusammensetzung des menschlichen Körpers zeigen Frauen manchmal ein größeres Verteilungsvolumen (z.B. für Chlordiazepoxid, Diazepam, Midazolam) als Männer. Analog wurde bei **Übergewicht** (Fettleibigkeit), z.B. für Alprazolam, Diazepam, Desmethyldiazepam und Midazolam, ein größeres V und damit auch eine längere $t_{1/2}$ gefunden.

Bei eingeschränkter **Nierenfunktion** ist die Elimination der hepatisch eliminierten Ben-

Tabelle 2.1.1.3. Pharmakokinetische Parameter einiger Benzodiazepine (BZD) bei Patienten mit Leberzirrhose

BZD	V (l/kg)		$t_{1/2}$ (h)		CL (ml/min)	
	Kontr.	Zirrh.	Kontr.	Zirrh.	Kontr.	Zirrh.
Alprazolam	1,2	1,1	11,4	19,7	1,2	0,61
Brotizolam	0,39	0,62	6,9	12,8	64	45
Chlordiazepoxid	0,33	0,48	23,8	62,7	15,3	7,7
Diazepam	1,1	1,7	47	105	27	14
Desmethyldiazepam	0,64	0,63	50,9	108,2	11,3	4,6
Lormetazepam	–	–	12	15	270	205
Lorazepam	1,3	2,0	22	32	0,75	0,81[a]
Midazolam	1,2	1,5	1,6	4,8	730	380
Nitrazepam	2,4	2,2	31	31	63	59
Oxazepam	0,7	0,9	5,6	5,8	136	155
Temazepam	1,1	1,4	9	13	126	104
Triazolam	–	–	3,9	9,7	470	350

[a] ml /min und kg Körpergewicht

Tabelle 2.1.1.4. Beispiele für Interaktionen mit Benzodiazepinen auf der Ebene der hepatischen Elimination

Beschleunigung der Elimination durch Induktor	Betroffenes BZD
Orale Kontrazeptiva	Lorazepam, Oxazepam, Temazepam
Barbiturate, Phenytoin, Rifampicin, Carbamazepin	wahrscheinlich alle BZD
Verlangsamung der Elimination durch Hemmstoff	**Betroffenes BZD**
Cimetidin	Diazepam (Desmethyldiazepam), Desalkylflurazepam, Midazolam, Nitrazepam, Triazolam
Disulfiram	Diazepam, Chlordiazepoxid
Metoprolol, Propranolol	Diazepam
Isoniazid	Diazepam, Triazolam
Orale Kontrazeptiva	Diazepam, Nitrazepam (Triazolam), Alprazolam, Chlordiazepoxid, Clotiazepam
Erythromycin, Ketoconazol, Itraconazol	Midazolam, Triazolam

zodiazepine normal, jedoch kumulieren die mit dem Urin ausgeschiedenen inaktiven Glukuronide. Bei **hyperthyreoten Patienten** zeigte Oxazepam eine raschere Elimination ($t_{1/2}$ = 3 h, CL = 248 ml/min) als nach 3monatiger Radiojod-Therapie oder Carbimazol-Behandlung ($t_{1/2}$ = 9,9 h, CL = 86 ml/min).

Für Diazepam wurden geringe Unterschiede in den Werten für $t_{1/2}$, V und CL zwischen Kaukasiern und Orientalen gefunden. Dies könnte auch damit zusammenhängen, daß **genetisch** bedingt etwa 3% der europäischen Bevölkerung sogenannte „poor metabolizer" von Diazepam und Desmethyldiazepam sind, d.h. sie metabolisieren beide Benzodiazepine etwa um den Faktor 2 langsamer als der Rest der Bevölkerung (Bertilsson et al. 1990).

Arzneimittelinteraktionen mit Benzodiazepinen können auf den Ebenen der Resorption, Proteinbindung und hepatischen Elimination beobachtet werden. Wird beispielsweise Clorazepat gleichzeitig mit Antacida (Mg-Al-Hydroxid) eingenommen, so wird die pH-abhängige Umwandlung sowie Resorptionsgeschwindigkeit und Bioverfügbarkeit zum bzw. vom aktiven Desmethyldiazepam verringert.

Die hohe Plasmaeiweißbindung von Diazepam und Chlordiazepoxid kann durch Valproinsäure und orale Kontrazeptiva erniedrigt werden; durch den Anstieg von f_u kann es zu einer Vergrößerung von V kommen.

Die oxidativen **Eliminationswege** von Benzodiazepinen können durch Induktoren (z.B. Phenytoin, Phenobarbital, Carbamazepin, Rifampicin) beschleunigt und durch Hemmstoffe (z.B. Cimetidin, Disulfiram, Propranolol, Isoniazid) verlangsamt werden.

Orale Kontrazeptiva stellen für durch Glukuronidierung eliminierte Benzodiazepine Induktoren und für oxidativ eliminierte Benzodiazepine Hemmstoffe dar (siehe Tabelle 2.1.1.4).

Schlußfolgerungen

Von Tranquilizern sollte bei akuten Angst- und Spannungszuständen ein relativ rascher Wirkungseintritt und eine genügend lange Wirkdauer erwartet werden. Bei chronischen psychischen Veränderungen ist eine längere Wirkdauer (d.h. langsame Elimination der Wirksubstanzen) von Vorteil, da dann die Einnahmefrequenz vermindert werden kann und gleichmäßigere Effekte auftreten. Dabei scheint eine „stabile" Pharmakokinetik, d.h. daß Resorption, Verteilung und Elimination möglichst wenig durch endogene (z.B. Begleiterkrankungen) und exogene (z.B. Co-Medikation) Faktoren verändert werden, von Vorteil zu sein.

Literatur

Arzneistoffprofile – Basisinformation über arzneiliche Wirkstoffe. Govi-Verlag, Frankfurt/M

Bertilsson L, Bailie TA, Reviriego J (1990) Factors influencing the metabolism of diazepam. Pharmacol Ther 45: 85–91

Doble A, Martin IL (1992) Multiple benzodiazepine receptors: no reason for anxiety. TiPS 13: 76–81

Drugdex® = Information System, Micromedex Denver/USA (Vertrieb in Deutschland durch Wissenschaftliche Verlagsgesellschaft, Stuttgart)

Greenblatt DJ, Divoll M, Abernethy et al. (1983) Clinical pharmacokinetics of the newer benzodiazepines. Clin Pharmacokinet 8: 233–252

Klotz U (1982) Drug interactions with benzodiazepines. In: Usdin E, Skolnick P, Tallman Jr JF, Greenblatt D, Paul AM (eds) Pharmacology of benzodiazepines. MacMillan, London, pp 299–311

Klotz U (1984) Clinical pharmacology of benzodiazepines. Prog Clin Biochem Med 1: 117–167

Klotz U (1985) Tranquillantien. Therapeutischer Einsatz und Pharmakologie. Wissenschaftliche Verlagsgesellschaft, Stuttgart

Klotz U (1989) Tranquilizer und Hypnotika. In: Koella WP (Hrsg) Psychopharmaka. Physiologische, pharmakologische und pharmakokinetische Grundlagen für ihre klinische Anwendung. Fischer, Stuttgart New York, S 29–84

Klotz U (1992) Benzodiazepinhypnotika – Relevanz pharmakokinetischer Parameter. In: Schulz H, Engfer A (Hrsg) Schlafmedizin heute. Diagnostische und therapeutische Empfehlungen. MMV, München, S 63–77

Klotz U, Kangas L, Kanto J (1980) Clinical pharmacokinetics of benzodiazepines. Fischer, Stuttgart New York (Prog Pharmacol, vol 3)

Klotz U, Reimann IW, Ziegler G (1986) Gibt es bei Benzodiazepinen Plasmakonzentrations Wirkungsbeziehungen? In: Frölich JC (Hrsg) Plasmaspiegel-Wirkungsbeziehungen von Pharmaka. Fischer, Stuttgart New York, S 31–40

Mandema JW, Tuk B, van Steveninck AL, Breimer DD, Cohen AF, Danhof M (1992) Pharmacokinetic – pharmacodynamic modeling of the central nervous system effects of midazolam and its main metabolite α-hydroxymidazolam in healthy volunteers. Clin Pharmacol Ther 51: 715–728

Möhler H (1992) Gabaergic synaptic transmission. Regulation by drugs. Arzneimittelforschung: 211–214

Ray WA, Griffin MR, Downey W (1989) Benzodiazepines of long and short elimination half life and the risk of hip fractures. JAMA 262: 3303–3307

2.1.2 Experimentelle und klinische Pharmakologie

W. E. Müller

Wie im nächsten Kapitel näher dargestellt, können praktisch alle pharmakologischen und klinischen Wirkungen der Benzodiazepine durch eine über den Benzodiazepinrezeptor vermittelte Verstärkung GABAerger Hemmimpulse im zentralen Nervensystem erklärt werden. Hierbei lassen sich fünf unterschiedliche Wirkqualitäten herauskristallisieren (Tabelle 2.1.2.1). Diese sind zugleich Grundlage der sehr unterschiedlichen therapeutischen Einsatzmöglichkeiten der Benzodiazepine wie auch ihrer unerwünschten Wirkungen (Tabelle 2.1.2.1). Bei den klassischen Benzodiazepinderivaten sind diese Wirkungsqualitäten prinzipiell immer vorhanden, wobei in der Regel allerdings für antikonvulsive und anxiolytische Effekte niedrigere Dosen benötigt werden als für muskelrelaxierende oder sedativ-hypnotische Effekte (Tabelle 2.1.2.2 und 2.1.2.3). Diese Abhängigkeit der pharmako-

Tabelle 2.1.2.1. Die pharmakologischen Eigenschaften der Benzodiazepine als Grundlage ihrer therapeutischen Einsatzmöglichkeiten, aber auch als Grundlage der wichtigen unerwünschten Wirkungen. Alle hier beschriebenen Wirkungen und Nebenwirkungen werden über einen Angriff an zentralen Benzodiazepinrezeptoren ausgelöst und können daher durch einen Benzodiazepinrezeptor-Antagonisten (z.B. Flumazenil) terminiert werden

Pharmakologische Eigenschaften	Therapeutischer Einsatz	Unerwünschte Wirkungen
Antikonvulsiv	zentral ausgelöste Krampfzustände, Epilepsie	
Zentral muskelrelaxierend	zentral Spastik, Muskelverspannungen, Tetanus,	Muskelschwäche, Ataxie, Gangstörungen, Atemdepression
Sedativ/ hypnotisch	Schlafstörungen, Prämedikation in der Anästhesie	Tagessedation, Schläfrigkeit, eingeschränkte Aufmerksamkeit
Amnestisch	verschiedene Anwendungen in der Anästhesie	Amnesie (anterograd) z.B. bei der Anwendung als Hypnotikum
Anxiolytisch, erregungs- und aggressionsdämpfend	Spannungs-, Erregungs- und Angstzustände verschiedener Genese, Streßabschirmung	Gleichgültigkeit, Realitätsflucht, Affektabflachung

logischen ED_{50}-Werte von der jeweiligen Wirkungsqualität bzw. dem pharmakologischen Test läßt sich durch die unterschiedliche Benzodiazepinrezeptorbesetzung erklären, die für die jeweiligen pharmakologischen Wirkqualitäten benötigt werden (siehe nächstes Kapitel).

Im Gegensatz zu den klassischen Benzodiazepinen lassen sich dagegen deutliche Unterschiede im Wirkungsspektrum der sogenannten partiellen Benzodiazepinrezeptor-Agonisten nachweisen (siehe nächstes Kapitel), bei denen es im pharmakologischen Experiment gelingt, anxiolytische bzw. antikonvulsive Eigenschaften von sedativ-hypnotischen bzw. muskelrelaxierenden Eigenschaften abzutrennen. Grundlage für diese deutlichen Unterschiede ist, wie schon erwähnt, das für die einzelnen pharmakologischen Effekte unterschiedliche Ausmaß der benötigten Rezeptorbesetzung (siehe das nächste Kapitel). Für alle (volle und partielle) Benzodiazepinrezeptor-Agonisten aber gilt, daß sich die pharmakologischen Eigenschaften im wesentlichen auf die bereits erwähnten (Tabelle 2.1.2.1) Wirkqualitäten zurückführen lassen.

Experimentelle Pharmakologie

Antikonvulsive Eigenschaften

Benzodiazepine gelten als ausgesprochen potente antikonvulsiv wirksame Substanzen. Im pharmakologischen Experiment unterdrücken sie epileptiforme Aktivität, ausgelöst durch eine Vielzahl von unterschiedlichen Noxen (z.B. elektrisch, chemisch oder genetisch bedingt). Aufgrund elektrophysiologischer Untersuchungen geht man heute davon aus, daß bei der antikonvulsiven Wirkung der Benzodiazepine die Verhinderung der Ausbreitung paroxysmaler Aktivitäten eine wesentliche Rolle spielt, daneben aber auch eine Hemmung von motorischen Mechanismen auf spinaler

Ebene und eine gewisse Stabilisierung übererregter Neurone in epileptischen Herden (HAEFELY et al. 1981, 1985a). Die Bedeutung dieses letzten Mechanismus ist aber nicht unumstritten (RALL und SCHLEIFER 1991). Innerhalb der verschiedenen Krampfmodelle sind die Benzodiazepine nicht gleich stark wirksam. Generell gesehen haben sie eine sehr hohe Potenz in Krampfmodellen, bei denen die epileptiforme Aktivität durch eine Unterdrückung der GABAergen Hemmung ausgelöst wird, wie z.B. beim Pentetrazolkrampf oder bei Krämpfen ausgelöst durch Hemmstoffe der GABA-Synthese (Thiosemicarbazid) (Tabelle 2.1.2.2 und 2.1.2.3). Die Aktivität der Benzodiazepine in diesen Krampfmodellen korreliert in der Regel sehr gut mit ihrer Affinität zum Benzodiazepinrezeptor und ihrer Wirksamkeit am Menschen (Antikonvulsion aber auch Anxiolyse) und gilt gleichermaßen für tranquillisierende und hypnotische Substanzen (Tabelle 2.1.2.2). Wesentlich höhere Dosen der Benzodiazepine werden z.B. zur Unterdrückung von durch Strychnin ausgelösten Krämpfen benötigt oder zur Unterdrückung der Krampfaktivität im maximalen Elektroschock-Modell (Tabelle 2.1.2.2 und 2.1.2.3). Die Wirkungsstärke der einzelnen Benzodiazepinderivate im letzten Modell korreliert nicht mit ihrer Affinität zum Benzodiazepinrezeptor (HAEFELY et al. 1985b, MÜLLER 1987). In diesem Modell ist z.B. das sonst sehr aktive Clonazepam nur schwach wirksam (Tabelle 2.1.2.2). Damit spiegelt dieser pharmakologische Test möglicherweise eine der sehr wenigen Wirkungsqualitäten der Benzodiazepine wider, die nicht direkt über eine Aktivierung des Benzodiazepinrezeptors erklärt werden können. Die antikonvulsive Wirkqualität der Benzodiazepine im Tierexperiment wie auch die therapeutische Wirkung am Patienten als Antikonvulsiva zeigen eine ausgeprägte Toleranzentwicklung, was ihre therapeutischen Einsatzmöglichkeiten stark limitiert.

Zentrale Muskelrelaxation

Generell gesehen ist die experimentelle Verifizierung einer zentralen Muskelrelaxation relativ schwierig, da z.B. alleine Veränderungen der Vigilanz schon deutliche auch über zentrale Mechanismen vermittelte Änderungen von Muskeltonus auslösen können. Daher ist keiner der heute eingesetzten Tests wie Drehstab, Kamintest (Rückwärtslaufen in einer engen Röhre), Traktion-Test oder Messung der Gamma-Rigidität alleine aussagekräftig für zentrale Muskelrelaxation, die aber in Kombination mit anderen pharmakologischen Tests für die Benzodia-

Tabelle 2.1.2.2. Pharmakologische ED_{50}-Werte von 5 klassischen 1,4-Benzodiazepinderivaten an der Maus in Testanordnungen, die für die einzelnen Wirkqualitäten als indikativ gelten (nach RANDALL und KAPPELL 1973). Klinisch werden Diazepam und Bromazepam primär als Tranquilizer, Clonazepam als Antikonvulsivum und Nitrazepam bzw. Flurazepam als Hypnotika eingesetzt

	ED_{50}-Werte Maus, oral (mg/kg)			
	Antikonvulsiv (Pentetrazolkrampf)	Muskel-relaxierend	Aggressions-hemmend	Antikonvulsiv (max. Elektroschock)
Diazepam	2	6	10	22
Bromazepam	0,8	0,6	10	34
Clonazepam	0,2	0,2	0,8	400
Nitrazepam	0,7	0,7	5	31
Flurazepam	2	6	20	82

Tabelle 2.1.2.3. Vergleich der pharmakologischen ED_{50}-Werte eines typisch anxiolytischen Benzodiazepins (Diazepam) mit denen eines typisch hypnotischen Benzodiazepins (Triazolam) (nach RUDZIK et al. 1973). Die Daten in Klammern stellen den Quotienten der beiden jeweiligen ED_{50}-Werte dar. In praktisch allen Wirkqualitäten (nicht nur den sedativ-hypnotischen Eigenschaften) ist Triazolam auf mg-Basis stärker wirksam als Diazepam

Pharmakologisches Modell	ED_{50}-Werte (i.p., mg/kg)		
	Diazepam		Triazolam
Antikonvulsive Eigenschaften			
Pentetrazol-Krampf (Maus)	0,8	(20)	0,04
Pentetrazol-Krampf (Ratte)	1,4	(7)	0,2
Thiosemicarbazid-Krampf (Maus)	0,7	(23)	0,03
Strychnin-Krampf (Maus)	8,0	(40)	0,2
Maximaler Elektroschock (Maus)	20	(1)	23
Muskelrelaxierende Eigenschaften			
Traction-Test (Maus)	7,0	(11)	0,6
Anxiolytische bzw. aggressionslösende Eigenschaften			
Elektroschock-induzierte Aggression (Maus)	1,8	(6)	0,3
Zähm-Effekt (Affe)	3,0	(10)	0,3
Geller-Test (Ratte) (minimal effektive Dosis)	5,0	(20)	0,25
Sedativ-hypnotische Eigenschaften			
Verlängerung der Schlafzeit nach Chlorprothixen (Maus)	2,3	(8)	0,3
Verlängerung der Pentobarbitalschlafzeit (Maus)	5,0	(2,5)	2,0

zepine zweifelsfrei belegt ist. Hier geht man davon aus, daß eine Dämpfung supraspinaler fördernder Einflüsse auf Motorneurone und eine Hemmung polysynaptischer Reflexe bzw. einer Verstärkung der präsynaptischen Hemmung auf spinaler Ebene eine Rolle spielen (HAEFELY et al. 1981). Bei der bei hohen Dosen bzw. Intoxikationen zu beobachtenden Ataxie (Tabelle 2.1.2.1) unter Benzodiazepinen spielt wahrscheinlich auch eine komplexe Beeinflussung des Kleinhirns eine Rolle.

In der klinischen Anwendung ist die muskelrelaxierende Wirkung der Benzodiazepine auch die Ursache wichtiger Nebenwirkungen wie Muskelschwäche und Gangstörungen und der Grund der Kontraindikation „Myasthenie" und „bereits bestehende Ataxien". Gangstörungen und damit verbundene Stürze mit einem erhöhten Risiko von Frakturen können sehr unangenehme Effekte einer Überdosierung mit Benzodiazepinen sein. Alte Patienten sind hier besonders gefährdet (RAY et al. 1989). Auch bei der atemdepressorischen Wirkung der Benzodiazepine kann eine zentral ausgelöste Muskelrelaxation neben einer direkten Beeinflussung der Atmung eine Rolle spielen.

Nur in sehr hohen und therapeutisch nicht relevanten Konzentrationen zeigen verschiedene Benzodiazepine einen direkt relaxierenden Effekt auf die Atemmuskulatur (DRIESSEN et al. 1987).

Sedation, hypnotische Wirkung

Die sedativ-hypnotische Komponente (RALL 1991) der Benzodiazepine läßt sich im Tierexperiment im einfachsten Fall durch das

Explorationsverhalten, oder schon spezifischer durch die Verlängerung der Schlafzeit nach anderen Sedativa demonstrieren (Barbiturate, Neuroleptika, Ethanol). Anxiolytische Benzodiazepine (z.B. Diazepam) unterscheiden sich in der relativen Ausprägung der sedativ-hypnotischen Wirkkomponente nicht von hypnotischen Benzodiazepinen (z.B. Triazolam) (Tabelle 2.1.2.3).
Die Effekte der Benzodiazepine auf den Schlaf von Versuchstieren sind dagegen wesentlich komplexer und als pharmakologisches Modell nicht so gut geeignet als entsprechende Effekte beim Menschen. Im Gegensatz zum menschlichen Schlaf ist nämlich der Schlaf von vielen Labortieren, besonders Nagern wie Ratten oder Kaninchen, sehr fraktioniert mit zum Teil sehr häufig wechselnden Wach- und Schlafstadien (Abb. 2.1.2.1). Tierspezies wie Katze und Hund zeigen darüber hinaus nur bei sehr kleinen Dosen eine Verbesserung des normalen Schlafes, bei höheren Dosen aber eine Verschlechterung. Beim Kaninchen dagegen kann man zwar dosisabhängig eine Verbesserung des normalen Schlafes durch Benzodiazepine zeigen, muß aber auch hier wegen der ausgeprägten Fraktionierung den Schlaf als Integral der in einem Schlafstadium verbrachten Zeit pro Zeitabschnitt ermitteln (Abb. 2.1.2.1). Im Gegensatz zu den variablen Effekten bei normalem Schlaf bewirken Benzodiazepine bei den meisten Versuchstieren eine deutliche Verbesserung des gestörten Schlafes, den man daher als ein gewisses Modell für die Hyposomnie am Menschen betrachten könnte (SCHERSCHLICHT 1987).
Die sedativ-hypnotische Komponente der Benzodiazepine ist auch für wesentliche unerwünschte Wirkungen verantwortlich wie Tagessedation, Schläfrigkeit, aber auch für am Tage eingeschränkte Aufmerksamkeit und Reaktionsfähigkeit (siehe auch später). Von besonderer, vor allen Dingen auch toxikologischer Bedeutung ist die Tatsache, daß selbst sehr hohe Dosen von Benzodiazepinen im Gegensatz zu anderen Hypnoti-

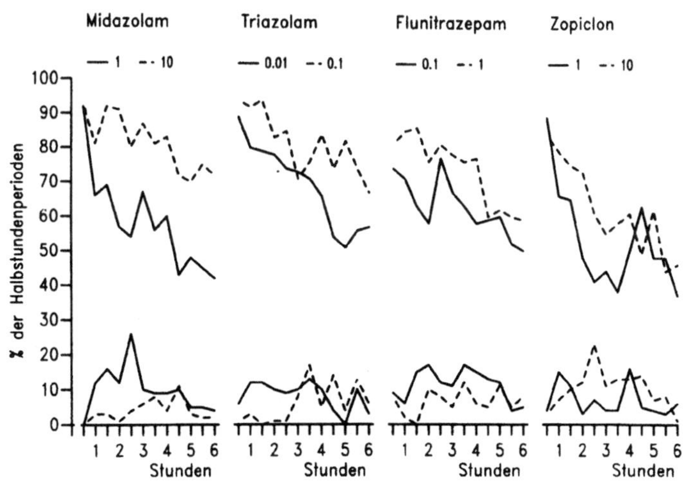

Abb. 2.1.2.1. Effekte von 3 Benzodiazepinhypnotika und der neuartigen Substanz Zopiclon auf den Schlaf von Kaninchen. Obere Kurvenpaare: Non-REM-Schlaf. Untere Kurvenpaare: REM-Schlaf. Aufgetragen ist der Prozentsatz jeder Halbstunden-Periode sechsstündiger Versuche, der von den jeweiligen beiden Schlafformen eingenommen wird. Die jeweiligen Dosen, mit denen die Untersuchungen durchgeführt wurden, beziehen sich auf mg/kg i.v. Auf der Abszisse ist die Zeit nach Applikation angegeben. Die Daten sind der Publikation von SCHERSCHLICHT (1987) entnommen

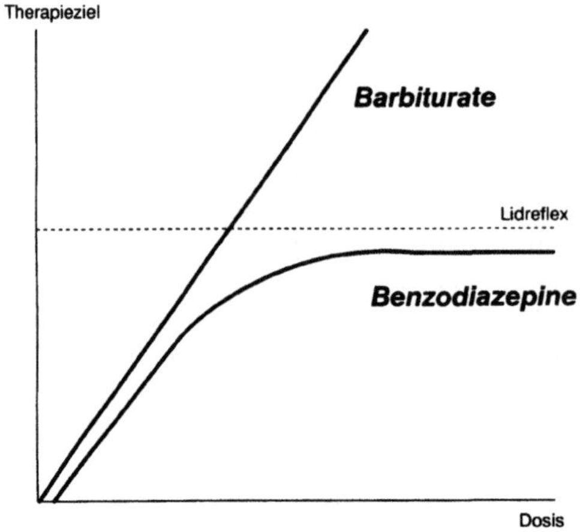

Abb. 2.1.2.2. Schematische Darstellung der ZNS-Depression unter steigenden Dosen von Benzodiazepinen bzw. Barbituraten. Während auch unter sehr hohen Benzodiazepinkonzentrationen in der Regel keine eigentlichen narkotischen Effekte erreicht werden (keine Ausschaltung des Lidreflexes), kann man mit hohen Barbituratdosen eine echte Narkose mit Unterdrükkung der Reflexaktivität erreichen

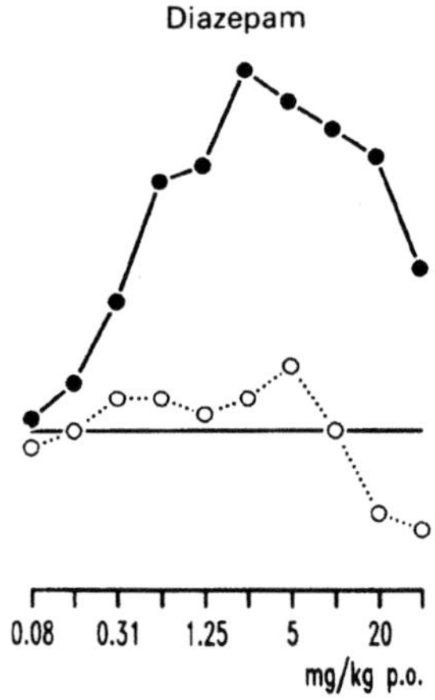

Abb. 2.1.2.3. Antikonflikteffekt von Diazepam beim Totenkopfäffchen. Aufgetragen ist die Anzahl durch Elektroschock bestrafter (durchgezogene Linie) und nicht-bestrafter (gepunktete Linie) Tastendrücke zum Erhalt von Futter (in Prozent der Leistung in Kontrollversuchen). Die Daten sind der Publikation von SCHERSCHLICHT (1987) entnommen

ka keine Vollnarkose auslösen in dem Sinne, daß eine ausreichende Reflexausschaltung für chirurgische Eingriffe erreicht würde (Abb. 2.1.2.3). Benzodiazepine alleine können daher nicht als Narkotika eingesetzt werden. Dies unterscheidet die Benzodiazepine von den Barbituraten (Abb. 2.1.2.2) und ist wahrscheinlich dadurch zu erklären, daß Barbiturate neben einer GABA-Verstärkung auch direkt die neuronale Erregbarkeit unterdrücken könnten z.B. über eine direkte Hyperpolarisation infolge Cl-Kanal-Aktivierung.

Amnestische Wirkung

Obwohl sie keine Narkotika im eigentlichen Sinn darstellen, werden Benzodiazepine heute sehr häufig in der Anästhesie zur Sedation eingesetzt, z.B. als Prämedikation, zur Narkoseeinleitung und auch mit anderen Substanzen als Kombinationsnarkotika. Speziell bei intravenöser Anwendung wird hier häufig eine anterograde Amnesie beobachtet. Dieser Effekt kann sehr erwünscht sein, da z.B. bei der Anwendung von Benzodiazepinen vor einer Endoskopie sich der Patient an die unangenehme Prozedur nicht mehr erinnert, obwohl er die Untersuchung wach und ansprechbar durchgestanden hat. Amnestische Effekte lassen sich auch in geeigneten Anordnungen im Tierversuch demonstrieren, und eine durch Benzodiazepine ausgelöste Gedächtnisverschlechterung gilt heute schon als eine der experimentellen Möglichkeiten Substanzen zu testen, die die kognitive Leistungsfähigkeit verbessern sollen. Bei diesen tierexperimentellen Untersuchungen werden wahrscheinlich allerdings eher kognitive Leistungseinbußen als echte Amnesien (Gedächtnislücken) erfaßt. Dafür spricht unter anderem, daß man im Tierexperiment mit inversen Benzodiazepinrezeptor-Agonisten Lern- und Gedächtnisleistung verbessern kann (JENSEN et al. 1987). In Parallele dazu sieht man auch im humanpharmakologischen Experiment eher Gedächtnisverschlechterungen als eigentliche Amnesien (siehe später).

Anxiolytische Wirkung
Anxiolytische Wirkungskomponenten der Benzodiazepine werden üblicherweise in sogenannten Antikonflikttests untersucht, in denen Benzodiazepine den hemmenden Einfluß der Bestrafung auf positiv verstärktes Verhalten vermindern (Abb. 2.1.2.3). In solchen Anordnungen werden Tiere trainiert auf ein bestimmtes Signal hin zu reagieren, um eine Futterbelohnung zu bekommen. Nach Erlernen dieser Tätigkeit wird das Signal periodenweise mit einem Signal gekoppelt, bei dem die Tiere zusammen mit dem Futter eine Bestrafung (häufig in Form eines milden Elektroschocks) bekommen. Nach einer gewissen Zeit haben die Tiere auch dies gelernt und erbitten nur noch eine Futterbelohnung in den Perioden, in denen es nicht zu einer parallelen Bestrafung kommt. Benzodiazepine erhöhen nun über einen weiten Dosenbereich die Anzahl der bestraften Futterbitten während der Konfliktperioden ohne daß sie die Anzahl der unbestraften Tastendrücke außerhalb der Konfliktperioden beeinflussen (Abb. 2.1.2.3). Erst bei sehr hohen Dosen werden bestrafte und unbestrafte Futterbitten gleichermaßen reduziert (Abb. 2.1.2.3). Sie zeigen gleiche Effekte auch in Versuchsanordnungen, wo nur noch konditionierte Angst vorliegt, d.h. wo die Tiere nur noch den Elektroschock fürchten, selbst wenn er bei Futterbitte nicht mehr erteilt wird. Diese Wirkqualitäten der Benzodiazepine werden dahingehend interpretiert, daß die Substanzen spezifisch die Angst vor der Bestrafung als hemmenden Parameter in solchen Versuchsanordnungen reduzieren. Diese spezifische Wirkung der Benzodiazepine (Hemmung des bestraften Verhaltens ohne Einfluß auf das unbestrafte Verhalten) haben nur noch Barbiturate in einem engen Dosenbereich und die Tranquilizer Meprobamat und Metaqualon. Entsprechende Effekte sieht man in der Regel nicht bei Neuroleptika und Antidepressiva, was auf pharmakologischer Ebene eine recht gute Abtrennung der Tranquillantien von den anderen Psychopharmaka erlaubt. Andere Angstmodelle wären z.B. der soziale Interaktionstest (File 1980) oder das Explorationsverhalten in unbekannter Umgebung (Neophobietest).

Die angstunterdrückende Wirkung der Benzodiazepine ist wahrscheinlich auch die Grundlage ihrer Wirksamkeit in verschiedenen Aggressionsmodellen. Man geht heute davon aus, daß Benzodiazepine nicht generell Aggression unterdrücken, sondern nur dann, wenn die Aggressivität durch Angst ausgelöst wird. Umgekehrt können Benzodiazepine auch unter bestimmten Anordnungen Aggression auslösen, nämlich dann, wenn die Aggression durch Angst oder soziale Einordnung unterdrückt war. Inwieweit eine Auslösung von aggressivem Verhalten als sehr seltene paradoxe Nebenwirkung der Benzodiazepine am Menschen auch über diese eher pychologischen Mechanismen erklärt werden kann oder durch die mehr neuronale Hypothese paradoxer Benzodiazepineffekte im Sinne einer Desinhibition (verstärkte GABAerge Hemmung hemmender neuronaler Verschaltungen), ist letztlich nicht bekannt.

Im Sinne einer angst- und spannungslösenden Wirkungskomponente kann man auch die unter Benzodiazepinen zu beobachtende Verminderung zentral vermittelter Hyperaktivitäten des vegetativen Nervensystems sehen (Drugan und Hilmes 1991). Pharmakologische Modelle dieser Wirkungskomponente sind Effekte von Benzodiazepinen auf periphere Streßparamter wie Catecholamine oder Cortison und sind eine unter Benzodiazepinen zu beobachtende Reduktion streßbedingter Magenulcera. Therapeutische Einsatzbereiche, die möglicherweise auf diese Wirkungskomponenten zurückführbar sind, wären der therapeutische Einsatz von Benzodiazepinen bei

psychosomatischen Erkrankungen z.B. kardiovaskulärer Art (Angina pectoris) oder streßbedingte gastrointestinale Störungen bis zu Magenulcera. Der therapeutische Nutzen der Benzodiazepine in diesen Indikationen ist aber immer noch umstritten, da nicht sicher gezeigt werden konnte, ob Benzodiazepine nur die psychische Begleitsymptomatik (Angst, Unruhe) sondern auch die eigentliche somatische Grunderkrankung verbessern können.
Generell gesehen ist die anxiolytische Wirkungskomponente der Benzodiazepine im weitesten Sinn die pharmakologische Basis für die breite therapeutische Anwendung dieser Substanzen bei Angst-, Spannungs- und Erregungszuständen und auch für die weniger klar definierte Indikation Streßabschirmung. Spekulativ gesehen kann man eine überzeichnete oder zu stark aufgetretene anxiolytische Wirkung als Ursache von unerwünschten Benzodiazepinwirkungen wie Gleichgültigkeit, Realitätsabwendung und gegebenenfalls Affektabflachung ansehen. Wahrscheinlich sind diese unerwünschten Wirkungen aber in ihrer Entstehung wesentlich komplexer und sicher spielt auch die sedierende Wirkungskomponente der Benzodiazepine eine Rolle.

Toxikologie
Eine der unwidersprochenen Vorteile der Benzodiazepine ist ihre geringe und chronische Toxizität bei Tier und Mensch. Letale Dosen für Labortiere – angegeben als ED_{50}-Werte – liegen für die klassischen Benzodiazepine im Bereich von vielen 100 mg/kg (Haefely et al. 1981). In Übereinstimmung mit diesen tiertoxikologischen Daten ist die klinische Erfahrung über die letzten 30 Jahre, wo nur äußerst selten letale Intoxikation beobachtet wurde, die auf die Einnahme von Benzodiazepinen alleine zurückgeführt werden konnte. Wenn Todesfälle berichtet wurden, dann in der Regel aufgrund von Sekundärfaktoren (wie z.B. Unterkühlung) oder durch Kombination mit anderen zentral wirksamen Medikamenten oder Alkohol.
Einige toxikologische Effekte der Benzodiazepine, speziell ihre letale Wirkung am Versuchstier, sind nicht korreliert mit ihrer Affinität zum Benzodiazepinrezeptor, so daß man heute davon ausgeht, daß toxische Effekte sehr hoher Dosen dieser Substanzen über unspezifische, nicht näher bekannte Mechansmen vermittelt werden.

Plasmakonzentration bzw. Rezeptorokkupation-Wirkungsbeziehungen
In Übereinstimmung mit der Rezeptor-vermittelten Wirkung der Benzodiazepine (siehe nächstes Kapitel) lassen sich für die Benzodiazepine in bestimmten Modellen sehr gute Korrelationen zwischen Plasmakonzentration bzw. Rezeptorokkupation auf der einen Seite und pharmakologische Wirkung auf der anderen Seite demonstrieren. Die Beziehung zwischen Plasmakonzentration der Benzodiazepine, freie Konzentration im Gehirn und Rezeptorbesetzung im Gehirn wurden u.a. von Mennini und Garattini (1983) und Arendt et al. (1983) ausführlich untersucht. Diese Untersuchungen haben klar gezeigt, daß die wesentliche Determinante des Ausmaßes der Benzodiazepinrezeptorbesetzung die freie Plasmakonzentration darstellt. Diese steht mit der freien Konzentration im Gehirn im Gleichgewicht. Unter bestimmten Bedingungen sieht man daher sehr schöne Korrelationen zwischen der Intensität der pharmakologischen Wirkung und der Abnahme der Rezeptorokkupation im zentralen Nervensystem, die im wesentlichen durch die pharmakokinetische Eliminationsgeschwindigkeit determiniert wird (Abb. 2.1.2.4). Diese sehr enge Korrelation zwischen pharmakokinetischer Eliminationsgeschwindigkeit (in der Regel ist damit die β-Phase gemeint) und der Länge der pharmakodynamischen Wirkung gilt allerdings nicht für viele akute Effekte der Benzodiazepine. Hier spielen Vertei-

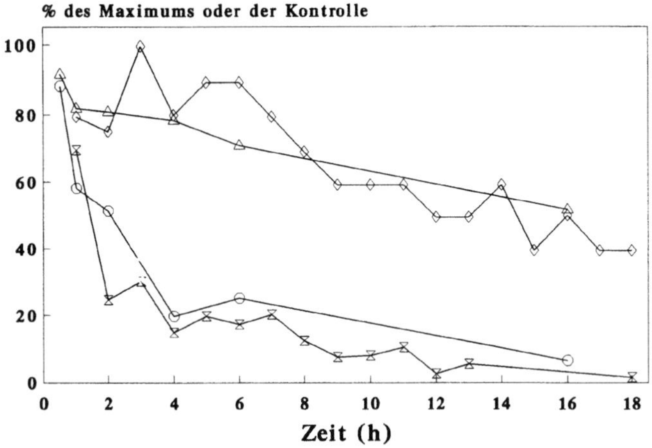

Abb. 2.1.2.4. Vergleich zwischen Rezeptorbesetzung durch die Benzodiazepine Midazolam (Quadrate) und Diazepam (Kreise) und der pharmakologischen Wirkung im Rechteck-Test (indikativ für sedative Effekte). Die Wirkung im Rechteck-Test ist hierbei durch die ausgefüllten Symbole wiedergegeben und die mittlere ex vivo-bestimmte Rezeptorbesetzung durch die gleiche Dosis in offenen Symbolen. Die Dosis betrug bei beiden Substanzen 9 mg/kg oral. Auf der Abszisse ist in dieser Abbildung die Zeit nach Applikation angegeben und auf der Ordinate Wirkung im Rechteck-Test bzw. Rezeptorokkupation in Prozent der jeweiligen Kontrollwerte. Die Abbildung zeigt sehr deutlich, daß die Wirksamkeit im Rechteck-Test parallel mit der Rezeptorokkupation über die Zeit nachläßt (nach Scherschlicht 1987)

lungsphänomene (aus dem zentralen Nervensystem in periphere Gewebe) eine ganz wesentliche Rolle (Arendt et al. 1983). Daß dies natürlich für die in der Anästhesie eingesetzten Dosen intravenös verabreichter Benzodiazepine analog zu anderen Injektionsnarkotika gilt, ist eher banal. Dieses Phänomen scheint aber auch einen ganz erheblichen Effekt auf die Dauer der hypnotischen Wirkung von Benzodiazepinen nach Einmalgabe zu haben (Arendt et al. 1983). Hier konnte gezeigt werden, daß die mit einer objektiven Methode (EEG) gemessene Dauer der hypnotischen Wirkung verschiedener Benzodiazepinderivate nicht von ihrer pharmakokinetischen Eliminationshalbwertszeit (β-Phase), sondern fast ausschließlich von ihrem Verteilungsvolumen und der damit bedingten schnellen Umverteilung aus dem ZNS in periphere Gewebe zusammenhängt. Hier ist erstaunlich, daß in dieser Untersuchung die Wirksamkeit verschiedener Benzodiazepinderivate mit sehr langer Eliminationshalbwertszeit (z.B. Diazepam) sehr viel kürzer war als die Wirksamkeit von Benzodiazepinen mit kurzer Eliminationshalbwertszeit (Triazolam). Auf den Menschen übertragen lassen diese Befunde Zweifel aufkommen, ob die Dauer der hypnotischen Wirkung verschiedener Benzodiazepinderivate wesentlich von der Eliminationshalbwertszeit abhängt. Dies scheint eher unwahrscheinlich. Diese Betrachtung bezieht sich allerdings nur auf die hypnotische Wirkung, für die eine relativ hohe ZNS-Konzentration nötig ist. Sie bezieht sich nicht auf die sogenannten Überhang- oder Hang-Over-Effekte von Benzodiazepinderivaten, wie Müdigkeit und Konzentrationsschwierigkeiten am Morgen nach der Einnahme, die sehr wohl in ihrem Ausmaß durch die Plasmaeliminationshalbwertszeit (β-Phase) beeinflußt werden.

Diese sehr enge Beziehung zwischen Re-

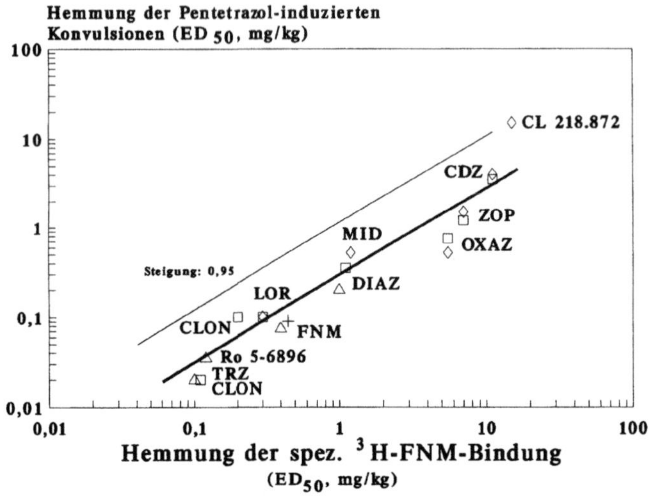

Abb. 2.1.2.5. Die Beziehung zwischen der Dosis verschiedener Benzodiazepine, die benötigt wird, um 50% der Benzodiazepinrezeptoren im ZNS der Maus zu besetzen und der pharmakologischen ED_{50}-Dosis, die benötigt wird, um 50% der Mäuse gegen durch Pentetrazol ausgelöste Krämpfe zu schützen. Die hier wiedergegebene lineare Korrelation zeigt eine sehr eindeutige lineare Beziehung der in beiden Modellen benötigten Dosen und läßt sich dahingehend interpretieren, daß von allen aufgeführten Liganden ungefähr eine 25prozentige Rezeptorbesetzung benötigt wird, um den erwünschten pharmakologischen Effekt zu erreichen. Die oberhalb der Beziehung wiedergegebene Gerade würde der Kurve entsprechen, die man erhalten würde, wenn 50% Rezeptorbesetzung zur pharmakologischen ED_{50}-Wirkung benötigt würden (nach BRAESTRUP et al. 1983)

zeptorokkupation auf der einen Seite und pharmakodynamischer Wirkung auf der anderen Seite gilt für alle Benzodiazepinrezeptor-Agonisten in gleichem Maße. Dies bedeutet, daß für eine bestimmte Wirkqualität (z.B. Unterdrückung von durch Pentretazol ausgelöste Krämpfe), die benötigte Dosis im pharmakologischen Experiment immer so liegt, daß damit ein gleiches Ausmaß an Rezeptorokkupation erreicht wird. Dies ist in Abb. 2.1.2.5 dargestellt, wo für sehr viele Benzodiazepinrezeptor-Agonisten (nicht nur klassische Benzodiazepine, sondern z.B. auch Substanzen wie das Zopiclon) gezeigt werden konnte, daß man zwar zur halbmaximalen Unterdrückung der durch Pentretazol ausgelösten Krämpfe für die einzelnen Substanzen unterschiedliche Einmaldosen benötigt, daß diese Dosen aber immer in einer sehr klaren Beziehung zu der Dosis stehen, die benötigt wird, um die Benzodiazepinrezeptoren halbmaximal abzusättigen. Aus der in Abb. 2.1.2.5 dargestellten Beziehung läßt sich somit ableiten, daß für alle ausgeführten Substanzen die Rezeptorokkupation im Bereich der pharmakologischen ED_{50}-Werte (Pentetrazol-Test) identisch ist und geschlossen für diese Substanzen bei ungefähr 25% liegt. Mit solchen Korrelationen konnte man im Tierexperiment sehr klar zeigen, daß zur Auslösung bestimmter pharmakologischer Wirkqualitäten ein unterschiedliches Ausmaß an Benzodiazepinrezeptorokkupation benötigt wird, das aber für die einzelnen Benzodiazepinderivate sehr ähnlich bis identisch ist (Abb. 2.1.2.6). Diese Daten belegen sehr eindrücklich, wie ähnlich die Benzodiazepine im Hinblick auf ihre pharmakologischen Eigenschaften sind, und daß zumindest die heute vorhandenen klassischen Benzodiazepine sich im Hinblick auf ihre intrinsi-

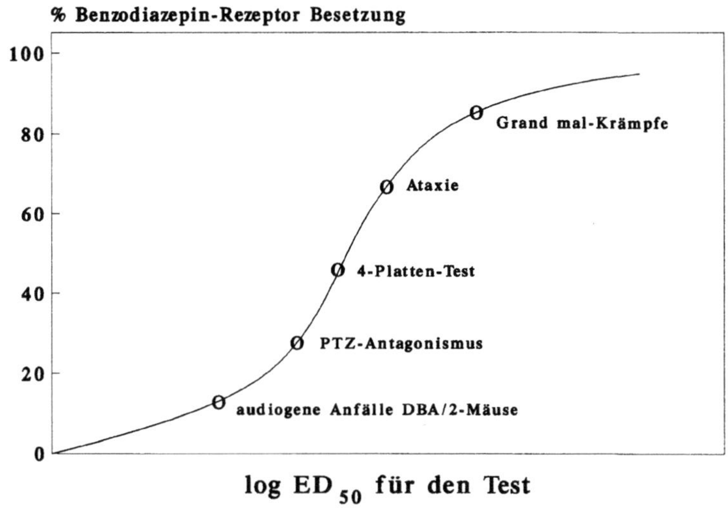

Abb. 2.1.2.6. Die Beziehung zwischen pharmakologischer ED_{50}-Wirkung und Benzodiazepinrezeptorbesetzung in verschiedenen Testanordnungen in der Maus. Die Abbildung zeigt, daß, um ED_{50}-Effekte in den verschiedenen pharmakologischen Testmodellen zu erreichen, ein unterschiedliches Ausmaß an Rezeptorokkupation benötigt wird. Die Wirksamkeit von Benzodiazepinen gegen audiogene bzw. Pentetrazol-induzierte Krämpfe ist indikativ für ihre antikonvulsiven und mit Einschränkung anxiolytischen Eigenschaften, die Wirksamkeit im 4-Platten-Test ist indikativ für die anxiolytischen Eigenschaften und die Wirksamkeit im Drehstab- bzw. maximalen Elektroschock-Test ist indikativ für muskelrelaxierende Eigenschaften (nach PETERSEN et al. 1986)

schen agonistischen Eigenschaften am Benzodiazepinrezeptor nicht wesentlich unterscheiden.

Toleranz

Funktionelle Toleranz nach chronischer Behandlung mit Benzodiazepinen ist ein gut dokumentiertes Phänomen bei Tieren (FILE 1984) und am Menschen (GREENBLATT und SHADER 1978) und stellt ein pharmakodynamisches und nicht ein pharmakokinetisches Phänomen dar (GREENBLATT und SHADER 1978). Toleranz ist stärker ausgeprägt für die sedativ-hypnotischen und antikonvulsiven Eigenschaften der Benzodiazepine als für ihre anxiolytische Wirkung. Obwohl Toleranz auf die sedierenden Eigenschaften beim klinischen Einsatz der Benzodiazepine oft ein erwünschtes Phänomen darstellt, besonders wenn die Substanzen als Tagestranquilizer eingesetzt werden, stellt Toleranz auf die antikonvulsiven Eigenschaften einen der wesentlichen limitierenden Faktoren für den Einsatz der Benzodiazepine als Antiepileptika dar. Der Mechanismus der Toleranzausbildung ist noch nicht sicher abgeklärt. Während früher eine Beteiligung einer Benzodiazepinrezeptor-Down-Regulierung an der Ausbildung der Toleranz eher kritisch gesehen wurde (MÜLLER 1987), ist neueren Untersuchungen nach möglicherweise doch eine Down-Regulation des GABA-A-Rezeptor-Benzodiazepinrezeptor-Komplexes an der Ausbildung der funktionellen Toleranz beteiligt, wobei im Einzelfall eine Abnahme der Benzodiazepinrezeptordichte und eine Abnahme der GABA-Rezeptorfunktionalität beschrieben wurden (MILLER et al. 1988, 1989). Diese Annahme wird auch durch jüngste Daten bestätigt, die eine Abnahme der GABA-A-Rezeptor-mRNA nach chronischer Benzodiazepinbe-

Tabelle 2.1.2.4. Auslösung von massiven körperlichen Entzugssymptomen (Krämpfen) durch Gabe eines Benzodiazepinrezeptor-Antagonisten (FG 7142 bzw. Ro 15-3505) nach subchronischer Behandlung von Ratten mit relativ hohen Dosen der Benzodiazepine Diazepam und Triazolam, des Benzodiazepinrezeptor-Agonisten Zopiclon und des partiellen Agonisten Bretazenil. Man beachte die sehr hohen hier benötigten Dosen im Vergleich zu den pharmakologischen ED_{50}-Werten (Tabellen 2.1.2.2 und 2.1.2.3)

	Prozent der Tiere mit Krämpfen							
	Dosis (mg/kg/Tag)							
	1	2	4	8	16	40	80	400
Diazepam[a]			20	60	60	50		
Triazolam[a]	0	0	10	10	30			
Zopiclon[a]	0	0	0	0	0			
Diazepam[b]			0		25	100		
Triazolam[b]	100		100					
Bretazenil[b]			0		10	0		

[a] Piot et al. (1990) (3 Tage Behandl., Auslösung durch 40 mg/kg FG 7142); [b] Moreau et al. (1990) (7 Tage Behandl., Auslösung durch 3 mg/kg Ro 15-3505)

handlung beschreiben (Kang und Miller 1991).

Abhängigkeit und Sucht

Tierexperimentelle Untersuchungen zur Problematik der Benzodiazepinabhängigkeit konzentrieren sich im wesentlichen auf zwei Parameter. Neben der Erfassung von somatischen Entzugssymptomen nach chronischer Behandlung mit Benzodiazepinen als einem möglichen Modell für die eigentliche Benzodiazepinsucht, kann man untersuchen, wie stark Benzodiazepine in geeigneten Versuchsanordnungen zur Selbstverabreichung führen. Die Literatur zu dieser Problematik wurde von Woods et al. (1987) ausführlich dargestellt. Bei oraler Gabe der Benzodiazepine (in der Regel im Futter bzw. Trinkwasser) wurde im Tiermodell nur eine sehr geringe Tendenz zur Selbstverabreichung gesehen, das heißt, daß z.B. mit einem Benzodiazepin-versetztes Trinkwasser nur geringfügig normalem Trinkwasser vorgezogen wurde. Die Tendenz zur Selbstverabreichung war deutlich höher in Versuchsanordnungen, in denen die Versuchstiere sich die Substanzen über eine parenterale Injektion selbst applizieren konnten. Die Selbstapplikationsrate der Benzodiazepine war in diesen Versuchsanordnungen in der Regel aber deutlich geringer als anderer Referenzsubstanzen wie Kokain, Kodein oder verschiedene Barbiturate. Damit sind diese Untersuchungen in Übereinstimmung mit der Situation am Menschen, wo man generell gesehen von einem geringen Mißbrauchs- bzw. Abhängigkeitspotential der Benzodiazepine ausgeht.

Chronische Behandlung von Versuchstieren, gefolgt von plötzlichem Absetzen der Benzodiazepinbehandlung, kann zu somatischen Entzugssymptomen führen, wie erhöhte motorische Aktivität, Tremor, erhöhter Muskeltonus und im Extremfall erhöhte Krampfbereitschaft (Woods et al. 1987). Die hierzu benötigten Dosen sind aber in der Regel sehr hoch und meist deutlich höher als relevante pharmakologische ED_{50}-Werte in der gleichen Tierspezies. Eine gewisse Parallelität dieser körperlichen Abhängigkeit im Tiermodell zu körperlichen Entzugssymptomen nach Niedrig- oder auch Hochdosis-Abhängigkeit von Patienten wird natürlich vermutet, ist aber nicht bewiesen. Akute Entzugssymptomatik kann auch im Tiermodell nach chronischer hochdosierter Benzodiazepinbehandlung durch die Gabe eines Benzodiazepinrezeptor-Antagonisten (z.B. Flumazenil) ausgelöst werden. Ob sich klassische Benzodiazepinderivate im Hinblick auf eine Auslösung körperlicher Abhängigkeitssymptome deutlich unterscheiden, ist strittig, aber eher unwahrscheinlich (WOODS et al. 1987). Im Gegensatz dazu scheinen partielle Benzodiazepinrezeptor-Agonisten aber in deutlich geringerem Maße eine körperliche Abhängigkeit auszulösen (Tabelle 2.1.2.4). Ähnliches gilt auch für die Substanz Zopiclon (Tabelle 2.1.2.4). Die Bedeutung dieser Tiermodelle für die Situation am Patienten sollte aber nicht überschätzt werden, da z.B. auch für Zopiclon am Menschen Abhängigkeitsentwicklungen mit körperlichen Entzugssymptomen in jüngerer Zeit beschrieben wurden (ARANKO et al. 1991).

Klinische Pharmakologie

Pharmakodynamische Meßmethoden am Menschen

Im Gegensatz zur experimentellen Pharmakologie an Versuchstieren lassen sich die in Tabelle 2.1.2.1 dargestellten Wirkqualitäten der Benzodiazepine in der klinischen Pharmakologie an gesunden Probanden nicht so gut erfassen (KLOTZ 1986, HOMMER et al. 1987). Dies gilt natürlich nicht für die therapeutischen Wirkungen am Patienten. Die für Probandenuntersuchungen im wesentlichen zur Verfügung stehenden Methoden sind in Tabelle 2.1.2.5 zusammengefasst und können in subjektive, halb-objektive und eindeutig objektive Methoden gegliedert werden.

Subjektive Verfahren, wie z.B. visuelle Analogskalen können Verwendung finden, um die globale subjektive Gesamteinschätzung eines Probanden für einen bestimmten Empfindlichkeitsparameter zu ermitteln. Der Vorteil dieser Methode liegt darin, daß man einen relativ genauen quantitativen Wert erhält, dessen Bezug vom allgemeinen Wohlbefinden bis zu spezifischen Empfindungen wie Müdigkeitsgefühl oder Angst gehen kann. Etwas spezifischer ist schon die Möglichkeit, über Befindlichkeitsskalen Verhaltensaspekte von Benzodiazepinen an gesunden Probanden zu ermitteln, die z.B. gewisse Korrelate zur anxiolytischen Wirksamkeit am Patienten zeigen (JANKE 1983, JANKE und WOHLFAHRT 1991). Während es auf dieser Ebene zwar durchaus möglich ist, ähnliche psychotrope Effekte anxiolytisch wirksamer Substanzen verschiedener Substanzgruppen wie Benzodiazepine und niedrig dosierte Neuroleptika zu zeigen (JANKE und WOHLFAHRT 1991), sind diese Untersuchungen doch von sehr großen Schwankungen und Interferenzen mit anderen psychologischen Parametern behaftet (JANKE 1983), so daß diese Methoden keinen breiten Eingang in die klinisch-pharmakologische Testung von Benzodiazepinen als Anxiolytika gefunden haben.

Semi-objektive Meßmethoden (Tabelle 2.1.2.5) werden in der Mehrzahl eingesetzt, um Effekte von Benzodiazepinen auf Aufmerksamkeit, Konzentrationsfähigkeit und Gedächtnis zu testen, also eher einer Ebene relativ bedeutsamer unerwünschter Wirkungen der Benzodiazepine als eines spezifischen therapeutischen Aspektes. Einige dieser Teste haben sich sehr sensitiv gezeigt, Überhangseffekte von Benzodiazepin-Hypnotika am nächsten Morgen abzubilden (HINDMARCH et al. 1990). Neben verschiedenen eigentlichen Konzentrations- oder Gedächtnistests hat sich hier die relativ einfache Messung der Flimmerverschmelzungsfrequenz als ein sehr zuverlässiger Parameter der Beeinträchtigung der ZNS-Aktivität durch Benzodiazepine erwiesen (HINDMARCH 1984). Diese Teste sind allerdings nicht indikativ für amnestische Effekte der Benzodiazepine, wenn man unter Amnesie eine zeitlich begrenzte Gedächtnislükke versteht. Dies wird leider in der engl.-sprachigen Literatur unsauber getrennt, wo amnestische Effekte und Effekte im Sinne einer Gedächtnisverschlechterung häufig als identisch gesehen werden (LISTER 1985). Klinisch-pharmakologische Untersuchungen zu eigentlichen amnestischen Effekten der Benzodiazepine gibt es relativ wenige. Ein Beispiel dafür sind die Untersuchungen von JOVANOVIC (1980) und KUGLER et al. (1980), die an gesunden Probanden überprüft haben, inwieweit sich innerhalb weniger Stunden nach akuter Einnahme eines Benzodiazepines bestimmte Gedächtnislükken oder zumindest partielle Gedächtnislücken nachweisen lassen. Hier konnte gezeigt werden, daß zeitlich begrenzte (10 bis 60 Min. dauernde) Amnesien sich nur dann nachweisen lassen, wenn nach Einnahme einer hypnotischen Dosis (z.B. Flunitrazepam 2 mg) der Schlaf experimentell verhindert wurde. Sie traten dann im Mittel zwei Stunden nach oraler Einnahme ein. Sehr viel weniger wurden hier Amnesien beobachtet, wenn nach Einnahme einer hypnotischen Dosis der Schlaf erlaubt war und zwar meistens nur für die Zeit kurz vor dem Einschlafen. Amnesien sind damit eine unerwünschte Arzneimittelwirkung, mit der man besonders rechnen muß, wenn die Zeit zwischen Einnahme und Schlafenlegen zu lange wird, oder wenn der Patient kurz nach dem Einschlafen noch einmal geweckt wird.

Unter den **objektiven Methoden**, Benzodiazepinwirkungen unter klinisch-pharmakologischen Bedingungen zu erfassen, ist das EEG mit Abstand die bedeutendste. Messungen der Sakkadenbewegungen haben sich hier als experimentelles Werkzeug noch nicht so durchgesetzt (STEVENINCK et al. 1991). Neben der Schlafpolygraphie zur Erfassung objektiver Schlafparameter hat sich das normale EEG oder auch das topographische EEG besonders gut bewährt, pharmakodynamische Effekte der Benzodiazepine am Menschen zu dokumentieren. Im Wach-EEG bewirken dabei alle Benzodiazepine eine Abnahme der Alphaaktivität und eine Zunahme der Betaaktivität (SALETU 1986). Im hypnotischen Dosisbereich sieht man auch eine Zunahme der Thetaaktivitäten, speziell natürlich für hypnotisch eingesetzte Benzodiazepine, aber auch für hypnotische Dosen anxiolytischer Benzodiazepine (SALETU 1986). Relativ wenig sedierende Benzodiazepine wie das Desmethyldiazepam zeigen auch in extrem hoher Dosierung kaum Effekte auf die Theta-Aktivität. Aufgrund der leichten Durchführbarkeit und der mit Einschränkung guten Reproduzierbarkeit hat sich das Pharmako-EEG im Falle der Benzodiazepine als brauchbares Instrument zur Erfassung von Dosis-Effekten gezeigt (SALETU 1986).

Mit Hilfe des EEGs bzw. der Schlafpolygraphie läßt sich darüber hinaus die hypnotische Wirkung der Benzodiazepine auch an nicht schlafgestörten Probanden wesentlich besser erfassen, als z.B. durch Schlaf-Fragebögen, da die an nicht schlafgestörten Probanden zu erwartenden Verbesserungen der Schlafqualität relativ gering sind. Dies soll an den Daten in Abb. 2.1.2.7 gezeigt werden, wo die schlafverbessernden Effekte einer sehr niedrigen Triazolam-Dosis (0,125 mg) untersucht wurden. Hier wurden bewußt gesunde Probanden im Alter zwischen 30 und 40 Jahren gewählt, da diese erfahrungsgemäß schon leichte Einschränkungen der Schlafqualität zeigen. Aber auch in dieser Gruppe war eine Verbesserung der Schlafqualität unter Triazolam nicht bei allen Probanden gleichermaßen nachweisbar. Hier sprachen die Probanden mit praktisch nicht gestörtem Schlaf aufgrund des zu erwartenden Dekkeneffektes nicht auf das Triazolam an, während bei den 10 Probanden mit schlechterer Schlafqualität eine signifikante Verbesserung unter Triazolam gesehen werden konnte.

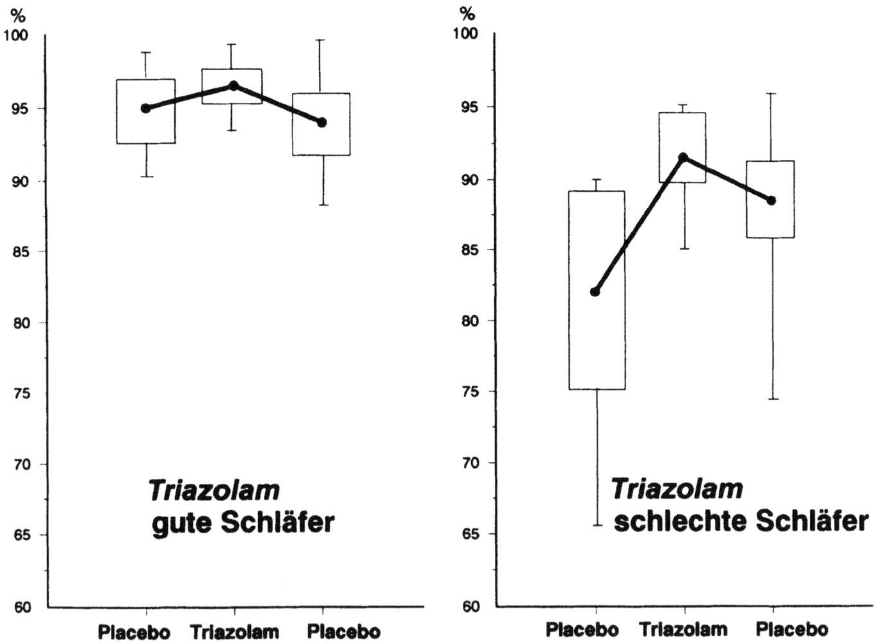

Abb. 2.1.2.7. Effekt einer sehr niedrigen Triazolam-Dosis (0,125 mg) auf die Schlafeffizienz (in Prozent) von 20 gesunden Probanden im Alter zwischen 30 und 40 Jahren, aufgeteilt in die 10 guten Schläfer und die 10 schlechten Schläfer. Die Beeinträchtigung des Schlafes bei den schlechten Schläfern war aber noch nicht derartig, daß die Diagnose einer Hyposomnie gerechtfertig gewesen wäre. Die Daten sind der Publikation von DRESSING et al. (1992) entnommen

Plasmakonzentration-Wirkungsbeziehung
Ähnlich wie im Tierexperiment, wo man in der Regel gute Korrelationen zwischen Plasmakonzentration und Rezeptorbesetzung auf der einen Seite und akuter pharmakodynamischer Wirkung auf der anderen Seite sieht (siehe oben), sind gute Korrelationen zwischen Plasmakonzentration und pharmakodynamischer Wirkung auch im Humanexperiment für akute Benzodiazepineffekte gezeigt worden (GREENBLATT et al. 1987). Dies gilt für das Pharmako-EEG (SALETU 1986), für die Sakkadenbewegungen (STEVENINCK et al. 1991) und für den Sedationsindex (KLOTZ 1986). Analog zur Situation am Versuchstier spielen bei der Determinierung von Benzodiazepineffekten sowohl die α-Phase (Rückverteilung aus dem ZNS in die Peripherie) und die β-Phase (terminale Elimination) wichtige Rollen. Erwähnt werden muß hier, daß die Höhe und der Zeitpunkt der Einstellung des Fließgleichgewichtes der Plasmakonzentration bei Dauermedikation von Dosis und terminaler Eliminationshalbwertszeit bestimmt wird (Tabelle 2.1.2.6). Nur bei der Anwendung von Einmaldosen (z.B. als Hypnotika) ist die Höhe der Einzeldosis alleine bestimmt von der Benzodiazepinrezeptoraffinität (MÜLLER 1987). Die Rezeptoraffinität (Tabelle 2.1.2.6) spielt dagegen keine Rolle für die Dauer der Wirkung von Benzodiazepinen, da die Assoziation vom Benzodiazepinrezeptor sehr schnell erfolgt. Die Wirkdauer wird alleine von pharmakokinetischen Parametern wie Umverteilung und Elimination bestimmt. Damit ist eine hohe oder eine niedrige Benzodiazepinrezeptoraffinität (niedrige oder hohe IC_{50}-Werte in Tabelle 2.1.2.6) grundsätzlich weder positiv noch negativ zu bewerten.

Tabelle 2.1.2.5. Pharmakodynamische Meßmethoden, um pharmakologische Wirkungen von Benzodiazepinen am Menschen zu erfassen (nach KLOTZ 1986)

a) *Subjektive*
   Visuelle Analogskalen, verschiedene Befindlichkeitsscores
b) *Semi-objektive*
   Zahlen/Symbol-Substitutionsteste
   Messung von Reaktionszeiten
   Nachfahrteste
   Simuliertes Autofahren
   Messung der Flimmerverschmelzungsfrequenz
   Gedächtnisteste
c) *Objektive*
   EEG
   Messung von Sakkadenbewegungen
   Messung von Körperschwingungen/-bewegungen

Aufgrund der zum Teil sehr schnell einsetzenden und auch stark schwankenden Toleranzeffekte auf akute Benzodiazepinwirkungen werden die Beziehungen zwischen Plasmakonzentration und pharmakodynamischer Wirkung mit Zunahme der Einnahmelänge der Benzodiazepine immer schlechter und verschwinden zum Teil ganz. Dies kann am krassesten am Beispiel von Benzodiazepin-Intoxikationen demonstriert werden, wo Patienten mit schweren koma-ähnlichen Symptomen in die Klinik eingeliefert werden und nach langem schweren Schlaf erwachen, dann aber weitgehend beschwerdefrei und nicht mehr wesentlich beeinträchtigt sind, trotzdem aber noch erhebliche Plasmaspiegel zeigen, die im Akutfall extrem sedierend wären (GREENBLATT et al. 1987). Die sich sehr schnell ausbildende und zum Teil unterschiedliche Toleranz auf die pharmakodynamischen Effekte der Benzodiazepine bei Mehrfach-Einnahme ist auch neben pharmakokinetischen Gründen Erklärung dafür, daß in der Regel nur bescheidene bis fehlende Beziehungen zwischen Plasmakonzentration und therapeutischer Wirkung der Benzodiazepine (z.B. als Anxiolytika) gesehen wurden (DOROW 1984, NORMAN und BURROWS 1984).

Abhängigkeit und Sucht

Da Benzodiazepin-Abhängigkeit bzw. Benzodiazepin-Sucht in der Regel klinische Phänomene sind, die sich bei vieljähriger Einnahme von Benzodiazepinen langsam entwickeln, ist naturgemäß ihre Untersuchung im klinisch-pharmakologischen Experiment auch schon aus ethischen Gründen nicht möglich. Hinweise auf das mögliche Abhängigkeitspotential von Benzodiazepinen kann man aber aus Untersuchungen an gesunden freiwilligen Probanden mit einer Vorgeschichte einer Medikamentenabhängigkeit entnehmen. Bietet man solchen Probanden doppelblind ein Medikament mit einem Abhängigkeitspotential oder Placebo an, bevorzugen die Probanden in vielen Fällen das Medikament. Solche Probanden-Untersuchungen zu sehr vielen Benzodiazepinen wurden von WOODS et al. (1987) referiert. Diese Untersuchungen haben gezeigt, daß sich für klassische Benzodiazepine unter solchen Bedingungen gewisse Präferenzen gegenüber Placebo nachweisen lassen. Diese sind aber im Vergleich zu Barbituraten wesentlich schwächer ausgebildet. Der Grund oder die Wirkqualität, die zur Präferenz gegenüber Placebo führt, ist allerdings noch nicht klar definiert. Im Hinblick auf unterschiedliche Benzodiazepinderivate wurden in Untersuchungen nur sehr geringe Unterschiede der Präferenz bzw. der Wahl durch die Probanden gesehen (WOODS et al. 1987). Dies deutet daraufhin, daß man in Übereinstimmung mit der klinischen Erfahrung bei allen Benzodiazepinderivaten mit der Gefahr einer Abhängigkeitsentwicklung bzw. einer Sucht rechnen muß. Obwohl sich hier Unterschiede nicht hundertprozentig ausschließen lassen dahingehend, daß einige wenige Substan-

Tabelle 2.1.2.6. Die in der Bundesepublik Deutschland sich im Handel befindlichen Benzodiazepine (Stand Rote Liste 1994) mit ihrer Affinität zum Benzodiazepinrezeptor und ihrer Eliminationshalbwertszeit ($t_{1/2}$ in Stunden). Affinität ist angegeben als halbmaximale Hemmkonzentration für spezifische Ligandenbindung in vitro (IC_{50}), d.h., je kleiner der Wert ist, desto höher ist die Affinität. Ein Stern bedeutet, daß aktive Metabolite mit längerer Halbwertszeit gebildet werden

Benzodiazepin	IC_{50} (nmol)	$t_{1/2}$ (h)
Alprazolam	20	10–18
Bromazepam	18	12–24
Brotizolam	1	4–8
Chlordiazepoxid	350	10–18*
Clobazam	130	10–30*
Clonazepam	2	24–56
Clorazepat	59	2–3*
Clotiazepam	2	3–15
Diazepam	8	30–45*
Flunitrazepam	4	10–25*
Flurazepam	15	2*
Loprazolam	6	7–8
Lorazepam	4	10–18
Lormetazepam	4	9–15
Medazepam	870	2*
Metaclazepam	930	18–20*
Midazolam	5	1–3
Nitrazepam	10	20–50
Oxazepam	18	5–18
Desmethyldiazepam	9	50–80
Prazepam	110	1–3*
Temazepam	16	6–16
Tetrazepam	34	12
Triazolam	4	2–4

zen (z.B. Lorazepam oder Alprazolam) etwas kritischer zu bewerten sind als die meisten anderen, sollte man davon ausgehen, daß alle klassischen Benzodiazepinderivate im Hinblick auf die Gefahr einer Abhängigkeitsentwicklung ähnlich zu bewerten sind (Müller 1989).

Nicht-Benzodiazepine als Liganden des Benzodiazepinrezeptors

Der Begriff Benzodiazepin bezieht sich im Prinzip auf eine chemische Substanzgruppe, die sich allerdings auch in pharmakologischer Hinsicht als sehr einheitlich darstellt. Diese Übereinstimmung von chemischer Struktur und pharmakologischer Wirkung gilt nicht mehr für verschiedene neuere Substanzen, die zwar chemisch keine Benzodiazepine mehr darstellen, die aber wie Benzodiazepine als Agonisten am Benzodiazepinrezeptor wirken. Von diesen Neuentwicklungen sind kürzlich Zopiclon und Zolpidem als Schlafmittel eingeführt worden. Obwohl das Zopiclon und das Zolpidem im biochemisch- und im verhaltens-pharmakologischen Experiment gewisse Unterschiede zu den klassischen Benzodiazepinen zeigen, sind in der klinischen Anwendung und im Nebenwirkungsspektrum die Ähnlichkeiten deutlich überwiegend (Goa und Heel 1986, Langtry und Benfield 1990, Müller 1991, 1992). Es muß daher dringend davor gewarnt werden, die Tatsache, daß diese Verbindungen **chemisch** gesehen, keine Benzodiazepine darstellen, zu überschätzen.

Literatur

Aranko K, Henriksson M, Hublin C, Seppäläinen (1991) Misue of zopiclone and convulsions during withdrawal. Pharmcopsychiatry 24: 138–140

Arendt RM, Grennblatt DJ, DeJong RH, Bonin JD, Abernethy DR, Ehrenberg BL, Giles HG, Sellers EM, Shader RI (1983) In vitro correlates of benzodiazepine cerebrospinal fluid uptake, pharmacodynamic action and peripheral distribution. J Pharmacol Exp Ther 227: 98–106

Braestrup C, Schmiechen R, Nielsen M, Petersen EN (1983) Benzodiazepine receptor ligands, receptor occupancy, pharmacological effect and GABA receptor coupling. In: Usdin E, Skolnik P, Tallman JF, Greenblatt D, Paul S (eds) Pharmacology of benzodiazepines. Verlag Chemie, Weinheim, pp 71–85

Dorow R (1984) Pharmacokinetic and clinical studies with a benzodiazepine radioreceptor assay. In: Hindmarch I, Ott H, Roth T (eds) Sleep – benzodiazepines and performance. Springer, Berlin Heidelberg New York Tokyo, pp 105–118 (Psychopharmacol, Suppl 1)

DRESSING H, RIEMANN D, LÖW H, SCHREDL M, REH C, LAUX P, MÜLLER WE (1992) Baldrian-Melisse-Kombinationen versus Benzodiazepin – bei Schlafstörungen gleichwertig? Therapiewoche 42: 726–736

DRIESSEN JJ, VAN EGMOND J, VAN DER POL F, CRUL JF (1987) Effects of two benzodiazepines and a benzodiazepine antagonist on neuromuscular blockade in the anaesthetized cat. Arch Int Pharmacodyn 286: 58–70

DRUGAN RC, HOLMES PV (1991) Central and peripheral benzodiazepine receptors: involvement in an organism's response to physical and psychological stress. Neurosci Behav Rev 15: 277–298

FILE SE (1980) The use of social interaction as a method for detecting anxiolytic activity of chlordiazepoxide-like drugs. J Neurosci Methods 2: 219–238

FILE SE (1984) Behavioural pharmacology of benzodiazepines. Prog Neuropsychopharmacol Biol Psychiatry 8: 19–31

GREENBLATT DJ, SHADER RI (1974) Benzodiazepines in clinical practice. Raven Press, New York

GOA KL, HEEL RC (1986) Zopiclone, a review of its pharmacodynamic and pharmacokinetic properties and therapeutic efficacy as hypnotic. Drugs 32: 48–65

GREENBLATT DJ, SHADER RI (1978) Dependence, tolerance, and addiction to benzodiazepines: clinical and pharmacological considerations. Drug Metab Rev 8: 13–28

GREENBLATT DJ, FRIEDMAN HL, SHADER RI (1987) Correlating pharmacokinetics and pharmacodynamics of benzodiazepines: problems and assumptions. In: DAHL SG, GRAM LF, PAUL SM, POTTER WZ (eds) Clinical pharmacology in psychiatry. Springer, Berlin Heidelberg New York Tokyo, pp 62–71

HAEFELY W, PIERI L, POLC P, SCHAFFNER R (1981) General pharmacology and neuropharmacology of benzodiazepine derivatives. In: HOFFMEISTER F, STILLE G (eds) Handbook of experimental pharmacology, vol 55/II. Springer, Berlin Heidelberg New York Tokyo, pp 13–262

HAEFELY W (1985a) Tranquilizers. In: GRAHAME-SMITH DG (ed) Psychopharmacology 2, part 1. Preclinical psychopharmacology. Elsevier, Amsterdam, pp 92–182

HAEFELY W, KYBURZ E, GERECKE M, MÖHLER H (1985b) Recent advances in the molecular pharmacology of benzodiazepine receptors and in the structure-activity relationships of their agonists and antagonist. Adv Drug Res 14: 165–322

HINDMARCH I (1984) Psychological performance models as indicators of the effects of hypnotic drugs on sleep. In: HINDMARCH I, OTT H, ROTH T (eds) Sleep – benzodiazepines and performace. Springer, Berlin Heidelberg New York Tokyo, pp 58–68 (Psychopharmacol, Suppl 1)

HINDMARCH I, HALLER J, SHERWOOD N, KERR JS (1990–1991) Comparison of five anxiolytic benzodiazepines on measures of psychomotor performance and sleep. Neuropsychobiology 24: 84–89

HOMMER DW, MATSUO V, WOLKOWITZ OM, WEINGARTNER H, PAUL SM (1987) Pharmacodynamic approaches to benzodiazepine action in man. In: DAHL SG, GRAM LF, PAUL SM, POTTER WZ (eds) Clinical pharmacology in psychiatry. Springer, Berlin Heidelberg New York Tokyo, pp 52–61

JANKE W (1983) Response variability to psychotropic drugs: overview of the main approaches to differential pharmaco-psychology. In: JANKE W (ed) Response variability to psychotropic drugs. Pergamon Press, London, pp 33–65

JANKE W, WOHLFAHRT R (1991) Zur emotionalen Wirkung von Neuroleptika bei gesunden Personen. In: PÖLDINGER W (Hrsg) Niedrigdosierte Neuroleptika bei ängstlich-depressiven Zustandsbildern und psychosomatischen Erkrankungen. Braun, Karlsruhe, S 9–22

JENSEN LH, STEPHENS DN, SARTER M, PETERSEN EN (1987) Bidirectional effects of β-carbolines and benzodiazepines on cognitive processes. Brain Res Bull 19: 359–364

JOVANOVIC UJ (1980) Vigilanzverlauf und Schlafqualitäten unter Einwirkung von Flunitrazepam. In: AHREFELD S, DICK W (Hrsg) Anästhesie und Wiederbelebung, Bd 17. Springer, Berlin Heidelberg New York, S 25–53

KANG I, MILLER LG (1991) Decreased $GABA_A$ receptor subunit mRNA concentrations following chronic lorazepam administration. Br J Pharmacol 103: 1285–1287

KLOTZ U (1986) Klinische Pharmakologie der Benzodiazepine. In: HIPPIUS H, ENGEL RR, LAAKMAN G (Hrsg) Benzodiazepine – Rückblick und Ausblick. Springer, Berlin Heidelberg New York Tokyo, S 32–39

KUGLER J, DOENICKE A, SUTTMANN H, LAUB M, SPÄTH M, WÖLLER L (1980) Einfluß von Flunitrazepam auf Verhalten und Psyche. In: AHREFELD S, DICK W (Hrsg) Anästhesie und Wiederbelebung, Bd 17. Springer, Berlin Heidelberg New York, S 54–61

LANGTRY HD, BENFIELD P (1990) Zolpidem. A review of its pharmacodynamic and pharmacokinetic properties and therapeutic potential. Drugs 40: 291–313

LISTER LG (1985) The amnesic action of benzodiazepines in man. Neurosci Behav Rev 9: 87–94

MENNINI T, GARATTINI S (1983) Benzodiazepines receptor binding in vivo: pharmacokinetic and pharmacological significance. In: BIGGIO G, COSTA E (eds) Benzodiazepine recognition site ligands: biochemistry and pharmacology. Raven Press, New York, pp 189–199 (Adv Biochem Psychopharmacol 38)

MILLER LG, GREENBLATT DJ, BARNHILL JG, SHADER RI (1988) Chronic benzodiazepine administration. I. Tolerance is associated with benzodiazepine rezeptordownregulation and decreased aminobutric acid, receptor function. J Pharmacol Exp Ther 246: 170–176

MILLER L, GREENBLATT DJ, ROY RB, GAVER A, LOPEZ F, SHADER RI (1989) Chronic benzodiazepine administration. III. Upregulation of τ-aminobutryc $acid_A$ receptor binding and function associated with chronic benzodiazepine antagonist administration. J Pharmacol Exp Ther 248: 1096–1101

MOREAU JL, JENCK F, PIERI L, SCHOCH P, MARTIN JR, HAEFELY WE (1990) Physical dependence induced in DBA/2J mice by benzodiazepine receptor full agonists, but not by the partial agonist R 16-6028. Eur J Pharmacol 190: 269–273

MÜLLER WE (1987) The benzodiazepine receptor, drug acceptor only or a physiologically relevant part of our central nervous system? The scientific basis of psychiatry, vol 3. Cambridge University Press, Cambridge New York Melbourne

MÜLLER WE (1989) Benzodiazepine: Gibt es Unterschiede im Abhängigkeitspotential? Münch Med Wochenschr 131: 385–388

MÜLLER WE (1991) Zopiclon – Unterschiede und Gemeinsamkeiten zu Benzodiazpin-Hypnotika. Arzneimitteltherapie 10: 301–303

MÜLLER WE (1992) Zolpidem – Wirklich ein neuartiges Hypnotikum? Arzneimitteltherapie 10: 303–306

NORMAN TR, BURROWS GD (1984) Benzodiazepine plasma concentrations and anxiolytic response. In: BURROWS GD, NORMAN TR, DAVIES B (eds) Drugs in psychiatry, vol 2. Antianxiety agents. Elsevier, Amsterdam New York Oxford, pp 93–106

PETERSEN EN, JENSEN LH, DREJER LH, HONORÉ T (1986) New perspectives in benzodiazepine receptor pharmacology. Pharmacopsychiatry 19: 4–6

PIOT O, BETSCHARD J, STUTZMANN JM, BLANCHARD JC (1990) Cyclopyrrolones, unlike some benzodiazepines, do not induce physical dependence in mice. Neurosci Lett 117: 140–143

RALL TW (1991) Hypnotics and sedatives; Ethanol. In: GILAN AG, RALL TW, NIES AS, TAYLOR P (eds) The pharmacological basis of therapeutics. Pergamon Press, New York, pp 345–382

RALL TW, SCHLEIFER LS (1991) Drugs effects in the therapy of the epilepsies. In: GILMAN AG, RALL TW, NIES AS, TAYLOR P (eds) The pharmacological basis of therapeutics. Pergamon Press, New York, pp 436–462

RANDALL LO, KAPPELL B (1973) Pharmacological activity of some benzodiazepines and their metabolites. In: GARATTINI S, MUSSINI E, RANDALL LO (eds) The benzodiazepines. Raven Press, New York, pp 27–51

RAY WA, GRIFFIN MR, DOWNEY W (1989) Benzodiazepines of long and short elimination halflife and the risk of hip fracture. JAMA 262: 3303–3307

RUDZIK AD, HESTER JB, TANG AH, STRAW RN, FRIIS W (1973) Triazolobenzodiazepines, a new class of central nervous system depressant compounds. In: GARATTINI S, MUSSINI E, RANDALL LO (eds) The benzodiazepines. Raven Press, New York, pp 285–297

SALETU B (1986) Zur Bestimmung der Pharmakodynamik alter und neuer Benzodiazepine mittels des Pharmako-EEGs. In: HIPPIUS H, ENGEL RR, LAAKMAN G (Hrsg) Benzodiazepine – Rückblick und Ausblick. Springer, Berlin Heidelberg New York Tokyo, S 47–68

SCHERSCHLICHT R (1987) Pharmakologische Grundlagen. In: KUGLER J, LEUTNER V (Hrsg) Benzodiazepine in der Neurologie. Editiones Roche, Basel, S 69–80

VAN STEVENINCK AL, SCHOEMAKER HC, PIETERS MSM, KROON R, BREIMER DD, COHEN AF (1991) A comparison of the sensitivities of adaptive tracking, eye movement analysis, and visual analo lines of the effects of incremental doses of temazepam in healthy volunteers. Clin Pharmacol Ther 50: 172–180

WOODS JH, KATZ JL, WINGER G (1987) Abuse liability of benzodiazepines. Pharmacol Rev 39: 251–419

2.2 Neurobiochemie, Wirkmechanismus

W. Sieghart und W. Haefely †

2.2.1 Einleitung

Elektrophysiologische Untersuchungen brachten die ersten Hinweise darauf, daß die Benzodiazepine eine Verstärkung der Wirkung von endogener γ-Aminobuttersäure (GABA) an identifizierten GABA-ergen Synapsen hervorrufen (Haefely et al. 1975, Costa et al. 1975).

Zunächst war nicht klar, ob der Angriffspunkt dieser Pharmaka an GABAergen Neuronen selbst (z.B. durch Verstärkung der Freisetzung von GABA im Zuge der synaptischen Transmission) oder in postsynaptischen Strukturen liegt (z.B. durch Modulation des GABA-Rezeptors oder der intrazellulären Prozesse, die dem GABA-Rezeptor nachgeschaltet sind). Klar war von Beginn an, daß die Benzodiazepine keine direkten GABA-Agonisten sein können, denn sie hatten keine Wirkung, wenn die Biosynthese von GABA gehemmt war, und sie waren nicht in der Lage, die Bindung von GABA an den GABA-Rezeptor zu hemmen.

Kurz darauf konnte durch biochemische Untersuchungen gezeigt werden, daß es spezifische, hochaffine Bindungsstellen für Benzodiazepine in Gehirnmembranen gibt (Squires und Braestrup 1977, Möhler und Okada 1977), die eine Reihe von Eigenschaften aufweisen, die man von pharmakologischen Rezeptoren für diese Substanzen erwarten würde. So erfolgte die Bindung von radioaktiv markierten Benzodiazepinen an diese Bindungsstellen bereits in nanomolaren Konzentrationen, die Bindung war reversibel, stereospezifisch und sättigbar, und andere Benzodiazepine hemmten die spezifische Bindung von [^{3}H] Diazepam mit einer Affinität, die mit wenigen (und erklärlichen) Ausnahmen ihrer Potenz zur Auslösung von charakteristischen pharmakologischen Benzodiazepin-Wirkungen entsprach. Daher wird heute allgemein angenommen, daß diese hochaffinen Bindungsstellen die Rezeptoren sind, über die die Benzodiazepine den Großteil ihrer pharmakologischen und klinisch relevanten Wirkungen entfalten (Haefely et al. 1985). Andere Untersuchungen wiesen darauf hin, daß diese sogenannten „zentralen Benzodiazepinrezeptoren" eng mit einem $GABA_A$-Rezeptor assoziiert sind. So konnte die hochaffine Bindung der Benzodiazepine an den zentralen Benzodiazepinrezeptor in Gegenwart von GABA und $GABA_A$-Rezeptor-Agonisten stimuliert und die GABA-Stimulierung durch den $GABA_A$-Rezeptor-Antagonisten Bicucullin gehemmt werden. Umgekehrt konnten die Benzodiazepine auch die Bindung von GABA an $GABA_A$-Rezeptoren verstärken (Skerritt et al. 1982).

Die zentralen Benzodiazepinrezeptoren wurden aus Gehirnmembranen mittels Detergentien extrahiert und mit Hilfe ihrer Affinität für ein Benzodiazepin, das irreversibel an ein Säulenmaterial gekoppelt worden war, gereinigt (Sigel und Barnard 1984). Die gereinigten Proteine enthielten nicht nur die Benzodiazepin-Bindungsstellen, sondern auch Bindungsstellen für GABA, die alle Eigenschaften eines $GABA_A$-Rezeptors besaßen. Damit war gezeigt, daß der „zentrale Benzodiazepinrezeptor" ein integraler Bestandteil der $GABA_A$-Rezeptoren ist. Die in elektrophysiologischen Untersuchungen beobachtete Verstärkung der Wirkung von endogener GABA läßt sich also auf eine Modulation des $GABA_A$-Rezeptors durch Benzodiazepine zurückführen: Die zentralen

Benzodiazepinrezeptoren sind allosterisch-modulatorische Bindungsstellen an $GABA_A$-Rezeptoren.

Die „zentralen" Benzodiazepinrezeptoren lassen sich mit Hilfe der Autoradiographie in Gewebeschnitten sichtbar machen (Abb. 2.2.1). Sie finden sich nicht nur in der Zellmembran von zentralen, sondern auch von peripheren Neuronen (z.B. in sympathischen Ganglienzellen und sensorischen Neuronen 1. Ordnung), in Astrocyten und in wenigen nicht neuronalen Zellen der Peripherie (z.B. in Nebennierenmarkszellen).

Ihre Funktion in den peripheren Geweben ist nicht bekannt. Da diese Gewebe wahrscheinlich nicht von GABAergen Neuronen innerviert sind, die Benzodiazepine jedoch nur in Anwesenheit von GABA wirken können, ist es wenig wahrscheinlich, daß die Benzodiazepinrezeptoren in peripheren Zellen eine Wirkung der Benzodiazepine vermitteln. Es wird daher angenommen, daß ein Großteil der Wirkung der Benzodiazepine im Zentralnervensystem ausgelöst wird.

Neben den $GABA_A$-Rezeptor-assoziierten „zentralen" Benzodiazepinrezeptoren gibt es noch mindestens zwei andere Arten von Benzodiazepin-Bindungsstellen im Gehirn: die sogenannten „peripheren" Benzodiazepinrezeptoren, die an der äußeren Mitochondrienmembran von verschiedenen peripheren Geweben, aber auch im Zentralnervensystem (ZNS) identifiziert wurden (VERMA und SNYDER 1989), und die „mikromolaren" Benzodiazepin-Bindungsstellen (BOWLING und DE LORENZO 1982). Diese Benzodiazepin-Bindungsstellen sind jedoch weder pharmakologisch noch strukturell mit den $GABA_A$-Rezeptor-assoziierten Benzodiazepinrezeptoren verwandt, und da die klinische Potenz der Benzodiazepine nicht mit ihrer Affinität für diese Bindungsstelle korreliert, dürften diese Bindungsstellen kaum zur klinischen Wirkung der Benzodiazepine beitragen.

2.2.2 Das GABAerge System im ZNS

Die γ-Aminobuttersäure (GABA) ist die quantitativ bedeutendste inhibitorische Transmittersubstanz im Säugetiergehirn. Man schätzt, daß etwa 30% aller Synapsen im Gehirn die GABA als ihren Transmitter verwenden. GABAerge Neurone sind über-

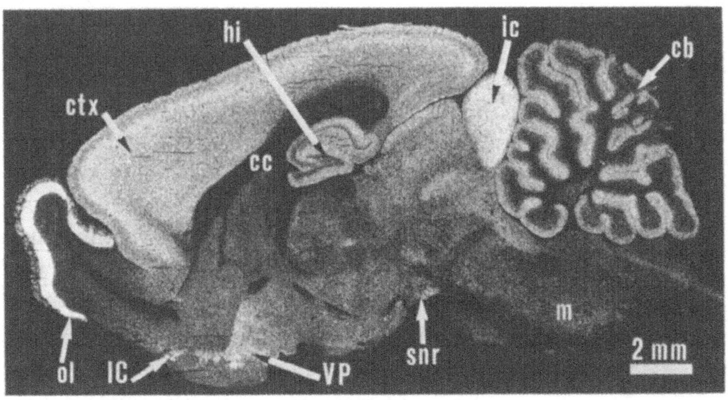

Abb. 2.2.1. Autoradiographische Darstellung der Benzodiazepinrezeptoren in einem parasagittalen Schnitt des Rattenhirns. Als Ligand diente der tritiierte Benzodiazepin-Rezeptor-Antagonist Flumazenil. Der Schnitt wurde mit dem Radioliganden inkubiert, kurz gewaschen und dann mit einem Photofilm bedeckt. In dieser Aufnahme erscheinen die radioaktiv markierten Bindungsstellen weiß. (Aufnahme von Dr. J.G. RICHARDS, mit Erlaubnis)

wiegend Interneurone. Derartige Interneurone besitzen kurze Neuriten, die das Hirnareal nicht verlassen, in denen ihr Zellkörper liegt, und innervieren andere nahegelegene Nervenzellen. Einige Hauptneurone, die von einem Kerngebiet in andere projizieren, sind ebenfalls GABAerg, z.B. die Purkinje Zellen der Kleinhirnrinde und Neurone in striatonigralen, nigrothalamischen und nigrotektalen Bahnen (HAEFELY et al. 1983). Einige charakteristische Anordnungen von GABAergen Zellen in neuronalen Schaltnetzen sind in Abb. 2.2.2 schematisch dargestellt. Der größte Teil der GABAergen Neuronen vermittelt eine sogenannte postsynaptische Hemmung (Abb. 2.2.2a, b); bei diesem Hemmtyp sind GABAerge Synapsen am Zellkörper oder an Dendriten nachgeschalteter Neurone lokalisiert und reduzieren die Erregbarkeit dieser nachgeschalteten Neurone gegenüber exzitatorischen Impulsen. Physiologisch von besonderer Bedeutung ist die rekurrente Hemmung (Abb. 2.2.2d), über die Hauptneurone in den meisten Kerngebieten im Anschluß an

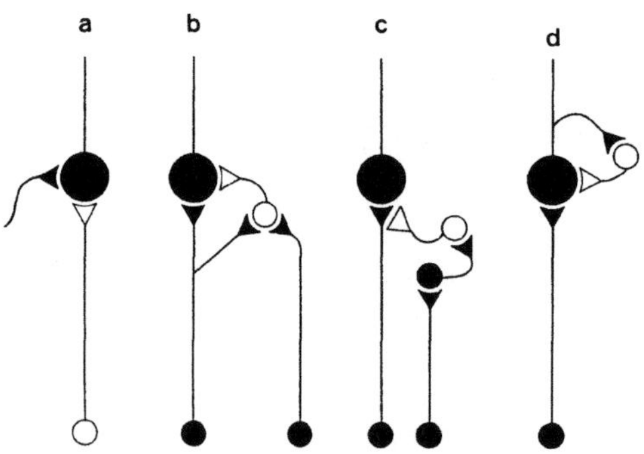

Abb. 2.2.2. Schema von typischen Schaltanordnungen von GABAergen Neuronen (offene Symbole). Die schwarzen Symbole stellen Neurone mit einem exzitatorischen Transmitter dar. **a** Postsynaptische Hemmung durch ein Projektionsneuron; **b** postsynaptische (Vorwärts-)Hemmung über ein Interneuron; **c** präsynaptische Hemmung eines afferenten Neurons im Rückenmark; **d** postsynaptische (rekurrente) Hemmung (aus HAEFELY 1987)

ein Aktionspotential mittels negativer Rückkoppelung gehemmt werden. Dies ist zur Beschränkung der Aktionspotentialfrequenz und zur Vermeidung von unkontrollierten, repetitiven Entladungen unerläßlich. Als praesynaptische Hemmung (Abb. 2.2.2c) wird die Hemmung der Transmitterfreisetzung aus exzitatorischen Nervenendigungen bezeichnet, die durch axonale GABAerge Synapsen vermittelt wird. Diese Schaltanordnung kommt vor allem bei der ersten Umschaltung afferenter Bahnen vor und erlaubt die gezielte Drosselung afferenter Impulse zu dem nachgeschalteten Neuron. Es muß erwähnt werden, daß verschiedene GABAerge Neurone selbst wieder von anderen GABAergen Neuronen innerviert werden können, sodaß also GABAerge Neurone in Serie geschaltet sein können.

GABA wird in GABAergen Neuronen aus ihrer Vorstufe Glutaminsäure mittels des Enzyms Glutamat-Dekarboxylase (GAD) gebildet und in synaptischen Vesikeln gespeichert (Abb. 2.2.3). Mit Antikörpern gegen GAD lassen sich GABAerge Nervenendigungen immunhistochemisch sichtbar machen. GABA wird wie andere Neurotransmitter durch Exozytose freigesetzt, wenn ein Aktionspotential das GABAerge Nervenende erreicht und einen Kalziumeinstrom auslöst. Die aus der Synapse freigesetzte GABA bindet sich an GABA-Rezeptoren, die sowohl postsynaptisch als auch praesynaptisch (sogenannte GABA-Autorezeptoren) lokalisiert sein können. Anschließend wird sie über spezifische Transportsysteme in GABAerge Nervenendigungen und in Gliazellen wieder aufgenommen und entweder für eine weitere Transmission in Vesikeln gespeichert oder metabolisiert.

Derzeit unterscheiden wir zwischen mindestens zwei Arten von GABA-Rezeptoren: $GABA_A$ und $GABA_B$-Rezeptoren. Diese Rezeptoren unterscheiden sich in ihrer molekularen Struktur, ihrer Affinität für GABA-Agonisten und GABA-Antagonisten, in ihrem molekularen Wirkmechanismus und

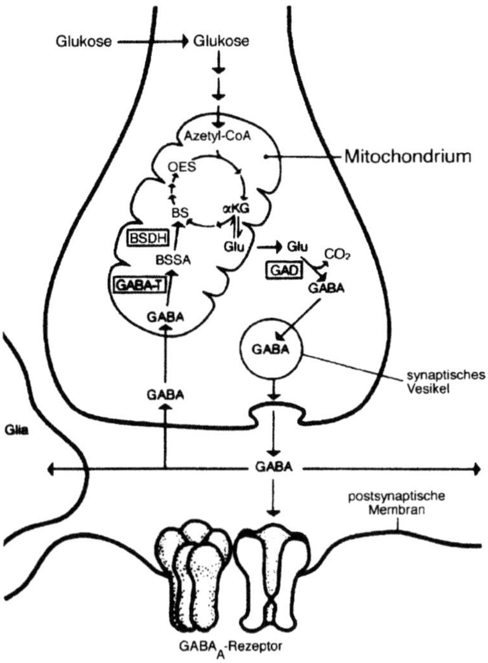

Abb. 2.2.3. Schema einer GABAergen Synapse. Glutaminsäure (Glu) entsteht im Krebszyklus und wird zu GABA dekarboxyliert. Die GABA wird in synaptische Vesikel aufgenommen und dort gespeichert. Im Zuge der synaptischen Transmission wird sie aus den Vesikeln durch Exozytose in den synaptischen Spalt freigesetzt. Nach Interaktion mit dem GABA-Rezeptor kann die durch die GABA-erge Nervenendigung oder Gliazelle aus dem synaptischen Spalt wieder aufgenommene GABA durch die GABA-Transaminase (GABA-T) zu Bernsteinsäuresemialdehyd (BSSA) übergeführt und im Krebszyklus wieder verwendet werden; *OES* Oxalessigsäure, *αKG* αKetaglutarsäure

dem Vorhandensein von allosterischen Modulationsstellen (Tabelle 2.2.1). Während die $GABA_A$-Rezeptoren direkt mit einem Chloridionenkanal gekoppelt sind und somit die Bindung von GABA zu einer Öffnung dieses Chloridkanals führt, führt eine Aktivierung der $GABA_B$-Rezeptoren über „second Messenger"-Systeme zu einer Modulation von Kalzium und/oder Kaliumkanälen (Bowery und Pratt 1992). $GABA_A$-Rezeptoren kommen häufiger vor als $GABA_B$-Rezeptoren. Praktisch alle zentralen Neuronen enthalten in ihrer Membran $GABA_A$-Rezeptoren, jedoch in unterschiedlicher Dichte. Benzodiazepinrezeptoren sind mit den $GABA_A$-, nicht aber mit den $GABA_B$-Rezeptoren gekoppelt.

2.2.3 $GABA_A$-Rezeptoren

Der $GABA_A$-Rezeptor gehört gemeinsam mit dem nikotinischen Acetylcholinrezeptor, dem Glycinrezeptor und den ionotropen Glutamatrezeptoren in die Klasse der Rezeptor-gekoppelten Ionenkanäle. Man nimmt an, daß er in Analogie zum nikotinischen Acetylcholinrezeptor aus 5 Proteinuntereinheiten aufgebaut ist, die so angeordnet sind, daß sie einen durch die Membran führenden, wassergefüllten Ionenkanal bilden (Abb. 2.2.4). In Abwesenheit von GABA ist die Pore des $GABA_A$-Rezeptorkanals für Ionen undurchlässig. Bindet sich GABA an die entsprechenden Bindungsstellen dieses Rezeptors (man nimmt an, daß sich mehr als ein GABA-Molekül an den Rezeptor binden muß, damit sich der Kanal öffnet), so kommt es zu einer Veränderung seiner dreidimensionalen Struktur (Konformation), und der Ionenkanal wird für Anionen (im Zentralnervensystem fast ausschließlich für Chloridionen) durchlässig. Richtung und Größe des Chloridflusses sind abhängig vom Unterschied der Chloridionen-Konzentration auf beiden Seiten der Membran und vom Membranpotential. In den meisten Fällen bewirkt GABA einen Chloridionen-Einstrom in die Zelle. Die dadurch entstehende Hyperpolarisation der Zelle und die erhöhte Chloridionen-Leitfähigkeit der Membran während der Dauer der Aktivierung der $GABA_A$-Rezeptoren reduzieren die Aktivierbarkeit der Zelle durch erregende synaptische Ereignisse, die durch einen Natrium- und/oder Kalziumeinstrom zustandekommen. Untersucht man den einzelnen $GABA_A$-Rezeptor-

Tabelle 2.2.1. Charakteristika der $GABA_A$- und $GABA_B$-Rezeptoren

	$GABA_A$	$GABA_B$
Gemeinsamer Agonist	GABA	GABA
Selektiver Agonist	Muscimol	Baclofen
Selektiver Antagonist	Bicucullin	Phaclofen
Effektor	Chlorid-Kanal	Adenylzyklase (–) Kalziumkanal (–) Kaliumkanal (+)
Allosterische Modulatoren	Benzodiazepin-Rezeptor-Liganden Barbiturate Steroide Konvulsiva andere (siehe Text)	?

kanal in sogenannten Patch-Clamp-Versuchen, so findet man, daß sich die Wirkung der GABA durch unregelmäßiges Öffnen des Chloridionenkanals bemerkbar macht. Dies wird vermutlich durch die wiederholte Bindung und Dissoziation der GABA (im Zuge der Brown'schen Bewegung der Moleküle) und die dadurch ermöglichten Konformationsübergänge des Rezeptorkanals zwischen geschlossenem und geöffnetem Zustand bewirkt.

Elektrophysiologische Untersuchungen weisen darauf hin, daß Benzodiazepine die Frequenz der durch GABA induzierten Öffnung des Chloridionenkanals erhöhen (Study und Barker 1981) und somit die GABAerge Transmission verstärken. Dies dürfte vor allem dadurch ermöglicht werden, daß Benzodiazepine die Affinität des Rezeptors für GABA erhöhen. Dadurch kommt es, vor allem bei niedriger GABA-Konzentration, zu einer rascheren Bindung der GABA an den Rezeptor. Neben der GABA- und der Benzodiazepin-Bindungsstelle gibt es jedoch noch eine Reihe anderer allosterisch-modulatorischer Bindungsstellen am $GABA_A$-Rezeptor.

So führt z.B. die Bindung einiger sedativ-hypnotischer Barbiturate (wie Pentobarbital und Secobarbital) an die sogenannte Barbiturat-Bindungsstelle des $GABA_A$-Rezeptors zu einer Verlängerung der durch GABA ausgelösten Öffnung des Chloridkanals (Study und Barker 1981). In etwas höheren Konzentrationen können diese Barbiturate den $GABA_A$-Rezeptor-assoziierten Chloridionenkanal auch in Abwesenheit von GABA öffnen. Da die Barbiturate im Gegensatz zu den Benzodiazepinen, die nur eine eben stattfindende GABAerge Transmission verstärken können, alle $GABA_A$-Rezeptoren auch in Abwesenheit einer GABAergen Transmission aktivieren können, besitzen sie eine gegenüber den Benzodiazepinen wesentlich höhere Toxizität.

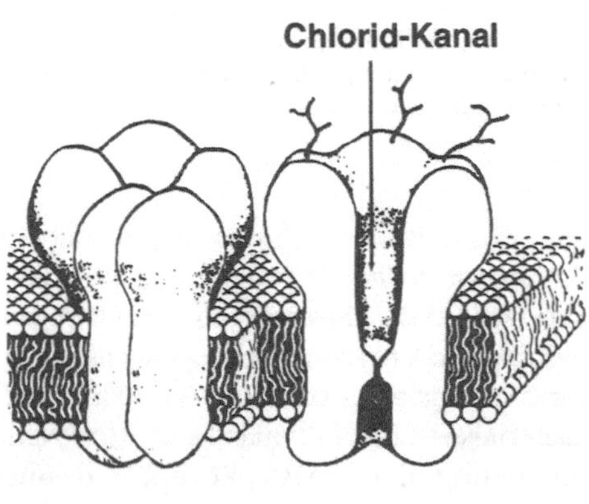

Abb. 2.2.4. Stark vereinfachtes Modell eines $GABA_A$-Rezeptorkanals (mod. nach Haefely 1987)

In letzter Zeit konnte gezeigt werden, daß auch bestimmte Steroide, so z.B. Progesteron- und Desoxycorticosteron-Metabolite, die Wirkung von GABA auf den $GABA_A$-Rezeptor modulieren können (MAJEWSKA 1992). Diese Steroide besitzen eine anaesthetische, sedativ-hypnotische und anxiolytische Wirkung und scheinen über eine separate Steroid-Bindungsstelle am $GABA_A$-Rezeptor zu wirken. Einige dieser im Gehirn natürlicherweise vorkommenden Steroide könnten als endogene Modulatoren der $GABA_A$-Rezeptoren wirken und so eine direkte Verbindung zwischen einem endokrinen und einem Transmittersystem herstellen.

Neben diesen Bindungsstellen gibt es am $GABA_A$-Rezeptor noch separate Bindungsstellen für die Krampfgifte Picrotoxinin und t-Butylbicyclophosphorothionat (TBPT), für das konvulsive Benzodiazepin Ro 5-4864 und das Anthelminticum Avermectin B_{1a} (SIEGHART 1992a). Weitere Bindungsstellen für die Allgemeinanaesthetica Propofol und Chlormethiazol, für Ethanol und für gewisse zweiwertige Kationen werden ebenfalls diskutiert.

Die vitale Bedeutung der $GABA_A$-Rezeptoren läßt sich leicht durch systemische oder lokale Applikation eines $GABA_A$-Rezeptor-Blockers (z.B. Bicucullin) demonstrieren. Schon unter partieller $GABA_A$-Rezeptorblockade kommt es in situ oder in vitro (Hirnschnitte, Neuronen in Kultur) zu erhöhter Erregbarkeit der Neuronen, die in eine (epileptoide) regellose hochfrequente Entladung übergeht.

2.2.4 *Modulation der GABAergen Transmission durch Benzodiazepinrezeptor-Liganden*

Die klassischen Benzodiazepine haben alle eine mehr oder weniger ähnliche Wirkung. In relativ niedrigen Konzentrationen wirken sie antikonvulsiv und anxiolytisch. In etwas höheren Konzentrationen haben sie einen sedativ-hypnotischen und muskelrelaxierenden Effekt. Auf der Suche nach Substanzen mit einer selektiveren Wirkung wurde eine große Anzahl an Benzodiazepinen und Verbindungen mit einer nichtbenzodiazepinartigen Struktur identifiziert, die alle eine hohe Affinität für den $GABA_A$-Rezeptor-assoziierten Benzodiazepinrezeptor aufwiesen (BRAESTRUP und NIELSEN 1983, GARDNER et al. 1993). Einige dieser Substanzen, die **„Benzodiazepinrezeptor-Agonisten"** verstärken den GABA-induzierten Chloridionenfluß ähnlich den klassischen Benzodiazepinen und haben somit eine positive intrinsische Aktivität (intrinsic efficacy). Diese Substanzen haben anxiolytische, antikonvulsive, muskelrelaxierende und sedativ-hypnotische Eigenschaften.

Andere Substanzen reduzieren hingegen den GABA-induzierten Chloridionenfluß und haben somit eine negative intrinsische Aktivität. Da diese Substanzen konvulsive, anxiogene und stimulierende Wirkungen ausüben, also Wirkungen, die jenen der klassischen Benzodiazepine diametral entgegengesetzt sind (BRAESTRUP und NIELSEN 1983), wurden sie als **„inverse Benzodiazepinrezeptor-Agonisten"** bezeichnet (POLC et al. 1982). Eine dritte Gruppe an hochaffinen Liganden für den Benzodiazepinrezeptor hat zwar keine oder nur eine schwache Wirkung auf den GABA-induzierten Chloridionenfluß (intrinsische Aktivität nahezu null), ist jedoch in der Lage, die Wirkung der Benzodiazepinrezeptor-Agonisten oder inversen Benzodiazepinrezeptor-Agonisten kompetitiv zu hemmen. Diese Substanzen, zu denen auch das Flumazenil gehört, wurden daher als **„Benzodiazepinrezeptor-Antagonisten"** bezeichnet (POLC et al. 1982). Diese bidirektionale Modulation des GABA-induzierten Chloridionenflusses läßt sich dadurch erklären, daß die Bindung der Benzodiazepinrezeptor-Liganden an den $GABA_A$-Rezeptor je nach Struktur des Liganden zu einer unterschiedlichen Konformationsänderung des Rezeptors führt. Durch diese Konformationsänderung erhöht oder vermindert sich vermutlich die Affinität von GABA für den $GABA_A$-Rezeptor, und dies wirkt sich in einer Erhöhung oder Verringerung der Frequenz der durch GABA induzierten Öffnung des Chloridionenkanals aus. Der Benzodiazepinrezeptor war der erste Rezeptor, bei dem eine derartige bidirektionale Wirkung von Liganden beobachtet wurde. Inzwischen gibt es jedoch Hinweise darauf, daß der $GABA_A$-Rezeptor auch über eine oder mehrere seiner anderen, vom Benzodiazepinrezeptor unabhängigen allosterisch-modulatorischen Bindungsstellen in beiden Richtungen moduliert werden kann (Majewska 1992). Außerdem dürfte eine bidirektionale Modulation auch bei anderen Rezeptoren vorkommen.

Nicht nur die Richtung, sondern auch das Ausmaß der Modulation der GABAergen Transmission (intrinsische Aktivität) hängt jedoch von der molekularen Struktur der Benzodiazepinrezeptor-Liganden ab, und es gibt daher neben den Substanzen, die eine volle agonistische oder invers- agonistische Wirkung ausüben, auch Verbindungen, die die Affinität von GABA für den $GABA_A$-Rezeptor weniger beeinflussen und somit einen geringeren Grad an intrinsischer Aktivität aufweisen. Diese Substanzen werden partielle Agonisten oder partielle inverse Agonisten genannt (Abb. 2.2.5).

Die grundlegenden Wirkungen dieser Benzodiazepinrezeptor-Liganden auf die Funktion des $GABA_A$-Rezeptors sind in Abb. 2.2.6 noch einmal in Form von Dosis-Wirkungs-

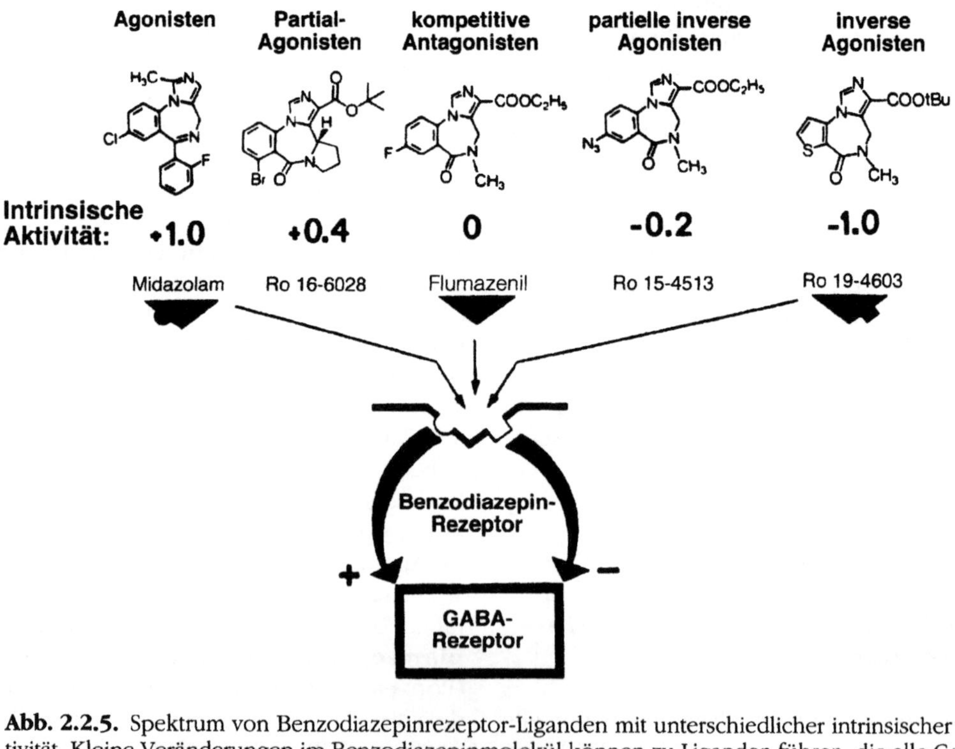

Abb. 2.2.5. Spektrum von Benzodiazepinrezeptor-Liganden mit unterschiedlicher intrinsischer Aktivität. Kleine Veränderungen im Benzodiazepinmolekül können zu Liganden führen, die alle Grade von intrinsischer Aktivität aufweisen (aus Haefely 1987)

kurven dargestellt. Die Kurve C zeigt die Erhöhung der Chloridleitfähigkeit, die GABA in steigenden Konzentrationen in einem einzelnen Neuron in Kultur induziert. Voll-Agonisten verschieben diese GABA-Dosis-Wirkungskurve konzentrationsabhängig und parallel nach links (Abb. 2.2.6, Kurve A). GABA kann daher in Gegenwart einer optimalen Konzentration eines vollen Benzodiazepinrezeptor-Agonisten denselben Chloridionenfluß bereits bei einer 2–3fach niedrigeren Konzentration auslösen. Eine geringere Konzentration des Voll-Agonisten bewirkt auch eine geringere Linksverschiebung der GABA-Dosis-Wirkungskurve. Das Maximum der GABA-Wirkung wird durch Benzodiazepinrezeptor-Agonisten aber nicht verändert. Dies steht im krassen Gegensatz zur Wirkung der Barbiturate. Da Barbiturate die Öffnungszeit der durch GABA aktivierten Chloridionenkanäle verlängern und in höheren Konzentrationen die Chloridkanäle auch in Abwesenheit von GABA öffnen, ist die Linksverschiebung der GABA-Dosis-Wirkungskurve bei den Barbituraten ausgeprägter als bei den Benzodiazepinrezeptor-Agonisten, und es wird auch das Maximum der GABA-induzierten Chloridleitfähigkeit verstärkt.

Partielle Agonisten bewirken auch in maximal wirksamen Konzentrationen eine geringere Linksverschiebung als Voll-Agonisten (Abb. 2.2.6, Kurve B). Voll inverse Agonisten verschieben die GABA-Dosis-Wirkungskurve nach rechts und reduzieren nicht nur die relative, sondern auch die maximale GABA-Wirkung (Abb. 2.2.6; Kurve D). Partiell inverse Agonisten bewirken eine geringere Rechtsverschiebung und reduzieren den maximalen GABA-induzierten Chloridionenfluß weniger. Benzodiazepinrezeptor-Antagonisten beeinflussen die Wirkung von GABA nicht. Durch ihre Bindung an den Benzodiazepinrezeptor hemmen sie jedoch konzentrationsabhängig die Wirkung von Liganden mit positiver oder negativer intrinsischer Aktivität.

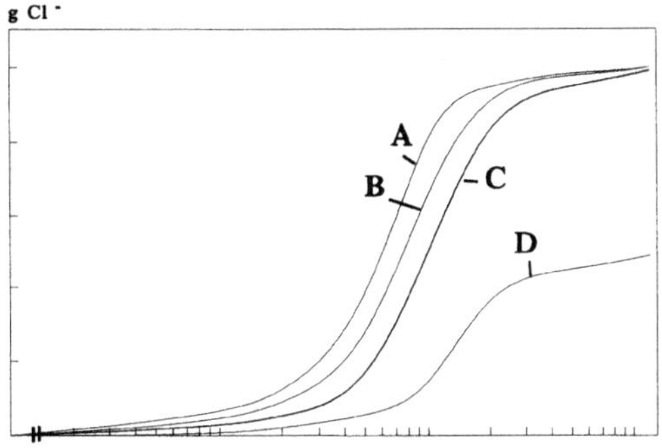

Abb. 2.2.6. Schematische Darstellung der Wirkung von maximal wirksamen Konzentrationen eines Voll-Agonisten (A), Partial-Agonisten (B) und eines vollen Invers-Agonisten (D) auf die GABA-Dosis-Wirkungskurve (C) an einem Einzelneuron. *Ordinate*: GABA-induzierter Chloridstrom *Abszisse*: GABA-Konzentration

2.2.5 Heterogenität der GABA$_A$-Rezeptoren

Ursprünglich wurde angenommen, daß es nur eine Art von GABA$_A$-Rezeptor gibt. Der Grund für diese Annahme war, daß einerseits bis heute noch keine GABA$_A$-Agonisten bzw. -Antagonisten bekannt sind, die zwischen möglichen unterschiedlichen GABA$_A$-Rezeptoren unterscheiden können, und andererseits auch die klassischen Benzodiazepine eine ähnliche Affinität für Benzodiazepinrezeptoren in allen Hirnregionen aufweisen. In den letzten Jahren wurde jedoch eine Reihe von Substanzen identifiziert, die eine unterschiedliche Affinität für „zentrale“ Benzodiazepinrezeptoren in verschiedenen Hirnregionen besitzen. So konnte gezeigt werden, daß das Triazolopyridazin Cl 218872, einige Benzodiazepine wie Quazepam oder Cinolazepam und ihre Metabolite, einige β-Carboline und die Imidazopyridine Zolpidem und Alpidem eine mehrfach höhere Affinität für Benzodiazepinrezeptoren im Kleinhirn als für solche im Hippocampus oder anderen Hirnregionen aufweisen (SIEGHART 1989). Diese und andere Untersuchungen führten zu dem Schluß, daß es **mindestens zwei „zentrale" Benzodiazepinrezeptor-Subtypen** geben muß: solche mit hoher Affinität (BZ_1-Rezeptoren, angereichert im Kleinhirn) und solche mit niedriger Affinität (BZ_2-Rezeptoren, angereichert im Hippocampus) für die oben angeführten Substanzen. Da die Benzodiazepinrezeptoren allosterisch-modulatorische Bindungsstellen an $GABA_A$-Rezeptoren sind, entspricht eine Heterogenität der Benzodiazepinrezeptoren einer Heterogenität der $GABA_A$-Rezeptoren.

Die Existenz von unterschiedlichen $GABA_A$-Benzodiazepinrezeptoren wird durch eine Reihe von biochemischen und molekularbiologischen Studien unterstützt. $GABA_A$-Rezeptoren wurden aus Gehirnmembranen extrahiert und mittels Affinitätschromatographie gereinigt (SIGEL und BARNARD 1984). Die gereinigten Proteine wurden sequenziert, und die dabei erhaltene Information (SCHOFIELD et al. 1987) führte zur Identifikation einer Vielzahl an strukturell verwandten $GABA_A$-Rezeptor-Untereinheiten. Bis jetzt wurden 6 α-, 4 β-, 4 γ-, 1 δ- und 2 ρ-Untereinheiten des $GABA_A$-Rezeptors kloniert und sequenziert. Weiters wurden noch Isoformen der α_2- und β_4-Untereinheit identifiziert (BURT und KAMATCHI 1991, SIEGHART 1992a). Jede dieser Proteinuntereinheiten besteht aus einem großen extrazellulären Bereich mit mehreren möglichen Glykosylierungsstellen, aus vier Transmembranbereichen und einem großen Intrazellulärbereich zwischen dem 3. und 4. Transmembranbereich (SCHOFIELD et al. 1987, Abb. 2.2.7). Untereinheiten, die zur selben Gruppe gehören (z.B. alle α-Untereinheiten) sind zueinander etwa 70–80% homolog, d.h. 70–80% ihrer Aminosäuren sind identisch. Untereinheiten, die zu unterschiedlichen Gruppen gehören (z.B. α- und β-, α- und γ- oder β- und γ-Untereinheiten) sind etwa 30–40% homolog (BURT und KAMATCHI 1991).

Die genetische Information für diese Untereinheiten kann entweder einzeln oder in Kombination mit der von anderen Untereinheiten durch Injektion oder Transfektion in Zellen eingebracht werden, die normalerweise den $GABA_A$-Rezeptorkanal nicht exprimieren (z.B. Xenopus Oocyten, menschliche embryonale Nierenzellen). Dadurch läßt sich die Synthese der entsprechenden Proteine erzwingen, die dann in funktionstüchtiger Weise in die Zellmembran eingebaut werden. Die pharmakologischen und elektrophysiologischen Eigenschaften der so produzierten rekombinanten $GABA_A$-Rezeptoren können anschließend an diesen transfizierten Zellen untersucht werden. Eine Reihe derartiger Untersuchungen ergab, daß bereits nach Transfektion mit einer einzigen Untereinheit GABA-aktivierte Chloridionenkanäle gebildet werden (BURT und KAMATCHI 1991, SIEGHART 1992a). Da,

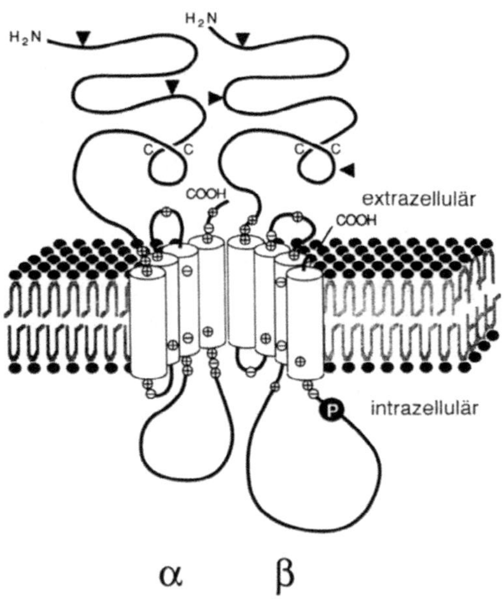

Abb. 2.2.7. Mögliche Topologie von α- und β-Untereinheiten (aus SCHOFIELD et al. 1987). Die transmembranären α-Helices sind als Zylinder dargestellt. *NH_2* N-Terminus, *COOH* C-Terminus, *Pfeilspitzen* potentielle Glycosylierungsstellen, *C* Cysteinreste, *P* potentielle Phosphorylierungsstelle. – und + sind negativ und positiv geladene Aminosäurereste

wie bereits erwähnt, $GABA_A$-Rezeptoren vermutlich aus 5 Untereinheiten aufgebaut sind, können sie offensichtlich auch aus lauter gleichen Untereinheiten (homooligomere Rezeptoren) gebildet werden. Die Effizienz der Bildung dieser homooligomeren rekombinanten Rezeptoren ist jedoch gering, und sie haben auch nur einen Teil der Eigenschaften, die $GABA_A$-Rezeptoren in vivo aufweisen. Die Effizienz der Bildung von rekombinanten $GABA_A$-Rezeptoren wird wesentlich erhöht, wenn zwei oder drei verschiedene Untereinheiten gleichzeitig in einer Zelle exprimiert werden. Es konnte jedoch gezeigt werden, daß nur dann $GABA_A$-Rezeptoren entstehen, die durch Benzodiazepine moduliert werden können und die den in vivo gefundenen Rezeptoren weitgehend ähnlich sind, wenn α-, β- und γ-Untereinheiten gemeinsam in einer Zelle exprimiert werden (BURT und KAMATCHI, 1991, SIEGHART 1992a). Welche dieser Untereinheiten zur Erreichung der für einen intakten $GABA_A$-Rezeptor benötigten 5 Untereinheiten öfter als einmal im selben rekombinanten Rezeptor vorkommen und auf welche Art diese Untereinheiten im Rezeptor angeordnet sind, ist derzeit nicht bekannt. Es gibt allerdings Hinweise dafür, daß mehr als eine α-Untereinheit im selben Rezeptor vorkommen kann. Auch über die Funktion der δ- und ρ-Untereinheiten und die Art und Weise inrer Kombination mit anderen Untereinheiten in $GABA_A$-Rezeptoren des Gehirns ist noch wenig bekannt.

In einer Reihe von Untersuchungen konnte gezeigt werden, daß vor allem die α-Untereinheit die Benzodiazepin-Bindungseigenschaften der rekombinanten Rezeptoren beeinflußt (SIEGHART 1992b). Rezeptoren, die eine α_1-Untereinheit gemeinsam mit irgendeiner β- und einer γ_2-Untereinheit enthalten, zeigen Benzodiazepin-Bindungseigenschaften, die dem BZ_1-Rezeptor entsprechen. Rezeptoren, die eine α_2- oder α_3-Untereinheit (neben einer β- und einer γ_2-Untereinheit) enthalten, haben Eigenschaften, die dem BZ_2-Rezeptor entsprechen. Rezeptoren, die die α_5-Untereinheit (wieder in Kombination mit einer β- und einer γ_2-Untereinheit) enthalten, haben zwar Bindungseigenschaften ähnlich den BZ_2-Rezeptoren, aber sie besitzen eine extrem niedrige Affinität für das BZ_1-Rezeptor-selektive Imidazopyridin Zolpidem. Zolpidem kann also zwischen drei Rezeptoren unterscheiden: Es hat eine hohe Affinität zu BZ_1-Rezeptoren, eine mittlere Affinität zu BZ_2-Rezeptoren und eine extrem niedrige Affinität zu rekombinanten Rezeptoren, welche die α_5-Untereinheit enthalten. Es gibt bereits Hinweise dafür, daß Rezeptoren mit extrem niedriger Affinität für Zolpidem tatsächlich im Gehirn vorkommen. Andere Untersuchungen ergaben, daß es verschiedene Untereinheitskombinationen gibt, die zu $GABA_A$-Rezeptoren führen, die durch Benzodiazepine nicht moduliert werden können (SIEGHART 1992b). Die Existenz derartiger $GABA_A$-Rezeptoren vor allem im Kleinhirn ist bereits seit langem bekannt.

Diese und andere Untersuchungen haben gezeigt, daß rekombinante Rezeptoren je nach ihrer Untereinheitszusammensetzung unterschiedliche pharmakologische Eigenschaften besitzen. Eine Änderung der Rezeptorzusammensetzung kann jedoch nicht nur zu einer Änderung der Affinität, sondern auch zu einer Änderung der intrinsischen Aktivität von Benzodiazepinrezeptor-Liganden führen (PUIA et al. 1991). So konnte gezeigt werden, daß Voll-Agonisten an einem Rezeptor an einem anderen Rezeptor als partielle Agonisten wirken können. Weiters konnte gezeigt werden, daß manche Substanzen die GABAerge Transmission je nach Zusammensetzung der Rezeptoren in einer unterschiedlichen Richtung beeinflussen können. Sie wirken z.B. an einem Rezeptor als inverse Agonisten und an einem anderen Rezeptortyp als partielle Agonisten (PUIA et al. 1991). Die intrinsische Aktivität der Benzodiazepin-Rezeptor-Liganden hängt also von der Untereinheitszusammen-

setzung des jeweiligen $GABA_A$-Rezeptors ab.
Bisher wurden nur wenige Untereinheitskombinationen im Zuge der Untersuchung von rekombinanten Rezeptoren verwendet. Auf Grund der vielen bisher identifizierten $GABA_A$-Rezeptor-Untereinheiten, die alle eine unterschiedliche regionale Verteilung im Gehirn besitzen (Burt und Kamatchi 1991), und auf Grund der Hypothese, daß fünf Untereinheiten notwendig sind, um einen $GABA_A$-Rezeptor-Ionenkanal zu bilden, gibt es eine sehr große Zahl an möglichen Untereinheitskombinationen. Je nach dem strukturellen Modell, das man diesen Berechnungen zugrundelegt, sind mehrere hundert bis mehrere tausend verschiedene $GABA_A$-Rezeptorstrukturen möglich. Jeder dieser unterschiedlich zusammengesetzten Rezeptoren besitzt unterschiedliche pharmakologische und elektrophysiologische Eigenschaften. Vermutlich kommen nicht alle der theoretisch möglichen Untereinheitskombinationen tatsächlich im Gehirn vor. Daher zählt die Identifizierung der tatsächlich existierenden Untereinheitskombinationen derzeit zu einem der Hauptziele der $GABA_A$-Rezeptorforschung.

2.2.6 Wirkung der Benzodiazepinrezeptor-Liganden auf zellulärer und System-Ebene

Wie der Abb. 2.2.6 entnommen werden kann, ist die verstärkende Wirkung von Benzodiazepinrezeptor-Agonisten auf die GABAerge Transmission in zweifacher Weise dosisabhängig. Einerseits hängt sie von der Konzentration des Benzodiazepins, andererseits von der GABA-Konzentration im synaptischen Spalt ab. In Abwesenheit von GABA (keine GABAerge Transmission) haben die Benzodiazepine keine Wirkung. Bei kleiner GABA-Konzentration (niedrige Feuerungsfrequenz des Neurons) ist die Wirkung der Benzodiazepine prozentuell größer als bei höherer GABA-Konzentration. Da aber der GABA-Effekt ingesamt durch Benzodiazepinrezeptor-Agonisten nicht über seinen maximalen Wert gesteigert werden kann, haben Benzodiazepine auch bei sättigender GABA-Konzentration (intensiv feuerndes GABA-Neuron) keine stimulierenden Wirkungen mehr. Daraus ergibt sich, daß die Wirkung der Benzodiazepine auf die $GABA_A$-Rezeptoren der einzelnen Synapsen je nach Aktivität der entsprechenden GABA-Neuronen unterschiedlich ist.
Die tatsächliche Auswirkung der durch Benzodiazepine bewirkten Verstärkung der GABAergen Transmission auf die postsynaptische Zelle hängt aber auch davon ab, ob die GABA-Synapse ein sehr aktives oder ein weniger aktives Neuron innerviert. Ein intensiv feuerndes Neuron wird durch die GABA-verstärkende Wirkung von Benzodiazepinrezeptor-Agonisten stärker beeinflußt als ein Neuron, das nur wenig aktiv ist. Auch die Dichte der GABAergen Innervation der betreffenden Zelle ist von wesentlicher Bedeutung für die Wirkung der Benzodiazepine. Wird eine Zelle von vielen mehr oder weniger synchron feuernden GABAergen Synapsen innerviert, so kann auch durch eine relativ geringe Verstärkung der GABAergen Transmission an den einzelnen Synapsen bereits eine ausreichende Hemmung des Neurons erzielt werden. Die Wirkung der Benzodiazepine wird allerdings dadurch wieder zum Teil beschränkt, daß eine Verstärkung der GABAergen Hemmwirkung z.B. auf Grund der Verschaltung bei der rekurrenten Hemmung (Abb. 2.2.2d) zu einer verminderten Erregung des GABA-Interneurons durch das Hauptneuron führt. Demgemäß ist die tatsächliche Wirkung der Benzodiazepinrezeptor-Agonisten in den einzelnen Hirnregionen durchaus unterschiedlich.

Es ist dies eine viel feinere pharmakologische Interaktion als z.B. der direkte Angriff am

$GABA_A$-Rezeptor im Sinne eines GABA-Mimetikums. Direkte indiskriminierende Aktivierung praktisch aller $GABA_A$-Rezeptoren macht den spezifischen $GABA_A$-Rezeptor-Agonisten Muscimol für nützliche Anwendungen unbrauchbar. Auch Barbiturate, die erstens eine massive Verstärkung der GABA-Wirkung verursachen und zweitens den $GABA_A$-Rezeptorkanal direkt öffnen können, haben eine bedeutend geringere therapeutische Breite als Benzodiazepinrezeptor-Agonisten.

Es wird allgemein angenommen, daß die verschiedenen Wirkungen der Benzodiazepinrezeptor-Liganden in unterschiedlichen **Hirnregionen** ausgelöst werden. Eine präzise Lokalisierung der einzelnen pharmakologischen Wirkungen im ZNS war jedoch bisher noch nicht möglich, obwohl verschiedentlich versucht wurde, die jeweiligen Wirkorte durch lokale Applikation von Benzodiazepinen in verschiedene Hirnkerne zu identifizieren. Die breite antiepileptische Wirksamkeit der Benzodiazepinrezeptor-Agonisten (die auf Grund von Toleranzentwicklung und Übersedierung der Patienten in ihrer praktischen Anwendung beschränkt ist), kann ohne Schwierigkeiten als Dämpfung ungeordneter, hochfrequenter Entladungen von kritischen Schrittmacherneuronen und ihnen nachgeschalteten Neuronen gesehen werden. Da die GABAerg innervierten Neuronen in diesem Fall hoch aktiv sind, führt bereits eine geringe Verstärkung der GABAergen Transmission zu einem meßbaren antikonvulsiven Effekt. Dies erklärt die Tatsache, daß Benzodiazepinrezeptor-Agonisten ihre antikonvulsiven Wirkungen bereits bei relativ niedrigen Dosen entfalten und daß nicht nur Voll-Agonisten, sondern auch partielle Agonisten eine antikonvulsive Wirkung besitzen (FACKLAM et al. 1992a, b).
Die anxiolytische Wirkung dürfte einer ähnlichen Dämpfung von Neuronen, die vorwiegend im limbischen System lokalisiert sind und eine erhöhte Vigilanz und die Emotion Angst hervorrufen, zu verdanken sein. Sedation als Folge einer verstärkten GABAergen Effizienz wird sich beim ängstlichen und daher Erregten normalisierend auswirken, beim völlig Gesunden wird eine Reduktion der Vigilanz unter das normale Niveau zu Müdigkeit und Schlaffheit führen. Untersuchungen der letzten Jahre haben ergeben, daß auch die angstlösende Wirkung der Benzodiazepinrezeptor-Liganden im Falle der Voll-Agonisten bereits bei relativ geringer Rezeptorbesetzung zustandekommt (FACKLAM et al. 1992a, b). Dies ist vermutlich darauf zurückzuführen, daß die für diese Emotionen kritischen Neuronen eine hohe $GABA_A$-Rezeptordichte aufweisen. Dadurch können nicht nur Voll-Agonisten, sondern auch partielle Agonisten (die letzteren allerdings bei wesentlich höherer Rezeptorbesetzung) die GABAerge Transmission an den entsprechenden Neuronen genügend verstärken, daß die für die Anxiolyse benötigte ausreichende Dämpfung der neuronalen Aktivität auftritt.
Andere Untersuchungen haben gezeigt, daß zur Erreichung einer starken Sedation mit Beeinträchtigung des Bewußtseins selbst für Voll-Agonisten ein sehr hohes Ausmaß der Rezeptor-Besetzung benötigt wird. Partielle Agonisten sind nicht mehr in der Lage, diesen Zustand auszulösen, und haben demgemäß weniger Nebenwirkungen als Voll-Agonisten. Offenbar besitzen die für die Modulation des Bewußtseins verantwortlichen Neuronen eine relativ geringe GABA-Rezeptordichte (FACKLAM et al. 1992a, b). Selbst bei Sättigung aller Benzodiazepinrezeptoren sind Benzodiazepinrezeptor-Liganden im Unterschied z.B. zu den Barbituraten nicht in der Lage, einen Narkosezustand mit völligem Bewußtseinsverlust, Analgesie und Muskelrelaxation zu erzeugen. Dies könnte unter anderem dadurch erklärt werden, daß es nach dem bisher Gesagten und auf Grund der Tatsache, daß GABAerge Neurone auch von anderen GABAergen Neuronen innerviert und damit in ihrer Aktivität reguliert werden können, unmöglich ist, sämtliche $GABA_A$-Rezepto-

ren durch Benzodiazepine gleichzeitig maximal zu aktivieren. Barbiturate können hingegen nicht nur die GABAerge Transmission über ihr Maximum hinaus steigern, sondern auch bei abwesender GABAerger Transmission die $GABA_A$-Rezeptoren aktivieren und damit eine Hemmung nahezu aller Neurone des Gehirns bewirken.

Die klassischen Benzodiazepine sind in den meisten Fällen relativ starke Benzodiazepinrezeptor-Agonisten und besitzen noch dazu eine relativ ähnliche Affinität für die Benzodiazepinrezeptor-Bindungsstelle verschiedener $GABA_A$-Rezeptor-Subtypen. Demgemäß besitzen sie auch alle ein mehr oder weniger ähnliches klinisches Wirkspektrum. Die dennoch immer wieder beobachteten Unterschiede in der Ausprägung der einzelnen Wirkungen der Benzodiazepine sind vermutlich darauf zurückzuführen, daß diese Substanzen je nach ihrer Struktur an verschiedenen $GABA_A$-Rezeptoren in den jeweiligen Hirnregionen eine unterschiedliche intrinsische Wirksamkeit besitzen. Sie benötigen demgemäß durchaus unterschiedliche Konzentrationen, um die einzelnen Wirkungen auslösen zu können, und weisen somit eine gewisse geringe selektive Wirkung auf. Bei partiellen Benzodiazepinrezeptor-Agonisten tritt diese Wirkungsselektivität in verstärktem Maße auf, da diese Substanzen zwar die relativ leicht auslösbaren anxiolytischen und antikonvulsiven Wirkungen, auf Grund der geringen Rezeptordichte an den entsprechenden Neuronen jedoch keine sedierenden und muskelrelaxierenden Effekte mehr hervorrufen können. Einige dieser partiellen Benzodiazepinrezeptor-Agonisten wurden in den letzten Jahren bereits entwickelt und sind in klinischer Prüfung.

Sollten die für die einzelnen Wirkungen verantwortlichen Neuronen jedoch tatsächlich über unterschiedliche $GABA_A$-Rezeptor-Subtypen innerviert werden, dann sollte es möglich sein, Benzodiazepinrezeptor-Liganden zu finden, die eine hohe Selektivität für diese Rezeptoren und somit eine selektive klinische Wirksamkeit besitzen. Die Selektivität dieser Liganden kann sowohl über ihre Affinität für den jeweiligen Benzodiazepinrezeptor als auch über ihre selektive intrinsische Aktivität (voll-agonistische Wirkung für den gesuchten Rezeptor, partiell-agonistische bzw. antagonistische Eigenschaften für andere Rezeptor-Subtypen) bewirkt werden. Bei der Suche nach derartigen Substanzen können rekombinante $GABA_A$-Rezeptoren als Modellsystem verwendet werden. Die Untersuchung der molekularen Struktur, der regionalen Verteilung und Pharmakologie von $GABA_A$-Rezeptoren im Gehirn wird sich daher vermutlich bereits in naher Zukunft in der Entwicklung von neuen und klinisch interessanten Substanzen auswirken.

Literatur

Bowery NG, Pratt GD (1992) $GABA_B$-receptors as targets for drug action. Arzneimittelforschung/Drug Res 42: 215–223

Bowling AC, DeLorenzo RJ (1982) Micromolar affinity benzodiazepine receptors: identification and characterization in central nervous system. Science 216: 1247–1250

Braestrup C, Nielsen M (1983) Benzodiazepine receptors. In: Iversen LL, Iversen SD, Snyder SH (eds) Handbook of psychopharmacology, vol 17. Plenum , New York London, pp 285–384

Burt DR, Kamatchi GL (1991) $GABA_A$-receptor subtypes: from pharmacology to molecular biology. FASEB J 5: 2916–2923

Costa E, Guidotti A, Mao CL (1975) Evidence for involvement of GABA in the action of benzodiazepines: studies on rat cerebellum. Adv Biochem Psychopharmacol 14: 113–130

Facklam M, Schoch P, Haefely WE (1992 a) Relationship between benzodiazepine receptor occupancy and potentiation of γ-aminobutyric acid-stimulated chloride flux in vitro of four ligands of differing intrinsic efficacies. J Pharmacol Exp Ther 261: 1106–1112

Facklam M, Schoch P, Bonetti EP, Jenck F, Martin JR, Moreau JL, Haefely WE (1992b) Relationship between benzodiazepine receptor occupancy and functional effects in vivo of four ligands of differing intrinsic efficacies. J Pharmacol Exp Ther 261: 1113–1121

Gardner CR, Tully WR, Hedgecock CJR (1993) The rapidly expanding range of neuronal benzodiazepine receptor ligands. Prog Neurobiol 40: 1–61

Haefely W (1987) Structure and function of the benzodiazepine receptor. Chimia 41: 389–396

Haefely W, Kulcsår A, Möhler H, Pieri L, Polc P, Schaffner R (1975) Possible involvement of GABA in the central actions of benzodiazepines. Adv Biochem Psychopharmacol 14: 131–151

Haefely W, Polc P, Pieri L, Schaffner R, Laurent JP (1983) Neuropharmacology of benzodiazepines: synaptic mechanisms and neural basis of action. In: Costa E (ed) The benzodiazepines: from molecular biology to clinical practice. Raven Press, New York, pp 21–66

Haefely W, Kyburz E, Gerecke M, Möhler H (1985) Recent advances in the molecular pharmacology of benzodiazepine receptors and in the structure-activity relationships of their agonists and antagonists. In: Testa B (ed) Advances in drug research, vol 14. Academic Press, London, pp 165–322

Majewska MD (1992) Neurosteroids: endogenous bimodal modulators of the $GABA_A$- receptor. Mechanism of action and physiological significance. Prog Neurobiol 38: 379–395

Möhler H, Okada T (1977) Benzodiazepine receptor: demonstration in the central nervous system. Science 198: 849–851

Polc P, Bonetti EP, Schaffner R, Haefely W (1982) A three-state model of the benzodiazepine receptor explains the interactions between the benzodiazepine antagonist Ro 15-1788, benzodiazepine tranquillizers, β-carbolines and phenobarbitone. Naunyn Schmiedebergs Arch Pharmacol 321: 260–264

Puia G, Vicini S, Seeburg PH, Costa E (1991) Influence of recombinant γ-aminobutyric $acid_A$ receptor subunit composition on the action of allosteric modulators of γ-aminobutyric acid-gated Cl^- currents. Mol Pharmacol 39: 691–696

Schofield PR, Darlison MG, Fujita N, Burt DR, Stephenson FA, Rodriguez H, Rhee LM, Ramachandran J, Reale V, Glencorse TA, Seeburg PH, Barnard EA (1987) Sequence and functional expression of the $GABA_A$ receptor shows a ligand-gated receptor super-family. Nature 328: 221–227

Sieghart W (1989) Multiplicity of $GABA_A$-benzodiazepine receptors. Trends Pharmacol Sci 10: 407–411

Sieghart W (1992a) $GABA_A$ receptors: ligand-gated Cl^- ion channels modulated by multiple drug-binding sites. Trends Pharmacol Sci 13: 446–450

Sieghart W (1992b) Molecular basis of pharmacological heterogeneity of $GABA_A$ receptors. Cell Signal 4: 231–237

Sigel E, Barnard EA (1984) A γ-aminobutyric acid/benzodiazepine receptor complex from bovine cerebral cortex. Improved purification with preservation of regulatory sites and their interactions. J Biol Chem 259: 7219–7223

Skerritt JH, Willow M, Johnston GAR (1982) Diazepam enhancement of low affinity GABA binding to rat brain membranes. Neurosci Lett 29: 63–66

Squires RF, Braestrup C (1977) Benzodiazepine receptors in rat brain. Nature 266: 732–734

Study RE, Barker JL (1981) Diazepam and (-)-pentobarbital: fluctuation analysis reveals different mechanisms for potentiation of γ-aminobutyric acid responses in cultured central neurons. Proc Natl Acad Sci USA 78: 7180–7184

Verma A, Snyder SH (1989) Peripheral type benzodiazepine receptors. Ann Rev Pharmacol Toxicol 29: 307–322

Exkurs: Natürliche Benzodiazepinrezeptor-Liganden und ihre mögliche biologische Bedeutung

J. Wildmann

Einleitung

Die Entdeckung spezifischer Bindungsstellen für Benzodiazepine im Gehirn im Jahre 1977 löste eine intensive Suche nach deren physiologischen Liganden aus. Da neuronale Benzodiazepinrezeptoren sich im gesamten Wirbeltierreich finden, sind sie offensichtlich über Jahrmillionen konserviert worden. Es liegt die Vermutung nahe, daß sie durch Interaktion mit putativen körpereigenen Liganden wichtige neuronale Funktion erfüllen.

Man hatte damals das Beispiel der Opiatrezeptoren vor Augen, wo bereits zwei Jahre nach Darstellung entsprechender Bindungsstellen mit den Enkephalinen körpereigene Liganden mit Peptidstruktur identifiziert werden konnten. Dabei waren erstmals die entsprechenden neuronalen Rezeptoren als sensitive spezifische Sonde zur Aufspürung zugehöriger Liganden eingesetzt worden.

Im Falle der Benzodiazepinrezeptoren gelang es nicht so rasch wie bei den Opiatrezeptoren, überzeugende endogene Kandidaten zu präsentieren. Zu den Verbindungen, die mit dem Benzodiazepinrezeptor interagieren können und als körpereigene Liganden diskutiert wurden, gehören neben einigen wenig charakterisierten höhermolekularen Komponenten auch niedermolekulare Substanzen, wie z.B. verschiedene Purine und Nikotinamid (MÖHLER et al. 1979). Diese Verbindungen werden heute nicht mehr als Kandidaten gehandelt, weil sie eine sehr geringe Affinität zum Benzodiazepinrezeptor aufweisen. Die Ki-Werte liegen im mM Bereich und damit sechs Zehnerpotenzen ungünstiger als für Diazepam.

NIELSEN et al. haben 1979 mit dem Ethylester des β-Carbolin-3-carboxylats (β-CCE) eine niedermolekulare Verbindung aus Urin isoliert, die eine mit potenten Benzodiazepinen vergleichbare Rezeptoraffinität aufweist. Allerdings zeigt β-CCE im Vergleich zu klassischen Benzodiazepinen ein exakt spiegelbildliches, also invers agonistisches pharmakologisches Wirkungsspektrum. Die hochinteressante Substanz erwies sich jedoch rasch als Kunstprodukt rigoroser Extraktionsmethoden (20 Stunden bei 80°C in *Ethanol/HCl*). Die artifizielle Entstehung diskreditierte diese, aber auch strukturverwandte Verbindungen zunächst einmal als Kandidaten endogener Benzodiazepinrezeptor-Liganden.

Hinweise für die Existenz körpereigener Liganden

Angesichts dieses Forschungsstandes wurde die Auffassung vertreten, es gäbe keine Notwendigkeit für die Existenz endogener Benzodiazepinrezeptor-Liganden, weil die Funktion des GABA/Benzodiazepinrezeptor-Komplexes grundsätzlich über einen GABA-Gradienten gesteuert werden kann (HAEFELY et al. 1985). Allerdings spricht die Wirkung von Flumazenil, einem Benzodiazepinrezeptor-Antagonisten ohne intrinsische Aktivität bei bestimmten Verhaltensexperimenten für das Vorhandensein nicht nur von endogenen Agonisten, sondern auch von endogenen invers agonistischen Ben-

zodiazepinrezeptor-Liganden. FILE und PELLOW (1986) stellten in umfassenden Studien fest, daß Flumazenil je nach Testsituation anxiogen oder anxiolytisch wirken kann.
Nach FERNANDEZ-TERUEL et al. (1991) kann die emotionelle Färbung eines experimentellen Ansatzes ganz wesentlich das Verhalten sowie physiologische und biochemische Parameter beeinflussen. Begründet wird dies mit einer unterschiedlichen Balance der Aktivität endogener Benzodiazepinrezeptor-Agonisten und Inversagonisten, wodurch sich unterschiedliche Funktionszustände des GABA gesteuerten Chlorid-Kanals ergeben. Leichter Streß, z.B. 10 Minuten Schwimmen oder das Entfernen aus gewohnter Umgebung, führt nach TRULLAS et al. (1988) ebenso wie die Gabe von Flunitrazepam (Benzodiazepinrezeptor-Agonist) zu einer Zunahme von t-Butylbicyclophosphothionat (TBPS)-Bindungsstellen, die als geöffnete Chlorid-Kanäle betrachtet werden können. Schwimmstreß schützte bei Mäusen gegen von Methyl-6,7-dimethoxy-4-ethyl-β-carbolin-3-carboxylat (DMCM) oder Picrotoxin induzierte Krämpfe, wobei der Picrotoxineffekt durch Flumazenil antagonisierbar war. Aus den Befunden von Trullas kann abgeleitet werden, daß milder Streß zu einer Funktionssteigerung des GABA/Benzodiazepin/Chloridkanalkomplexes führt. Hierzu paßt die Vorstellung, daß unter solchen Bedingungen Benzodiazepin-ähnliche endogene Liganden freigesetzt werden. Es gibt jedoch Hinweise, daß Streßsituationen hinsichtlich ihrer Intensität, Beherrschbarkeit und Vorhersehbarkeit klar differenziert bewertet werden müssen. So führte die Applikation von nicht vorhersehbaren Fußschocks, wobei der Umgang mit dem Stressor kaum erlernt werden kann, zu einer Steigerung der konvulsiven Wirkung von DMCM. In dieser Situation scheint also ein endogener Modulator mit anxiogenen Eigenschaften ins Spiel zu kommen. Hiermit decken sich Studien von CORDA et al. (1985), wo Fußschock bei beruhigten Ratten die Anzahl niederaffiner GABA-Bindungsstellen senkte. Der Effekt war duch Flumazenil antagonisierbar und konnte durch Gabe von β-Carbolinen imitiert werden. Auswirkungen dieses Stressors scheinen auch hier über anxiogene endogene Liganden vermittelt zu werden.
Es bleibt festzuhalten, daß für die Folgen einer Streßsituation, neben der Intensität, deren Vorhersehbarkeit und Beherrschbarkeit von entscheidender Bedeutung sind. Kontrollierbarer Streß, auf den ein Organismus in der Lage ist sich einzustellen, könnte einen gegensätzlichen funktionellen Effekt auf GABA gesteuerte Chlorid-Kanäle haben als nicht kontrollierbarer Streß. Zu beachten sind auch Hinweise, daß emotionale Reaktionen unter Beteiligung putativer anxiogener bzw. anxiolytischer endogener Liganden individuell unterschiedlich sein können (BALDWIN und FILE 1988).

„Diazepam Binding Inhibitor"

In den letzten Jahren gab es auf dem Gebiet der Erforschung endogener Benzodiazepinrezeptor-Liganden interessante neue Entwicklungen. 1983 wurde ein Polypeptid aus Gehirn isoliert, das die Bindung von Diazepam an Hirnmembranen hemmt (GUIDOTTI et al. 1983). Es wurde DBI (Diazepam Binding Inhibitor) genannt. Der Ki-Wert des Peptids liegt bei 5 μM und damit 3 Größenordnungen ungünstiger als von β-CCE oder den meisten Benzodiazepinen. DBI ist artspezifisch und umfaßt beim Menschen 105 Aminosäuren. Bei einem MG von 11 000 Dalton sind also im Vergleich zu Diazepam etwa 100 000 mal größere Substanzmengen für eine bestimmte Rezeptorbesetzung erforderlich. DBI kommt im Hirn in großen Mengen vor (10–25 μM). Es produziert Angst und ist somit ein inverser Agonist. DBI wurde in GABAergen Neuronen nachgewiesen, kommt aber auch in nicht GABAergen Neuronen vor.

Tabelle 1. Nachweis von Benzodiazepinen

Im ZNS und anderen Organen		In pflanzlichen Produkten	
Rind	DN	Weizenkörner	DN
Kuhmilch	BI	Kartoffelknollen	DN
Ratte	DN	Rattenfutter	BI
Nebenniere	DN	Hafer	BI
Niere	DN	Hirse	BI
Leber	DN	Mais	DN
Lachs	DN	Gerste	BI
Frosch	DN	Reis	DN
Echse	DN	Buchweizen	BI
Huhn	DN	Sojabohnen	DN
Katze	DN	Linsen	DN
Hund	DN	Pilze	DN
Reh	DN	Kirschen	D
Mensch	D		
Serum	D		
Muttermilch	BI		

Zusammenfassung der Angaben von KLOTZ (1991). *D* Diazepam, *N* Nordazepam, *BI* Benzodiazepin-ähnliche Immunreaktivität

Wegen der Größe des Moleküls wurde angenommen, ein Fragment davon könnte das eigentliche aktive Molekül sein. Tatsächlich findet man nach tryptischer Spaltung ein 18 Aminosäuren umfassendes Peptid, genannt ODN (octadecaneuropeptide), das eine ähnliche Pro-Konflikt-Wirkung aufweist wie DBI (FERRERO et al. 1986). Das Fragment hat jedoch eine noch geringere Rezeptoraffinität. In Primärkulturen von Kleinhirnzellen verdrängt ODN etwas besser (Ki 1,5 μM) aber nur 50% des Tracers sind überhaupt verdrängbar. Weitere DBI-Abkömmlinge, wie das TTN (triakontatetraneuropeptide) oder diverse synthetische ODN-ähnliche Peptide besitzen eine vergleichbare oder geringere Affinität. DBI kann nicht als typisches Neuropeptid betrachtet werden, mit molekularbiologischen Methoden wurde gezeigt, daß es nicht nur im Gehirn exprimiert wird, sondern auch in Herz, Niere, Leber, Lunge und Milz. In Niere und Leber entsteht mehr DBI als im Hirn. Tatsächlich korreliert die DBI-Konzentration mit der Dichte peripherer Benzodiazepinrezeptoren, die der äußeren Mitochondrienmembran insbesondere von steroidbildenden Geweben aufsitzen und nicht mit dem GABA/Benzodiazepinrezeptor-Komplex, sondern mit spannungsabhängigen Ca^{2+} Kanälen (PAROLA et al. 1993) in Beziehung stehen. Hohe Affinität von ODN wurde bei astrozytären Kulturen gefunden, von denen man weiß, daß sie periphere Benzodiazepinrezeptoren aufweisen.
Immerhin wurde berichtet, daß bei neuronalen Cortexkulturen der Ratte Glutamat-Decarboxylase und ODN bei gut 50% der Neuronen gemeinsam vorkommen. Depolarisation mit Veratridin führte zur Freisetzung von ODN und GABA in das Kulturmedium.

Es gibt Hinweise, daß DBI in Synapsen vorhanden ist und ODN-ähnliche Peptide intraneural gebildet werden. Colokalisation wurde nicht gezeigt, aber durch Veratridin wurden Peptide und GABA in sehr ähnlicher Menge freigesetzt. Diese physiologischen Experimente sind das stärkste Argument für eine Beteiligung dieser Peptide an der GABAergen Neurotransmission.

β-Carboline als natürliche Inversagonisten

1986 wurde von PENA et al. aus Rinderhirn eine niedermolekulare Verbindung isoliert, die sich ebenfalls als inverser Agonist erwies. Es handelt sich dabei um den Butylester des β-Carbolin-3-carboxylats (β-CCB), also eine dem zuvor erwähnten β-CCE strukturmäßig sehr nahestehende Substanz. Sie besitzt eine hohe, mit der von Diazepam vergleichbare Rezeptoraffinität. Durch schonende Extraktionsmethoden und umfassende Kontrollen wurde gezeigt, daß β-CCB offenbar endogen im Gehirn vorkommt, und zwar beim Rind zu etwa 12 ng pro Gramm cerebralem Cortex. Eigene Studien belegen, daß auch der Methyl- und selbst der Ethylester des β-Carbolin-3-carboxylats natürlicherweise in Spuren in bestimmten biologischen Proben vorhanden sind. Während die genannten β-Carboline pharmakologisch hochpotent sind, besitzen

Dihydro- und Tetrahydro-β-carboline, die im Gehirn nachgewiesen wurden und in gewissen Pflanzen vorkommen, eine sehr geringe Affinität zum Benzodiazepinrezeptor. Dennoch sind auch Harmanabkömmlinge als endogene Liganden diskutiert worden (MORIN et al. 1981).

Natürliche Benzodiazepine

Ebenfalls 1986 wurden mit ganz unterschiedlichen Methoden niedermolekulare agonistische Komponenten aus Hirn und Serum isoliert, die mit hoher Affinität und Selektivität am Benzodiazepin-Rezeptor binden. SANGAMESWARAN et al. (1986) setzten dabei monoclonale Antikörper gegen 3-Hemisuccinyloxyclonazepam in Form einer Immunaffinitätschromatographie ein. Zur großen Überraschung erwies sich die Substanz als N-Desmethyl-diazepam (Nordazepam). Ein Agonist mit konventionellen Methoden, zunächst im Serum (WILDMANN et al. 1986), dann auch in Hirn und Nebenniere der Ratte gefunden, wurde als Diazepam identifiziert (WILDMANN et al. 1987). Inzwischen sind Diazepam und dessen Metabolit Nordazepam nicht nur in einer Vielzahl tierischer Proben nachgewiesen worden, sondern auch in pflanzlichen Produkten (Tabelle 1). Außerdem wurden weitere natürliche Benzodiazepine identifiziert, die alle strukturmäßig Diazepam sehr nahestehen. Aus Weizen und Kartoffeln wurden insgesamt 8 verschiedene Benzodiazepine isoliert, die

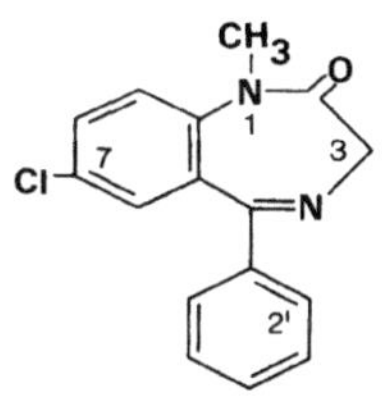

DIAZEPAM

Verbindung	IC_{50} (nmol)	Gehaltsbestimmungen in			
		50 g Weizen		20 g Kartoffeln	
		Bindungs-test (ng DÄ)	GC/MS (ng)	Bindungs-test (ng DÄ)	GC/MS (ng)
Deschlordiazepam	370	–	5	–	–
N-desmethyldiazepam	9,2	20	20	10	10
Diazepam	8,6	10	10	5	5
7-Deschlor-2'-chlordiazepam	3,8	10	5	–	–
Lorazepam (N-desmethyl-3-hydroxy-2'-chlordiazepam)	1,6	–	–	5	1
Delorazepam (N-desmethyl-2'-chlordiazepam)	1,8	20–50	10	10–20	5
Lormetazepam (3-hydroxy-2'-chlordiazepam)	1,4	10	2	–	–
2'-Chlordiazepam	1,6	5	1	5	1

Abb. 1. In Weizenkörnern und Kartoffelknollen identifizierte Benzodiazepin-Verbindungen. Die Mengenangaben beziehen sich auf 50 g Weizenkörner bzw. 20 g Kartoffeln. Sie wurden als Diazepam-Äquivalente (ng DÄ) im Bindungstest und durch Massenspektrometrie, gekoppelt mit Gaschromatographie (GC/MS), anhand von synthetischen Referenzen ermittelt. Wie die IC_{50}-Werte zeigen, weisen fast alle identifizierten Benzodiazepine hohe Rezeptoraffinität auf. (–) Verbindung in entsprechender Pflanze nicht nachgewiesen. Angaben nach WILDMANN et al. (1988)

zum Teil zweifach chloriert sind und zu den pharmakologisch potentesten Vertretern der Substanzklasse gehören (Abb. 1). Einige davon entsprechen z.T. seit Jahren vermarkteten synthetischen Benzodiazepinen, andere jedoch werden weder therapeutisch eingesetzt, noch stellen sie Metaboliten von auf dem Markt befindlichen Substanzen dar.
Die Existenz natürlicher Benzodiazepine in biologischem Material belegen übereinstimmende Befunde einer Reihe unabhängiger Arbeitsgruppen (Übersicht: KLOTZ 1991). Benzodiazepin-ähnliche Immunreaktivität wurde in bereits seit 1940 konservierten menschlichen Gehirnen nachgewiesen (SANGAMESWARAN et al. 1986), die chemische Synthese des ersten Benzodiazepins Chlordiazepoxid gelang aber erst Ende der Fünfziger Jahre. 1960 wurde Chlordiazepoxid, bald darauf Diazepam in den Markt eingeführt. Diazepam konnte jedoch in menschlichen Gehirnen aus den Jahren 1957–1959 identifiziert werden (UNSELD et al. 1989). Die Diazepamkonzentration lag in den untersuchten Hirnregionen zwischen 0,17 und 0,34 ng pro g. Von anderen Autoren angegebene Benzodiazepinkonzentrationen liegen zwischen 0,1 ng beim Frosch und bis zu 600 ng beim Rind. Durchschnittliche und meist genannte Werte variieren zwischen 2 und 10 ng pro g Hirnfeuchtgewicht, entsprechend einer Konzentration von $0{,}8–4 \times 10^{-8}$ M. Nach der Gabe pharmakologisch wirksamer Benzodiazepin-Dosen wurde die Konzentration freier Benzodiazepine im Gehirn mit $10^{-8}–10^{-7}$ M angenommen (HAEFELY et al. 1985). Demnach könnte den natürlichen Benzodiazepinen im Gehirn durchaus eine physiologische Bedeutung zukommen. Hinweise, daß diese im Gehirn ungleich verteilt sind und hauptsächlich in synaptischen Vesikeln vorkommen (DE BLAS und SOTELO 1987, MEDINA et al. 1988) lassen die Vermutung zu, daß durch Kompartmentalisierung bestimmten neuronalen Membranen noch höhere Konzentrationen zugänglich sind. Die angeführten Befunde sprechen gegen die Erklärung ihrer Existenz durch Kontamination mit synthetischen Benzodiazepinen.
Die Herkunft der natürlichen Benzodiazepine ist bisher nicht geklärt. Zwei sich nicht gegenseitig ausschließende Erklärungsmöglichkeiten sind vorstellbar:

1. Es handelt sich um von Pflanzen und/oder Mikroorganismen biosynthetisch hergestellte Verbindungen, die von Säugern über die Nahrungskette aufgenommen werden.
2. Die Benzodiazepine werden ganz oder teilweise in tierischen und menschlichen Geweben gebildet.

Es ist davon auszugehen, daß vom Menschen täglich mit der Nahrung einige µg natürliche Benzodiazepine aufgenommen werden, wobei sich Nahrungspräferenzen wegen des relativ ähnlichen Gehalts in allen Grundnahrungsmitteln kaum auswirken. In jedem Fall bleibt die Zufuhr aus solchen Quellen weit unterhalb einer pharmakologischen Dosierung eines Benzodiazepins von 1–20 mg. Allerdings könnte die chronische Aufnahme von Spuren der Substanzen zu deren Anreicherung im Gehirn führen, woraus sich ein Einfluß der Nahrung auf Hirnfunktion und Verhalten ableiten ließe.
Bei Kartoffelknollen und Weizenkörnern wurde festgestellt, daß sich im Zuge der Keimung der Gehalt an natürlichen Benzodiazepinen innerhalb von wenigen Tagen 5- bis 10fach erhöht (WILDMANN 1988). Dies könnte als indirekter Hinweis auf eine in diesen Pflanzen stattfindende Biosynthese gewertet werden. Es ist seit langem bekannt, daß bestimmte Mikroorganismen 1,4-Benzodiazepin-2,5-dione bilden können. Der Pinselschimmel Penicillium cyclopium z.B. synthetisiert aus L-Phenylalanin und Anthranilsäure das Antibiotikum Cyclopeptin (GERLACH et al. 1985). Nach einem Vorschlag von BRINGMANN (1992) könnte diese Verbindung über Viridicatin, einem anderen Penicillium-Inhaltsstoff und weitere belegte

Reaktionsschritte zu Deschlor-Nordazepam, der Stammsubstanz aller bisher identifizierten natürlichen Benzodiazepine umgewandelt werden. Bisher sind in Mikroorganismen weder C-5 phenylsubstituierte noch C-7 oder C-2' chlorsubstituierte Benzodiazepine beschrieben worden, ohne diese beiden Strukturmerkmale weisen die Verbindungen keine nennenswerte Rezeptoraffinität auf.

Ein Argument gegen die Totalbiosynthese von Benzodiazepinen im Säugerorganismus ergibt sich aus ihrer Chlorierung. Die einzigen bei Wirbeltieren bekannten Halogenierungsvorgänge beinhaltet der Thyreoidhormonstoffwechsel. Bei höheren Pflanzen kommen Chlorierungen dagegen häufiger vor, so sind z.B. bei der Erbse chlorierte Auxine bekannt.

Doch es gibt Befunde, die im Sinne einer endogenen Benzodiazepinsynthese interpretiert werden können. De Blas und Sotelo (1987) fanden nach mehrmonatiger Kultivierung einer Neuroplastoma × Glioma Zelllinie in serumfreiem Medium Benzodiazepin-ähnliche Immunreaktivität. Medina et al. (1992) berichteten, daß in corticalen Zellkulturen unter benzodiazepinfreier Nährlösung sich der Gehalt Benzodiazepin-ähnlicher Immunreaktivität sich innerhalb weniger Stunden vervielfachte. Derzeit kann demnach eine zweifache Herkunft der Benzodiazepine im Gehirn nicht ausgeschlossen werden.

Mögliche klinische Bedeutung der natürlichen Benzodiazepine

Hepatische Enzephalopathie

Die Funktion eines Wirkstoffes kann anhand experimentell erzeugter oder pathologischer Mangel- und Überfunktionen belegt werden. Die Versorgung mit natürlichen Benzodiazepinen erscheint überwiegend durch Nahrungsaufnahme gesichert. Störungen könnten bei der Speicherung und Freisetzung auftreten. Es bleibt zu klären, ob pathologische Angst- und Panikzustände damit in Zusammenhang stehen können. Eine Überfunktion des Systems als Folge einer gestörten Degradation scheint bei einem Großteil von Patienten vorzuliegen, die an hepatischer Enzephalopathie leiden (Mullen et al. 1990, Olasma et al. 1990, Basile et al. 1991). Die mit akutem Leberversagen einhergehende zerebrale Insuffizienz ist vielfach hauptursächlich auf eine GABAerge Tonussteigerung zurückzuführen. Bei einem hohen Anteil von Patienten mit hepatischer Enzephalopathie, die keinerlei Benzodiazepine eingenommen hatten, fanden sich in CSF und Serum sowie in kortikalem Autopsiematerial gegenüber Kontrollen signifikant erhöhte Spiegel an Diazepam, Nordazepam und bis zu 17 weiteren, bisher nicht identifizierten agonistischen Benzodiazepinrezeptor-Liganden. Die Symptomatik erklärt sich sicher multikausal, eine erhöhte GABA-Konzentration und ein veränderter Glutamatstoffwechsel scheinen beteiligt. Die Bedeutung der Benzodiazepine dabei unterstreicht der therapeutische Effekt des Antagonisten Flumazenil bei etwa 75% der betroffenen Personen. Der Anteil der Responder entspricht in etwa dem der Patienten mit erhöhtem Benzodiazepinspiegel. Gegen den Einwand, einige Patienten könnten möglicherweise unkontrolliert Benzodiazepine eingenommen haben, wurde das völlige Fehlen von Oxazepam angeführt. Oxazepam ist Hauptmetabolit der meisten pharmakologisch applizierten Benzodiazepine.

Konsolidierung von Gedächtnisinhalten

Eine mögliche biologische Funktion der natürlichen Benzodiazepine bei der Gedächtnisbildung legen neuere Studien nahe (Izquierdo et al. 1990, Wolfman et al. 1991, Medina et al. 1992). Seit mehr als 30 Jahren ist bekannt, daß der Chloridkanal-Blocker Picrotoxin die Gedächtnisbildung fördern, dagegen Diazepam wie andere Benzodiazepine eine anterograde Amnesie bedingen kann (BREEN und MCGAUGH 1961, RANDALL et al. 1961). Inzwischen ist eine Regulatorfunktion des Benzodiazepin/$GABA_A$-Rezeptorkomplexes bei der Konsolidierung von Gedächtnisinhalten vielfach belegt (BRIONI et al. 1990, FILE und PELLOW 1988, MCGAUGH et al. 1990).

So kann die Retention durch Injektion des GABA-Rezeptoragonisten Muscimol in die Amygdala, die reich an GABA-Rezeptoren ist, verringert, durch den Antagonisten Bicucullin aber verstärkt werden (BRIONI et al. 1989). Auch im Septum, das wie die Amygdala eine Rolle bei der Gedächtnisbildung spielt, scheinen GABAerge Synapsen mit der Hemmung der Akquirierung von Gedächtnisinhalten befaßt zu sein (BRIONI et al. 1990).

VENAULT et al. (1986) haben Gedächtnisbildung und Lernen im Tiermodell an 3 unterschiedlichen Aufgabenstellungen unter Einwirkung eines Benzodiazepinrezeptor-Agonisten (Diazepam) und eines Inversagonisten (β-CCM) untersucht.

In einem passiven Vermeidungstest wurden mit den Pharmaka behandelte Mäuse sowie Kontrolltiere (Kochsalzinjektion) in einen beleuchteten Käfig mit Zugang zu einem Dunkelraum gesetzt. Bei Aufsuchen der Dunkelheit erfolgte ein Fußschock. Wiederholung ohne Wirkstoffapplikation am folgenden Tag ergab kürzere Aufenthalte im Hellen bei Diazepam vorbehandelten, aber längere bei β-CCM behandelten Mäusen im Vergleich zu Kontrollen. In einem Habituationsexperiment kamen hungernde Mäuse in einen fremden Käfig mit Nahrungsangebot. Beim Erstversuch unter Diazepam bzw. β-CCM wurde wenig Nahrung aufgenommen. Bei Rückführung in diesen Käfig ohne Pharmakagaben nach einigen Tagen fraßen β-CCM Tiere mehr als Kontrollen, die Diazepam erhalten hatten jedoch weniger. Schließlich wurde mit frischgeschlüpften Küken ein Prägeversuch auf einen Ball unter β-CCM bzw. Diazepameinwirkung sowie unter Kontrollbedingungen durchgeführt. Nach 24 Stunden wurde die Zeit gewertet, während der die Küken dem wieder vorgesetzten Köder folgten. Bei β-CCM vorbehandelten Küken war die Dauer länger, bei mit Diazepam behandelten deutlich kürzer als bei Kontrolltieren.

Die Ergebnisse der 3 Experimente sprechen übereinstimmend für eine Verbesserung des Lernens durch β-CCM, während Diazepam entgegengesetzte Wirkung zeigt. Da Flumazenil die Effekte des Agonisten und Inversagonisten gleichermaßen blockte, ohne allein Wirkung zu entfalten, sollte die Wirkung über Benzodiazepin-Rezeptoren vermittelt werden. Bei Durchführung obenstehender Versuche war noch nicht bekannt, daß Diazepam und β-CCM möglicherweise in der Natur vorkommen. Nach der Identifizierung natürlicher Benzodiazepine im Gehirn haben vornehmlich MEDINA und IZQUIERDO in einer argentinisch/brasilianischen Kooperation begonnen, die Beteiligung der natürlichen Benzodiazepine bei der Regulation der Akquisition zu erforschen. Während der im Gehirn nachgewiesene Inversagonist β-CCM die Retention bei Habituations- und Vermeidungstests besserte, wirkte Diazepam amnestisch, Flumazenil blockte beide Effekte und war selbst in der Lage die Retention bei mäßig stressigen Habituationsexperimenten (mit Summer) zu steigern. Die Flumazenilwirkung auf das Lernen läßt vermuten, daß bei solchen Lernanforderungen körpereigene agonistische Liganden ausgeschüttet werden. Der Muscimoleffekt nach Amygdalainjektion konnte in Übereinstimmung mit dieser Hypothese durch Trainingsanforderung wie durch Diazepamapplikation 100fach gesteigert werden, durch Flumazenil wurde er um diesen Faktor abgeschwächt. Tatsächlich wurde nach Training eine Verringerung Benzodiazepin-ähnlicher Immunreaktivität im Cortex, Hippocampus, im medialen Septum und in der Amygdala, nicht aber im Cerebellum festgestellt.

Dabei war die Abnahme nach Vermeidungstests mit Fußschock ausgeprägter als nach Habituationsexperimenten. Die Depletion wurde mit einer raschen Diffusion nach der Freisetzung erklärt. Die GABAerge Transmission in Amygdala und Septum könnte schließlich verschiedene mit der Konsolidierung befaßte neuronale Systeme (u.a. cholinerge, NMDA) inhibieren. Nach Vorstellung der Autoren wird normalerweise die Konsolidierung von Gedächtnisinhalten im Anschluß auf Lerntraining über GABAerge Mechanismen von Septum, Hippocampus und Amygdala herunterreguliert. Diese Modulation könnte Ursache der Gedächtnislabilität unmittelbar nach einer Lernanforderung sein.

Lernen kann in Begleitung von Angst und Streß durchaus gefördert sein. Übermächtige Angst dagegen blockt das Gedächtnis bei Mensch und Tier. Nach den bisher vorliegenden experimentellen Befunden werden dem Grad an Angst und Streß entsprechend in Amygdala, Septum und Hippocampus unterschiedliche Mengen Benzodiazepine ausgeschüttet. Somit stellt sich die Regulation der Speicherung von Gedächtnisinhalten durch den Benzodiazepin-$GABA_A$-Mechanismus in diesen Hirnregionen als Reaktion auf die Wahrnehmung von Angst und Streß dar. Diese Vorstellungen müssen durch weitere Forschung gefestigt und ergänzt werden. Besonderes Interesse verdient dabei die Frage, ob und wie die natürlichen Inversagonisten (DBI Peptide oder β-CCB und andere β-Carboline) in die Regulierung von Gedächtnisinhalten eingebunden sind.

Literatur

Baldwin H, File S (1988) Reversal of increased anxiety during benzodiazepine withdrawal: evidence for an anxiogenic endogenous ligand for the benzodiazpine receptor. Brain Res Bull 20: 603–606

Basile AS, Hughes RD, Harrison PM, Murata Y, Pannell L, Jones AE, Williams R, Skolnik P (1991) Elevated brain concentrations of 1,4-benzodiazepines in fulminant hepatic failure. N Engl J Med 325: 473–478

Brioni JD, Nagahawa A, Mc Gaugh JL (1989) Involvement of the amygdala GABAergic system in the modulation of memory storage. Brain Res 487: 105–112

Brioni JD, Decker MW, Gamboa L, Izquierdo I, Mc Gaugh JL (1990) Muscimol injections in the medial septum impair spatial learning. Brain Res 522: 227–234

Breen RA, Mc Gaugh JL (1961) Facilitation of maze learning with posterial injection of picrotoxin. J Comp Physiol Psychol 54: 498–501

Bringmann G (1992) A first biosynthetic proposal for the in vivo formation of naturally occurring diazepam-like 1,4-benzodiazepines. J Neural Transm [Gen Sect] 88: 77–82

Corda MG, Concas A, Biggio G (1985) Selective blockade of benzodiazepine receptor by Ro 15-1788 prevents foot shock-induced decrease of low affinity GABA receptors. Neurosci Lett 56: 265–269

De Blas AL, Sotelo C (1987) Localization of benzodiazepine-like molecules in the rat brain. A light and electron microscopy immunocytochemistry study with an anti-benzodiazepine monoclonal antibody. Brain Res 413: 285–296

Fernández-Teruel A, Escorihuela RM, Tobena A, Driscoll P (1991) Stress and putative endogenous ligands for benzodiazepine receptors: The importance of characteristics of the aversive situation and of differential emotionality in experimental animals. Experientia 47: 1051–1056

Ferrero P, Santi MR, Conti-Tronconi B, Costa E (1986) Study of an octadecaneuropeptide derived from diazepam binding inhibitor (DBI): biological activity and presence in rat brain. Proc Natl Acad Sci USA 83: 827–831

File SE, Pellow S (1986) Intrinsic actions of the benzodiazepine receptor antagonist Ro 15-1788. Psychopharmacology 88: 1–11

File SE, Pellow S (1988) Low and high doses of benzodiazepine receptor inverse agonists respectively improve and impair performance in passive avoidance but do not affect habituation. Behav Brain Res 30: 31–36

Gerlach M, Schwelle N, Lerbs W, Luckner M (1985) Enzymatic synthesis of cyclopeptine intermediates in Penicillium cyclopium. Phytochemistry 24: 1935–1939

Guidotti A, Forchetti CM, Corda MG, Konkel D, Bennett CD, Costa E (1983) Isolation, characterization and purification to homogeneity of an endogenous polypeptide with agonistic action on benzodiazepine receptors. Proc Natl Acad Sci USA 80: 3531–3535

HAEFELY W, KYBURZ E, GERECKE M, MÖHLER H (1985) Recent advances in the molecular pharmacology of benzodiazepine receptors and in the structure-activity relationships of their agonists and antagonists. Adv Drug Res 14: 165–322

IZQUIERDO I (1989) A game with shifting mirrors. Trends Pharmacol Sci 10: 473–476

IZQUIERDO I, PEREIRA M, MEDINA JH (1990) Benzodiazepine receptor ligand influences on acquisition: suggestion of an endogenous modulatory mechanism mediated by benzodiazepine receptor. Behav Neural Biol 54: 27–41

KLOTZ U (1991) Occurrence of „natural" benzodiazepines. Life Sci 48: 209–215

MC GAUGH JL, CASTELLANO C, BRIONI JD (1990) Picrotoxin enhances latent extinction of conditioned fear. Behav Neurosci 104: 264–267

MEDINA JH, PENA C, PIVA M, PALADINI AC, DE ROBERTIS E (1988) Presence of benzodiazepine-like molecules in mammalian brain and milk. Biochem Biophys Res Comm 152: 534–539

MEDINA JH, PENA C, PIVA M, WOLFMAN C, DE STEIN ML, WASOWSKI C, DA CUNHA C, IZQUIERDO I, PALADINI AC (1992) Benzodiazepines in the brain. Their origin and possible biological roles. Mol Neurobiol 6: 377–386

MÖHLER H, POLE P, CUMIN R, PIERI L, KETTLER R (1979) Nicotinamide is a brain constituent with benzodiazepine-like actions. Nature 278: 563–565

MORIN AM, TANANA IA, WASTERLAIN CG (1981) Norharman inhibition of (^{3}H)-diazepam binding in mouse brain. Life Sci 28: 2257–2263

MULLEN KD, SZAUTER KM, KAMINSKY-RUSS K (1990) „Endogenous" benzodiazepine activity in physiological fluids of patients with hepatic encephalopathy. Lancet 336: 81–83

NELSEN M, GREDAL O, BRAESTRUP C (1979) Some properties of ^{3}H-diazepam displacing activity from human urine. Life Sci 25: 679–686

OLASMA M, ROTHSTEIN JD, GUIDOTTI A, WEBER R J, PAUL SM, SPECTOR S, ZENEROLI ML, BARALDI M, COSTA E (1990) Endogenous benzodiazepine receptor ligands in human and animal hepatic encephalopathy. J Neurochem 55: 2015–2023

PAROLA AL, YAMAMURA HI, LAIRD II HE (1993) Peripheral-type benzodiazepine receptors. Life Sci 52: 1329–1342

PENA C, MEDINA JH, NOVA ML, PALADINI AC, DE ROBERTIS E (1986) Isolation and identification in bovine cerebral cortex of n-butyl β-carboline-3-carboxylate, a potent,benzodiazepine binding inhibitor. Proc Natl Acad Sci USA 83: 4952–4956

RANDALL LO, HEISE GA, SCHALLEK W, BAGDON RE, BANZIGER RF, BORIS A, MOE RA, ABRAMS WE (1961) Pharmacological and clinical studies on Valium, a new psychotherapeutic agent of the benzodiazepine class. Curr Res 3: 405–425

SANGAMESWARAN L, FALES HM, FRIEDRICH P, DE BLAS AL (1986) Purification of a benzodiazepine from bovine brain and detection of benzodiazepine-like immunoreactivity in human brain. Proc Natl Acad Sci USA 83: 9236–9240

TRULLAS R, HAVOUNDJIAN H, SKOLNIK P (1988) Is the benzodiazepine/GABA receptor chloride ionophore complex involved in physical and emotional stress? In: CHROUSOS GP, LORIAUX DL, GOLD PW (eds) Mechanism of physical and emotional stress. Plenum, New York, pp 183–200

UNSELD E, FISCHER C, ROTHEMUND E, KLOTZ U (1989) Occurrence of „natural" diazepam in human brain. Biochem Pharmacol 39: 210–212

VENAULT P, CHAPOUTHIER G, PRADO DE CARVALHO L, SIMIAND J, MORRE M, DODD RH, ROSSIER J (1986) Benzodiazepine impairs and β-carboline enhances performance in learning and memory tasks. Nature 321: 864–866

WILDMANN J (1988) Increase of natural benzodiazepines in wheat and potato during germination. Biochem Biophys Res Comm 157: 1436–1443

WILDMANN J, NIEMANN J, MATTHAEI H (1986) Endogenous benzodiazepine receptor agonist in human and mammalian plasma. J Neural Transm 66: 151–160

WILDMANN J, MÖHLER H, VETTER W, RANALDER U, SCHMIDT K, MAURER R (1987) Diazepam and N-desmethyldiazepam are found in rat brain and adrenal and may be of plant origin. J Neural Transm 70: 383–398

WILDMANN J, VETTER W, RANALDER UB, SCHMIDT K, MAURER R, MÖHLER H (1988) Occurrence of pharmacologically active benzodiazepines in trace amounts in wheat and potato. Biochem Pharmacol 37: 3549–3559

WOLFMAN C, DA CUNHA C, JERUSALINSKI D, LEVI DE STEIN M, VIOLE H, IZQUIERDO I, MEDINA JH (1991) Habituation and inhibitory avoidance training alter brain regional levels of benzodiazepine-like molecules and are affected by intracerebral flumazenil microinjections. Brain Res 548: 74–80

2.3 Klinik

2.3.1 Indikationen

G. Laux

Benzodiazepin-Tranquilizer zählen weltweit zu den am häufigsten verordneten Medikamenten in fast allen Disziplinen der Medizin. Seit 30 Jahren werden sie insbesondere in der Therapie von Angstzuständen und verwandten Störungen eingesetzt. Aufgrund ihres im allgemeinen schnellen und sicheren klinischen Wirkungseintritts, ihrer großen therapeutischen Bereiche, ihrer ausgezeichneten Verträglichkeit und geringen Toxizität sowie ihren in der praktischen Relevanz fast unbedeutenden Arzneimittelinteraktionen sind Benzodiazepine die mit weitem Abstand meist verordneten Psychopharmaka (SCHWABE und PAFFRATH 1994; vgl. Band 1, Kapitel 13).

Benzodiazepine werden hauptsächlich von Allgemeinärzten und Internisten verordnet, es überwiegen deutlich Frauen und ältere multimorbide Patienten mit chronischen Körperkrankheiten (GEISELMANN und LINDEN 1991).

In den letzten 10 Jahren hat sich in Deutschland die Zahl der Benzodiazepin-Tranquilizer-Verordnungen fast halbiert (SCHWABE und PAFFRATH 1994) – im wesentlichen aufgrund der Ende der siebziger Jahre einsetzenden und in den achtziger Jahren intensiv geführten Diskussion um das Abhängigkeitspotential dieser Substanzklasse (vgl. nachfolgenden Exkurs) und der Etablierung wirksamer Psychotherapie-Verfahren (Verhaltenstherapie) als Behandlungsalternative.

In praxi werden Benzodiazepine am häufigsten zur symptomatischen Sedierung, zur Dämpfung überschießender Emotionen bei psychovegetativen und psychosomatischen Krisen sowie bei ängstlich-depressiven Syndromen eingesetzt. Hier besteht nach wie vor eine Diskrepanz zu den vorliegenden kontrollierten Studien, die überwiegend anhand operationalisierter Diagnosekriterien (generalisierte Angsterkrankung, Panikstörung) durchgeführt wurden (s.u.).

Als Indikationen gelten vor allem

- Angst- und Spannungszustände,
- Unruhe, Erregung,
- zerebrale Krampfanfälle, Epilepsie,
- muskuläre Verspannung, Tetanus.

Aufgrund ihrer pharmakologischen Wirkeigenschaften ergeben sich für Benzodiazepine breite Indikationsfelder (s. Tabelle 2.3.1.1). In der Praxis des Allgemeinarztes werden deshalb diese Substanzen nicht selten in unscharfer Indikation an heterogene, wenig klar definierte Patientengruppen verordnet. Hierzu gehört in erster Linie der große Kreis von psychovegetativ labilen Patienten mit funktionellen, psychosomatischen Störungen, emotionaler Labilität, „streßbedingter Nervosität“ und ängstlich-depressiver Verstimmung. An der großzügigen „Behandlung“ dieser Personenkreise mit Benzodiazepin-Tranquilizern ohne klare Indikation und Diagnosestellung, häufig über längere Zeiträume, hat sich Ende der siebziger, Anfang der achtziger Jahre eine breite, kontroverse Diskussion über Benzodiazepin-Tranquilizer in Fach- und Laienpresse entzündet (LADEWIG 1983, OWEN und TYRER 1983, MARKS 1985, MÜLLER-OERLINGHAUSEN 1986, POSER und POSER 1986, SALZMAN 1991). Inzwischen ist diese zum Teil sehr emotional geführte Debatte einem weitestgehend rationalen, durch wissenschaftliche Fakten belegten Stand gewichen. Auf dem Hintergrund der Abusus- und Abhängigkeitspro-

Tabelle 2.3.1.1. Wichtigste pharmakologische Wirkungen und therapeutische Anwendungen der Benzodiazepine

Pharmakologische Wirkung	Therapeutische Anwendung
Anxiolyse, Antikonfliktwirkung	Angst, Phobien Ängstliche Depression Neurotische Hemmungen
Antikonvulsive Wirkung	Verschiedene Formen und Ausprägungsgrade von Epilepsie; Konvulsivavergiftung
Dämpfung der psychischen Reaktionsbereitschaft auf Reize („Sedation"), schlaffördernde Wirkung	Übererregbarkeit, Schlafstörungen
Dämpfung zentral vermittelter vegetativer Antworten auf Emotionen und äußere Reize	Psychosomatische Störungen (kardiovaskuläre, gastrointestinale, urogenitale, hormonelle)
Zentrale Muskelrelaxation	Somatische und psychogene Muskelspasmen, Tetanus
Verstärkung der Wirkung zentral dämpfender Pharmaka, anterograde Amnesie	Anaesthesiologie

blematik (s. Exkurs zu diesem Kapitel auf S. 111 ff.) läßt sich heute eine differenzierte, für spezifische Indikationen unterschiedliche, insgesamt aber eindeutig positive Nutzen-Risiko-Bilanz für Benzodiazepine ziehen (Roy-Byrne und Cowley 1991).

Mit Hilfe der operationalisierten Diagnostik wurde in den achtziger Jahren eine differenziertere Beurteilung der Wirksamkeit von Benzodiazepinen bei verschiedenen, enger definierten Krankheitsbildern möglich (DSM-III-R, ICD-10). Im folgenden wird ein Überblick über die wichtigsten kontrollierten Studienergebnisse nach definierten Hauptindikationsgebieten gegeben; als Literatur-Übersicht sei auf die kürzlich erschienene umfassende Arbeit von Hollister et al. (1993) verwiesen.

Angststörungen

Generalisierte Angsterkrankung

Diese zur Chronifizierung neigende Erkrankung (Angst und Vollrath 1991) weist in den USA eine 1-Jahres-Prävalenz-Rate von 5 bis 15% auf (Regier et al. 1988). Die fälschlicherweise häufig als leichtgradig angesehene Störung hat neueren Untersuchungen zufolge erhebliche Auswirkungen auf die Lebensqualität sowie in sozioökonomischer und psychosozialer Hinsicht: Sie führt zu einer deutlich vermehrten Inanspruchnahme medizinischer Dienste, ist häufig mit Alkohol- und Medikamenenabusus assoziiert und bedingt eine Häufung von Fehlzeiten (Markowitz et al. 1989, Croft-Jeffreys et al. 1985, Klerman et al. 1991). Unter Angstpatienten fanden sich erhöhte Mortalität sowie erhöhte Suizidraten (Allgulander und Lavori 1991, Noyes 1991).

Derzeit wird nur ca. 1/4 dieser Patienten medikamentös behandelt (Shader und Greenblatt 1993), wobei ca. 15% Benzodiazepine kontinuierlich länger als 1 Jahr einnehmen (Mellinger et al. 1984).

In zahlreichen kontrollierten Studien konnte gezeigt werden, daß Benzodiazepine in ihrer angstlösenden Wirkung Placebo überlegen sind (Übersichten: Solomon und Hart 1978, Hollister et al. 1993). Erwähnt werden muß allerdings, daß die meisten älteren Studien heutigen methodologischen Ansprüchen unter anderem hinsichtlich Patientenselektion, Diagnostik und Klassifikation nicht genügen. Ein dem zu untersuchenden Patientenkollektiv immanentes Problem ist das häufig inhomogene, inkonsistente, variable klinische und psychopathologische Bild „neurotischer Störungen" mit gemischter somatisch-vegetativer, ängstlich-depressiver Symptomatologie.

Selbst wenn aber Faktoren wie „Spontanremissionen", unspezifische Therapieeffekte oder Umgebungsfaktoren berücksichtigt werden, steht die Wirksamkeit von Benzodiazepinen aufgrund der großen vorliegenden Zahl Placebo-kontrollierter Studien außer Frage. Auch Vergleichsstudien gegenüber anderen anxiolytisch wirksamen Substanzen, Antidepressiva, Beta-Blockern und Neuroleptika ergaben zumeist eine überlegene Wirkung der Benzodiazepine (vgl. Tabelle 2.3.1.2).

Die Benzodiazepin-Behandlung umfaßte in den meisten kontrollierten Studien einen Zeitraum von 4 Wochen. Typischerweise setzt die Wirkung früh ein, ein Wirkungseintritt in der ersten Behandlungswoche kann als Prädiktor für das Ansprechen nach einer 6wöchigen Behandlung angesehen werden (Downing und Rickels 1985).

Klinisch relevante differentielle Unterschiede zwischen einzelnen Benzodiazepinen ließen sich in der Regel nicht aufzeigen und waren höchstens marginaler Natur. Beispielhaft seien kontrollierte Vergleichsstudien (in der Regel zu Diazepam als Standardreferenzsubstanz) erwähnt zu Alprazolam (Aden und Thein 1980, Cohn 1981, Dawson et al. 1984), Bromazepam (Cordingley et al. 1985, Fontaine et al. 1986), Camazepam (Deberdt 1975), Clobazam (Brogden et al. 1980, Jacobson et al. 1983), Chlordiazepoxid (Johnstone und Claghorn 1968, Kelly et al. 1969, Kerry et al. 1974, Meibach et al. 1987, Rickels et al. 1970, Wheatley 1969, Yamamoto et al. 1973), Clorazepat (Cooper et al. 1973, Rickels et al. 1988, Robin et al. 1974), Lorazepam (Ananth und Van den Steen 1983, Haider 1971, McCurdy 1979, Richards 1978, Rickels et al. 1976, 1988), Medazepam (Kerry et al. 1974), Metaclazepam (Laakmann et al. 1989), Oxazepam (Koepke et al. 1982) und Prazepam (Fabre et al. 1979, Zung et al. 1981).

Panikstörung

In den USA wird die 1-Jahres-Prävalenz dieser Erkrankung mit 1–2% angegeben (Regier et al. 1988).

In einer Reihe Placebo-kontrollierter Studien konnte gezeigt werden, daß Alprazolam in der Behandlung von Panikerkrankungen mit oder ohne Agoraphobie wirksam ist bei im Vergleich zu Imipramin rascherem Wirkungseintritt (Dawson et al. 1984, Ballenger et al. 1988, Munjak et al. 1989, Uhlenhuth et al. 1989, Cross National Panic Study 1992, Schweizer et al. 1993). In adäquater Dosierung scheinen aber auch Clonazepam, Lorazepam und Clorazepat Antipanik-Wirkung zu besitzen (Noyes 1984, Charney und Woods 1989, Schweizer et al. 1990, Tesar 1991, Pollack et al. 1987).

Ebenfalls belegt ist die Wirksamkeit von Imipramin, Monoaminoxidase-Hemmern und selektiven Serotonin-Wiederaufnahme-Hemmstoffen (Wilkinson 1991).

Phobien, Zwangsstörungen. Posttraumatische Streßerkrankung, akute situative Angst

In diesen Indikationen liegen nur wenige Studien mit Benzodiazepinen vor. Diese zeigen gewisse Wirksamkeitshinweise, wurden oft aber auch in Kombination mit Verhaltenstherapie durchgeführt (Übersicht: Hollister et al. 1993, Feldmann 1987, Freeman et al. 1986, Tyrer und Lader 1974). Für die genannten Indikationen gelten andere psychotrope Substanzen als etabliert (Clomipramin, Serotonin-selektive Wiederaufnahmehemmer, Beta-Rezeptoren-Blocker).

Tabelle 2.3.1.2. Auswahl kontrollierter Studien zur Wirksamkeit von Benzodiazepinen bei verschiedenen Indikationen

Autor(en)	n	Diagnose/Indikation	Vergleichs-substanzen	Dosierung (mg/die)	Ergebnis
Rickels und Clyde (1967)	42	Ambul. Angstpat.	Chlordiazepoxid (CZP) Placebo	40–80	CZP > Placebo
Rickels et al. (1968)	45	Angstpat.	Chlordiazepoxid Fluphenazin	30 4	CZP = Fluphenazin
Wheatley (1969)	51	Angstpat.	Chlordiazepoxid Propranolol (P)	30 90	CZP = P bzgl. Angst, > P bzgl. Insomnie
Kingstone et al. (1970)	15	ambul. Angstpat.	Chlordiazepoxid Doxepin	20–60 75–150	CZP = Doxepin
Murphy et al. (1970)	37	ambul. Angstpat.	Chlordiazepoxid Opipramol (OPI)	40 200	CZP = OPI; CPZ > OPI bei leichterer, OPI > CPZ bei schwerer Symptomatik
Rickels et al. (1970)	53	Angstneurosen	Chlordiazepoxid Hydroxyzin	40 400	CZP = Hydroxyzin
Hesbacher et al. (1970)	112	Neurosen	Diazepam (DIA) Placebo	10	DIA > Placebo außer bei stat. Patienten
De Buck et al. (1972)	30		Lorazepam (LOR) Placebo	3,75	LOR > Placebo
Goldstein et al. (1973)	46	Angstdepressionen (ambul.)	Chlordiazepoxid Doxepin	20–60 50–150	Doxepin > CZP
Toru et al. (1976)	36	Neurosen	Chlordiazepoxid Sulpirid	30 150	CZP = Sulpirid
Kurland (1976)	48	Neurot. Depr.	Diazepam Thioridazin (THIO)	13 51	THIO > Diazepam
Itoh et al. (1977)	43	Neurosen	Lorazepam Diazepam Placebo	 12	LOR = DIA > Placebo
Haskell et al. (1978)	30	„Angstdepressionen“	Diazepam Doxepin	15 75	DIA = Doxepin, rascherer Wirkungseintritt DIA

(Fortsetzung siehe S. 69)

Tabelle 2.3.1.2. Fortsetzung

Autor(en)	n	Diagnose/Indikation	Vergleichs-substanzen	Dosierung (mg/die)	Ergebnis
Feighner et al. (1979)	70	Depressionen	Chlordiazepoxid + Amitriptylin (AMI) Amitriptylin	50 115	Komb. > AMI in erster Woche
Aden und Thein (1980)	78	Angstneurosen	Alprazolam (ALPR) Diazepam Placebo	 18,6	1,5 ALPR = DIA > Placebo
Johnstone et al. (1980)	80	Angstdepressionen	Diazepam Amitriptylin	20 150	DIA = AMI
Hamouz et al. (1980)	40	Depressionen	Diazepam Mianserin	15–40 30–80	Mianserin > DIA Tag 14, 21 u. 28
Cohn (1981)	641	Angstneurosen	Alprazolam Diazepam Placebo	 10–60	ALPR = DIA > Placebo
Hallstrom et al. (1981)	48	Chron. Angstneurosen	Diazepam Propranolol (P) DIA + P Placebo	23	DIA = DIA + P > P > Placebo
Zung et al. (1981)	105	Angstdepressionen	Prazepam (PRA) Diazepam Lorazepam Placebo	 13,6	PRA = DIA = LOR > Placebo bei Angstpat. (nicht bei depr. Pat)
Doongaji et al. (1981)	86	Angstneurosen	Chlordiazepoxid Pimozid	30 2	CZP > Pimozid Tag 14 CZP = Pimozid Tag 28
Bjertnaes et al. (1982)	96	Amb. Angstpat.	Chlordiazepoxid Mianserin (MIAN) Placebo	30–60 30–60	CZP = MIAN > Placebo
Feighner et al. (1983)	241	Depressionen	Alprazolam Imipramin Placebo	2,9 132	ALP = IMI > Placebo ALP > IMI Tag 7

(Fortsetzung siehe S. 70)

Tabelle 2.3.1.2. Fortsetzung

Autor(en)	n	Diagnose/Indikation	Vergleichs-substanzen	Dosierung (mg/die)	Ergebnis
Jacobson et al. (1983)	76	Angststörungen	Clobazam (CLOB) Diazepam Placebo	 26	CLOB = DIA > Placebo
Fontaine et al. (1983)	48	General. Angsterkr.	Bromazepam (BROM) Diazepam Placebo	 15	BROM = DIA > Placebo
Cohn und Wilcox (1984)	120	Angsterkrankungen	Alprazolam Lorazepam Placebo	 5	ALP = LOR > Placebo (4 Monate)
Ansseau et al. (1984)	126	Unipolare Depr.	Alprazolam Doxepin	2,7 137,5	ALP = DOX (6 Wochen)
Lenox et al. (1984)	16	Major Depressionen (stationär)	Alprazolam Imipramin	6 300	IMI > ALP
Rush et al. (1985)	49	Endog. Depressionen (reduz. REM-Latenz)	Alprazolam Amitriptylin	4,4 190	AMI > ALP P ALP > AMI Tag 7 ALP = AMI Tag 21
Rickels et al. (1985)	126	Major Depressionen	Alprazolam Amitriptylin Doxepin Placebo	3 148 143	ALP = AMI = DOX > Placebo
Downing und Rickels (1985)	202	ambul. Angstpat.	Diazepam Placebo	20–40	+ Wirkung nach 1 Woche prädiktiv für Response
Kahn et al. (1986)	148	amb. Angstpat.	Chlodiazepoxid Imipramin Placebo	55 135	CZP > Placebo ab Tag 14
Fontaine et al. (1986)	60	General. Angsterkr.	Bromazepam Lorazepam Placebo	 4–6	BROM = LOR > Placebo

(Fortsetzung siehe S. 71)

Tabelle 2.3.1.2. Fortsetzung

Autor(en)	n	Diagnose/Indikation	Vergleichs-substanzen	Dosierung (mg/die)	Ergebnis
LIPMAN et al. (1986)	142	Major Depression (ambulant)	Chlordiazepoxid Imipramin Placebo	60 150	CZP = IMI > Placebo CPZ > IMI Tag 7
MEIBACH et al. (1987)	128	Angsterkr.	Chlordiazepoxid Propranolol Placebo	30 45 75 80 160 320	CZP = PROP in allen Dosen
CASTILLO et al. (1987)	66	ambl. Angstpat.	Alprazolam Clobazam Placebo	2	ALP > Placebo Tag 7 und 28, nicht Tag 42
ERIKSSON et al. (1987)	80	Major Depression	Alprazolam Amitriptylin	1,5–4,5 75–225	ALP = AMI
TYRER et al. (1988)		ambul. Neurose (30% Dysthymie)	Diazepam Dothiepin (DO) Kognit. VT Placebo	9,9 45	DO u. Placebo > DIA
RICKELS et al. (1989)	120	Major Depression (ambulant)	Alprazolam Diazepam Imipramin Placebo	3 24 143	ALP = IMI > DIA > Placebo ALP rascher Wirkungseintritt
BORISON et al. (1989)	54	Major Depression	Alprazolam Placebo	3 6	ALP = Placebo ALP 6 > ALP 3 Tag 14
HUBAIN et al. (1990)	30	Major Depression (stationär)	Alprazolam Amitriptylin	8,5 167	AMI > ALP

Langzeittherapie
Obwohl keine systematischen Studien zur Langzeit-Wirksamkeit von Benzodiazepinen vorliegen, konnte in einigen Studien gezeigt werden, daß eine Besserung der Angstsymptomatik auch nach 6monatiger Therapie anhielt und Benzodiazepine Panikattacken auch nach 1 Jahr noch ohne Dosissteigerung kontrollieren konnten (DAGER et al. 1992, RICKELS et al. 1989; Übersicht: HOLLISTER et al. 1993).

Schlafstörungen
Verschiedene Benzodiazepine haben sich als wirksam in der Behandlung von Schlafstörungen (Dyssomnien und Parasomnien) erwiesen. In kontrollierten Schlaflaborstudien liegen positive Ergebnisse für Flurazepam, Nitrazepam, Triazolam, Flunitrazepam, Temazepam, Midazolam, Lormetazepam, Oxazepam und Lorazepam vor (s. Kapitel 3.3).

Somatopsychische und somatoforme Störungen
Benzodiazepine werden hauptsächlich von Allgemeinärzten und Internisten an ältere Patienten mit multiplen, chronischen Körpererkrankungen verschrieben. Diese multimorbiden Patienten klagen im Rahmen ihrer Körperkrankheiten über „Angstäquivalente" und verschiedene psychovegetative Symptome. Hierzu gehören u.a. Zustände nach Herzinfarkt, koronaren Bypass-Operationen und Carcinom-Patienten (MELSOM et al. 1976). Letztere erhalten in einem hohen Prozenzsatz psychotrope Medikamente verordnet, unter denen Benzodiazepine eine wichtige Rolle spielen (DEROGATIS et al. 1979, GOLDBERG und MOR 1985).
In der Behandlung von somatoformen Störungen besitzt im deutschen Sprachraum die häufig als parenterales Depot applizierte Gabe von niedrig dosierten bzw. schwach potenten Neuroleptika als Tranquilizer anstelle von Benzodiazepinen insbesondere in der primärärztlichen Versorgung einen hohen Stellenwert (s. Kapitel 4). In kontrollierten Vergleichsstudien zeigte sich, daß Fluspirilen, Chlorprothixen, Fluphenazin und Thioridazin Benzodiazepinen wirkungsäquivalent sein können (DENCKER und FASTH 1986, KRAGH-SORENSEN et al. 1990, RICKELS et al. 1968, LEHMANN et al. 1990, HASSEL 1985).
Obwohl in den vorliegenden kontrollierten Vergleichsstudien die Neuroleptika in den verordneten niedrigen Dosierungen in der Regel keine höhere Inzidenz von Nebenwirkungen aufwiesen als die Benzodiazepine, muß doch auf die höhere Toxizität der Neuroleptika und insbesondere auf das bestehende Risiko des Auftretens extrapyramidal-motorischer Nebenwirkungen wie Dystonien und Spätdyskinesien hingewiesen werden. Hierzu liegen entsprechende kasuistische Mitteilungen aus den letzten Jahren vor (LAUX und GUNREBEN 1991, KAPPLER et al. 1994).

Affektive Störungen

Depression
Aus experimental-psychologischer Sicht wurde ein positiver Einfluß der Benzodiazepine auf die Stimmung beschrieben (DEBUS und PENKERT 1989).
Benzodiazepine werden häufig auch zur Behandlung von Patienten mit Depressionen eingesetzt (KELLER et al. 1982). Neben der rasch einsetzenden positiven Wirkung auf die hierbei häufig vorliegenden Symptome Schlafstörung und Unruhe dürfte die Ursache der Verordnung von Benzodiazepinen auch in dieser Indikation darin begründet sein, daß – insbesondere bei ambulanten Patienten – Angststörungen und depressive Störungen nosologisch schwer zu differenzieren sind, ja zum Teil Mischformen vorliegen („Angst-Depression").
SCHATZBERG und COLE (1978) kamen in ihrer damaligen Literaturübersicht zu dem Ergebnis, daß Benzodiazepine Antidepressiva bei der Behandlung depressiver Erkrankungen unterlegen sind. Sie konstatierten, daß Ben-

zodiazepine primär anxiolytisch wirksam sind und zwar stimmungsaufhellend wirken können, aber nur einen begrenzten Effekt auf die Kernsymptome der endogenen Depression entfalten. Studien an Patienten mit gemischter ängstlich-depressiver Symptomatologie zeigten insgesamt keine signifikanten Differenzen in der Wirksamkeit zwischen Benzodiazepinen und Antidepressiva; einige Autoren resummierten, daß die unterschiedliche therapeutische Wirksamkeit davon abhing, ob die Angst oder die Depressivität als Symptom dominierte. Eine Zusammenstellung wichtiger Vergleichsstudien zwischen Benzodiazepinen und Antidepressiva findet sich in Tabelle 2.3.1.2.

In den letzten Jahren wurde insbesondere für das Triazolo-Benzodiazepin Alprazolam eine antidepressive Wirksamkeit postuliert (s. Tabelle 2.3.1.2; Übersicht: WARNER et al. 1988). Zusammenfassend zeigte sich, daß Alprazolam trizyklischen Antidepressiva in der Behandlung von leicht- bis mittelgradigen Depressionen wirkungsäquivalent ist und einen rascheren Wirkungseintritt aufweist. Es muß jedoch darauf hingewiesen werden, daß in den Studien zum Teil hohe Alprazolam-Dosierungen (6 mg/die und mehr) eingesetzt wurden (Frage der Abhängigkeitsentwicklung?) und die Standard-Antidepressivum-Vergleichsgruppe häufig zu klein war, um die Null-Hypothese zu falsifizieren. Ergänzend ist zu erwähnen, daß auch ältere Benzodiazepine (Chlordiazepoxid, Diazepam) bei ambulanten Patienten mit Major Depression wirksam sind (LIPMAN et al. 1986, RICKELS et al. 1987), ebenso höher dosierte andere Benzodiazepine wie z.B. Clonazepam (KISHIMOTO 1988). Antidepressive Wirksamkeit ist also offenbar kein Spezifikum des Triazolo-Benzodiazepins Alprazolam. Zu beachten ist aber, daß Benzodiazepine grundsätzlich nicht längere Zeit verordnet werden sollen und auch daher die Behandlung von Depressionen mit Benzodiazepinen limitiert ist.

Die fixe Kombination von Chlordiazepoxid mit Amitriptylin wies im Vergleich zur alleinigen Amitriptylin-Therapie nach 4 Wochen keine signifikanten Wirkungsunterschiede auf, zeigte aber einen rascheren Wirkungseintritt (innerhalb der ersten Behandlungswoche) (FEIGHNER et al. 1979, JAMES und DEAN 1985).

Manie

Lorazepam und Clonazepam erwiesen sich als wirksam zur Behandlung akuter manischer Episoden (CHOUINARD et al. 1983, BRADWEJN et al. 1990), während Alprazolam offenbar manische Reaktionen induzieren kann (FRANCE et al. 1984, GOODMAN und CHARNEY 1987). Erste Studien weisen darauf hin, daß bei Lithium-refraktären bipolaren affektiven Psychosen insbesondere vom Rapid-Cycling-Typ neben Carbamazepin und Valproat auch Clonazepam eine erwägenswerte Alternative zur Rezidiv-Prophylaxe darstellen kann (MAURI et al. 1990, CHOUINARD 1988).

Depressiver Stupor

Einzelberichte liegen zur Wirksamkeit von Lorazepam bei Patienten mit depressivem Stupor und Mutismus vor. Hierbei zeigte sich ein rascher, z.T. dramatischer, aber zumeist nur vorübergehender Effekt (HEUSER und BENKERT 1986, WETZEL et al. 1987).

Psychosen

Insbesondere zur Behandlung der Symptome Angst, psychotische Agitiertheit und Insomnie können Benzodiazepine – meist kombiniert mit Neuroleptika – auch bei psychotischen Patienten eingesetzt werden (COHEN und KAHN 1987, GARZA-TREVINO et al. 1989). Als gesichert kann die Wirksamkeit insbesondere von Lorazepam (oral und parenteral) zur Akutbehandlung des katatonen Stupors gelten. Zumeist kommt es allerdings nur zu einer vorübergehenden Unterbrechung der Katatonie (FRICCHIONE et al. 1983, MCEVOY und LOHR 1984, WETZEL und BENKERT

1988, WETZEL et al. 1988, SMITH und LEBEGUE 1991).

In den letzten Jahren wurde der Frage der Wirksamkeit von Benzodiazepinen in der Behandlung schizophrener Psychosen erneut nachgegangen. Offenbar respondieren schizophrene Patienten in Einzelfällen auch auf (zusätzlich zu Neuroleptika applizierte) Benzodiazepine (Übersichten: LINGJAERDE 1991, WOLKOWITZ und PICKAR 1991). Andererseits muß beachtet werden, daß „Neuroleptika-Non-Responder" unter Benzodiazepinen psychotisch exazerbieren können; dies wurde insbesondere unter Alprazolam beschrieben.

Neuere kontrollierte Studien zur Wirksamkeit einer Benzodiazepin Augmentationsbehandlung bei chronisch Schizophrenen zeigten nur geringe positive Effekte; hinsichtlich der Minussymptomatik konnte für Alprazolam nur eine kurz dauernde, mäßiggradige Verbesserung, für Diazepam kein signifikanter Effekt registriert werden (CSERNANSKY et al. 1988, WOLKOWITZ et al. 1988). STEVENS et al. (1992) verglichen in einer offenen Studie bei n = 61 akut schizophrenen Patienten die Wirksamkeit einer Haloperidol-Monotherapie mit der einer kombinierten Behandlung mit Haloperidol und Lorazepam. Hierbei zeigte sich bei stationären Patienten keine raschere oder ausgeprägtere Wirkung unter kombinierter Haloperidol/Lorazepam-Therapie. Die Autoren schätzten die Vorteile eine Lorazepam-Ko-Medikation eher als gering ein und sahen eine Routine-Kombinationsbehandlung als nicht gerechtfertigt an.

Zerebrale Krampfanfälle, Epilepsie

Diazepam gilt als Medikament der ersten Wahl zur Behandlung zerebraler Krampfanfälle (Übersicht: UTHMAN und WILDER 1989). Diazepam, Lorazepam und Clonazepam (parenteral) sind Medikamente der Wahl in der Behandlung des Status epilepticus. Eine Übersicht über 47 klinische Studien zeigt, daß bei 79% der 1.346 mit diesen Benzodiazepinen behandelten Patienten ein Sistieren der Anfälle erreicht werden konnte (TREIMAN 1989). Kontrollierte Studien zum Einsatz von Benzodiazepinen in der Epilepsie-Behandlung liegen vor für Diazepam, Clonazepam, Clorazepat, Clobazam und Lorazepam. Hierbei zeigte sich, daß Benzodiazepine bei therapieresistenten Epilepsien eine erfolgversprechende Zusatzmedikation darstellen können. Grundsätzlich muß aber konstatiert werden, daß Benzodiazepine wegen Toleranzentwicklung (antiepileptischer Wirkverlust) einerseits und sedierend-muskelrelaxierenden Nebenwirkungen andererseits nicht als die Substanzen der ersten Wahl in der Epilepsie-Behandlung anzusehen sind (Übersicht: HOLLISTER et al. 1993).

Zur Behandlung des mit Muskelspasmen einhergehenden Tetanus gilt Diazepam ebenfalls als Medikament der Wahl. Auch bei Neugeborenen-Krämpfen infolge perinataler Hypoxie zeigen Diazepam und Lorazepam i. v. gute Wirksamkeit, gleiches gilt für zerebrale Krampfanfälle im Rahmen der Eklampsie sowie von Vergiftungen, z.B. durch Kokain. Zur Behandlung von kindlichen Fieberkrämpfen hat sich Diazepam rektal zur Therapie und Prophylaxe bewährt (AHN et al. 1981).

Unwillkürliche Bewegungsstörungen

Zu dieser Indikation liegen relativ wenige kontrollierte Studien vor. In der Behandlung des Restless-legs-Syndroms, von Choreas, Athetosen, Myoklonus, essentiellem Tremor und kurzfristig beim Torticollis spasmodicus zeigten Benzodiazepine eine gewisse Wirksamkeit (Übersicht: HOLLISTER et al. 1993). In der Behandlung des **Stiff-Man-Syndroms** gilt Diazepam als Therapie der Wahl (LORISH et al. 1989). Insbesondere Lorazepam zeigte bei Patienten mit Neuroleptika-bedingter **Akathisie** eine gewisse Wirksamkeit (BARTELS et al. 1987, GAGRAT et al. 1978). Jüngst wurde von verschiedenen Autoren über günstige Wirkeffekte von Benzodiazepinen

Etabliert	Gesichert	Möglich	Umstritten/fraglich
ANGSTSTÖRUNGEN			
General. Angsterkr.	Panikstörung	Phobische Störung	
SCHLAFSTÖRUNGEN			
Dys-/Insomnie		Parasomnie	
			DEPRESSIVE STÖRUNG (kurzfristig; leicht- bis mittelgradig)
		Stupor MANIE	
	ANGST BEI KÖRPERKRANKHEITEN (somatopsych. Störung; z.B. nach Herzinfarkt)		
		SOMATOFORME STÖRUNG	
KATATONER STUPOR			SCHIZOPHRENE PSYCHOSEN
	PSYCHOT. AGITIERTHEIT		
ANFALLSERKR. Epilept. Anfall Tetanus		Epilepsie Eklampsie	
	Fieberkrämpfe		
		UNWILLKÜRL. BEWEGUNGSSTÖRUNGEN Dystonie/Dyskinesie	
	Restless legs Syndrom Chorea Myoklonus	Torticollis spasmodicus Malignes neurolept. Syndrom	
Stiff-man-syndrom			
		SPAST. STÖRUNGEN	
			Akute Muskelspasmen
	ALKOHOLENTZUGSSYNDROM COCAIN-/LSD-INTOXIKATION		
PRÄMEDIKATION (Op, Endoskopie, Kardioversion)			
NOTFALLMEDIZIN (Sedierung)			
		ADJUVANS (Krebs-/Chemotherapie)	

Abb. 2.3.1.1. Indikationen für Benzodiazepine

in der Behandlung des malignen neuroleptischen Syndroms berichtet. Eine Zusammenstellung der publizierten Einzelfälle ergab, daß bei 11 von 21 Patienten durch die Gabe von Diazepam oder Lorazepam eine Symptombesserung erzielt werden konnte (Addonizio et al. 1987).

Im Gegensatz zu früheren Berichten konnte in kontrollierten Studien keine Wirksamkeit von Benzodiazepinen bei Spätdyskinesien nachgewiesen werden (Übersicht: HOLLISTER et al. 1993).

Spastik, Muskelspasmen
Benzodiazepine besitzen eine nachgewiesene antispastische Wirksamkeit, insbesondere in der Akutbehandlung. Demgegenüber kann die Wirksamkeit in der Behandlung akuter Muskelspasmen nicht als nachgewiesen gelten, obgleich Diazepam in dieser Indikation häufig eingesetzt wird. Diese Störung weist außerordentlich vielfältige Manifestierungsvarianten auf und zeigt häufig spontane Remissionen (HOLLISTER et al. 1993).

Entzugsbehandlung
Insbesondere in den USA gelten Benzodiazepine als Medikamente der Wahl zur Behandlung des akuten Alkoholentzugs (PALESTRINE und ALATORRE 1976). Eingesetzt werden hauptsächlich Chlordiazepoxid und Diazepam. Wegen der Abhängigkeitsproblematik ist die Gabe von Benzodiazepinen nach der akuten Entzugsbehandlung auch in den USA umstritten (CIRAULO et al. 1988). Intoxikationen mit Kokain, LSD und anderen Halluzinogenen können mit Benzodiazepinen (z.B. Diazepam) effektiv behandelt werden.

Prämedikation
Aufgrund ihrer angstlösenden, sedierenden und amnestischen Wirkung nehmen Benzodiazepine eine zentrale Stellung in den Prämedikationsregimen ein (JOST und TEWES 1992). Indikationsbereiche sind operative Eingriffe (Chirurgie, Anaesthesie), Endoskopie sowie das Gebiet der Zahn-, Mund- und Kieferheilkunde. Bei erwünschter Amnesie werden insbesondere Midazolam und Lorazepam (ANANTH und VAN DEN STEEN 1983, VAN DE VELDE und CAMU 1988; Übersichten: DOENICKE 1986, KANTO 1981), zur Sedierung Diazepam, Temazepam und Flunitrazepam eingesetzt (GREENWOOD und BRADSHAW 1983, HOFSTAD et al. 1987).

Abbildung 2.3.1.1 gibt eine zusammenfassende Übersicht zu den Indikationen für Benzodiazepin-Tranquilizer gruppiert danach, inwieweit diese als etabliert, als gesichert, als möglich oder als fraglich bzw. umstritten gelten können.

Literatur

ADDONIZIO G, SUSMAN VL, ROTH SD (1987) Neuroleptic malignant syndrome: review and analysis of 115 cases. Biol Psychiatry 22: 1004–1020

ADEN GC, THEIN SG (1980) Alprazolam compared to diazepam and placebo in the treatment of anxiety. J Clin Psychiatry 41: 245–248

AHN NC, ANDERSEN GW, THOMSEN A, VALENTIN N (1981) Preanaesthetic medication with rectal diazepam in children. Acta Anaesth Scand 25: 158–160

ALLGULANDER C, LAVORI PW (1991) Excess mortality among 3302 patients with „pure" anxiety neurosis. Arch Gen Psychiatry 48: 599–602

ANANTH J, VAN DEN STEEN N (1983) Intramuscular lorazepam. A double-blind comparison with diazepam and placebo. Neuropsychobiology 9: 139–141

ANGST J, VOLLRATH M (1991) The natural history of anxiety disorders. Acta Psychiatr Scand 84: 446–452

ANSSEAU M, ANSOMS C, BECKERS G et al. (1984) Double-blind clinical study comparing alprazolam and doxepin in primary unipolar depression. J Affect Disord 7: 287–296

BALLENGER JC, BURROWS GD, DUPONT RL et al. (1988) Alprazolam in panic disorder and agoraphobia: results from a multi-centre trial. I. Efficacy in short-term treatment. Arch Gen Psychiatry 45: 413–422

BARTELS M, HEIDE K, MANN K, SCHIED HW (1987) Treatment of akathisia with lorazepam. An open clinical trial. Pharmacopsychiatry 20: 51–53

BJERTNAES A, BLOCK JM, HAFSTAD PE et al. (1982) A multi-centre placebo-controlled trial comparing the efficacy of mianserin and chlordiazepoxide in general practice patients with primary anxiety. Acta Psychiatr Scand 66: 199–207

BORISON RL, SINHA D, ALBRECHT JW et al. (1989) Double-blind comparison of 3- and 6-mg fixed doses of alprazolam vs. placebo in outpatients with major depressive disorder. Psychopharmacol Bull 25: 186–189

BRADWEJN J, SHRIQUI C, KOSZYCKI D et al. (1990) Double-blind comparison of the effects of clonazepam and lorazepam in acute mania. J Clin Psychopharmacol 10: 403–408

BRAMPTON WJ, PLANTECIN OM (1985) Double-blind cross-over study of the efficacy and acceptability of oxazepam expidet tablets compared to placebo in patients undergoing gynaecological surgery. J Int Med Res 13: 169–173

BROGDEN RN, HEEL RC, SPEIGHT TM, AVERY GS (1980) Clobazam: a review of its pharmacological properties and therapeutic use in anxiety. Drugs 20: 161–178

BURROWS GD, DAVIES B, FAIL L et al.(1976) A placebo-controlled trial of diazepam and oxprenolol for anxiety. Psychopharmacology 50: 177–179

CASTILLO A, SOTILLO C, MARIATEGUI J (1987) Alprazolam compared to clobazam and placebo in anxious out-patients. Neuropsychobiology 18: 189–194

CHARNEY DS, WOODS SW (1989) Benzodiazepine treatment of panic disorder: a comparison of alprazolam and lorazepam. J Clin Psychiatry 50: 418–423

CHOUINARD G (1988) The use of benzodiazepines in the treatment of manic-depressive illness. J Clin Psychiatry 49 [Suppl]: 15–20

CHOUINARD G, YOUNG SN, AUNABLE L (1983) Antimanic effect of clonazepam. Biol Psychiatry 18: 451–466

CIRAULO DA, SANDS BF, SHADER RL (1988) Critical review of liability for benzodiazepine abuse among alcoholics. Am J Psychiatry 145: 1501–1506

COHEN S, KHAN A (1987) Adjunctive benzodiazepines in acute schizophrenia. Neuropsychobiology 18: 9–12

COHN JB (1981) Multi-centre double-blind efficacy and safety study comparing alprazolam, diazepam and placebo in clinically anxious patients. J Clin Psychiatry 42: 347–351

COHN JB, WILCOX CS (1984) Long-term comparison of alprazolam, lorazepam and placebo in patients with an anxiety disorder. Pharmacotherapy 4: 93–98

COOPER AJ, MAGNUS RV, ROSE M et al. (1973) Controlled trial of dipotassium clorazepate („Tranxene") in anxiety. Br J Psychiatry 123: 475–476

CORDINGLEY GJ, DEAN BC, HALLETT C (1985) A multi-centre, double-blind parallel trial of bromazepam („Lexotan") and lorazepam to compare the acute benefit-risk ratio in the treatment of patients with anxiety. Curr Med Res 9: 505–510

CROFT-JEFFEREYS C, WILKINSON G (1985) Estimated costs of neurotic disorder in UK general practice 1985. Psychol Med 19: 549–558

CROSS-NATIONAL COLLABORATIVE PANIC STUDY (1992) Second phase investigators. Drug treatment of panic disorder: comparative efficacy of alprazolam, imipramine, and placebo. Br J Psychiatry 160: 191–202

CSERNANSKY JG, RINEY S3, LOMBROZO L et al. (1988) Double-blind comparison of alprazolam, diazepam, and placebo for the treatment of negative schizophrenic symptoms. Arch Gen Psychiatry 45: 655–659

D'ELIA G, VON KNORRING L, MARCUSSON J et al. (1974) A double-blind comparison between doxepin and diazepam in the treatment of states of anxiety. Acta Psychiatr Scand [Suppl 225]: 35–46

DAGER SR, ROY-BYRNE P, HENDRICKSON H et al. (1992) Long-term outcome of panic states during double-blind treatment and after withdrawal of alprazolam and placebo. Ann Clin Psychiatry 4: 251–258

DAVISON K, FARQUHARSON RG, KHAN MC et al. (1983) A double-blind comparison of alprazolam, diazepam and placebo in the treatment of anxious out-patients. Psychopharmacology 80: 308–310

DAWSON GW, JUE SG, BROGDEN RN (1984) Alprazolam – a review of its pharmacodynamic properties and efficacy in the treatment of anxiety and depression. Drugs 27: 132–147

DEBERDT R (1975) Camazepam versus diazepam: a double-blind trial on psychoneurotic patients. Curr Ther Res 17: 32–39

DE BUCK R, BOON H, PELC I (1972) Comparative study of the anxiolytic efficacy of lorazepam (WY 4036) and diazepam (Valium). Acta Psychiatr Belg 72: 185–198

DEBUS G, PENKERT S (1989) Einfluß der Benzodiazepine auf die Stimmung. Münch Med Wochenschr 131: 935–936

DENCKER SJ, FASTH BG (1986) Combination of psychotherapy and drugs in the treatment of neurosis. A controlled comparison of bromazepam and thioridazine. Acta Psychiatr Scand 74: 569–575

DEROGATIS LR, FELDSTEIN M, MORROW G et al. (1979) A survey of psychotropic drug prescriptions in an oncology population. Cancer 44: 1919–1929

DOENICKE A (1986) Benzodiazepine in der Anästhesiologie. In: HIPPIUS H, ENGEL RR, LAAKMANN G (Hrsg) Benzodiazepine. Rückblick und Ausblick. Springer, Berlin Heidelberg New York Tokyo, S 203–213

DOONGAJI DR, SHET AS, APTE JS et al. (1981) Pimozide versus chlordiazepoxide in anxiety neurosis. Acta Psychiatr Belg 81: 416–423

DOWNING RW, RICKELS K (1985) Early treatment response in anxious outpatients treated with diazepam. Acta Psychiatr Scand 72: 522–528

DUNBAR GC, PERERA MH, JENNER FA (1989) Patterns of benzodiazepine use in Great Britain as measured by a general population survey. Br J Psychiatry 155: 836–841

ERIKSSON B, NAGY A, STARMARK JE et al. (1987) Alprazolam compared to amitriptyline in the treatment of major depression. Acta Psychiatr Scand 75: 656–663

FABRE LF, MCLENDON DM, MALLETTE A (1979) A double-blind comparison of prazepam with diazepam, chlorazepate dipotassium and placebo in anxious outpatients. J Int Med Res 7: 147–151

FEIGHNER JP, BRAUZER B, GELENBERG AJ (1979) A placebo-controlled multi-centre trial of limbitrol versus its components (amitriptyline and chlordiazepoxide) in the symptomatic treatment of depressive illness. Psychopharmacology (Berlin) 61: 217–225

FEIGHNER JP, ADEN GC, FABRE LF (1983) Comparison of alprazolam, imipramine, and placebo in the treatment of depression. JAMA 249: 3057–3064

FELDMANN TB (1987) Alprazolam in the treatment of posttraumatic stress disorder. J Clin Psychiatry 48: 216–217

FONTAINE R, ANNABLE L, CHOUINARD G et al. (1983) Bromazepam and diazepam in generalized anxiety: a placebo-controlled study with measurement of drug plasma concentrations. J Clin Psychopharmacol 3: 80–87

FONTAINE R, MERCIER P, BEAUDRY P et al. (1986) Bromazepam and lorazepam in generalized anxiety: a placebo-controlled study with measurement of drug plasma concentrations. Acta Psychiatr Scand 74: 451–458

FRANCE R, KRISHNAN K, RANGA R (1984) Alprazolam-induced manic reaction. Am J Psychiatry 141: 127–1128

FREEMAN AM, FLEECE L, FOLKS DG et al. (1986) Alprazolam treatment of postcoronary bypass anxiety and depression. J Clin Psychopharmacol 6: 39–41

FRICCHIONE GL, CASSEM NH, HOOBERMAN D et al. (1983) Intravenous lorazepam in neuroleptic-induced catatonia. J Clin Psychopharmacol 3: 338–342

FYRO B, BECK-FRIIS J, SJOSTRAND IG (1974) A comparison between diazepam and haloperidol in anxiety states. Acta Psychiatr Scand 50: 586–595

GAGRAT D, HAMILTON J, BELMAKER RH (1978) Intravenous diazepam in the treatment of neuroleptic-induced acute dystonia and akathisia. Am J Psychiatry 135: 1232–1233

GARZA-TREVINO ES, HOLLISTER LE, OVERALL JE et al. (1989) Efficacy of combinations of intramuscular antipsychotics and sedative-hypnotics for control of psychotic agitation. Am J Psychiatry 146: 1598–1601

GEISELMANN B, LINDEN M (1991) Prescription and intake patterns in long-term and ultra-long-term benzodiazepine treatment in primary care. Pharmacopsychiatry 24: 55–61

GOLDBERG RJ, MOR V (1985) A survey of psychotropic use in terminal cancer patients. Psychosomatics 26: 745–751

GOLDSTEIN BJ, Brauzer B, STEINBOOK RM et al. (1973) Psychotropic drug treatment of mixed anxiety and depression in non-psychiatric office patients: expected and unexpected findings – comparing doxepin, chlordiazepoxide and placebo. South Med J 66: 892–897

GOODMAN WK, CHARNEY DS (1987) A case of alprazolam, but not lorazepam, inducing manic symptoms. J Clin Psychiatry 48: 117–118

GREENWOOD BK, BRADSHAW EG (1983) Preoperative medication for daycase surgery. A comparison between oxazepam and temazepam. Br J Anaesth 55: 933–937

HAIDER I (1971) A comparative trial of lorazepam and diazepam. Br J Psychiatry 119: 599–600

HALLSTROM C, TREASADEN I, EDWARDS JG et al. (1981) Diazepam, propranolol and their combination in the management of chronic anxiety. Br J Psychiatry 139: 417–421

HAMOUZ W, PINDER RM, STUHLEMIJER SM (1980) A double-blind group comparative trial of mianserin and diazepam in depressed outpatients. Pharmacopsychiatry 13 :79–83

HASKELL DS, GAMBILL JD, GARDOS G et al. (1978) Doxepin or diazepam for anxious and anxious-depressed out-patients? J Clin Psychiatry 39: 135–139

HASSEL P (1985) Experimental comparison of low doses of 1.5 mg fluspirilene and bromazepam in out-patients with psychovegetative disturbances. Pharmacopsychiatry 18: 297–302

HESBACHER PT, RICKELS R, HUTCHISON J et al. (1970) Setting, patient, and doctor effects on drug response in neurotic patients. Psychopharmacologia 18: 209–226

HEUSER I, BENKERT O (1986) Lorazepam for a short-term alleviation of mutism. J Clin Psychopharmacol 6: 62

HOFSTAD B, HAAVIK PE, WICKSTROM E et al. (1987) Benzodiazepines as oral premedication. A comparison between oxazepam, flunitrazepam and placebo. Acta Anaesthesiol Scand 31: 295–299

HOLLISTER LE, MÜLLER-OERLINGHAUSEN B, RICKELS K et al. (1993) Clinical uses of benzodiazepines. J Clin Psychopharmacology 13 [Suppl 1]: 1S–169S

HUBAIN PP, CASTRO P, MESTERS P et al. (1990) Alprazolam and amitriptyline in the treatment of major depressive disorder: a double-blind clinical and sleep EEG study. J Affect Disord 18: 67–73

ITOH H, OHTSUKA N, KAMISHIMA K et al. (1977) A comparative clinical study for the evaluation of antianxiety agents, (lorazepam, diazepam and placebo), in neurosis. Folia Psychiatr Neurol Jpn 31: 25–35

JACOBSON AF, GOLDSTEIN BJ, DOMINGUEZ RA et al. (1983) A placebo-controlled, double-blind comparison of clobazam and diazepam in the treatment of anxiety. J Clin Psychiatry 44: 296–300

JAMES RT, DEAN BC (1985) Comparison of limbitrol (chlordiazepoxide/amitriptyline) and amitriptyline alone as a single night-time dose for the treatment of depression with anxiety. J Int Med Res 13: 84–87

JOHNSTONE EC, OWENS DG, FRITH CD et al. (1980) Neurotic illness and its response to anxiolytic and antidepressant treatment. Psychol Med 10: 321–328

JOHNSTONE EE, CLAGHORN JL (1968) Doxepin vs. chlordiazepoxide: a controlled comparison in neurotic out-patients. Curr Ther Res 10: 514–519

JOST U, TEWES A (1992) Unterschiedliche Prämedikationsregime im Vergleich. Klinikarzt 21: 38–44

KAHN RJ, MCNAIR DM, LIPMAN RS et al. (1986) Imipramine and chlordiazepoxide in depressive and anxiety disorders. II. Efficacy in anxious out-patients. Arch Gen Psychiatry 43: 79–85

KAIM SC, KLETT CJ (1972) Treatment of delirium tremens. A comparative evaluation of four drugs. Quart J Alcohol 33: 1065–1072

KANTO J (1981) Benzodiazepines as oral premedicants. Br J Anaesth 53: 1179–1188

KANTO J, KANGAS L, MANSIKKA M (1979) Flunitrazepam versus placebo premedication for minor surgery. Acta Anaesth Scand 23: 561–566

KAPPLER J, MENGES C, FERBERT A et al. (1994) Schwere „Spät"dystonie nach „Neuroleptanxiolyse" mit Fluspirilen. Nervenarzt 65: 66–68

KELLER MB, KLERMAN GL, LAVORI PW et al. (1982) Treatment received by depressed patients. JAMA 248: 1848–1855

KELLY D, BROWN CC, SHAFFER JW (1969) A controlled physiological, clinical and psychological evaluation of chlordiazepoxid. Br J Psychiatry 115: 1387–1392

KERRY RJ, MCDERMOTT CM, ORME JE (1974) Bromazepam, medazepam, chlordiazepoxide in treatment of neurotic anxiety. Br J Psychiatry 124: 485–486

KINGSTONE E, KOLIVAKIS T, KOSSATZ I (1970) Doxepin versus chlordiapoxide: a double-blind study of anxious out-patients. Curr Ther Res Clin Exp 12: 213–222

KISHIMOTO A (1988) Treatment of depression with clonazepam. Acta Psychiatr Scand 77: 81–86

KLERMAN GL, WEISSMAN MM, OUELLETTE R et al. (1991) Panic attacks in the community: social morbidity and health care utilization. JAMA 265: 742–746

KOEPKE AD, GOLDBERG GJ (1972) Intravenous diazepam in drug-induced dystonic reactions. Br J Psychiatry 121: 75–77

KOEPKE HH, GOLD RL, LINDEN ME et al. (1982) Multicenter controlled study of oxazepam in anxious elderly outpatients. Psychosomatics 23: 641–645

KRAGH-SORENSEN P, HOLM P, FYNBOE C et al. (1990) Bromazepam in generalized anxiety. Randomized, multi-practice comparisons with both chlorprothixene and placebo. Psychopharmacology 100: 383–386

KURLAND ML (1976) Neurotic depression: an empirical guide to two specific drug treatments. Dis Nerv Syst 37: 424–431

LAAKMANN G, BLASCHKE D, HIPPIUS H et al. (1989) Double-blind study of metaclazepam versus diazepam treatment of out-patients with anxiety syndrome. Pharmacopsychiatry 22: 120–125

LADEWIG D (1983) Abuse of benzodiazepines in Western European society – incidence and prevalence, motives, drug acquisiton. Pharmacopsychiatry 16: 103-106

LAUX G, GUNREBEN G (1991) Schwere Spätdystonie unter Fluspirilen. Dtsch Med Wochenschr 116: 977–980

LEHMANN E, HEINRICH K, WURTHMANN C (1990) Niedrigdosierte Neuroleptanxiolyse. In: HEINRICH K (Hrsg) Leitlinien neuroleptischer Therapie. Springer, Berlin Heidelberg New York Tokyo, S 155–165

LENOX RH, SHIPLEY JE, PEYSER JM et al. (1984) Double-blind comparison of alprazolam versus imipramine in the in-patient treatment of major depressive illness. Pychopharmacol Bull 20: 79–82

LINGJAERDE O (1991) Benzodiazepines in the treatment of schizophrenia: an updated survey. Acta Psychiatr Scand 84: 453–459

LIPMAN RS, COVI L, RICKELS K et al. (1986) Imipramine and chlordiazepoxide in depressive and anxiety disorders. I. Efficacy in depressed outpatients. Arch Gen Psychiatry 43: 68–77

LORISH TR, THORSTEINSSON G, HOWARD FM (1989) Stiff-man syndrome updated. Mayo Clin Proc 64: 629–636

MARKS J (1985) The benzodiazepines: use, overuse, misuse, abuse. MTP Press, Lancaster, England

MARKOWITZ JS, WEISSMAN MM, OUELETTE R et al. (1989) Quality of life in panic disorder. Arch Gen Psychiatry 46: 984–992

MARTENYI F, HARANGOZO J, MOD L (1989) Clonazepam for the treatment of stupor in catatonic schizophrenia. Am J Psychiatry 146: 1230

MAURI MC, PERCUDANI M, REGAZZETTI MG et al. (1990) Alternative prophylactic treatments to lithium in bipolar disorders. Clin Neuropharmacol 13 [Suppl]: S 90–96

MCCURDY L (1979) Lorazepam, a new benzodiazepine derivative, in the treatment of anxiety: a double-blind clinical evaluation. Am J Psychiatry 136: 187–190

MCEVOY JP, LOHR JB (1984) Diazepam for catatonia. Am J Psychiatry 141: 284–285

MEIBACH RC, DUNNER D, WILSON LG et al. (1987) Comparative efficacy of propranolol, chlordiazepoxide, and placebo in the treatment of anxiety: a double-blind trial. J Clin Psychiatry 48: 355–358

MELLINGER GD, BALTER MB, UHLENHUTH EH (1984) Prevalence and correlates of the long-term regular use of anxiolytics. JAMA 251: 375–379

MELSOM M, ANDREASSEN PI, MELSOM H et al. (1976) Diazepam in acute myocardial infarction. Br Heart J 38: 804–810

MÜLLER-OERLINGHAUSEN B (1986) Prescription and misuse of benzodiazepines in the Federal Republic of Germany. Pharmacopsychiatry 19: 8–13

MUNJACK DJ, CROCKER B, CABE D et al. (1989) Alprazolam, propranolol, and placebo in the treatment of panic disorder and agoraphobia with panic attacks. J Clin Psychopharmacol 9: 22–27

MURPHY JE, BEAUMONT G, DONALD JF (1970) Opipramol and chlordiazepoxide in the treatment of anxiety in general practice. Practitioner 205: 677–683

NOYES R JR (1991) Suicide and panic disorder: a review. J Affect Disord 22: 1–11

NOYES R JR, ANDERSON DJ, CLANCY J et al. (1984) Diazepam and propranolol in panic disorder and agoraphobia. Arch Gen Psychiatry 41: 287–292

OWEN RT, TYRER P (1983) Benzodiazepine dependence. A review of the evidence. Drugs 25: 385–389

PALESTRINE ML, ALATORRE E (1976) Control of acute alcoholic withdrawal symptoms: a comparative study of haloperidol and chlordiazepoxide. Curr Ther Res 20: 289–299

POLLACK MH, ROSENBAUM JF, TESAR GE et al. (1987) Clonazepam in the treatment of panic disorder and agoraphobia. Psychopharmacol Bull 23: 141–144

POSER W, POSER S (1986) Abusus und Abhängigkeit von Benzodiazepinen. Internist 27: 738–745

REGIER DA, BOYD JH, BURKE JD JR et al. (1988) One-month prevalence of mental disorders in the United States: based on five epidemiologic catchment area studies. Arch Gen Psychiatry 45: 977–986

RICHARDS DJ (1978) Clinical profile of lorazepam, a new benzodiazepine tranquilizer. J Clin Psychiatry 39: 266–274

RICKELS K, CLYDE DJ (1967) Clyde mood scale changes in anxious out-patients produced by chlordiazepoxide therapy. J Nerv Ment Dis 145: 154–157

RICKELS K, RAAB E, GORDON PE et al. (1968) Differential effects of chlordiazepoxide and fluphenazine in two anxious patient populations. Psychopharmacologia 12: 181–192

RICKELS K, GORDON PE, ZAMOSTIEN BB et al. (1970) Hydroxyzine and chlordiazepoxide in anxious neurotic out-patients: a collaborative controlled study. Compr Psychiatry 11: 457–474

RICKELS K, CASE WG, CHUNG HR et al. (1976) Lorazepam and diazepam in anxious out-patients. A controlled study. Int Pharmacopsychiatry 11: 93–101

RICKELS K, CSABALOSI I, GREISMAN P et al. (1983) A controlled trial of alprazolam for the treatment of anxiety. Am J Psychiatry 140: 8285

RICKELS K, FEIGHNER JP, SMITH WT (1985) Alprazolam, amitriptyline, doxepin, and placebo in the treatment of depression. Arch Gen Psychiatry 42: 134–141

RICKELS K, CHUNG HR, CSANALOSI IB et al. (1987) Alprazolam, diazepam, imipramine, and placebo in outpatients with major depression. Arch Gen Psychiatry 44: 862–866

RICKELS K, FOX IL, GREENBLATT W et al. (1988) Clorazepate and lorazepam: clinical improvement and rebound anxiety. Am J Psychiatry 145: 312–317

RICKELS K, CASE WG, SCHWEIZER E (1989) Langzeitbehandlung von Angsterkrankungen mit Benzodiazepinen. Münch Med Wochenschr 131: 928–930

ROBIN A, CURRY SH, WHELPTON R (1974) Clinical and biochemical comparison of clorazepate and diazepam. Psychol Med 4: 388–392

ROY-BYRNE PP, COWLEY DS (eds) (1991) Benzodiazepines in clinical practice: risks and benefits. American Psychiatric Press, Washington DC

RUIZ AT (1983) A double-blind study of alprazolam and lorazepam in the treatment of anxiety. J Clin Psychiatry 44: 60–62

RUSH JA, ERMAN MK, SCHLESSER MA et al. (1985) Alprazolam vs amitriptyline in dpressions with reduced REM latencies. Arch Gen Psychiatry 42: 1154–1159

SALZMANN C (1991) Benzodiazepine in der ärztlichen Praxis. Report der Arbeitsgruppe der Amerikanischen Psychiatrischen Gesellschaft (APA Task Force) zu Abhängigkeit, Toxizität und Mißbrauch von Benzodiazepinen. Nervenarzt 62: 61–63

SCHATZBERG AF, COLE JO (1978) Benzodiazepines in depressive disorders. Arch Gen Psychiatry 35: 1359–1365

SCHWABE U, PAFFRATH D (Hrsg) (1994) Arzneiverordnungs-Report '94. Fischer, Stuttgart

SCHWEIZER E, POHL R, BALON R et al. (1990) Lorazepam vs. alprazolam in the treatment of panic disorder. Pharmacopsychiatry 23: 90–93

SCHWEIZER E, RICKELS K, WEISS S et al. (1993) Maintenance drug treatment of panic disorder. Arch Gen Psychiatry 50: 51–60

SHADER RI, GREENBLATT DJ (1993) Use of benzodiazepines in anxiety disorders. N Engl J Med 328: 1398–1405

SMITH M, LEBEGUE B (1991) Lorazepam in the treatment of catatonia. Am J Psychiatry 148: 1265

SOLOMON K, HART R (1978) Pitfalls and prospects in clinical research on antianxiety drugs: benzodiazepines and placebo – a research review. J Clin Psychiatry 39: 823–831

STERLIN C, BAN TA, LEHMANN HE et al. (1972) Doxepin in the treatment of hospitalized and ambulatory psychoneurotic patients. Int J Clin Pharmacol Ther Toxicol 6: 256–259

STEVENS A, STEVENS I, HAHAL A et al. (1992) Haloperidol and lorazepam combined: clinical effects and drug plasma levels in the treatment of acute schizophrenic psychosis. Pharmacopsychiatry 25: 273–277

TESAR GE, ROSENBAUM JF, POLLACK MH et al. (1991) Double-blind, placebo-controlled comparison of clonazepam and alprazolam for panic disorder. J Clin Psychiatry 52: 69–76

TORU M, MORIYA H, YAMAMOTO K et al. (1976) A double-blind comparison of sulpiride with chlordiazepoxide in neurosis. Folia Psychiatr Neurol Jpn 30: 153–164

TREIMAN DM (1989) Pharmacokinetics and clinical use of benzodiazepines in the management of status epilepticus. Epilepsia 30 [Suppl 2]: S 4–10

TYRER PJ, LADER MH (1974) Response to propranolol and diazepam in somatic and psychic anxiety. Br Med J 2: 14–16

TYRER P, SEIVEWRIGHT N, MURRHY S et al. (1988) The Nottingham study of neurotic disorder: comparison of drug and psychological treatments. Lancet ii: 235–240

UHLENHUTH EH, MATUZAS W, GLASS RM et al. (1989) Response of panic disorder to fixed doses of alprazolam or imipramine. J Affect Disord 17: 261–270

UTHMAN BM, WILDER BJ (1989) Emergency management of seizures: an overview. Epilepsia 30 [Suppl 2]: S 33–37

VAN DE VELDE A, CAMU F (1988) Efficacy of lorazepam oral fast dissolving drug formulation (FDDF) in anesthesia premedication in adults: a double-blind placebo controlled comparison. Acta Anaesth Belg 39: 95–100

WARNER MD, PEABODY CA, WHITEFORD HA et al. (1988) Alprazolam as an antidepressant. J Clin Psychiatry 49: 148–150

WETZEL H, BENKERT O (1988) Lorazepam for treatment of catatonic symptoms and severe psychomotor retardation. Am J Psychiatry 145: 1175–1176

WETZEL H, HEUSER I, BENKERT O (1987) Stupor and affective state: alleviation of psychomotor disturbances by lorazepam and recurrence of symptoms after Ro 15-1788. J Nerv Ment Dis 175: 240–242

WETZEL H, HEUSER I, BENKERT O (1988) Benzodiazepines for catatonic symptoms, stupor, and mutism. Pharmacopsychiatry 21: 394–395

WHEATLEY D (1969) Comparative effects of propranolol and chlordiazepoxide in anxiety states. Br J Psychiatry 115: 1411–1412

WHEATLEY D (1984) Anxiolytic drug use in cardiovascular disease: an overview. Psychopharmacol Bull 20: 649–659

WILKINSON G, BALESTRIERI M, RUGGERI M et al. (1991) Meta-analysis of double-blind placebo-

controlled trials of antidepressants and benzodiazepines for patients with panic disorders. Psychol Med 21: 991–998
WOLKOWITZ OM, PICKAR D (1991) Benzodiazepines in the treatment of schizophrenia: a review and reappraisal. Am J Psychiatry 148: 714–726
WOLKOWITZ OM, BREIER A, DORAN A et al. (1988) Alprazolam augmentation of the antipsychotic effects of fluphenazine in schizophrenic patients. Preliminary results. Arch Gen Psychiatry 45: 664–671
YAMAMOTO J, KLINE FM, BURGOYNE RW (1973) The treatment of severe anxiety in outpatients: a controlled study comparing chlordiazepoxide and chlorpromazine. Psychosomatics 14: 46–51
ZUNG WW, DANIEL JT, KING RE et al. (1981) A comparison of prazepam, diazepam, lorazepam and placebo in anxious out-patients in nonpsychiatric private practices. J Clin Psychiatry 42: 280–284

2.3.2 Dosierung

W. W. Fleischhacker

Klinische und pharmakologische Gesichtspunkte bestimmen die Dosierungsrichtlinien für anxiolytisch wirksame Benzodiazepine. Neben der Tatsache, daß die klinischen Erfordernisse sich der behandelten Erkrankung entsprechend verändern – so erfordern z.B. schwere psychomotorische Erregungszustände sicherlich höhere Dosen als die Behandlung einer generalisierten Angsterkrankung – sei hier auch darauf hingewiesen, daß es ausgeprägte interindividuelle Unterschiede in Bezug auf die pharmakologischen Wirkungen von Benzodiazepinen gibt. Diese sind auch nicht immer mit den Methoden der klassischen Pharmakologie erklärbar. Wie schon im vorhergehenden Kapitel detailliert ausgeführt, werden Pharmakokinetik und Pharmakodynamik durch verschiedenste Faktoren beeinflußt, wobei hier nur noch einmal auf das Alter (GREENBLATT 1980, THOMPSON et al. 1983) und auf diverse somatische Begleiterkrankungen (KLOTZ et al. 1975) (Hepatopathien, Substratschädigungen des Gehirns, Erkrankungen des Magen-Darm-Traktes etc.) hingewiesen sei. Suchtkranke weisen zumeist eine erhöhte Toleranz für Benzodiazepine auf (KLOTZ et al. 1980). Wie alle Substanzen mit großer therapeutischer Breite verleiten auch die Benzodiazepine dazu, Dosen zu verwenden, die höher sind, als notwendig. Um einer rationalen, verantwortungsvollen Psychopharmakotherapie gerecht zu werden (KLOTZ 1989, PÖLDINGER und WIDER 1985), empfiehlt es sich allerdings, Patienten mit der minimalen therapeutisch wirksamen Dosis zu behandeln (HAASE und LINDE 1981). Dies ist vor allem im Hinblick auf die später noch zu erwähnenden Nebenwirkungen von Bedeutung. Eine Therapie, vor allem im ambulanten Bereich, sollte daher immer mit einer möglichst niedrigen Dosis begonnen werden, hier ist nicht selten die Hälfte der kleinsten vom Hersteller pro Einheit angebotene Dosis schon von Nutzen. Sollte damit keine ausreichende Wirkung erzielt werden können, kann die Dosis innerhalb kurzer Zeit, d.h. weniger Tage, in kleinen Schritten gesteigert werden, bis ein ausreichender Therapieerfolg vorliegt.
Tabelle 2.3.2.1 gibt einen Überblick über die in deutschsprachigen Ländern im Handel befindlichen Benzodiazepine und die von Herstellern empfohlenen Dosisbereiche. Die in Klammer aufgeführten Dosen entsprechen – falls vorhanden – den Empfehlungen für den stationären Bereich bzw. für besonders schwerkranke Patienten. Die große Arzneimittelsicherheit der Benzodiazepine ermöglicht es zudem, auch diese Richtdosen in Einzelfällen noch zu überschreiten. Das kann z.B. bei der Therapie schwerer psychomotorischer Erregungszustände oder bei akuten Abstinenzsyndromen erforderlich sein. Da es unrealistisch ist, mit all den genannten Substanzen ausgiebige eigene Erfahrungen zu machen, ist es aus praktischen Gründen sinnvoll, sich mit einigen wenigen Substanzen aus der

Tabelle 2.3.2.1. Dosierung von Benzodiazepin-Tranquilizern

	Tagesdosis (Höchstdosis) mg		Bemerkung
Alprazolam	0,5–4		
Bromazepam	3–24	(36)	
Camazepam	20–60		
Chlordiazepoxid	10–50	(100)	auch parenteral
Clobazam	10–30	(60)	als Adjuvans bei Anfallsleiden bis 80 mg
Clotiazepam	5–30		
Cloxazolam	1–6		
Diazepam	4–15	(60)	auch parenteral, in Tropfenform und zur rektalen Anw.
Dikaliumclorazepat	5–20	(200)	auch parenteral bis zu 300 mg
Ketazolam	15–60		
Lorazepam	2–7,5		parenteral bis zu 8 mg/12 h; Expidet-Form
Medazepam	5–30		
Metaclazepam	5–30		auch in Tropfenform
Nordazepam	2,4–14,4		auch in Tropfenform
Oxazepam	10–40	(150)	
Oxazolam	20–60		
Prazepam	10–60		

Benzodiazepinreihe vertraut zu machen, um diese Erfahrungswerte dann optimal in die Therapie umsetzen zu können. Neben dem Problem der Dosishöhe stellt sich auch noch die Frage nach der **Verteilung der Dosis** über den Tag. Unter Berücksichtigung pharmakokinetischer Variablen – so können z.B. Benzodiazepine mit langer Halbwertszeit wie etwa Diazepam durchaus in einer Einmaldosis verordnet werden – sind hier vorwiegend die Nebenwirkungen ein bestimmender Faktor. So kann ein Patient die Gabe einer Einmaldosis von 20 mg Diazepam als unangenehm sedierend empfinden, während er bei einer Aufteilung dieser Dosis auf 2 oder 3 über den Tag verteilte Gaben diese subjektiv unangenehmen Nebenwirkungen nicht mehr verspürt. Substanzen mit kürzerer Halbwertszeit, wie z.B. Oxazepam oder Lorazepam, können einen therapeutisch wirksamen Spiegel nicht über 24 Stunden aufrechterhalten und müssen daher auf mehrere Tagesdosen verteilt werden. Wenn eine Einmaldosierung möglich ist, so ist zumeist der abendlichen Gabe der Vorzug gegeben. Hiedurch werden Nebenwirkungen untertags vermieden, eventuell begleitende Schlafstörungen werden günstig beeinflußt. Es gibt allerdings Patienten, die – pharmakologisch nicht immer gut begründbar – ihre Einmaldosis lieber zu einem anderen Zeitpunkt des Tages einnehmen. Einmaldosen weisen auch in Bezug auf die Compliance Vorteile auf.

Verschiedene Benzodiazepine (siehe Tabelle 2.3.2.1) können auch parenteral verabreicht werden. Dabei ist die erforderliche Dosis üblicherweise geringer als bei der oralen Gabe. Dies betrifft die intravenöse Verabreichung, auf die problematischen Resorptionsverhältnisse bei der intramuskulären Applikation (Greenblatt et al. 1974), wie sie schon im Pharmakokinetik-Abschnitt behandelt wurde, sei an dieser Stelle noch einmal hingewiesen.

Die **Dosisreduktion** darf in keinem Falle

abrupt erfolgen. Auch wenn Benzodiazepine nur 1–2 Wochen kontinuierlich verabreicht wurden, sollte auf jeden Fall ausgeschlichen werden. Für diese Ausschleichphase gibt es verschiedene Richtlinien (HAASE und LINDE 1981), als klinische Faustregel geht man davon aus, daß die Dosis der Vorwoche in der darauffolgenden um nicht mehr als die Hälfte unterschritten werden sollte. Wichtig ist, die Patienten schon bei Beginn der Therapie auf diese Notwendigkeit aufmerksam zu machen, um zu verhindern, daß die Medikamente nach längerer Einnahme abrupt abgesetzt werden. Diese Problematik wird im Abschnitt Mißbrauch und Abhängigkeit noch einmal ausführlicher erläutert.

Neben der kontinuierlichen Verordnung von Benzodiazepinen gibt es auch noch die Möglichkeit, diese **bedarfsweise** zu verschreiben. Das hat auf der einen Seite den Vorteil, daß damit die Gefahr von Entzugsphänomenen minimiert wird, auf der anderen Seite ist es für den Verschreiber schwieriger, Dauer und Häufigkeit der Medikamenteneinnahme zu kontrollieren. Diese Methode wird vor allem bei chronischen Erkrankungen mit fluktuierendem Verlauf ihre Vorteile haben. Der Patient – mit seiner Krankheit und deren Therapie gut vertraut – setzt seine Medikamente vorübergehend und gezielt ein. Dosierungsrichtlinien, z.B. eine Tagesdosis, die nicht überschritten werden soll, werden ihm vorgegeben. Es ist empfehlenswert, ihn über seine Medikamenteneinnahme buchführen zu lassen. Diese Buchführung kann dann mit der Verschreibungshäufigkeit verglichen werden, um eine größtmögliche Arzneimittelsicherheit zu gewährleisten.

Literatur

GREENBLATT DJ (1980) Pharmakokinetic comparisons. Psychosomatics 21 [Suppl]: 9–14

GREENBLATT DJ, SHADER RI, KOCH-WESER J (1974) Slow absorption of intramuscular chlordiazepoxide. N Engl J Med 291: 1116–1118

HAASE HJ, LINDE OK (1981) Therapeutische Aspekte zur Anwendung von Benzodiazepinen als Tranquilizer. Psycho 4: 245–251

KLOTZ U (1989) Tranquilizer und Hypnotika. In: KOELLA WP (Hrsg) Psychopharmaka. Fischer, Stuttgart New York, S 29–84

KLOTZ U, AVAND GR, HOYUMPA A, SCHENKER S, WILKINSON GR (1975) The effects of age and liver disease on the disposition and elimination of diazepam in adult man. J Clin Invest 55: 347–359

KLOTZ U, KANGAS L, KANTO J (1980) Clinical pharmacokinetics of benzodiazepines. Fischer, Stuttgart New York

PÖLDINGER W, WIDER F (1985) Tranquilizer und Hypnotika. Fischer, Stuttgart New York

THOMPSON TL, MORAN MG, NIES AS (1983) Psychotropic drug use in the elderly. N Engl J Med 308: 194–199

2.3.3 Unerwünschte Wirkungen, Kontraindikationen, Überdosierung, Intoxikation

W.W. Fleischhacker

Unerwünschte Wirkungen

Nebenwirkungen von Benzodiazepinen unterscheiden sich unter Umständen nur quantitativ von den erwünschten Wirkungen dieser Substanzklasse. Benzodiazepine erzeugen als ZNS-dämpfende Medikamente eine **Sedation**, die manchmal erwünscht (z.B. bei erregten Patienten) und manchmal unerwünscht sein kann (z.B. bei Patienten mit Angsterkrankungen, die voll im Berufsleben stehen). So ändert sich, je nach Indikation der Substanz, die Definition des Nebenwirkungsprofils. Neben der allgemeinsedierenden Wirkung finden sich – entweder im Zusammenhang damit oder davon unabhängig – auch andere zentralnervöse Begleiterscheinungen. Zu den bestuntersuchten zählen **psychomotorische Beeinträchtigungen** (GRIFFITHS et al. 1986, MATTILA et al. 1987, 1988, LINNOILA et al. 1990,

Bond et al. 1991), die sich z.B. in einer Reduktion der motorischen Koordinationsfähigkeit manifestieren oder in einer Verlangsamung der Reaktionszeit. Hier sei besonders auf die Problematik des Lenkens von Kraftfahrzeugen unter Benzodiazepin-Medikation verwiesen (Landauer 1981, Willette und Walsh 1983, Bauer 1984). Auch ein erhöhtes Verletzungsrisiko wird in diesem Zusammenhang diskutiert (Barnas et al. 1992, Weintraub und Handy 1993). Patienten müssen auf diese Problematik aufmerksam gemacht werden. **Intellektuelle Beeinträchtigungen** sind für den Gedächtnisbereich gut dokumentiert. Hier finden sich zumeist geringfügige Beeinträchtigungen des Kurzzeitgedächtnisses (Curran 1986, 1991) und seltener auch anterograde Amnesien (Haecki 1986, Rager et al. 1987, Morris und Estes 1987) nach der Einnahme von Benzodiazepinen. Allgemeine Symptome einer ZNS-Depression können auch als Benommenheit oder Schwindel, verwaschene Sprache, ataktische Phänomene und Doppelbilder auftreten (Baldessarini et al. 1991). Von den Patienten am häufigsten als subjektiv unangenehm erlebt wird die sedierende Wirkung während des Tages, die sich zumeist durch eine Dosisreduzierung beheben läßt. Die zentralnervösen Nebenwirkungen unterliegen üblicherweise einer Toleranz, sie treten zu Beginn der Therapie stärker in Erscheinung (Bickel et al. 1990). Auch hier ist es aus Gründen von Arzneimittelsicherheit und Compliance vonnöten, die Patienten ausreichend aufzuklären.

Immer wieder werden nach Benzodiazepineinnahme auch sogenannte **paradoxe Reaktionen** beschrieben (Hall und Joffe 1972, Salzman et al. 1974, Goldney 1977, Binder 1987). Es kommt zu Enthemmungsphänomenen, dysphorisch gefärbten Erregungszuständen, die unter Umständen Psychosecharakter erreichen können. Diese Phänomene treten vor allem bei älteren Patienten und bei solchen mit Substratschädigungen des Zentralnervensystems auf. Auch bei Kindern wurden sie schon beschrieben. Vorsicht ist auch bei Anwendung von **intravenös** applizierten Benzodiazepinen geboten. Hier kann es zu Atemdepression und Atemstillstand kommen (Clergue et al. 1981), auch ventrikuläre Arrhythmien und Herzstillstände sind beschrieben (Keim und Sigg 1973, Rao et al. 1973). Wenn diese Nebenwirkungen auch selten sind, so ist es doch unbedingt zu empfehlen, Patienten, die mit intravenösen Benzodiazepinen behandelt worden sind, klinisch gut zu observieren.

Daneben gibt es noch verschiedenste unspezifische Symptome, deren kausaler Zusammenhang mit Benzodiazepinen oft unklar bleibt. Dazu zählen Gewichtszunahme, Hautreaktionen, Kopfschmerzen, reduzierte Sexualfunktionen und Menstruationsstörungen (Hines 1981). Auch ein Abfall des

Tabelle 2.3.3.1. Nebenwirkungen von Benzodiazepin-Tranquilizern

Häufiger	Selten
Sedierung	Paradoxe Reaktion
Psychomotorische Beeinträchtigungen	Atemdepression
	Blutdruckabfall
Schwindel	Kardiale Nebenwirkungen
Absetzphänomene	Ataxie
Gedächtnisstörung	Doppelbilder
	Gewichtszunahme
	Sexualstörungen
	Abhängigkeit
	Anaphylaktische Reaktion
	Blutbildveränderungen
	Leberfunktionsstörungen

Als häufige Nebenwirkungen sind vor allem solche klassifiziert, deren Nachweis mittels kontrollierter experimenteller oder epidemiologischer Studien geführt wurde. Seltenere Nebenwirkungen wurden hauptsächlich durch Kasuistiken bekannt. Es muß betont werden, daß Häufigkeit und Schweregrad fast aller Nebenwirkungen dosisabhängig sind (siehe Text)

Blutdrucks wird beschrieben (POZENEL et al. 1977). Sehr selten kommt es auch zu anaphylaktischen Reaktionen (HINES 1981). Vereinzelt gibt es auch Berichte über Blutbildschädigungen und Störungen der Leberfunktion. Letztere haben auch zur Empfehlung geführt, bei Lebererkrankungen möglichst Benzodiazepine zu verordnen, die weder demethyliert noch hydroxyliert werden (KLOTZ et al. 1975).

Alle oben genannten Nebenwirkungen sind entweder klinisch nur mäßig relevant und leicht korrigierbar (wie z.B. Schläfrigkeit untertags und andere Symptome einer zu starken Sedierung) oder aber sehr selten. Man kann insgesamt davon ausgehen, daß es sich bei den Benzodiazepinen um sehr sichere Arzneimittel handelt.

Kurz sei hier nur die Problematik verschiedener **Absetzphänomene** erwähnt (FLEISCHHACKER und BARNAS 1989), die nach dem Absetzen therapeutischer Dosen von Benzodiazepinen beobachtet werden und häufig mit dem unglücklichen Begriff „low-dose dependence" belegt werden. Diese Phänomene sowie die gesamte Problematik von Mißbrauch und Abhängigkeit, sicherlich die unerwünschte Arzneimittelwirkung von Benzodiazepinen mit der größten Bedeutung, werden ausführlich auf Seite 111 ff. abgehandelt.

Kontraindikationen

Eine bekannte Hypersensibilität auf Benzodiazepine sowie die Myasthenia gravis stellen ebenso Kontraindikationen für die Therapie mit Substanzen aus dieser Klasse dar wie das akute Engwinkelglaukom. Bei Vorliegen einer akuten respiratorischen Insuffizienz soll man auch auf die Verabreichung von – v.a. intravenös applizierten – Benzodiazepinen verzichten.

Relativ kontraindiziert sind Benzodiazepine auch beim Vorliegen akuter Intoxikationen mit Alkohol oder anderen ZNS-dämpfenden Substanzen. Auch bei Kindern unter 2 Jahren sollten sie nicht angewandt werden. Vermeiden sollte man Benzodiazepine auch im ersten Trimenon der Schwangerschaft, wenn auch die Hinweise auf eine mögliche teratogene Wirkung spärlich sind. Hier wurde ein möglicher Zusammenhang zwischen dem Auftreten von Lippen- und Gaumenspalten und Diazepam diskutiert (MILKOVICH und VAN DEN BERG 1974, SAXEN 1975, BRACKEN und HOLFORD 1981). In neueren Arbeiten wird das teratogene Risiko der Benzodiazepine allerdings als gering angesehen, ein Zusammenhang von Spaltbildungen mit der Einnahme von Benzodiazepinen gilt nicht als gesichert (LAEGREID et al. 1989, 1992, WEBER 1985).

Frauen, die in der späten Schwangerschaft oder während der Geburt Benzodiazepine erhielten, gebären manchmal Kinder mit Störungen der Atemfunktion, schlechten Saugreflexen, reduziertem Muskeltonus und Hypothermie. Dieses „floppy infant"-Syndrom kann einige Wochen anhalten (BRIGGS et al. 1986). Auch während der Stillperiode dürfen Benzodiazepine nur bei strenger Indikationsstellung verordnet werden (BRIGGS et al. 1986).

Überdosierung, Intoxikation

Eine der herausragenden Eigenschaften der Benzodiazepine ist ihre Sicherheit bei Überdosierungen und Intoxikationen. Todesfälle sind extrem selten, gefährdet scheinen besonders Kinder und ältere Menschen. Hier sind letale Folgen bei der akuten Einnahme von 600–1000 mg Diazepam beschrieben. Auf der anderen Seite wurden Intoxikationen mit über 2000 mg Diazepam überlebt. Am Vergiftungsbehandlungszentrum in Edinburgh konnte von insgesamt 8000 Vergiftungen, bei denen Benzodiazepine involviert waren, nur ein einziger Todesfall direkt mit einem Benzodiazepin allein in Verbindung gebracht werden (PRESCOTT 1983). Diese Untersuchung wird allerdings von SERFATY und MASTERTON (1993) relativiert, die deutlich mehr Todesfälle im Rahmen von Suizidhandlungen und anderen Vergiftungen fanden. In der Literatur herrscht Übereinstimmung darüber, daß Benzodiazepinvergiftungen vor allem dann eine Bedrohung darstellen, wenn Mischintoxikationen vorliegen, vor allem dann, wenn Benzodiazepine mit Alkohol und/oder anderen ZNS-dämpfenden Substanzen zusammen eingenommen werden (GREENBLATT et al. 1977, JANDRIC et al. 1987, SHIMADA 1989). Das klinische Erscheinungsbild der Benzodiazepinüberdosierung ist von den pharmakologischen Eigenschaften dieser Substanzgruppe geprägt. Es stehen Bewußtseinsstörungen von der Somnolenz bis zum Koma im Vordergrund. Klinisch relevante Blutdruckabfälle, Atemdepression oder Hypothermien sind selten. Die meisten Patienten sind innerhalb von 12–18 Stunden wieder weckbar bzw. wach. Nachwirkungen dieser Intoxikation sind eine ausgeprägte Verlangsamung, Apathie, niedriger Blutdruck und schwere Besinnlichkeit (JANDRIC et al. 1987, SHIMADA und MIURA 1989). Diese Symptome bestehen meist noch über mehrere Tage. Sie sind klarerweise abhängig von Dosis und pharmakokinetischen Eigenschaften des eingenommenen Benzodiazepins.

Behandlung von akuten Benzodiazepinintoxikationen

Wie im vorhergehenden Abschnitt beschrieben, sind lebensbedrohliche Zustandsbilder bei reinen Benzodiazepin-Intoxikationen eher selten. Da aber Mischintoxikationen häufig sind und es oft anamnestisch nicht klar faßbar ist, ob neben den Benzodiazepinen auch noch andere ZNS-depressive Substanzen eingenommen wurden – in welchem Falle die therapeutische Breite von Benzodiazepinen deutlich relativiert wird – müssen auch bei Benzodiazepin-Intoxikationen intensivmedizinische Maßnahmen zum Tragen kommen. Diese gliedern sich

- in allgemeine Maßnahmen und
- in eine spezifische Antagonisierung der Benzodiazepinwirkung.

Zu ersteren zählen Maßnahmen, mittels derer die Resorption von Benzodiazepinen aus dem Magen-Darm-Trakt möglichst verhindert werden soll. Zu diesem Behufe kann man, wenn die Medikamentenaufnahme noch nicht zu lange zurückliegt, Erbrechen auslösen, entweder mechanisch oder durch Trinken einer hypertonen Kochsalzlösung. Hochaktive Tierkohle – 20 mg in 200–400 ml Wasser aufgelöst in 4-stündigen Abständen – reduziert die Resorption deutlich. Bei bewußtlosen oder unkooperativen Patienten muß diese Lösung unter Umständen über eine Magensonde zugeführt werden. Dazu kommen allgemein medizinische Überwachungsmaßnahmen, die sich vor allem auf die Kontrolle der Vitalfunktionen konzentrieren. Diese sollten bis zur Wiedererlangung des Bewußtseins aufrecht erhalten werden.

Seit mehreren Jahren besteht nun auch die Möglichkeit, die Wirkung von Benzodiazepinen durch kompetitive Antagonisten aufzuheben. Flumazenil, das bislang einzig verfügbare Medikament dieser Art, wird hierzu intravenös verabreicht. Die Initialdosis ist 0,3–0,5 mg. So der Patient nach dieser Dosis noch nicht das Bewußtsein wiedererlangt, können in 1-minütigen Abständen weitere Dosen von 0,1 mg bis zu einer Gesamtdosis von 2 mg verabreicht werden (FANTOZZI et al. 1988, GELLER et al. 1988). Wenn sich dann der gewünschte Effekt noch nicht eingestellt hat, so ist anzunehmen, daß eine Mischintoxikation vorliegt (HÖJER et al. 1990). Zu beachten ist, daß die Halbwertszeit von Flumazenil etwa eine Stunde beträgt (RONCARI et al. 1986) – das ist wesentlich kürzer als alle im Handel befindlichen Benzodiazepine und bedeutet, daß ein Patient, dessen Benzodiazepin-Intoxikation mittels Flumazenil antagonisiert wurde, nach 1–2 Stunden wieder bewußtlos werden kann. In diesem Falle kann die oben beschriebene Prozedur wiederholt werden, man kann aber auch 0,3–0,5 mg Flumazenil pro Stunde in der Infusion verabreichen. In jedem Falle bedarf der Patient trotz Flumazenilmedikation der oben beschriebenen Observanz. Obwohl für Flumazenil im Tierversuch in höheren Dosen auch prokonvulsive Eigenschaften beschrieben worden sind, wurden diese Phänomene bis jetzt bei Menschen noch nicht beobachtet.

Literatur

Baldessarini RJ, Fleischhacker WW, Sperk G (1991) Pharmakotherapie in der Psychiatrie. Thieme, Stuttgart New York, S 167–171

Barnas C, Miller C, Sperner G, Sperner-Unterweger B, Beck E, Hinterhuber H, Fleischhacker WW (1992) The effects of alcohol and benzodiazepines on the severity of ski accidents. Acta Psychiatr Scand 86: 296–300

Bauer RL (1984) Traffic accidents and minor tranquilizers: a review. Public Health Rep 99: 573–574

Bickel WK, Hughes JR, Higgins ST (1990) Human behavioral pharmacology of benzodiazepines: effects on repeated acquisition and performance of response chains. Drug Dev Res 20: 53–65

Binder RL (1987) Three case reports of behavioral disinhibition with clonazepam. Gen Hosp Psychiatry 9: 151–153

Bond A, Silveira JC, Lader M (1991) Effects of single doses of alprazolam and alcohol alone and in combination on physiological performance. Hum Psychopharmacol 6: 219–228

Bracken MB, Holford TR (1981) Exposure to prescribed drugs in pregnancy and association with cogenital malformation. Obstet Gynecol 58: 336–344

Briggs GG, Bodendorfer TW, Freeman RK, Yaffe SJ (1986) Drugs in pregnancy and lactation. A reference guide of fetal and neonatal risk, 2nd ed. Williams & Wilkins, Baltimore

Clergue F, Desmonts JM, Duvaldestin P, Delavault E, Saumon G (1981) Depression of respiratory drive by diazepam as premedication. Br J Anaesth 53: 1059–1063

Curran HV (1986) Tranquilizing memories: a review of the effects of benzodiazepines on human memory. Biol Psychiatry 23: 179–213

Curran HV (1991) Benzodiazepines, memory and mood: a review. Psychopharmacology 105: 1–8

Fantozzi R, Caramelli L, Barattini M, Botti P, Ledda F, Masini E, Moroni F, Perzuzzi S, Zorn AM, Mannaioni PF (1988) Clincal experiences with Ro 15-1788 (Anexate®) in benzodiazepine and mixed drug overdoses. Resuscitation 15 [Suppl]: 79–82

Fleischhacker WW, Barnas C (1989) The place of benzodiazepines in the treatment of anxiety; implications of recent research for clinical practice. A commentary. Integr Psychiatry 6: 240–242

Geller E, Niv D, Weinbrum A, Silbiger A, Halpern P, Sorkine P (1988) The use of flumazenil in the treatment of 34 intoxicated patients. Resuscitation 16 [Suppl]: 57–62

Goldney RD (1977) Paradoxical reaction to a new minor tranquilizer. Med J Aust 1: 139–140

Greenblatt DJ, Allen MD, Noel BJ, Shader RI (1977) Acute overdosage with benzodiazepine derivates. Clin Pharmacol Ther 21: 497–514

Griffiths AN, Jones DM, Richens A (1986) Zopiclone produces effects on human performance similar to flurazepam, lormetazepam and triazolam. Br J Clin Pharmacol 21: 647–654

Haecki M (1986) Amnestic episodes after taking the hypnotic midazolam: effect or side effect. Schweiz Med Wochenschr 116: 42–44

Hall RCW, Joffe JR (1972) Aberrant response to diazepam: a new syndrome. Am J Psychiatry 129: 738–742

Hines LR (1981) Toxicology and side-effects of anxiolytics. In: Hofmeister F, Stille G (eds) Handbook of experimental pharmacology, vol 55/II. Psychotropic agents, part II. Anxiolytics, gerontopsychopharmacological agents and psychomotor stimulants. Springer, Berlin Heidelberg New York

Höjer J, Baehrendtz S, Matell G, Gustafsson LL (1990) Diagnostic utility of flumazenil in coma with suspected poisoning: a double blind, randomised controlled study. Br Med J 301: 1308–1311

Jandric D, Kusic R, Joksovic D, Randelovic S (1987) The clinical picture of benzodiazepine and alcohol poisoning. Med Pregl 40: 115–117

Keim KL, Sigg EB (1973) Vagally mediated cardiac reflexes and their modulation by diazepam and pentobarbital. Neuropharmacology 10: 319–321

Klotz U, Avand GR, Hoyumpa A , Schenker S, Wilkinson GR (1975) The effects of age and liver disease on the disposition and elimination of diazepam in adult man. J Clin Invest 55: 347–359

LANDAUER AA (1981) Diazepam and driving ability. Med J Aust 1: 624–626

LAEGREID L, OLEGARD R, WAHLSTRÖM J, CONRADI N (1989) Teratogenic effects of benzodiazepine use during pregnancy. J Pediatr 114: 126–131

LAEGREID L, HAGBERG G, LUNDBERG A (1992) The effect of benzodiazepines on the fetus and the newborn. Neuropaediatrics 23: 18–23

LINNOILA M, STAPLETON JM, LISTER R, MOSS H, LANE E, GRANGER A, ECKARDT MJ (1990) Effects of single doses of alprazolam and diazepam, alone and in combination with ethanol, on psychomotor and cognitive performance and on autonomic nervous system reactivity in healthy volunteers. Eur J Clin Pharmacol 39: 21–28

MATTILA MJ, KOSKI J, STROEMBERG C (1987) Acute and subchronic effects of ORG-2305 and diazepam on psychomotor performance in man. Br J Clin Pharmacol 23: 219–228

MATTILA MJ, MATTILA M, ARANKO K (1988) Objective and subjective assessments of the effects of flupenthixol and benzodiazepines on human psychomotor performance. Psychopharmacology 95: 323–328

MILKOVICH L, VAN DEN BERG BJ (1974) Effects of prenatal meprobamate and chlordiazepoxide hydrochloride on human embryonic and fetal development. N Engl J Med 291: 1268–1271

MORRIS HH, ESTES ML (1987) Traveler's amnesia: transient global amnesia secondary to triazolam. JAMA 258: 945–946

POZENEL H, BÜCKERT A, AMREIN R (1977) The antihypertensive effect of Lexotan (bromazepam): a new benzodiazepine derivate. Int J Clin Pharmacol 15: 31–39

PRESCOTT LF (1983) Safety of the benzodiazepines. In: COSTA E (ed) The benzodiazepines: from molecular biology to clinical practice. Raven Press, New York, pp 253–265

RAGER P, POMMEREAUX X, DELILE JM, BENEZECH M, BOURGEOIS M (1987) Transient global amnesia and behavioral disinhibition after oral absorption of benzodiazepines. Evol Psychiatr 52: 483–496

RAO S, SHERBANIUK RW, PRASAD K, LEE SJK, SPROULE BJL (1973) Cardiopulmonary effects of diazepam. Clin Pharmacol Ther 14: 182–189

RONCARI G, ZIEGLER WH, GUENTHER TW (1986) Pharmacokinetics of the new benzodiazepine antagonist Ro 15-1788 in man following intravenous and oral administration. Br J Clin Pharmacol 22: 421–428

SALZMAN C, KOCHANSKY GE, SHADER RI (1974) Chlordiazepoxide-induced hostility in a small group setting. Arch Gen Psychiatry 31: 401–405

SAXEN J (1975) Association between oral clefts and drugs taken during pregnancy. Int J Epidemiol 4: 37–44

SERFATY M, MASTERTON G (1993) Fatal poisonings attributed to benzodiazepines in Britain during the 1980s. Br J Psychiatry 163: 386–393

SHIMADA E, MIURA S (1989) Clinical conditions and management of acute nitrazepam intoxication resulting from drug misuse or attempted suicide: a survey of 68 patients. Seishin Igaku Kenkyusho Gyosekishu 44: 2349–2359

WEINTRAUB M, HANDY BM (1993) Benzodiazepines and hip fracture: the New York State experience. Clin Pharmacol Ther 54: 252–256

WEBER LWD (1985) Benzodiazepines in pregnancy – academical debate or teratogenic risk? Biol Res Preg 6: 151–167

WILLETTE RE, WALSH JM (1983) Drugs,driving and traffic safety. WHO Offset Publication 78. WHO, Geneva

2.3.4 Interaktionen

O. Dietmaier

Einleitung

Benzodiazepin-Tranquilizer sind die mit Abstand am meisten verordneten Arzneimittel aus der Gruppe der Psychopharmaka (LOHSE und MÜLLER-OERLINGHAUSEN 1993). Ihr breiter Einsatz in allen Disziplinen der Medizin, insbesondere jedoch in inneren und allgemein-medizinischen Praxen, hat häufig eine kombinierte Gabe mit anderen Medikamenten zur Folge. Dabei kann es sich durchaus um erwünschte Kombinationen wie z.B. mit Antidepressiva handeln. Als Hauptindikationen dafür gelten Angstzustände und Schlafstörungen bei depressiven Patienten, bei denen mit Antidepressiva allein diese Beschwerden oft nicht ausreichend angehbar sind. Bei ängstlich-depressiven Patienten ist insbesondere zu Beginn der Behandlung mit Antidepressiva die therapeutische Wirkung oft unzureichend, so daß zur Dämpfung drohender Suizidimpulse eine Zusatzbe-

handlung mit Benzodiazepinen wünschenswert sein kann (KLEIN 1986). Auch in der Initialphase einer Psychosenbehandlung kann bei ausgeprägten Angst- und Spannungszuständen die gemeinsame Gabe von Neuroleptika und Benzodiazepinen sinnvoll sein (LAUX 1992).
Erwünschte Interaktionen im Sinne einer Ausnützung synergistischer Effekte sollen hier nicht weiter behandelt werden. Die klinische Bedeutung einer Kombination von Benzodiazepinen mit anderen Psychopharmaka wird im Band 1 dieser Reihe, Kapitel 19.6, ausführlich erläutert.
An dieser Stelle soll auf mögliche unerwünschte Wechselwirkungen derartiger Psychopharmaka-Kombinationen sowie auf Interaktionen, die bei gleichzeitiger Gabe von Benzodiazepinen und anderen Medikamenten auftreten können, eingegangen werden.
Beim Versuch, sich über eventuelle Wechselwirkungen einer Arzneimittelgruppe zu informieren, stößt man häufig auf eine Vielzahl von Einzelbeobachtungen und Fallberichten. Wie bei anderen Medikamenten, ist es auch für die Gruppe der Benzodiazepine schwierig, sichere Zuordnungen einzelner Wechselwirkungen zu machen. Einer relativ geringen Anzahl gut dokumentierter kontrollierter Studien stehen sehr viele nichtkontrollierte Arbeiten und Fallberichte gegenüber. Des weiteren erschweren Einzeldosis- oder Kurzzeituntersuchungen genauso eine Beurteilung wie reine Laborbefunde, die mit teilweise unrealistisch hohen Dosierungen erstellt wurden.
Arzneimittelinteraktionen lassen sich in zwei Hauptgruppen unterteilen: pharmakokinetische und pharmakodynamische Wechselwirkungen. Unter pharmakodynamischen Interaktionen versteht man in der Regel synergistische oder antagonistische Effekte an einem Rezeptor, Erfolgsorgan oder Regelkreis. Pharmakokinetische Wechselwirkungen beinhalten Vorgänge, die Resorption, Absorption, Verteilung, Eiweißbindung, Metabolismus und Exkretion beeinflussen. Gerade bei eingeschränkter Leber- und Nierenfunktion und im Alter treten Wechselwirkungen, die mit diesen Funktionen zusammenhängen, relativ häufig auf.

Pharmakokinetische Interaktionen

Antacida können die **Resorption** von Benzodiazepinen beeinflussen. Magnesium-Aluminiumhydroxid-Verbindungen verzögerten die Resorptionsgeschwindigkeit von Benzodiazepinen, hatten jedoch keinen Einfluß auf die Gesamtresorption (GREENBLATT et al. 1976). Die pH-abhängige Umwandlung von Clorazepat in seine Wirkform Desmethyldiazepam kann durch Mg-Al-Hydroxid beeinträchtigt werden, was eine verzögerte Resorption zur Folge hat (ABRUZZO et al. 1977, SHADER et al. 1978). In einer weiteren Studie wurden für Clorazepat keine resorptionsverändernden Effekte durch Antacida gefunden (CHUN et al. 1977). Wenn überhaupt, scheint diese Interaktion nur bei Einmalgaben relevant zu sein, steady-state-Plasmaspiegel werden nicht verändert. Durch eine zeitlich getrennte Einnahme beider Arzneimittel kann diese potentielle Wechselwirkung umgangen werden. Das Magen-Darm-Therapeutikum Cisaprid kann durch seinen Einfluß auf die gastrointestinale Motorik zu schnellerer Resorption von Benzodiazepinen aus dem Dünndarm führen. Insgesamt wird die Bioverfügbarkeit jedoch nicht verändert (BATEMAN 1986).
Die **Metabolisierung** und **Elimination** können sowohl durch enzyminduzierende als auch durch enzymhemmende Vorgänge beeinflußt werden.
Carbamazepin stellt eine Substanz dar, für die häufig **enzyminduzierende** Effekte beschrieben werden. In einem Fallbericht werden bei kombinierter Gabe von Alprazolam und Carbamazepin deutlich reduzierte Benzodiazepin-Plasmaspiegel berichtet. Als Ursache wird die Induktion mikrosomaler hepatischer Enzyme vermutet. Weitere Un-

tersuchungen sind notwendig, um diesen Befund abzusichern (ARANA et al. 1988).

Auch das Tuberkulosemittel **Rifampicin** ist als Enzyminduktor bekannt. In einer kontrollierten Studie wurden bei gleichzeitiger Verabreichung von Diazepam und Rifampicin eine Zunahme der Clearance und Verkürzung der Halbwertszeit beobachtet (OCHS et al. 1981). Bei 21 gesunden Probanden, die eine orale Einzeldosis Diazepam erhalten hatten, ergab die 7tägige Gabe von 600 bzw. 1200 mg Rifampicin eine deutlich beschleunigte Elimination des Hauptmetaboliten Desmethyldiazepam (OHNHAUS et al. 1987). Es bleibt fraglich, ob diese Wechselwirkung irgendwelche therapeutischen Konsequenzen hinsichtlich einer Dosiserhöhung erfordert. Bei anderen Benzodiazepinen, die gleichfalls oxidativ metabolisiert werden, (z.B. Alprazolam, Flurazepam) ist ein ähnlicher Mechanismus zu erwarten. Ob auch Substanzen, die über Konjugation ausgeschieden werden (z.B. Lorazepam, Oxazepam), dieser Interaktion unterliegen, ist nicht bekannt.

Der enzymatisch-mikrosomale Abbau der Benzodiazepine kann durch **Enzyminhibitoren** verzögert werden. **Cimetidin** tritt in Wechselwirkung mit Benzodiazepinen, die einer Cytochrom P 450 vermittelten Phase I-Metabolisierung in der Leber unterzogen werden. Hierbei handelt es sich um Substanzen, die durch Hydroxylierung oder N-Desalkylierung verstoffwechselt werden, wie z.B. Diazepam, Bromazepam, Chlordiazepoxid, Dikaliumchlorazepat, Alprazolam oder Triazolam. Durch die enzyminhibitorische Wirkung des Cimetidins kommt es zu herabgesetzter Clearance und verlängerten Halbwertszeiten der entsprechenden Benzodiazepine mit potentieller Kumulation (KLOTZ und REIMANN 1980, GREENBLATT et al. 1984a, ABERNETHY et al. 1983, OCHS et al. 1987).

Benzodiazepine, die über Konjugation als Glucuronide ausgeschieden werden, wie z.B. Oxazepam, Lorazepam oder Temazepam, werden durch Cimetidin in ihren pharmakokinetischen Daten nicht verändert (GREENBLATT et al. 1984 b, c). Auch H_2-Blocker wie Ranitidin, Famotidin oder Nizatidin, die das Cytochrom P 450-Enzymsystem kaum bzw. nicht beeinflussen, können ohne entsprechende Interaktionen mit Benzodiazepinen – auch solchen, die oxidativ metabolisiert werden – kombiniert werden (ABERNETHY et al. 1984, LOCNISKAR et al. 1986, KLOTZ et al. 1985).

Klinische Konsequenzen aus der Interaktion Cimetidin-Benzodiazepine in Form einer Dosisreduktion scheinen meist nicht notwendig zu sein. In einer doppelblinden, kontrollierten Studie wurden für die Kombination von Diazepam und Cimetidin hinsichtlich pharmakodynamischer Auswirkungen keine klinisch signifikanten Effekte auf Sedierung und Müdigkeit festgestellt (GREENBLATT und KOWALSKY 1988).

Für **Disulfiram** liegen widersprüchliche Ergebnisse vor. Bei Chlordiazepoxid und Diazepam, beides Substanzen, die durch N-Demethylierung metabolisiert werden, kommt es zu einer deutlichen Herabsetzung der Clearance und Verlängerung der Halbwertszeiten. Oxazepam und Lorazepam, die durch Konjugation verstoffwechselt werden, scheinen keine Interaktion mit Disulfiram einzugehen (MACLEOD et al. 1978). In einer weiteren Arbeit wurde die Wechselwirkung der beiden Triazolobenzodiazepine Alprazolam und Triazolam mit Disulfiram untersucht. Es ergaben sich dabei bei beiden Substanzen keine Veränderungen der pharmakokinetischen Parameter Clearance und Halbwertszeit (DIQUET et al. 1990). Möglicherweise hängt dies mit dem abweichenden Metabolisierungsweg über Hydroxylierung zusammen.

Das Antibiotikum **Erythromycin** zeichnet sich gleichfalls durch enzyminhibitorische Eigenschaften aus. In einer Studie an 16 männlichen Probanden führte eine orale Triazolam-Einzeldosis bei Kombination mit Erythromycin zu deutlich herabgesetzter

Clearance und zu mehr als 50% verlängerten Triazolam-Halbwertszeiten (PHILLIPS et al. 1986). Pharmakodynamische Folgen dieser Interaktion werden in einem Fallbericht im Zusammenhang mit der Gabe von Midazolam als Prämedikation vor Adenotomien und der gleichzeitigen Verabreichung einer Erythromycininfusion beschrieben. Nach Infusionsende verlor ein 8jähriges Kind das Bewußtsein, nach 45 Minuten kam es zum Spontanerwachen. Die Midazolam-Plasmaspiegel dieses Patienten waren signifikant höher als diejenigen von Kindern, die kein Erythromycin in Kombination mit der Midazolam-Prämedikation erhalten hatten (HILLER et al. 1990). In einer randomisierten, doppelblinden Studie an 12 gesunden Probanden wurde die Interaktion Midazolam-Erythromycin evaluiert. Dabei kam es in der Gruppe, die beide Medikamente erhielt, zu deutlich erhöhten Benzodiazepin-Plasmaspiegeln und verstärkter Sedierung. Es wird gefolgert, daß bei gemeinsamer Gabe von Midazolam und Erythromycin die Dosis des Benzodiazepins um ca. 50 % reduziert werden sollte bzw. die Kombination möglichst ganz vermieden werden sollte (OLKKOLA et al. 1993).

Auch für die anderen Makrolidantibiotika Josamycin und Troleandomycin wird eine vergleichbare Wechselwirkung beschrieben (WAROT et al. 1987).

Die Kombination von **Alkohol** und Benzodiazepinen verursacht verschiedene klinisch relevante pharmakokinetische und pharmakodynamische Interaktionen. Pharmakokinetische Wechselwirkungen sind vor allem bei akuter Gabe von Bedeutung. Alkohol bewirkt als Enzyminhibitor eine verzögerte Elimination der Benzodiazepine, die oxidativ metabolisiert werden (z.B. Diazepam). Für Substanzen, die konjugativ ausgeschieden werden (z.B. Lorazepam, Oxazepam), liegen widersprüchliche Ergebnisse vor (HOYUMPA 1984, GUTHRIE und LANE 1986, DORIAN et al. 1985). Auch eine alkohol-induzierte verstärkte Absorption, wodurch initial höhere Plasmakonzentrationen auftreten können, wird diskutiert (LAISI et al. 1979).

Die bei Kombination des neueren Antidepressivums **Fluoxetin** mit anderen Substanzen beobachtete enzyminhibitorische Wirkung tritt auch zusammen mit Benzodiazepinen auf. Bei kombinierter Diazepam- und Fluoxetingabe wurden eine herabgesetzte Clearance, verlängerte Halbwertszeiten und erhöhte Diazepam-Plasmakonzentrationen gemessen. Eine Dosisanpassung scheint jedoch in der Regel nicht notwendig zu sein, da keine klinisch relevanten pharmakodynamischen Effekte auftraten (LEMBERGER et al. 1988). Für die anderen serotonin-selektiven Antidepressiva, wie Fluvoxamin und Paroxetin sind vergleichbare Ergebnisse wahrscheinlich.

In einer Studie an 9 gesunden Probanden verlängerte das Tuberkulosemittel **Isoniazid** in Kombination mit Diazepam die Halbwertszeit des Benzodiazepins um ca. 30% und setzte die Clearance um ca. 25 % herab. Es wurde nicht geprüft, ob auch Benzodiazepine, die nicht oxidativ metabolisiert werden, gleichfalls dieser Interaktion unterliegen (OCHS et al. 1981).

Bei Einnahme von **oralen Kontrazeptiva** muß mit pharmakokinetischen Veränderungen einer simultanen Benzodiazepingabe gerechnet werden. So führte die Verabreichung einer Diazepam-Einzeldosis an Frauen, die länger als 3 Monate orale Kontrazeptiva mit niedrigem Östrogengehalt einnahmen, zu einer signifikanten Herabsetzung der Clearance sowie zu einer deutlichen Verlängerung der Halbwertszeit (ABERNETHY et al. 1982). Auch für die beiden gleichfalls oxidativ metabolisierten Benzodiazepine Alprazolam und Triazolam wurden ähnliche Phänomene gefunden. Diese Interaktion kann offensichtlich Auswirkungen auf die Psychomotorik haben, während im Ausmaß der Sedierung keine Unterschiede auftraten (KROBOTH et al. 1985). Im Gegensatz dazu scheinen orale Kontrazeptiva die Metabolisierung der durch Konjugation ausgeschiedenen Substanzen Temazepam und Lorazepam zu beschleunigen (STOEHR et al. 1984). In einer Arbeit wurde kein Einfluß oraler Kontrazeptiva mit niedrigem Östrogengehalt auf die Clearance von Alprazolam festgestellt (SCAVONE et al. 1988).

Omeprazol, das in der Behandlung peptischer Ulzera eingesetzt wird, beeinflußt den Metabolismus von Benzodiazepinen. Als Enzyminhibitor verzögerte es in verschiedenen Arbeiten die Elimination von Diazepam bzw. Alprazolam (ANDERSSON et al. 1990, GUGLER und JENSEN 1985). Als mögliche Folge dieser Interaktion werden in einem Fallbericht erhöhte Benzodiazepinspiegel beschrieben, die sich bei 2 Patienten in Ataxie äußerten (MARTI-MASSO et al. 1992).

Zu **Phenytoin** liegen unterschiedliche Ergebnisse vor. Benzodiazepine scheinen hier als Inhibitoren des Phenytoinstoffwechsels zu agieren. In 2 Studien kam es bei Kombination von Phenytoin mit Diazepam bzw. Clobazam zu erhöhten Phenytoinspiegeln, wobei auch Symptome einer Phenytoinintoxikation auftraten (VAJDA et al. 1971, ZIFKIN et al. 1991). Allerdings gibt es auch Berichte über eine beschleunigte Ausscheidung von Oxazepam bei epileptischen Patienten, die mit Phenytoin oder einer Kombination aus Phenytoin und Phenobarbital behandelt wurden (SCOTT et al. 1983). Des weiteren wird im Gegensatz zu den erstgenannten Arbeiten auch von einem leichten Absinken der Phenytoinspiegel nach zusätzlicher Benzodiazepingabe berichtet (HOUGHTON und RICHENS 1974).

Das Urikosurikum **Probenecid** kann die Ausscheidung von Benzodiazepinen, die durch Konjugation verstoffwechselt werden, verzögern. So wurden in einer Studie bei kombinierter Gabe von Lorazepam und Probenecid die Clearance des Benzodiazepins um ca. 50% herabgesetzt und die Halbwertszeit mehr als verdoppelt (ABERNETHY et al. 1985a). Es bleibt offen, ob Benzodiazepine, die vor ihrer Ausscheidung erst oxidativ metabolisiert werden, ebenfalls mit Probenecid interagieren.

Propoxyphen scheint eine Wechselwirkung mit Benzodiazepinen einzugehen, die durch Hydroxylierung oxidiert werden. Bei gemeinsamer Verabreichung mit jeweils einer Einzeldosis der Substanzen Diazepam, Alprazolam oder Lorazepam traten bei Diazepam, das über Demethylierung verstoffwechselt wird, nur geringe und bei dem konjugativ ausgeschiedenen Lorazepam keine statistisch signifikanten Veränderungen der Pharmakokinetik auf. Alprazolam, das hydroxyliert wird, erfuhr eine deutliche Herabsetzung der Clearance und Verlängerung der Halbwertszeit (ABERNETHY et al. 1985b).

In einer Studie an 6 gesunden Probanden wurden bei Kombination von Einzeldosen der Substanzen **Valproinsäure** und Diazepam erhöhte Plasmaspiegel des Benzodiazepins gefunden. Als Ursache werden inhibitorische Effekte der Valproinsäure auf den oxidativen Metabolismus von Diazepam und eine Verdrängung des Benzodiazepins aus der Plasma-Eiweißbindung diskutiert (DHILLON und RICHENS 1982).

Pharmakodynamische Interaktionen

Die gemeinsame Verabreichung von Benzodiazepinen mit anderen Arzneimitteln zur Erzielung additiver Effekte im Sinne eines **Synergismus** ist für die o.g. kombinierte Gabe mit **Neuroleptika** oder **Antidepressiva** klinisch etabliert.

Auch die Kombination von Benzodiazepinen – hier insbesondere Midazolam – mit **Narkosemitteln** ist durchaus begründet. So werden für die Gabe von Midazolam sowohl mit Alfentanil bzw. anderen Fentanylanaloga (KISSIN et al. 1990, VINIK et al. 1989) als auch mit Thiopental (TVERSKOY et al. 1988) und Halothan (INAGAKI et al. 1993) synergistische Effekte postuliert. Diese pharmakodynamische Wechselwirkung kann eine Dosisreduktion zur Erreichung der erwünschten Amnesie und Analgesie ermöglichen. Allerdings scheinen insbesondere bei den Narkoanalgetika Fentanyl, Alfentanil und Sufentanil auch unerwünschte Interaktionen mit Benzodiazepinen aufzutreten. So kann es bei der Kombination der genannten Narkosemittel mit Diazepam oder Midazolam zu verringertem Gefäßwiderstand, Blutdruckabfall, plötzlicher Hypotension, Apnoe, Hypoxämie und verlängerter Atemdepression kommen. Eine engmaschige Überwachung insbesondere des hämodynamischen Status der Patienten und eine evtl. Anpassung der Dosierung wird für diese Kombination empfohlen (SILBERT et al. 1986, HEIKKILA et al. 1984, TOMICHECK et al. 1983).

Die gegenseitige Wirkungsverstärkung zwischen **Alkohol (Ethanol)** und Benzodiazepinen stellt eine bedeutende pharmakodynamische Interaktion dar. Es kommt zu verstärkter Sedierung und gehäuften negativen Auswirkungen auf das Fahrverhalten und andere psychomotorische Fähigkeiten. Alkohol soll agonistische Funktionen am GABA-Benzodiazepin-Rezeptorenkomplex ausüben (LINNOILA 1990). Diese pharmakodynamischen Wechselwirkungen sind für die klinische Symptomatik ausschlaggebender als die o.g. pharmakokinetischen Interaktionen (DORIAN et al. 1985).

Diazepam und Chlordiazepoxid konnten in vitro die Aktivität von ALDH (Aldehyddehydrogenase) steigern. Diese Daten bestätigten sich in einer Studie an Alkoholikern, bei denen die Gruppe, die eine Entgiftung mittels Benzodiazepinen erhalten hatte, höhere ALDH-Werte hatte, als eine Kontrollgruppe ohne Benzodiazepin-Therapie. Auf diese Weise scheint es zu einer Abschwächung der Disulfiram-Alkohol-Reaktion zu kommen, da Benzodiazepine die Disulfiram-vermittelte ALDH-Inhibition rückgängig machen können (MURTHY et al. 1992).

Ein Rezeptor-**Antagonismus** wurde für die Kombination aus **Theophyllin** und Benzodiazepin festgestellt. So konnte durch postoperative Verabreichung von Theophyllin eine rasche Aufhebung der sedierenden Effekte des Diazepams erreicht werden (ARVIDSSON et al. 1984). In einer weiteren Arbeit wurde keine Beeinflussung der Diazepam-Pharmakokinetik durch Theophyllin gefunden, jedoch deutliche Verbesserungen der durch das Benzodiazepin verursachten Beeinträchtigungen der Psychomotorik (HENAUER et al. 1983). Eine Studie konnte eine 25%ige Zunahme der Theophyllin-Clearance bei kombinierter Gabe mit einem Benzodiazepin nachweisen (UPTON 1991). Ein ähnlicher Rezeptor-Antagonismus scheint für die Interaktion von Coffein und Benzodiazepinen zu bestehen. Ein Zusammenhang mit der Blockade von Adenosin-Rezeptoren, die wiederum mit dem GABA-Benzodiazepin-Rezeptor-Komplex in Verbindung stehen, wird postuliert (MATTILA 1984, FILE et al. 1982).

Auf die therapeutisch erwünschte Interaktion zwischen dem Benzodiazepin-Rezeptorantagonisten **Flumazenil** und Benzodiazepinen soll an dieser Stelle nicht weiter eingegangen werden (BROGDEN und GOA 1991).

Unklare Ergebnisse liegen für eine mögliche Wechselwirkung zwischen **Digoxin** und Benzodiazepinen vor. In einem Fallbericht entwickelte eine 72jährige Patientin nach Hinzufügen von Alprazolam zu einer Digoxin-Dauermedikation gastrointestinale, neuropsychiatrische und kardiale Symptome einer Digoxin-Intoxikation. Die Digoxin-Serumspiegel waren deutlich erhöht. Nach Absetzen beider Medikamente und klinischer Besserung wurde die Digoxinmedikation alleine ohne Zeichen einer erneuten Intoxikation fortgesetzt (TOLLEFSON et al. 1984). In 2 weiteren Untersuchungen konnten weder für die Kombination von Metaclazepam noch von Alprazolam mit Digoxin signifikante Auswirkungen auf Digoxin-Serumspiegel oder Clearance gefunden werden (VOELKER et al. 1988, OCHS et al. 1985).

Ein unbekannter Mechanismus liegt der möglichen Interaktion von Zidovudin und Benzodiazepinen zugrunde. In einer Studie an 6 HIV-Patienten,die **Zidovudin** und Oxazepam alternierend in Kombination oder alleine erhielten, wurden geringfügige, nur bei einem Parameter signifikante Änderungen der pharmakokinetischen Daten bei gemeinsamer Verabreichung gegenüber Monotherapie erhalten. Allerdings klagten 5 von 6 Patienten, die Oxazepam und Zidovudin zusammen einnahmen, über Kopfschmerzen, während bei alleiniger Gabe jeweils einer Substanz nur in einem bzw. keinem Fall Kopfschmerzen auftraten (MOLE et al. 1993).

Bei der gemeinsamen Verabreichung von Benzodiazepinen zusammen mit Neuroleptika scheint die Kombination mit **Clozapin** ein höheres Interaktionsrisiko zu tragen. Obwohl diese Kombination in der Therapie etabliert und möglicherweise vor allem bei Katatonien rasche und eindrucksvolle Verbesserungen der klinischen Symptomatik bringen kann, ist besondere Vorsicht dabei angebracht (GAEBEL et al. 1994). So wird über bedrohliche Zwischenfälle wie schweren Blutdruckabfall, Atemdepression und Bewußtlosigkeit berichtet (GROHMANN et al. 1989, SASSIM und GROHMANN 1988). Auch ausgeprägte Sedierung und Ataxie werden für die Kombination von Clozapin mit Lorazepam beschrieben (COBB et al. 1991). Der zugrundeliegende Interaktionsmechanismus ist unbekannt. Bei einer Kombinationstherapie mit Clozapin und Benzodiazepinen wird die sorgfältige Überwachung des Patienten, insbesondere in den ersten 48 Stunden, dringend empfohlen.

Die Tabelle 2.3.4.1 soll einen Überblick über die klinisch relevanten Interaktionen von Benzodiazepin-Tranquilizern mit anderen Medikamenten geben.

Tabelle 2.3.4.1. Klinisch relevante mögliche Interaktionen von Benzodiazepin-Tranquilizern

Wechsel-wirkung mit	Interaktionsmechanismus	Klinischer Effekt	Mögliches Procedere	Literatur
Alfentanil	Unbekannt (es gibt jedoch Hinweise auf synergistische Effekte an zentralen Opiat- und Benzodiazepinrezeptoren und darauf folgende Vasodilatation)	Blutdruckabfall, Apnoe, Hypoxämie (insb. bei höheren Opioidkonzentrationen)	Opioide eher niedrig dosieren; genaue Überwachung des Patienten insb. der Blutgaswerte	Tomicheck et al. (1983) Heikkila et al. (1984) Silbert et al. (1986)
Antacida	Resorptionsverzögerung	Verzögerter Wirkungseintritt des Benzodiazepins, jedoch keine Beeinflussung der Steady-state Plasmaspiegel	Zeitlich getrennte Einnahme	Greenblatt et al. (1976) Abruzzo et al. (1977) Shader et al. (1978)
Carbamazepin	Enzyminduktion	Erniedrigte Benzodiazepin-Plasmaspiegel (Fallbericht)	Evtl. Benzodiazepindosis erhöhen	Arana et al. (1988)
Cimetidin	Enzyminhibition (nur bei Benzodiazepinen, die durch Hydroxylierung oder N-Desalkylierung metabolisiert werden, z.B. Diazepam, Flurazepam, Alprazolam oder Triazolam)	Verlängerte Benzodiazepin-Halbwertszeiten; evtl. verstärkte Benzodiazepinwirkung	Evtl. Benzodiazepine verwenden, die durch Konjugation verstoffwechselt werden (z.B. Oxazepam, Lorazepam oder Temazepam); Ranitidin, Famotidin oder Nizatidin als H2-Blocker einsetzen	Klotz und Reimann (1980) Greenblatt et al. (1984a) Ochs et al. (1987) Abernethy et al. (1983)
Cisaprid	Resorptionsbeschleunigung	Schnellere maximale Benzodiazepinplasmaspiegel	Keine besonderen Maßnahmen erforderlich	Bateman (1986)
Clozapin	Unbekannt	Schwerer Blutdruckabfall, Atemdepression, Kreislaufkollaps, ausgeprägte Sedierung und Ataxie	Sorgfältige Überwachung des Patienten insbesondere in den ersten 48 Stunden einer Kombinationstherapie	Sassim und Grohmann (1988) Grohmann et al. (1989) Cobb et al. (1991)

(Fortsetzung siehe S. 97)

Tabelle 2.3.4.1. Fortsetzung

Wechsel-wirkung mit	Interaktionsmechanismus	Klinischer Effekt	Mögliches Procedere	Literatur
Disulfiram	Enzyminhibition	Verlängerte Benzodiazepin-Halbwertszeiten; evtl. verstärkte Benzodiazepinwirkung	Benzodiazepin-Dosis reduzieren oder Benzodiazepine einsetzen, die durch Konjugation metabolisiert werden (z.B. Oxazepam, Lorazepam), bzw. Triazolobenzodiazepine (z.B. Alprazolam) verwenden	MacLeod et al. (1978) Diquet et al. (1990)
Erythromycin	Enzyminhibition	Erhöhte Benzodiazepin-Plasmaspiegel, verlängerte Benzodiazepin-Halbwertszeiten; evtl. verstärkte Benzodiazepinwirkung	Benzodiazepindosis reduzieren	Olkkola et al. (1993) Hiller et al. (1990) Warot et al. (1987) Phillips et al. (1986)
Estrogene	s. Kontrazeptiva, orale			
Ethanol	Enzyminhibition; synergistische Effekte am GABA-Benzodiazepin-rezeptor-Komplex	Verstärkte ZNS-Dämpfung	Kombination meiden	Hoyumpa (1984) Guthrie und Lane (1986) Linnoila (1990) Laisi et al. (1979) Dorian et al. (1985)
Fentanyl	s. Alfentanil			
Fluoxetin	Enzyminhibition	Erhöhte Benzodiazepin-Plasmaspiegel, verlängerte Benzodiazepin-Halbwertszeiten; evtl. verstärkte Benzodiazepinwirkung	Keine Dosisanpassung erforderlich, da die psychomotorischen Effekte des Benzodiazepins unverändert bleiben	Lemberger et al. (1988)

(Fortsetzung siehe S. 98)

Tabelle 2.3.4.1. Fortsetzung

Wechsel-wirkung mit	Interaktionsmechanismus	Klinischer Effekt	Mögliches Procedere	Literatur
Isoniazid	Enzyminhibition	Erhöhte Benzodiazepin-Plasmaspiegel, verlängerte Benzodiazepin-Halbwertszeiten; evtl. verstärkte Benzodiazepin-wirkung	Evtl. Benzodiazepindosis reduzieren	Ochs et al. (1981)
Josamycin	s. Erythromycin			
Kontrazeptiva, orale	Enzyminhibition (bei Benzo-diazepinen, die oxidativ metabolisiert werden; für Benzodiazepine, die durch Konjugation verstoffwechselt werden, wird ein induktiver Mechanismus diskutiert)	Erhöhte Benzodiazepin-Plasmaspiegel, verlängerte Benzodiazepin-Halbwertszeiten; evtl. verstärkte Benzodiazepinwirkung	Evtl. Benzodiazepindosis reduzieren	Kroboth et al. (1985) Abernethy et al. (1982) Stoehr et al. (1984)
Narkosemittel	s. Alfentanil			
Oestrogene	s. Kontrazeptiva, orale			
Omeprazol	Enzyminhibition	Erhöhte Benzodiazepin-Plasmaspiegel, verlängerte Benzodiazepin-Halbwertszeiten; evtl. verstärkte Benzodiazepin-wirkung (Sedierung, Ataxie)	Evtl. Benzodiazepindosis reduzieren	Andersson et al. (1990) Gugler und Jensen (1985) Marti-Masso et al. (1992)
Phenytoin	Verzögerte Phenytoin-metabolisierung infolge von Enzyminhibition durch Benzodiazepine	Erhöhte Phenytoin-Plasma-spiegel und dadurch bedingte Intoxikationsgefahr	Phenytoinspiegel überwachen und ggf. Dosis reduzieren	Vajda et al. (1971) Zifkin et al. (1991)

(Fortsetzung siehe S. 99)

Tabelle 2.3.4.1. Fortsetzung

Wechselwirkung mit	Interaktionsmechanismus	Klinischer Effekt	Mögliches Procedere	Literatur
Probenecid	Verzögerte Metabolisierung von Benzodiazepinen, die durch Konjugation verstoffwechselt werden	Erhöhte Benzodiazepin-Plasmaspiegel, verlängerte Benzodiazepin-Halbwertszeiten; evtl. verstärkte Benzodiazepinwirkung	Evtl. Benzodiazepindosis reduzieren	Abernethy et al. (1985a)
Propoxyphen	Enzyminhibition (bei Benzodiazepinen, die oxidativ metabolisiert werden)	Erhöhte Benzodiazepin-Plasmaspiegel, verlängerte Benzodiazepin-Halbwertszeiten; evtl. verstärkte Benzodiazepinwirkung	Evtl. Benzodiazepindosis reduzieren, bzw. z.B. Lorazepam verwenden	Abernethy et al. (1985b)
Rifampicin	Enzyminduktion	Erniedrigte Benzodiazepin-Plasmaspiegel	Evtl. Benzodiazepindosis erhöhen	Ochs et al. (1981) Ohnhaus et al. (1987)
Sufentanil	s. Alfentanil			
Theophyllin	Rezeptorenantagonismus	Abschwächung der Benzodiazepinwirkung	Genaue Patientenbeobachtung, evtl. Benzodiazepindosis erhöhen	Henauer et al. (1983) Arvidsson et al. (1984)
Troleandomycin	s. Erythromycin			
Valproinsäure	Enzyminhibition	Erhöhte Benzodiazepin-Plasmaspiegel, verlängerte Benzodiazepin-Halbwertszeiten; evtl. verstärkte Benzodiazepinwirkung	Evtl. Benzodiazepindosis reduzieren	Dhillon und Richens (1982)

(Fortsetzung siehe S. 100)

Tabelle 2.3.4.1. Fortsetzung

Wechselwirkung mit	Interaktionsmechanismus	Klinischer Effekt	Mögliches Procedere	Literatur
Zentraldämpfende Pharmaka (u.a. Antihistaminika, Barbiturate, Antidepressiva, Hypnotika, Neuroleptika)	Synergistische Effekte am GABA-Benzodiazepinrezeptor-Komplex	Verstärkte ZNS-Dämpfung	Kombination meiden, bzw. vermehrte Nebenwirkungen insb. im Berufsleben und Verkehr beachten	Ciraulo et al. (1989)
Zidovudin	Unbekannt	Kopfschmerzen	Bei Kopfschmerzen unter kombinierter Benzodiazepin-Zidovudintherapie sollte ein Benzodiazepin-Absetzversuch unternommen werden	Mole et al. (1993)

Literatur

ABERNETHY DR, GREENBLATT DJ, DIVOLL M et al. (1982) Impairment of diazepam metabolism by low dose estrogen containing oral contraceptive steroids. N Engl J Med 306: 791–792

ABERNETHY DR, GREENBLATT DJ, DIVOLL M et al. (1983) Interaction of cimetidine with the triazolobenzodiazepines alprazolam and triazolam. Psychopharmacology 80: 275–278

ABERNETHY DR, GREENBLATT DJ, ESHELMAN FN et al. (1984) Ranitidine does not impair oxidative or conjugative metabolism: noninteraction with antipyrine, diazepam, and lorazepam. Clin Pharmacol Ther 35: 188–192

ABERNETHY DR, GREENBLATT DJ, AMEER B et al. (1985a) Probenecid impairment of acetaminophen and lorazepam clearance: direct inhibition of ether glucuronide formation. J Pharmacol Exp Ther 234: 345–349

ABERNETHY DR, GREENBLATT DJ, MORSE DS, SHADER RI (1985b) Interaction of propoxyphene with diazepam, alprazolam and lorazepam. Br J Clin Pharmacol 19: 51–57

ABRUZZO CW, MACOSIEB T, WEINFELD R, RIDER JA et al. (1977) Changes in the oral absorption characteristics in man of dipotassium clorazepate at normal and elevated pH. J Pharmacokinet Biopharm 5: 377

ANDERSSON T, CEDERBERG C, EDVARDSSON G, HEGGELUND A et al. (1990) Effect of omeprazole treatment on diazepam plasma levels in slow versus normal rapid metabolizers of omeprazole. Clin Pharmacol Ther 47: 79–85

ARANA GW, EPSTEIN S, MOLLOY M, GREENBLATT DJ (1988) Carbamazepine-induced reduction of plasma alprazolam concentrations: a clinical case report. J Clin Psychiatry 49: 448–449

ARVIDSSON S, NIEMAND D, MARTINELL S (1984) Aminophylline reversal of diazepam sedation. Anaesthesia 39: 806–809

BATEMAN DN (1986) The action of cisapride on gastric emptying and the pharmacodynamics and pharmacokinetics of oral diazepam. Eur J Clin Pharmacol 30: 205–208

BROGDEN RN, GOA KL (1991) Flumazenil: a reappraisal of its pharmacological properties and therapeutic efficacy as a benzodiazepine antagonist. Drugs 42: 1061–1089

CHUN AH, CARRIGAN PJ, HOFFMAN PJ et al. (1977) Effect of antacids on absorption of chlorazepate. Clin Pharmacol Ther 22: 329–335

CIRAULO DA, SHADER RI, GREENBLATT DJ, CREELMAN W (eds) (1989) Drug interactions in psychiatry. Williams and Wilkins, Baltimore Hong-Kong London Sydney

COBB C, ANDERSON C, SEIDEL D (1991) Possible interaction between clozapine and lorazepam. Am J Psychiatry 148: 1606–1607

DHILLON S, RICHENS A (1982) Valproic acid and diazepam interaction in vivo. Br J Clin Pharmacol 13: 553–560

DIQUET B, GUJADHUR L, LAMIABLE D, WAROT D et al. (1990) Lack of interaction between disulfiram and alprazolam in alcoholic patients. Eur J Clin Pharmacol 38: 157–160

DORIAN P, SELLERS EM, KAPLAN HL et al. (1985) Triazolam and ethanol interaction: kinetic and dynamic consequences. Clin Pharmacol Ther 37: 558–562

FILE SE, BOND AJ, LISTER RG (1982) Interaction between effects of caffeine and lorazepam in performance tests and self-ratings. J Clin Psychopharmacol 2: 102–106

GAEBEL W, KLIMKE A, KLIESER E (1994) Kombination von Clozapin mit anderen Psychopharmaka. In: NABER D, MÜLLER-SPAHN F (Hrsg) Clozapin. Pharmakologie und Klinik eines atypischen Neuroleptikums. Springer, Berlin Heidelberg New York Tokyo, S 43–58

GREENBLATT DJ, KOWALSKY SF (1988) Benzodiazepine interaction with cimetidine and ranitidine: a critical literature analysis. ADV Ther 5: 191–209

GREENBLATT DJ, SHADER RI, HARMATE JS et al. (1976) Influence of magnesium and aluminium hydroxide mixture on chlordiazepoxide absorption. Clin Pharmacol Ther 19: 234–239

GREENBLATT DJ, ABERNETHY DR, MORSE DS et al. (1984 a) Clinical importance of the interaction of diazepam and cimetidine. N Engl J Med 310: 1639–1643

GREENBLATT DJ, ABERNETHY DR, KOEPKE HH, SHADER RI (1984 b) Interaction of cimetidine with oxazepam, lorazepam, and flurazepam. J Clin Pharmacol 24: 187–193

GREENBLATT DJ, ABERNETHY DR, DIVOLL M et al. (1984c) Noninteraction of temazepam and cimetidine. J Pharm Sci 73: 399–401

GROHMANN R, RÜTHER E, SASSIM N, SCHMIDT LG (1989) Adverse effects of clozapine. Psychopharmacology 99: 101–104

GUGLER R, JENSEN JC (1985) Omeprazole inhibits oxidative drug metabolism. Studies with diazepam and phenytoin in vivo and 7-ethoxycoumarin in vitro. Gastroenterology 89: 1235–1241

GUTHRIE SK, LANE EA (1986) Reinterpretation of the pharmacokinetic mechanism of oral benzodiazepine ethanol interaction. Alcohol Clin Exp Res 10: 686–690

HEIKKILA H, JALONEN J, AROLA M et al. (1984) Midazolam as adjunct to highdose fentanyl anaesthesia for coronary artery bypass grafting operation. Acta Anaesthesiol Scand 28: 683–689

HENAUER SA, HOLLISTER LE, GILLESPIE HK et al. (1983) Theophylline antagonizes diazepam-induced psychomotor impairment. Eur J Clin Pharmacol 25: 743-747

HILLER A, OLKKOLA KT, ISOHANNI P, SAARNIVAARA L (1990) Unconsciousness associated with midazolam and erythromycin. Br J Anaesth 65: 826–828

HOUGHTON GW, RICHENS A (1974) The effect of benzodiazepines and pheneturide on phenytoin metabolism in man. Br J Clin Pharmacol 1: 344

HOYUMPA AM JR (1984) Alcohol interactions with benzodiazepines and cocaine. ADV Alcohol Subst Abuse 3: 21–34

INAGAKI Y, SUMIKAWA K, YOSHIYA I (1993) Anesthetic interaction between midazolam and halothane in humans. Anesth Analg 76: 613–617

KISSIN I, VINIK HR, CASTILLO R, BRADLEY EL JR (1990) Alfentanil potentiates midazolam-induced unconsciousness in subanalgesic doses. Anesth Analg 71: 65–69

KLEIN HE (1986) Benzodiazepine in Kombination mit Antidepressiva und Neuroleptika. In: HIPPIUS H, ENGEL RR, LAAKMANN G (Hrsg) Benzodiazepine – Rückblick und Ausblick. Springer, Berlin Heidelberg New York Tokyo, S 173–178

KLOTZ U, REIMANN IW (1980) Delayed clearance of diazepam due to cimetidine. N Engl J Med 302: 1012–1014

KLOTZ U, ARVELA P, ROSENKRANZ B (1985) Famotidine, a new H2-receptor antagonist, does not affect hepatic elimination of diazepam or tubular secretion of procainamide. Eur J Clin Pharmacol 28: 671–675

KROBOTH PD, SMITH RB, STOEHR GP et al. (1985) Pharmacodynamic evaluation of the benzodiazepine-oral contraceptive interaction. Clin Pharmacol Ther 38: 525–532

LAISI U, LINNOILA M, SEPPALA T et al. (1979) Pharmacokinetic and pharmacodynamic interactions of diazepam with different alcoholic beverages. Eur J Clin Pharmacol 16: 263–270

LAUX G (1992) Pharmakopsychiatrie. G Fischer, Stuttgart Jena New York

LEMBERGER L, ROWE H, BOSOMWORTH JC, TENBARGE JB et al. (1988) The effect of fluoxetine on the pharmacokinetics and psychomotor responses of diazepam. Clin Pharmacol Ther 43: 412–419

LINNOILA MI (1990) Benzodiazepines and alcohol. J Psychiatr Res 24 [Suppl 2]: 121–127

LOCNISKAR A, GREENBLATT DJ, HARMATZ JS et al. (1986) Interaction of diazepam with famotidine and cimetidine, two H2-receptor antagonists. J Clin Pharmacol 26: 299–303

LOHSE MJ, MÜLLER-OERLINGHAUSEN B (1993) Psychopharmaka. In: SCHWABE U, PAFFRATH D (Hrsg) Arzneiverordnungsreport '93. G Fischer, Stuttgart, S 343–359

MACLEOD SM, SELLERS EM, GILES HG et al. (1978) Interaction of disulfiram with benzodiazepines. Clin Pharmacol Ther 24: 583–589

MARTI-MASSO JF, LOPEZ-DE-MUNAIN A, LOPEZ-DE-DICASTILLO G (1992) Ataxia following gastric bleeding due to omeprazole-benzodiazepine interaction. DICP Ann Pharmacother 26: 429–430

MATTILA MJ (1984) Interactions of benzodiazepines on psychomotor skills. Br J Clin Pharmacol 18 [Suppl 1]: 21–26

MOLE L, ISRAELSKI D, BUBP J, O'HANLEY P et al. (1993) Pharmacokinetics of zidovudine alone and in combination with oxazepam in the HIV infected patient. J Acquired Immune Defic Syndr 6: 56–60

MURTHY P, GURU SC, SHETTY KT, RAY R et al. (1992) Diazepam- and chlordiazepoxide-mediated increases in erythrocyte aldehyde dehydrogenase activity and its possible implications. Alcohol 9: 199–202

OCHS HR, GREENBLATT DJ, ROBERTS GM (1981) Diazepam interaction with antituberculosis drugs. Clin Pharmacol Ther 29: 671–678

OCHS HR, GREENBLATT DJ, VERBURG-OCHS B (1985) Effect of alprazolam on digoxin kinetics and creatinine clearance. Clin Pharmacol Ther 38: 595–598

OCHS HR, GREENBLATT DJ, FRIEDMAN H et al. (1987) Bromazepam pharmacokinetics: influence of age, gender, oral contraceptives, cimetidine, and propranolol. Clin Pharmacol Ther 41: 562–570

OHNHAUS EE, BROCKMEYER N, DYLEWICZ P et al. (1987) The effect of antipyrine and rifampin on the metabolism of diazepam. Clin Pharmacol Ther 42: 148–156

OLKKOLA KT, ARANKO K, LUURILA H, HILLER A et al. (1993) A potentially hazardous interaction between erythromycin and midazolam. Clin Pharmacol Ther 53: 298–305

PHILLIPS JP, ANTAL EJ, SMITH RB (1986) A pharmacokinetic drug interaction between erythromycin and triazolam. J Clin Psychopharmacol 6: 297–299

SASSIM N, GROHMANN R (1988) Adverse drug reactions with clozapine and simultaneous application of benzodiazepines. Pharmacopsychiatry 21: 306–307

SCAVONE JM, GREENBLATT DJ, LOCNISKAR A, SHADER RI (1988) Alprazolam pharmacokinetics in women on low-dose oral contraceptives. J Clin Pharmacol 28: 454–457

SCOTT AK, KHIR ASM, STEELE WH et al. (1983) Oxazepam pharmacokinetics in patients with epilepsy treated long-term with phenytoin alone or in combination with phenobarbitone. Br J Clin Pharmacol 16: 441–444

SHADER RI, GEORGOTAS A, GREENBLATT DJ, HARMATZ JS et al. (1978) Impaired absorption of desmethyldiazepam from clorazepate by magnesium aluminium hydroxide. Clin Pharmacol Ther 24: 308

SILBERT BS, ROSOW CE, KEEGAN CR et al. (1986) The effect of diazepam on induction of anesthesia with alfentanil. Anesth Analg 65: 71–77

STOEHR GP, KROBOTH PD, JUHL RP et al. (1984) Effect of oral contraceptives on triazolam, temazepam, alprazolam, and lorazepam kinetics. Clin Pharmacol Ther 36: 683–690

TOLLEFSON G, LESAR T, GROTHE D et al. (1984) Alprazolam-related digoxin toxicity. Am J Psychiatry 141: 1612–1614

TOMICHECK RC, ROSOW CE, PHILBIN DM et al. (1983) Diazepam-fentanyl interaction – hemodynamic and hormonal effects in coronary artery surgery. Anesth Analg 62: 881–884

TVERSKOY M, FLEYSHMAN G, BRADLEY EL JR, KISSIN I (1988) Midazolam-thiopental anesthetic interaction in patients. Anesth Analg 67: 342–345

UPTON RA (1991) Pharmacokinetic interactions between theophylline and other medication, part 1. Clin Pharmacokinet 20: 66–80

VAJDA FJE, PRINEAS RJ, LOVELL RR (1971) Interaction between phenytoin and the benzodiazepines. Br Med J 1: 346

VINIK HR, BRADLEY EL, KISSIN I (1989) Midazolam-alfentanil synergism for anesthetic induction in patients. Anesth Analg 69: 213–217

VOELKER D, MUELLER R, GUENTHER C, BODE R (1988) Digoxin-Plasmaspiegel während der Behandlung mit Metaclazepam. Arzneimittelforschung 38: 923–925

WAROT D, BERGOUGNAN L, LAMIABLE D et al. (1987) Troleandomycin-triazolam interaction in healthy volunteers: pharmacokinetic and psychometric evaluation. Eur J Clin Pharmacol 32: 389–393

ZIFKIN B, SHERWIN A, ANDERMANN F (1991) Phenytoin toxicity due to interaction with clobazam. Neurology 41: 313–314

2.3.5 Kontrolluntersuchungen

G. Laux

Unter einer Behandlung mit Benzodiazepinen sind keine routinemäßigen Kontrollen von Laborparametern, EKG- oder EEG-Untersuchungen erforderlich. Bei klinischen Anzeichen einer (relativen) Überdosierung, die bei älteren Patienten bereits unter mittleren Dosierungen auftreten kann, empfiehlt sich ebenso wie bei Patienten mit Leber- und/oder Nierenfunktionsstörungen eine Plasmakonzentrationsbestimmung (einschließlich des bei mehreren Benzodiazepinen gebildeten aktiven Metaboliten Desmethyldiazepam).

Behandlungszeiträume, die über mehrere Wochen hinausgehen, machen in Anbetracht des Risikos einer Abhängigkeitsentwicklung eine sorgfältige Überprüfung der Indikationsstellung und regelmäßige Arztkonsultationen erforderlich. Die Patienten müssen darauf aufmerksam gemacht werden, daß zumindest initial die Fahrtauglichkeit unter einer Benzodiazepin-Einnahme eingeschränkt sein kann.

2.3.6 Praktische Durchführung, allgemeine Behandlungsrichtlinien

G. Laux

Grundlage für eine adäquate Therapie mit Benzodiazepinen ist das Vorliegen einer klaren Indikation. Initial sollte unbedingt eine exakte Abklärung der oft im Vordergrund des klinischen Bildes stehenden somatischen Beschwerden erfolgen. Unnötige Mehrfachuntersuchungen sollten allerdings aus psychologischen wie ökonomischen Gründen unterbleiben (vgl. Kapitel 2.3.1, Abb. 2.3.1.1: Etablierte und gesicherte Indikationen).

Die Behandlung muß eingebettet sein in eine *„psychologische Basis-Beratung/Be-*

handlung", lassen sich psychodynamische Faktoren für die Entstehung oder Aufrechterhaltung der vorliegenden Störung eruieren, sollte der Patient einer psychotherapeutischen Behandlung zugeführt werden oder zumindest Informationen zur Psychohygiene („Lebensberatung") und Verhaltenshilfen erhalten (z.B. Streßmanagement-Training, Entspannungsverfahren).

Beginn der Behandlung

Benzodiazepine sollten initial niedrig, aber ausreichend dosiert werden; Ziel ist eine kurzfristige Verordnung (z.B. Überbrückung der Wirklatenz von Antidepressiva). Bei Patienten mit intermittierend auftretenden, situativ bedingten Symptomen, sollte primär eine diskontinuierliche Therapie im Sinne einer Bedarfsmedikation erfolgen. Eine evtl. auftretende unerwünschte Sedierung läßt in der Regel nach wenigen Tagen infolge Toleranzentwicklung nach; ansonsten sollte dies Anlaß zu einer Dosisreduktion bzw. zur Überprüfung einer adäquaten Präparatewahl (lange Eliminationshalbwertszeit, pharmakologisch aktiver Metabolit?) sein. Nach Dosisanpassung und Erreichen von Steady-State-Bedingungen (therapeutischer Plasmaspiegelbereich für Diazepam einschließlich aktivem Metaboliten Desmethyldiazepam 300 bis 1000 ng/ml, für Lorazepam 20 bis 80 ng/ml (Greenblatt et al. 1981, Tyrer et al. 1984, Rickels et al. 1984, 1990) kann bei Benzodiazepinen mit langer Eliminationshalbwertszeit auf eine Einmaldosierung umgestellt werden. Bei Non-Respondern empfiehlt sich eine Plasmaspiegel-Kontrolle, ebenso bei Auftreten unerwarteter bzw. deutlicher Nebenwirkungen (Compliance-Überprüfung, Verdacht auf Metabolisierungs-Variante) (Laux und Riederer 1992). Typischerweise setzt die Wirkung früh ein, ein Wirkungseintritt in der ersten Behandlungswoche kann als Prädiktor für das Ansprechen angesehen werden (Downing und Rickels 1985).

Es ist unbedingt darauf zu achten, daß nur *ein* Benzodiazepin verordnet wird (nicht gleichzeitig „Tagestranquilizer" und Benzodiazepin-Hypnotikum; beachte: Benzodiazepine zusätzlich in Kombinationspräparaten, Parallelverordnungen durch Simultankonsultationen).

Benzodiazepine bedürfen wie alle Psychopharmaka einer persönlichen Verordnung durch den Arzt, insbesondere bei Wiederholungsrezepturen.

Zu erwähnen ist, daß eine „Tranquilizer"-Wirkung auch von Persönlichkeitsmerkmalen (emotionale Labilität/Stabilität, „Neurotizismus") und situativen Faktoren abhängig ist (Janke et al. 1979).

Eine Verordnung von Benzodiazepinen ist bei Patienten mit Myasthenia gravis, Schlafapnoe, Patienten mit Abhängigkeitsproblematik sowie bei Patientinnen in der Stillperiode (Gefahr eines Floppy-Infant-Syndroms) *kontraindiziert*. Als medikamentöse Alternative bieten sich u.U. niedrig dosierte Neuroleptika, Antidepressiva oder Beta-Blocker an (vgl. Kapitel 4 sowie Band 3, Kapitel 2, 3, 4 und 5). Zur Entscheidung können folgende Gesichtspunkte und Kriterien beitragen: Leitsymptomatik (psychische Angst, somatisierte Angst, Depressivität), Nebenwirkungsrisiko, Suchtanamnese/Abususpotential.

Hinsichtlich der *Darreichungs- und Applikationsformen* ist zu erwähnen, daß einige Benzodiazepine neben der oral festen auch in oral flüssiger und parenteraler Applikationsform zur Verfügung stehen. Aus pharmakokinetischer Sicht ist die häufig praktizierte i.m.-Applikation von Diazepam nicht sinnvoll, die i.v.-Gabe sollte langsam erfolgen, um keine Atemdepression zu induzieren. Galenische Neuentwicklungen ermöglichen die Applikation von Diazepam rektal sowie von Oxazepam und Lorazepam als „expidet" (sich in Sekunden auf der Mundschleimhaut auflösende lyophilisierte Plättchen). Dies kann z.B. bei Alterspatienten mit Schluckstörungen und bei der Anwendung zur Prämedikation vorteilhaft sein.

Benzodiazepine bei Alterspatienten

Mit steigendem Alter nimmt der Gebrauch von Psychopharmaka im allgemeinen und Benzodiazepinen im besonderen überproportional zu (vgl. Band 1 Kapitel 13 und 17; SCHWABE und PAFFRATH 1994). Bei Benzodiazepinen, die durch Dealkylierungs-/Oxidations-Reaktionen abgebaut werden, steigt die Eliminationshalbwertszeit mit dem Alter an, so daß hier eine entsprechende Reduktion der Dosis bzw. eine Verlängerung des Dosierungsintervalles angezeigt ist. Benzodiazepine, die durch Glukuronierung eliminiert werden, weisen demgegenüber keine signifikanten bzw. klinisch relevanten altersbedingten Veränderungen der Pharmakokinetik auf (vgl. Kapitel 2.2.1; KLOTZ 1985). Praktisch bedeutet dies, daß die Benzodiazepine Flunitrazepam, Lorazepam, Lormetazepam, Oxazepam und Temazepam keiner Dosisanpassung bei älteren Patienten bedürfen, während sich z.B. die Halbwertszeit von N-Desmethyldiazepam und Diazepam bei 70- bis 80jährigen deutlich verlängert (GREENBLATT und SHADER 1980).

Benzodiazepine zeichnen sich durch ihre hervorragende Verträglichkeit aus, dennoch verdienen insbesondere die folgenden möglichen *Nebenwirkungen* Beachtung: Sedierung, anterograde Amnesie und Gedächtnisstörungen sind dosis- und konzentrationsabhängig sowie temporär und reversibel. Insbesondere bei Alterspatienten ist deshalb auf eine adäquate, niedrige Dosierung zu achten. Bei den Benzodiazepinen mit langer Eliminationshalbwertszeit und pharmakologisch aktiven Metaboliten besteht Kumulationsgefahr; klinisch kann sich dies neben prolongierter (Über-) Sedierung durch Auftreten von Ataxie mit Gefahr von Stürzen/Frakturen äußern (RAY et al. 1987). Vigilanzstörungen wurden bei geriatrischen Patienten noch tagelang nach Absetzen von Benzodiazepinen mit langer Halbwertszeit beobachtet (BERZEWSKI 1986).

Immer wieder werden Somnolenz, reduzierter Antrieb und pharmakogen beeinträchtigte psychomotorische Funktionen im Sinne eines dementiven Abbaus fehlinterpretiert. Gelegentlich wird die pharmakologische Inaktivierung des alten Menschen sogar gewünscht, da die Patienten dann besser angepaßt sind und weniger stören (Altenheim, Klinik, Familie). Das Symptom Schwindel wird u.U. nicht als Intoxikationszeichen erkannt, sondern führt unter der Annahme eines „Altersschwindel" zur zusätzlichen Verordnung von Antivertiginosa. Tabelle 2.3.6.1 faßt häufige Fehler zusammen, die bei der Behandlung geronto-

Tabelle 2.3.6.1. Fehler, die bei der Behandlung gerontopsychiatrischer Patienten mit Benzodiazepinen gemacht werden (nach BERZEWSKI 1986)

1.	Fehlende oder falsche Indikationsstellung
2.	Unzweckmäßige Präparatewahl
3.	Zu hohe Einzel- und/oder Tagesdosis
4.	Zu schnelle Dosissteigerung
5.	Fehlende Überprüfung der weiteren Behandlungsnotwendigkeit
6.	Abruptes Absetzen
7.	Nichtbeachtung von Kontraindikationen
8.	Wechselwirkungen werden nicht berücksichtigt (Cimetidin, psychotrope Substanzen, Antihypertonika u.a.)
9.	Weitergehende psychiatrische Symptome werden übersehen
10.	Somatische Ursachen werden nicht erkannt

psychiatrischer Patienten mit Benzodiazepinen gemacht werden. Tabelle 2.3.6.2 gibt Richtlinien und Empfehlungen für die Therapie geriatrischer Patienten mit Benzodiazepinen.

Leber- und Nierenkranke

Wie im Kapitel 2.2.1 näher ausgeführt, werden bei einer Leberschädigung Phase I-verstoffwechselte Benzodizepine um den Faktor 2 bis 3 verlangsamt eliminiert, was durch eine Dosisreduktion ausgeglichen werden sollte. Bei diesen Patienten empfiehlt sich deshalb die Verordnung von Benzodiazepinen, die durch Glukuronidierung metabolisiert werden (z. B. Oxazepam, Lorazepam). Bei urämischen Patienten ist die terminale Halbwertszeit von Oxazepam auf 24 bis 91 Stunden verlängert, auch bei hämodialysierten Patienten mit chronischem Nierenversagen fand sich eine Verlängerung der Halbwertszeit von Oxazepam; ähnliches gilt für Lorazepam (Ochs et al. 1984, Morrison et al. 1984).

Gravidität, Stillperiode

Die Problematik der Psychopharmakagabe in Schwangerschaft und Stillzeit ist in Band 1, Kapitel 15 behandelt. Prä- und perinatal wird häufig Diazepam aufgrund seiner muskelrelaxierenden und anxiolytischen Wirkung eingesetzt. Unter der Geburt sollte allerdings die Dosis so niedrig wie möglich sein, um kein sog. Floppy-Infant-Syndrom (Hypotonie, Muskelschwäche, Atemdepression) zu induzieren. Die Halbwertszeit von Diazepam ist unmittelbar vor der Entbindung verlängert (Zunahme des Verteilungsvolumens). Die Apgarwerte sind besonders bei hoher Dosierung erniedrigt. Hat die Mutter über längere Zeit zuvor Benzodiazepine eingenommen, können beim Neugeborenen Entzugserscheinungen auftreten (Klotz und Laux 1995).

Dauer der Behandlung

In den letzten Jahren hat sich die Diskussion über die Nutzen-Risiko-Bilanz von Benzodiazepinen vor allem auf die Frage der Langzeitanwendung fokussiert. Wie in Kapitel 2.3.1 dargelegt, ist die Zahl der vorliegenden Langzeitstudien (über 4 Wochen Therapiedauer) begrenzt; die FDA empfiehlt deshalb eine kontinuierliche Verordnung von nicht länger als 4 Monaten (Übersicht: Shader und Greenblatt 1993, Hollister et al. 1993). Nichtsdestotrotz liegen Wirksamkeitsnachweise für Alprazolam, Diazepam und Lora-

Tabelle 2.3.6.2. Richtlinien für die Therapie geriatrischer Patienten mit Benzodiazepinen (nach Berzewksi 1986)

1.	Vorsichtig-einschleichende Dosierung (Versuch einer Intervallbehandlung)
2.	Berücksichtigung der Halbwertszeit
3.	Beachtung möglicher Resorptions- und Metabolisierungsverzögerungen
4.	Möglichst keine aktiven Metaboliten
5.	Vermeidung von Kombinationspräparaten
6.	Geeignete Darreichungsform
7.	Vorsicht bei chronisch-obstruktiven Lungenerkrankungen
8.	Beachtung möglicher Wechselwirkungen mit anderen Medikamenten
9.	Regelmäßige Überprüfung weiterer Behandlungsnotwendigkeit
10.	Ausschleichendes Absetzen (zuletzt im Intervall)
11.	Strenge Indikationsstellung

zepam über einen Behandlungszeitraum von 2 bis 6 Monaten vor (COHN und WILCOX 1984, MURPHY et al. 1989, RICKELS et al. 1983). Follow-up-Untersuchungen zeigen allerdings nicht selten Rezidive nach Absetzen der Benzodiazepin-Therapie (RICKELS et al. 1986, 1991), auch wenn eine relativ langsame Dosisreduktion vorgenommen wurde. Klinische Erfahrungen der zurückliegenden Jahre haben gezeigt, daß das Absetzen, die Dosisreduktion von Benzodiazepinen, sehr langsam vorgenommen werden muß. Insbesondere bei Benzodiazepinen mit kurzer Eliminations-Halbwertszeit treten ansonsten sehr rasch Rebound-Phänomene und Absetzsyndrome auf (s. Exkurs S. 111 ff.). Als Richtlinie kann gelten, maximal ca. 1/4 der Tagesdosis pro Woche zu reduzieren; offenbar sind besonders Patienten mit Panik-Erkrankungen sensibel für die Dosis-Reduktion (BALLENGER 1986).
Bewährt hat sich die individuelle Titrierung der Dosisreduktion mittels Diazepam oder Clorazepat in Tropfenform; Tabelle 2.3.6.3 gibt die klinisch-empirischen Äquivalenzdosen verschiedener Benzodiazepine wieder.

Tabelle 2.3.6.3. Pharmakologische und klinisch-empirische Äquivalenzdosen von Benzodiazepinen

Referenz: Diazepam	10 mg
Alprazolam	1 mg
Bromazepam	4,5 mg
Chlordiazepoxid	20 mg
Clobazam	20 mg
Clorazepat	15 mg
Clotiazepam	10 mg
Ketazolam	30 mg
Lorazepam	1–2 mg
Metaclazepam	15 mg
Nordazepam	13 mg
Oxazepam	30 mg
Oxazolam	40 mg
Prazepam	20 mg
Brotizolam	0,25 mg
Flunitrazepam	1 mg
Flurazepam	30 mg
Loprazolam	1,5 mg
Lormetazepam	1 mg
Nitrazepam	5 mg
Temazepam	20 mg
Triazolam	0,25 mg

Absetzsyndrome

Entzugssymptome erreichen typischerweise ihr Maximum 2 bis 10 Tage nach Absetzen (primär abhängig von der Halbwertszeit der betreffenden Substanz) und sind in der Regel innerhalb von 4 Wochen abgeklungen. Einzelberichte beschreiben allerdings noch Residualsymptome über mehrere Monate (SCHÖPF et al. 1985).
Die am häufigsten zu beobachtenden Entzugssymptome sind in Abb. 2.3.6.1 dargestellt (LAUX und KÖNIG 1986). Für eine Benzodiazepin-bedingte Entzugssymptomatik ist dabei typisch, daß nach erneuter Benzodiazepingabe rasch eine klinische Besserung bzw. ein Sistieren der Symptomatik eintritt (LAUX 1989). Nach Absetzen längerfristig eingenommener Benzodiazepine treten leichtere Absetzsymptome bei etwa 50% der Patienten auf (vegetative Symptome, Schlafstörungen, innere Unruhe, intensivierte Angst, Dysphorie) (NOYES et al. 1988); bei ca. 20% der Patienten kommt es zu schweren Absetzsymptomen wie sensorische Perzeptionsstörungen, Verwirrtheitszustände, epileptische Anfälle, sensorische Perzeptionsstörungen und Funktionspsychosen (OWEN und TYRER 1983). Das Risiko eines Entzugssyndroms ist offenbar hauptsächlich von der Höhe der eingenommenen Dosis, der Dauer der Benzodiazepin-Medikation, von der Abruptheit des Absetzens, dem pharmakokinetischen Profil des betreffenden Präparates (bei Benzodiazepinen mit kurzer Halbwertszeit treten Entzugssymptome früher und zumeist intensiver auf), aber auch von Persönlichkeitsfaktoren abhängig (OWEN und TYRER 1983, TYRER et al. 1984; vgl. Exkurs S. 111 ff.).

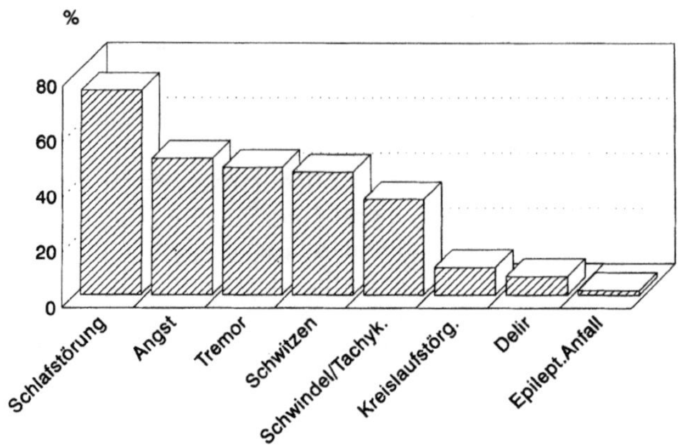

Abb. 2.3.6.1. Entzugserscheinungen bei n = 93 Patienten mit Benzodiazepin-Langzeitkonsum (nach Laux und König 1986) (Mehrfachnennungen möglich)

Abusus und Abhängigkeit

Näheres hierzu findet sich im Exkurs von Sieb und Laux auf S. 111. An dieser Stelle sei nochmals auf die in der Regel strikt zu befolgende zeitliche Limitierung der Verordnung von Benzodiazepinen (wenige Wochen) hingewiesen. Gemäß den Definitionskriterien von DSM-III-R für Mißbrauch besteht bei den betreffenden Patienten die Unfähigkeit, die Dosis zu reduzieren oder das Benzodiazepin abzusetzen, wichtige Hinweise sind auch bestehende Intoxikationszeichen sowie eine Einschränkung der sozialen und beruflichen Anpassung. Wie die klinische Erfahrung zeigt, können folgende Hinweise auf Patienten mit Abusus-Risiko aufgestellt werden (Tabelle 2.3.6.4, Laux 1989).

Erwähnt werden sollte auch, daß bei älteren Patienten, die über Jahre hinweg ohne Zeichen einer Dosissteigerung relativ nebenwirkungsfrei Benzodiazepine eingenommen haben, auf unrealistische Absetz- oder Umstellversuche in der Regel verzichtet werden sollte (Kapfhammer 1993).

Kombinierte Behandlung

Benzodiazepine werden üblicherweise in der Akutbehandlung mit Antidepressiva (Überbrückung der Wirklatenz) und mit Neuroleptika (Angstdämpfung und Sedierung bei schizophrenen Psychosen) kombiniert.

In den letzten Jahren kommt auch die Kombination einer intermittierenden Benzodiazepin-Therapie (Bedarfsmedikation) mit verhaltenstherapeutischen Techniken und Verfahren zum Einsatz. Insbesondere bei Patienten mit Panikerkrankungen kann eine derartige Kombinationsbehandlung sinnvoll sein (Markgraf und Schneider 1990).

Gesamtbehandlungsplan

Bei allen Patienten, die mit Psychopharmaka behandelt werden, ist die Aufstellung eines individuellen Gesamtbehandlungsplanes möglichst schon zu Therapiebeginn obligat. Benzodiazepine können pathologische Ängste und Somatisierungstendenzen, die adäquates Konfliktverhalten blockieren, mindern und den Weg zu einer Psychotherapie bahnen. Umgekehrt kann aber eine zu hohe Dosierung den Angstpatienten zu einem unrealen Harmonieerleben führen und ihn von der notwendigen Bearbeitung intrapsychischer und zwischenmenschlicher Probleme abhalten (Laux 1989, Kapfhammer 1993). Lassen sich psychodynamische bzw. „neurotische" Faktoren für die

Tabelle 2.3.6.4. Hinweise auf Patienten mit Abusus-Risiko/Abhängigkeitsproblematik

• Häufiger Arztwechsel bzw. Parallelkonsultationen	• ↓ Leistung, Fehlzeiten, Unfälle
• „Wunschverschreibungen“	• Optimierung gestörter Befindlichkeit
• Regelmäßige Einnahme freiverkäuflicher Medikamente	• Dosis-Steigerung
• Geringe Frustrationstoleranz, Ich-Labilität	• Entzugserscheinungen

Entstehung oder Aufrechterhaltung der vorliegenden Störung eruieren und ist der Patient dazu willens und geeignet, sollte eine psychotherapeutische Behandlung eingeleitet werden. Die Benzodiazepin-Behandlung sollte in der Regel dann langsam ausgeschlichen werden, in Einzelfällen kann auch eine kombinierte pharmako-/psychotherapeutische Behandlung erfolgen. Gerade bei Patienten mit Angst- und Panikstörungen haben sich verhaltenstherapeutische Behandlungsmaßnahmen in den letzten Jahren bewährt (Markgraf und Schneider 1990). Besondere Zurückhaltung empfiehlt sich mit der Verordnung von Benzodiazepinen bei Patienten mit Persönlichkeitsstörungen sowie bei gesunden Personen mit protrahierten bis chronischen psychosozialen und lebenssituativen Konflikten und Belastungen.

Literatur

Ballenger JC (1986) Pharmacotherapy of the panic disorders. J Clin Psychiatry 6: 27–32

Berzewski H (1986) Risiken und Komplikationen bei der Behandlung des alten Menschen mit Benzodiazepinen. In: Hippius H, Engel RR, Laakmann G (Hrsg) Benzodiazepine. Rückblick und Ausblick. Springer, Berlin Heidelberg New York Tokyo, S 121–130

Cohn JB, Wilcox CS (1984) Long-term comparison of alprazolam, lorazepam and placebo in patients with an anxiety disorder. Pharmacotherapy 4: 93–98

Downing RW, Rickels K (1985) Early treatment response in anxious outpatient treated with diazepam. Acta Psychiatr Scand 72: 522–528

Greenblatt DJ, Shader RI (1980) Effects of age and other drugs on benzodiazepine kinetics. Arzneimittelforschung 30: 886–890

Greenblatt DJ, Divoll M, Harmatz JS et al. (1980) Oxazepam kinetics: effects of age and sex. J Pharmacol Exp Ther 215: 86

Greenblatt DJ, Laughren TP, Allen MD et al. (1981) Plasma diazepam and desmethyldiazepam concentrations during long-term diazepam therapy. Br J Clin Pharmacol 11: 35–40

Hollister LE, Müller-Oerlinghausen B, Rickels K et al. (1993) Clinical uses of benzodiazepines. J Clin Psychopharmacol 13 [Suppl 1]: 1–169

Janke W, Debus G, Longo N (1979) Differential psychopharmacology of tranquilizing and sedating drugs. Mod Probl Pharmacopsychiatry 14: 13–98

Kapfhammer P (1993) Therapie mit Benzodiazepinen. In: Möller HJ (Hrsg) Therapie psychiatrischer Erkrankungen. Enke, Stuttgart

Klotz U (1985) Age-dependent actions of benzodiazepines. In: Platt D (ed) Drugs and ageing. Springer, Berlin Heidelberg New York Tokyo

Klotz U, Laux G (1995) Tranquillantien. Therapeutischer Einsatz und Pharmakologie. Wissenschaftliche Verlagsgesellschaft, Stuttgart

Laux G (1989) Tranquilizer: Möglichkeiten, Grenzen, Gefahren. Hippokrates, Stuttgart

Laux G, König W (1986) Langzeiteinnahme und Abhängigkeit von Benzodiazepinen. Ergebnisse einer epidemiologischen Studie. In: Hippius H, Engel RR, Laakmann G (Hrsg) Benzodiazepine. Rückblick und Ausblick. Springer, Berlin Heidelberg New York Tokyo, S 226–233

LAUX G, RIEDERER P (Hrsg) (1992) Plasmaspiegelbestimmungen von Psychopharmaka: Therapeutisches Drug-Monitoring. Wissenschaftliche Verlagsgesellschaft, Stuttgart

MARGRAF J, SCHNEIDER S (1990) Panik, Angstanfälle und ihre Behandlung. Springer, Berlin Heidelberg New York Tokyo

MORRISON G, CHIANG ST, KOEPKE H et al. (1984) Effect of renal impairment and hemodialysis on lorazepam kinetics. Clin Pharmacol Ther 35: 646

MURPHY SM, OWEN R, TYRER P (1989) Comparative assessment of efficacy and withdrawal symptoms after 6 and 12 weeks' treatment with diazepam or buspirone. Br J Psychiatry 154: 529–553

NOYES R, GARVEY MJ, COOK BL et al. (1988) Benzodiazepine withdrawal: a review of the evidence. J Clin Psychiatry 49: 382–389

OCHS HR, GREENBLATT DJ, KLEHR U (1984) Disposition of oxazepam in patients on maintenance hemodialysis. Klin Wochenschr 62: 765

OWEN RT, TYRER P (1983) Benzodiazepine dependence. A review of the evidence. Drugs 25: 385–398

RAY WA, GRIFFIN MR, SCHAFFNER W et al. (1987) Psychotropic drug use and the risk of hip fracture. N Engl J Med 316: 363–369

RICKELS K, CASE WG, DOWNING RW, WINOKUR A (1983) Long-term diazepam therapy and clinical outcome. JAMA 250: 767–771

RICKELS K, CASE WG, DOWNING RW et al. (1984) Diazepam and desmethyldiazepam plasma concentrations in chronic anxious outpatients. Pharmacopsychiatry 17: 44–49

RICKELS K, CASE WG, DOWNING RW, FRIDMAN R (1986) One-year follow-up of anxious patients treated with diazepam. J Clin Psychopharmacol 6: 32–36

RICKELS K, SCHWEIZER E, CSANALOSI I, CASE WG, CHUNG H (1988) Long-term treatment of anxiety and risk of withdrawal: prospective comparison of clorazepate and buspirone. Arch Gen Psychiatry 45: 444–450

RICKELS K, SCHWEIZER E, CASE WG et al. (1990) Long-term therapeutic use of benzodiazepines. I. Effects of abrupt discontinuation. Arch Gen Psychiatry 47: 899–907

RICKELS K, CASE WG, SCHWEIZER E, GARCIA-ESPANA F, FRIDMAN R (1991) Long-term benzodiazepine users 3 years after participation in a discontinuation program. Am J Psychiatry 148: 757–761

SCHÖPF J (1985) Physische Abhängigkeit bei Benzodiazepin-Langzeitbehandlung. Nervenarzt 56: 585–592

SCHWABE U, PAFFRATH D (Hrsg) (1994) Arzneiverordnungsreport '94. G Fischer, Stuttgart

SHADER RI, GREENBLATT DJ (1993) Use of benzodiazepines in anxiety disorders. N Engl J Med 328: 1398–1405

TYRER P, TREASADEN I, MORETON K et al. (1984) Value of serum diazepam and nordiazepam measurements in anxious patients. J Affect Disord 7: 1–10

Exkurs: Abusus und Abhängigkeit von Benzodiazepinen

J.P. Sieb und G. Laux

1. Häufigkeit der Benzodiazepin-Verordnung

Benzodiazepine zeichnen sich durch hohe Wirksamkeit, raschen Wirkungseintritt, große therapeutische Breite und geringe Organtoxizität aus. Entsprechend erscheint eine differenzierte Betrachtung des Problemkreises Abusus und Abhängigkeit von Benzodiazepinen erforderlich.

Durch die jährliche Erhebung des *Wissenschaftlichen Instituts der Allgemeinen Ortskrankenkassen* zum Arzneimittelmarkt in der Bundesrepublik Deutschland liegen genaue Daten zur Verordnung von Benzodiazepinen vor. Diese Angaben beruhen auf einer Ein-Promille-Stichprobe der zirka 580 Millionen Rezepte, die jährlich für die Mitglieder der gesetzlichen Krankenkassen in Deutschland ausgestellt werden. Danach nehmen in Deutschland täglich mehrere hunderttausend Menschen ein Benzodiazepin-Präparat ein (Lohse und Müller-Oerlinghausen 1994a), wobei die Verordnungshäufigkeit rückläufig ist. Die Zahl der Tranquillantienverordnungen halbierte sich zwischen 1983 und 1992 in der Bundesrepublik Deutschland nahezu. Bemerkenswerterweise nahmen gleichzeitig die Verordnungen von Neuroleptika und Antidepressiva deutlich zu (Lohse und Müller-Oerlinghausen 1994b). Wahrscheinlich werden nun häufig statt Benzodiazepinen als „Ausweichmittel" Neuroleptika oder Antidepressiva rezeptiert. Die Zahl der Benzodiazepin-Hypnotika-Verordnungen stabilisierte sich auf relativ hohem Niveau (Lohse und Müller-Oerlinghausen 1994a) (siehe Abb. 1). Nach den von der pharmazeutischen Industrie veröffentlichten Umsatzzahlen stagniert der Markt für Sedativa/Hypnotika und für die anderen Psychopharmaka, d.h. Antidepressiva, Neuroleptika und Tranquillantien (Abb. 2).

Langwirkende Benzodiazepine wurden in der Bundesrepublik Deutschland am häufigsten verordnet. Unter den Benzodiazepinen war 1992 Rohypnol® (Flunitrazepam) mit 47,8 Millionen verordneten Tagesdosen Marktführer. Auf der Arzneimittelrangliste nach Verordnungshäufigkeit nahm dieses Präparat Platz 22 ein (Klauber und Selke 1993, Lohse und Müller-Oerlinghausen 1993a). In den neuen Bundesländern wurde dagegen vorwiegend das ebenfalls langwirkende Nitrazepam eingesetzt (Haustein und Litsch 1993). Bei Triazolam (Halcion®), ein Benzodiazepin mit sehr kurzer Halbwertszeit, zeigte sich ein sinnvoller Trend zu kürzerer beziehungsweise niedriger dosierter Behandlung (Lohse und Müller-Oerlinghausen 1994a). Hier ging im Jahr 1992 die Zahl der verordneten Tagesdosen mit –47,9% deutlich, die Zahl der Verordnungen jedoch nur mit –11,8% zurück.

Bemerkenswerte Unterschiede zeigen sich beim internationalen Vergleich der Benzodiazepin-Verordnung. Bei einer 1981 in 11 westlichen Industriestaaten durchgeführten repräsentativen Befragung zu dem in den 12 Monaten zuvor erfolgten Benzodiazepinkonsum zeigte sich, daß in Belgien, Frankreich und in der Schweiz am häufigsten Benzodiazepine eingenommen werden (Abb. 3; Balter et al. 1984). In Belgien hatten 12,9% der Männer und 21,4% der Frauen innerhalb

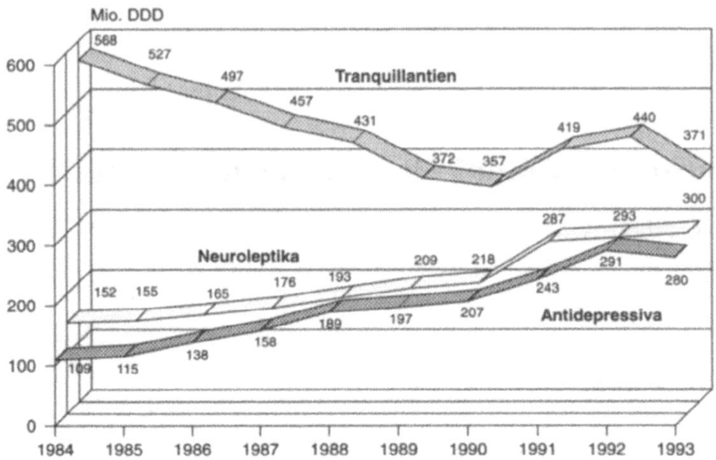

a

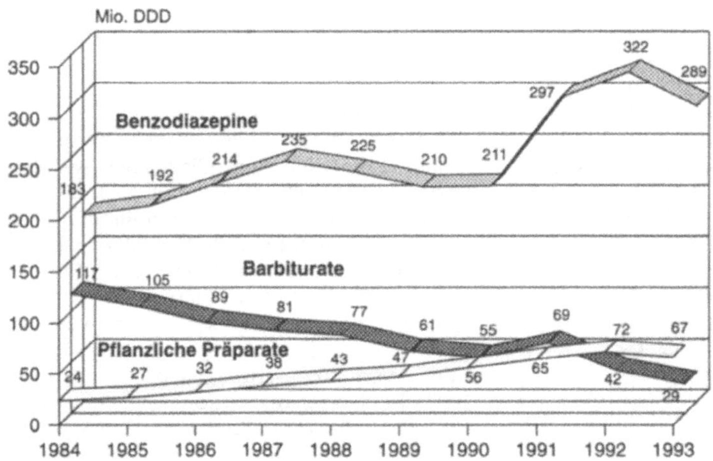

b

Abb. 1. Verordnungen von Psychopharmaka (oben) und Hypnotika/Sedativa (unten) von 1984 bis 1993 nach rechnerischen mittleren Tagesdosen (*DDD* defined daily dose; ab 1991 mit neuen Bundesländern) (Lohse und Müller-Oerlinghausen 1994a, b)

Abb. 2. Hypnotikaverbrauch in der Bundesrepublik Deutschland zwischen 1970 und 1992. Die Angaben beziehen sich auf den Apothekenmarkt und entstammen Veröffentlichungen des Bundesverbandes der Pharmazeutischen Industrie, Frankfurt am Main (Broschüre „Pharma Daten", Ausgaben für die Jahre 1986–1993). Dargestellt ist der Anteil am Arzneimittelverbrauch in Prozent (links oben) und der Umsatz in Millionen DM (links unten), wobei zusätzlich der gesamte mit Arzneimitteln in der Bundesrepublik Deutschland erzielte Umsatz dargestellt wird (links Mitte). Rechts wird die Zahl der verordneten Tagesdosen je Arzt im Jahr 1992 nach Arztgruppen unterteilt dargestellt (*DDD* defined daily dose) (Klauber und Selke 1993)

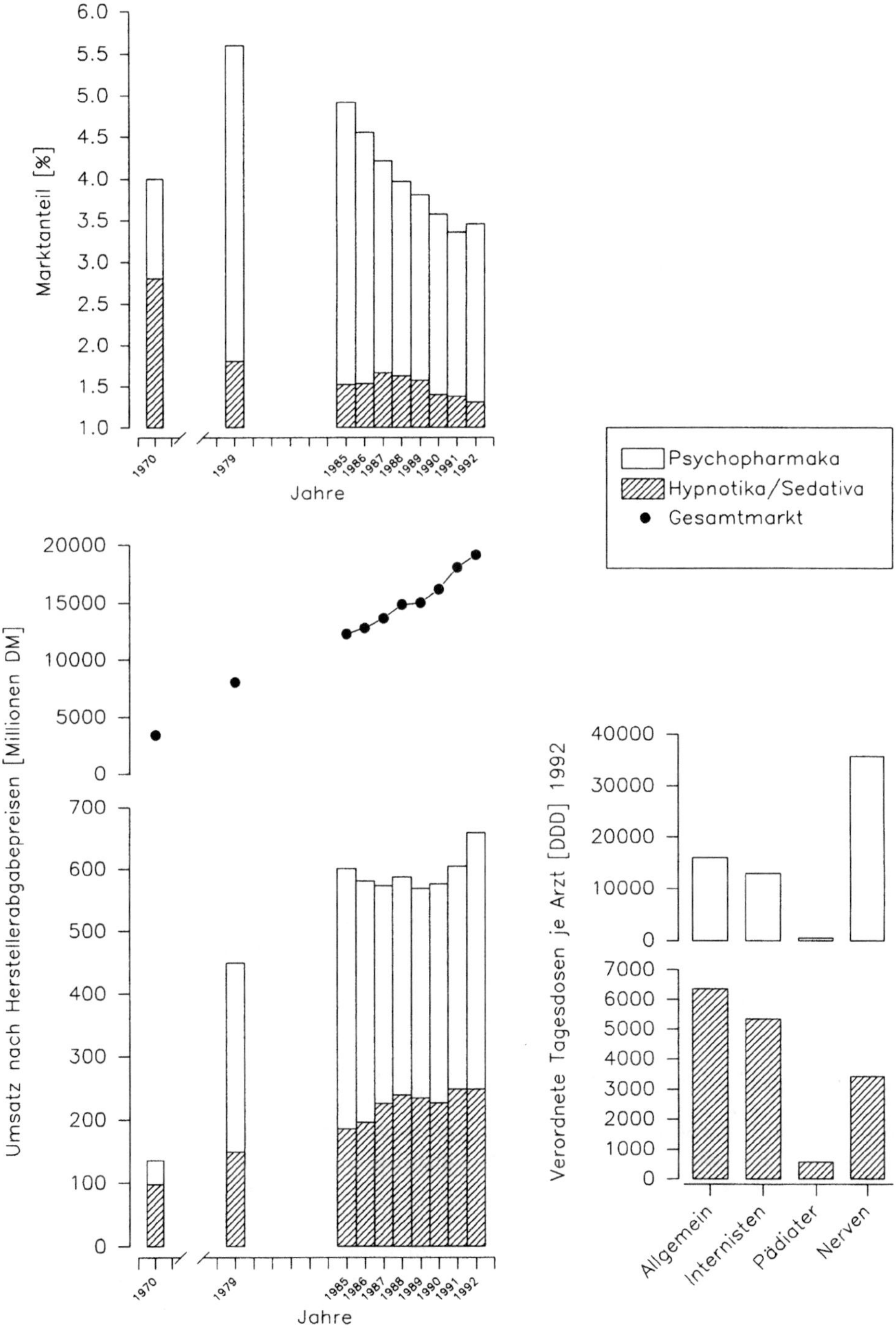

Marktanteil [%]
6.0
5.5
5.0
4.5
4.0
3.5
3.0
2.5
2.0
1.5
1.0
1970
1979
1985
1986
1987
1988
1989
1990
1991
1992
Jahre
Psychopharmaka
Hypnotika/Sedativa
Gesamtmarkt
Umsatz nach Herstellerabgabepreisen [Millionen DM]
20000
15000
10000
5000
0
700
600
500
400
300
200
100
0
Jahre
Verordnete Tagesdosen je Arzt [DDD] 1992
40000
30000
20000
10000
0
7000
6000
5000
4000
3000
2000
1000
0
Allgemein
Internisten
Pädiater
Nerven

eines Jahres mindestens einmal ein Benzodiazepin eingenommen. Vergleichsweise zurückhaltend wurden Benzodiazepine dagegen in Schweden und in den Niederlanden konsumiert. Bemerkenswerterweise unterschied sich international auch der Anteil von Langzeitkonsumenten. Während in Belgien 33,2% der Benzodiazepinkonsumenten länger als ein Jahr täglich Benzodiazepine eingenommen hatten, betrug der Anteil in Deutschland 14,1% und in Schweden lediglich 6,2%. Aus dieser Erhebung folgert, daß im Jahr 1981 5,8% der Belgier, 1,7% der Deutschen und 0,7% der Schweden über ein Jahr oder länger ein Benzodiazepin-Präparat täglich konsumiert haben. International ist der mit Benzodiazepinen erzielte Umsatz rückläufig, wie Zahlen beispielsweise aus Kanada belegen (Busto et al. 1989, Dunbar et al. 1989, Woods et al. 1987).

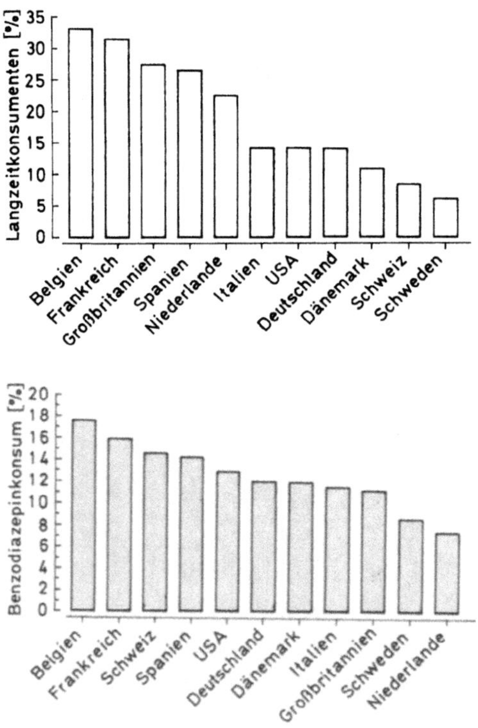

Abb. 3. Internationaler Vergleich des Benzodiazepinkonsums. Es wird der prozentuale Anteil derjenigen dargestellt, die bei einer repräsentativen Befragung im Jahr 1981 in den 12 Monaten zuvor mindestens einmal ein Benzodiazepin eingenommen hatten (unten). Weiterhin wird der prozentuale Anteil der Langzeitkonsumenten, d.h. tägliche Einnahme über ein Jahr oder länger, unter den Benzodiazepin-Konsumenten dargestellt (oben) (Balter et al. 1984)

2. *Benzodiazepinkonsum bei bestimmten Patientengruppen*

Benzodiazepine werden insbesondere von Ärzten für Allgemeinmedizin und Internisten rezeptiert (Paffrath 1994; Abb. 2). Vielfach werden wohl Benzodiazepine unspezifisch bei somatischen beziehungsweise bei psychosomatischen und neurotischen Erkrankungen eingesetzt. Gerade ältere Menschen mit körperlichen Gesundheitsproblemen erhalten überproportional häufig Benzodiazepine (Geiselmann et al. 1989, Shorr et al. 1990). Weiterhin nehmen Frauen deutlich häufiger als Männer Benzodiazepine ein (Balter et al. 1984).

Zur Verordnungshäufigkeit von Benzodiazepinen bei bestimmten Patientengruppen und zur Dauer der Benzodiazepin-Medikation liegen vergleichsweise wenig Untersuchungen aus dem deutschen Sprachraum vor. Im Jahr 1988 war das Verordnungsverhalten von elf zufällig ausgewählten, niedergelassenen Allgemeinmedizinern, Internisten und Nervenärzten einer ländlichen Region in Norddeutschland untersucht worden (Melchinger et al. 1992). Langzeitverordnungen von Medikamenten mit einem Abhängigkeitspotential – dies waren überwiegend Benzodiazepine – erhielten 3,4% der Patienten in allgemeinmedizinischen und 16,2% der Patienten in internistischen Praxen. Insbesondere ältere Menschen bekamen Medikamente mit einem Abhängigkeitspotential rezeptiert. Das Durchschnittsalter dieser Patienten betrug 66,4 Jahre.

Auch ist bekannt, daß in internistischen und allgemeinmedizinischen Praxen Benzodiazepine überwiegend als Nachtmedikation mit dem Zielsymptom Schlafstörung verordnet werden, wobei aber meist noch weitere Zielsymptome wie Angst, Unruhe, Nervosität und seltener Depressivität oder vegetative Symptome bestehen (GEISELMANN 1992). Entsprechend hoch ist der Anteil von Altenheimbewohnern, die Tranquillantien als Dauermedikation erhalten. 1986 fand sich bei einer Befragung in 24 Altenheimen in Nordbayern bei 14% der männlichen und 21% der weiblichen Bewohner eine Dauereinnahme von Tranquillantien (LUDERER und RECHLIN 1993).

3. Begriffsbestimmung von Abusus und Abhängigkeit

Die Weltgesundheitsorganisation WHO definiert in der ICD-10 *(International Classification of Diseases;* Weltgesundheitsorganisation 1993) das Abhängigkeitssyndrom (ICD-Diagnose F1x.2) als Gruppe körperlicher, Verhaltens- und kognitiver Phänomene, bei denen der Konsum einer Substanz oder einer Substanzklasse für die betroffene Person Vorrang hat gegenüber anderen Verhaltensweisen, die von ihr früher höher bewertet wurden. Diagnostische Kriterien der Abhängigkeit sind ein starker, gelegentlich übermächtiger Wunsch diese psychotropen Substanzen zu konsumieren, eine verminderte Kontrollfähigkeit, ein körperliches **Entzugssyndrom** (ICD-10 Diagnosen F1x.3 und F1x.4), eine Toleranzentwicklung, eine fortschreitende Vernachlässigung anderer Aktivitäten sowie ein anhaltender Substanzkonsum trotz des Eintretens schädlicher Folgen. Als psychische Merkmale des Entzugssyndroms werden Angst, Depression und Schlafstörungen aufgeführt. Weiterhin wird in der ICD-10 der **schädliche Gebrauch** (F1x.1) als Konsummuster psychotroper Substanzen definiert, das zu einer Gesundheitsschädigung führt, ohne daß eine Abhängigkeit vorliegt.

Die Anwendung dieser Definitionen der ICD-10 auf das Konsummuster bei Benzodiazepinen ist problematisch, wobei dies auch auf die Begriffsbestimmungen anderer Klassifikationsschemata, wie den DSM-III-R *(Diagnostic and Statistical Manual of Mental Disorders, 3rd edn, revised),* zutrifft (LADER 1994, LADEWIG 1992, PHILIPP und BULLER 1986). Nur bei einer Minderzahl der Langzeitkonsumenten von Benzodiazepinen kommt es zur Dosissteigerung und die sozialen Folgen einer Benzodiazepin-Abhängigkeit sind häufig vergleichsweise gering. Auch fehlt in diesen Klassifikationsschemata ein Symptomenkatalog zur eindeutigen Beschreibung des Benzodiazepinentzugs sowie ein Kriterium, das auf die Abgrenzung des Entzugssyndroms vom Wiederauftreten der Ursprungssymptomatik abzielt. Typischerweise werden Benzodiazepine von Patienten mit chronifizierten Krankheitsverläufen, wie Schlaf- oder Angststörungen, über längere Zeit ohne Tendenz zur Dosiserhöhung eingenommen. Diese Patienten empfinden diese Medikation als wirksam und lehnen entsprechend häufig Absetzversuche ab (ROMACH et al. 1991, 1992). Die Anwendung der Begriffe „Mißbrauch" und „Abhängigkeit" implizieren eine moralische Wertung und ihre Anwendung beispielsweise auf Patienten, die wegen einer Panikerkrankung über einen längeren Zeitraum auf Benzodiazepine angewiesen sind, erscheint uns fragwürdig.

Es werden zwei Formen der Benzodiazepinabhängigkeit unterschieden. Bei der **Niedrig-Dosis-Benzodiazepinabhängigkeit** *(„low-dose dependency")* werden therapeutische Dosen über einen längeren Zeitraum eingenommen. Hier fehlt zwar die Tendenz zur Dosissteigerung, jedoch sind beim Absetzen Entzugserscheinungen möglich (OWEN und TYRER 1983). Diese Form kann als Gewohnheitsabhängigkeit verstanden werden (LAUX und KÖNIG 1985).

Bei der **Hoch-Dosis-Benzodiazepinabhängigkeit** (*„high-dose dependency"*) besteht dagegen eine deutliche Tendenz zur Dosissteigerung mit Einnahme untherapeutisch hoher Dosen. Diese Form der Benzodiazepinabhängigkeit ist vergleichsweise selten und tritt weit überwiegend als sekundäres Phänomen bei vorbestehender Alkohol- oder Opiatabhängigkeit auf. Die Benzodiazepine werden dann fast immer zusätzlich und nicht als Ersatzdroge konsumiert.

Als Hilfestellung zur Diagnose der Benzodiazepin-Abhängigkeit schlugen LAUX und KÖNIG (1985) einen Katalog mit Abhängigkeitskriterien vor, mit dem das Ausmaß einer Benzodiazepinabhängigkeit erfaßt werden kann (siehe Tabelle 1).

4. Inzidenz der Benzodiazepin-Abhängigkeit

Bereits mit der Einführung des ersten Benzodiazepins Chlordiazepoxid war bekannt, daß diese Substanz in hohen Dosen eine körperliche Abhängigkeit erzeugen kann. HOLLISTER et al. (1961) beobachteten bei zehn von elf Patienten Entzugserscheinungen vom Barbiturat-Typ nach abrupter Beendigung einer über Monate durchgeführten, täglichen Einnahme von 300–600 mg Chlordiazepoxid. Teilweise kam es bei diesen Patienten auch zu Entzugskrämpfen. Ebenfalls wurde bald nach der Einführung von Diazepam der erste Fall eines Entzugsdelirs nach Absetzen einer Diazepam-Medikation mit exzessiven Tagesdosen beschrieben (CZERWENKA-WENKSTETTEN 1965). Berichte über solch schwere Entzugserscheinungen blieben jedoch selten. Größere epidemiologische Untersuchungen definierten Benzodiazepinabhängigkeit als Suchtverhalten mit unkontrollierter Einnahme von sehr hohen Benzodiazepindosen und wiesen nach, daß dies ein seltenes Phänomen ist (SVENDSON und HAMILTON 1966, BOETHIUS und WESTERHOLM 1977, LADEWIG et al. 1981). Zunehmend wurde dann jedoch die langandauernde Benzodiazepinmedikation, die häufig ohne eindeutige medizinische Indikation erfolgt, als Problem erkannt (LAUX 1979). Aus den von der pharmazeutischen Industrie veröffentlichten Umsatzzahlen folgert, daß ein erheblicher Teil der Bevölkerung von dieser Gewohnheitsabhängigkeit betroffen ist (siehe Abb. 2).

Das Risiko einer Abhängigkeitsentwicklung im Rahmen einer Therapie mit Benzodiazepinen nimmt mit der Behandlungs- und Beschwerdedauer, der Symptomenausprägung, der Erwartungshaltung und der Intensität von zusätzlich belastenden Faktoren zu (LADEWIG 1992). Vier Patientengruppen sind wohl besonders gefährdet, eine Benzodiazepin-Abhängigkeit zu entwickeln (TASK FORCE ON BENZODIAZEPINE DEPENDENCY 1990):

- Patienten mit einer *Suchtanamnese,* wie Alkoholismus,
- Patienten mit *chronischen körperlichen Erkrankungen,* häufig assoziiert mit *Schmerzsyndromen,*
- Patienten mit *dysthymer Störung* und *Persönlichkeitsstörungen* (vor allem dependente Persönlichkeit und Borderlinestörung),
- Patienten mit *chronischen Schlafstörungen.*

Auch unter den Patienten psychiatrischer Kliniken ist eine reine Benzodiazepin-Abhängigkeit im Hochdosisbereich selten. Meist wurde sie im Rahmen einer Polytoxikomanie festgestellt (FLEISCHHACKER et al. 1986, WOLF und RÜTHER 1985). Beispielsweise fanden LAUX und KÖNIG (1987) unter 33.000 Patienten einer süddeutschen Landesnervenklinik, die dort zwischen 1974 und 1983 aufgenommen worden waren, retrospektiv lediglich 150 Fälle (0,5%) von den Kriterien des DSM III entsprechender Benzodiazepin-Abhängigkeit. Prospektiv zeigte sich jedoch, daß 18,5% aller Patienten

Tabelle 1. Klinischer Abhängigkeitsindex für Benzodiazepine (LAUX und KÖNIG 1985)

1	Angewiesensein, Eigenmedikation (Fremdbeschaffung)
2	Direktes Verlangen nach einem bestimmten Benzodiazepin („Betteln")
3	Suiziddrohung bei Benzodiazepinverweigerung
4	Gescheiterte Abstinenzversuche, Gefühl des Kontrollverlustes
5	„Wurstigkeit", Kritikverlust, affektive Nivellierung, Konfliktvermeidung, Realitätsflucht, verminderter Tiefgang
6	Dysphorisch-depressive Verstimmung
7	Appetitstörung, deutliche Gewichtsabnahme
8	Entzugserscheinungen
9	Entzugserscheinungen/Rebound kompensiert durch erneute Benzodiazepineinnahme
10	Sensorische Perzeptionsstörungen (Metallgeschmack, Liftgefühl, Hyperakusis, Lichtscheu)
11	Euphorisierung
12	Paradoxe Wirkung („Frischegefühl", Erregung)
13	Einnahme überschreitet empfohlene Höchstdosis
14	Dosissteigerung, Toleranz
15	Intoxikationszeichen (Ataxie, Dysarthrie)
16	Amnesie, Gedächtnislücken, passagere Verwirrtheit, deutliche Konzentrationsstörungen
17	Verwahrlosungszeichen (ungenügende Körperpflege, Hämatome)

Benzodiazepine über mindestens drei Monate vor der stationären Aufnahme eingenommen hatten. Fünf Jahre später gaben nur noch 9,4% der Patienten dieser Landesnervenklinik einen solchen Langzeitkonsum von Benzodiazepinen im Rahmen einer Kontrollstudie an (KÖNIG et al. 1994).

Die Daten zur Prävalenz und Inzidenz des Mißbrauchs von Benzodiazepinen in der Allgemeinbevölkerung sind spärlich. Unter den 300.000 Einwohnern der Region Basel fanden sich 31 Fälle einer reinen Benzodiazepin-Abhängigkeit im Hoch-Dosis-Bereich und 88 Fälle mit einem Benzodiazepin-Konsum im Rahmen einer Polytoxikomanie (LADEWIG und GROSSENBACHER 1988).

Meldungen über Medikamentenmißbrauch an die Arzneimittelkommission der deutschen Ärzteschaft erfolgen vergleichsweise selten. Im Jahr 1983 betrafen lediglich 11,7% der 4.588 Meldungen unerwünschter Arzneimittelwirkungen die Beobachtung einer Abhängigkeitsentwicklung, wobei als auslösendes Medikament am häufigsten Lorazepam, Diazepam beziehungsweise Bromazepam genannt wurden (MÜLLER-OERLINGHAUSEN 1986).

Dagegen folgerte KORNHUBER (1988, BINDER et al. 1984) aus den Verkaufszahlen der pharmazeutischen Industrie und aus der Beobachtung von 157 Fällen von Benzodiazepin-Abhängigkeit, daß bei etwa 10% der Erwachsenen in der Bundesrepublik Deutschland eine Niedrig-Dosis-Abhängigkeit vorliegen würde und bezeichnete dies als iatrogene Seuche.

Bei den Langzeitkonsumenten von Benzodiazepinpräparaten handelt es sich mehrheitlich um Frauen, wie eine Studie zu den Kunden einer Apotheke in Wien zeigte. Überwiegend rezeptierten Hausärzte Benzodiazepine an Langzeitkonsumenten (Abb. 2; BARNAS et al. 1991). Verschreibungsgrund waren Schlafstörungen, Nervosität sowie körperliche Erkrankungen. Bemerkenswerterweise waren Dreiviertel dieser Langzeitkonsumenten über das Risiko einer Abhängigkeitsentwicklung informiert, jedoch hatten davon nur 50% diese Information vom verschreibenden Arzt erhalten. Zwischen dem 20. und 70. Lebensjahr steigt die Rate von Benzodiazepin-Verschreibungen um das Zehnfache (NOLAN und O'MALLEY 1988). Jugendliche erhalten Benzodiazepine vor allem von ihren Eltern ohne ärztliche Anweisung (PEDERSEN und LAVIK 1991).

5. *Unterschiedliches Abhängigkeitspotential der Benzodiazepine*

Eine Abhängigkeitsentwicklung ist grundsätzlich bei allen Benzodiazepinen möglich (LADEWIG 1992). Wir gehen davon aus, daß Benzodiazepine mit einer raschen Anflutung und hoher Potenz ein besonders hohes Abhängigkeitspotential besitzen (WOLF und GRIFFITHS 1991). Folge der raschen Anflutung sind möglicherweise Stimmungs- und Antriebsschwankungen, die Auslöser einer psychischen Abhängigkeit sein können. Dies ist jedoch nicht allgemein anerkannt (MÜLLER 1989).

Das substanzeigene Abhängigkeitspotential läßt sich durch sogenannte *„reinforcing properties"* charakterisieren. Darunter werden die Substanzeigenschaften zusammengefaßt, die das Abhängigkeitspotential und *„drug seeking behavior"* (Suchtverhalten) induzieren (APELT et al. 1992). Während bei gesunden Probanden *„reinforcing properties"* für Diazepam, Flurazepam und Lorazepam nicht nachweisbar waren (DE WIT et al. 1984), konnte gezeigt werden, daß Medikamentenabhängige Benzodiazepine einem Plazebo sowie Diazepam dem Oxazepam vorziehen (GRIFFITHS et al. 1980, 1984). Auch zeigte das hochpotente Alprazolam bei benzodiazepin-abhängigen Patienten im Vergleich zu Diazepam ein höheres Abhängigkeitsrisiko (APELT et al. 1990). Tierexperimentell wurde für Triazolam die höchste Selbstinjektionsrate im Vergleich mit Alprazolam, Bromazepam, Chlordiazepoxid und Lorazepam nachgewiesen (GRIFFITHS et al. 1991).

Entzugssyndrome treten nach Benzodiazepinen mit kurzer Halbwertszeit rascher auf und verlaufen häufig auch schwerer als bei lang wirksamen Substanzen. HALLFORS und SAXE (1993) analysierten sieben Studien zum Entzug von Benzodiazepin-Tagessedativa. Einheitlich war unter den Patienten, die ein kurz wirksames Benzodiazepin eingenommen hatten, die Reboundrate vermehrt und die Zahl derjenigen erhöht, die die Entzugsbehandlung abbrachen.

Nach klinischen Beobachtungen scheint Lorazepam ein besonders hohes Abhängigkeitspotential zu besitzen (KEMPER et al. 1980). In der Erhebung von LAUX und KÖNIG (1985) benutzten unter 150 Benzodiazepinabhängigen 39 Patienten Lorazepam, 33 Patienten Bromazepam und 30 Patienten Diazepam, wobei sich mit Ausnahme von Lorazepam eine lineare Beziehung zwischen der Verordnungshäufigkeit der Ben-

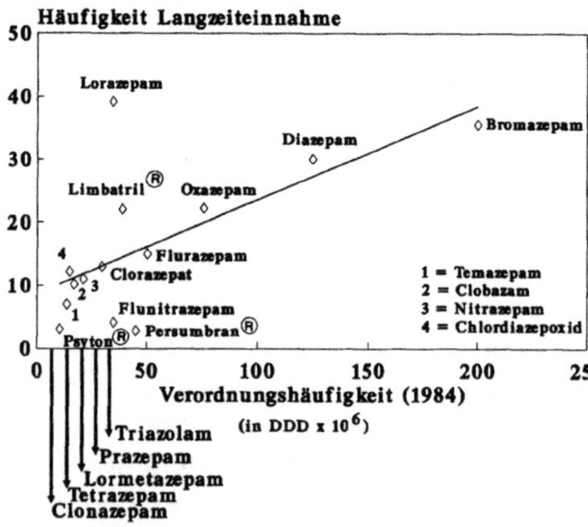

Abb. 4. Beziehung zwischen der Verordnungshäufigkeit verschiedener Benzodiazepine im Jahr 1984 in der Bundesrepublik Deutschland und Häufigkeit ihrer Langzeiteinnahme in der Quartalstichprobe von LAUX und KÖNIG (1987)

zodiazepine im Jahr 1984 in der Bundesrepublik Deutschland und ihrer Häufigkeit bei der Langzeiteinnahme zeigte (Abb. 4). Ebenso fand sich für die Schweiz ein eindeutiger Zusammenhang zwischen dem Marktanteil eines bestimmten Benzodiazepins und der Frequenz von Abhängigkeitsentwicklungen bei Einnahme dieses Benzodiazepins (LADEWIG 1983).

6. *Befunde bei Benzodiazepinabhängigkeit*

Auf eine detaillierte Darstellung der Ergebnisse tierexperimenteller Studien wird in dieser Übersicht verzichtet. Der Interessierte sei auf entsprechende Publikationen verwiesen (MARKS 1985, WOODS et al. 1987).
Bekanntlich sind Merkmale der Persönlichkeitstruktur entscheidend bei Entwicklung abhängiger Verhaltensweisen beteiligt. So findet sich bei benzodiazepin-abhängigen Patienten eine auffällige Persönlichkeitsstruktur, wie sie beispielsweise mit dem MMPI *(Minnesota Multiphasic Personality Inventory)* zu erfassen ist (RICKELS et al. 1988). Entsprechend tritt die Benzodiazepin-Abhängigkeit gehäuft bei bestimmten psychiatrischen Krankheitsbildern auf. Insbesondere Patienten mit Angststörungen sollen besonders anfällig für die Entwicklung einer Benzodiazepin-Abhängigkeit sein (SCHMIDT et al. 1989).
Nur wenig ist über das medizinische Risiko einer langandauernden Benzodiazepin-Medikation bekannt. Psychopathologisch fällt bei Langzeitkonsumenten vor allem eine affektive Nivellierung auf, die mit Kritikverlust, Konfliktvermeidung, Realitätsverlust und vermindertem Tiefgang verbunden sein kann. Die Stimmung ist häufig dysphorisch bis depressiv (siehe Tabelle 1; LAUX und KÖNIG 1985).
Umfangreiche Untersuchungen liegen zum Effekt von Benzodiazepinen auf den Schlaf vor (KAY und SAMIUDDIN 1988). Dieser entspricht in etwa demjenigen von Barbituraten. Unter Benzodiazepinen zeigt sich elektroenzephalographisch unter anderem eine vermehrte Aktivität im β-Frequenzbereich, eine erhöhte Dichte der Schlafspindeln und eine Verminderung des REM-Schlafanteils *(rapid eye movements)*.
Zu den Folgen einer Therapie mit Benzodiazepinen gehört weiterhin eine reversible kognitive Beeinträchtigung im Sinne einer anterograden Amnesie (GOLOMBOK et al. 1988, RUMMANS et al. 1993, SIEB und CLARENBACH 1990). Das Risiko von Unfällen ist erhöht (CHRISTENSEN et al. 1990). Die Sterblichkeit bei reiner Benzodiazepin-Abhängigkeit ist jedoch im Vergleich zu Patienten mit entsprechenden psychiatrischen Erkrankungen unverändert (PIESIUR-STREHLOW et al. 1986).
Über eine Erweiterung der Liquorräume durch eine langandauernde und hochdosierte Benzodiazepin-Einnahme wurde berichtet (SCHMAUSS und KRIEG 1987), jedoch werden diese Ergebnisse von anderen Autoren nicht bestätigt (PERERA et al. 1987). Auch wurde über eine Assoziation schwerer, der Alkohol-Embryopathie ähnlichen Mißbildungen und der exzessiven Einnahme von Benzodiazepinen während der Schwangerschaft berichtet. Bei den betroffenen Müttern lag jedoch zusätzlich meist ein Alkoholismus oder eine andere Abhängigkeit vor (BERGMAN et al. 1992). Im allgemeinen wird das teratogene Risiko von Benzodiazepinen als gering eingeschätzt.

7. *Benzodiazepinabusus bei Suchtkranken*

Bei vorbestehender Abhängigkeit von psychotropen Substanzen werden Benzodiazepine nicht selten zusätzlich zur Anxiolyse, aber insbesondere zur Verstärkung der zentralnervösen Wirkung anderer Suchtstoffe eingesetzt. Hier kommt es meist zu einer ausgeprägten Toleranzentwicklung mit mas-

siver Dosissteigerung. Die isolierte Benzodiazepin-Abhängigkeit im Hochdosis-Bereich ist dagegen die Ausnahme.
Bis zu zirka 80% der Opiatabhängigen verwenden Benzodiazepine (BROWN und CHAITKIN 1981, SAN et al. 1993). Im Jahr 1992 wurden in der Bundesrepublik Deutschland 141 Rauschgifttodesfälle in Zusammenhang mit Rohypnol® (Flunitrazepam) erfaßt, wobei es überwiegend in Kombination mit Heroin konsumiert worden war (BUNDESKRIMINALAMT WIESBADEN ABTEILUNG RAUSCHGIFT-BEKÄMPFUNG 1993).

Überwiegend erhielten Rauschgiftsüchtige dieses Präparat von Ärzten verschrieben und mußten es lediglich zu einem Drittel illegal von „Dealern" beschaffen. Die 2 mg-Tablette Rohypnol® wurde wegen dieser Entwicklung unter die Bestimmungen des Betäubungsmittelgesetzes gestellt, worauf der Hersteller die Menge Flunitrazepam pro Tablette Rohypnol® auf 1 mg reduzierte. Gegenüber der 2 mg-Tablette Rohypnol® wurden die Hilfsstoffe modifiziert, um zu verhindern, daß Drogenabhängige die Tabletten auflösen und die Lösung injizieren (Hoffmann-La Roche, Brief an die Autoren vom 30. 6. 1994). Noch kann der Effekt dieser Maßnahme nicht beurteilt werden.

Auch international scheinen Heroinsüchtige insbesondere Flunitrazepam zu benutzen, wie Untersuchungen aus Spanien (SAN et al. 1993) und Malaysia (NAVARATNAM und FOONG 1990) zeigen. In Schottland wurde dagegen der bevorzugte Gebrauch von Temazepam unter Opiatsüchtigen beobachtet (FORSYTH et al. 1993). Auch im Rahmen von Substitutionsprogrammen mit Methadon werden häufig Benzodiazepine mißbraucht, um die Wirkung dieses Opiats zu verstärken (WEDDINGTON und CARNEY 1987). Insbesondere Diazepam, Lorazepam und Alprazolam werden dazu eingesetzt (IGUCHI et al. 1993). Unklar ist, ob die Bevorzugung bestimmter Benzodiazepine von Opiatsüchtigen lediglich auf deren Verfügbarkeit oder jedoch auf besonderen pharmakologischen Eigenschaften dieser Substanzen beruht.

Kokainsüchtige benutzen Benzodiazepine zur Abschwächung des sogenannten *Crash*, dem raschen Rückgang der durch Kokain induzierten Euphorie (TASK FORCE ON BENZODIAZEPINE DEPENDENCY 1990).

Aus den USA wurde berichtet, daß dort Drogensüchtige Benzodiazepine zusammen mit Kokain oder Amphetaminen durch die Nase applizieren (SHEEHAN et al. 1991). Beispielsweise hält nach dem „Sniefen" von Alprazolam dessen Wirkung für lediglich 20 Minuten an, wobei ein erster Effekt bereits nach Sekunden spürbar ist und nach drei Minuten die maximale Wirkung des Benzodiazepins erreicht ist. Darauf folgt eine über etwa zehn Minuten anhaltende Entzugsphase, die als sehr unangenehm erlebt wird (SHEEHAN et al. 1991).

Gerade Alkoholiker benutzen sehr häufig Benzodiazepine (KEMPER et al. 1980). Beispielsweise hatten unter den stationär aufgenommenen Alkoholiker einer Berliner Nervenklinik rund 25% Benzodiazepine vor der Klinikaufnahme eingenommen (SCHMIDT et al. 1987). Weiterhin findet sich unter Alkoholkranken ein relativ hoher Prozentsatz von Benzodiazepin-Abhängigkeit im Hochdosis-Bereich (LAUX und KÖNIG 1987, SCHMIDT et al. 1987, WISEMAN und SPENCER-PEET 1985). Alprazolam soll bei Alkoholikern besonders suchterzeugend sein (CIRAULO et al. 1988). Bemerkenswerterweise kommt es bei dem kombinierten Alkohol-Benzodiazepin-Entzug zu einer Symptomatik, die mehr dem des Benzodiazepin- als der des Alkoholentzugs entspricht (BENZER und CUSHMAN 1980).

8. Symptome beim Absetzen von Benzodiazepinen

Drei Formen von Absetzsymptomen, die nach dem Absetzen einer Benzodiazepin-Medikation auftreten können, werden unterschieden: **Rebound, Rückfall** und **Entzug** (PETURSSON und LADER 1984, LADER und FILE 1987).

Als Ursache dieser Absetzsymptome wird meist die Abnahme des GABA-ergen (γ-Aminobuttersäure) inhibitorischen Einflusses im Zentralnervensystem im Sinne einer Gegenregulation *(„down-regulation")* bei der chronischen Stimulation durch die Benzodiazepin-Medikation angenommen (Apelt et al. 1992, Haefely 1986). Experimentelle Befunde deuten insbesondere auf eine reversible Abnahme der Benzodiazepin-Rezeptordichte bei Langzeitexposition hin. Fällt diese Stimulation mit dem Absetzen einer Benzodiazepin-Medikation fort, reicht der GABA-erge Einfluß vorübergehend nicht aus, um überschießende Reaktionen, wie Angst, zu verhindern. Es gibt jedoch Hinweise, daß bei der Abhängigkeitsentwicklung andere zentralnervöse Systeme beteiligt sind. So wurde tierexperimentell kürzlich gezeigt, daß Glutamat-Antagonisten die Entwicklung einer Diazepam-Abhängigkeit verhindern (Steppuhn und Turski 1993).

8.1 Rebound

Unter Pharmakotherapien treten häufig gegenregulatorisch wirkende Anpassungsreaktionen auf. Beim Absetzen der Medikation kommt es dann mit abklingender Medikamentenwirkung quasi zu einer überschießenden Gegenregulation und die ursprüngliche Krankheitssymptomatik tritt ausgeprägter als vor Therapiebeginn wieder auf. Ein Rebound wird beim Absetzen diverser Medikamente beobachtet. So zeigt sich beispielsweise häufig eine vermehrte Embolie-Neigung nach Beendigung einer Antikoagulantien-Therapie. Bei Benzodiazepinen wird wohl häufig dieser **Rebound** fälschlich als Ausdruck einer Abhängigkeit interpretiert. Im Gegensatz zum Entzug klingt die Reboundsymptomatik je nach Wirkdauer des Benzodiazepins rasch ab. Ferner kann es durch eine zunehmende Krankheitsintensität beim Absetzen der Medikation zu einem sogenannten **Pseudorebound** kommen (Haefely 1986). Mit dem Wegfall der Medikamentenwirkung wird die Krankheitsintensivierung dekuvriert (Abb. 5).

Ultrakurz wirkende Benzodiazepine, die meist bei Schlafstörungen eingesetzt werden, zeigen in der ersten und zweiten Nacht nach Absetzen einen ausgeprägten Rebound. Mit zunehmender Eliminationshalbwertszeit tritt der Rebound verzögert auf und ist von schwächerer Intensität. Das Re-

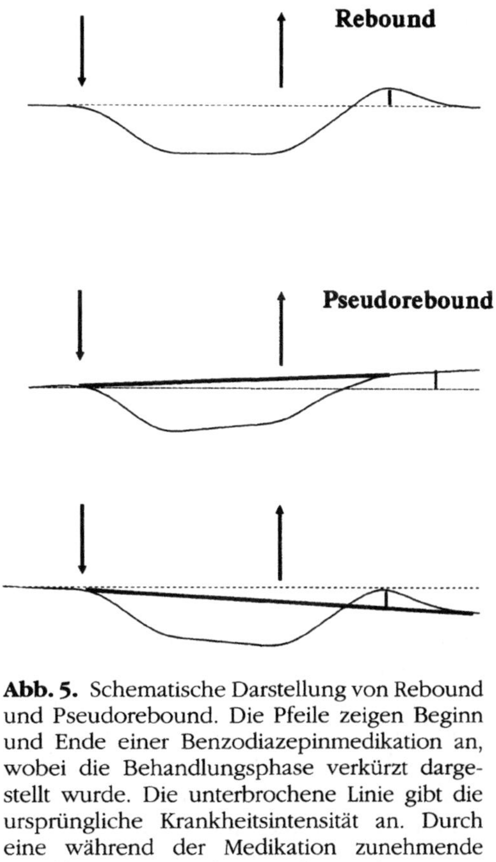

Abb. 5. Schematische Darstellung von Rebound und Pseudorebound. Die Pfeile zeigen Beginn und Ende einer Benzodiazepinmedikation an, wobei die Behandlungsphase verkürzt dargestellt wurde. Die unterbrochene Linie gibt die ursprüngliche Krankheitsintensität an. Durch eine während der Medikation zunehmende Krankheitsintensität kann es beim Absetzen zu einem sogenannten Pseudorebound kommen, d.h. mit dem Wegfall der Medikamentenwirkung wird die Krankheitsintensivierung dekuvriert (Mitte). Auch ist es möglich, daß sich die Krankheitsintensität zunehmend unter der Benzodiazepinmedikation bessert und beispielsweise einen Rebound verdeckt (unten) (nach Haefely 1986)

bound-Phänomen ist dosisabhängig: Nach sechs Nächten mit je 0,5 mg Triazolam trat bei Probanden eine Rebound-Schlaflosigkeit auf, jedoch nicht nach der Gabe von 0,25 mg (ROEHRS et al. 1986). Eine allmähliche Dosisreduktion soll die Rebound-Insomnie nach Triazolam-Therapie verhindern (GRENNBLATT et al. 1987). Der Rebound-Effekt erklärt möglicherweise das Phänomen der Niedrig-Dosis-Benzodiazepinabhängigkeit. Rebound-Schlaflosigkeit und -Ängstlichkeit werden vom Patienten auf das Fehlen des Medikaments und nicht als Nachwirkung der Medikamenteneinnahme interpretiert.

8.2 Rückfall

Mit Abklingen der Benzodiazepin-Wirkung kann es zum Wiederaufleben der Krankheitssymptomatik, wie Unruhe, Angst und Schlaflosigkeit, kommen. Die Unterscheidung zwischen Rückfall- und Reboundsymptomen ergibt sich aus dem zeitlichen Verlauf. Reboundsymptome verschwinden einige Zeit nach dem Absetzen des Benzodiazepins. Halten die Symptome jedoch über einen längeren Zeitraum an, so müssen diese als Ausdruck des zugrundeliegenden Krankheitsgeschehens angesehen werden (Abb. 6).

8.3 Eigentliche Entzugssymptome

Diese zeichnen sich dadurch aus, daß sie *vor* Verordnung des Benzodiazepins nicht vorhanden waren. Die mögliche Entzugssymptomatik nach Absetzen von Benzodiazepinen ist in Tabelle 2 zusammengefaßt. Sehr häufige Symptome sind dabei nach dem Bericht einer Arbeitsgruppe der *American Psychiatric Association* vermehrte Angst, Insomnie, Unruhe, Agitation, Reizbarkeit und Muskelverspannung (TASK FORCE ON BENZODIAZEPINE DEPENDENCY 1990). Als relativ typisch für den Benzodiazepinentzug gelten sensorische Perzeptionsstörungen, die aber nur bei einer Minderzahl der Pati-

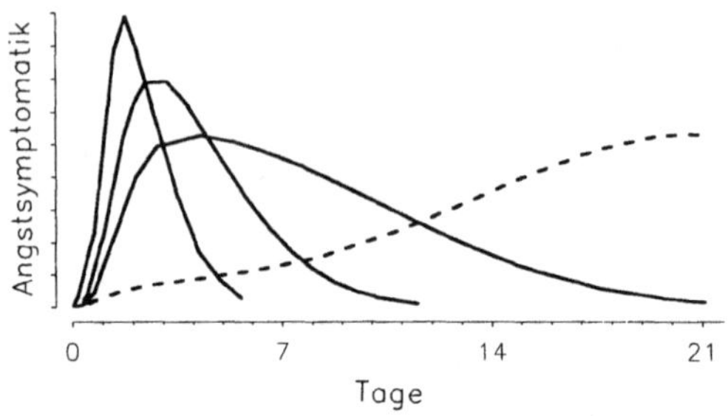

Abb. 6. Schematische Darstellung zum unterschiedlichen zeitlichen Verlauf des Wiederauftretens der Grundsymptomatik (Rückfall, unterbrochene Linie) und der Entzugssymptomatik (durchgezogene Linien) im Falle eines Behandlungsabbruches bei einer Angsterkrankung. Bei Benzodiazepinen mit kürzerer Halbwertszeit tritt die Entzugssymptomatik rascher ein, ist häufig ausgeprägter und ist eher abgeklungen als bei Substanzen mit längerer Halbwertszeit

enten beobachtet werden (SCHÖPF 1981). Schwere oder gar lebensbedrohliche Symptome, wie Entzugskrämpfe oder ein psychotisches Bild, sind dagegen die Ausnahme (SCHÖPF 1983, 1985). Ein Fragebogen zur Erfassung einer Entzugsymptomatik nach Absetzen von Benzodiazepinen wurde von TYRER et al. (1990) publiziert.

Angeblich können bei der Niedrig-Dosis-Abhängigkeit auch Entzugserscheinungen langsam protrahiert zunehmen, einen fluktuierenden Verlauf nehmen und gelegentlich über mehrere Jahre fortbestehen (HIGGITT et al. 1990). Ob eine sichere Abtrennung dieses prolongierten Entzuges vom primären Krankheitsprozeß möglich ist, erscheint fragwürdig. Die prolongierten Beschwerden nach erfolgtem Entzug werden teilweise auch als Post-Entzugs-Syndrom bezeichnet (*postwithdrawal syndrome;* MARKS 1988).

Die Angaben zur Häufigkeit von Entzugssymptomen sind stark von den benutzten Diagnosekriterien abhängig. Das Risiko nimmt mit Dosis und Behandlungsdauer zu. Meist wird angenommen, daß es zu einer Entzugssymptomatik erst nach einer Be-

Tabelle 2. Entzugssymptome nach Absetzen von Benzodiazepinen nach Langzeitbehandlung (Schöpf 1983)

A	*Häufig bis regelmäßig vorkommende unspezifische Symptome*	Schlafstörungen (71%)[a]	
		Angst (56%)	
		Dysphorie / vermehrte Reizbarkeit (49%)	
		Myalgien / Muskelzucken (49%)	
		Tremor / Zittern (38%)	
		Cephalgien (38%)	
		Nausea / Brechreiz / Appetit- und Gewichtsverlust (36%)	
		Schwitzen (22%)	
		verschwommenes Sehen (20%)	
B	*Perzeptionsstörungen*	quantitative	Überempfindlichkeit
			– gegen Geräusche (38%)
			– gegen Licht (24%)
			– gegen Geruch (15%)
			– gegen Berührung (7%)
			Unterempfindlichkeit
			– gegen Geruchsreize (15%)
			– gegen Geschmacksreize (4%)
		qualitative	kinästhetische (> 24%)
			optische (> 13%)
			gustatorische (13%)
			akustische (2%)
			olfaktorische (2%)
C	*Andere Störungen*	Depersonalisations- und Derealisationsphänomene (24%)	
D	*Schwere Zwischenfälle* (selten)	Psychosen (7%)	
		epileptische Anfälle (4%)	

[a] Die Prozentzahlen geben die Häufigkeit von Entzugssymptomen unter 55 Patienten nach Absetzen von Benzodiazepinen nach einer täglichen Einnahme über mindestens ein Jahr an. Diese Daten ergaben sich aus der Metaanalyse von 6 Publikationen

handlung von mehr als vier Monaten kommt (Owen und Tyrer 1983). Jedoch gibt es Hinweise, daß es auch nach einer kürzeren Behandlungsdauer zu einer Entzugssymptomatik kommen kann. Murphy et al. (1984) verglichen Patienten, die über sechs Wochen Diazepam beziehungsweise Buspiron erhalten hatten und beobachteten lediglich bei den mit Diazepam behandelten Patienten eine Entzugssymptomatik.

Entzugskrämpfe treten meist nach einer langandauernder Einnahme von Benzodiazepinen in sehr hoher Dosis und raschem Entzug auf (Robinson und Sellers 1982). Sie wurden jedoch auch nach der täglichen Einnahme von 30 mg Diazepam (Rifkin et al. 1976) beziehungsweise 5 mg Alprazolam (Levy 1984) beobachtet, wobei in diesen Fällen anamnestisch keine Epilepsie bekannt war. Insbesondere ist bei Patienten mit niedriger zerebraler Krampfschwelle ober bei Abhängigkeit von anderen psychotropen Substanzen Vorsicht geboten. Die gleichzeitige Einnahme von Medikamenten, die die zerebrale Krampfschwelle senken, wie Neuroleptika oder Antidepressiva, prädisponiert sicherlich für das Auftreten von Entzugskrämpfen. Überwiegend kommt es in den ersten Tagen nach dem Absetzen zu Anfällen, doch wurden diese auch am elften Tag nach Einnahmeende beobachtet (ROBINSON und SELLERS 1982). Neben Dauer und Dosis beeinflussen auch die pharmakologischen Eigenschaften die Entstehung von Entzugskrämpfen. Insbesondere sollen sie beim abrupten Absetzen von hochpotenten Benzodiazepinen mit kurzer Halbwertszeit eintreten, wobei dies nicht sicher belegt ist (TASK FORCE ON BENZODIAZEPINE DEPENDENCY 1990).

Zopiclon und Zolpidem sind zwar strukturchemisch keine Benzodiazepine, jedoch wirken sie als Benzodiazepin-Rezeptoragonisten. Für beide Substanzen liegen Berichte zu einer Abhängigkeitsentwicklung vor (MÜLLER 1994). So führte Zopiclon zu einer Hochdosis-Abhängigkeit mit epileptischen Anfällen nach abruptem Stopp der Einnahme (ARANKO et al. 1991, THAKORE und DINAN 1992).

Psychotische Bilder beim Benzodiazepinentzug sind selten und es finden sich in der Literatur vergleichsweise wenige Fallberichte (BARTEN 1965, DYSKEN und CHAN 1977, PRESKORN 1977, DE BARD 1979). In der von FRUENSGAARD (1976) beobachteten Serie von 30 Entzugspsychosen fanden sich vier Fälle, bei denen lediglich Benzodiazepine, in vergleichsweise moderater Dosis konsumiert worden waren. Zur psychotischen Entwicklung kam es nach abruptem Absetzen, wie beispielsweise vor chirurgischen Eingriffen, mit mehreren Tagen Latenz. Entsprechend beschrieb BÖNING (1981) zwei Fälle, bei denen es am 7. beziehungsweise am 12. Abstinenztag nach abrupten Absetzen von Bromazepam zu einem Delir mit paranoid-halluzinatorischer Symptomatik kam.
Der zeitliche Verlauf von Rückfall und Entzugssymptomatik wird in Abb. 6 dargestellt. Eine Unterscheidung zwischen Entzug und Rückfall ist meist nur am zeitlichen Verlauf und nicht am Querschnittsbild möglich, da zweifelsfrei als Entzugssymptome zu identifizierende Phänomene nur bei einer Minderzahl der Betroffenen auftreten (siehe Tabelle 2; SCHÖPF 1983). Bei kurz wirksamen Benzodiazepinen ist die Entzugssymptomatik nach 2 bis 3 Tagen maximal ausgeprägt und bei Absetzen lang wirksamer nach 4 bis 7 Tagen (RICKELS et al. 1990). Die Entzugssymptomatik klingt dann innerhalb von Wochen wieder ab. Dagegen beginnt die Rückfallsymptomatik später, nimmt langsamer zu und erreicht erst nach zirka 3 Wochen ihr Maximum, um dann auf unverändertem Intensitätsniveau fortzubestehen.

9. Durchführung des Benzodiazepin-Entzugs

Mehrere Faktoren sollen die Intensität der Entzugssymptomatik und die Rückfallrate beeinflussen:

- die Benzodiazepintagesdosis,
- die Therapiedauer,
- die Eliminationshalbwertszeit des Benzodiazepins und dessen Potenz
- sowie die Reduktionsrate während des Entzugs (NOYES et al. 1988).

Tabelle 3 gibt einen Überblick zu einigen kontrolliert durchgeführten Studien zum Benzodiazepin-Entzug nach Einnahme therapeutischer Dosen über einen Zeitraum von mindestens vier Monaten. Zu einer Entzugssymptomatik kann es jedoch auch nach kurzfristiger Therapie, wie nach achtwöchiger Einnahme von Alprazolam, kommen (NOYES et al. 1985). Bei abruptem Absetzen kurz wirksamer Benzodiazepine ist die Entzugssymptomatik ausgeprägter als nach dem Absetzen von lang wirksamen Benzodiazepinen (RICKELS et al. 1990).
Unterschiedlich ist das Vorgehen beim allmählichen Entzug. SCHWEIZER et al. (1990) reduzierten die Benzodiazepin-Dosis wöchentlich um 25%. Bei diesem Vorgehen wurde der Ausprägungsgrad der Entzugssymptomatik deutlicher von den Persönlichkeitseigenschaften als von Dosis oder Halbwertszeit des Benzodiazepins beein-

flußt. Bei Frauen war die Entzugssymptomatik ausgeprägter als bei Männern. Weiterhin erwies sich ein gewohnheitsmäßiger Alkoholkonsum als ungünstiger Faktor. Das Lebensalter hatte dagegen keinen Einfluß auf den Schweregrad des Entzugs (SCHWEIZER et al. 1989).

Entsprechend empfiehlt sich ein möglichst langsames Ausschleichen des Benzodiazepins. Dies ist im allgemeinen ambulant möglich, sofern keine besonderen Risikofaktoren bekannt sind, wie beispielsweise zerebrale Krampfanfälle. Von RÜTHER (1987) wurde ein Schema zum Absetzen von Benzodiazepinen vorgeschlagen, wobei unterstützend das sedierend wirkende Doxepin gegeben wird (Tabelle 4).

Die Autoren dieser Übersicht stellen üblicherweise zum Absetzen nach langfristiger Einnahme von Benzodiazepinen zunächst auf die äquivalente Diazepam-Menge in flüssiger Zubereitung um (Valiquid 0,3®), wobei dies im allgemeinen trotz der unterschiedlichen pharmakokinetischen Eigenschaften der Benzodiazepine unproblematisch ist. Diese Umstellung erlaubt eine sehr langsame und exakt durchführbare Dosisreduktion, die meist über einen Zeitraum von ein bis zwei Monaten erfolgt.

Unterstützend kann Propranolol bei der Entzugsbehandlung gegeben werden (CANTOPHER et al. 1990). Clonidin ist dagegen ohne positive Wirkung (GOODMAN 1986). Weiterhin wurde Carbamazepin (RIES et al. 1989) und Zopiclon (SHAPIRO et al. 1993) zum Benzodiazepin-Entzug eingesetzt. Besonders wichtig für den Erfolg einer Entzugsbehandlung ist die enge psychagogische Führung des Patienten.

Ein entsprechendes Vorgehen ist auch bei einer Hochdosisabhängigkeit möglich, wobei dies wohl stationär erfolgen sollte. HARRISON et al. (1984) beschrieben eine Serie von 23 Entzugsbehandlungen, wobei die durchschnittliche Tagesdosis 150 mg Diazepam-Äquivalente betrug. Zum Entzug erhielten die Patienten Diazepam und zwar 40% der ursprünglichen Tagesdosis. Die Dosis wurde dann täglich in Zehnprozent-Schritten reduziert. Trotz dieses vergleichsweise raschen Entzugs wurde lediglich bei einem Patienten mit einer Entzugspsychose eine schwere Komplikation beobachtet.

Bemerkenswerterweise ist der weitere Verlauf nach erfolgtem Benzodiazepin-Entzug und dessen langfristige Erfolgsrate kaum untersucht (RICKELS et al. 1993). Solche Untersuchungen wären als Hilfe bei der Entscheidung nützlich, inwieweit im Einzelfall der oft beschwerliche Benzodiazepinentzug anzuraten ist. Möglicherweise ist die Rückfallquote nach erfolgtem Benzodiazepinentzug nur sehr gering (ASHTON 1987).

10. Auswirkungen einer staatlichen Kontrolle der Benzodiazepin-Verschreibungen

Auch in der Bundesrepublik Deutschland wurde eine Kontrolle der Benzodiazepin-Verschreibungen gefordert, um insbesondere die Zahl der Wiederholungsrezepturen einzuschränken (BÖNING und SCHRAPPE 1984).

Dies versuchte ab 1989 in den USA der Bundesstaat New York (WEINTRAUB et al. 1991). Zur Eindämmung von Langzeitverordnungen wurden Benzodiazepin-Verschreibungen durch ein spezielles dreifaches Formular erfaßt. Außerdem wurde die maximale Benzodiazepin-Menge pro Rezept beschränkt. Zwar wurde durch diese Rezeptkontrolle eine deutliche Reduktion der Benzodiazepin-Verschreibungen erreicht, gleichzeitig verdoppelte sich jedoch die Zahl der Verschreibungen von älteren Hypnotika wie Meprobamat und Chloralhydrat und die Ausgaben für Psychopharmaka blieben insgesamt nahezu konstant. Auch wurde vermutet, daß zahlreiche Patienten als Folge dieser Reform keine adäquate medikamentöse Therapie mehr erhalten

Tabelle 3. Auswahl von einigen Studien zum Benzodiazepin-Entzug nach Einnahme therapeutischer Dosen über mindestens vier Monate

Studie	Patienten	Fragestellung	Entzugs-Procedere	Benzodiazepin, durchschnittliche Tagesdosis (mg)	Ergebnis
RICKELS et al. (1990)	n = 57	Vergleich von kurz mit lang wirksamen Benzodiazepinen bei abruptem Entzug	abrupt	Diazepam, 11,6 Clorazepat, 12,5 Lorazepam, 4,0 Alprazolam, 1,6	Schwere Entzugssymptomatik und höhere Rückfallquote bei kurz wirksamen Benzodiazepinen
SCHWEIZER et al. (1990)	n = 63	Vergleich von kurz mit lang wirksamen Benzodiazepinen bei allmählicher Reduktion	Reduktion um 25% pro Woche	Diazepam, 14,6 Clorazepat, 22,3 Lorazepam, 4,6 Alprazolam, 3,5	Persönlichkeitsfaktoren beeinflussen den Entzug deutlicher als Dosis oder Halbwertszeit des Benzodiazepins
SCHWEIZER et al. (1989)	Lebensalter ≥ 60 Jahre (n = 19) Lebensalter ≤ 55 Jahre (n = 22) Kontrollierte Zusammensetzung der Gruppen nach Dosis, Einnahmedauer, Benzodiazepintyp	Einfluß des Lebensalters	Reduktion um 25% pro Woche	Diazepam, Clorazepat, Lorazepam, Alprazolam	Kein Einfluß des Lebensalters auf die Ausprägung des Entzugs; beide Gruppen ohne schwere Komplikationen
PETURSSON und LADER (1981)	Gescheiterter Benzodiazepinentzug in der Vorgeschichte n = 16	Beschreibung der Entzugssymptomatik	Reduktion um 50%; dann nach 2 Wochen kompl. Entzug	Diazepam, 16,6 Lorazepam, 5,25 Clobazam, 30	Teilweise schwere Entzugssymptomatik; Entzugspsychose bei 2 Patienten
LAUGHREN et al. (1982)	Chronifizierte Angststörung n = 24	Vergleich zwischen abruptem und allmählichem Entzug von Diazepam	abrupt / Reduktion um 5 mg Gruppenunterschied Woche	Diazepam, 17	Kein eindeutiger Gruppenunterschied
MELLMAN und UHDE (1986)	Stationäre Patienten n = 10, davon 8 mit Angststörungen	Beschreibung der Entzugssymptomatik	Individuell bestimmt, durchschnittlich 0,19 mg/Tag	Alprazolam, 4,95	Die letzten 5 Tage des Entzugs zeichneten sich durch vermehrte Angst sowie einen erhöhten Plasmacortisolspiegel aus

Tabelle 4. Absetzen von Benzodiazepinen (Rüther 1987)

Aktuelle Benzodiazepin-Dosis	Reduktionsschema	Zusatzmedikation
Mehr als 2 Tabletten Benzodiazepin täglich!	Täglich eine halbe Tablette weniger, bis 2 Tabletten/die erreicht sind[a]	Einschleichende Dosierung von Doxepin innerhalb von 2 Wochen (25–75 mg) *Wichtig: Lieber die Dosis der Zusatzmedikation erhöhen, als die Benzodiazepin-Dosis!*
2 Tabletten Benzodiazepin täglich	Innerhalb von 4 Wochen: *Reduktion der Dosis auf 1 Tablette!* Z.B.: – 1. Woche: 2 Tabletten – 2. Woche: 1 1/2 Tabletten – 3. Woche: 1 1/2 Tabletten – 4. Woche: 1 Tablette	Individuelle Dosierung von Doxepin z.B. 25-50 mg Doxepin am Abend, Steigerung bis 100 mg möglich
1 Tablette Benzodiazepin täglich	Innerhalb von 4 Wochen: *Reduktion der Dosis auf 1/2 Tablette!* Z.B.: – 1. Woche 1 Tablette – 2. Woche: abwechselnd 1 Tablette bzw. 1/2 Tablette – 3. Woche: abwechselnd 1 Tablette bzw. 1/2 Tablette – 4. Woche: 1/2 Tablette	
1/2 Tablette Benzodiazepin täglich	Innerhalb von 4 Wochen: *Keine Benzodiazepin-Einnahme mehr!* Z.B.: – 1. Woche: 1/2 Tablette – 2. Woche: abwechselnd 1/2 Tablette, keine Benzodiazepineinnahme – 3. Woche: abwechselnd 1/2 Tablette, keine Benzodiazepineinnahme – 4. Woche: *Benzodiazepine abgesetzt*	Nach vollständigem Absetzen des Benzodiazepins, Doxepin noch mindestens 3 Wochen weiter verabreichen. Ausschleichend Doxepin absetzen, Reduktion um 25 mg pro Woche

[a] Nimmt ein Patient mehrere Benzodiazepine ein, sollte er ausschließlich das Benzodiazepin weiter einnehmen, das die kürzeste Eliminationshalbwertszeit hat; liegt das Benzodiazepin nicht in teilbarer Form vor, ist auf ein *teilbares* Präparat umzustellen!

würden (Shader et al. 1991). Möglicherweise führt eine Einschränkung der Benzodiazepin-Verschreibungen auch dazu, daß vermehrt Alkohol zur Selbstmedikation benutzt wird. Aus Finnland kommt die Beobachtung, daß mit der Abnahme der Benzodiazepinverschreibungen koinzident der Alkoholkonsum landesweit deutlich zunahm (Idanpaan-Heikkila 1979).

Auch ohne staatliche Beschränkungen werden in der Bundesrepublik Deutschland zunehmend statt Benzodiazepinen Alternativen wie Neuroleptika, Antidepressiva, Phytotherapeutika oder Analgetika eingesetzt (Linden und Gothe 1993). Bedenklich stimmt insbesondere der unkritische Einsatz von Depot-Neuroleptika wie Imap® 1,5 mg (Fluspirilen). Immerhin wurden im Jahr 1992 35,1 Millionen Tagesdosen dieses Präparates in der Bundesrepublik Deutschland verordnet, obwohl zunehmend über Spätdyskinesien nach niedrig dosierten Neuroleptika berichtet wird (Kappler et al. 1994, Laux und Gunreben 1991, Lohse und Müller-Oerlinghausen 1994b). Hinweise, daß statt dem Einsatz von Benzodiazepinen nun vermehrt psychotherapeutisch vorgegangen wird, haben sich bislang nicht ergeben (Linden und Gothe 1993).

11. *Schlußfolgerung*

Mit Benzodiazepinen kann rasch eine Anxiolyse und eine Besserung von Schlafstörungen erreicht werden. Bei kurzfristigem Einsatz von Benzodiazepinen ist das Risiko unerwünschter Therapieeffekte gering, jedoch sollte vor Beginn der Therapie mit Benzodiazepinen eine sorgfältige Alkohol- und Drogenanamnese erfolgen.

Das Risiko einer kognitiven Beeinträchtigung, einer Abhängigkeitsentwicklung und das Auftreten einer Entzugssymptomatik nach Absetzen der Benzodiazepin-Medikation nimmt unter folgenden Bedingungen deutlich zu:

- hohe Dosierung
- tägliche Einnahme über einen Zeitraum von mehr als vier Monaten
- fortgeschrittenes Lebensalter
- Bestehen einer Suchtanamnese
- Einsatz kurz wirksamer Benzodiazepine hoher Potenz (Task Force on Benzodiazepine Dependency 1990).

Nach der Arzneimittelkommission der Deutschen Ärzteschaft (1985) werden Benzodiazepine nicht zu häufig, sondern zu lange verordnet. Benzodiazepine sollten nur zur kurzfristigen Krisenintervention eingesetzt werden. Eine langfristige Benzodiazepin-Therapie kann bei Angst- und gelegentlich bei Schlafstörungen mit intermittierender Einnahme gerechtfertigt sein. Benzodiazepine sollten individuell angepaßt in der geringsten noch therapeutisch wirksamen Dosis über einen möglichst kurzen Zeitraum eingesetzt werden (Task Force on Benzodiazepine Dependency 1990).

Literatur

Apelt S, Schmauss C, Emrich HM (1990) Preference for alprazolam as opposed to diazepam in benzodiazepine-dependent psychiatric inpatients. Pharmacopsychiatry 23: 70–75

Apelt S, Schmauss C, Emrich HM (1992) Psychopharmakologie und Klinik der Benzodiazepin-Abhängigkeit. Fortschr Neurol Psychiat 60: 104–109

Aranko K, Henriksson M, Hublin C, Seppäläinen AM (1991) Misuse of zopiclone and convulsions during withdrawal. Pharmacopsychiatry 24: 138–140

Ashton H (1987) Benzodiazepine withdrawal: outcome in 50 patients. Br J Addict 82: 665–671

Arzneimittelkommission der Deutschen Ärzte-

SCHAFT (1985) Benzodiazepine bestimmungsgemäß gebrauchen. Dtsch Ärztebl 82: 2033

BALTER MB, MANHEIMER DI, MELLINGER GD, UHLENHUTH EH (1984) A cross-national comparison of anti-anxiety/sedative drug use. Curr Med Res Opin 8 [Suppl 4]: 5–18

BARNAS C, FLEISCHHACKER WW, WHITWORTH AB, SCHETT P, STUPPÄCK C, HINTERHUBER H (1991) Characteristics of benzodiazepine long-term users: investigation of benzodiazepine consumers among pharmacy customers. Psychopharmacology 103: 233–239

BARTHEN HH (1965) Toxic psychosis with transient dysmnestic syndrome following withdrawal from valium. Am J Psychiatry 121: 1210–1211

BENZER D, CUSHMAN P (1980) Alcohol and benzodiazepines: withdrawal syndromes. Alcoholism: Clin Exp Res 4: 243–247

BERGMAN U, ROSA FW, BAUM C, WIHOLM B-E, FAICH GA (1992) Effects of exposure to benzodiazepine during fetal life. Lancet 340: 694–696

BINDER W, KORNHUBER HH, WAIBLINGER (1984) Benzodiazepin-Sucht, unsere iatrogene Seuche – 157 Fälle von Benzodiazepinabhängigkeit. Oeff Gesundheitswesen 46: 80–86

BOETHIUS G, WESTERHOLM B (1977) Purchases of hypnotics, sedatives and minor tranquillizers among 2,566 individuals in the country of Jämtland, Sweden: a 6-year follow-up. Acta Psychiatr Scand 56: 147–159

BÖNING J (1981) Entzugsdelirien unter Bromazepam (Lexotanil®). Ein psychopharmakologischer Beitrag zur Klinik von Entzugssyndromen. Nervenarzt 52: 293–297

BÖNING J, SCHRAPPE O (1984) Benzodiazepin-Abhängigkeit: Klinik der Entzugs-Syndrome. Dtsch Ärztebl 81: 211–218

BROWN BS, CHAITKIN L (1981) Use of stimulant/depressant drugs by drug abuse clients in selected metropolitan areas. Int J Addict 16: 1473–1490

BUNDESKRIMINALAMT WIESBADEN ABTEILUNG RAUSCHGIFT-BEKÄMPFUNG (1993) Rauschgiftjahresbericht 1992. In: DEUTSCHE HAUPTSTELLE GEGEN DIE SUCHTGEFAHREN (Hrsg) Jahrbuch Sucht 94. Neuland Verlagsgesellschaft, Geesthacht, S 105–126

BUSTO U, LANCTÔT KL, ISAAC P, ADRIAN M (1989) Benzodiazepine use and abuse in Canada. Can Med Assoc J 141: 917–921

CANTOPHER T, OLIVIERI S, CLEAVE N, EDWARD JG (1990) Chronic benzodiazepine dependence. A comparative study of abrupt withdrawal under propranolol cover versus gradual withdrawal. Br J Psychiatry 156: 406–411

CHRISTENSEN LQ, NIELSEN ML, NIELSEN SL (1990) Traffic accidents and drivers suspected for drug influence. Forensic Sci Int 45: 273–280

CIRAULO DA, BARNHILL JG, GREENBLATT DJ, SHADER RI, CIRAULO AM, TARMEY MF, MOLLOY MA, FOTI ME (1988) Abuse liability and clinical pharmacokinetics of alprazolam in alcoholic men. J Clin Psychiatry 49: 333–337

CZERWENKA-WENKSTETTEN H, HOFMANN G, KRYSPIN-EXNER K (1965) Ein Fall von Valium-Entzugsdelir. Wien Med Wochenschr 47: 994–995

DEBARD ML (1979) Diazepam withdrawal syndrome: a case with psychosis, seizure, and coma. Am J Psychiatry 136: 104–105

DEWIT H, UHLENHUTH EH, JOHANSON CE (1984) Lack of preference for flurazepam in normal volunteers. Pharmacol Biochem Behav 21: 865–869

DUNBAR GC, MH PERERA, JENNER FA (1989) Patterns of benzodiazepine use in Great Britain as measured by a general population survey. Br J Psychiatry 155: 836–841

DUPONT RL (1990) A practical approach to benzodiazepine discontinuation. J Psychiatr Res 24 [Suppl 2]: 81–90

DYSKEN MW, CHAN CH (1977) Diazepam withdrawal psychosis: a case report. Am J Psychiatry 134: 573

FLEISCHHACKER WW, BARNAS C, HACKENBERG B (1986) Epidemiology of benzodiazepine dependence. Acta Psychiatr Scand 74: 80–83

FORSYTH AJM, FARQUHAR D, GEMMELL M, SHEWAN D, DAVIES JB (1993) The dual use of opioids and temazepam by drug injectors in Glasgow (Scotland). Drug Alcohol Depend 32: 277–280

FRUENSGAARD K (1976) Withdrawal psychosis: a study of 30 consecutive cases. Acta Psychiatr Scand 53: 105–118

GEISELMANN B (1992) Langzeittherapie mit Psychopharmaka versus Arzneimittelabhängigkeit. In: HELMCHEN H, LINDEN M (1992) Die jahrelange Behandlung mit Psychopharmaka. de Gruyter, Berlin New York, S 185–201

GEISELMANN B, LINDEN M, SACHS-ERICSSON N (1989) Benzodiazepine prescriptions and therapist non-compliance. Eur Arch Psychiatr Neurol Sci 239: 180–187

GOLOMBOK S, MOODLEY P, LADER M (1988) Cognitive impairment in long-term benzodiazepine users. Psychol Med 18: 365–374

GOODMAN WK, CHARNEY DS, PRICE LH, WOODS SW, HENINGER GR (1986) Ineffectiveness of clonidine in the treatment of the benzodiazepine withdrawal syndrome: report of three cases. Am J Psychiatry 143: 900–903

GREENBLATT DJ, HARMATZ JS, ZINNY MI, SHADER RI (1987) Effect of gradual withdrawal on the rebound sleep disorder after discontinuation of triazolam. N Engl J Med 317: 722–728

GRIFFITHS RR, BIGELOW GE, LIEBSON I, KALISZAK JE (1980) Drug preference in humans: double-blind choice comparison of pentobarbital, diazepam and placebo. J Pharmacol Exp Ther 215: 649–661

GRIFFITHS RR, MCLEOD DR, BIGELOW GE, LIEBSON IA, ROACHE JD (1984) Relative abuse liability of diazepam and oxazepam: behavioral and subjective dose effects. Psychopharmacology 84: 147–154

GRIFFITHS RR, LAMB RJ, SANNERUD CA, ATOR NA, BRADY JV (1991) Self-injection of barbiturates, benzodiazepines, and other sedative-anxiolytics in baboons. Psychopharmacology 103: 154–161

HAEFELY W (1986) Biological basis of drug-induced tolerance, rebound, and dependence: contribution of recent research on benzodiazepines. Pharmacopsychiatry 19: 353–361

HALLFORS DD, SAXE L (1993) The dependence potential of short half-life benzodiazepines: a meta-analysis. Am J Public Health 83: 1300–1304

HARRISON M, BUSTO U, NARANJO CA, KAPLAN HL, SELLERS EM (1984) Diazepam tapering in detoxification for high-dose benzodiazepine abuse. Clin Pharmacol Ther 36: 527–533

HAUSTEIN K-O, LITSCH M (1993) Arzneiverordnungen in den neuen Bundesländern im Jahre 1992. In: SCHWABE U, PAFFRATH D (Hrsg) Arzneimittelverordnungs-Report '93. Fischer, Stuttgart Jena, S 343–358

HIGGIT A, FONAGY HA, TOONE B, SHINE P (1990) The prolonged benzodiazepine withdrawal syndrome: anxiety or hysteria. Acta Psychiatr Scand 82: 165–168

HOLLISTER LE, MOTZENBECKER FP, DEGAN RO (1961) Withdrawal reactions from chlordiazepoxide („Librium"). Psychopharmacologia 2: 63–68

IDANPAAN-HEIKKILA (1979) Studies in drug utilisation. WHO Regional Publications European Series No. 8, Copenhagen, WHO

IGUCHI MY, HANDELSMAN L, BICKEL WK, GRIFFITHS RR (1993) Benzodiazepine and sedative use/abuse by methadone maintenance clients. Drug Alcohol Depend 32: 257–266

KAPPLER J, MENGES C, FERBERT A, EBEL H (1994) Schwere „Spät"dystonie nach „Neuroleptanxiolyse" mit Fluspirilen. Nervenarzt 65: 66–68

KAY DC, SAMUIDDIN Z (1988) Sleep disorders associated with drug abuse and drugs of abuse. In: WILLIAMS RL, KARACAN I, MOORE CA (eds) Sleep disorders. Diagnosis and treatment, 2nd edn. Wiley, New York, pp 315–371

KEMPER N, POSER W, POSER S (1980) Benzodiazepin-Abhängigkeit. Suchtpotential der Benzodiazepine größer als bisher angenommen. Dtsch Med Wochenschr 105: 1707–1712

KLAUBER J, SELKE GW (1993) Arzneimittelgruppen nach Altersgruppen In: SCHWABE U, PAFFRATH D (Hrsg) Arzneimittelverordnungs-Report '93. Fischer, Stuttgart Jena, S 498–514

KLAUBER J, SELKE GW (1993) Ergänzende statistische Übersicht. In: SCHWABE U, PAFFRATH D (Hrsg) Arzneimittelverordnungs-Report '93. Fischer, Stuttgart Jena, S 515–586

KÖNIG W, LAUX G, ZUMBÜHL V (1994) Zur Langzeiteinnahme von Benzodiazepinen – Ergebnisse der prospektiven Studie bei stationär behandelten psychiatrischen Patienten. Fortschr Neurol Psychiat [Suppl 2] 62: 34

KORNHUBER HH (1988) Das Risiko Benzodiazepin. Dtsch Ärztebl 85: 405

LADER M (1994) Anxiolytic drugs: dependence, addiction and abuse. Eur Neuropsychopharmacol 4: 85–91

LADER M, FILE S (1987) The biological basis of benzodiazepine dependence. Psychol Med 17: 539–547

LADEWIG D (1983) Abuse of benzodiazepines in Western European society – incidence and prevalence, motives, drug acquisition. Pharmacopsychiatry 16: 103– 106

LADEWIG D (1992) Abusus und Abhängigkeit. In: RIEDERER P, LAUX G, PÖLDINGER W (Hrsg) Neuro-Psychopharmaka. Ein Therapie-Handbuch, Bd 1. Springer, Wien New York, S 411–423

LADEWIG D, GROSSENBACHER H (1988) Benzodiazepine abuse in patients of doctors in domiciliary practice in the Basle area. Pharmacopsychiatry 21: 104–108

LADEWIG D, BÄNZINGER W, LÖWENHECK M 1981) Tranquilizer-Abusus – Ergebnisse einer gesamtschweizerischen Enquete. Schweiz Ärztezeitung 62: 3203–3209

LAUGHREN TP, BATTEY Y, GREENBLATT DJ, HARROP DS (1982) A controlled trial of diazepam withdrawal in chronically anxious outpatients. Acta Psychiatr Scand 65: 171–179

LAUX G (1979) Ein Fall von Lexotanil®-Abhängigkeit. Kasuistischer Beitrag zum Tranquilizermißbrauch. Nervenarzt 50: 326–327

LAUX G, KÖNIG W (1985) Benzodiazepine: Langzeiteinnahme oder Abusus. Ergebnisse einer epidemiologischen Studie. Dtsch Med Wochenschr 110: 1285–1290

LAUX G, KÖNIG W (1987) Long-term use of benzodiazepines in psychiatric inpatients. Acta Psychiatr Scand 76: 64–70
LAUX G, GUNREBEN G (1991) Schwere Spätdystonie unter Fluspirilen. Dtsch Med Wochenschr 116: 977–980
LEVY AB (1984) Delirium and seizures due to abrupt alprazolam withdrawal: case report. J Clin Psychiatry 45: 38–39
LINDEN M, GOTHE H (1993) Benzodiazepine substitution in medical practice. Analysis of pharmacoepidemiologic data based on expert interviews. Pharmacopsychiatry 26: 107–113
LOHSE MJ, MÜLLER-OERLINGHAUSEN B (1994a) Hypnotika und Sedativa. In: SCHWABE U, PAFFRATH D (Hrsg) Arzneimittelverordnungs-Report '94. Fischer, Stuttgart Jena, S 228–239
LOHSE MJ, MÜLLER-OERLINGHAUSEN B (1994b) Psychopharmaka. In: SCHWABE U, PAFFRATH (Hrsg) Arzneimittelverordnungs-Report '94. Fischer, Stuttgart Jena, S 343–358
LUDERER H-J, RECHLIN T (1993) Alkohol- und Medikamentenmißbrauch in Altenheimen. In: MÖLLER H-J, ROHDE A (Hrsg) Psychische Krankheit im Alter. Springer, Berlin Heidelberg New York Tokyo, S 170–179
MARKS J (1985) The benzodiazepines: use, overuse, misuse, abuse. MTP, Lancaster
MARKS J (1988) Techniques of benzodiazepine withdrawal in clinical practice. A consensus workshop report. Med Toxicol 3: 324–333
MELCHINGER H, SCHNABEL R, WYNS B (1992) Verordnungspraxis von Medikamenten mit Abhängigkeitspotential. Schriftenreihe des Bundesministeriums für Gesundheit, Bd 13. Nomos, Baden Baden
MELLMAN TA, UHDE TW (1986) Withdrawal syndrome with gradual tapering of alprazolam. Am J Psychiatry 143: 1464–1466
MÜLLER WE (1989) Are there differences in the dependence potential of benzodiazepines? Acta Psychiatr Scand 80: 526 (letter)
MÜLLER WE (1994) Wie „neu" sind die neuen Hypnotika Zopiclon und Zolpidem? Arzneiverordnung in der Praxis (Beilage zum Deutschen Ärzteblatt) Heft 2: 6–8
MÜLLER-OERLINGHAUSEN B (1986) Prescription and misuse of benzodiazepines in the Federal Republic of Germany. Pharmacopsychiatry 19: 8–13
MURPHY SM, OWEN RT, TYRER PJ (1984) Withdrawal symptoms after six weeks' treatment with diazepam. Lancet ii: 1389 (letter)
NAVARATNAM V, FOONG K (1990) Opiate dependence – the role of benzodiazepines. Curr Med Res Opin 11: 620–630
NOLAN L, O'MALLEY K (1988) Patients, prescribing, and benzodiazepines. Eur J Clin Pharmacol 35: 225–229
NOYES R JR, CLANCY J, CORYELL WH, CROWE RR, CHAUDHRY DR, DOMINGO DV (1985) A withdrawal syndrome after abrupt discontinuation of alprazolam. Am J Psychiatry 142: 114–116
NOYES R, GARVEY MJ, COOK BL, PERRY PJ (1988) Benzodiazepine withdrawal: a review of evidence. J Clin Psychiatry 49: 382–389
OWEN RT, TYRER P (1983) Benzodiazepine dependence. A review of the evidence. Drugs 25: 385–398
PAFFRATH D (1994) Arzneiverordnungen nach Arztgruppen. In: SCHWABE U, PAFFRATH D (Hrsg) Arzneimittelverordnungs-Report '94. Fischer, Stuttgart Jena, S 508–523
PEDERSEN W, LAVIK NJ (1991) Adolescents and benzodiazepines: prescribed use, self-medication and intoxication. Acta Psychiatr Scand 84: 94–98
PERERA KMH, POWELL T, JENNER FA (1987) Computerized axial tomographic studies following long-term use of benzodiazepines. Psychol Med 17: 775–777
PETURSSON H, LADER MH (1981) Withdrawal from long-term benzodiazepine treatment. Br Med J 283: 64–645
PETURSSON H, LADER MH (1984) Dependence on tranquillizers. Oxford University Press
PHILIPP M, BULLER R (1986) Klassifikatorische Probleme von Mißbrauch und Abhängigkeit bei Benzodiazepinen. In: HIPPIUS H, ENGEL RR, LAAKMANN G (Hrsg) Benzodiazepine-Rückblick und Ausblick. Springer, Berlin Heidelberg New York Tokyo, S 234–241
PIESIUR-STREHLOW B, STREHLOW U, POSER W (1986) Mortality of patients dependent on benzodiazepines. Acta Psychiatr Scand 73: 330–335
PRESKORN SH, DENNER LJ (1977) Benzodiazepines and withdrawal psychosis. Report of three cases. JAMA 237: 36–38
RICKELS K, SCHWEIZER E, CASE WG, GARCIA-ESPANA F (1988) Benzodiazepine dependence, withdrawal severity, and clinical outcome: effects of personality. Psychopharmacol Bull 24: 415–419
RICKELS K, SCHWEIZER G, CASE G, GREENBLATT DJ (1990) Long-term therapeutic use of benzodiazepines. I. Effects of abrupt discontinuation. Arch Gen Psychiatry 47: 899–907
RICKELS S, SCHWEIZER E, WEISS S, ZAVODNICK S (1993) Maintenance drug treatment for panic disorder. II. Short- and long-term outcome after drug taper. Arch Gen Psychiatry 50: 61–68

RIES RK, ROY-BYRNE PP, WARD NG, NEPPE V, CULLISON S (1989) Carbamazepine treatment for benzodiazepine withdrawal. Am J Psychiatry 146: 536–537

RIFKIN A, QUITKIN F, KLEIN DF (1976) Withdrawal reaction to diazepam. JAMA 236: 2172–2173 (letter)

ROBINSON GM, SELLERS EM (1982) Diazepam withdrawal seizures. Can Med Assoc J 126: 944–945

ROEHRS TA, ZORICK JJ, WITTIG RM, ROTH T (1986) Dose determinants of rebound insomnia. Br J Clin Pharmacol 22: 143–147

ROMACH MK, BUSTO UE, SOBELL LC, SOBELL MB, SOMER GR, SELLERS EM (1991) Long-term alprazolam use: abuse, dependence or treatment? Psychopharmacol Bull 27: 391–395

ROMACH MK, SOMER GR, SOBELL LC, SOBELL MB, KAPLAN HL, SELLERS EM (1992) Characteristics of long-term alprazolam users in the community. J Clin Psychopharmcol 12: 316–321

RÜTHER E (1987) Welche Vorgehensweise ist beim Absetzen langfristig eingenommener Benzodiazepine zu empfehlen? In: HIPPIUS H, RÜTHER E (Hrsg) Antidepressiva und Depressionsbehandlung in der ärztlichen Praxis. Springer, Berlin Heidelberg New York Tokyo, S 68–71

RUMMANS TA, DAVIS LJ, MORSE RM, IVNIK RJ (1993) Learning and memory impairment in older, detoxified, benzodiazepine-dependent patients. Mayo Clin Proc 68: 731–737

SAN L, TATO J, TORRENS M, CASTILLO C, FARRÉ M, CAMÍ J (1993) Flunitrazepam consumption among heroin addicts admitted for in-patient detoxification. Drug Alcohol Depend 32: 281–286

SCHMAUSS C, KRIEG J-C (1987) Enlargement of cerebrospinal fluid spaces in long-term benzodiazepine abusers. Psychol Med 17: 869–873

SCHMIDT LG, MÜLLER-OERLINGHAUSEN B, SCHLÜNDER M, SEIDEL M, PLATZ WE (1987) Benzodiazepine und Barbiturate bei chronischen Alkoholikern und Opiatabhängigen. Dtsch Med Wochenschr 112: 1849–1854

SCHMIDT LG, GROHMANN R, MÜLLER-OERLINGHAUSEN B, OTTO M, RÜTHER E, WOLF B (1989) Prevalence of benzodiazepine abuse and dependence in psychiatric in-patients with different nosology. An assessment of hospital-based drug surveillance data. Br J Psychiatry 154: 839–843

SCHÖPF J (1981) Ungewöhnliche Entzugssymptome nach Benzodiazepin-Langzeitbehandlungen. Nervenarzt 52: 288–292

SCHÖPF J (1983) Withdrawal phenomena after long-term administration of benzodiazepines. A review of recent investigations. Pharmacopsychiatry 16: 1–8

SCHÖPF J (1985) Physische Abhängigkeit bei Benzodiazepin-Langzeitbehandlung. Nervenarzt 56: 585–592

SCHWEIZER E, CASE WG, RICKELS K (1989) Benzodiazepine dependence and withdrawal in elderly patients. Am J Psychiatry 146: 529–531

SCHWEIZER E, RICKELS K, CASE WG, GREENBLATT DJ (1990) Long-term therapeutic use of benzodiazepines. II. Effects of gradual taper. Arch Gen Psychiatry 47: 908–915

SHADER RI, GREENBLATT DJ, BALTER MB (1991) Appropriate use and regulatory control of benzodiazepines. J Clin Pharmacol 31: 781–784

SHAPIRO CM, MACFARLANE JG, MACLEAN AW (1993) Alleviating sleep-related discontinuance symptoms associated with benzodiazepine withdrawal: a new approach. J Psychosom Res 37[Suppl 1]: 55–57

SHEEHAN MF, SHEEHAN DV, TORRES A, COPPOLA A, FRANCIS E (1991) Snorting benzodiazepines. Am J Drug Alcohol Abuse 17: 457–468

SHORR RI, BAUWENS SF, LANDEFELD CS (1990) Failure to limit quantities of benzodiazepine hypnotic drugs for outpatients: placing the elderly at risk. Am J Med 89: 725–732

SIEB JP, CLARENBACH P (1990) Anterograde Amnesie unter Benzodiazepin-Hypnotika. In: MEIER-EWERT K, SCHULZ H (Hrsg) Schlaf und Schlafstörungen. Springer, Berlin Heidelberg New York Tokyo, S 156–164

STEPPUHN KG, TURSKI L (1993) Diazepam dependence prevented by glutamate antagonists. Proc Natl Acad Sci 90: 6889–6893

SVENSON SE, HAMILTON RG (1966) A critique of overemphasis on side effects with the psychotropic drugs: an analysis of 18,000 chlordiazepoxide-treated cases. Curr Ther Res 8: 455–464

TASK FORCE ON BENZODIAZEPINE DEPENDENCY (1990) Benzodiazepine dependence, toxicity and abuse: a task force report of the American Psychiatric Association. American Psychiatric Association, Washington DC

THAKORE J, DINAN TG (1992) Physical dependence following zopiclone usage: a case report. Hum Psychopharmacol 7: 143–145

TYRER P, MURPHY S, RELEY P (1990) The benzodiazepine withdrawal symptom questionaire. J Affect Disord 19: 53–61

UHLENHUTH EH, DEWIT H, BALTER MB, JOHANSON CE, MELLINGER GD (1988) Risks and benefits of long-term benzodiazepine use. J Clin Psychopharmacol 8: 161–167

WEDDINGTON WW, CARNEY AC 1987) Alprazolam abuse during methadone maintenance therapy. JAMA 257: 3363 (letter)

WEINTRAUB M, SINGH S, BYRNE L, MAHARAJ K, GUTTMACHER L (1991) Consequences of the 1989 New York state triplicate benzodiazepine prescription regulations. JAMA 266: 2392–2397

WELTGESUNDHEITSORGANISATION (1993) Internationale Klassifikation psychischer Störungen. ICD-10 Kapitel V (F) Klinisch-diagnostische Leitlinien. In: DILLING H, MOMBOUR W, SCHMIDT MH (Hrsg) Huber, Göttingen, S 87–100

WISEMAN SM, SPENCER-PEET J (1985) Prescribing for alcoholics. A survey of drugs taken prior to admission to an alcoholism unit. Practitioner 229: 88–89

WOLF B, RÜTHER E (1985) Drug abuse and dependence in psychiatric inpatients. Pharmacopsychiatry 18: 37–39

WOLF B, GRIFFITHS RR (1991) Physical dependence on benzodiazepines: differences within the class. Drug Alcohol Depend 29: 153–156

WOODS JH, KATZ JL, WINGER G (1987) Abuse liability of benzodiazepine. Pharmacol Rev 39: 254–419

Neuro-Psychopharmaka, Bd. 2
Riederer P. / Laux G. / Pöldinger W. (Hrsg.)

3
Benzodiazepin-Hypnotika

3.1 Pharmakologie

3.1.1 Pharmakokinetik

U. Klotz

Allgemeine Vorbemerkungen

Wie bereits im Abschnitt 2.1.1 ausgeführt, sind die sedativ-hypnotischen und anxiolytischen Wirkungen der Benzodiazepine schwer voneinander zu trennen. Trotzdem werden einige Derivate bevorzugt als Schlafmittel eingesetzt, die im folgenden besprochen werden sollen. Was allgemeine pharmakokinetische Bemerkungen anbetrifft, sei auf Kapitel 2.1.1 verwiesen (Ochs 1983, Greenblatt et al. 1983). Neben der bioverfügbaren Dosis (F × D) und der individuellen systemischen Clearance (CL) spielt für Wirkintensität und -dauer auch das Verhältnis von Dosierungsintervall (τ) zu Eliminationshalbwertzeit ($t_{1/2}$) eine wichtige Rolle (s. Seite 16). Da bei Hypnotika t = 24 Stunden ist, wird ein Benzodiazepin mit $t_{1/2}$ = 12 h oder 48 Stunden beispielsweise um den Faktor 1,33 bzw. 3,44 bei mehrmaliger Gabe kumulieren (siehe Abb. 3.1.1.1).

Von Hypnotika sollte erwartet werden, daß sie relativ rasch (Resorption darf daher nicht zu langsam erfolgen) und ausreichend lange (während der Nacht) – aber ohne Restwirkung (hang-over) am Morgen – wirken, d.h. sie sollten „mittelschnell" eliminiert werden (geringe Kumulationsgefahr), wobei eine „stabile" Pharmakokinetik, d.h. daß Begleiterkrankungen und/oder Begleitmedikationen die pharmakokinetischen Prozesse der Resorption, Verteilung und Elimination möglichst wenig beeinflussen, sicherlich von Vorteil ist (Greenblatt et al. 1989, Jochemsen et al. 1983, Klotz 1989, 1992, Leutner 1993).

Pharmakokinetische Charakterisierung von wichtigen Benzodiazepin-Hypnotika

Brotizolam stellt ein relativ neues Triazolothieno-Diazepin dar, das durch Oxidation extensiv und schnell zu zwei hydroxylierten, aktiven Metaboliten verstoffwechselt wird. Maximale Plasmaspiegel (um 5 ng/ml bei 0,25 mg; um 7,5 ng/ml bei 0,5 mg) werden nach oraler Einnahme innerhalb von 0,8 bis 1,3 h erreicht ($t_{1/2}$ der Resorption 10 min). In Abhängigkeit der verwendeten Formulierung liegt F bei 52% (konventionelle Tablette), 62% (Lösung) oder 99% („enteric-coated" Tablette). Die Plasmaproteinbindung liegt bei 89 bis 95% und das Verteilungsvolumen schwankt zwischen 0,4 und 1,3 l/kg. Die relativ schnelle Elimination ($t_{1/2}$ = 4–7 h;

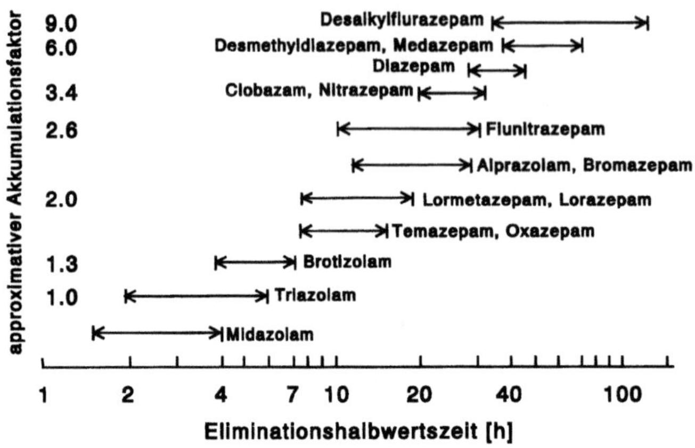

Abb. 3.1.1.1. Vergleichende Halbwertszeitbereiche einiger Benzodiazepine und die daraus resultierenden ungefähren Kumulationsfaktoren bei einmal täglicher Gabe

CL = 65–110 ml/min) ist verlangsamt im Alter ($t_{1/2}$ = 9,3 h, CL = 40 ml/min) und bei Patienten mit Leberzirrhose ($t_{1/2}$ = 12,8 h, CL = 45 ml/min). Bei normaler Kinetik sind nach etwa 7 Stunden kaum noch sedative Effekte zu beobachten.

Flunitrazepam wird nach oraler Einnahme rasch (t_{max} = 1–2 h, $t_{1/2}$ der Resorption ca. 10 min) und fast vollständig (F = 80%) resorbiert, wobei ein geringer (15%) hepatischer first-pass Effekt existiert. Nach Erreichen der peak-Konzentrationen (um 10 ng/ml nach 2 mg) ist innerhalb der initialen, etwa 6 stündigen Verteilungsphase ($t_{1/2}$ = 2 h) ein rascher Abfall auf die minimale Wirkkonzentration von etwa 2 ng/ml zu beobachten. Daran schließt sich die terminale $t_{1/2}$ von etwa 14 bis 24 Stunden an. Flunitrazepam wird durch Reduktion der Nitrogruppe, Demethylierung und Hydroxylierung zu teilweise noch aktiven Metaboliten verstoffwechselt, welche $t_{1/2}$-Werte zwischen 23 und 31 Stunden aufweisen. Wegen der relativ langsamen Elimination kumulieren die aktiven Substanzen bei mehrmaliger Gabe und C_{ss} von Flunitrazepam liegt dann bei 2 bis 5 ng/ml (1 mg/die) bzw. bei 4 bis 8 ng/ml (2 mg/die). Zwischen den sedativ-hypnotischen Wirkungen und den Plasmaspiegeln konnten deutliche Beziehungen aufgezeigt werden.

Plasmaeiweißbindung und Verteilungsvolumen liegen bei 80% bzw. 2,5 bis 4,0 l/kg. Die CL-Angaben schwanken beträchtlich in der Literatur zwischen 210 und 465 ml/min bzw. um 94 ml/min nach einer finnischen Studie (Kangas et al. 1982).

Flurazepam wird zwar rasch resorbiert, aber aufgrund einer ausgeprägten präsystemischen (intestinal und hepatisch) Elimination ($t_{1/2}$ = 2–3 h) kann es nur in Spuren (C_{max} um 1 ng/ml) kurz nach der Applikation im Blut nachgewiesen werden. Die dabei entstehenden aktiven Hauptmetabolite Hydroxyäthylflurazepam (30–55% der Dosis) und Desalkylflurazepam (47% der Flurazepamdosis) werden mit einer $t_{1/2}$ von 2 bis 10 Stunden bzw. 24 bis 100 Stunden eliminiert, so daß bei mehrmaliger Gabe das aktive Desalkylflurazepam stark kumuliert (C_{ss} = 50–150 ng/ml) und noch bis 20 Tage nach Absetzen im Plasma nachgewiesen werden kann. Das unveränderte Flurazepam wird nur schwach an Plasmaeiweiße gebunden (f_u = 85%) und Zahlenangaben für F, V und CL sind aus der Literatur nicht verfügbar.

Loprazolam besitzt eine Resorptionsquote von 60 bis 90% (F unbekannt). Bei einmaliger oraler Gabe von 1 und 2 mg werden nach 2 bis 5 Stunden C_{max}-Werte von 3 bis 6 ng/ml bzw. 6 bis 11 ng/ml erreicht. Die Plasmaeiweißbindung liegt bei 80% (V unbekannt). Loprazolam wird hauptsächlich zu den noch aktiven Metaboliten Piperazin-N-Oxid-Loprazolam (18%) und anderen polaren Metaboliten (25% der Dosis) mit einer $t_{1/2}$ von 6 bis 8 Stunden ($t_{1/2}$ der Metabolite beträgt 10 bis 15 Stunden) verstoffwechselt (orale CL = 480–540 ml/min). Im Alter ist die $t_{1/2}$ der Muttersubstanz auf etwa 20 Stunden verlängert. Es scheint eine Beziehung zwischen den Loprazolam-Serumkonzentrationen und den pharmakodynamischen Effekten zu bestehen und die hypnotische Schwellenkonzentration soll bei 3 ng/ml liegen.

Lormetazepam wird relativ rasch (t_{max} = 1–3 h) und fast vollständig (F =73–80%) resorbiert. Die maximalen Plasmakonzentrationen liegen um 6 ng/ml (lmg p.o.) bzw. um 16 ng/ml (3 mg p.o.). Die Substanz wird zu 73 bis 80% an Plasmaeiweiße gebunden und das Verteilungsvolumen liegt bei 4 bis 5 l/kg. Lormetazepam wird hauptsächlich als Glukuronid (80%) und ein geringer Teil (maximal 10%) über Lorazepam eliminiert ($t_{1/2}$ = 8–18 h; CL = 200–400 ml/min). Diese mittelschnelle Elimination ist bei alten Patienten und Leberzirrhotikern nicht beeinträchtigt. Bei stark eingeschränkter Nierenfunktion kumuliert das inaktive Lormetazepam-Glukuronid.

Medazepam erreicht etwa 2 Stunden nach oraler Einnahme (30 mg) Peakkonzentrationen zwischen 75 und 165 ng/ml, die danach rasch abfallen ($t_{1/2}$ = 2 h), da eine extensive Biotransformation zu den aktiven und kumulierenden Metaboliten Desmethylmedazepam, Desmethyldiazepam und Diazepam erfolgt, deren Konzentrationen die der Muttersubstanz – insbesondere nach mehrmaliger Gabe – mehrfach übersteigen. Medazepam zeigt eine orale Bioverfügbarkeit von 50 bis 76% und liegt in sehr stark proteingebundener Form (f_u = 0,2%) im Plasma vor (V unbekannt).

Midazolam stellt ein relativ neues Benzodiazepin mit pH-abhängigen lipophilen und wasserlöslichen Eigenschaften dar (durch reversible Ringöffnung). Aufgrund eines hepatischen first-pass Effektes beträgt die Bioverfügbarkeit nach oraler Einnahme etwa 50% (nach i.m.-Gabe 80–90%). Die Substanz wird sehr rasch resorbiert (t_{max} = 0,3–1 h), wobei sedativ-hypnotische Wirkungen (um 40 ng/ml) bereits nach 10 bis 20 Minuten eintreten (die C_{max}-Werte liegen nach 15 mg p.o. zwischen 100–200 ng/ml). Midazolam verteilt sich rasch in die Gewebe ($t_{1/2}$ der Verteilungsphase 5 bis 20 min.), liegt zu 95 bis 98% an Plasmaeiweiße gebunden vor und hat ein Verteilungsvolumen von 0,8 bis 3,0 l/kg, wobei in der Schwangerschaft, bei Niereninsuffizienz, im Alter, bei Übergewicht sowie bei Frauen größere Werte beobachtet wurden. Midazolam wird rasch $t_{1/2}$ = 1.5–4.0 h) und intensiv (CL = 400–700 ml/min) hydroxyliert und anschließend glukuronidiert. Das α-OH-Midazolam besitzt eine dem Midazolam vergleichbare biologische Aktivität, kumuliert jedoch nicht, da es mindestens so rasch ($t_{1/2}$ = 1 h; CL = 680 ml/min) wie die Ausgangssubstanz eliminiert wird. Im Alter und bei Leberzirrhose ist beim Midazolam die $t_{1/2}$ verlängert (5,6 bzw. 4,8 h) und die CL reduziert (339 bzw. 380 ml/min). Es besteht eine signifikante Korrelation der pharmakodynamischen Effekte (EEG-Veränderungen, psychometrische Tests) mit dem Konzentrationsverlauf im Plasma. Die halbmaximal effektiven Plasmakonzentrationen (EC_{50}, gemessen durch EEG-Veränderungen) sind von 44 ng/ml (junge Kontrollen) im Alter auf 25 ng/ml reduziert.

Nitrazepam zeigt eine relativ stark schwankende Resorption: t_{max} variiert zwischen 0,5 und 5 Stunden, C_{max} zwischen 11 und 66 ng/ml (5 mg p.o.) bzw. zwischen 37 und 108 ng/ml (10 mg p.o.) und F zwischen 54 und 93%. Gleichzeitige Nahrungsaufnahme verzögert und erniedrigt C_{max} um jeweils 30%. Wie bei den meisten Benzodiazepinen kann eine initiale Verteilungs- ($t_{1/2}$ = 1,5–5 h) und

terminale Eliminationsphase ($t_{1/2}$ = 20–35 h) beobachtet werden. Die Plasmaeiweißbindung liegt zwischen 85 und 90%; das Verteilungsvolumen (1,9–2,4 l/kg) nimmt im Alter zu (2,9 l/kg), ebenso $t_{1/2}$ (38 h). Die variable CL (50–170 ml/min) liegt bei Zirrhotikern und alten Patienten in der gleichen Größenordnung.
Den Hauptstoffwechselweg des Nitrazepams stellt die Reduktion der Nitrogruppe mit anschließender Azetylierung dar. Es können genetisch bedingt schnelle und langsame Azetylierer unterschieden werden, was jedoch für die Dosierung keine Konsequenzen hat. Bei täglicher Gabe kumuliert Nitrazepam, da es langsam eliminiert wird.
Temazepam stellt als N-Methyloxazepam einen Metaboliten des Diazepams dar, der z.T. zum Oxazepam (7%) verstoffwechselt wird, aber hauptsächlich (88% der Dosis) direkt als Glukuronid eliminiert wird ($t_{1/2}$ = 9–13h). Bei oraler Gabe von 20 mg werden nach etwa 1 Stunde maximale Plasmakonzentrationen zwischen 500 und 900 ng/ml erreicht und die Bioverfügbarkeit ist hoch (80–100%). Die Plasmaeiweißbindung liegt bei 96 bis 98%, das Verteilungsvolumen zwischen 0,9 bis 1,5 l/kg und die CL zwischen 90 und 130 ml/min. Die Pharmakokinetik ist vom Alter sowie der Leberfunktion unabhängig und die pharmakodynamischen Wirkungen scheinen mit dem Konzentrationsverlauf im Plasma zu korrelieren.
Triazolam wird rasch und intensiv durch Hydroxylierung mit anschließender Glukuronidierung metabolisiert, weshalb eine orale Bioverfügbarkeit unter 95% vermutet wird. Maximale Plasmaspiegel (um 5 ng/ml) werden nach oraler Gabe von 0,5 mg rasch erreicht (t_{max} = 1–2 h). Plasmaeiweißbindung (80–90%) und Verteilungsvolumen (0,8 – 2,5 l/kg) entsprechen denen von anderen Benzodiazepinen. Während Triazolam rasch eliminiert wird ($t_{1/2}$ = 3–5 h; CL = 300–470 ml/min), zeigen die Metabolite (α-OH-Triazolam besitzt noch biologische Wirkung) eine etwas längere $t_{1/2}$ (3 bis 12 h). Bei Zirrhotikern verläuft die Elimination langsamer ($t_{1/2}$ = 9,7 h, CL = 273 ml/min).

Schlußfolgerungen

An ein „ideales" Schlafmittel sind verschiedene pharmakodynamische und pharmakokinetische Anforderungen zu stellen:

1. Rascher Wirkungseintritt
2. Restauration eines normalen Schlafprofils
3. Keine Toleranz, „Rebound"-Effekte und Abhängigkeit
4. Keine Kumulation und „hang-over"-Effekte
5. Minimale Nebenwirkungen und Toxizität
6. Geringes Interaktionspotential
7. Stabile Pharmakokinetik

Basierend auf einer relativ raschen Resorption (und Verteilung) sollten bald nach der oralen Einnahme schlafinduzierende Plasma- (ZNS-) Konzentrationen erreicht werden. Die Wirkdauer sollte nicht zu kurz (zu frühes Aufwachen, evtl. Rebound-Effekte in der zweiten Nachthälfte) und nicht zu lang (Restmüdigkeit am Morgen, Kumulationsgefahr bei mehrmaliger Gabe) sein, was sicherlich am günstigsten durch ein mittelschnell ($t_{1/2}$ um 10 bis 12 Stunden) eliminiertes Benzodiazepin erreicht werden kann. Da Hypnotika häufig bei älteren Patienten zusätzlich zu anderen Medikamenten verabreicht werden (z.T. bei eingeschränkter Leberfunktion), sollte sich unter diesen klinischen Gegebenheiten die Pharmakokinetik möglichst nicht verändern (siehe dazu auch Tabellen 2.1.1.2 bis 2.1.1.4 in Kapitel 2.1.1). Dies wird am besten durch Benzodiazepine gewährleistet, die ausschließlich durch Glukuronidierung eliminiert werden. Bei Beachtung dieser pharmakokinetischen Gesichtspunkte und ihrer möglichen Konsequenzen auf die Wirkungen der Benzodiazepine kann dadurch eine Entscheidungshilfe bei der Auswahl der pharmakodynamisch gleichartigen Alternativen angeboten werden.

Literatur

GREENBLATT DJ, DIVOLL M, ABERNETHY DR, OCHS HR, SHADER RI (1983) Benzodiazepine kinetics: implications for therapeutics and pharmacogeriatrics. Drug Metab Rev 14: 251–292

GREENBLATT DJ, HARMATZ JS, ENGELHARDT N, SHADER RI (1989) Pharmacokinetic determinants of dynamic differences among three benzodiazepine hypnotics. Arch Gen Psychiatry 46: 326–332

JOCHEMSEN R, VAN BOXTEL CJ, HERMANS J, BREIMER DD (1983) Kinetics of five benzodiazepine hypnotics in healthy subjects. Clin Pharmacol Ther 34: 326–332

KANGAS L, KANTO J, PAKKANEN A (1982) A pharmacokinetic and pharmacodynamic study of flunitrazepam. Int J Clin Pharmacol Ther Toxicol 20: 585–588

KLOTZ U (1989) Tranquilizer und Hypnotika. In: KOELLA WP (Hrsg) Psychopharmaka. Physiologische, pharmakologische und pharmakokinetische Grundlagen für ihre klinische Anwendung. Fischer, Stuttgart New York, S 29–84

KLOTZ U (1992) Benzodiazepinhypnotika – Relevanz pharmakokinetischer Parameter. In: SCHULZ H, ENGFER A (Hrsg) Schlafmedizin heute. Diagnostische und therapeutische Empfehlungen. MMV, München, S 63–77

LEUTNER V (1993) Schlaf, Schlafstörung, Schlafmittel. Editiones Roche, Basel

OCHS HR (1983) Benzodiazepine: Bedeutung der Kinetik für die Therapie. Klin Wochenschr 61: 213–224

3.1.2 Experimentelle und klinische Pharmakologie

Siehe Kapitel 2.1.2

3.2 Neurobiochemie, Wirkmechanismus

Siehe Kapitel 2.2

3.3 Klinik

3.3.1 Indikationen

F. Hohagen, U. Voderholzer und M. Berger

Einleitung

Schlafstörungen sind ein Problem von großer gesundheitspolitischer Relevanz. Epidemiologischen Untersuchungen zufolge klagt etwa ein Drittel der erwachsenen Bevölkerung über Ein- und Durchschlafstörungen (BIXLER et al. 1979a, MELLINGER et al. 1985), bei ca. 15% besteht eine behandlungsbedürftige Insomnie (MELLINGER et al. 1985, LUGARESI et al. 1987, BERMAN et al. 1990, WEYERER und DILLING 1991). Eine eigene Untersuchung in Mannheimer Allgemeinarztpraxen kam zu dem Ergebnis, daß von den 18- bis 65jährigen Patienten 19%, von den über 65jährigen Patienten 25% über eine schwere Hyposomnie nach den DSM-III-R-Kriterien (AMERICAN PSYCHIATRIC ASSOCIATION 1987) klagten (HOHAGEN und BERGER 1992, HOHAGEN et al. 1993). In Übereinstimmung mit anderen Studien (BIXLER et al. 1979b, PARTINEN et al. 1983, KARACAN et al.

1983, MELLINGER et al. 1985, LUGARESI et al. 1987) zeigte sich, daß Frauen, verglichen mit Männern, in allen Altersgruppen häufiger unter einer Insomnie leiden und daß die Einnahme rezeptpflichtiger Hypnotika mit steigendem Alter deutlich zunimmt, wobei die Benzodiazepine bei weitem alle anderen Substanzgruppen überwiegen.

1992 wurden in der Bundesrepublik Deutschland 341 Millionen Tagesdosen an Tranquilizern verordnet, davon fast ausschließlich Benzodiazepine (LOHSE und MÜLLER-OERLINGHAUSEN 1993).

Schlafstörungen sind oft ein Symptom psychiatrischer oder körperlicher Erkrankungen (BUYSSE und REYNOLDS 1990). Untersuchungen an großen Kollektiven von Insomniepatienten zeigten, daß nur bei ca. 15% der Schlafgestörten keine zugrundeliegende körperliche oder psychiatrische Erkrankung gefunden werden konnte, sofern die Polysomnographie in die Diagnostik miteinbezogen wurde (Tabelle 3.3.1.1; COLEMAN 1987). Da in dieser Zahl auch kurzfristige, situativ bedingte Insomnien mitenthalten sind, liegt die Rate an chronischen

Tabelle 3.3.1.1. Ursachen von Insomnien. Abschlußdiagnosen von 1214 polysomnographisch untersuchten Insomniepatienten

Psychiatrische Erkrankungen	34,9%
Psychophysiologische Insomnie	15,3%
Alkohol- und Drogenabhängigkeit	12,4%
Periodische nächtliche Myoklonien und Restless legs	12,2%
Keine Insomnie objektivierbar	9,2%
Schlafapnoe-Syndrom	6,2%
Andere Insomnien	5,6%
Medikamentös-toxisch oder umweltbedingt	3,8%
Insomnie seit Kindheit	0,3%

Nach COLEMAN (1987)

Tabelle 3.3.1.2. Potentiell Insomnie-induzierende Medikamente

I	Antiasthmatika (z.B. Theophyllin, Clenbuterol)
II	Antibiotika (z.B. Gyrase-Hemmer)
III	Antihypertensiva (z.B. Beta-Blocker, Clonidin)
IV	Antikonvulsiva (z.B. Phenytoin)
V	Durchblutungsfördernde Mittel (z.B. Dihydroergotoxin)
VI	Hormonpräparate (z.B. Glucocorticoide, Thyroxin, Kontrazeptiva)
VII	Migränemittel (z.B. Methysergid)
VIII	Nootropika (z.B. Piracetam)
IX	Parkinsonmittel (z.B. L-Dopa)
X	Psychopharmaka (z.B. antriebssteigernde Antidepressiva, MAO-Hemmer, Sulpirid)
XI	Sedativa und Hypnotika bei paradoxen Reaktionen und Rebound-Insomnie
XII	Stimulantien (z.B. Appetitzügler, Coffein, Theophyllin)

Schlafstörungen als Erkrankung sui generis entsprechend dem Begriff der primären Insomnie nach DSM-III-R eher niedriger. Mit einem Anteil von 47% stellen psychiatrische Erkrankungen unter Einschluß der Suchterkrankungen die bei weitem häufigste Ursache von Schlafstörungen dar. Beispielhaft seien hier die häufigen Schlafstörungen im Rahmen eines depressiven Syndroms, einer Manie oder bei Schizophrenien erwähnt. Immer häufiger werden Schlafstörungen auch durch Medikamente hervorgerufen. Tabelle 3.3.1.2 gibt einen Überblick über potentiell Insomnie-induzierende Pharmaka. Deshalb gehört eine gründliche Medikamentenanamnese zur diagnostischen Abklärung schlafgestörter Patienten. Hierbei ist zu beachten, daß auch die chronische Einnahme von Hypnotika selbst durch Toleranzentwicklung und Rebound-Effekte Schlafstörungen hervorrufen kann (KALES et al. 1983, GILLIN et al. 1989, ROEHRS et al. 1990).

Eine Übersicht über die Differentialdiagnose von Schlafstörungen, die vor Beginn einer medikamentösen Therapie berücksichtigt werden müssen, ist in Tabelle 3.3.1.3 wiedergegeben. Bei Klagen über Schlafstörungen sollte vor einer Therapie eine gründliche Diagnostik erfolgen (Tabelle 3.3.1.4), die eine allgemeine körperliche und neurologische Untersuchung, eine psychiatrische Exploration, Laborparameter sowie je nach klinischer Fragestellung elektrophysiologische und bildgebende Verfahren umfaßt (HOHAGEN und BERGER 1989).

Von besonderer Bedeutung ist eine detaillierte Schlafanamnese, die Ein- und Durchschlafstörungen, Bettzeiten, abendliche Gewohnheiten, Umgebungsfaktoren und den psychosozialen Kontext der Schlafstörung umfassen muß. Nach Suchtstoffen einschließlich Alkohol, Nikotin und Coffein sowie Medikamenten, die als Nebenwirkung Schlafstörungen verursachen können, muß gezielt gefragt werden (KALES et al. 1980). Ist mit einfachen klinischen Methoden die Ursache der Schlafstörung nicht zu klären, sind weiterführende Untersuchungen wie EEG oder Schädel-CT erforderlich. Schließlich ist eine Polysomnographie bei allen chronischen Insomnien indiziert, in erster Linie, um andere Erkrankungen des Schlafs wie z.B. nächtliche periodische Bewegungsstörungen auszuschließen. Darüber hinaus dient die Polysomnographie der Objektivierung der Schlafstörung und kann eine sog. „Pseudoinsomnie" nachweisen, bei der trotz unauffälligem Schlafprofil Klagen über gestörten Nacht-

Tabelle 3.3.1.3. Differentialdiagnose der Insomnie

1. Symptomatische Insomnien bei körperlichen Erkrankungen, z.B. Rheuma, Herzerkrankungen (Angina pectoris, Arrhythmien, Stauungsdyspnoe), Lungenerkrankungen (chronisch-obstruktive Erkrankungen, Asthma), Magen-Darm-Erkrankungen (Duodenalulcera, Hiatushernie), Niereninsuffizienz, endokrine Erkrankungen (Hyperthyreose), Cluster headache (Bing-Horton), Karpaltunnelsyndrom, chronische Schmerzsyndrome, neurologische Erkrankungen (Hirnstammtumor, Morbus Parkinson)
2. Medikamentös bedingte Insomnien, z.B. Gyrase-Hemmer, Beta-Blocker, Appetitzügler, Antidepressiva (s. Tabelle 3.3.1.2)
3. Toxisch bedingte Insomnien, z.B. Alkohol, Stimulantien, Schlafmittel
4. Schlafapnoe-Syndrom
5. Nächtliche periodische Bewegungsstörungen, „Restless legs"-Syndrom
6. Insomnien bei psychiatrischen Erkrankungen, z.B. Depressionen, Schizophrenien, Neurosen
7. Situativ bedingte Insomnien, z.B. Partnerschaftskonflikte, berufliche Überlastung
8. Idiopathische Insomnien
9. Pseudoinsomnien („sleep state misperception")

Tabelle 3.3.1.4. Diagnostik bei Insomnien

– Anamnese hinsichtlich	Schlaf
	Suchtstoffe
	Medikamente
– Körperliche Untersuchung (neurologisch, internistisch)	
– Psychiatrische Untersuchung	
– Labor-Screening u.a.	T4, FTI
	Leber- und Nierenwerte
	Drogenscreening
– EEG, evtl. CCT/NMR	
– Polysomnographie	

schlaf geäußert werden, d.h. vermutlich eine „Fehlwahrnehmung des Schlafzustands" („sleep state misperception") (ASDA 1990) durch den Patienten vorliegt. Es muß allerdings angemerkt werden, daß die zahlreichen Probleme der „Pseudoinsomnie" noch nicht geklärt sind, so daß möglicherweise eine Störung des Schlafs vorliegt, die mit den herkömmlichen Auswertemethoden des Schlaf-EEGs noch nicht erfaßt werden kann (TRINDER 1988).

Wirksamkeit von Benzodiazepin-Hypnotika

Benzodiazepine sind z. Zt. die bei weitem am häufigsten verordneten Schlafmittel (HOHAGEN et al. 1993). Ihr Vorteil liegt in der rasch eintretenden, zuverlässigen Wirkung bei guter Verträglichkeit und großer therapeutischer Breite.

Die schlafinduzierende Wirkung von Benzodiazepin-Hypnotika wurde in einer Vielzahl von Studien bei Patienten mit Insomnie überprüft. In Tabelle 3.3.1.5 sind wichtige Parameter und eine Auswahl klinischer Studien zu Benzodiazepin-Hypnotika wiedergegeben. Die Dosierungsempfehlungen basieren auf der in kontrollierten klinischen Studien nachgewiesenen Wirksamkeit. Generell kann gesagt werden, daß der hypnotische Effekt von Patienten häufig bereits in einem niedrigeren Dosisbereich empfunden wurde, während objektiv meßbare Veränderungen der schlafpolygraphischen Parameter nicht in allen Studien dokumentiert werden konnten. Aufgrund der unterschiedlichen methodischen Variablen (Alter der Patienten, stationäre oder ambulante Patienten, unterschiedlich lange Therapiedauer, Zielvariablen wie z.B. Einschlaflatenz, Schlafkontinuität, Schlafqualität) können die Studienergebnisse nur begrenzt miteinander verglichen werden. Grundsätzlich muß betont werden, daß zwischen Benzodiazepin-Hypnotika und Benzodiazepin-Tranquilizern (vgl. Kapitel 2.3.1), die nicht in dieser Tabelle aufgeführt sind und die in der ärztlichen Praxis ebenfalls oft als Schlafmittel verordnet werden, kein qualitativer

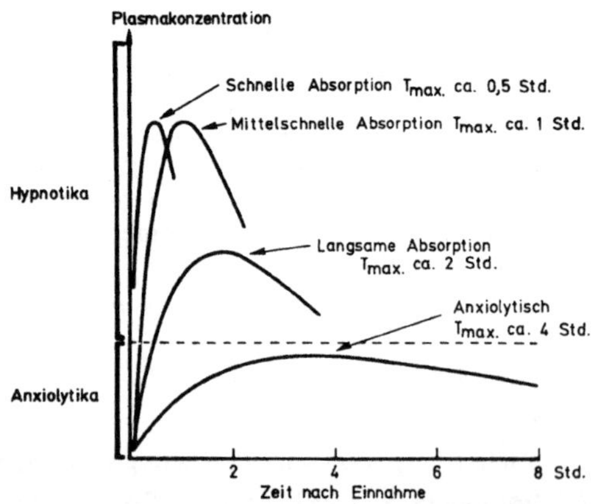

Abb. 3.3.1.1. Absorptionszeit und klinische Anwendung von Benzodiazepinen als Hypnotika oder Anxiolytika (modifiziert nach NICHOLSON 1989)

Tabelle 3.3.1.5. Wichtige Parameter und klinische Studien zu Benzodiazepin-Hypnotika

Substanz	Halbwertszeit (Stunden)	Dosierungs-empfehlung	Klinische Studien	Studien-ergebnis
Brotizolam	4 bis 8	0,125 bis 0,25 mg	DOMINGUEZ et al. (1985) GOETZKE et al. (1983)	0,25 bis 0,5 mg Brotizolam > Placebo 0,25 mg Brotizolam = 0,25 mg Triazolam
Flunitrazepam	18	0,5–1 mg	MURRI et al. (1993)	1 mg Flunitrazepam = 1 mg Lormetazepam > Placebo
Flurazepam	1,5 Metabolit: 50–100	15–30 mg	MENDELSON et al. (1982) VOGEL et al. (1976) KRIPKE et al. (1987)	
Lormetazepam	9 bis 15	0,5 bis 2 mg	RETTIG et al. (1988)	2 mg Lormetazepam = 2 mg Flunitrazepam
Temazepam	5 bis 13	10 bis 40 mg	FISHER und DEAN (1985) SCHARF et al. (1990)	20 mg Temazepam < 1 mg Flunitrazepam < 0,25 mg Triazolam
Triazolam	2 bis 4	0,125 bis 0,25 mg	RICKELS et al. (1975) KALES et al. (1976) CORDINGLEY et al. (1984)	Triazolam > Placebo 0,25 mg Triazolam = 1 mg Flunitrazepam

Unterschied besteht. Beide Indikationsgruppen unterscheiden sich in ihrer Pharmakokinetik, insbesondere in ihrer Anflutgeschwindigkeit. Hierbei bestimmt die Absorptionsrate den Zeitpunkt des Wirkeintritts und die Eignung des Hypnotikums als Einschlafmittel, da die Benzodiazepin-Hypnotika nach Absorption leicht die Blut-Hirn-Schranke durchdringen. Abbildung 3.3.1.1 illustriert den Zusammenhang zwischen Absorptionsgeschwindigkeit und klinischer Anwendung von Benzodiazepinen als Hypnotika oder Tranquilizer. Klinisch wichtig ist, daß die maximale Plasmakonzentration bei dem kurz wirksamen Triazolam erst nach 60 Minuten, bei Lorazepam nach etwa 90 Minuten und bei Oxazepam erst nach 120 Minuten erreicht wird (PARKES 1985).

Literatur

AMERICAN PSYCHIATRIC ASSOCIATION (1987) Diagnostic and statistical manual of mental disorders, 3rd edn, revised. APA, Washington DC

AMERICAN SLEEP DISORDERS ASSOCIATION (ASDA) (1990) The international classification of sleep disorders: diagnostic and coding manual. Allen Press, Lawrence

BERMAN TM, NINO-MURCIA G, ROEHRS T (1990) Sleep disorders. Take them seriously. Patient Care 23: 85–113

BIXLER EO, KALES A, SOLDATOS C, KALES J, HEALEY S (1979a) Prevalence of sleep disorders in the Los Angeles Metropolitan Area. J Psychiatry 36: 1257–1262

BIXLER EO, SCHARF MB, SOLDATOS CR (1979b) Effects of hypnotic drugs on memory. Life Sci 25: 1379–1388

BUYSSE DJ, REYNOLDS CF (1990) Insomnia. In: THORPY MJ (ed) Handbook of sleep disorders. Decker, New York, pp 375–433

COLEMAN RM (1987) Sleep/wake disorders based on a polysomnographic diagnosis. J Am Med Assoc 247: 997–1003

CORDINGLY GJ, DEAN BC, HARRIS RI (1984) A double-blind comparison of two benzodiazepine hypnotics, flunitrazepam and triazolam, in general practice. Curr Med Res Opin 8: 714–719

DOMINGUEZ RA, GOLDSTEIN BJ, JACOBSON AF, STEINBOOK RM (1985) Hypnotic efficacy of a modified triazolodiazepine, brotizolam. Clin Pharmacol Ther 37: 674–679

FISHER RJH, DEAN BG (1985) A multi-centre, double-blind trial in general practice. Pharmatherapeutica 4: 231–236

GILLIN JC, SPINWEBER CL, JOHNSON LC (1989) Rebound insomnia: a critival review. J Clin Psychopharmacol 9: 161–172

GOETZKE E, FINDEISEN P, WELBERS IB (1983) Efficacy and tolerance: comparative studies with brotizolam and flunitrazepam. Br J Clin Pharmacol 16: 397–402

HOHAGEN F, BERGER M (1989) Differentialdiagnose der Schlafstörungen. In: HIPPIUS H et al. (Hrsg) Psychiatrie für die Praxis, 10. Der gestörte Schlaf. MMV, München, S 19–32

HOHAGEN F, BERGER M (1992) Schlaf und Schlafstörungen im höheren Lebensalter. In: HÄFNER H, HENNERICI M (Hrsg) Psychische Krankheiten und Hirnfunktion im Alter. G Fischer, Stuttgart Jena New York, S 157–169 (Aktuelle Psychiatrie, Bd 8)

HOHAGEN F, RINK K, KÄPPLER C, SCHRAMM E, RIEMANN D, WEYERER S, BERGER M (1993) Prevalence and treatment of insomnia in general practice. A longitudinal study. Eur Arch Psychiatry Clin Neurosci 242: 329–336

KALES A, KALES J, BIXLER EO, SCHARF MB, RUSSEK E (1976) Hypnotic efficacy of triazolam: sleep laboratory evaluation of intermediate term effectiveness. J Clin Pharmacol 16: 399–406

KALES A, SOLDATOS CR, KALES JD (1980) Taking a sleep history. Am Fam Physician 22: 101–108

KALES A, SOLDATOS CR, BIXLER EO, KALES JD (1983) Rebound insomnia and rebound anxiety: a review. Pharmacology 26: 121–137

KARACAN I, THORNBY JI, WILLIAMS RL (1983) Sleep disturbance: a community survey. In: GUILLEMINAULT C et al. (eds) Sleep/wake disorders: natural history, epidemiology and long-term evolution. Raven Press, New York, pp 37–60

KRIPKE DF, HAURI P, ROTH T (1987) Sleep evaluation in chronic insomniacs during short- and long-term use of two benzodiazepines, flurazepam and midazolam. Sleep Res 16: 99

LOHSE MJ, MÜLLER-OERLINGHAUSEN B (1993) Psychopharmaka. In: SCHWABE U, PAFFRATH D (Hrsg) Arzneiverordnungs-Report '93. G Fischer, Stuttgart Jena, S 343–358

LUGARESI E, ZUCCONI M, BIXLER EO (1987) Epidemiology of sleep disorders. Psychiatr Ann 17: 446–453

MELLINGER GD, BALTER MB, UHLENHUTH EH (1985) Insomnia and its treatment. Prevalence and correlates. Arch Gen Psychiatry 42: 225–232

MENDELSON WB, WEINGARTNER H, GREENBLATT DJ, GARNETT D, GILLIN JC (1982) A clinical study of flurazepam. Sleep 5: 350–360

MURRI L, BARDI C, ARENA R et al. (1983) A comparison between lormetazepam and flunitrazepam in insomniac patients affected by chronic cerebrovascular disorders. Curr Ther Res 35: 113–118

NICHOLSON ANN (1989) Hypnotics: clinical pharmacology and therapeutics. In: KRYGER MH, ROTH T, DEMENT WC (eds) Principals and practice of sleep research. Saunders, Philadelphia London Toronto Montreal Syndney Tokyo, pp 219–227

PARKES JD (1985) Sleep and its disorders. Saunders, London

PARTINEN M, KAPRIO J, KOSKENVUO M, LANGINVAINIO H (1983) Sleeping habits, sleep quality and use of sleeping pills: a population study of 31.140 adults in Finland. In: GUILLEMINAULT et al. (eds) Sleep/wake disorders: natural history, epidemiology and long-term evolution. Raven Press, New York, pp 29–35

RETTIG HC, ZUURMOND WW, VAN LEEUWEN L (1988) Quality of sleep and psychomotoric performance after lormetazepam or flunitrazepam: a randomized and double-blind study. Tidschr Ther Gen Ond 13: 141–144

RICKELS K, GINGRICH R, MORRIS RJ, ROSENFELD H, PERLOFF MM, CLARK EL, SCHILLING A (1975) Triazolam in insomniac family practice patients. Clin Pharmacol Ther 18: 315–324

ROEHRS T, VOGEL G, ROTH R (1990) Rebound insomnia: its determinants and significance. Am J Med 88 [Suppl 3A]: 395–425

SCHARF MB, SACHAIS BA, MAYLEBEN DW, FLETCHER K, JENNINGS SW (1990) A polysomnographic comparison of temazepam 15 and 30 mg with triazolam 0,125 and 0,25 mg in chronic insomnia. Curr Ther Res 18: 555–567

TRINDER J (1988) Subjective insomnia without objective findings: a pseudo diagnostic classification? Psychol Bull 103: 87–94

Vogel GW, Barker K, Gibbons P, Thurmond A (1976) A comparison of the effects of flurazepam 30 mg and triazolam 0,5 mg on the sleep of insomniacs. J Psychopharmacol 47: 81–86
Weyerer S, Dilling H (1991) Prevalence and treatment of insomnia in the community: results from the upper bavarian field study. Sleep 14: 392–398

3.3.2 Dosierung

W. W. Fleischhacker und J.P. Sieb

Die im Handel befindlichen Benzodiazepin-Hypnotika und ihre empfohlene Dosierung sind in Tabelle 3.3.2.1 aufgeführt. International werden daneben weitere Benzodiazepine als Hypnotika eingesetzt, so z.B. Quazepam und Estazolam (Maczaj 1993).

Neben diesen werden auch einige der primär als Anxiolytika eingesetzten Benzodiazepine (wie z.B. Oxazepam und Diazepam) in der klinischen Praxis als Hypnotika eingesetzt (vgl. Kap. 2.3). Abbildung 3.3.2.1 zeigt die Zusammenhänge zwischen der Rezeptoraffinität und der mittleren hypnotischen Dosis.

Bemerkenswerterweise ist bei einigen Benzodiazepin-Hypnotika die Wirkstoffmenge pro Tablette nicht an die empfohlene Dosierung angepaßt (z.B. enthält eine Tablette 10 mg Nitrazepam; der Hersteller empfiehlt entsprechend lediglich die abendliche Einnahme einer viertel bis einer halben Tablette). Wegen der vergleichsweise häufig beobachteten Komplikationen bei hoher Dosierung von Triazolam, mußte der Vertrieb der Tablette mit 0,5 mg Wirkstoff eingestellt werden. Triazolam ist nur noch als 0,125 mg und 0,25 mg Tablette in der Bundesrepublik Deutschland erhältlich und Triazolam sollte auch nach Auffassung des Herstellers nicht in einer Dosis von über 0,25 mg gegeben werden (Bundesverband der pharmazeutischen Industrie 1994).

Schlafmittel werden üblicherweise direkt vor der gewünschten Einschlafzeit eingenommen, daher sollten sie möglichst rasch resorbiert werden. Zur befristeten Intervention bei Hyposomnie sind Benzodiazepine mit kürzerer Halbwertszeit geeignet, die das Tageserleben nicht beeinträchtigen.

Benzodiazepin-Hypnotika sollen individuell angepaßt in der geringsten therapeutisch noch wirksamen Dosis möglichst kurzfristig eingesetzt werden (Greenblatt 1992, Mendels 1991, Roth und Roehrs 1991, 1992).

Beim Absetzen einer über einen längeren Zeitraum durchgeführten Benzodiazepin-Medikation sollte die Dosis unbedingt schrittweise reduziert werden, um das Auftreten unerwünschter Absetzphänomene zu

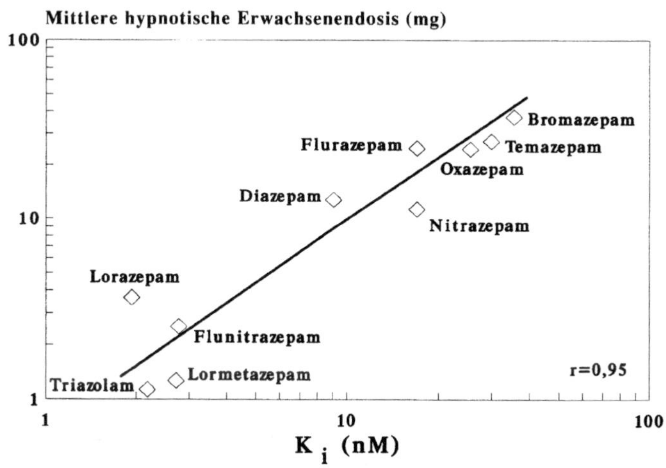

Abb. 3.3.2.1. Korrelation zwischen durchschnittlicher hypnotischer Dosis in mg und Rezeptoraffinität K_i verschiedener Benzodiazepine (nach Dorow et al. 1982)

Tabelle 3.3.2.1. Benzodiazepin-Hypnotika: Empfohlene Dosierung

Wirkstoff	Parenterale Gabe möglich	Empfohlene Dosierung bei Erwachsenen ohne Begleiterkrankung[a]	Anmerkung
Mit kurzer Eliminationshalbwertszeit			
Brotizolam	–	Meist 0,25 mg; 0,125 mg kann insbesondere bei älteren Patienten ausreichend sein	
Midazolam[b]	ja	7,5–15 mg Midazolam ist in Deutschland nur zur Prämedikation zugelassen	
Triazolam	–	0,125 mg häufig ausreichend, ansonsten 0,25 mg	
Mit mittlerer Eliminationshalbwertszeit			
Loprazolam	–	1–2 mg	Ungünstig: langsame Resorption (McInnes et al. 1985)
Lormetazepam	ja	0,5–1 mg (selten 2 mg)	
Temazepam	–	10–40 mg (selten bis 60 mg)	
Mit langer Eliminationshalbwertszeit			
Flunitrazepam[b]	ja	0,5–1 mg (selten 2 mg, stationär bis 4 mg)	*Vorsicht:* Mißbrauch bei Opiatsüchtigen sehr verbreitet
Flurazepam	–	15–30 mg (in Ausnahmefällen bis 60 mg)	
Lorazepam	–	1–2,5 mg	Wird üblicherweise als Tranquilizer und nicht bei Schlafstörungen eingesetzt
Nitrazepam	–	2,5–5 mg	Tropfenform ermöglicht eine individuelle Dosierung

[a] Dies sind Herstellerangaben und wurden dem Arzneimittelverzeichnis „Rote Liste 1994“ (Bundesverband der Pharmazeutischen Industrie 1994) und dem Austria Codex (Österreichische Apotheker Verlagsgesellschaft 1994) entnommen. Grundsätzlich sind Benzodiazepine individuell zu dosieren. Die Möglichkeit einer besonderen Empfindlichkeit bei älteren Patienten und solchen mit einer Leber- oder Niereninsuffizienz ist zu beachten.
[b] Bei parenteraler Appliktation werden folgende Dosierungen empfohlen: Flunitrazepam 1–2 mg i.v., Midazolam 1–15 mg (zur Narkoseeinleitung) i.v. bzw. 3,5–7 mg i.m.

vermeiden (GREENBLATT et al. 1987). Der Hersteller von Triazolam empfiehlt dies bereits für den Fall einer Einnahme über einen Zeitraum von mehr als einer Woche (BUNDESVERBAND DER PHARMAZEUTISCHEN INDUSTRIE 1994). Sollte eine längerfristige Therapie mit Benzodiazepin-Hypnotika im Einzelfall erforderlich sein, so ist eine *intermittierende Dosierung* sinnvoll.

Eine ausgeprägtere hypnotische Wirkung kann mit einer Dosiserhöhung nur bedingt erreicht werden. So verglichen ROEHRS et al. (1986) in einer plazebo-kontrollierten Studie die Wirkung von 0,25 mg und 0,5 mg Triazolam bei gesunden Probanden. Es zeigte sich, daß eine Dosiserhöhung die hypnotische Wirkung nicht verbessert, jedoch zu einer deutlichen Rebound-Insomnie nach Absetzen der Therapie führt (Abb. 3.3.2.2).

Häufig kann mit einer vergleichsweise niedrigen Benzodiazepin-Dosis ein ausreichender therapeutischer Erfolg erreicht werden. Beispielsweise erwies sich Temazepam in niedriger Dosis von 7,5 mg und 15 mg als hilfreich bei der Behandlung von passageren Insomnien, die beispielsweise durch eine ungewohnte Umgebung, wie ein Hotelzimmer, induziert werden können (ROEHRS et al. 1990).

Eine *individuelle Anpassung der Benzodiazepin-Dosis* ist unbedingt erforderlich. *Ältere Menschen* reagieren empfindlicher auf eine Benzodiazepin-Gabe. Im Vergleich zu jüngeren Erwachsenen kommt es im Senium bei Einnahme gleicher Benzodiazepin-Dosen zu höheren Plasmakonzentrationen (MONOLAKIS 1990, VOGEL 1992). Dies kann zu einer Überhangwirkung des abendlich eingenommen Benzodiazepin-Hypnotikums während des folgenden Tages führen, die die psychomotorische Leistungsfähigkeit beeinträchtigt und den alten Menschen beispielsweise durch eine vermehrte Fallneigung besonders gefährdet (RAY et al. 1987). Vorsicht ist insbesondere bei lang wirkenden Benzodiazepinen, wie Flurazepam, auf Grund der Akkumulationstendenz geboten (GILLIN und BYERLEY 1990). Bei älteren Pati-

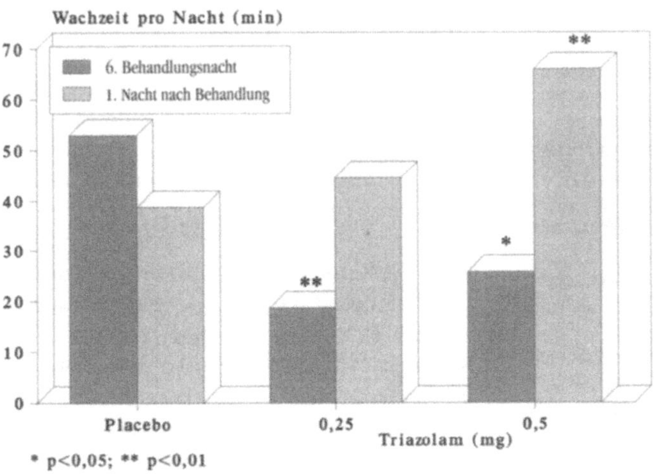

Abb. 3.3.2.2. Einfluß der Triazolam-Dosis auf die hypnotische Wirkung in der 6. Behandlungsnacht sowie die Ausprägung des Rebound in der folgenden Nacht ohne Medikation. Eine Dosissteigerung von 0,25 mg auf 0,5 mg Triazolam verbessert die hypnotische Wirkung nicht, führt jedoch zu einer deutlichen Rebound-Insomnie nach Absetzen der Medikation. Untersucht wurden gesunde Männer, die in den Nächten jeweils 3,5 Stunden nach dem Zubettgehen geweckt wurden und dann einen kurzen psychologischen Test absolvieren mußten (ROEHRS et al. 1986)

enten ist jedoch die hypnotische Wirkung von Benzodiazepinen in niedriger Dosierung bislang kaum untersucht (Vogel 1992). Triazolam in einer Dosis von 0,125 mg erwies sich bei Patienten mit einem Lebensalter von mehr 60 Jahren als wirksam (Roehrs et al. 1985).

Literatur

Bundesverband der Pharmazeutischen Industrie (1994) Rote Liste 1994. Editio Cantor, Aulendorf/Württemberg

Dorow RG, Seidler J, Schneider HH (1982) A radioreceptor assay to study the affinity of benzodiazepines and their receptor binding activity in human plasma including their active metabolites. Br J Pharmacol 13: 561–565

Gillin JG, Byerley WF (1990) The diagnosis and management of insomnia. N Engl J Med 322: 239–248

Greenblatt DJ (1992) Pharmacology of benzodiazepine hypnotics. J Clin Psychiatry 53 [Suppl]: 7–13

Greenblatt DJ, Harmatz JS, Zinny MI, Shader RI (1987) Effect of gradual withdrawal on the rebound sleep disorder after discontinuation of triazolam. N Engl J Med 317: 722–728

Maczaj M (1993) Pharmacological treatment of insomnia. Drugs 45: 44–55

McInnes GT, Bunting EA, Ings RMJ, Robinson J, Ankier SL (1985) Pharmacokinetics and pharmacodynamics following single and repeated nightly administration of loprazolam, a new benzodiazepine hypnotic. Br J Clin Pharmacol 19: 649–656

Mendels J (1991) Criteria for selection of appropriate benzodiazepine hypnotic therapy. J Clin Psychiatry 52 [Suppl]: 42–46

Monolakis J (1990) The use of benzodiazepine for sleep in the elderly. Conn Med 54: 691–693

Ray WA, Griffin MR, Schaffner W, Baugh DK (1987) Psychotropic drug use and the risk of hip fracture. N Engl J Med 316: 363–369

Roehrs T, Vogel G, Sterling W, Roth T (1990) Dose effects of temazepam in transient insomnia. Arzneimittelforschung/Drug Res 40: 859–862

Roehrs T, Zorick F, Wittig R, Roth T (1985) Efficacy of a reduced triazolam dose in elderly insomniacs. Neurobiol Aging 6: 293–296

Roehrs TA, Zorick FJ, Wittig RM, Roth T (1986) Dose determinants of rebound insomnia. Br J Clin Pharmacol 22: 143–147

Roth T, Roehrs TA (1991) A review of the safety profiles of benzodiazepine hypnotics. J Clin Psychiatry 52 [Suppl]: 38–41

Roth T, Roehrs TA (1992) Issues in the use of benzodiazepine therapy. J Clin Psychiatry 53 [Suppl]: 14–18

Vogel G(1992) Clinical uses and advantages of low doses of benzodiazepine hypnotics. J Clin Psychiatry 53 [Suppl]: 19–22

3.3.3 Unerwünschte Wirkungen, Kontraindikationen, Überdosierung, Intoxikation

F. Hohagen, U. Voderholzer und M. Berger

Obwohl gezeigt werden konnte, daß Benzodiazepin-Hypnotika auch nach 24 Wochen regelmäßiger Einnahme noch wirkungsvoll sein können (Oswald et al. 1982), kommt es bei kontinuierlicher Einnahme von Benzodiazepinen häufig zu einer **Toleranzentwicklung** gegenüber dem hypnotischen Effekt, die bereits nach 2 bis 6 Wochen klinisch als Wirkverlust in Erscheinung treten kann (Kales et al. 1983a, Roth et al. 1985, Tyrer und Murphy 1987). Versucht der Patient, der nachlassenden Wirkung durch eine Steigerung der Dosis zu begegnen, so kann sich eine echte Abhängigkeit entwickeln. Besonders häufig scheint bei Insomnie-Patienten eine „low dose dependency" zu sein (Rickels et al. 1986, Luderer 1987, Schneider-Helmert 1988). Toleranzentwicklung scheint sich besonders schnell bei kurz wirksamen Benzodiazepin-Hypnotika zu entwickeln, während bei Benzodiazepinen mit längerer Halbwertszeit der Wirkverlust langsamer einzutreten scheint (Kales und Kales 1987). Exakte Zahlen über die Häufigkeit von Hoch- und Niedrigdosisabhängigkeiten in der Gruppe der InsomniePatienten fehlen bislang. Insgesamt scheint jedoch das

Problem von Mißbrauch und Abhängigkeit bei Benzodiazepineinnahme wesentlich häufiger aufzutreten, als man lange Jahre hindurch angenommen hatte (MÜLLER 1989).

Unerwünschte Wirkungen

Bei nächtlicher Einnahme von Benzodiazepinen hängen Nachwirkungen tagsüber in erster Linie von den pharmakokinetischen Eigenschaften des Präparates sowie von der eingenommenen Dosis ab. Benzodiazepin-Hypnotika mit langer Halbwertszeit zeigen häufig sog. **„hangover-Effekte" mit Sedierung am nachfolgenden Tag** und können Aufmerksamkeit und Reaktionsvermögen deutlich beeinträchtigen wie in verschiedenen Vigilanz- und Reaktionstests nachgewiesen werden konnte (OSWALD et al. 1979, CHURCH und JOHNSON 1979, JOHNSON und CHERNIK 1982). Lang wirksame Benzodiazepine wie z.B. Flurazepam neigen bei regelmäßiger nächtlicher Einnahme zu Kumulation und damit zu deutlich ausgeprägter Beeinträchtigung der Tagesfunktionen. Neben der Eliminationshalbwertszeit ist die verabreichte Dosis der zweite wichtige Faktor, der die Tagessedierung hervorruft (JOHNSON und CHERNIK 1982). Sedierung tagsüber mit nachfolgender Beeinträchtigung der Leistungsfähigkeit muß vor allem bei Insomniepatienten berücksichtigt werden, die bei ihrer beruflichen Tätigkeit in ihrem Reaktionsvermögen nicht beeinträchtigt sein dürfen (z.B. Kraftfahrer).

Während kurz wirksame Benzodiazepin-Hypnotika wie z.B. Triazolam nicht zu einem sedierenden Überhang tagsüber führen, können diese Präparate jedoch frühmorgendliches Erwachen (KALES et al. 1983b) sowie **Angstzustände tagsüber** (CARSKADON et al. 1982, ADAM und OSWALD 1989) verursachen. Diese Effekte kurzwirksamer Benzodiazepine auf die Tagesbefindlichkeit von Insomniepatienten sind insofern bedeutsam, als sie durch initial sedierende Medikamente hervorgerufen und vom Patienten als Medikamentennebenwirkung nicht erkannt und erwartet werden. Dies kann möglicherweise dazu führen, daß der Patient aus Unkenntnis der Nebenwirkungen frühmorgendliches Erwachen und Angstzustände gerade mit verstärkter Einnahme dieses Medikamentes zu dämpfen versucht, das diese Nebenwirkungen hervorgerufen hat. Benzodiazepine mit mittlerer Eliminationshalbwertszeit wie z.B. Temazepam scheinen nicht zu frühmorgendlichem Erwachen, Angstzuständen oder Tagessedierung zu führen (ROTH et al. 1980). Verschiedene Autoren berichteten über Beeinträchtigung des Gedächtnisses bei Gabe von Benzodiazepinhypnotika, wobei Triazolam am stärksten **mnestische Funktionen** beeinträchtigte (BIXLER et al. 1979, MORRIS und ESTES 1987, WEINGARTNER et al. 1992). Unter Benzodiazepinen mit sehr kurzer Eliminationshalbwertszeit wie Triazolam und Midazolam wurde über mnestische Funktionsstörungen bis hin zur anterograden Amnesie berichtet (KALES und KALES 1987). Selten kann es unter höheren Dosen von Triazolam zu **psychoseähnlichen Zuständen** mit Halluzinationen und Verwirrtheitszuständen kommen (VAN DER KROEF 1979, EINARSON und YODER 1982). Diese Mitteilungen führten dazu, daß die 1 mg (z.T. auch die 0,5 mg) Tablette Triazolam international nicht mehr im Handel ist.

Bei älteren Menschen können vor allem bei hohen Benzodiazepindosen nächtliche **Verwirrtheitszustände** mit Amnesien auftreten. In Kombination mit teilweise ausgeprägter Muskelrelaxation und Koordinationsstörungen führt dies zu einem erhöhten Risiko von Verletzungen, z.B. Knochenfrakturen während der Nacht (RAY et al. 1987). Im höheren Lebensalter muß man nach Benzodiazepineinnahme in seltenen Fällen mit **paradoxen Reaktionen** rechnen, die zu Agitiertheit und nächtlicher Verwirrtheit führen (REGSTEIN und REICH 1985). Auch die atemdepressive Wirkung dieser Substanzgruppe muß in der zweiten Lebenshälfte be-

rücksichtigt werden, da das Schlafapnoe-Syndrom nach dem 40. Lebensjahr an Häufigkeit zunimmt.
Zahlreiche klinische Studien haben **Entzugssymptome nach Absetzen** von Benzodiazepin-Hypnotika beschrieben. Die Entzugssymptome manifestieren sich in vegetativen Symptomen, psychopathologischen Auffälligkeiten wie depressiver Symptomatik, Psychosen, deliranten Zuständen und neurologischen Symptomen bis hin zu Entzugskrampfanfällen (HOLLISTER 1977, PRESKORN und DENNER 1977). Oft war den Entzugserscheinungen ein lang andauernder Benzodiazepinabusus in hohen Dosen vorausgegangen. Entzugssymptome wurden jedoch auch nach längerfristiger Gabe von Benzodiazepinen in therapeutischem Dosisbereich berichtet (PEVNICK et al. 1978, WINOKUR et al. 1980, SCHWEIZER et al. 1990). Schlaflaboruntersuchungen konnten zeigen, daß Entzugssymptome wie Rebound-Insomnie und Rebound-Angstzustände schon nach relativ kurzfristiger Einnahme von Benzodiazepinen in therapeutischen Dosen auftraten. Vor allem die **Rebound-Insomnie** stellt in der Praxis ein bedeutsames Problem bei der Behandlung von Insomnien mit Benzodiazepinen dar (GILLIN et al. 1987, LADER 1992).
Abbildung 3.3.3.1 faßt zusammen, wie eine Rebound-Insomnie entsteht. Man versteht darunter eine Verschlechterung des Schlafs unter Ausgangsniveau, d.h. eine signifikante Zunahme der Gesamtwachzeit. Sie kann nach Absetzen eines Benzodiazepin-Hypnotikums auftreten und ist dann stärker ausgeprägt als die Schlafstörung, die ursprünglich zur Medikation geführt hatte. Rebound-Insomnien treten vor allem nach Absetzen kurz wirksamer Benzodiazepin-Hypnotika auf, bei lang wirksamen Benzodiazepinen kommt es wegen der langsamen Eliminationshalbwertszeit zu milderen Verläufen und späterem Auftreten, d.h. Tage nach Absetzen des Medikaments (KALES et al. 1983a). Aus Unkenntnis werten viele Patienten dieses Phänomen als Beweis für die Schwere und weitere Therapiebedürftigkeit der Insomnie, so daß einer chronischen Hypnotika-Einnahme der Weg bereitet wird und die Gefahr einer Abhängigkeitsentwicklung besteht. Rebound-Insomnien können bereits nach einmaliger Gabe von

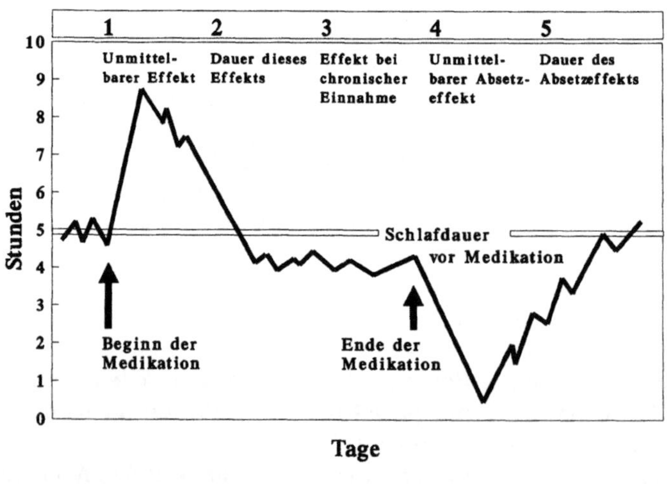

Abb. 3.3.3.1. Entwicklung einer Rebound-Insomnie unter chronischer Benzodiazepineinnahme (modifiziert nach HAURI 1982)

kurz wirksamen Benzodiazepinen beobachtet werden (BORBÉLY 1986) und noch in der gleichen Nacht den Schlaf gegen Morgen stören (KALES et al. 1983b). Nach langfristiger Gabe von Benzodiazepinen kann die Rebound-Insomnie bis zu 3 Wochen nach Absetzen anhalten (OSWALD et al. 1982, MERLOTTI et al. 1991). Wie alle klinischen Entzugssymptome nach Absetzen von Benzodiazepinen kann auch die Rebound-Insomnie durch schrittweise Dosisreduktion erheblich gemildert werden (PARKES 1985, GREENBLATT et al. 1987, GILLIN et al. 1989).

Kontraindikationen

Wegen der muskelrelaxierenden Wirkung sind Benzodiazepine bei **Myasthenia gravis** kontraindiziert. Ebenso dürfen bei **Intoxikationen** mit zentral dämpfenden Pharmaka oder Alkohol keine Benzodiazepine gegeben werden. Eine weitere Kontraindikation besteht, wenn in der Anamnese des Patienten eine **Medikamenten-, Drogen- oder Alkoholabhängigkeit** vorliegt*. Es gibt Hinweise (SALZMAN et al. 1990), daß auch Patienten mit chronischen körperlichen Erkrankungen, die häufig mit Schmerzsyndromen assoziiert sind, Patienten mit Dysthymie und Persönlichkeitsstörungen sowie Patienten mit chronischen Schlafstörungen besonders abhängigkeitsgefährdet sind.

Da sich nächtliche Atemregulationsstörungen beim **Schlafapnoe-Syndrom** verschlechtern können, sollten auch hier keine Benzodiazepin-Hypnotika verwendet werden. Die Tatsache, daß ein Schlafapnoe-Syndrom zu schweren Ein- und Durchschlafstörungen führen und somit zur Behandlung mit Hypnotika verleiten kann, verdeutlicht die hier gebotene Aufmerksamkeit. Vorsicht ist erforderlich bei Ataxien, bei respiratorischer Insuffizienz, bei schweren Leberschäden sowie bei älteren Patienten wegen der eventuell verlängerten Ausscheidung mit möglicher Kumulation.

Überdosierung, Intoxikation

Die Gefahr von Benzodiazepin-Überdosierungen ist besonders bei älteren Patienten gegeben, bei denen die Häufigkeit des Benzodiazepingebrauchs zunimmt (HOHAGEN et al. 1991) während aufgrund der verlangsamten Metabolisierung die Eliminationshalbwertszeit zunimmt und das Kumulationsrisiko steigt (BERZEWSKI 1986). Klinisch können Somnolenz, Konzentrationsstörungen, Vergeßlichkeit und Schwindel sowie Ataxie und Muskelschwäche auf eine Überdosierung hinweisen.

Intoxikationen mit Benzodiazepinen werden im Rahmen von Suizidversuchen und parasuizidalen Handlungen häufig beobachtet und sind wegen der hohen therapeutischen Breite und geringen Toxizität weit weniger gefährlich als Intoxikationen mit Barbituraten, die früher als Schlafmittel gebraucht wurden. Lebensbedrohliche Zustandsbilder können jedoch aufgrund sekundärer Wirkungen der starken Sedierung wie Unterkühlung oder Muskelerschlaffung mit Verlegung der Atemwege entstehen. Durch Gabe des Benzodiazepinantagonisten Flumazenil können die zentral dämpfenden Effekte von Benzodiazepinen antagonisiert werden und der Patient aus einem evtl. bestehenden Koma rasch erweckt werden. Bei unklaren Komazuständen kann Flumazenil zu diagnostischen Zwecken injiziert werden. Bei vorbestehender Benzodiazepinabhängigkeit kann eine Entzugssymptomatik provoziert werden, die jedoch aufgrund der kurzen Halbwertszeit von Flumazenil (53 Minuten) wieder rasch abklingt.

* In den letzten Jahren wurde insbesondere über den relativ häufigen Mißbrauch von Flunitrazepam durch Drogenabhängige berichtet (SAN et al. 1993)

Literatur

ADAM K, OSWALD L (1989) Can a rapidly-eliminated hypnotic cause daytime anxiety? Pharmacopsychiat 22: 115–119

BERZEWSKI H (1986) Risiken und Komplikationen bei der Behandlung des alten Menschen mit Benzodiazepinen. In: HIPPIUS H, ENGEL RR, LAAKMANN G (Hrsg) Benzodiazepine – Rückblick und Ausblick. Springer, Berlin Heidelberg New York Tokyo, S 121–130

BIXLER EO, KALES A, SOLDATOS C, KALES J, HEALEY S (1979) Prevalence of sleep disorders in the Los Angeles Metropolitan Area. J Psychiatr 136: 1257–1262

BIXLER EO, SCHARF MB, SOLDATOS CR (1979) Effects of hypnotic drugs on memory. Life Sci 25: 1379–1388

BIXLER EO, KALES A, MANFREDI RL, VGONTZAS AN, TYSON KL, KALES JD (1991) Next-day memory impairment with triazolam use. The Lancet 337: 827–831

BORBELY M (1986) Benzodiazepinhypnotika: Wirkungen und Nachwirkungen von Einzeldosen. In: HIPPIUS H et al. (Hrsg) Benzodiazepine. Springer, Berlin Heidelberg New York Tokyo, S 96–99

CARSKADON MA, SEIDEL WF, GREENBLATT DJ (1982) Daytime carryover of triazolam and flurazepam in elderly insomniacs. Sleep 5: 361–371

CHURCH MW, JOHNSON LC (1979) Mood and performance of poor sleepers during repeated use with flurazepam. Psychopharmacology 61: 309–316

EINARSON TR, YODER ES (1982) Triazolam psychosis – a syndrome? Drug Intell Clin Pharmacol 16: 330

GILLIN JC, SPINWEBER CL, JOHNSON LC (1989) Rebound insomnia: a critical review. J Clin Psychopharmacol 9: 161–172

GREENBLATT DJ, HARMATZ JG, ZINNY MA, SHADER RI (1987) Effect of gradual withdrawal on the rebound sleep disorder after discontinuation of triazolam. N Engl J Med 317: 722–728

HAURI P (1982) The sleep disorders, current concepts, scope, 2nd edn. Upjohn, Kalamazoo, pp 31–32

HOHAGEN F, GRASSHOFF U, ELLRINGMANN D, SCHRAMM E, RIEMANN D, WENDT G, WEYERER S, BERGER M (1991) The prevalence of insomnia in different age groups and its treatrnent modalities in general practice. In: SMIRNE et al. (eds) Sleep and aging. Masson Press, Milano, pp 205–215

HOLLISTER LE (1977) Withdrawal from benzodiazepine therapy. JAMA 237: 1432

JOHNSON LC, CHERNIK DA (1982) Sedative hypnotics and human performance. Psychopharmacology 76: 101–113

KALES A, SOLDATOS CR, BIXLER EO, KALES JD (1983a) Rebound insomnia and rebound anxiety: a review. Pharmacology 26: 121–137

KALES A, SOLDATOS CR, BIXLER EO (1983b) Early morning insomnia with rapidly eliminated benzodiazepines. Science 220: 95–97

KALES JD, KALES A (1987) Clinical selection of benzodiazepine hypnotics. Psychiatr Med 2: 229–241

LADER M (1992) Rebound insomnia and newer hypnotics. Psychopharmacology 108: 248–255

LUDERER HJ (1987) Benzodiazepine – Mißbrauch und Abhängigkeit. Fundam Psychiatr 1: 107–111

MERLOTTI L, ROEHRS T, ZORICK FJ, ROTH T (1991) Rebound insomnia: duration of use and individual differences. J Clin Psychopharmacol 11: 368–373

MORRIS HH, ESTES ML (1987) Traveler's amnesia: transient global amnesia secondary to triazolam. JAMA 258: 945–946

MÜLLER WE (1989) Benzodiazepine – Gibt es Unterschiede im Abhängigkeitspotential? Münch Med Wochenschr 131: 385–388

OSWALD I, ADAM K, BORROW S (1979) The effects of two hypnotics on sleep, subjective feelings and skilled performance. In: PASSOUANT P et al. (eds) Pharmacology of the states of alertness. Pergamon Press, New York

OSWALD J, FRENCK, C, ADAM K, GILHAM J (1982) Benzodiazepine hypnotics remain effective for 24 weeks. Br Med J 284: 860–863

PARKES JD (1985) Sleep and its disorders. Saunders, London

PEVNICK J, JASINSKI D, HAERTZEN A (1978) Abrupt withdrawal from therapeutically administered diazepam. Arch Gen Psychiatry 35: 995–998

PRESKORN SH, DENNER LJ (1977) Benzodiazepines and withdrawal psychosis. JAMA 237: 36–38

RAY WA, GRIFFIN MR, SCHAFFNER W, BAUGH DK, MELTON LJ III (1987) Psychotropic drug use and the risk of hip fracture. N Engl J Med 316: 363–369

REGSTEIN QR, REICH P (1985) Agitation observed during treatment with newer hypnotic drugs. J Clin Psychiatry 46: 280–283

RICKELS K, CASE WG, SCHWEIZER EE, SWENSON C, FRIDMAN RB (1986) Low-dose dependence in chronic benzodiazepines users: a preliminary report on 119 patients. Psychopharmacol Bull 22: 407–415

ROTH T, HARTSE KM, SAAB PG (1980) The effects of flurazepam, lorazepam, triazolam – on sleep and memory. Psychopharmacology 70: 231–237

ROTH T, ZORICK F, SICKLESTEEL J, STEPANSKI E (1985) Effects of benzodiazepines on sleep and wakefulness. Br J Clin Pharmacol 11: 31–35

SALZMAN C, BALTER M, ELLINWOOD E, GALLANT DM, GILLIN JC, GREENBLATT DJ, GRIFFITHS R, HOLLISTER LE, KLEBER HD, O'BRIAN C, PINCUS H, RIKKELS K, SELLERS E (1990) American Psychiatric Association Task Force on Benzodiazepine dependency, toxicity, and abuse. American Psychiatric Press, Washington

SAN L, TATO J, TORRENS M, CASTILLO C, FARRE M, CAMI J (1993) Flunitrazepam consumption among heroin addicts admitted for in-patient detoxification. Drug Alcohol Depend 32: 281–286

SCHNEIDER-HELMERT D (1988) Why low-dose benzodiazepine-dependent insomniacs can't escape their sleeping pills. Acta Psychiatr Scand 78: 706–711

SCHWEIZER E, RICKELS K, CASE WG, GREENBLATT DJ (1990) Long-term therapeutic use of benzodiazepines. II. Effects of gradual taper. Arch Gen Psychiatry 47: 908–915

TYRER P, MURPHY S (1987) The place of benzodiazepines in psychiatric practice. Br J Psychiatry 151: 719–723

VAN DER KROEF C (1979) Reactions to triazolam. Lancet ii: 526

WEINGARTNER HJ, HOMMER D, LISTER RG, THOMPSON K, WOLKOWITZ O (1992) Selective effects of triazolam on memory. Psychopharmacology 106: 341–345

WINOKUR A, RICKELS K, GREENBLATT DJ (1980) Withdrawal reaction from long-term, lowdosage administration of diazepam. Arch Gen Psychiatry 37: 101–105

3.3.4 Interaktionen

O. Dietmaier

Für Benzodiazepin-Hypnotika gelten ausnahmslos die im Kapitel 2.3.4 aufgeführten Interaktionen der Benzodiazepin-Tranquilizer. An dieser Stelle soll nur auf die Wechselwirkungen nochmals eingegangen werden, für die spezielle Untersuchungen mit Benzodiazepin-Hypnotika vorliegen.

Pharmakokinetische Interaktionen

Die bekannten enzyminhibitorischen Effekte des H_2-Blockers *Cimetidin* wurden auch bei gemeinsamer Gabe mit den Benzodiazepin-Hypnotika Triazolam und Flurazepam festgestellt. Die einmalige abendliche Einnahme von 0,5 mg Triazolam führte – zusammen mit einer üblichen Tagesdosis von Cimetidin – zu deutlich herabgesetzter Clearance und erhöhten Benzodiazepin-Plasmaspiegeln (ABERNETHY et al. 1983, FRIEDMAN et al. 1988, POURBAIX et al. 1985). Auch mit Flurazepam traten ähnliche pharmakokinetische Wechselwirkungen auf (GREENBLATT et al. 1984a). Dieser Interaktion scheinen nur Benzodiazepine zu unterliegen, die durch Hydroxylierung oder N-Desalkylierung metabolisiert werden. Temazepam, das durch Konjugation ausgeschieden wird, zeigt bei gemeinsamer Verabreichung mit Cimetidin keine Veränderungen der Pharmakokinetik und würde sich als geeignete Alternative bei Cimetidin-Patienten anbieten (GREENBLATT et al. 1984b).

Für den H_2-Blocker Ranitidin wird in einer Arbeit über eine gesteigerte Absorption des Benzodiazepin-Hypnotikums Triazolam bei gemeinsamer oraler Gabe berichtet, während bei intravenöser Triazolaminjektion keinerlei Einfluß auf diesen Parameter auftrat (VANDERVEEN et al. 1991). Allerdings scheint diese Interaktion keine klinischen Auswirkungen zu besitzen, da Ranitidin bei Patienten, die Temazepam zur Prämedikation vor kleineren chirurgischen Eingriffen erhielten, nicht zu verstärkter Schläfrigkeit führte (WILSON et al. 1986).

Die beiden *Makrolid-Antibiotika Erythromycin* und *Troleandomycin* üben deutliche enzyminhibitorische Effekte auf den Metabolismus von Triazolam aus. So verursachten orale Triazolam-Einzeldosen bei Kombination mit diesen Antibiotika eine herabgesetzte Clearance und signifikant verlängerte Triazolam-Halbwertszeiten (PHILLIPS et al. 1986, WAROT et al. 1987).

Für das neuere serotonin-selektive Antidepressivum *Fluoxetin* liegen Untersuchungen über Wechselwirkungen mit Diazepam vor (LEMBERGER et al. 1988). Im Gegensatz dazu wurden bei Kombination mit Triazolam keine pharmakokinetischen Wechselwirkungen nachgewiesen (WRIGHT et al. 1992).

Orale Kontrazeptiva können bei gleichzeitiger Einnahme von Benzodiazepin-Hypnotika wie Triazolam, die oxidativ metabolisiert werden, die Clearance herabsetzen und die Halbwertszeit des Benzodiazepins verlängern. Temazepam, das durch Konjugation ausgeschieden wird, scheint dagegen eher eine beschleunigte Metabolisierung zu erfahren (STOEHR et al. 1984).

Zu *Probenecid* liegen widersprüchliche Ergebnisse vor. So wurden bei kombinierter Gabe von Lorazepam und Probenecid die Clearance des Benzodiazepins um ca. 50% herabgesetzt und die Halbwertszeit mehr als verdoppelt (ABERNETHY et al. 1985). In einer weiteren Studie hatte Probenecid hingegen keinen Einfluß auf die Pharmakokinetik des gleichfalls konjugativ verstoffwechselten Temazepam (BROCKMEYER et al. 1990).

Pharmakodynamische Interaktionen

Für die intravenöse Verabreichung von Flunitrazepam sind erwünschte synergistische Effekte im Sinne einer Verstärkung der narkotischen Wirkung von Lachgas, Fentanyl, Ketamin und anderen Narkotika sowie einer Abschwächung der Nebenwirkungen von Succinylcholin und Ketamin bekannt (MATTILA und LARNI 1980, VATASHSKY und ARONSON 1982).

Alkohol führt bei gemeinsamer Gabe mit Benzodiazepin-Hypnotika wegen additiver dämpfender Wirkungen auf das ZNS zu verstärkter Sedierung und Beeinträchtigung der psychomotorischen Fähigkeiten (LINNOILA et al. 1981, DORIAN et al. 1985, WILLUMEIT et al. 1984).

Eine potentiell gefährliche Interaktion wird in einem Fallbericht über die Kombination von *Diphenhydramin* mit Temazepam beschrieben. Eine 28jährige Schwangere erlitt nach mehrtägiger gleichzeitiger Einnahme beider Medikamente eine Totgeburt. Die Autoren vermuten als Ursache eine fetale ZNS-Dämpfung. Auch im Tierversuch an trächtigen Kaninchen soll diese Kombination zu einer deutlich erhöhten Mortalität der Föten geführt haben. Weitere Untersuchungen zur Frage der klinischen Bedeutung und Evaluierung dieser schwerwiegenden Wechselwirkung sind notwendig (KARGAS et al. 1985).

Die gemeinsame Verabreichung von *Clozapin* und Benzodiazepinen erfordert besondere Vorsicht; so sind auch für das Benzodiazepin-Hypnotikum Flurazepam zwei Berichte über bedrohliche Ereignisse in der Literatur zu finden. In einem Fall handelt es sich um einen 36jährigen männlichen Patienten mit erstmals auftretender Schizophrenie, bei dem ein Delir und schwerer Kreislaufkollaps mit Bewußtlosigkeit beobachtet wurden. Er bekam seit 2 Wochen 5 mg Diazepam täglich und wurde wegen extrapyramidalmotorischer Nebenwirkungen diverser Neuroleptika auf Clozapin umgestellt. Am 2. Tag der Clozapintherapie ereignete sich der Kollaps, nachdem der Patient zusätzlich noch am Tag vorher eine Einmaldosis von 30 mg Flurazepam erhalten hatte (SASSIM und GROHMANN 1988). Im anderen Fall ereignete sich gleichfalls ein Kollaps mit kurzzeitiger Bewußtlosigkeit. Hier nahm der Patient bereits einige Wochen 200 mg Clozapin täglich ein und erhielt eine Einmaldosis Flurazepam 30 mg (GROHMANN et al. 1989).

Literatur

ABERNETHY DR, GREENBLATT DJ, DIVOLL M et al. (1983) Interaction of cimetidine with the triazolobenzodiazepines alprazolam and triazolam. Psychopharmacology 80: 275–278

ABERNETHY DR, GREENBLATT DJ, AMEER B et al. (1985) Probenecid impairment of acetaminophen and lorazepam clearance: direct inhibition of ether glucuronide formation. J Pharmacol Exp Ther 234: 345–349

BROCKMEYER NH, MERTINS L, KLIMEK K et al. (1990) Comparative effects of rifampin and/or probenecid on the pharmacokinetics of temazepam and nitrazepam. Int J Clin Pharmacol Ther Toxicol 28: 387–393

DORIAN P, SELLERS EM, KAPLAN HL et al. (1985) Triazolam and ethanol interaction: kinetic and dynamic consequences. Clin Pharmacol Ther 37: 558–562

FRIEDMAN H, GREENBLATT DJ, BURSTEIN ES et al. (1988) Triazolam kinetics: interaction with cimetidine, propranolol, and the combination. J Clin Pharmacol 28: 228–233

GREENBLATT DJ, ABERNETHY DR, KOEPKE HH, SHADER RI (1984a) Interaction of cimetidine with oxazepam, lorazepam, and flurazepam. J Clin Pharmacol 24: 187–193

GREENBLATT DJ, ABERNETHY DR, DIVOLL M et al. (1984b) Noninteraction of temazepam and cimetidine. J Pharm Sci 73: 399–401

GROHMANN R, RÜTHER E, SASSIM N, SCHMIDT LG (1989) Adverse effects of clozapine. Psychopharmacology 99: 101–104

KARGAS GA, KARGAS ST, BRUYERE HJ JR et al. (1985) Perinatal mortality due to interaction of diphenhydramine and temazepam. N Engl J Med 313: 1417

LEMBERGER L, ROWE H, BOSOMWORTH JC, TENBARGE JB et al. (1988) The effect of fluoxetine on the pharmacokinetics and psychomotor responses of diazepam. Clin Pharmacol Ther 43: 412–419

LINNOILA M, ERWIN CW, BRENDLE A et al. (1981) Effects of alcohol and flunitrazepam on mood and performance in healthy young men. J Clin Pharmacol 21: 430–435

MATTILA MAK, LARNI HM (1980) Flunitrazepam: a review of its pharmacological properties and therapeutic use. Drugs 20: 353–374

PHILLIPS JP, ANTAL EJ, SMITH RB (1986) A pharmacokinetic drug interaction between erythromycin and triazolam. J Clin Psychopharmacol 6: 297–299

POURBAIX S, DESAGER JP, HULHOVEN R et al. (1985) Pharmacokinetic consequences of long term coadministration of cimetidine and triazolobenzodiazepines, alprazolam and triazolam, in healthy subjects. Int J Clin Pharmacol Ther Toxicol 23: 447–451

SASSIM N, GROHMANN R (1988) Adverse drug reactions with clozapine and simultaneous application of benzodiazepines. Pharmacopsychiatry 21: 306–307

STOEHR GP, KROBOTH PD, JUHL RP et al. (1984) Effect of oral contraceptives on triazolam, temazepam, alprazolam, and lorazepam kinetics. Clin Pharmacol Ther 36: 683–690

VANDERVEEN RP, JIRAK JL, PETERS GR et al. (1991) Effect of ranitidine on the disposition of orally and intravenously administered triazolam. Clin Pharm 10: 539–543

VATASHSKY E, ARONSON HB (1982) Intravenous flunitrazepam in the prevention of the side effects of succinylcholine. Isr J Med Sci 18: 587–589

WAROT D, BERGOUGNAN L, LAMIABLE D et al. (1987) Troleandomycin-triazolam interaction in healthy volunteers: pharmacokinetic and psychometric evaluation. Eur J Clin Pharmacol 32: 389–393

WILLUMEIT H-P, OTT H, NEUBERT W et al. (1984) Alcohol interaction of lormetazepam, mepindolol sulphate and diazepam measured by performance on the driving simulator. Pharmacopsychiatry 17: 36–43

WILSON CM, ROBINSON FP, THOMPSON EM et al. (1986) Effect of pretreatment with ranitidine on the hypnotic action of single doses of midazolam, temazepam and zopiclone. A clinical study. Br J Anaesth 58: 483–486

WRIGHT CE, LASHER-SISSON TA, STEENWYK RC et al. (1992) A pharmacokinetic evaluation of the combined administration of triazolam and fluoxetine. Pharmacotherapy 12: 103–106

3.3.5 Kontrolluntersuchungen

G. Laux

Unter einer Behandlung mit Benzodiazepin-Hypnotika sind keine routinemäßigen Kontrollen von Laborparametern, EKG- oder EEG-Untersuchungen erforderlich. Bei klinischen Anzeichen einer (relativen) Überdosierung, die bei älteren Patienten bereits unter mittleren Dosierungen auftreten kann, empfiehlt sich ebenso wie bei Patienten mit Leber- und/oder Nierenfunktionsstörungen eine Plasmakonzentrationsbestimmung.

Bei Substanzen mit längerer Eliminationshalbwertszeit muß besonders auf die Möglichkeit von Tagesrestwirkungen (hangover-Effekte) geachtet werden; diese können zu einer Beeinträchtigung der Fahrtauglichkeit, der Bedienbarkeit von Maschinen sowie allgemein der Vigilanz insbesondere bei Alterspatienten mit verändertem Metabolismus führen.

Behandlungszeiträume, die über mehrere Wochen hinausgehen, machen in Anbetracht des Risikos einer Abhängigkeitsentwicklung eine sorgfältige Überprüfung der Indikationsstellung und regelmäßige Arztkonsultationen erforderlich.

3.3.6 Praktische Durchführung, allgemeine Behandlungsrichtlinien

F. Hohagen, U. Voderholzer und M. Berger

Die Behandlung von Schlafstörungen setzt eine gründliche Diagnostik bezüglich der Ätiologie voraus. Die erfolgreiche Therapie einer psychiatrischen oder körperlichen Grunderkrankung macht den zusätzlichen Einsatz von Hypnotika oft entbehrlich.

Nichtmedikamentöse Therapieverfahren

Die Behandlung von Schlafstörungen sollte sich nicht auf medikamentöse Maßnahmen beschränken. Grundsätzlich soll eine Beratung über eine Verbesserung der Schlafhygiene erfolgen, die die individuelle Situation des Patienten (Schichtarbeit, Umgebungslärm, Streßsituation etc.) berücksichtigt. Die Beachtung der in Tabelle 3.3.6.1 dargestellten Regeln kann bei den verschiedensten Formen von Schlafstörungen wirksam sein, in einzelnen Fällen sogar alleine ausreichen, um eine Remission der Insomnie herbeizuführen.

Patienten mit chronische Insomnie berichten signifikant häufiger über belastende Lebensereignisse in den letzten sechs Monaten im Vergleich mit guten Schläfern (Healey et al. 1981, Hohagen et al. 1991). Bei vielen Patienten mit primärer Insomnie nach DSM-III-R spielt eine mangelhafte Entspannungsfähigkeit am Abend als Folge einer unzureichenden Streßbewältigung während des Tages eine wesentliche Rolle (Kales et al. 1976, Buysse und Reynolds 1990). In diesen Fällen sind entspannende Verfahren wie die progressive Muskelrelaxation nach Jacobson hilfreich. Ferner stehen speziell für Insomniepatienten entwickelte verhaltenstherapeutische Programme (Schindler und Hohenberger 1982) sowie die kontrollierte Schlafrestriktion (Spielman et al. 1987) zur Verfügung, die in kontrollierten Studien ihre klinische Wirksamkeit bewiesen haben.

Der Einsatz eines Hypnotikums sollte vor allem bei chronisch schlafgestörten Patienten erst erwogen werden, wenn eine spezifische körperliche oder psychiatrische Ursache sowie ein grobes Fehlverhalten im Hinblick auf Grundlagen der Schlafhygiene ausgeschlossen wurden. Entschließt sich der Arzt zur Verordnung eines Hypnotikums, sollte das Schlafmittel im Rahmen einer Behandlungsstrategie, die auch nichtmedikamentöse Behandlungsverfahren miteinbezieht, gegeben werden. Als Teilaspekt einer umfassenden Insomniebehandlung kann der Einsatz eines Hypnotikums sinnvoll sein, den Circulus vitiosus von Ängstlichkeit und physiologischer Anspannung zu durchbrechen.

Insomnie-Behandlung mit Benzodiazepinen

Läßt sich durch nichtmedikamentöse Behandlungsverfahren keine befriedigende Besserung der Insomnie erreichen, kann ein Behandlungsversuch mit einem Benzodiazepin-Hypnotikum indiziert sein. Folgende Behandlungsrichtlinien wurden auf einer Konsensus-Konferenz zum Gebrauch von Hypnotika in Berlin erarbeitet (Rüther et al. 1992):

Bei den situativ ausgelösten und vorhersehbar vorübergehenden Insomnien (z.B. Jetlag, präoperative Insomnien, Schlafstörung vor Prüfungen etc.) wird eine stützende und schlafhygienische Beratung empfohlen. Nur in besonders ausgeprägten Fällen, in denen dies nicht ausreicht, kann für wenige Tage ein Benzodiazepin verordnet werden.

Tabelle 3.3.6.1. Regeln zur Schlafhygiene für Patienten mit Schlafstörungen

Abends

- Regelmäßige Zubettgehzeiten
- Keine „schweren“ Mahlzeiten, nicht hungrig zu Bett gehen
- Keine stimulierenden Getränke (Kaffee, Tee, Kakao)
- Kein Alkohol oder Nikotin
- „Abschalten“ vor dem Schlafengehen, d.h. Abkehr von Tagesproblemen, keine berufliche Tätigkeit am Abend

Nachts

- Ruhiger, wohltemperierter, gelüfteter Raum
- Verbannen des Weckers aus dem Gesichtsfeld, um Konditionierungen zu vermeiden
- Nicht zu lange wach im Bett liegen – Aufstehen bei quälender Schlaflosigkeit

Tagsüber

- Konstante Aufstehzeiten am Morgen
- Kein Tagesschlaf
- Regelmäßige körperliche Aktivität
- Bedenke: 8 Stunden Schlaf sind nicht notwendig – Vermeiden übermäßiger Befürchtungen, den Schlaf betreffend

Modifiziert nach Hauri (1982) und Riemann et al. (1995)

Da es sich bei diesen Schlafstörungen um keine Insomnie im engeren Sinne, etwa nach den DSM-III-R-Kriterien handelt, sollte vor allem darauf geachtet werden, daß mit der Verordnung des schlafinduzierenden Medikamentes keine Schädigung des Patienten erfolgt, etwa durch unbedachte Provokation einer Abhängigkeit.

Bei den **kurzfristigen. max. 4 Wochen dauernden** Insomnien (z.B. bei familiären oder beruflichen Überlastungen) empfiehlt sich therapeutisch als erstes eine schlafhygienische Beratung sowie eine auf das Problem gerichtete supportive Beratung, Entspannungstechniken sowie spezielle verhaltensorientierte Verfahren, die auch eine Reduktion der bestehenden Belastung mitberücksichtigen. Falls dies nicht ausreicht, kann zusätzlich für in der Regel max. 3 Wochen ein Benzodiazepin-Hypnotikum verordnet werden.

Bei **lang andauernden, d.h. mehr als 4 Wochen währenden** Insomnien (eigentliche Insomnie nach DSM-III-R) sollte evtl. erneut eine ausführliche Diagnostik erfolgen, die auf spezielle Erkrankungen wie Schlaf-Apnoe-Syndrom, Restless legs-Syndrom und chronobiologische Schlafstörungen sowie psychiatrische und somatische Erkrankungen zielt. Falls eine organische oder psychiatrische Ursache ausgeschlossen werden kann, ist primär eine nichtmedikamentöse Therapie zu empfehlen; d.h. hier sollten eine schlafhygienische Beratung, Stress-Reduktionstraining, Entspannungstechniken und Verhaltenstherapie-Verfahren im Vordergrund stehen. Es sei jedoch ausdrücklich darauf hingewiesen, daß diese Maßnahmen auch bei fast allen symptomatischen Insomnien wesentlicher Bestandteil der Therapie sind. Wird die medikamentöse Therapie ergänzend zu einer nicht-medikamentösen Behandlung eingesetzt, so kann sie hilfreich sein, den Circulus vitiosus von Anspannung, Angst vor Schlaflosigkeit und Schlafstörung zu durchbrechen und dem Patienten zu mehr Motivation für die nichtmedikamentösen Therapieformen verhelfen. Haben nichtmedikamentöse Maßnahmen keinen ausreichenden Effekt, sollte auch der Versuch mit einem Phytotherapeutikum (z.B. Baldrian) erwogen werden, das durchaus in einer Reihe von Fällen eine subjektive Besserung bringt. Hier sei auf die hohe Placebo-Responder-Rate von Insomniepatienten hingewiesen (BAYER und PATHY 1985).

Entschließt man sich zum Einsatz eines Hypnotikums, so stellen derzeit die Benzodiazepine neben den neuen Nicht-Benzodiazepin-Hypnotika Zopiclon und Zolpidem die Mittel der ersten Wahl dar. Barbiturate sind aufgrund der raschen Toleranz-Entwicklung und des hohen Suchtpotentials sowie gravierenderer Nebenwirkungen und geringer therapeutischer Breite obsolet. Eine Alternative für Patienten mit chronischer Insomnie stellen sedierende Antidepressiva dar.

Aufgrund der pharmakokinetischen Daten würden sich kurz wirksame Benzodiazepine für die Behandlung reiner Einschlafstörungen, mittellang wirksame für Durchschlafstörungen bzw. Ein- und Durchschlafstörungen eignen. In Anbetracht der dargestellten Nebenwirkungen der kurz wirksamen Benzodiazepine sind diese jedoch generell weniger geeignet, wenngleich das Fehlen eines sedierenden Überhangs von Vorteil ist. Benzodiazepine mit langer Halbwertszeit sind aufgrund ihrer schlafüberdauernden Effekte nur in seltenen Fällen indiziert, in denen z.B. zur Anxiolyse eine gewisse Tagessedation erwünscht ist. In der Regel wird man also auf ein **Benzodiazepin mit mittellanger Halbwertszeit** zurückgreifen, da hier sowohl eine ein- als auch eine durchschlaffördernde Wirkung gegeben ist, weniger deutliche Rebound-Effekte auftreten und kaum eine Tagessedation zu erwarten ist. Von großer praktischer Bedeutung ist es, die unterschiedlichen Anflutgeschwindigkeiten der Substanz zu kennen und dem Patienten eine entsprechend rechtzeitige Einnahme des Präparats vor dem gewünschten Zeitpunkt des Einschlafens zu empfehlen. Andernfalls wird eine Verkürzung der Einschlaf-Latenz nicht gelingen. Die in diesem Falle zunehmende Anspannung des Patienten bei dem vergeblichen Versuch, rasch einzuschlafen, dürfte dann auch auf der psychologischen Ebene schlafhemmende Effekte bewirken.

Bei der Einleitung einer schlaffördernden Behandlung mit Benzodiazepinen muß der Patient über die zu erwartenden Phänomene der Toleranz-Entwicklung und der Rebound-Insomnie aufgeklärt werden, um einer Dosissteigerung oder Langzeiteinnahme vorzubeugen. Auch ist das Risiko der Abhängigkeitsentwicklung anzusprechen und ein fester Zeitpunkt für die Beendigung der Therapie zu vereinbaren. Bei unzureichendem Effekt der medikamentösen Therapie sollte diese nach 3 Wochen beendet werden, da darüber hinaus nicht mehr mit einem pos. Effekt zu rechnen ist. Bei erfolgreicher medikamentöser Behandlung ist eine langsame Beendigung spätestens nach 3 Monaten anzustreben (RÜTHER et al. 1992).

Bei einer Subgruppe chronisch schlafgestörter Patienten scheint jedoch als einziges Verfahren mit ausreichendem Erfolg eine Dauermedikation mit einem schlaf-induzierenden Medikament hilfreich zu sein. Man sollte immer versuchen, mit der geringstmöglichen Dosis auszukommen, da viele Nebenwirkungen der Benzodiazepine dosisabhängig sind.

Einige Autoren empfehlen die Langzeitgabe eines Benzodiazepins als **Intervalltherapie**, d.h. maximal zwei- bis dreimal pro Woche. Die Medikation darf nicht abrupt abgesetzt werden; langsames Ausschleichen ist grundsätzlich erforderlich, um Entzugserscheinungen möglichst gering zu halten. Ferner muß man den Patienten auf die mögliche Beeinträchtigung der Vigilanz und damit der Fahrtüchtigkeit aufmerksam machen.

Bei der Frage, wie schnell ein Benzodiazepin reduziert werden kann, muß berücksichtigt werden, wie lange der Patient das Medikament schon einnimmt. Als Faustregel für das Absetzen von Benzodiazepinen in der ambulanten Praxis kann gelten, daß bei jahrelanger Einnahme die Dosisreduktion bis zur Therapie-Beendigung über mehrere Wochen bis Monate erfolgen sollte. Die Dosis wird hierbei schrittweise, unter Kontrolle des klinischen Befundes, vermindert. In **höherem Lebensalter** kann sich die Pharmakokinetik der Benzodiazepine verändern. Metabolismus und Elimination der meisten Benzodiazepine sind zum Teil erheblich verlangsamt, so daß die Halbwertszeit auf mehr als das Doppelte verlängert sein kann (PARKES 1985). Eine Halbierung der sonst üblichen Dosis kann erforderlich sein. Auf der anderen Seite kommt es in höherem Lebensalter vor allem zu einer größeren Streuung der Plasma-Spiegel, so daß nicht in jedem Falle eine Verlängerung der Wirkdauer erfolgt. Da erhebliche interindividuelle Unterschiede bestehen und im Einzelfalle nicht vorhersehbar ist, wie der Patient reagiert, muß vorsichtig einschleichend dosiert werden.

Die Gefahr von Schenkelhalsfrakturen als Folge der Muskelrelaxation sowie das mögliche Auftreten paradoxer Wirkungen lassen Benzodiazepine in dieser Altersgruppe zur Behandlung von Schlafstörungen problematisch erscheinen. Als Alternative bieten sich hier unter Berücksichtigung möglicher Nebenwirkungen niedrig-potente Neuroleptika mit geringen anticholinergen Nebenwirkungen oder sehr niedrig dosierte, höher potente Neuroleptika mit geringer Kreislaufwirkung an (AMSOMS et al. 1977, SCHÖNBRUNN und BERGER 1989).

Literatur

AMSOMS C, DE BACKER-DIERECK G, VEREECKEN JLTM (1977) Sleep disorders in patients with severe mental depression: double-blind placebo-controlled evaluation of the value of pipamperone. Acta Psychiatr Scand 55: 116–122

BAYER AJ, PATHY MS (1985) Requests for hypnotic drugs and placebo response in elderly hospital inpatients. Postgrad Med J 61: 317–320

BUYSSE DJ, REYNOLDS CF (1990) Insomnia: In: THORPY MJ (ed) Handbook of sleep disorders. Decker, New York, pp 375–433

HAURI P (1982) The sleep disorders, current concepts, scope, 2nd edn. Upjohn, Kalamazoo, pp 31–32

HEALEY ES, KALES A, LAWRENCE JM, BIXLER EO, CHAMBERLINE K, SOLDATOS CR (1981) Onset of insomnia: role of life-stress events. Psychosom Med 43: 439–451

HOHAGEN F, GRASSHOFF U, ELLRINGMANN D, SCHRAMM E, RIEMANN D, WENDT G, WEYERER S, BERGER M (1991) The prevalence of insomnia in different age groups and its treatment modalities in general practice. In: SMIRNE et al. (eds) Sleep and aging. Masson Press, Milano, pp 205–215

KALES A, CALDWELL AB, PRESTON TA (1976) Personality patterns in insomnia: theoretical implications. Arch Gen Psychiatry 33: 1128–1134

KALES A, CALDWELL AB, SOLDATOS CR (1983) Biopsychobehavioral correlates of insomnia. II. Pattern specificity and consistency with the Minnesota Multiphasic Personality Inventory. Psychosom Med 45: 341–356

PARKES JD (1985) Sleep and its discorders. Saunders, London

RIEMANN D, SCHRAMM E, DRESSING H (1995) Schlafstörungen. In: HAUTZINGER M (Hrsg) Kognitive Verhaltenstherapie bei psychiatrischen Erkrankungen. Quintessenz-Verlag, München

RÜTHER E, BERGER M, BLUME H, BORBÉLY A, DIETZEL M, DINNENDAHL V, DOENICKE A, ENGEL R, FEHM L, GÖLZ J, GÜNDEL L et al. (1992) Epidemiologie, Pathophysiologie, Diagnostik und Therapie von Schlafstörungen. Ergebnisse einer Consensus-Konferenz der Arbeitsgemeinschaft Klinischer Schlafzentren (AKS) und der Arbeitsgemeinschaft für Neuropsychopharmakologie und Pharmakopsychiatrie (AGNP). Münch Med Wochenschr 134: 460–466

SCHINDLER L, HOHENBERGER E (1982) Die verhaltenstherapeutische Behandlung von Schlafstörungen: Status und Perspektiven. Psychol Beitr 24: 549–582

SCHÖNBRUNN E, BERGER M (1989) Therapie von Schlafstörungen. Münch Med Wochenschr 131: 931–934

SPIELMAN AJ, SASKIN P, THORPY MJ (1987) Treatment of chronic insomnia by restriction of time in bed. Sleep 10: 45–56

Neuro-Psychopharmaka, Bd. 2
Riederer P. / Laux G. / Pöldinger W. (Hrsg.)

4
Niedrigdosierte Neuroleptika, andere Tranquilizer

4.1 Pharmakologie

4.1.1 Pharmakokinetik

K. Heininger

Eine Vielzahl verschiedener Neuroleptika und trizyklischer Antidepressiva besitzt im Rahmen seines Wirkprofils angstlösende und beruhigende Wirkkomponenten. Entsprechend der unterschiedlichen chemischen Natur der Substanzen zeigen sie ein breites Spektrum pharmakokinetischer Verhaltensweisen. Hier sollen nur wenige charakteristische Gesetzmäßigkeiten abgehandelt werden. Zur eingehenderen Information wird auf die speziellen Kapitel in Band 3 (Antidepressiva) und 4 (Neuroleptika) verwiesen.

Niedrigdosierte Neuroleptika

In der Neuroleptanxiolyse werden hauptsächlich einige niedrig- (Perazin, Thioridazin, Melperon, Sulpirid) und hochpotente Neuroleptika (Flupentixol und Flupentixoldecanoat, Fluspirilen) eingesetzt. In ihrem pharmakokinetischen Verhalten unterscheiden sich niedrigdosierte nicht grundsätzlich von höherdosierten Neuroleptika (siehe Band 4, Kapitel 2.1). Naturgemäß sind die Substanzen bei sehr niedrigen Plasmaspiegeln nur unter großem technischen Aufwand nachweisbar, so daß der größte Teil der pharmakokinetischen Daten bei höherdosierten Neuroleptika gewonnen und auf die Niedrigdosierung extrapoliert wurde.

Orale Neuroleptika

Perazin, Thioridazin und Flupentixol haben als Phenothiazine und Thioxanthen ähnliche pharmakokinetische Eigenschaften (Tabelle 4.1.1). Aufgrund einer extensiven Metabolisierung vor allem in der Leber, unterliegen die Wirkstoffe bei oraler Medikation einem erheblichen First-pass Metabolismus. Die systemische Bioverfügbarkeit beträgt etwa 30–60% und zeigt eine hohe interindividuelle Variabilität. Bei gleicher Dosis können die Plasmaspiegel von Patient zu Patient um das 10–30fache (Phenothiazine) bzw. 2,5–5fache (Thioxanthene und Sulpirid) variieren. Die scheinbaren Verteilungsvolumina sind hoch und liegen in einem Bereich von 8 bis 30 Liter/kg Körpergewicht. Folglich sind die Wirkstoffkonzentrationen im

Tabelle 4.1.1. Pharmakokinetische Grunddaten verschiedener Neuroleptika

Substanz	Max. Konz. nach oraler Gabe (h)	T 1/2 h	Orale Bioverfügbarkeit (%)	Verteilungsvolumen l/kg	Syst. Clearance l/min.	Eiweißbindung %	Literatur
Perazin	1–3	10					BREYER-PFAFF et al. (1988)
Thioridazin	2	24				> 99	SHVARTSBURD et al. (1984)
Flupentixol	4	35	40	13–17	0,5		JØRGENSEN et al. (1982)
Melperon	2	3–4	60	8	2		BORGSTRÖM et al. (1982)
Sulpirid	2–6	8–10	27–50	2,7	0,4	40	WIESEL et al. (1980)

Blut sehr niedrig und können nur mit sehr empfindlichen Meßmethoden erfaßt werden. Die Bindung an Plasmaproteine beträgt immer über 90% und liegt für manche Substanzen nahe 100%. Die Metabolisierung verläuft meist über oxidative Reaktionen wie Oxidation am S-Atom des Ringsystems, N-Dealkylierung und N-Oxidation der Seitenkette (Phenothiazine und Thioxanthene) und aromatische Hydroxylierung (fast nur Phenothiazine). Die biologischen Halbwertszeiten unterscheiden sich teilweise deutlich, liegen aber für viele Neuroleptika zwischen 10 und 30 Stunden (JØRGENSEN 1986). Melperon wird wie alle Butyrophenone durch eine oxidative N-Dealkylierung in zwei Bruchstücke gespalten, daneben wird die Carbonyl-Gruppe der Ausgangssubstanz zu einem pharmakologisch teilweise noch aktiven aliphatischen Alkohol reduziert. Da die Kinetik von Melperon nicht-linear verläuft, fand sich bei niedriger Dosierung von 50 mg intramuskulär eine biologische Halbwertszeit von 6,6 Stunden, während sie bei Dosen von 100 mg 11 Stunden betrug (BJERKENSTEDT et al. 1977, BORGSTRÖM et al. 1982). Sulpirid hat als Benzamid eine Sonderstellung, indem es praktisch keinem First-pass-Metabolismus unterliegt, ein niedriges scheinbares Verteilungsvolumen sowie eine kurze biologische Halbwertszeit aufweist und weitgehend unverändert ausgeschieden wird. Die relativ geringe Bioverfügbarkeit von Sulpirid ist möglicherweise auf eine schlechtere Resorption zurückzuführen (WIESEL et al. 1980).

Depot-Neuroleptika

Bei Flupentixoldecanoat und Fluspirilen führen unterschiedliche galenische Prinzipien zu einer verzögerten Freisetzung der Wirksubstanz (Tabelle 4.1.2).

Flupentixol läßt sich über seine Hydroxylgruppe mit einer langkettigen Fettsäure verestern. Dieser Ester ist hochlipophil und löst sich ausgezeichnet in Pflanzenöl. Nach Injektion der Lösung ins Muskelgewebe wird das Depot langsam aufgelöst und das Neuroleptikum sofort durch Esterasen im Gewebe aus der Esterbindung gespalten. Die Freisetzung aus dem Depot verläuft deutlich langsamer als die anschließende hepatische Metabolisierung und Eliminierung der Wirksubstanz und bestimmt daher im wesentlichen die Verweildauer des Neuroleptikums im Organismus (JØRGENSEN 1986). Nach Übertritt der Substanz in den Systemkreislauf verhält sie sich wie oral gegebenes Flupentixol (s.o.).

Fluspirilen ist eine sehr lipophile Substanz aus der Gruppe der Diphenylbutylpiperidine. In einer Kristallsuspension intramuskulär injiziert, wird Fluspirilen aus dem Depot langsam freigesetzt, erreicht maximale Plasmaspiegel nach 4–8 Stunden, wird durch oxidative N-Dealkylierung in zwei pharma-

Tabelle 4.1.2. Pharmakokinetische Grunddaten von Flupentixoldecanoat und Fluspirilen

Substanz	Medium	Zeit für max. Plasmakonz. (Tage)	Freisetzungs-halbwertszeit nach mehrmaliger Applikation	Steady-state-Bedingungen (bezogen auf Intervall)	Max.-Min.-Verhältnis (bezogen auf Intervall)	„Early peak“
Flupentixol-decanoat	Viscoleo	7	17 Tage	2–3 Monate	2,5–3,7	
Fluspirilen	Kristall-suspension	0,2–0,4	2–8 Tage[a]	1–4 Wochen[a]	4–5	++

[a] Nach DAHL (1990)

kologisch inaktive Bruchstücke gespalten und mit einer mittleren Halbwertszeit von fast 3 Wochen über Urin und Fäzes ausgeschieden (VRANCKX-HAENEN et al. 1979)

Meprobamat

Nach oraler Gabe wird der maximale Plasmaspiegel von Meprobamat nach etwa 3 Stunden erreicht (MARTIS und LEVY 1974). Etwa 80–92% werden in der Leber verstoffwechselt. Durch Biotransformation entstehen Hydroxymeprobamat und Oxomeprobamat (-OH und =0 in β-Stellung der Propylseitenkette) und das N-glucuronierte Meprobamat. Die Substanz wird zu 10–20% unverändert im Urin ausgeschieden. Die biologische Halbwertszeit ist möglicherweise dosisabhängig in einem Bereich von 6–18 Stunden (HOLLISTER und LEVY 1964, MARTIS und LEVY 1974). Verlängerte Halbwertszeiten wurden gefunden nach chronischer Gabe (auf 24–48 Stunden) und bei Leberzirrhose und Hepatitis (18–24 Stunden) (GAULTIER et al. 1969, HELD und VON OLDERSHAUSEN 1969).

Hydroxyzin

Maximale Plasmaspiegel werden 2 Stunden nach oraler Einnahme von Hydroxyzin erreicht (SIMONS et al. 1984). Das scheinbare Verteilungsvolumen beträgt bei Erwachsenen 16, bei Alten 22,5 L/kg Körpergewicht (SIMONS et al. 1984, 1988). Hauptprodukt der Verstoffwechselung in der Leber ist Cetirizin, das zu 70% unverändert über die Niere ausgeschieden wird. Cetirizin ist ebenfalls ein H1-Antihistaminikum, das aber wegen einer deutlich schlechteren ZNS-Gängigkeit wenig zu den psychotropen Wirkungen von Hydroxyzin beiträgt (SNYDER und SNOWMAN 1987, GENGO et al. 1987). Die Eliminationshalbwertszeit von Hydroxyzin beträgt 7 Stunden bei Kindern, 20 Stunden bei Erwachsenen, 29 bei Alten und 36 Stunden bei Leberzirrhotikern (SIMONS et al. 1984, 1988, 1989).

Trizyklische Antidepressiva

Trizyklische Antidepressiva (TAD) mit anxiolytischer Wirkkomponente wie Amitriptylin, Doxepin, Imipramin, Opipramol und Trimipramin haben viele gemeinsame pharmakokinetische Eigenschaften (s. Tabelle 4.1.3). Nach oraler Gabe werden sie rasch und vollständig resorbiert, maximale Plasmaspiegel werden innerhalb von 2–4 Stunden erreicht. Bei retardiertem Amitriptylin tritt das Maximum der Konzentration im Plasma erst nach 12 Stunden auf und ist nur etwa halb so hoch wie nach Gabe normal freisetzender Präparate.

Tabelle 4.1.3. Pharmakokinetische Grunddaten anxiolytisch wirksamer trizyklischer Antidepressiva

Antidepressivum	Orale Bioverfügbarkeit (%)	Scheinbares Verteilungsvolumen (l/kg)	Terminale Halbwertszeit (h)	Clearance (ml/min kg)	Literatur	Eiweißbindung (%)	Literatur
Amitriptylin	46 (33–62)	15 (11–19)	36 (31–47)	12 (8–16)	SCHULZ et al. (1985)	92 (90,5–94,5)	BRINKSCHULTE und BREYER-PFAFF (1979)
Doxepin			12,5 (7–23)		ABERNETHY und TODD (1986)	89,5	ABERNETHY und TODD (1986)
Imipramin	44 (18–77)	18 (16–20)	21 (11–37)	13	ABERNETHY et al. (1984a)	89 (85–92)	KRISTENSEN (1983)
Opipramol			8 (6–23)			91	WIRTZ (1979)
Trimipramin	41 (18–63)	31 (17–48)	23 (16–30)	16 (10–25)	ABERNETHY et al. (1984b)	95 (94–96,5)	ABERNETHY et al. (1984b)

Die Bioverfügbarkeit wird durch eine teilweise ausgeprägte, interindividuell variable Firstpass-Verstoffwechselung vermindert (GRAM 1977). Im Falle der tertiären Amine Amitriptylin und Imipramin entstehen dabei auch die sekundären Amine Nortriptylin bzw. Desimipramin, die ihrerseits pharmakologisch aktiv sind, allerdings ein zu den Muttersubstanzen unterschiedliches Wirkprofil aufweisen. Als lipophile Pharmaka zeigen TAD eine ausgeprägte Plasmaeiweißbindung, so daß im Mittel nur 5–10% der Substanzen in freier Form vorliegen. Die Bindung an Gewebeproteine ist noch stärker ausgeprägt, mit der Folge hoher scheinbarer Verteilungsvolumia zwischen 10 und 30 Liter/kg Körpergewicht (BICKEL und GERNY 1980). Die Verstoffwechselung zu hydrophileren, über die Niere leichter ausscheidbaren Metaboliten geschieht vor allem über Oxidationsreaktionen. Die quantitativ bedeutsamsten Reaktionen sind N-Demethylierung und N-Dealkylierung, die N-Oxidation sowie deren Umkehrung die N-Oxid-Reduktion, N-Hydroxylierung, Hydroxylierung am aromatischen Ringsystem und am aliphatischen Rest, Bildung von Epoxiden und Dihydrodiolen und Konjugationsreaktionen mit Glucuronsäure (s. BICKEL 1980). Die meisten dieser in der Leber ablaufenden Reaktionen werden durch das mikrosomale Cytochrom P-450 katalysiert, das einem genetischen Polymorphismus unterliegt. Etwa 5–10% einer kaukasischen Bevölkerung weisen einen Enzymmangel auf (s. Band 1, Kap. 12.3). Die Folge ist eine verlangsamte Verstoffwechselung von TAD mit allen potentiellen Risiken einer Kumulation.

Die Ausscheidung der Metaboliten erfolgt überwiegend über die Nieren.

Literatur

ABERNETHY DR, DIVOLL M, GREENBLATT DJ, HARMATZ JS, SHADER RI (1984a) Absolute bioavailability of imipramine: influence of food. Psychopharmacology 83: 104–106

ABERNETHY DR, GREENBLATT DJ, SHADER RI (1984b) Trimipramine kinetics and absolute bioavailability: use of gas-liquid chromatography with nitrogen-phosphours detection. Clin Pharmacol Ther 35: 348–353

ABERNETHY DR, TODD EL (1986) Doxepin-cimetidine interaction: increased doxepin bioavailability during cimetidine treatment. J Clin Psychopharmacol 6: 8–12

Bickel MH (1980) Metabolism of antidepressants. In: Hoffmeister F, Stille G (eds) Psychotropic agents. Springer, Berlin Heidelberg New York, pp 551–572 (Handbook Exp Pharmacol, vol 55/1)

Bickel MH, Gerny R (1980) Drug distribution as a function of binding competition. Experiments with the distribution dialysis technique. J Pharm Pharmacol 32: 669–674

Bjerkenstedt L, Eneroth P, Harnryd C, Sedvall G (1977) Effects of melperone and thiothixene on prolactin levels in cerebrospinal fluid and plasma of psychotic women. Arch Psychiat Nervenkr 224: 281–293

Borgström L, Larsson H, Molander L (1982) Pharmacokinetics of parenteral and oral melperone in man. Eur J Clin Pharmacol 23: 173–176

Breyer–Pfaff U, Giedke H, Nill K, Schied HW (1988) Neuere Befunde zur Pharmakokinetik von Perazin und verwandten Phenothiazinen. In: Helmchen H, Hippius H, Tölle R (Hrsg) Therapie mit Neuroleptika – Perazin. Thieme, Stuttgart NewYork, S 18–23

Brinkschulte M, Breyer-Pfaff U (1979) Binding of tricyclic antidepressants and perazine to human plasma. Methodology and findings in normals. Naunyn Schmiedebergs Arch Pharmacol 308: 1–7

Dahl SG (1990) Pharmakokinetik der Neuroleptika. In: Müller-Oerlinghausen B, Möller HJ, Rüther E (Hrsg) Thioxanthene in der neuroleptischen Behandlung. Springer, Berlin Heidelberg New York Tokyo, S 25–33

Gaultier M, Gervais P, Leperchey F, Galliot M, Labrousse F (1969) Tolerance of drugs in cirrhosis. Therapie 24: 75–89

Gengo FM, Dabronzo J, Yurchak A, Loves S, Miller JK (1987) The relative antihistaminic and psychomotor effects of Hydroxyzine and Cetirizine. Clin Pharmacol Ther 42: 265–272

Gram LF (1977) Plasma level monitoring of tricyclic antidepressant therapy. Clin Pharmacokinet 2: 237–251

Held H, von Oldershausen HF (1969) Zur Pharmakokinetik von Meprobamat bei chronischen Hepatopathien und Arzneimittelsucht. Klin Wochenschr 47: 78–80

Hollister LE, Levy G (1964) Kinetics of meprobamate elimination in humans. Chemotherap 9: 20–24

Jørgensen A (1986) Metabolism and pharmacokinetics of antipsychotic drugs. In: Bridges JW, Chasseaud LF (eds) Progress in drug metabolism, vol 9. Taylor & Francis, London, pp 111–174

Jørgensen A, Andersen J, Bjørndal N, Dencker SJ, Lundin L, Malm U (1982) Serum concentrations of cis(Z)-flupenthixol and prolactin in chronic schizophrenic patients treated with flupenthixol and cis(Z)-flupenthixol decanoate. Psychopharmacology 77: 58–65

Kristensen CB (1983) Imipramine serum protein binding in healthy subjects. Clin Pharmacol Ther 34: 689–694

Martis L, Levy RH (1974) GLC determination of meprobamate in water, plasma and urine. J Pharm Sci 63: 834

Schulz P, Dick P, Blaschke TF, Hollister L (1985) Discrepancies beetween pharmacokinetic studies of amitriptyline. Clin Pharmacokinet 10: 257–268

Shvartsburd A, Nowkeafor V, Smith RC (1984) Red blood cell and plasma levels of thioridazine and mesoridazine in schizophrenic patients. Psychopharmacology 82: 55–61

Simons FER, Simons KJ, Frith EM (1984) The pharmacokinetics and antihistaminic of the H1 receptor antagonist hydroxyzine. J Allerg Clin Immunol 73: 69–75

Simons FER, Watson WTA, Chen XY, Minuk GY, Simons KJ (1989) The pharmacokinetics and pharmacodynamics of Hydroxyzine in patients with primary biliary cirrhosis. J Clin Pharmacol 29: 809–815

Simons KJ, Watson WT, Simons FER, Chen X (1988) The pharmacokinetics and pharmacodynamics of hydroxyzine in the elderly. J Allerg Clin Immunol 81: 210

Snyder SH, Snowman AM (1987) Receptor effects of cetirizine. Ann Allerg 59: 4–8

Vranckx-Haenen J, Munter de W, Heykants J (1979) Fluspirilen administered in a biweekly dose for the prevention of relapses in chronic schizophrenics. Acta Psychiatr Belg 79: 459–474

Wiesel FA, Alfredsson G, Ehrnebo M, Sedvall G (1980) The pharmacokinetics of intravenous and oral sulpiride in healthy human subjects. Eur J Clin Pharmacol 17: 385–391

Wirtz H (1979) G 33040 Opipramol (Insidon): Pharmakokinetische und toxikologische Untersuchungen mit besonderer Berücksichtigung des Auges. Ciba-Geigy AG, Basel

4.2 Experimentelle Pharmakologie, Neurobiochemie, Wirkmechanismus

J. Fritze

Hier soll es um Opipramol, das als „stimmungsaufhellendes Anxiolytikum" angeboten wird, um einige Neuroleptika, die in niedriger Dosis gegen „Angst- und Spannungszustände" sowie „psychosomatische Beschwerden" eingesetzt werden, und um das Antihistaminikum Hydroxyzin, das in Deutschland mit ähnlicher Indikation registriert ist, gehen. Eine Auswahl der in Frage kommenden Substanzen ist in Abb. 4.2.1 gegeben. Ihr humanpharmakologischer Einsatz in diesen Indikationen entspringt allein der klinischen Empirie; bestätigende kontrollierte Studien wurden nur partiell durchgeführt. Tierexperimentelle Modelle zur Begründung dieser „spezifischen" Wirkungen fehlen weitgehend, ebenso biologische Untersuchungen am Menschen. Der Grund liegt darin, daß es sich überwiegend um „alte" Substanzen handelt, deren „anxiolytische" Eigenschaften erst bei langjähriger Anwendung am Menschen entdeckt wurden. Insofern kann hier nicht über etablierte Wirkmechanismen referiert, sondern allenfalls spekuliert werden.

4.2.1 *Sedierung*

Die chemische Struktur von Opipramol zeigt seine Verwandtschaft mit trizyklischen Antidepressiva wie Imipramin und Amitriptylin einerseits und Neuroleptika vom Phenothiazin- und Thioxanthentyp andererseits (Abb. 4.2.1). Entsprechend wurde Opipramol Anfang der 60er Jahre zunächst als Antidepressivum eingeführt. Es wirkt wie schwach-potente Neuroleptika (z.B. Thioridazin, Perazin; Melperon) und trizyklische Antidepressiva (Amitriptylin; Doxepin) initial deutlich sedierend. Die sedierende Wirkung wird dem Antagonismus an Histamin-H_1-Rezeptoren und α_1-adrenergen Rezeptoren, vielleicht auch muskarinergen Azetylcholinrezeptoren zugeschrieben (Peroutka und Snyder 1980, 1981, Snyder und Peroutka 1985, Waldmeier et al. 1985, s.a. Kap. 3 in Band 4). Bei Hydroxyzin und seinem aktiven Metaboliten Cetirizin dominiert die antihistaminerge Komponente, weshalb es weltweit überwiegend bei allergischen Reaktionen verwendet wird; daneben hat Hyroxyzin anticholinerge Wirkungen (AMA 1986, Woodward 1990).

Auch Antidepressiva werden beim Menschen „anxiolytische" Wirkungen zugeschrieben, bei generalisierter Angsterkrankung (z.B. Kahn et al. 1981), Panikkrankheit (z.B. Judd et al. 1986) und Zwangskrankheit (z.B. Jenike et al. 1990). Diese scheinen von der Sedierung unabhängig zu sein, denn sie entwickeln sich nur allmählich bei chronischer Applikation. Nicht sedierende Antidepressiva, vor allem die selektiven Inhibitoren der synaptischen Wiederaufnahme von Serotonin wie Fluoxetin, Fluvoxamin, Citalopram, verstärken bei Behandlungsbeginn zunächst die Ängstlichkeit.

Bei hochpotenten Neuroleptika (z.B. Flupentixol; Haloperidol; Fluspirilen) fehlen

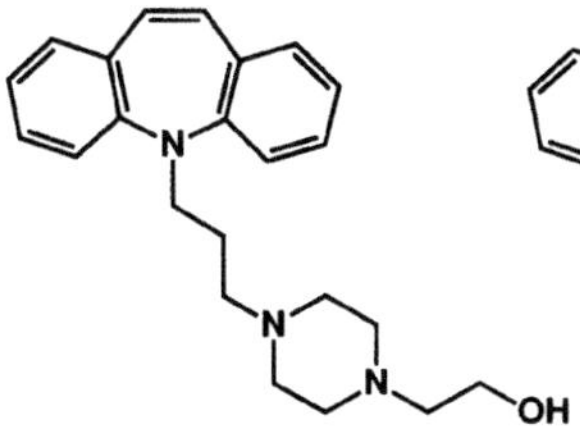

Opipramol

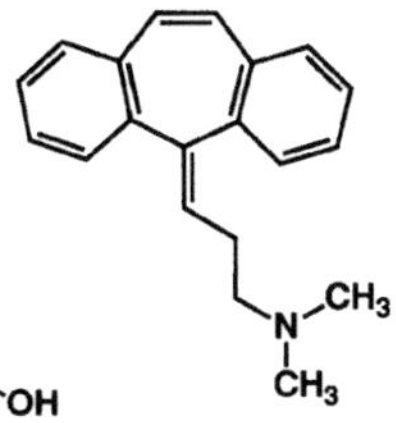

Amitriptylin

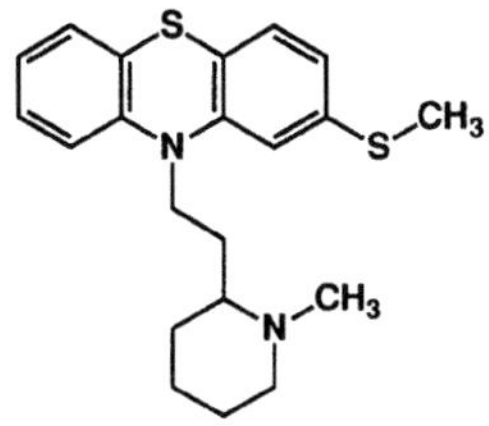

Thioridazin

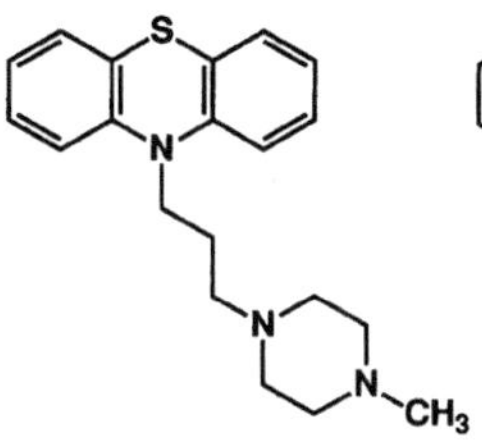

Perazin

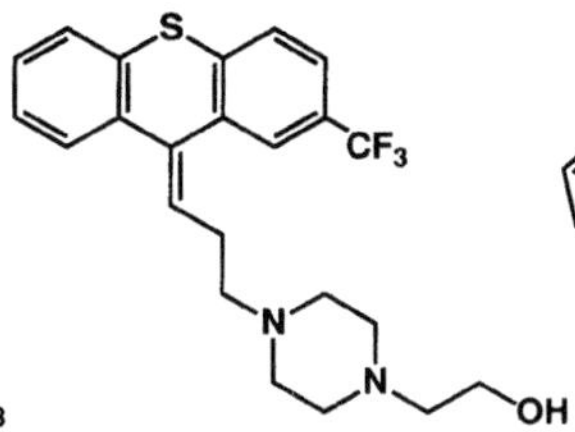

Flupentixol

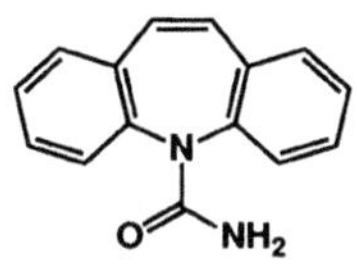

Carbamazepin

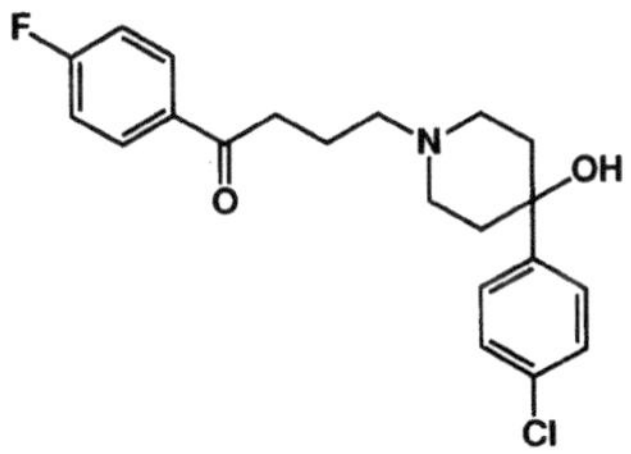

Haloperidol

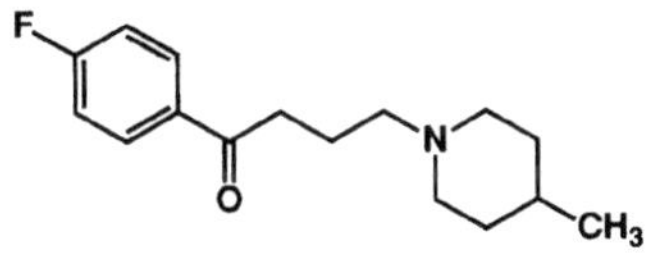

Melperon

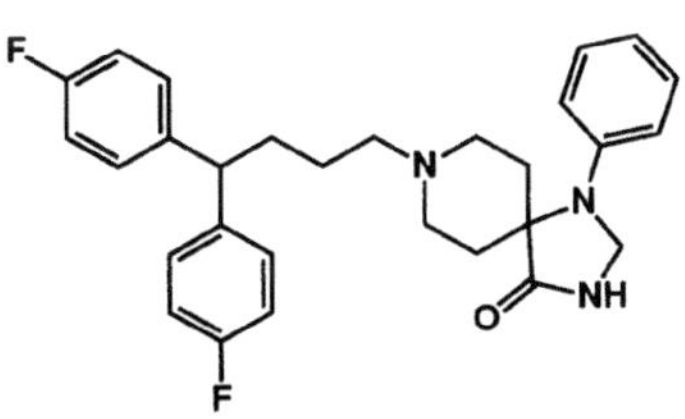

Fluspirilen

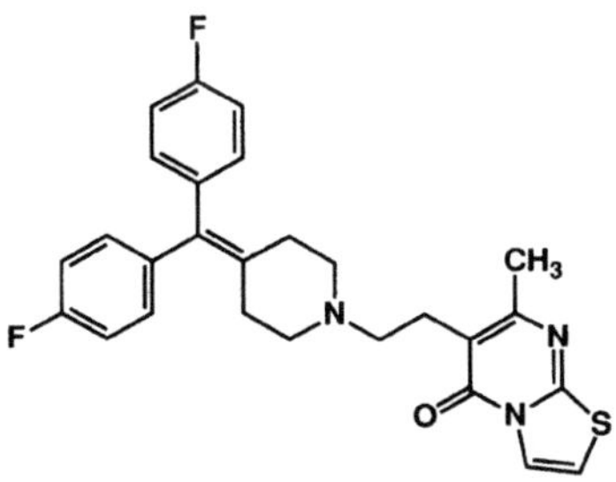

Ritanserin

Abb. 4.2.1. Strukturformeln einiger trizyklischer Antidepressiva (Opipramol, Amitriptylin) und schwachpotenter (Perazin, Thioridazin, Melperon) sowie hochpotenter (Flupentixol, Haloperidol, Fluspirilen) Neuroleptika, die mit der Indikation „Anxiolyse" eingesetzt werden. Die Auswahl ist keinesfalls repräsentativ und soll lediglich die Heterogenität der chemischen Strukturen und daran gebundenen pharmakobiochemischen Wirkungen demonstrieren

die Sedierung und der Antagonismus an den genannten Rezeptoren weitgehend. Hier sind spezifische Wirkungen bei Panik- und Zwangskrankheit nicht bekannt. Umgekehrt ist nicht bekannt, ob verschiedene Antidepressiva, Opipramol und niedrig-dosierte Neuroleptika bezüglich ihrer anxiolytischen Wirkungen bei generalisierter Angstkrankheit frei gegeneinander austauschbar sind.

4.2.2 Wirklatenz

Bei Anxiolytika vom Benzodiazepintyp tritt die Wirkung initial ein. Allerdings wird kontrovers diskutiert, ob die initiale „Anxiolyse" nicht im wesentlichen Sedierung darstelle und die „wahre" Anxiolyse sich nicht erst bei chronischer (Tage bis Wochen) Gabe herausbilde, wobei gegen die sedierende Wirkung Toleranz entstehe. Dafür spricht, daß hier die Anxiolyse beim Menschen mit der Zeit zunimmt, wie am fortschreitenden Abfall z.B. des Hamilton-Angst-Scores zu erkennen. Dagegen spricht, daß sich im Tiermodell, typischerweise in Konfliktmodellen, die „Anxiolyse" schon initial von der Sedierung differenzieren läßt (s. Kap. 2). Abweichend von Anxiolytika vom Benzodiazepintyp entwickelt sich beim Menschen die Anxiolyse unter Antidepressiva wie auch Neuroleptika nur allmählich, etwas irreführend als Wirklatenz bezeichnet. Dies entspricht der Wirklatenz der antidepressiven (s. Kap. 2, Band 3) bzw. antipsychotischen (s. Kap. 3, Band 4) Wirkung.

4.2.3 Angstmodelle

In Tiermodellen von „Angst" sind Neuroleptika und Antidepressiva akut völlig wirkungslos (Cook und Davidson 1978, Haefely 1978, Mason et al. 1987). Diese Modelle bedienen sich überwiegend des Konflikt-Paradigmas, also der pharmakogenen Enthemmung zuvor belohnten und jetzt bestraften Verhaltens. Dieses Paradigma sagt gut die Anxiolyse beim Menschen durch Benzodiazepine voraus. Es bleibt aber ein aus ethologischer Sicht mangelhaftes Modell. Antidepressiva und Neuroleptika sind aber auch in stärker ethologisch orientierten Modellen wie dem Test sozialer Interaktion (File 1988) oder dem Ultraschall-Vokalisati-

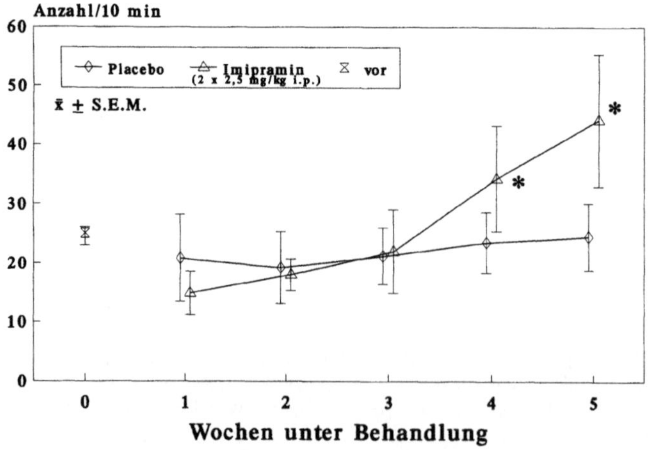

Abb. 4.2.2. Enthemmung („Anxiolyse") Schock-bestraften Trinkens (Vogel-Test) bei der Ratte unter chronischer Behandlung mit Imipramin (2 · 2,5 mg/kg ip. täglich) (Fontana und Commissaris 1988)

onstest bei Mäusejungen (BENTON und NASTITI 1988) im Gegensatz zu Benzodiazepinen und serotonergen Anxiolytika (s. Kap. 5.1.2) akut wirkungslos. Typisch für Neuroleptika ist eine Hemmung des konditionierten Fluchtreflexes bei normalem unkonditionierten Fluchtverhalten (COOK und DAVIDSON 1978). Diese Hemmung korreliert hoch mit der antipsychotischen Wirkung. Sie könnte wie eine „Entängstigung" erscheinen. Sie setzt aber antipsychotisch hohe Dosen voraus und unterliegt im Gegensatz zur klinischen Anxiolyse einer schnellen Toleranzentwicklung. Opipramol wurde bisher wohl in keinem Angstmodell untersucht, weder bei akuter noch bei chronischer Applikation. Den konditionierten Fluchtreflex unterdrückt Opipramol wie ein Neuroleptikum (THEOBALD et al. 1964).

Erst in letzter Zeit wurden chronische Effekte von Antidepressiva in Angstmodellen untersucht. So entwickelt sich unter Imipramin im Vogel-Test, einer Modifikation des Geller-Seifter-Konflikttests, in der die Ratten nicht zuvor konditioniert werden, tatsächlich im Verlauf wochenlanger Behandlung eine Enthemmung bestraften Verhaltens („Anxiolyse"; Abb. 4.2.2). In einem neuen, ethologisch orientierten Modell, der neophobischen Hypophagie, wirken eine Reihe trizyklischer und nicht-trizyklischer Antidepressiva wie beim Menschen akut eher „anxiogen", bei chronischer Gabe aber „anxiolytisch" (Abb. 4.2.3 und 4.2.4), jedoch in der Regel schwächer als Benzodiazepine. Dabei bleibt das Verhalten in „angstfreier" Umgebung unbeeinflußt (Abb. 4.2.5). Der anxiolytische Effekt läßt sich im Gegensatz zu dem von Benzodiazepinen nicht durch den Benzodiazepin-Antagonisten Ro15-1788 (Flumazenil) antagonisieren (Abb. 4.2.3). Der Zeitverlauf der Anxiolyse (Abb. 4.2.4) gleicht in diesem Modell dem der serotonergen Anxiolytika wie Buspiron, die aber, abweichend vom Menschen, in anderen Modellen sehr wohl akut „anxiolytisch" wirken (s.a. Kap. 5.1.2).

Hydroxyzin wurde bisher nicht in Konflikt-

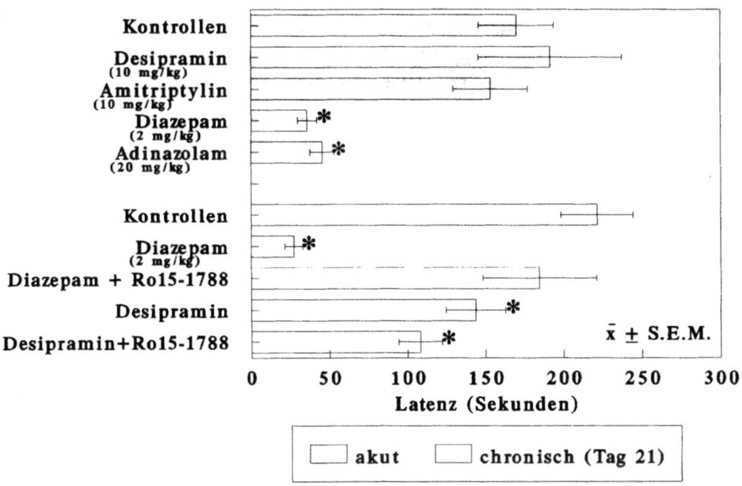

Abb. 4.2.3. Latenz bis zum Beginn der Nahrungsaufnahme bei Ratten in ungewohnter Umgebung („Novophobie") unter akuter (links) bzw. chronischer (rechts) Behandlung mit Desipramin (10 mg/kg ip.), Amitriptylin (10 mg/kg ip.) bzw. Diazepam (2 mg/kg) im Vergleich zu Placebo (BODNOFF et al. 1988). Der Benzodiazepin-Antagonist Ro15-1788 (Flumazenil) blockiert die „Anxiolyse" unter Diazepam, aber nicht unter Desipramin (* $p < 0{,}05$ gegen Kontrollen)

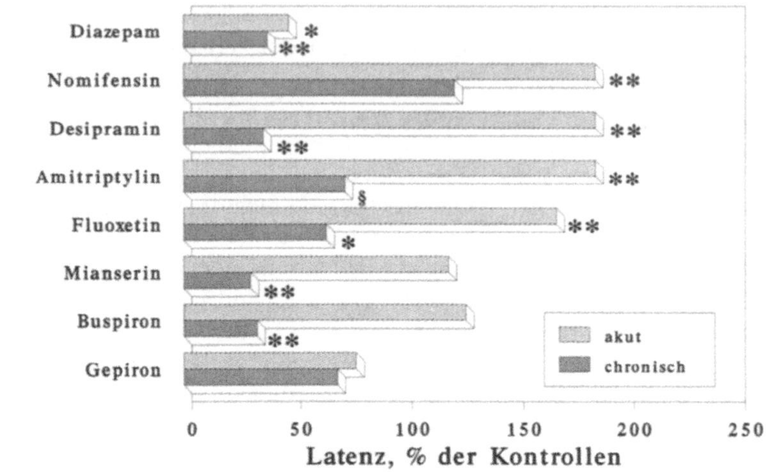

§: p < 0,05; *: p < 0,01; **: p < 0,001

Abb. 4.2.4. Latenz bis zum Beginn der Nahrungsaufnahme (% der Kontrollen) bei Ratten in ungewohnter Umgebung („Novophobie") unter akuter (hell) bzw. chronischer (Tag 21; dunkel) Behandlung mit Diazepam (2 mg/kg ip.), Nomifensin, Desipramin, Amitriptylin, Fluoxetin, Mianserin (jeweils 10 mg/kg ip.) sowie Buspiron und Gepiron (jeweils 2 mg/kg ip.) im Vergleich zu Placebo (Bodnoff et al. 1989)

Modellen der Angst untersucht. Es liegt eine Untersuchung im Depressions-Modell der erlernten Hilflosigkeit vor (Porsolt et al. 1989). Hier verhinderte die Prämedikation der Ratten mit Hydroxyzin wie auch Diazepam die Hilflosigkeit nach wiederholten unkontrollierbaren Elektroschocks. Im Gegensatz zu Diazepam war dieser Effekt von Hydroxyzin nicht einer Amnesie zuzuschreiben. Nach diesem Stressor war Hydroxyzin wirkungslos, worin es sich von Antidepressiva unterscheidet. Hydroxyzin scheint in diesem Modell also die Wirkungen von Stress zu mindern.

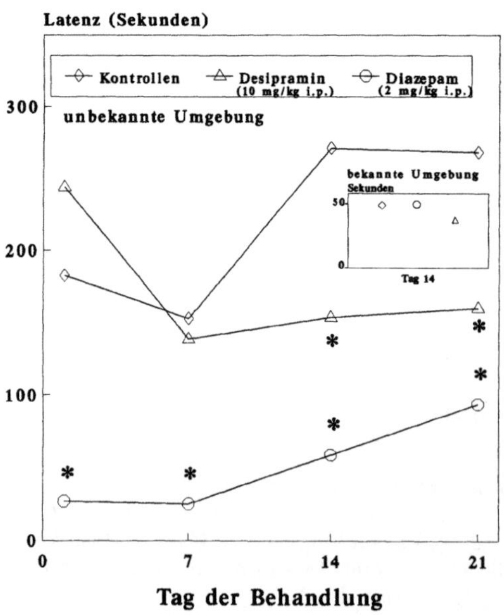

Abb. 4.2.5. Zeitverlauf der Latenz bis zum Beginn der Nahrungsaufnahme bei Ratten in ungewohnter Umgebung („Novophobie") unter chronischer Behandlung mit Desipramin (täglich 10 mg/kg ip.) bzw. Diazepam (2 mg/kg) im Vergleich zu Placebo (Bodnoff et al. 1988). Unter Diazepam schon initale und persistierende „Anxiolyse", unter Desipramin (und Amitriptylin, nicht gezeigt) erst allmählich. Kein Effekt auf die Latenz in bekannter Umgebung

4.2.4 Neurochemie

GABA-Rezeptor-Komplex. Neuroleptika und Antidepressiva interagieren nicht mit dem $GABA_A$-Benzodiazepin-Rezeptor-Chloridkanal-Komplex (GABA = γ-Aminobuttersäure) (s. Kap. 2.2 und 5.2). Dies mag das Fehlen akuter „anxiolytischer" Wirkungen im Tierexperiment erklären. Allerdings blockierten zumindest 23 von 50 untersuchten Antidepressiva die inhibitorische Wirkung von GABA auf die (allosterische) Bindung von ^{35}S-t-Butyl- bicyclophosphorothionat (^{35}S-TBPS) am Chloridkanal des Rezeptor-Ionophor-Komplexes (SQUIRES und SAEDERUP 1988). Über die chronischen Folgen dieser Blockade (z.B. Heraufregulation dieses Bindungsortes) ist nichts bekannt. Ebensowenig darüber, ob nur jene 23 Antidepressiva beim Menschen bei chronischer Applikation anxiolytisch wirken. Immerhin scheint die Zahl zentraler Benzodiazepin-Rezeptoren unter chronischer Gabe von Antidepressiva herunterreguliert zu werden (SURANYI-CADOTTE et al. 1984). Für Neuroleptika wurde dieses System nicht untersucht.

β-Adrenozeptoren. Die Wirklatenz von Antidepressiva wird zur Zeit mit der allmählichen Herabregulation der Dichte β-adrenerger Rezeptoren und/oder einer verminderten Stimulierbarkeit der Adenylatzyklase erklärt, worin Opipramol anderen Antidepressiva gleicht (Abb. 4.2.6). Die Herabregulation der Rezeptoren ist vermutlich Folge ihrer Phosphorylierung durch Proteinkinase-C; die Desensitivierung der Zyklase erfolgt möglicherweise auf Ebene stimulierender G-Proteine (MANJI 1992). Sie wird einer erhöhten Verfügbarkeit biogener Amine im synaptischen Spalt zugeschrieben, entweder durch synaptische Aufnahmehemmung oder durch Blockade des Metabolismus. Hier wirkt Opipramol als allenfalls schwacher Aufnahmehemmer von Dopamin und Noradrenalin (OKADA et al. 1979). Während chronischer unkontrollierbarer Stress die Feuerrate noradrenerger Neuronen des Locus coeruleus sowie die Aktivität des Schlüsselenzyms für die Synthese der Katecholamine, Tyrosinhydroxylase, und der cAMP-abhängigen Proteinkinase erhöht, scheinen Antidepressiva genau entgegen-

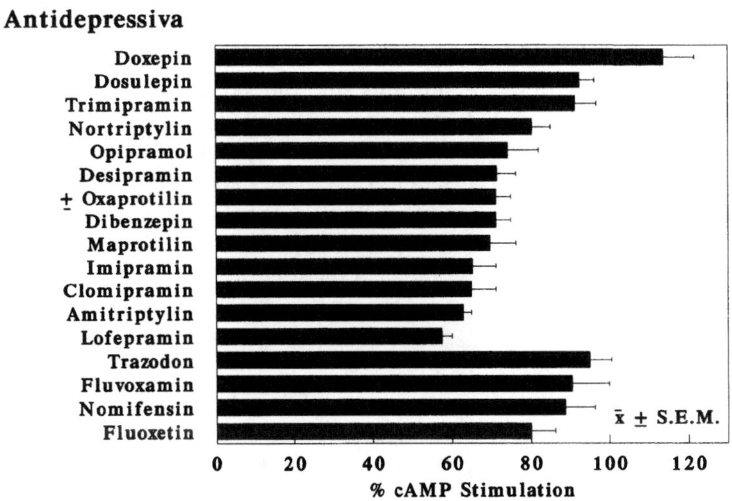

Abb. 4.2.6. Herabregulation der Stimulierbarkeit der Adenylatzyklase mit Noradrenalin (100 μM) an Hirnschnitten (Cortex) von Ratten unter 9tägiger Behandlung mit verschiedenen Antidepressiva (jeweils 30 mg/kg) (KOPANSKI et al. 1981)

gesetzt zu wirken (MELIA et al. 1992). Möglicherweise hängt die anxiolytische Wirkung von Antidepressiva also mit einer verminderten Spontanaktivität und Reagibilität der noradrenergen Neuronen des Locus coeruleus zusammen. Auch einige Neuroleptika zeigen eine schwache Aufnahmehemmung von Dopamin (HYTTEL 1989); ihre antipsychotische Wirkung wird aber im Gegenteil auf die Blockade dopaminerger D_2-Rezeptoren zurückgeführt (SEEMAN et al. 1978; s. Kap. 2, Band 4).

Dopamin-Rezeptoren. Abweichend von anderen Antidepressiva, und wohl der chemischen Verwandtschaft zuzuschreiben, blockiert Opipramol in vivo (Ratte) mit hirnregionaler Bevorzugung auch dopaminerge D_2-Rezeptoren: Frontalcortex: ED_{50} = 15 mg/kg ip., Striatum und Adenohypophyse: ED_{50} = 90 mg/kg ip. (WALDMEIER et al. 1985). Hier verhält sich Opipramol also als schwachpotentes Neuroleptikum, allerdings insofern als atypisches Neuroleptikum, als es im Tierversuch keine Katalepsie induziert. Die Wirklatenz der antipsychotischen Wirkungen von Neuroleptika wird bisher versuchsweise mit dem Depolarisationsblock dopaminerger Neuronen im ventralen Tegmentum (Area A10) erklärt (s. Kap. 2, Band 4). Dieser Block entwickelt sich erst unter hohen, antipsychotischen Dosierungen, und kann deshalb nicht zur Erklärung von Anxiolyse herhalten. β-Adrenozeptoren werden unter Neuroleptika nicht herabreguliert. Sofern man einen gemeinsamen Wirkmechanismus der verschiedenen Substanzgruppen in der Anxiolyse annehmen will, können die beschriebenen Effekte nicht verantwortlich sein.

Dopamin-Autorezeptoren. NIEMEGEERS (1988) führt die anxiolytische Wirkung niedrig dosierter Neuroleptika auf die Blockade dopaminerger D_2-Rezeptoren zurück. Als Begründung bietet er die akute (!) Verhaltensaktivierung (!) bei analogen Dosierungen (sehr schmaler Dosisbereich!) im Tierversuch an. Diese Aktivierung wird auf die Blockade präsynaptischer dopaminerger Autorezeptoren mit konsekutiver Enthemmung des dopaminergen Neurons zurückgeführt. Tatsächlich zeigten Haloperidol und Sulpirid in einem engen Dosisbereich akut „anxiolytische“ Wirkungen im Vogel-Test (Abb. 4.2.7), die aber denen von Diazepam weit unterlegen waren. Gegen einen solchen Mechanismus spricht aber, daß z.B. niedrig dosiertes Apomorphin (HJORTH et al. 1986) im Tiermodell ebenfalls akut „anxiolytisch“ wirkt; in niedriger Dosis verhält sich Apomorphin als Agonist am dopaminergen Autorezeptor und und hemmt die Aktivität dopaminerger Neuronen. Diese Diskrepanz ist bisher nicht aufzulösen. Auch die potente Bindung von Opipramol (RAO et al. 1990) und einiger Neuroleptika an den sog. σ-Rezeptor erlaubt bisher keine funktionale Interpretation.

Serotonin-Rezeptoren. Neue Impulse gehen von Antagonisten an serotonergen 5-HT_2-Rezeptoren wie Ritanserin aus, das in wenigen Konfliktmodellen (COLPAERT et al. 1985) und auch beim Menschen (REYNTJENS et al. 1986) „anxiolytische“ Effekte entfalten soll. Dies würde Beziehungen zu den mutmaßlichen Mechanismen der serotonergen Anxiolytika wie Buspiron, Ipsapiron und Gepiron (s. Kap. 5.1.2 und 5.2) herstellen. Allerdings sind die akuten Wirkungen von Ritanserin in Konfliktmodellen allenfalls schwach und die Ergebnisse auch in ethologischen Testen widersprüchlich (JOHNSTON und FILE 1988). Chronisch-anxiolytische Effekte wurden für Ritanserin in Tiermodell wohl noch nicht geprüft.

Immerhin ist einer Reihe von Antidepressiva (PEROUTKA und SNYDER 1981) und Neuroleptika (HYTTEL et al. 1989) ein Antagonismus serotonerger 5-HT_2-Rezeptoren gemeinsam. Auch Opipramol hat (nur in vivo geprüft) eine hohe Affinität zu 5-HT_2-Rezeptoren (ED_{50} = 15 mg/kg ip.; WALDMEIER et al. 1985). Dabei reicht die Potenz aber zum Teil wohl kaum aus, um klinisch relevant zu sein. Dies gilt erst recht bei Berücksichtigung

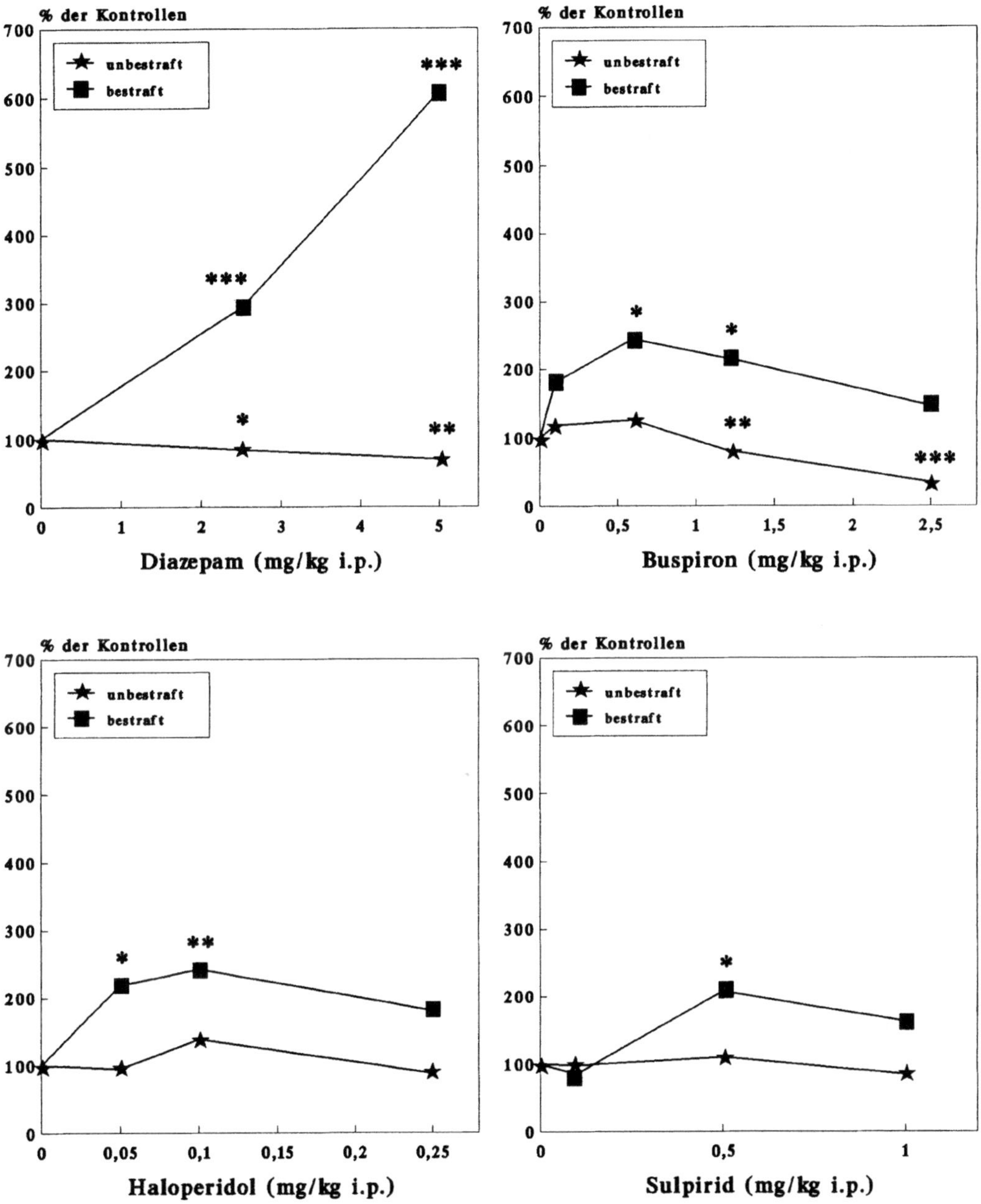

Abb. 4.2.7. Dosisabhängige, kurvilineare Enthemmung („Anxiolyse") Schock-bestraften Trinkens (Vogel-Test) bei der Ratte unter akuter Behandlung mit den Neuroleptika Haloperidol und Sulpirid im Vergleich zu den Anxiolytika Diazepam und Buspiron (Pich und Samanin 1986)

spezifisch chronischer Effekte: Nur unter hohen Dosen von Ritanserin wird die Dichte von 5-HT_2-Rezeptoren herabreguliert (LEYSEN et al. 1986). Die Herabregulation in Gegenwart von Antagonisten ist eine bisher wenig verstandene Besonderheit dieses Rezeptortyps. Eine analoge Herabregulation von 5-HT_2-Rezeptoren wird auch unter chronischer Gabe von Antidepressiva beobachtet, allerdings nicht unter Neuroleptika (ÖGREN et al. 1985, PEROUTKA und SNYDER 1980, SNYDER und PEROUTKA 1985). Bei Antidepressiva mag im Einzelfall sowohl die synaptische Aufnahmehemmung von Serotonin als auch der Antagonismus an 5-HT_2-Rezeptoren zur Herabregulation beitragen. Hier läßt sich eine Brücke zu dopaminergen Mechanismen schlagen: Ritanserin aktiviert die elektrische Aktivität dopaminerger Neuronen (Abb. 4.2.8) durch Blockade ihrer serotonergen Hemmung.

Carbamazepin. An der Spezifität der beschriebenen β-adrenergen, dopaminergen und antiserotonergen Phänomene für die anxiolytische Wirkung kommen weitere Zweifel auf angesichts akuter und chronischer „anxiolytischer" Wirkungen des Antikonvulsivums Carbamazepin (Abb. 4.2.9). Hierzu liegt bisher wohl nur eine humanpharmakologische Untersuchung vor (UHDE et al. 1988), die keine Wirksamkeit bei Panikstörung ergab. Carbamazepin ist chemisch den trizyklischen Antidepressiva verwandt, über die Mechanismen seiner psychotropen (antimanischen, antidepressiven (?), phasenprophylaktischen) Eigenschaften besteht wenig Klarheit. Von den vielfältigen Wirkungen (WALDMEIER 1987) könnte für die Anxiolyse ein Partialagonismus an adenosinergen A1-Rezeptoren bedeutsam sein (POST et al. 1984, DURCAN und MORGAN 1990). Allerdings gilt als wesentlichste pharmakobiochemische Wirkung von Carbamazepin die Fixierung spannungsabhängiger Natriumkanäle im inaktiven Zustand (MACDONALD 1989), also netto ein verminderter Natriumeinstrom.

Schlußfolgerung. Bisher gibt es keinen Hinweis auf eine umschriebene, spezifische pathophysiologische oder pathobiochemi-

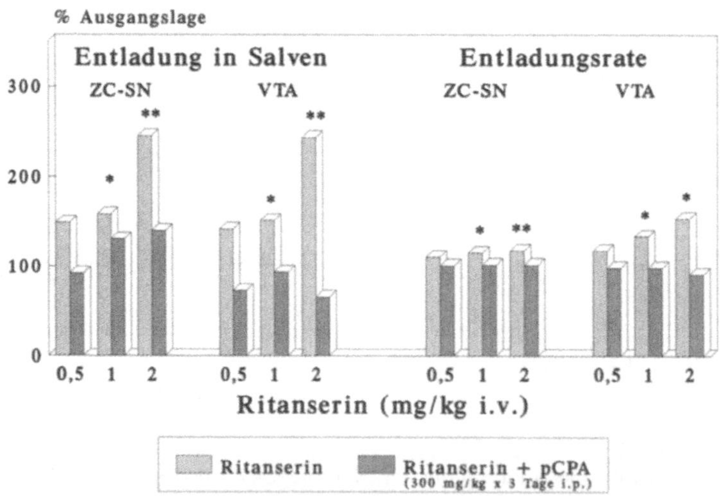

Abb. 4.2.8. Dosisabhängige Desinhibition dopaminerger Neuronen in der Zona compacta der Substantia nigra (ZC-SN) bzw. im ventralen Tegmentum (VTA; Area 10) der Ratte unter akuter intravenöser Behandlung mit Ritanserin. Vorherige Synthesehemmung von Serotonin mit para-Chlorophenylalanin (pCPA) verhindert die Desinhibition (UGEDO et al. 1989)

sche primäre Störung, die aller Angst gemeinsam wäre, so daß auch unterschiedliche Wege zur Anxiolyse führen könnten. Die Herabregulation β-adrenerger Rezeptoren unter Antidepressiva muß nicht selektiv antidepressiv wirken, sondern könnte unspezifisch monoaminerge Systeme „re-regulieren" (MURPHY et al. 1985, SIEVER und DAVIS 1985). Dabei wäre die antidepressive und hier anxiolytische Wirkung sekundärer Natur. Die unbekannten sekundären Prozesse könnten auch durch die Wirkung niedrigdosierter Neuroleptika an dopaminergen Autorezeptoren angestoßen werden. Opipramol würde als kombiniertes Neuroleptikum und Antidepressivum anxiolytisch wirken. Die Medikamente würden dabei lediglich einen neuen Gleichgewichtszustand zwischen multiplen (!) Transmittersystemen erzwingen. Diese Homöostase auf anderem Niveau müßte nicht unbedingt der „Norm" entsprechen. Die homöostatischen Änderungen bräuchten gar nicht die synaptische Neurotransmission zu betreffen, sondern auch Post-Rezeptorprozesse im neuronalen Stoffwechsel. Die sekundären Prozesse könnten auch das Lernen und seine biochemischen Korrelate beeinflussen, nämlich Verlernen angstbesetzter Kontingenzen und Verstärkung belohnender Signale. Die Medikamente würden also im weitesten Sinne psychotherapiefähig machen.

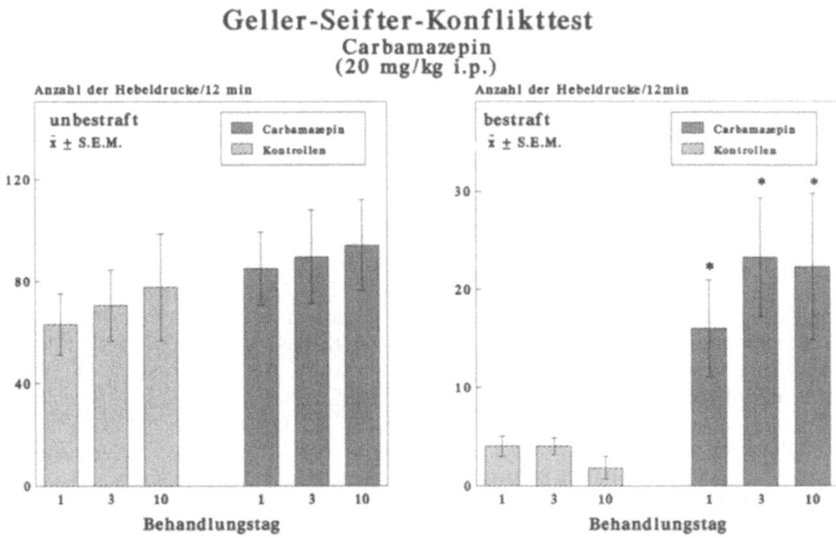

Abb. 4.2.9. Enthemmung („Anxiolyse") Schock-bestraften Trinkens im (modifizierten) Geller-Seifter-Konflikttest unter akuter und anhaltender Behandlung mit Carbamazepin (20 mg/kg ip.) bei der Ratte (ALMEIDA und LEITE 1990). Kein Einfluß auf unbestraftes, „angstfreies" Trinken

Literatur

ALMEIDA RN, LEITE JR (1990) Effects of acute or chronic carbamazepine on experimentally-induced conflict in the rat. Psychopharmacology 100: 227–229

AMA DEPARTMENT OF DRUGS (1986) AMA drug evaluations, 6th ed. American Medical Association, Chicago Il

BENTON B, NASTITI K (1988) The influence of psychotropic drugs on the ultrasonic calling of mouse pups. Psychopharmacology 95: 99–102

BODNOFF SR, SURANYI-CADOTTE B, AITKEN DH, QUIRION R, MEANEY MJ (1988) The effects of chronic antidepressant treatment in an animal model of anxiety. Psychopharmacology 95: 298–302

BODNOFF SR, SURANYI-CADOTTE B, QUIRION R, MEANEY MJ (1989) A comparison of the effects of diazepam versus several typical and atypical anti-depressant drugs in an animal model of anxiety. Psychopharmacology 97: 277–279

COLPAERT FC, MEERT TF, NIEMEGEERS CJE, JANSSEN PAJ (1985) Behavioral and 5-HT antagonist effects of ritanserin: a pure and selective antagonist of LSD discrimination in rat. Psychopharmacology 86: 45–54

COOK L, DAVIDSON AB (1978) Behavioral pharmacology: animal models involving aversive control of behavior. In: LIPTON MA, DI MASCIO A, KILLAM KF (eds) Psychopharmacology: a generation of progress. Raven Press, New York, pp 563–567

DURCAN MJ, MORGAN PF (1990) Prospective role of adenosine and adenosinergic systems in psychiatric disorders. Psychol Med 20: 475–486

FILE SE (1988) How good is social interaction as a test of anxiety? Anim Models Psychiat Disord 1: 151–166

FONTANA DJ, COMMISSARIS RL (1988) Effects of acute and chronic imipramine administration on conflict behavior in the rat: a potential „animal model" for the study of panic disorder? Psychopharmacology 95: 147–150

HAEFELY W (1978) Behavioral and neuropharmacological aspects of drugs used in anxiety and related states. In: LIPTON M, DIMASCIO A, KILLAM K (eds) Psychopharmacology: a generation of progress. Raven Press, New York, pp 1359–1374

HJORTH S, ENGEL J, CARLSSON A (1986) Anticonflict effects of low doses of the dopamine agonist apomorphine in the rat. Pharmacol Biochem Behav 24: 237–240

HYTTEL J, ARNT J, VAN DEN BERGHE M (1989) Selective dopamine D1 and D2 receptor antagonists. In: DAHL SG, GRAM LF (eds) Clinical pharmacology in psychiatry. From molecular studies to clinical reality. Springer, Berlin Heidelberg New York Tokyo, pp 109–122

JENIKE MA, HYMAN S, BAER L, HOLLAND A, MINICHIELLO WE, BUTTOLPH L, SUMMERGRAD P, SEYMOUR R, RICCIARDI J (1990) A controlled trial of fluvoxamine in obsessive-compulsive disorder: implications for a serotonergic theory. Am J Psychiatry 147: 1209–1215

JOHNSTON AL, FILE SE (1988) Effects of ligands for specific 5-HT receptor sub-types in two animal tests of anxiety. In: LADER M (eds) Buspirone: a new introduction to the treatment of anxiety. Royal Society of Med Services, London New York, pp 31–41

JUDD FK, NORMAN TR, BURROWS GD (1986) Pharmacological treatment of panic disorder. Int Clin Psychopharmacol 1: 3–16

KAHN RJ, MCNAIR DM, COVI L, DOWNING RW, FISHER S, LIPMAN RS, RICKELS K, SMITH VK (1981) Effect of psychotropic agents on high anxiety subjects. Psychopharmacol Bull 17: 97–100

KOPANSKI C, TÜRCK M, SCHULTZ JE (1981) Effects of long-term treatment of rats with antidepressants on adrenergic receptor sensitivity in cerebral cortex: structure activity study. Neurochem Int 5: 649–659

LEYSEN JE, VAN GOMPEL P, GOMMEREN W, WOESTENBORGHS R, JANSSEN PAJ (1986) Paradoxical down-regulation of serotonin-S_2 receptor sites by chronic treatment with the serotonin-S_2 antagonists ritanserin and setoperone. Psychopharmacology 88: 434–444

MACDONALD RL (1989) Carbamazepine: mechanism of action. In: LEVY R, MATTSON R, MELDRUM B, PENRY JK, DREIFUSS FE (eds) Antiepileptic drugs, 3rd ed. Raven Press, New York, pp 447–455

MANJI HK (1992) G proteins: implications for psychiatry. Am J Psychiatry 149: 746–760

MASON P, SKINNER J, LUTTINGER D (1987) Two tests in rats for antianxiety effects of clinically anxiety attenuating antidepressants. Psychopharmacology 92: 30–34

MELIA KR, RASMUSSEN K, TERWILLIGER RZ, HAYCOCK JW, NESTLER EJ, DUMAN RS (1992) Coordinate regulation of the cyclic AMP system with firing rate and expression of tyrosine hydroxylase in the rat locus coeruleus: effects of chronic stress and drug treatments. J Neurochem 58: 494–502

MURPHY DL, SIEVER LJ, INSEL TR (1985) Therapeutic responses to tricyclic antidepressants and related drugs in non-affective disorder patient populations. Prog Neuropsychopharmacol Biol Psychiatry 9: 3–13

NIEMEGEERS C (1988) Pharmakologie und Biochemie niedrigdosierter Neuroleptika. In: HEINRICH K, BOGERTS B (Hrsg) Angstsyndrome. Ursachen, Erscheinungsformen, Therapie. Schattauer, Stuttgart New York, S 159–166

ÖGREN SO, FUXE K, AGNATI L (1985) The importance of brain serotonergic receptor mechanisms for the action of antidepressant drugs. Pharmacopsychiatry 18: 209–213

OKADA T, SEKI Y, KURUMA I (1979) Possible intraneuronal site of action of thymoleptics. Psychopharmacology 63: 67–73

PEROUTKA SJ, SNYDER SH (1980) Relationship of neuroleptic drug effects at brain dopamine, serotonin, adrenergic and histamine receptors to clinical potency. Am J Psychiatry 137: 1518–1522

PEROUTKA SJ, SNYDER SH (1980) Chronic antidepressant treatment lowers spiroperidol-labelled serotonin receptor binding. Science 210: 88–90

PEROUTKA SJ, SNYDER SH (1981) Interactions of antidepressants with neurotransmitter receptor sites. In: ENNA SJ, MALICK JB, RICHELSON E (eds) Antidepressants: neurochemical, behavioral and clinical perspectives. Raven Press, New York, pp 75–90

PICH EM, SAMANIN R (1986) Disinhibitory effects of buspirone and low doses of sulpiride and haloperidol in two experimental anxiety models in rats: possible role of dopamine. Psychopharmacology 89: 125–130

PORSOLT RD, MARTIN P, LENEGRE A, FROMAGE S, GIURGEA CE (1989) Prevention of learned helplessness in the rat by hydroxyzine. Drug Dev Res 17: 227–236

POST RM, RUBINOW DR, UHDE TW (1984) Biochemical mechanisms of action of carbamazepine in affective illness and epilepsy. Psychopharmacology 20: 585–589

RAO TS, CLER JA, MICK SJ, DILWORTH VM, CONTRERAS PC, IYENGAR S, WOOD PL (1990) Neurochemical characterization of dopaminergic effects of opipramol, a potent sigma receptor ligand, in vivo. Neuropharmacology 29: 1191–1197

REYNTJENS AJM, GELDERS YG, HOPPENBROUWERS M-LJA, VANDENBUSSCHE G (1986) Thymosthenic effects of ritanserin (R 55667), a centrally acting serotonin-S_2 receptor blocker. Drug Dev Res 8: 205–211

SEEMAN P, TEDESCO JL, LEE T, CHAU-WONG M, MULLER P, BOWLES J, WHITTAKER PM, MCMANUS C, TITTLER M, WEINREICH P, FRIEND WC, BROWN GM (1978) Dopamine receptors in the central nervous system. Fed Proc 37: 130–136

SIEVER LJ, DAVIS KL (1985) Overview: toward a dysregulation hypothesis of depression. Am J Psychiatry 142: 1017–1023

SNYDER SH, PEROUTKA SJ (1985) Treatments of affective illness: relationship to underlying mechanims. Antidepressants and neurotransmitter receptors. In: POST RM, BALLENGER JC (eds) Neurobiology of mood disorders. Williams & Wilkins, Baltimore London, pp 686–697

SQUIRES RF, SAEDERUP E (1988) Antidepressants and metabolites that block $GABA_A$ receptors coupled to ^{35}S-t-butylbicyclophosphorothionate binding sites in rat brain. Brain Res 441: 15–22

SURANYI-CADOTTE BE, DAM TV, QUIRION R (1984) Antidepressant-anxiolytic interaction: decreased density of benzodiazepine receptors in rat brain following chronic administration of antidepressants. Eur J Pharmacol 106: 673–675

THEOBALD W, BÜCH O, KUNZ HA, MORPURGO C, STENGER EG, WILHELMI G (1964) Vergleichende pharmakologische Untersuchungen mit Tofranil, Pertofran und Insidon. Arch Int Pharmacodyn 148: 560–596

UGEDO L, GRENHOFF J, SVENSSON TH (1989) Ritanserin, a 5-HT_2 receptor antagonist, activates midbrain dopamine neurons by blocking serotonergic inhibition. Psychopharmacology 98: 45–50

UHDE TW, STEIN MB, POST RM (1988) Lack of efficacy of carbamazepine in the treatment of panic disorder. Am J Psychiatry 145: 1104–1109

WALDMEIER PC (1987) Is there a common denominator for the antimanic effect of lithium and anticonvulsants? Pharmacopsychiatry 20: 37–47

WALDMEIER PC, BISCHOFF S, VASSOUT A, BAUMANN P, BITTIGER H, HAUSER K, SCHENKEL L (1985) Opipramol – effects on neurotransmitter systems. CIBA-GEIGY Biology Report 72/85

WOODWARD JK (1990) Pharmacology of antihistamines. J Allerg Clin Immunol [Suppl] 86: 606–612

4.3 Klinik

4.3.1 Indikationen

E. Klieser und C. Wurthmann

Dem Wunsch der Patienten nach kurzfristiger Reduktion von Angst- und Spannungszuständen sowie nach einer auf Harmonisierung ausgerichteten Beeinflussung der affektiven und vegetativen Reagibilität kam und kommt der behandelnde Arzt meistens durch die Verordnung von Tranquilizern nach. Dies geschah und geschieht vor allem – auch wegen des sehr raschen Wirkungseintrittes und der guten Wirksamkeit bei ausgezeichneter Verträglichkeit – mit Hilfe der Tranquilizer vom Benzodiazepin-Typ. Im Vergleich zu psychotherapeutischen Verfahren (Wurthmann und Heinrich 1991) ist dieses Behandlungsregime im Falle des Therapieerfolges deutlich kostengünstiger.
Der so breite Einsatz der Benzodiazepine führte vor allem wegen des nicht zu unterschätzenden Abhängigkeitsrisikos zu Warnungen vor kritikloser Anwendung und zur Suche nach therapeutischen Alternativen (Ladewig 1982). So ist es verständlich, daß man sich auch der angstlösenden, affektiv entspannenden und psychomotorisch beruhigenden Wirkung von niedrig dosierten Neuroleptika wieder besann und diese, besonders in Depotform, in Tranquilizer-Indikation anwendet. Heinrich und Lehmann führten hierfür 1988 den Begriff „Neuroleptanxiolyse" ein. Außerdem werden in den letzten Jahren zunehmend Antidepressiva, wie das Opipramol in dieser Indikation eingesetzt.

Geschichtliches

Ermutigt durch günstige Behandlungsergebnisse bei der Psychosetherapie verordneten Delay et al. (1953) auch Patienten mit Angstzuständen, Psychasthenie, psychosomatischen Affektionen, Neurosen, Zwangsstörungen und Phobien Chlorpromazin in einer Dosierung zwischen 200–300 mg pro Tag. Nach ihrem Eindruck profitieren besonders die Patienten von der Chlorpromazin-Behandlung, deren Symptomatik mit starker Angst verbunden war. Über ähnliche Erfahrung berichtete Flügel (1953). A. Deschamps sah 1955 als eine der Hauptindikationen für eine aus damaliger Sicht höher dosierte Chlorpromazin-Behandlung schwere Angstsyndrome an. Da Patienten mit Angst- und Spannungszuständen auf eine entsprechend höher dosierte Chlorpromazindosierung häufig mit übermäßiger Müdigkeit und ausgeprägten vegetativen Begleitwirkungen reagierten, wurde Chlorpromazin in dieser Indikation auch in niedrigerer Dosierung mit 25 bis 75 mg von Sigwald und Flamant (1954), Flamant (1954), Winkelmann (1954), eingesetzt und erfolgreich angewandt. So zeigten bei Winkelmann von 67 Patienten mit schweren Angstreaktionen 56 eine deutliche Besserung bzw. ein vollständiges Verschwinden der Symptome. Er fand, daß Patienten, deren Krankheitsbild sich nach dreiwöchiger Medikation nicht besserte, auch von einer längerfristigen Behandlung nicht profitierten. Beeinträchtigt wurde die Behandlung trotz relativ niedriger Chlorpromazindosis allerdings in nicht unbeträchtlichem Maße durch vegetative Begleitwirkungen. Die Einführung des Meprobamats 1954 und der Benzodiazepine Anfang der 60er Jahre, die therapeutisch deutlich besser steuerbar, nebenwirkungsärmer und subjektiv als angenehmer von den Patienten empfunden wurden, lenkte die Aufmerksamkeit von den niedrig dosierten Neuroleptika zur Beseitigung von Angst- und Spannungszuständen ab und verhinderte ihren breiteren therapeutischen Einsatz. Dennoch wurden in den folgenden Jahren weitere Studien durchgeführt, wobei besonders die anxiolytische Wirkung von niedrig dosiertem Fluphenazin untersucht wurde (Proctor 1960, Bodi et al. 1961, Larkin 1961, Carsley und Olson 1961, Dunlop 1962, Levitov 1965).
In einer gut kontrollierten experimentellen Laborstudie konnte Janke (1965) an Versuchsperso-

nen diesen Effekt bestätigen. WORLEY stellte 1966 zusammenfassend fest, daß niedrig dosiertes Fluphenazin rasch und sicher anxiolytisch wirke.

In den 70er Jahren wurde dann im deutschsprachigen Raum vor allem in den Praxen von Allgemeinmedizinern, Internisten, Gynäkologen und Orthopäden vermehrt das Depotneuroleptikum Fluspirilen als sog. „Wochentranquilizer" eingesetzt, nachdem die anxiolytische Wirkung von Fluspirilen 1973 von PACH et al. beschrieben worden war.
Mit zunehmendem Wissen um die Tranquilizer-Wirkung von Neuroleptika und zunehmender Beachtung der Benzodiazepin-Tranquilizernebenwirkungen – besonders die mögliche Abhängigkeitsentwicklung – wurde von der neuroleptanxiolytischen Behandlung vermehrt Gebrauch gemacht. Berechtigte Warnungen vor dem unkritischen Einsatz von niedrig dosierten Neuroleptika in Tranquilizer-Indikation (BÖNING 1982, RÜTHER und HIPPIUS 1982) – wegen präparate- und dosisabhängig auftretender spezifischer neuroleptischer Nebenwirkungen – verändert diese Behandlungsgewohnheiten nicht.
Um die Effektivität der Neuroleptika im Vergleich zu anderen Therapieverfahren besser abschätzen, Dosierung und Behandlungsdauer besser beurteilen zu können, mögliche Prädiktoren für ein gutes Ansprechen auf eine neuroleptanxiolytische Behandlung finden zu können, und vor allem aber das Nebenwirkungsrisiko besser abschätzen zu können, wurden in den letzten Jahren zahlreiche experimentell gut kontrollierte klinische Studien mit **Fluspirilen** (LEHMANN et al. 1984, HASSEL 1985, LEHMANN 1987, 1989, LAAKMANN et al. 1988, HEINRICH und LEHMANN 1988, OSTERHEIDER 1991, TEGELER et al. 1990b), **Flupentixol** (TEGELER 1990b, OSTERHEIDER 1991), **Fluphenazin** (SCHOLING et al. 1978), und **Melperon** (PÖLDINGER 1980) durchgeführt. Diese Studien wiesen nach, daß niedrig dosierte Neuroleptika eine angstlösende und affektiv entspannende Wirkung haben. Zu gleichen Ergebnissen gelangten auch Studien mit Haloperidol, Loxapin, Perazin, Trifluorperazin, Chlorpromazin, Thioridazin und Pimozid. Substanzspezifische Wirkungsunterschiede fanden sich nicht.

Das Problem der Wirksamkeit der Neuroleptanxiolyse

Während weitgehend darüber Einigkeit herrscht, daß niedrig dosierte Neuroleptika bei leichten bis mittelschweren Depressionen depressionslösend wirken können (Übersicht: ROBERTSON und TRIMBLE 1982, siehe auch Band 3 Antidepressiva), wird die Effektivität einer niedrig dosierten Neuroleptikagabe in Tranquilizer-Indikation derzeitig international noch sehr unterschiedlich beurteilt. So werden im angloamerikanischen Raum Zweifel an der ausreichenden Wirksamkeit der neuroleptanxiolytischen Behandlung geäußert. RICKELS und SCHWEIZER (1987) vertreten die Auffassung, daß der angstlösende Effekt einer entsprechenden Behandlung nie sicher bewiesen worden sei. Sie vermuten, daß die niedrig dosierten Neuroleptika, in dieser Indikation angewandt, in ihrer Wirksamkeit eine Zwischenstellung zwischen Benzodiazepinen und Placebo einnehmen. Wegen möglicher Nebenwirkungen, besonders in Form von späten Hyperkinesen, empfehlen sie, niedrig dosierte Neuroleptika nur bei solchen Patienten mit Angstsyndromen einzusetzen, die auf Benzodiazepine nicht ansprechen.

Die Autoren stützen sich dabei auf 7 Studien, in denen niedrig dosierte Neuroleptika (Loxapin, Prochlorperazin, Fluphenazin, Thiothixen, Thioridazin, Haloperidol und Trifluorperazin) gegen Chlordiazepoxid und Placebo bezüglich Wirksamkeit und Verträglichkeit für 4–6 Behandlungswochen geprüft wurden. Allen 7 Studien ist dabei gemeinsam, daß sie schwer interpretierbar sind, weil die untersuchten Patientenstichproben inhomogenen sind. Sie setzen sich in unterschiedlichen Ausmaß aus Klinik-, Poliklinik- und Praxispatienten zusammen. Deren psychopharmakologische Response ist aber nach RICKELS et al. (1968) sehr unterschiedlich. Es wurden ferner

keine fixen Medikamentendosen verwandt und der Behandlungseffekt wurde mit mehreren Meßinstrumenten registriert, ohne daß eine Zielvariable des therapeutischen Erfolges vor Behandlungsbeginn definiert wurde.
Die Ergebnisse wurden ohne Standardabweichung dargestellt, so daß eine erneute Überprüfung durch den Leser nicht möglich ist. Auffällig ist in diesen Studien die geringe psychopharmakologische Reagibilität der Patienten, die dazu führt, daß sich bei der globalen Erfolgsbeurteilung keine deutlichen Placebo-Verum-Differenzen fanden. Dies gilt sowohl für die untersuchten Neuroleptika als auch für das als Vergleichssubstanz genutzte Chlordiazepoxid, dessen anxiolytische Wirkung gesichert ist.

Zweifel an der Wirksamkeit der Neuroleptanxiolyse könnten auch durch die Ergebnisse von KELLNER (1970) geweckt werden, der in einer Übersicht von ca. 100 Arbeiten zur Anwendung von Psychopharmaka in Tranquilizer-Indikation nur 6 Studien fand, in denen Phenothiazine Placebo signifikant überlegen waren und 3 weitere Studien, in denen sich kein Unterschied zwischen Verum und Placebo fand. Dagegen fand er 25 Studien, in denen Benzodiazepine in ihrer therapeutischen Wirkung dem Placebo deutlich überlegen waren; lediglich in 5 Studien war kein Wirkungsunterschied zwischen Placebo und Benzodiazepinen festzustellen.
GREENBLATT und SHADER wiesen 1978 darauf hin, daß in 10 Vergleichsstudien zwischen Benzodiazepinen und niedrig dosierten Neuroleptika bei nicht hospitalisierten Angstpatienten 2 Studien eine Überlegenheit der Neuroleptika, 2 Studien eine Überlegenheit der Benzodiazepine und 6 Studien keine Wirkungsunterschiede aufzeigten. GIEDKE und COENEN fanden 1986 bei nur 3 von 9 angloamerikanischen Placebo-kontrollierten Studien niedrig dosierte Neuroleptika, bei generalisierten Angstsyndromen angewandt, einer Placebo-Behandlung überlegen. Hierbei wurden die nicht ausreichend aussagekräftigen oben beschriebenen, von RICKELS und SCHWEIZER zitierten Studien mit einbezogen.

Die skeptische Beurteilung der Behandlungsergebnisse hat dazu geführt, daß niedrig dosierte Neuroleptika im amerikanischen Raum in Tranquilizer-Indikation nur selten angewandt werden. Dagegen werden im deutschsprachigen Raum, besonders nach Einführung des Fluspirilen, niedrig dosierte Neuroleptika bei den niedergelassenen Nichtpsychiatern in großem Umfang verordnet.
Gestützt wird diese Behandlungspraxis durch Ergebnisse der Untersuchungen von PACH et al. (1973), WANIEK und PACH (1974), GOFFIOUL und DEBERDT (1977), SEUFERT und NEUMANN (1977), SEUFERT und SPEER (1978), DE MUNTER (1978), KALIS et al. (1980), FISCHER (1981) und SEBALD (1982), in denen eine Responserate von ca. 75% festgestellt wurde. Auch diese Studien weisen teilweise erhebliche methodische Mängel auf. Hierbei sind vor allem zu nennen: die Nutzung keines oder unterschiedlicher psychiatrischer Klassifikationssysteme und damit die Unmöglichkeit des Vergleiches einzelner Studien, unterschiedliche Behandlungsdauer, die Verordnung verschiedener Neuroleptika und die nur geringe Anzahl an Placebo-kontrollierten Studien. So wiesen LAAKMANN und Mitarbeiter 1982 darauf hin, daß die hohe Placebo-Reaktivität bei gleichzeitig relativ eingeschränkter Behandlungsreaktivität neurotischer Patienten entscheidend mit dazu beiträgt, ob ein Verumeffekt in Vergleichsstudien erkennbar wird oder nicht. OSCHINSKY et al. zeigten 1988 die Setting-Abhängigkeit von Placebo-Verum-Unterschieden auf. So sollen Patienten einer Allgemeinpraxis häufig bessere Erfolge unter Verum aufzeigen als Klinikpatienten. Von GREENBLATT und SHADER (1978), wurde bei der Beurteilung des Erfolges auf die Wichtigkeit der eingehaltenen Behandlungszeiträume hingewiesen, da die Verum-Placebo-Unterschiede bei Behandlungszeiträumen von mehr als 4 Wochen geringer würden, was als Anzeichen eines günstigsten Spontanverlaufs, aber auch als abnehmende

Verumwirkung gewertet werden könnte. Nachdem vermehrt Kliniker mit Erfolgen und Problemen der Neuroleptanxiolyse konfrontiert wurden, folgten dann in den letzten Jahren zahlreiche experimentelle Untersuchungen, die eindeutig interpretierbar sind und deren Ergebnis der Nachweis des guten therapeutischen Effektes der Neuroleptanxiolyse ist.

Diese Studien basierten auf den Ergebnissen JANKES 1965, der an 18 gesunden männlichen Versuchspersonen im Alter von 20–26 Jahren im Vergleich mit Placebo einen tranquilisierenden Effekt von 1 mg Fluphenazin täglich verabreicht, zeigte. Es erwies sich, daß Fluphenazin in niedriger Dosierung das psychische Befinden Gesunder in Richtung Angstlösung, Entspannung beeinflußt, ruhiger und selbstsicherer macht, dabei die Aktiviertheit und Leistungsfähigkeit aber nicht beeinträchtigt. Dabei war der gewünschte Effekt bereits nach der ersten Verabreichung eingetreten und nach 6tägiger Medikation nicht stärker ausgeprägt. JANKE wies darauf hin, daß es sich bei den registrierten Wirkungen um unmittelbare Veränderungen handele. Das Erzielen bleibender und mittelüberdauernder bzw. langfristiger Persönlichkeitsveränderung im Sinne eines therapeutischen Effektes erforderte nach JANKE eine länger andauernde Medikation.

In methodisch relevanten, eindeutig interpretierbaren Studien konnte eine Placeboüberlegenheit niedrig dosierter Neuroleptika in Tranquilizer-Indikation bei 567 Patienten angewandt für das **Chlorprothixen** (KRAGH-SORENSEN 1990), **Fluspirilen** (DEBERDT et al. 1980, LEHMANN 1987, LAAKMANN et al. 1988), **Flupentixol** (PREDESCU et al. 1973), **Fluphenazin** (SCHOLING et al. 1978b), **Haloperidol** (ROGERSON und BUTLER 1971, DEBERDT 1972, FYRÖ et al. 1974, FINNERTY et al. 1976), **Melperon** (PÖLDINGER 1980), **Pimozid** (REYNTJENS und MIERLO 1972, VERHELST 1973, WANIEK und PACH 1976, HOLMGREN 1975) und für **Thioridazin** (OSTFELD 1961, WHITTINGTON et al. 1969) gezeigt werden (Tabelle 4.3.1).

So wies PÖLDINGER (1980) bei 60 ambulanten Patienten mit psychovegetativen Beschwerden eine deutliche therapeutische Überlegenheit von 30 mg bzw. 75 mg Melperon pro Tag gegenüber Placebo während einer 28tägigen Behandlung nach. Der therapeutische Erfolg wurde mit dem Globalen Arzturteil, der Hamilton-Angst-Skala, der Befindlichkeitsskala v. ZERSSEN und einer Liste von subjektiven Beschwerden registriert. In den Verum Gruppen kam es zu einer signifikanten Besserung der psychosomatischen Symptomatik, insbesondere der Angst.
In einer placebo-kontrollierten Praxisstudie untersuchten LAAKMANN und Mitarbeiter 1988 während einer 8wöchigen Behandlungsphase mit darauffolgender 4wöchiger Kontrollphase die Wirkung von wöchentlicher Verabreichung von 0,5 ml Fluspirilen im Vergleich zur täglichen Gabe von 50 mg Oxazepam bei Patienten mit Angstzuständen. Von 158 Patienten konnten 153 in die Auswertung einbezogen werden, 54 Patienten wurden in der Fluspirilen, 54 in der Oxazepam- und 45 in der Placebo-Gruppe untersucht. Die Erfolgsbeurteilung erfolgte mittels der HAMA, dem CGI und der EWL. Unter Berücksichtigung der Ergebnisse aller verwendeten Fremd- und Selbstbeurteilungsskalen ließ sich kein signifikanter Wirkungsunterschied zwischen Fluspirilen und Oxazepam ermitteln. In der Mehrzahl der eingesetzten Skalen ergab sich jedoch eine leichte Überlegenheit von Fluspirilen. Fluspirilen und Oxazepam zeigten einen signifikant besseren therapeutischen Effekt als Placebo. Dabei war die Responderhäufigkeit unter Placebo mit 20% ca. 3 × niedriger als bei der Verumgruppe mit etwa 60%. Nach Beendigung der Medikation war während der anschließenden 4-wöchigen Kontrollphase bei einer Vielzahl von Fluspirilen-Patienten eine Verschlechterung der Symptomatik festzustellen.
Eine Placebo-kontrollierte Doppelblind-Studie wurde 1990 von P. KRAGH-SORENSEN et al. referiert, in der Patienten mit generalisierten Angststörungen entweder mit Chlorprothixen, Bromazepam oder Placebo für eine Studienzeit von 2 Wochen behandelt wurden. In die Studie wurden 239 Patienten einbezogen. Die Zielvariable des therapeutischen Erfolges war die Reduktion des Hamilton-Gesamtwertes am Behandlungsende. Die durchschnittliche Abnahme des Angstscores betrug unter Bromazepam 12 Punkte, unter Chlorprothixen 10,3 Punkte und unter Placebo 7,3 Punkte. Die Behandlungserfolge von Bromazepam und Chlorprothixen unterschieden sich nicht signifikant. Beide Präparate waren der Placebo-Behandlung überlegen.

Um den Stellenwert der Neuroleptanxiolyse gegenüber der Benzodiazepinmedikation

Tabelle 4.3.1. Placebokontrollierte Studien mit Wirksamkeitsnachweis von Neuroleptika in Tranquilizerindikation

Autoren	Diagnosen	N	Design	Medikation	Dosis	Ergebnis
Deberdt et al. (1980)	ängstliche und asthenische Syndrome	124	10 Wochen, parallel	Fluspirilen (F) Placebo (Pl)	1,2–1,5 mg/Woche	F > Pl
Lehmann (1987)	Angststörungen	139	6 Wochen, parallel	Fluspirilen Placebo	1,5 mg/Woche bzw. 2 Wochen	F > Pl
Laakmann et al. (1988)	Angsterkrankungen	142	8 Wochen, parallel	Fluspirilen Oxazepam Placebo	1,0 mg je 7 Tage 50 mg/d	F > Pl
Predescu et al. (1973)	Angstneurose, depressive Neurosen, Schmerzsyndrome	26	4 Wochen, Crossover	Flupentixol (Fl) Placebo	1–3 mg/d	Fl > Pl
Pöldinger (1980)	psychovegetative Syndrome mit Angst- und Versagenszuständen	60	4 Wochen, parallel	Melperon (M) Placebo	30 mg/d bzw. 75 mg/d	M > Pl
Whittington et al. (1969)	Anpassungstörungen mit Angst und Depression parallel	32	4 Wochen,	Thioridazin (T) Placebo	100 mg/d	T > Pl
Scholing et al. (1978)	psychovegetative Störungen	36	2 Wochen, parallel	Fluphenazin-decanoat (Flu) Placebo	2,5 mg/14 Tage	F > Pl Flu > Pl (Flu)
Reyntjens und Mierlo (1972)	reaktive Ängste	75	4 Wochen, parallel	Pimozid (P) Diazepam (D) Placebo	2 mg/d 10 mg/d	P > Pl D (>) Pl
Verhelst (1973)	reaktive Ängste	14	2 Monate, parallel	Pimozid Placebo	1 mg/d	P > Pl
Holmgren (1975)	Angst, psychovegetative Neurosen	15	30 Tage, Crossover	Pimozid Chlordiazepoxid (C) Placebo	2 mg/d 10 mg/d	P = C > Pl

(Fortsetzung siehe S. 183)

Tabelle 4.3.1. Fortsetzung

Autoren	Diagnosen	N	Design	Medikation	Dosis	Ergebnis
Waniek und Pach (1976)	ängstlich-depressive und psychosomatische Syndrome	30	3 Wochen, Crossover	Pimozid Placebo	2 mg/d	P > Pl
Rogerson und Butler (1971)	Angst- und Spannungszustände	43	4 Wochen, Crossover	Haloperidol (H) Placebo	1 mg/d	H > Pl
Deberdt (1972)	Angst- und Spannungszustände	20	8 Wochen, Crossover	Haloperidol Placebo	1 mg/d	H > Pl
Fyro et al. (1974)	neurotische Angst- und Spannungszustände	51	2–3 Wochen, Crossover	Haloperidol Diazepam Placebo	1 mg/d 15 mg/d	H = D > Pl
Finnerty et al. (1976)	Angst- und Spannungszustände parallel	39	4 Wochen, parallel	Haloperidol Placebo	1–3 mg/d	H > Pl
Kragh-Sorensen (1990)	Generalisierte Angststörungen	239	2 Wochen parallel	Chlorprothixen (Cl) Bromazepam Placebo	30 mg/d 6 mg/d	Cl = B > Pl

> signifikant wirksamer als; (>) tendenziell wirksamer als; = gleich wirksam

zu ermitteln, wurden zahlreiche Vergleichsstudien zwischen niedrig dosierten Neuroleptika und Benzodiazepin-Tranquilizern, meist in Form von Bromazepam, Chlordiazepoxid, Diazepam und Oxazepam, bei Angst- und Spannungszuständen durchgeführt, die bei der globalen Beurteilung des Therapieerfolges keine Wirkdifferenzen zeigten; zum Beispiel die Studie von HASSEL (1985) in der er für die Zeitdauer von 6 Wochen Patienten mit psychoneurotischen Störungen entweder mit 1,5 mg Fluspirilen pro Woche oder mit 6 mg Bromazepam pro Tag behandelte. Beide Präparate reduzierten die Angst- und Spannungszustände beträchtlich. Die allgemeine therapeutische Besserung war jedoch unter Fluspririlen häufig klarer ersichtlich als unter Bromazepam. Diese therapeutische Überlegenheit war besonders augenfällig bei Patienten, deren somatische Symptome im Sinne der Hamilton-Anxiety-Scale relativ ausgeprägt war. Von JOKINEN et al. (1984), wurde die gute stimmungsaufhellende und angstlösende Wirksamkeit von Flupentixol im Vergleich zu Diazepam bei psychosomatischen Krankheiten gezeigt.

KNOLL und MUNDT fanden 1988 Perazin und Oxazepam gleichwirksam bei neurotischen Patienten einer Poliklinik. Diese Ergebnisse wurden von BROSIG und GLASER (1988) in einer nervenärztlichen Praxisstudie bestätigt.

Die Effektivität und Verträglichkeit niedrig dosierter Neuroleptika im Vergleich zu Antidepressiva, Betablockern und Clonidin ist derzeitig nicht abzuschätzen, da entsprechende Untersuchungen noch nicht durchgeführt wurden.

Trizyklische Antidepressiva in Tranquilizer-Indikation

Vegetative Begleitwirkungen und die nicht zu unterschätzende Möglichkeit weiterer, gravierender Nebenwirkungen, sind wohl als Grund dafür zu nennen, daß trizyklische Antidepressiva in nur sehr geringem Ausmaß in Tranquilizer-Indikation angewandt werden. Entsprechend liegen auch nur wenige gut interpretierbare klinische Studien vor.

Zwar wurden Trizyklika bei ängstlich depressiven und bei neurotisch depressiven Patienten in sehr unterschiedlichen Dosierungen untersucht; diese Untersuchungen lassen aber keine Rückschlüsse auf die tranquilisierende angstlösende Potenz der untersuchten Substanzen zu, die nicht als Folge der medikamentösen Depressionslösungen gedeutet werden muß.

So konnten bei Patienten mit Angststörungen KAHN et al. (1981 und 1986) unter Doppelblindbedingungen eine therapeutische Überlegenheit von Imipramin gegenüber Chlordiazepoxid und Placebo feststellen.

WURTHMANN et al. (1993) konnten in placebokontrollierten Einzelfallexperimenten eine anxiolytische Wirkung von Amitriptylin bei generalisierten Angststörungen nachweisen.

Die von GREENBLATT und SHADER (1974) ausgewerteten Studien mit ebenbürtiger Angstlösung von Doxepin und Benzodiazepinen lassen trotz fehlender Placebokontrolle eine anxiolytische Potenz dieser Substanzen vermuten.

Dabei scheint **Doxepin** nach PINDER et al. (1977) deutlicher anxiolytisch zu wirken als Benzodiazepine, wenn die Patienten zusätzlich depressive Symptome zeigen.

GORMAN (1987) wertete insgesamt achtzehn Studien aus, die Doxepin mit Chlordiazepoxid oder Diazepam verglichen. In neun Studien zeigte Doxepin eine den Benzodiazepinen gleiche Wirksamkeit. Drei Studien konnten wegen mangelhafter statistischer Auswirkung nicht weiter analysiert werden. In zwei Studien schnitt Doxepin schlechter als Chlordiazepoxid ab. In vier Studien war Doxepin wirksamer als die entsprechende Referenzsubstanz, wobei in zwei Studien die Patienten über begleitende deutliche depressive Syndrome klagten.

In der Bundesrepublik Deutschland ist das trizyklische **Opipramol** zur Anwendung in

Tranquilizer-Indikation zugelassen. Leider liegen hierzu bis heute keine placebokontrollierten Studien an größeren Stichproben vor.

Zahlreiche benzodiazepinkontrollierte Doppelblindstudien zeigen eine der Vergleichssubstanz gleichwertige, teilweise überlegene Wirkung von Opipramol bei nicht psychotischen Angstpatienten (MURPHY 1970, BEAUMONT und GRINGRAS 1971, LIER und WENDT 1986).

In überwiegend offen durchgeführten Studien soll die Opipramol-Anwendung zu einer Verbesserung der Ergebnisse der Psychotherapie von Patienten Colitis ulcerosa, Ulcus pepticum, Colitis Spastica, Colon irritable, Neurodermitis, Asthma bronchiale auch im Kindesalter geführt haben. In Folge der geringen anticholinergen Wirksamkeit von Opipramol erwies sich dieses gegenüber den klassischen trizyklischen Antidepressiva als verträglicher.

4.3.2 Dosierung

E. Klieser und C. Wurthmann

Niedrig dosierte Neuroleptika in Tranquilizer-Indikation werden üblicherweise in einem Dosisbereich angewandt, der deutlich niedriger liegt als der der antipsychotischen Behandlung. Die Medikamente sollen unterhalb der „neuroleptischen Schwelle" angewandt werden, d.h. die verabreichten Medikamente sollen keine extrapyramidalen Nebenwirkungen hervorrufen. So werden von den oral angewendeten hochpotenten Neuroleptika meist täglich 1–2 mg verabreicht, wie dies hier auch in den Studien bezüglich des Fluphenazins, des Haloperidols, des Pimozides, zum Ausdruck kommt. In etwa äquivalente Dosen werden bei den Depot-Neuroleptika angewandt. Die Dosierungsempfehlungen zur Neuroleptanxiolyse sind der Tabelle 4.3.2 zu entnehmen.

Daß die Höhe der verordneten Dosis einen Einfluß auf den Therapieerfolg haben kann, zeigte eine Studie von LEHMANN (1989), der für 6 Wochen 106 Patienten unter Doppelblindbedingungen zufallszugeteilt mit 0,5 mg, 1,0 mg oder 1,5 mg Fluspirilen pro Woche behandelte. Zwar kam es in allen drei Gruppen mit fortschreitender Zeit zu einem sehr deutlichen Rückgang der Angst ($p < 0,001$), dieser Rückgang unterschied sich aber zwischen den Dosisgruppen ($p < 0,001$).

Am deutlichsten war er unter 1,5 mg Fluspirilen, am schwächsten unter 0,5 mg. Nach dem Globalen Arzturteil über die therapeutische Wirksamkeit unterschieden sich die Gruppen nach 6 Behandlungswochen signifikant. Besserung und deutliche Besserung waren unter 0,5 mg Fluspirilen sehr viel seltener (17 von 35 Patienten) als unter 1,0 mg (25 von 35 Patienten) und viel seltener als unter 1,5 mg Fluspirilen (30 von 36 Patienten) festzustellen. Ein entsprechender Therapieunterschied ließ sich auch schon

Tabelle 4.3.2

	Tagesdosis (mg/d)
Chlorprothixen	30–100
Dixyrazin	30–75
Flupentixol	1–2
Fluphenazin	1–2
Levomepromazin	25–100
Melperon	25–150
Perazin	25–100
Pimozid	1
Promazin	50–300
Promethazin	25–150
Prothipendyl	50–320
Sulpirid	100–300
Thioridazin	30–200
Trifluoperazin	2–4
Depotform	
Fluphenazin-decanoat	2,5 mg/14 Tage
Fluspirilen	1,5 mg/7 Tage
Flupentixoldecanoat	6–10 mg/14 Tage

nach 4 Behandlungswochen nachweisen.
Die Dosierung trizyklischer Antidepressiva in Tranquilizerindikation liegt im allgemeinen deutlich unterhalb der Dosis, die für die Erzielung eines antidepressiven Effektes notwendig sind. So werden klassische trizyklische Antidepressiva in einem Dosisbereich zwischen 25 und 50 mg/die verabreicht. In klinischen Studien zeigte sich auch in höheren Dosierungen bis 150 mg/die und mehr keine Zunahme des therapeutischen Effektes.
Die Dosierung des Opipramols sollte in einem Dosisbereich zwischen 50 bis 150 mg/die erfolgen (HEINRICH und KLIESER 1994).

4.3.3 Unerwünschte Wirkungen, Kontraindikationen, Überdosierung, Intoxikation

E. Klieser und C. Wurthmann

Bei der Verträglichkeitsbeurteilung muß berücksichtigt werden, daß Patienten mit Angst und Spannungszuständen häufig die Beschwerden ihres Krankheitsbildes als Nebenwirkung der Behandlung deuten. Auch hierbei sind daher Placebo-kontrollierte Untersuchungen unerläßlich. Eindrucksvoll ist, daß sich in den bereits zitierten Placebokontrollierten Untersuchungen von LEHMANN (1987), LAAKMANN et al. (1988) und KRAGH-SORENSEN (1990) keine signifikanten Differenzen bezüglich der Nebenwirkungen zwischen Verum und Placebo finden ließen.
Kritiker der neuroleptanxiolytischen Therapie weisen vor allem immer darauf hin, daß eine derartige Behandlung mit zu vielen Nebenwirkungen behaftet sei und nicht unerhebliche Risiken mit sich bringen könne (RICKELS und SCHWEIZER 1987). So wird bei Anwendung von schwacher und mittelpotenten Neuroleptika, vor allem der trizyklischen Psychopharmaka, die Möglichkeit des Auftretens von vegetativen Begleitwirkungen betont, gleichzeitig auf die Gefahr von Blutzellschädigungen, Leberfunktionsstörungen, Herzrhythmusstörungen, allergischen Hautreaktionen, hingewiesen. Bei den hochpotenten Neuroleptika wird die Gefahr von extrapyramidalen Nebenwirkungen in Form von Frühdyskinesien, einem Parkinsonoid, Akathisien, vor allem aber die Gefahr des Auftretens von Spätdyskinesien (RÜTHER und HIPPIUS 1982, SCHMIDT 1988, LAUX und GUNREBEN 1991) aufgezeigt. Dabei lassen sich für die kurzfristige Neuroleptikagabe in Tranquilizer-Indikation nach derzeitigen Studien Nebenwirkungsart und Risiken je nach angewandten Präparat recht gut abschätzen.
Prospektive Studien bezüglich der Langzeitverträglichkeit von niedrig dosierten Neuroleptika liegen bisher nicht vor. Sicher ist, daß sowohl bei der kurzzeitigen als auch bei der langfristigen Anwendung die Nebenwirkungen präparat- und dosisabhängig sind. Hinweise zur Langzeitverträglichkeit der als Tranquilizer eingesetzten Neuroleptika können möglicherweise die Untersuchungen der niedrig dosierten Langzeitbehandlung von schizophrenen Patienten bieten, wobei allerdings die mögliche unterschiedliche Empfindlichkeit von Angstpatienten gegenüber den Neuroleptika berücksichtigt werden muß. Betrachtet man die Studien, in denen unter kontrollierten Bedingungen Neuroleptika in Tranquilizer-Indikation für nur wenige Wochen angewandt wurden, so fällt auf, daß ausnahmslos die Verträglichkeit von allen Autoren als überdurchschnittlich günstig bezeichnet wird.
Als **Nebenwirkungen** werden initiale Müdigkeit, flüchtige extrapyramidal-motorische Nebenwirkungen und Gewichtszunahme genannt. Zu einer ähnlichen Feststellung kamen nach Durchsicht der Literatur KAPFHAMMER und RÜTHER (1988). Bezüglich der Kurzzeitverträglichkeit von Fluspirilen und Flupentixol sind Studien von LEHMANN (1987) und BUDDE und SIEBERNS (1991) aufschlußreich (Tabelle 4.3.3).

Tabelle 4.3.3. Nebenwirkungen im Rahmen der Kurzzeittherapie

	LEHMANN (1987)	RÜTHER (1989)	BUDDE und SIEBERNS (1991)
N	1261	3540	4772
Präparat	Fluspirilen	Fluspirilen	Flupentixol
Dosis	1,5 mg/Woche	1,5 mg/Woche	10 mg/2 Wochen
Behandlungsdauer	6 Wochen	6 Wochen	10 Wochen
Nebenwirkungen (%)	Gewichtszunahme (5,87) Müdigkeit (3,81) EPS (3,33) Mundtrockenheit (1,35) Schwitzen (0,75) Schwindel (0,71) Kreislaufstörung (0,56) Magen-Darm Sympt. (0,32) Sehstörungen (0,32) Sonstige Störungen (0,87)	Gew.-Zu. > 3kg (2,6) Sedierung (2,4) Appetitzunahme (1,9) Mundtrockenheit (0,6) EPS (0,3)	Müdigkeit (2,0) EPS (1,9) Magen-Darm-Sympt. (1,6) Schwindel (1,0) Mundtrockenheit (0,9) Unruhe (0,7) Gewichtszunahme (0,6) Herz-Kr.-Sympt. (0,4) Übelkeit (0,3) Schlafstörungen (0,3) Kopfschmerzen (0,3) Akathisie (0,2) Hautreaktionen (0,2) Harnretention (0,1) Schwitzen (0,1) Sehstörungen (0,1)

LEHMANN untersuchte bei 1261 Patienten, die wegen Angst, psychosomatischer und psychoreaktiver Störungen für die Zeitdauer von 6 Wochen lang wöchentlich 1,5 mg Fluspirilen erhielten, prospektiv die auftretenden Nebenwirkungen: insgesamt beklagten 11,5% = 145 Patienten zu irgendeinem Zeitpunkt der Behandlung Nebenwirkungen. Die häufigste Nebenwirkung war dabei eine von 5,9% beklagte Gewichtszunahme. Frauen waren hiervon häufiger betroffen als Männer. Über alle 1261 Patienten gemittelt betrug die Gewichtszunahme dabei 1 kg. Diese trat bereits zu einem relativ frühen Zeitpunkt der Behandlung auf (61% derjenigen, die über diese Nebenwirkung klagten). So wiesen 81% der davon Betroffenen bereits nach der 1. Behandlungswoche auf die Gewichtszunahme hin. Müdigkeit wurde von 3,8% = 48 Patienten beklagt. Am dritthäufigsten fanden sich extrapyramidale Nebenwirkungen mit 3,3% = 42 Patienten. Diese Zahlenangabe ist möglicherweise zu hoch, da bei der Beurteilung von extrapyramidalen Störungen auch von Patienten beklagte innere Unruhe als möglicher Ausdruck einer Akathisie gewertet wurde. Bei 5 Patienten von 1261 wurde ein Therapieabbruch wegen extrapyramidaler Störungen notwendig.

Dabei ist zu berücksichtigen, daß einige Nebenwirkungen, wie z.B. die Müdigkeit, dazu tendieren, im Laufe der fortgesetzten Behandlung abzunehmen, wohingegen andere Nebenwirkungen, wie Gewichtszunahme und extrapyramidale Störungen, die Neigung haben, fortzubestehen. In der Regel traten alle Nebenwirkungen in der ersten oder innerhalb der ersten Behandlungswochen auf.

Nach LEHMANN (1987) bietet dieser Umstand die Möglichkeit, beim Auftreten von Nebenwirkungen frühzeitig die Therapie zu beenden.

RÜTHER berichtete 1989 über eine sechswöchige Fluspirilen-Studie in niedriger Dosis, in der 13.540 Patienten bezüglich Nebenwirkungen der verabreichten Psychopharmakotherapie untersucht wurden. Bei 9% der Patienten traten unerwünschte Begleitwirkungen auf. Dabei wurden bei 2,4% eine Sedierung, bei 1,9% eine Appetitzunahme, Mundtrockenheit bei 0,6% und extrapyramidale Symptome bei 0,3% beobachtet. Eine deutliche Gewichtszunahme von mehr als 3 kg wurde bei 2,6% der Patienten festgestellt.

BUDDE und SIEBERNS berichteten 1991 von n = 4.772 mit niedrig dosiertem Flupentixol (10 mg 14-tägig) behandelten Patienten. Während eines Behandlungszeitraumes von 10 Wochen zeigten

9,2% der Patienten Nebenwirkungen; bei 2,5% mußte die Behandlung wegen dieser Nebenwirkungen beendet werden. Extrapyramidale Nebenwirkungen einschließlich Akathisie wurden bei 2,1% der Patienten festgestellt. Bezieht man bei den Ergebnissen von Budde und Sieberns Ruhelosigkeit und Nervosität als möglichen Ausdruck einer Akathisie mit in die extrapyramidalen Nebenwirkungen ein, so findet sich mit 2,8% der Behandelten ein ähnlicher Zahlenwert wie bei Lehmann. Die zweithäufigste Nebenwirkung war eine Sedierung bei 2,0% der Patienten.

Vergleichsstudien zwischen einzelnen Neuroleptika bezüglich ihrer Verträglichkeit liegen nur wenige vor. So verglichen Tegeler et al. (1990b) unter Einfachblindbedingungen bei 100 ambulanten Patienten die Verträglichkeit einer niedrig dosierten Flupentixol-Decanoat-Behandlung mit einer niedrig dosierten Fluspirilen-Behandlung für den Zeitraum von 8 Wochen. Sie stellten dabei eine gute Verträglichkeit beider Präparate fest. Unterschiede zugunsten eines der Präparate waren nicht festzustellen.
Eine ähnliche Untersuchung führte Osterheider (1991) bei 60 ambulanten Patienten durch. Auch er fand insgesamt eine gute Verträglichkeit der Präparate. Er stellte allerdings unter Fluspirilen-Anwendung mehr Frühdyskinesien und Akathisien fest.
Entsprechend den Ergebnissen der Langzeitverträglichkeit von Neuroleptika bei schizophrenen Patienten ist auch bei der niedrig dosierten Neuroleptikagabe in Tranquilizer-Indikation das Auftreten von Spätdyskinesien als gravierendste unerwünschte Begleitwirkung möglich. Hierauf wiesen schon Rüther und Hippius (1982) und Möller (1986) hin.

Schmidt berichtete 1988 über 2 mit Fluspirilen in Tranquilizer-Indikation behandelte Patienten, die tardive Dyskinesien entwickelten. Systematische Untersuchungen hierzu wurden bisher lediglich von Tegeler und Mitarbeitern (1990a) und Osterheider et al. (1989) durchgeführt. Tegeler et al. untersuchten in 11 Praxen 276 Patienten, die wegen Angst- oder neurotischer oder psychosomatischer Syndrome langfristig entweder mit Fluspirilen 1,5 mg pro Woche oder mit Benzodiazepinen behandelt worden waren, auf Spätdyskinesien, Parkinsonsyndrome und Akathisien. 155 von ihnen hatten im Mittel über 17,5 Monate (s = ± 13,3) Injektionen von Fluspirilen 1,5 mg pro Woche erhalten und 121 waren im Mittel über 45,7 Monate (s = ± 44,6) mit Benzodiazepinen behandelt worden. In Bezug auf die Mittelwerte der Gesamtscores der Abnormal Involuntary Movement Scale (AIMS), der Simpson Angus Scale und der Akathisie-Skala nach Tegeler unterschieden sich die beiden Gruppen statistisch nicht signifikant. Bei den mit Fluspirilen behandelten Patienten fand sich ein korrelativer Zusammenhang zwischen Alter sowie psychotroper Zusatzmedikation und dem Gesamtscore der AIMS sowie der Akathisie-Skala. Es bestand aber kein Zusammenhang zwischen der Dauer und der Kontinuität der Behandlung mit Fluspirilen und Symptomen von Spätdyskinesien. In beiden Gruppen wurden jeweils bei 10 Patienten (6,9% in der Fluspirilen-Gruppe und 8,3% in der Benzodiazepin-Gruppe) Symptome abnormer unwillkürlicher Bewegungen registriert. Dies entspricht der Inzidenz spontaner Hyperkinesen in der Allgemeinbevölkerung, die zwischen 5 und 8% angegeben wird. Dabei muß berücksichtigt werden, daß das Durchschnittsalter der von Tegeler et al. (1990a) untersuchten Patienten mit 58,0 Jahren relativ hoch ist eingedenk der Tatsache, daß ein höheres Lebensalter als Risikofaktor für die Entwicklung von Spätdyskinesien angesehen wird (Wöller und Tegeler 1983, Kane et al. 1988). Außerdem nimmt die Prävalenz von spontanen Hyperkinesen im Alter zu, wie Heinrich et al. (1968), Casey (1985) und Kane et al. (1988) zeigten.
Osterheider et al. (1989) untersuchten 70 Patienten, denen in Tranquilizer-Indikation mindestens 26 Wochen Fluspirilen verabreicht wurde und verglichen diese mit 56 langfristig mit Benzodiazepinen behandelten Patienten auf extrapyramidale Nebenwirkungen, insbesondere auf Akathisie und Spätdyskinesien. Die Gruppen unterschieden sich bezüglich der untersuchten Nebenwirkungen nicht. Osterheider et al. postulierten, daß die Häufigkeit des Auftretens von Spätdyskinesien bei niedrig dosierter Neuroleptikaanwendung nicht größer sei als das Spontanauftreten.

Zu hoffen ist, daß das Risiko bezüglich der Spätdyskinesien unter niedrig dosierter Neuroleptikaanwendung an größeren Patientenkollektiven prospektiv untersucht wird, um eine sicherere Risikoabschätzung vornehmen zu können. Derzeitig sollte

man sich der Empfehlung LEHMANNS anschließen, beim Auftreten extrapyramidaler Symptome unter Neuroleptanxiolyse ein anderes Behandlungsverfahren zu wählen, um der Gefahr des möglichen Auftretens von Spätdyskinesien ausweichen. Besondere Vorsicht ist dabei bei Patienten mit höherem Lebensalter geboten. Inwieweit in neuroleptanxiolytischer Dosierung einzelne Neuroleptika risikoreicher bzw risikoarmer in Bezug auf die Entwicklung von Spätdyskinesien sind, ist derzeitig nicht zu beurteilen, weil entsprechende Studien bisher nicht durchgeführt wurden.
Die unerwünschten Wirkungen trizyklischer Antidepressiva in Tranquilizerindikation angewandt lassen sich wie bei der antidepressiven Behandlung von dem Rezeptorbesetzungsverhalten ableiten und werden im wesentlichen von der anticholinergen, antihistaminergen und alphaadrenolytischen Wirkung der Präparate bestimmt. Sie entsprechen in Art und Ausmaß dem Einsatz in antidepressiver Indikation (siehe Band 3).

Kontraindikationen
Mögliche Kontraindikationen der Anwendung niedrigdosierter Neuroleptika ergeben sich zum einen aus der Wahl des Neuroleptikums, zum anderen auch aus möglichen Vorerkrankungen. Bei der Anwendung von hochpotenten Neuroleptika in Tranquilizer-Indikation ist vor allem mit extrapyramidal-motorischen Begleitwirkungen zu rechnen. Daher sollten Patienten mit Vorschädigungen des extrapyramidalen Systems, Alkoholiker, Patienten mit frühkindlichem Hirnschaden, Patienten mit organischem Psychosyndrom wenn, dann nur unter großen Vorsichtsmaßnahmen entsprechend neuroleptisch behandelt werden. Bei dieser Patientengruppe muß mit Frühdyskinesien, der Entwicklung eines Parkinsonsyndroms und mit Akathisien gerechnet werden. Gleichzeitig besteht in erhöhtem Maße die Gefahr von Spätdyskinesien. Bei bereits bestehenden Spätdyskinesien sollten von der Anwendung hochpotenter Neuroleptika in Tranquilizer-Indikation abgesehen werden. Beim Auftreten von Frühdyskinesien, einem Parkinsonsyndrom und einer Akathisie sollte die Behandlung unverzüglich beendet werden, da nach den bisherigen Studien diese Patienten nicht den gewünschten Behandlungseffekt zeigen und in verstärktem Maße mit Spätdyskinesien gerechnet werden muß. Patienten, die in der Anamnese ein malignes neuroleptisches Syndrom oder eine maligne Hyperthermie berichten, sollten von der Gabe von hochpotenten Neuroleptika in niedriger Dosierung ausgenommen werden. Die Anwendung niedrigpotenter und mittelpotenter Neuroleptika in Tranquilizer-Indikation kann am ehesten durch vegetative Begleitwirkungen kompliziert werden. Diese leiten sich aus dem Rezeptorbesetzungsprofil des angewandten Neuroleptikums ab. Antihistaminerge, alphaadrenolytische Wirkungen, aber besonders anticholinerge Wirkungen können den Behandlungsverlauf komplizieren. Daher sollten Patienten mit Vorschädigung des Herz-Kreislaufsystems, mit Neigung zu Obstipation und Harnverhalten ebensowenig in die Behandlung einbezogen werden, wie Patienten mit Engwinkelglaukom und Patienten mit epileptischem Anfallsleiden. Ebenfalls sollten Patienten mit Vorschädigung des weißen Blutbildes, Patienten mit Störungen der Leberfunktion nur unter großer Zurückhaltung mit mittelpotenten und niedrigpotenten Neuroleptika behandelt werden. Auch cerebral vorgeschädigte Patienten sollten wenn, nur unter besonderen Vorsichtsmaßnahmen eine Behandlung mit stark anticholinerg wirksamen Neuroleptika erfahren, da dann die Gefahr von Verwirrtheitszuständen, Delirien und anticholinergen Syndromen besteht. Für die Verabreichung von trizyklischen Antidepressiva gelten die gleichen Kontraindikationen und Vorsichtsmaßnahmen wie für

mittelpotente und schwachpotente Neuroleptika. Auch beim Opipramol muß zwar in geringerem Maße als unter klassischen trizyklischen Antidepressiva mit vegetativen Begleitwirkungen gerechnet werden. Risiko-Patienten sollten daher nur unter besonderer Vorsicht Opipramol erhalten.

Überdosierung und Intoxikation

Bei der Anwendung von niedrigdosierten Neuroleptika werden nur sehr selten Überdosierungen und Intoxikationen beobachtet. Dies trifft vor allem für die hochpotenten Depot-Neuroleptika zu. Versehentlich höher dosierte Verabreichung von Depot-Neuroleptika führt häufig zu extrapyaramidalmotorischen Störungen, die unter Umständen für einige Tage die Gabe von Anticholinergika erforderlich machen. Das gleiche gilt für absichtlich oder versehentlich höher dosierte orale Einnahme von hochpotenten Neuroleptika. Bei Überdosierungen und Intoxikationen mit niederpotenten Substanzen muß zum einen mit anticholinergen, zum anderen mit kardiovaskulären Störungen gerechnet werden. Symptomatik und Therapie ähneln derjenigen der Antidepressiva-Überdosierung. Als Antidot kann Physiostigmin genutzt werden. Wegen des ausgeprägten Apomorphin-Antagonismus dieser Medikamente sind emetische Maßnahmen bei Neuroleptika unwirksam. Ebenso stellen Haemoperfusionen und Dialyse wegen des hohen Verteilungsvolumens keine effektive therpaeutische Maßnahme dar. Verwirrtheit, Halluzinationen mit raschem Übergang ins Koma bei gleichzeitig bestehenden Grand mal-Anfällen können Ausdruck einer Antidepressiva-Intoxikation sein. Massive Mundtrockenheit, Harnverhalten, starke Obstipationen bis hin zum Ileus deuten ebenfalls auf eine Überdosierung von trizyklischen Antidepressiva hin. Gefürchtet sind die kardiologischen Komplikationen einer Überdosierung mit trizyklischen Antidepressiva. Beobachtet werden ventrikuläre Tachykardien, Erregungsrückbildungs- und Reizleitungsstörungen. Mit kardiotoxischen Erscheinungen ist bei Plasmaspiegel ab 1.000 ng/ml zu rechnen. Therapeutisch sollte zunächst eine Giftentleerung erfolgen. Für die Aufrechterhaltung der Vitalfunktion muß unter intensivmedizinischen Bedingungen gesorgt werden. Möglich ist nur eine symptomatische Behandlung der Komplikationen. Meist ist die Gabe von Antikonvulsiva und Antiarrhythmika notwendig. Anticholinerge Begleitwirkungen sind therapeutisch mit Physiostigmin zu beeinflussen.

Literatur

Beaumont G, Gringras M (1971) A double blind comparison of opipramol and diazepam in the treatment of anxiety in general practice. Br J Clin Pract 25: 455

Bodi T, Nodine JH, Siegler PS, Leny HA, Moyer JH (1961) Clinical evaluation of fluphenazine in cases of anxiety and other psychoneuroses. Postgrad Med 4: 408–414

Böning J (1982) Wochentranquilizer-Indikation, Durchführung und Risiken der Therapie mit niedrig dosierten Depot-Neuroleptika. Nervenheilkunde 1: 30–32

Brosig A, Glaser K (1988) Perazin versus Oxazepam bei neurotischen Patienten in einer Nervenarztpraxis. In: Helmchen H, Hippius H, Tölle R (Hrsg) Therapie mit Neuroleptika-Perazin. Thieme, Stuttgart, S 210–221

Budde E, Sieberns G (1991) Niedrigdosierte Neuroleptika bei ängstlich-depressiven Syndromen: Nutzen und Risiken. In: Pöldinger W (Hrsg) Niedrigdosierte Neuroleptika bei ängstlich-depressiven Zustandsbildern und psychosomatischen Erkrankungen. Braun, Karlsruhe, S 124–132

Carsley SH, Olson HA (1961) Use of fluphenazine dihydrochloride for relief on anxiety. Clin Med 69: 717–720

Casey DE (1985) Spontaneous and tardive dyskinesias. Clinical and laboratory studies. J Clin Psychiatry 46: 42–47

Deberdt R (1972) Low doses haloperidol in anxiety tension states. Psychiat Neurol Neurochir 75: 317–324

DEBERDT R, THIO-SIEBELING M, PARLEVLIET J (1980) Treatment of functional complaints with a weekly injection of a low dose of fluspirilene in anxious and asthenic patients. A double blind placebo-controlled evaluation. Curr Ther Res 28: 857–866

DELAY J, DENIKER P, TARDIEN Y (1953) Winterschlafbehandlung und Schlafkur in der psychiatrischen und psycho-somatischen Therapie. Presse Med (Paris) 61: 1165

DESCHAMPS A (1955) Quelques résultats des cures de sommeil en hopital psychiatrique. L'encèphalè (Numèro spècial de colloque international sur la Chlorpromazine à Paris): 112–115

DUNLOP E (1962) Fluphenazine-dihydrochloride – an anxiety agent. J Neuropsychiatr 3: 251–253

FINNERTY RJ, GOLDBERG HL, NATHAN L, LOWNEY C, COLE JO (1976) Haloperidol in the treatment of psychoneurotic anxious outpatients. Dis Nerv Syst 37: 621–623

FISCHER G (1981) Die klinische Anwendung von niedrig dosiertem Fluspirilen bei Patienten mit funktionellen Herzbeschwerden. Therapiewoche 31: 2938–2942

FLAMANT J (1954) Anwendungsmöglichkeiten des Chlorpromazins in der inneren Medizin. Praxis (Bern) 43: 435–436

FLÜGEL F (1953) Neue klinische Beobachtungen zur Wirkung des Phenothiazinkörpers Megaphen auf psychische Krankheitsbilder. Med Klin 48: 1027–1029

FYRÖ B, BECK-FRIES J, SJÖSTRAND IG (1974) A comparison between diazepam and haloperidol in anxiety states. Acta Psychiatr Scand 50: 586–595

GIEDKE H, COENEN TH (1986) Die medikamentöse Behandlung von Angstzuständen. In: JANKE W, NETTER P (Hrsg) Angst und Psychopharmaka. Kohlhammer, Stuttgart, S 207–234

GOFFIOUL F, DEBERDT R (1977) Fluspirilen in low dose, an injectable one-week-tranquilizer for neurovegetative disorders associated with hypochondria. Acta Ther 3: 319–337

GORMAN JM (1987) Generalized anxiety disorders. Mod Probl Pharmacopsychiatry 22: 127–140

GREENBLATT DJ, SHADER RI (1974) Benzodiazepines in clinical practice. Raven Press, New York

GREENBLATT DJ, SHADER IJ (1978) Pharmacotherapy of anxiety with benzodiazepines and beta-adrenergic blockers. In: LIPTON M, DI MASCIO A, KILLAM R (eds) Psychopharmacology. A generation of progress. Raven Press, New York, pp 1381–1390

HASSEL P (1985) Experimental comparison of low doses of 1,5 mg fluspirilene and bromazepam in out-patients with psychovegetative disturbances. Pharmacopsychiat 18: 297–302

HEINRICH K, LEHMANN E (1988) Fundamentals and results in neuroleptanxiolysis. Eur J Psychiatr 2: 96–102

HEINRICH K, KLIESER E (1994) Psychopharmaka in Klinik und Praxis, 3. Aufl. Thieme, Stuttgart New York.

HEINRICH K, WEGENER I, BENDER HJ (1968) Späte extrapyramidale Hyperkinesen bei neuroleptischer Langzeittherapie. Pharmacopsychiat 1: 169–195

HOLMGREN S (1975) Pimozide in the treatment of stress-induced psychic and functional disorders. Nord Psych Tidsskr 29: 577–584

JANKE W (1965) Untersuchungen zur Frage von Wirkungsunterschieden von Fluphenazin nach erst- und mehrmaliger Applikation. Psychopharmocologia 7: 349–365

JEPSON K, BEAUMONT G (1973) A comparative trial of opipramol and chlordiazepoxide in the treatment of anxiety. J Int Med Res 1: 145–150

JOKINEN K, KOSKINEN T, SELONEN R (1984) Flupentixol versus diazepam in the treatment of psychosomatic disorders: a double-blind, multicentre trial in general practice. Pharmatherapeutica 3: 573–581

KAHN RJ, MC NAIR DM, COVI L, DOWNING R, FISHER S, LIPMAN RS, RICKELS K, SMITH V (1981) Effects of psychotropic agents on high anxiety subjects. Psychopharmacol Bull 17: 97–100

KAHN RJ, MC NAIR DM, LIPMAN RS, RICKELS K, DOWNING R, FISHER S, FRANKENTHALER LM (1986) Imipramine and chlordiazepoxide in depressive and anxiety disorders. II. Efficacy in anxious outpatients. Arch Gen Psychiatry 43: 79–85

KALIS D, OEVER JHM ten, ERDMANN JF (1980) Fluspirilen zur Behandlung psychosomatischer Beschwerden bei hypochondrischen Patienten. Acta Psychiatr Belg 80: 321–328

KANE JM, WOERNER M, LIEBERMANN J (1988) Tardive dyskinesia: prevalence, incidence, and risk factors. J Clin Psychopharmacol 8: 52–56

KAPFHAMMER HP, RÜTHER E (1988) Depot-Neuroleptika. Springer, Berlin Heidelberg New York Tokyo

KELLNER R (1970) Drugs, diagnoses, and outcome with neurotic patients. J Nerv Ment Dis 151: 85–96

KNOLL M, MUNDT C (1988) Perazin versus Oxazepam bei neurotischen Patienten einer Poliklinik. In: HELMCHEN H, HIPPIUS H, TÖLLE R (Hrsg) Therapie mit Neuroleptika-Perazin. Thieme, Stuttgart, S 202–210

KRAGH-SORENSEN P (1990) Bromazepam in generalized anxiety. Randomized, multipractice comparisons with both chlorprothixen and placebo. Psychopharmacology 100: 383–386

LAAKMANN G, HIPPIUS H, BLASCHKE D, SCHEWE D (1982) Tranquilizerprüfung in Klinik und Praxis. Therapiewoche 32: 1568–1576

LAAKMANN G, BLASCHKE D, EISSNER HJ, HIPPIUS H (1988) Niedrig dosierte Neuroleptika in der Behandlung von Angstzuständen. Ergebnisse einer Ambulanzstudie. In: HIPPIUS H, LAAKMANN G (Hrsg) Therapie mit Neuroleptika – Niedrigdosierung. Perimed, Erlangen, S 60–79

LADEWIG D (1982) Abusus von Benzodiazepin-Tranquilizern. Med Welt 33: 1306–1309

LARKIN R (1961) Fluphenazine in anxiety states. In: HESELTINE WW (ed) Fluphenazine in anxiety and tension. Birchall, Liverpool, pp 61–71

LAUX G, GUNREBEN G (1991) Schwere Spätdystonie unter Fluspirilen. Dtsch Med Wochenschr 116: 977–980

LEHMANN E (1987) Neuroleptanxiolyse: Neuroleptika in Tranquilizerindikation. In: PICHOT P, MÖLLER HJ (Hrsg) Neuroleptika-Rückschau 1952–1986. Künftige Entwicklungen. Springer, Berlin Heidelberg New York Tokyo, S 111–118

LEHMANN E (1989) The dose-effect relationship of 0,5, 1,0 and 1,5 mg fluspirilene on anxious patients. Neuropsychobiology 21: 197–204

LEHMANN E, HASSEL P, THÖRNER CW, KARASS W (1984) Alternatives Therapiekonzept zur Behandlung psychosomatischer Beschwerden. Kontrollierte Doppelblindprüfung von Fluspirilen versus Bromazepam. Fortschr Med 40: 1032–1036

LEVITOV L (1965) Fluphenazin in the management of patients with anxiety. Curr Ther Res 7: 490–493

LIER G, WENDT G (1986) Angst und Depressivität. Therapiewoche 36: 4772–4776

LINDEN M (1987) Phase IV-Forschung. Antidepressiva in der Nervenarztpraxis. Springer, Berlin Heidelberg New York Tokyo

MÖLLER HJ (1986) Neuroleptika als Tranquilizer: Indikationen und Gefahren. Med Klin 81: 385–388

MUNTER W DE (1978) Fluspirilen als wöchentlich injizierbarer Tranquilizer bei Patienten mit neurovegetativen Störungen. Ars Medici 33: 1859–1872

MURPHY JE (1970) Opipramol and chlordiazepoxide in treatment of anxiety in general practice. Practitioner 205: 1229

OSCHINSKY AM, GAEBEL W, BALCK F, DILLING H, LINDEN M, PIETZCKER A, PRIEBE S (1988) Perazin bei stationären neurotischen Patienten: therapeutische Grundlagen, Methodik und Ergebnisse einer multizentrischen Studie. In: HELMCHEN H, HIPPIUS H, TÖLLE R (Hrsg) Therapie mit Neuroleptika – Perazin. Thieme, Stuttgart, S 182–196

OSTERHEIDER M (1991) Fluphentixol (decanoat) bei Patienten mit depressivem Syndrom. Forschungsüberblick und vorläufige Ergebnisse einer laufenden Untersuchung zum Vergleich von Fluphentixol (decanoat) mit Fluspirilen und anderen Referenzsubstanzen. In: PÖLDINGER W (Hrsg) Niedrigdosierte Neuroleptika bei ängstlich-depressiven Zustandsbildern und psychosomatischen Erkrankungen. Braun, Karlsruhe, S 97–107

OSTERHEIDER M, REIFSCHNEIDER G, SCHMIDTKE A, BECKMANN H (1989) Tardive dyskinesia and low-dose-neuroleptics in non-schizophrenic patients. Paper pr. VIII World Congress of Psychiatry. Excerpta Medica, Amsterdam Oxford New York (International Congress Series 899)

OSTFELD AM (1961) Tranquilizer in der Allgemeinpraxis. Triangel 4: 335–340

PACH F, WANIEK W, PAPASKYRON D (1973) Zur Tranquilizerwirkung des Langzeitneuroleptikums Fluspirilen. Pharmacopsychiatry 6: 198–206

PINDER RM, BRODGEN RN, SPEIGHT TM, AVERY GS (1977) Doxepin up to date. A review and its pharmacological properties and therapeutic efficacy with particular reference to depression. Drugs 13: 161–218

PÖLDINGER WJ (1980) Ambulante Erfahrungen mit Melperon bei psychovegetativen Beschwerden unter kontrollierten Bedingungen. Therapiewoche 30: 4862–4871

PREDESCU V, CIUREZU T, TIMOFTE G, ROMAN J (1973) Symptomatic relief with flupentixol of the anxiety-algetic-depressive syndrome complex in neurotic states. Acta Psychiatr Scand 49: 15–27

PROCTOR RC (1960) Results with fluphenazine in anxiety and tension. Dis Nerv Syst 21: 283–285

REYNTJENS AM, MIERLO FP (1972) A comparative double-blind trial of pimozide in stress-induced psychic and functional disorders. Curr Med Res Opin 1: 116–122

RICKELS K, RAAB E, GORDON PE, LAQUER KG, DESILVERIO RV, HESBACHER P (1968) Differential effects of chlordiazepoxide and fluphenazine in two anxious patients populations. Psychopharmacologia 12: 181–192

RICKELS K, SCHWEIZER EE (1987) Current pharmatherapy of anxiety and panic. In: MELZER HY (ed) Psychopharmacology – the third generation of progress. Raven Press, New York, pp 516–517

ROBERTSON MM, TRIMBLE M (1982) Major tranquilizers used as antidepressants. J Affect Dis 4: 173–193

ROGERSON R, BUTLER K (1971) Assessment of low dosage haloperidol in anxiety states. Br J Psychiatry 119: 169–170

RÜTHER E (1989) Low dose neuroleptic treatment in general practice. Vortrag VIII World Congress of Psychiatry, Athen

RÜTHER E, HIPPIUS H (1982) Neuroleptika in niedriger Dosierung als Tranquilizer. Münch Med Wochenschr 124: 683–684

SCHMIDT LG (1988) Utilization and safety of fluspirilene in non psychotic outpatients. Pharmacopsychiat 22: 188–191

SCHOLING WE, CLAUSSEN HC (1978) Therapieeffekt Dapotum D Minor bei vegetativ bedingter Magensymptomatik. Med Klin 73: 293–297

SCHOLING WE, CAUSEN HD, RIEDL J (1978) Wirkungseintritt und Verlauf von Fluphenazindekanoat (Dapotum (R) D-Minor). Med Klin 73: 288–292

SEBALD C (1982) Behandlung funktioneller Herzbeschwerden mit Imap (R) 1,5 mg in der täglichen Praxis. Münch Med Wochenschr 124: 698–700

SEUFERT O, NEUMANN HJ (1977) Der erste injizierbare Wochentranquilizer Imap (R) 1,5 mg. Feldprüfung bei 316 Patienten. Med Welt 28: 1670–1673

SEUFERT O, SPEER W (1978) Imap (R) 1,5 mg – der erste injizierbare Wochentranquilizer. Multizentrische Studie bei praktischen Ärzten und Internisten. Der informierte Arzt 6: 43-48

SIGWALD J, FLAMANT J (1954) Verwendung des Chlorpromazins in der üblichen Neuropsychiatrischen Praxis – bei neurologischen und psychiatrischen Erkrankungen. Therapiewoche 23: 615–618

TEGELER J, LEHMANN E, WEIHER A, HEINRICH K (1990a) Safety of long term neuroleptanxiolysis with fluspirilene 1,5 mg per week. Pharmacopsychiat 23: 259–264

TEGELER J, MERZ FP, BENEKE M, RASMUS W (1990b) Niedrig dosierte Neuroleptika bei der Behandlung von Angst und Depression. Flupentixol-Decanoat versus Fluspirilen. Zbl Neuro 255: 268–269

VERHELST RGJ (1973) Pimozide in reactive anxiety – a placebo-controlled double-blind study. Prüfbericht, Janssen

WANIEK W, PACH G (1974) Vegetativ-emotionale Syndrome in der Praxis: Therapieerfahrungen mit einem Langzeitpsychopharmakon. Münch Med Wochenschr 116: 1339–1344

WANIEK W, PACH J (1976) Pimozide bei psychovegetativen Störungen. Eine psychometrische Doppelblinduntersuchung in der Praxis. Psychopathometrie 2: 149–154

WHITTINGTON HG, ZAHOUREK R, GREY L (1969) Pharmacotherapy and community psychiatric practice. Am J Psychiatry 126: 551–554

WINKELMANN NW Jr (1954) Chlorpromazine in the treatment of neuropsychiatric diseases. JAMA 155: 18–21

WÖLLER W, TEGELER J (1983) Späte extrapyramidale Hyperkinesen. Klinik – Prävalenz Pathophysiologie. Fortschr Neurol Psychiat 51: 131–157

WORLEY JP (1966) Fluphenazine for the treatment of patients with anxiety. J Ind State Med Ass 8: 902–905

WURTHMANN C, HEINRICH K (1991) Nichtmedikamentöse Therapie von Angstsyndromen. In: HEINRICH K, HIPPIUS H, PÖLDINGER W (Hrsg) Serotonin – ein funktioneller Ansatz für die psychiatrische Diagnose und Therapie? Springer, Berlin Heidelberg New York Tokyo, S 204–212

WURTHMANN C, KLIESER E (1992) Möglichkeiten der Therapie von Angststörungen des DSM-III-R. Fortschr Neurol Psychiat 60: 91–103

WURTHMANN C, KLIESER E, LEHMANN E, BUDDE G (1993) 31-wöchiges, doppelblindes Einzelfallexperiment bei generalisierter Angststörung. In: BAUMANN P (Hrsg) Biologische Psychiatrie der Gegenwart. Springer, Wien New York, S 607–608

4.3.4 Interaktionen

O. Dietmaier

Beim Einsatz niedrigdosierter Neuroleptika als Tranquilizer muß mit dem Auftreten der gleichen Interaktionen gerechnet werden, die auch bei ihrer Verwendung als Antipsychotika zum Tragen kommen können. Eine ausführliche Übersicht mit entsprechender Literatur dazu findet sich im Band 4 der Reihe Neuro-Psychopharmaka, Kapitel 2.1.5 und 4.4. Hier sollen nur kurz die wichtigsten Wechselwirkungen unter Nennung beispielhafter Literatur aufgeführt werden.

Neuroleptika bilden bei gleichzeitiger Einnahme mit Kaffee, Tee, Fruchtsäften, Coca Cola und Milch schwerlösliche Verbindungen bzw. werden ausgefällt (CHEESEMAN und NEAL 1981, LASSWELL et al.1984, MIKKELSEN 1979). Auch für Antacida wurden ähnliche Komplexbildungen beschrieben (FANN et al. 1973, FORREST et al. 1970). Infolgedessen kann es zu verminderter Resorption des Neuroleptikums und daraus resultierender eingeschränkter Wirkung kommen. Neuroleptika sollten deshalb immer in ausreichendem Abstand, mindestens 1–2 Stunden, von den genannten Stoffen eingenommen werden.

Auch für Anticholinergika gibt es Berichte über resorptionsverzögernde Effekte infolge einer verminderten Magen-Darm-peristaltik (RIVERA-CALIMLIM et al. 1976).

Weitere pharmakokinetische Interaktionen im Sinne einer Metabolismus-Induktion können bei gemeinsamer Gabe mit Carbamazepin, Phenobarbital bzw. Lithium auftreten (JANN et al. 1985, ARANA et al. 1986, LOGA et al. 1975, RIVERA-CALIMLIM et al. 1978). Durch Induktion des Cytochrom P 450-Enzymsystems wird bei Kombination mit den genannten Substanzen der oxidative Abbau der Neuroleptika beschleunigt, was sich in einer verkürzten Eliminationshalbwertszeit, gesteigerten Clearance und reduzierten therapeutischen Wirkung der Neuroleptika zeigt.

Umgekehrt kann mittels Enzyminhibition durch Arzneimittel wie z.B. Propranolol oder orale Kontrazeptiva der enzymatisch-mikrosomale Abbau der Neuroleptika in der Leber gehemmt werden. Dies führt zu herabgesetzter Clearance und erhöhten Plasmakonzentrationen der Neuroleptika (PEET et al. 1981, EL YOUSEF 1974).

Allerdings scheinen auch Neuroleptika einen inhibitorischen Effekt auf den Abbau von Betablockern auszuüben, wodurch es zu erhöhten Plasmaspiegeln und einer Wirkungssteigerung der Betablocker kommt (VESTAL et al. 1979, STANIFORTH et al. 1982). Auch bei den Antiepileptika Phenytoin und Valproinsäure können bei Kombination mit Neuroleptika erhöhte Plasmaspiegel infolge von Enzyminhibition auftreten. Eine engmaschige Plasmaspiegelüberwachung und evtl. Dosisreduktion des Antiepileptikums wird empfohlen (VINCENT 1980, ISHIZAKI et al. 1984).

Sowohl Neuroleptika als auch Antidepressiva scheinen bei gemeinsamer Verabreichung kompetitiv den enzymatischen Abbau in der Leber inhibieren zu können. Dies führt zusammen mit trizyklischen Antidepressiva zur verzögerten Metabolisierung des Antidepressivums und evtl. erhöhten Plasmaspiegeln (GRAM und BRØSEN 1989, LINNOILA et al. 1982, SIRIS et al. 1982). Die neueren serotoninselektiven Antidepressiva können dagegen eine Hemmung der Neuroleptika-Metabolisierung bewirken und dadurch bedingt zu verstärkten Nebenwirkungen (EPMS) beitragen (PACH 1992, BOUCHARD et al. 1989).

Die klinisch relevanteste pharmakodynamische Interaktion von Neuroleptika dürfte diejenige mit Alkohol und anderen zentraldämpfenden Mitteln sein. Es kommt zu additiver oder potenzierter Wirkung beider Substanzen mit der Folge verstärkter Sedierung und ZNS-Dämpfung verbunden mit Herabsetzung der Vigilanz und psychomotorischen Fähigkeiten (LINNOILA et al. 1979, CIRAULO et al. 1989).

Weitere pharmakodynamische Wechselwirkungen betreffen Amphetamine und amphetaminähnliche Substanzen wie Methylphenidat und Appetitzügler. Diese Arzneimittel verstärken auf Rezeptorebene die Wirkung der Catecholamine, führen also zur Abschwächung der blockierenden Effekte, die Neuroleptika bewirken (WEST 1974, JANOWSKY et al. 1973, CASAT und WILSON 1986).

Ob die prophylaktische Gabe von Anticholinergika bei Neuroleptikatherapie eine erhöhte Inzidenz extrapyramidaler Nebenwirkungen verursacht, wird kontrovers diskutiert. Nach jetzigem Kenntnisstand muß jedoch von einer prophylaktischen Verabreichung dieser Substanzen mit Neuroleptika abgeraten werden. Generell können bei gleichzeitiger Einnahme von Neuroleptika, die v.a. als niederpotente Phenothiazinderivate beträchtliche anticholinerge Eigenschaften besitzen, und weiteren Arzneimitteln mit anticholinerger Wirkkomponente wie z.B. Antidepressiva, Antiparkinsonmittel, Antihistaminika und Antiemetika verstärkte anticholinerge Nebenwirkungen auftreten. Dies kann, insbesondere bei älteren Patienten, zu u.a. Darm- und Blasenatonie, Glaukom und deliranten Zuständen führen. (Bamrah et al. 1986, Blazer et al. 1983, Singh und Kay 1979).

Die Kombinationstherapie von Lithium mit Neuroleptika hat sich bei der Behandlung von Manien klinisch bewährt. Es wurden allerdings in Einzelfällen auch ausgeprägte enzephalopatisch-neurotoxische Symptome unter dieser Therapie beschrieben. Sorgfältige Überwachung des Patienten und regelmäßige EEG-Kontrollen werden bei einer entsprechenden Kombinationsbehandlung empfohlen (Spring 1979, Spring und Frankel 1981, Cohen und Cohen 1974, Von Knorring 1990).

Für **Opipramol**, einen den trizyklischen Antidepressiva nahestehenden Tranquilizer, existieren keine Untersuchungen zu möglichen Interaktionen mit anderen Arzneimitteln. Bei Betrachtung des Wirk- und Nebenwirkungsprofils dieser Substanz ergeben sich große Parallelen zu dem der anderen trizyklischen Antidepressiva. Es ist deshalb bei Opipramol von denselben potentiellen Wechselwirkungen auszugehen, die bei trizyklischen Antidepressiva zum Tragen kommen (siehe Band 3 der Reihe Neuro-Psychopharmaka, Kap. 2.4.4).

Hydroxyzin, ein Tranquilizer aus der Gruppe der Antihistaminika, soll als H1-Antagonist bei Kombination mit H2-Antagonisten wie z.B. Cimetidin in der Behandlung einer Urticaria eine gegenüber der Monotherapie verbesserte Wirkung besitzen (Monroe et al. 1981). In einer weiteren Arbeit wurde als Erklärung dieses Effektes ein erhöhter Hydroxyzin-Plasmaspiegel infolge von Enzyminhibition des Hydroxyzin-Metabolismus durch Cimetidin gefunden (Salo et al. 1986).

Literatur

Arana GW, Goff DC, Friedman H et al. (1986) Does carbamazepine-induced reduction of plasma haloperidol levels worsen psychotic symptoms? Am J Psychiatry 143: 650–651

Bamrah JS, Kumar V, Krska J et al. (1986) Interactions between procyclidine and neuroleptic drugs. Br J Psychiatry 149: 726–733

Blazer HG, Federspiel CF, Ray WA et al. (1983) The risk of anticholinergic toxicity in the elderly: a study prescribing practices in two populations. J Gerontol 38: 31–35

Bouchard RH, Pourcher E, Vincent P (1989) Fluoxetine and extrapyramidal side effects. Am J Psychiatry 146: 1352–1353

Casat CD, Wilson DC (1986) Tics with combined thioridazine methylphenidate therapy: case report. J Clin Psychiatry 47: 44–45

Cheeseman HJ, Neal MJ (1981) Interactions of chlorpromazine with tea and coffee. Br J Clin Pharmacol 12: 165–169

Ciraulo DA, Shader RI, Greenblatt DJ, Creelman W (eds) (1989) Drug interactions in psychiatry. Williams and Wilkins, Baltimore Hong Kong London Sydney

Cohen WJ, Cohen NH (1974) Lithium carbonate, haloperidol and irreversible brain damage. J Am Med Assoc 230: 1283–1288

El-Yousef MK (1974) Estrogen effects of phenothiazines derivate blood levels. JAMA 228: 827–828

Fann WE, Davis JM, Janowsky DS et al. (1973) Chlorpromazine: effects of antacids on its gastrointestinal absorption. Clin Pharmacol Ther 13: 388–390

Forrest FM, Forrest IS, Serra MT (1970) Modification of chlorpromazine metabolism by some other drugs frequently administered to psychiatric patients. Biol Psychiatry 2: 53–58

Gram LF, Brøsen K (1989) Inhibitors of the microsomal oxidation of psychotropic drugs: selectivity and clinical significance. In: DAHL SG, GRAM LF (eds) Clinical pharmacology in psychiatry. From molecular studies to clinical reality. Springer, Berlin Heidelberg New York Tokyo, pp 172–180

ISHIZAKI T, CHIBA K, SAITO M et al. (1984) The effects of neuroleptics (haloperidol and chlorpromazine) on the pharmacokinetics of valproic acid in schizophrenic patients. J Clin Psychopharmacol 4: 254–261

JANN MW, ERESHEFSKY L, SAKLAD SR et al. (1985) Effects of carbamazepine on plasma haloperidol levels. J Clin Psychopharmacol 5: 106–109

JANOWSKY DS, EL YOUSEF MK, DAVIS JM et al. (1973) Provocation of schizophrenic symptoms by iv administration of methylphenidate. Arch Gen Psychiatry 28: 185–191

LASSWELL WJ, WEBER STS, WILKINS JM (1984) In vitro interaction of neuroleptics and tricyclic antidepressants with coffee, tea and gallotannic acid. J Pharm Sci 73: 1056–1058

LINNOILA M, MATTILA MJ, KITCHELL BS (1979) Drug interactions with alcohol. Drugs 18: 299–311

LINNOILA M, GEORGE L, GUTHRIE S (1982) Interaction between antidepressants and phenothiazine in psychiatric inpatients. Am J Psychiatry 138: 1329–1331

LOGA S, CURRY S, LADER M (1975) Interactions of orphenadrine and phenobarbitone with chlorpromazine: plasma concentrations and effects in man. Br J Clin Pharmacol 2: 197–208

MIKKELSEN EJ (1979) Caffeine and schizophrenia. J Clin Psychiatry 39: 732–735

MONROE EW, COHEN SH, KALBFLEISCH J et al. (1981) Combined H1 and H2 antihistamine therapy in chronic urticaria. Arch Dermatol 117: 404–407

PACH J (1992) Pharmakotoxische Psychose und extrapyramidalmotorisches Syndrom. Nervenarzt 63: 575–576

PEET M, MIDDLEMISS SN, YATES RA (1981) Propranolol in schizophrenia. II. Clinical and biochemical aspects of combining propranolol with chlorpromazine. Br J Psychiatry 138: 112–117

RIVERA-CALIMLIM L, NASRALLAH H, STRAUSS J et al. (1976) Clinical response plasma levels: effects of dose, dosage schedules, and drug interactions on plasma chlorpromazine levels. Am J Psychiatry 133: 646–652

RIVERA-CALIMLIM L, KERZNER B, KARCH FE (1978) Effect of lithium on chlorpromazine levels. Clin Pharmacol Ther 23: 451–455

SALO OP, KAUPPINEN K, MÄNNISTÖ PT (1986) Cimetidine increases the plasma concentration of hydroxyzine. Acta Derm Venereol 66: 349–350

SINGH MM, KAY SR (1979) Therapeutic antagonism between anticholinergic antiparkinsonism agents and neuroleptics in schizophrenia. Implications for a neuropharmacological model. Neuropsychobiology 5: 74–86

SIRIS SG, COPPER TB, RIFKIN AE et al. (1982) Plasma imipramine concentrations in patients receiving concomitant fluphenazine decanoate. Am J Psychiatry 139: 104–106

SPRING GK (1979) Neurotoxicity with combined use of lithium and thioridazine. J Clin Psychiatry 40: 135–138

SPRING G, FRANKEL M (1981) New data in lithium and haloperidol incompatibility. Am J Psychiatry 138: 818–821

STANIFORTH DH, YORKSTON NJ, ZAKI SA (1982) Dose dependent changes in propranolol half life when used as an adjunct to neuroleptic treatment. Psychopharmacology 76: 62–65

VESTAL RE, KORNHAUSER DM, HOLLIFIELD JW et al. (1979) Inhibition of propranolol metabolism by chlorpromazine. Clin Pharmacol Ther 25: 19–24

VINCENT F (1980) Phenothiazine-induced phenytoin intoxication. Ann Intern Med 93: 56–57

VON KNORRING L (1990) Possible mechanisms for the presumed interaction between lithium and neuroleptics. Hum Psychopharmacol 5: 287–292

WEST AP (1974) Interaction of low-dose amphetamine use with schizophrenia in outpatients: three case reports. Am J Psychiatry 131: 321–322

4.3.5 Kontrolluntersuchungen

G. Laux

Die vor und unter einer Therapie mit Antidepressiva und Neuroleptika erforderlichen Kontrolluntersuchungen sind in den entsprechenden Bänden (Band 3 Antidepressiva, Band 4 Neuroleptika) ausführlich dargelegt. Prinzipiell gelten diese Empfehlungen und Vorschriften auch für die hier besprochenen niedrig dosierten Neuroleptika und das trizyklische Antidepressivum Opipramol.

Vor der Behandlung mit *niedrig dosierten Neuroleptika* ist eine Kontrolle von Blutbild, Blutdruck und EKG angezeigt (PIESCHL et al.

1986, Spiess-Kiefer und Grohmann 1987). In den ersten Behandlungsmonaten sind regelmäßige Blutbildkontrollen durchzuführen, zumindest sollten die Leukozyten gezählt werden. Insbesondere bei Patienten mit Prädisposition empfiehlt sich die Kontrolle der zerebralen Krampfbereitschaft (EEG-Ableitungen); vor allem bei älteren Patienten sind Blutdruckkontrollen angezeigt (orthostatische Hypotonie) (Schmidt et al. 1985).

Bei Langzeittherapie in hohen Dosen sind Einlagerungen bzw. Pigmentierung in Cornea und Linse des Auges, in einzelnen Fällen auch eine Retinopathia pigmentosa beschrieben worden. Bei längerer Behandlung mit Phenothiazinderivaten (z.B. Thioridazin) sind periodische Kontrollen der Leber-, Herz- und Kreislauffunktion einschließlich EKG angezeigt. Bei kreislauflabilen Patienten sind wegen des möglichen Auftretens orthostatischer Dysregulationen regelmäßige Blutdruckkontrollen auch im Stehen (Schellong-Test) angezeigt. Schwach potente bzw. niedrig dosierte Neuroleptika können das Reaktionsvermögen soweit verändern, daß die Fähigkeit zur aktiven Teilnahme am Straßenverkehr oder zum Bedienen von Maschinen beeinträchtigt wird. Dies gilt in verstärktem Maße im Zusammenwirken mit Alkohol (Hobi 1992).

Wie bei trizyklischen Antidepressiva empfiehlt sich auch bei *Opipramol* vor Behandlungsbeginn die Bestimmung von Blutbild- und Leberwerten (Möller et al. 1988). Sind die Ausgangswerte im Normbereich, so genügen in der Regel innerhalb der ersten 6 Behandlungsmonate Kontrollen in 4wöchigen Abständen, bei Auftreten von Fieber, grippalen Infekten und Angina muß das Blutbild umgehend kontrolliert werden. Unter einer Langzeitmedikation werden viertel- bis halbjährliche Kontrollen von Blutbild, Blutdruck, EKG, gegebenenfalls auch von EEG und Augeninnendruck empfohlen (Linden 1991). Da in vereinzelten Fällen Leberfunktionsstörungen und Hyperbilirubinämie festgestellt wurden, sind bei Langzeitbehandlung mit Opipramol Leberwertkontrollen angezeigt. Bei älteren Patienten und bei Risikopatienten ist vor der Einleitung der Therapie ein EKG abzuleiten, bei Normbefunden genügen dreimonatige Kontrollen.

Literatur

Hobi V (1992) Psychopharmaka und Fahrtauglichkeit. In: Riederer P, Laux G, Pöldinger W (Hrsg) Neuro-Psychopharmaka, Bd 1. Allgemeine Grundlagen der Pharmakopsychiatrie. Springer, Wien New York, S 335–352

Linden M (1991) Antidepressiva-Langzeitmedikation. In: Hippius H, Ortner M, Rüther E (Hrsg) Psychiatrische Erkrankungen in der ärztlichen Praxis. Springer, Berlin Heidelberg New York Tokyo, S 1–11

Möller HJ, Meier K, Wernicke T (1988) Empirical investigation on the risk of agranulocytosis/leucopenia under medication with antidepressants. Pharmacopsychiatry 21: 304–305

Pieschl D, Kaltenbach M, Kober G, Markert F, Kulhanek F (1986) Ergebnisse psychiatrisch-kardiologischer Untersuchungen zur Kardiotoxizität von Psychopharmaka. In: Hinterhuber H, Schubert H, Kulhanek F (Hrsg) Seiteneffekte und Störwirkungen der Psychopharmaka. Schattauer, Stuttgart New York, S 17–28

Schmidt LG, Schüssler G, Linden M, Müller-Oerlinghausen B (1985) Unerwünschte Arzneimittelwirkungen von Psychopharmaka in der nervenärztlichen Praxis. Nervenarzt 56: 19–24

Spiess-Kiefer C, Grohmann R (1987) Psychopharmaka-induzierte Blutbildveränderungen. Münch Med Wochenschr 129: 173–175

4.3.6 Praktische Durchführung, allgemeine Behandlungsrichtlinien

E. Klieser und C. Wurthmann

Therapieverlauf der neuroleptanxiolytischen Behandlung

Betrachtet man den Therapieverlauf unter einer niedrig dosierten Neuroleptikabehandlung in Tranquilizer-Indikation, so läßt sich bereits nach einigen Stunden eine Linderung der Symptomatik feststellen, wie auch Probandenversuche (JANKE 1965) zeigen.

Dabei wird die Symptomlinderung von den Patienten verzögerter und nicht so ausgeprägt wie bei der Benzodiazepingabe erlebt. Nach einer Woche läßt sich bereits in den Rating-Skalen ein deutlicher Rückgang der Symptomatik feststellen.

Der größte Teil der Befundbesserung wird nach LAAKMANN et al. (1988), in den ersten 4 Wochen erreicht, wobei die Symptomreduktion nach 2 Wochen bei den Therapierespondern schon sehr deutlich ist. LEHMANN (1989) konnte in seiner Studie zeigen, daß z.B. bei Fortsetzung der wöchentlichen Gabe von 1,5 mg Fluspirilen zwischen der 6. und 12. Behandlungswoche noch eine deutliche Verbesserung der Angstsymptomatik zu erzielen ist, wohingegen sich in der Vergleichsgruppe unter Placebogabe die psychopathologische Symptomatik wieder verschlechterte. Bei Verlängerung des Injektionsintervalls auf 14 Tage war nur eine unwesentliche Verbesserung der psychopathologischen Symptomatik zu erzielen. Inwieweit die Fortsetzung der neuroleptanxiolytischen Behandlung mit einer weiteren Befundbesserung einhergeht, läßt sich aus den derzeitig vorliegenden Studien nicht ermitteln. Die bei zahlreichen Patienten praktizierte offensichtlich notwendige monate- bis jahrelang andauernde niedrig dosierte Neuroleptikaanwendung läßt vermuten, daß sich hiermit zumindest lang anhaltend chronifizierte Angstzustände mindern bzw. kupieren lassen. Aufgrund unserer Erfahrung handelt es sich hierbei vor allem um Patienten, die bei zuvor oft jahrelang durchgeführten anderen Therapien keine Milderung ihrer Beschwerden erreichten. Auf die oft unzureichende Wirkung der Psychotherapie auf abnorme Angstzustände wiesen VON ZERSSEN et al. (1988) hin.

Prospektive Studien zur Prädiktorsuche wurden bisher nicht durchgeführt. Mögliche Therapiehinweise sind lediglich sog. Korrelationsstudien zu entnehmen, die allerdings entsprechend der neuroleptischen Schizophreniebehandlung und der antidepressiven Depressionsbehandlung mit großer Zurückhaltung interpretiert werden sollten (WOGGON 1983, KLIESER 1990). Dabei kann die diagnostische Klassifikation der Patienten kaum genutzt werden, da Neuroleptanxiolytika bisher kaum diagnosebezogen auf Wirksamkeit und Verträglichkeit geprüft wurden.

Dabei muß, wie ANGST und DOBLER-MIKOLA (1986) betonen, berücksichtigt werden, daß innerhalb der verschiedenen Angstsyndrome zahlreiche Überlappungen vorhanden sind und daß auch die z.B. im DSM-III-R definierten Klassen von Angsterkrankungen artifiziell sind. Außerdem wiesen beide Autoren auf die Überlappung zwischen Angsterkrankungen und Depressionen hin.

Nach den Ergebnissen der Arbeitsgruppe LEHMANN et al. (1990) war die psychopathologische Symptomatik von Patienten mit generalisierten Angstsyndromen, Panikstörungen, Zwangssyndromen und atypischen Angstsyndromen durch die Neuroleptanxiolyse günstig zu beeinflussen, wobei betont werden muß, daß spezielle Studien, z.B. zu Panikstörungen mit und ohne Agoraphobien, Zwangstörungen, posttraumatischen Belastungsstörungen nicht durchgeführt wurden. Eine positive Wirkung der niedrig dosierten Neuroleptika bei generalisierten Angststörungen ist relativ wahrscheinlich (LEHMANN et al. 1990, WURTHMANN und KLIESER 1992).

Auf Symptomebene betrachtet scheinen Neuroleptanxiolytika besonders gut bei Patienten zu wirken, bei denen eine starke Somatisierung ihrer Angst besteht (HASSEL 1985). Hier scheint die Neuroleptikabehandlung einer Benzodiazepinbehandlung überlegen zu sein. Patienten mit geringgradigem somatischen Ausdruck der Angst scheinen mehr von einer Benzodiazepinbehandlung zu profitieren. KAPFHAMMER und RÜTHER (1988) wiesen nach Durchsicht von offenen Studien an 300 niedrig dosiert Depot-neuroleptisch behandelten Patienten darauf hin, daß es sich hierbei überwiegend um Kranke mit unterschiedlich strukturierten Angst- und Depressionssyndromen handele, bei denen charakteristisch sei, daß in erster Linie somatische Äquivalente dieser Syndrome in Form funktioneller Organbeschwerden (z.B. funktionelles kardio-vaskuläres Syndrom, Spannungszustände – z.B. psychovegetative Störungen in der Gynäkologie oder Schmerzsensationen, z.B. psychogenes Wirbelsyndrom) in Erscheinung treten. Auch das von der Schizophrenie bekannte Testdosismodell (Übersicht: KLIESER und KLIMKE 1993) scheint bei der neuroleptanxiolytischen Behandlung nutzbar zu sein. LEHMANN und KLIESER (1987) konnten einen deutlichen korrelativen Zusammenhang zwischen dem Behandlungserfolg nach 1 Behandlungswoche und dem Behandlungserfolg nach 6 Behandlungswochen aufzeigen.

Ebenso kann der von HEINRICH und LEHMANN (1988) gezeigte deutliche korrelative Zusammenhang zwischen dem Auftreten irgendwelcher Nebenwirkungen unter neuroleptanxiolytischer Behandlung und relativ ungünstigem therapeutischen Ansprechen des Angstsymptomatik genutzt werden. Treten diese Nebenwirkungen in den Vordergrund der Beschwerden des Patienten, so sollte die neuroleptanxiolytische Behandlung beendet werden. Hieraus läßt sich die Therapieempfehlung ableiten, Neuroleptanxiolytika nebenwirkungsgeleitet zu verordnen (HEINRICH 1988).

Zusammenfassung und Schlußfolgerung

1. Niedrig dosierte Neuroleptika wirken entgegen der im angloamerikanischen Raum vertretenen Skepsis eindeutig anxiolytisch. Dies wurde sowohl in Probandenstudien als auch in zahlreichen bereits zitierten placebokontrollierten Studien bei Angstpatienten nachgewiesen. Dabei scheinen Patienten mit deutlicher somatischer Angst besonders von einer neuroleptanxiolytischen Therapie zu profitieren. In dieser Indikation angewandt, scheint die Wirksamkeit von Benzodiazepinpräparaten niedriger als die von niedrig dosierten Neuroleptika zu sein. Wegen der möglichen Nebenwirkungen ist ein unkritischer Gebrauch von Neuroleptanxiolytika abzulehnen.

2. Es gibt bisher keinen Hinweis, daß sich Neuroleptika in dieser Indikation angewandt hinsichtlich ihrer Wirksamkeit unterscheiden. Allerdings mangelt es auch an entsprechenden Vergleichsstudien.

3. Es besteht eine klare Dosis-Wirkungs-Beziehung. Werden Neuroleptika zu niedrig dosiert, so ist der therapeutische Effekt nicht so ausgeprägt wie in einer höheren Dosierung. Dies sollte allerdings unter der neuroleptischen Schwelle liegen.

4. Der therapeutische Effekt wird meistens schon in den ersten 1–2 Behandlungswochen deutlich sichtbar und akzentuiert sich bis zur 6. Behandlungswoche. Darüber hinaus kann bei Fortsetzung der Behandlung bis zur 12. Behandlungswoche noch eine Befundbesserung erzielt werden.

5. Eine neuroleptanxiolytische Behandlung sollte in der Regel derzeitig nicht länger als 6 bis 12 Wochen angewandt werden, da nur für einen derartigen Beobachtungszeitraum ausreichend aussagekräftige Wirksamkeits- und Verträglichkeitsuntersuchungen vorliegen. Die Indikationsstellung in einer längerfristigen Therapie sollte im Einzelfall nur nach sorgfältiger Abwägung von Nutzen und Risiken erfolgen.

6. Die neuroleptanxiolytische Behandlung scheint im allgemeinen sehr nebenwirkungsarm zu sein. Nur selten ist ein Therapieabbruch notwendig.

7. Treten extrapyramidale Nebenwirkungen unter der Behandlung auf, so sollte die Therapie nicht fortgesetzt werden, da zum einen die Gefahr des Auftretens von späten Hyperkinesen nicht vernachlässigt werden darf, zum anderen mit einem Therapieerfolg kaum zu rechnen ist.

8. Die Langzeitverträglichkeit von niedrig dosierten Neuroleptika in Tranquilizer-Indikation bei Angstpatienten ist derzeitig nicht sicher zu beurteilen. Die Gefahr von Spät-

dyskinesien scheint geringer zu sein als allgemein befürchtet. Dennoch sollte bei Patienten mit Risikofaktoren (z.B. hohes Alter) die Neuroleptanxiolyse nicht angewandt werden.

Literatur

ANGST J, DOBLER-MIKOLA A (1986) Indikationsstellung bei ängstlichen und depressiven Syndromen. In: HIPPIUS H, ENGEL RR, LAAKMANN G (Hrsg) Benzodiazepine: Rückblick und Ausblick. Springer, Berlin Heidelberg New York Tokyo, S 71–80

HASSEL P (1985) Experimental comparison of low doses of 1,5 mg fluspirilene and bromazepam in out-patients with psychovegetative disturbances. Pharmacopsychiat 18: 297–302

HEINRICH K, LEHMANN E (1988) Fundamentals and results in neuroleptanxiolysis. Eur J Psychiatry 2: 96–102

HEINRICH K (1988) Nebenwirkungsgeleitete Pharmakotherapie in der Psychiatrie. Münch Med Wochenschr 130: 699–700

JANKE W (1965) Untersuchungen zur Frage von Wirkunterschieden von Fluphenazin nach erst- und mehrmaliger Applikation. Psychopharmacologia 7: 349–365

KAPFHAMMER HP, RÜTHER E (1988) Depot-Neuroleptika. Springer, Berlin Heidelberg New York Tokyo

KLIESER E (1990) Psychopharmakologische Differentialtherapie endogener Psychosen. Thieme, Stuttgart New York

KLIESER E, KLIMKE A (1993) Zur prädiktorischen Relevanz der neuroleptischen Probetherapie mit Haloperidol. In: HEINRICH K, KLIESER E, LEHMANN E (Hrsg) Prädiktoren des Therapieverlaufes bei endogenen Psychosen. Schattauer, Stuttgart, S 241–252

LAAKMANN G, BLASCHKE D, EISSNER HJ, HIPPIUS M (1988) Niedrig dosierte Neuroleptika in der Behandlung von Angstzuständen. Ergebnisse einer Ambulanzstudie. In: HIPPIUS H, LAAKMANN G (Hrsg) Therapie mit Neuroleptika – Niedrigdosierung. Perimed, Erlangen, S 60–79

LEHMANN E (1989) The dose-effect relationship of 0.5, 1.0 and 1.5 mg fluspirilene on anxious patients. Neuropsychobiology 21: 197–204

LEHMANN E, KLIESER E (1987) Die prädiktive Gültigkeit akuter Wirkungen für das Ergebnis längerfristiger Behandlung mit Psychopharmaka. Methodische Probleme. Vortrag 15. AGNP-Symposium, Nürnberg

LEHMANN E, HEINRICH K, WURTHMANN C (1990) Niedrigdosierte Neuroleptanxiolyse. In: HEINRICH K (Hrsg) Leitlinien neuroleptischer Therapie. Springer, Berlin Heidelberg New York Tokyo, S 155–172

WOGGON B (1983) Prognose der Psychopharmakotherapie. Enke, Stuttgart

WURTHMANN C, KLIESER E (1992) Möglichkeiten der Therapie von Angststörungen des DSM-III-R. Fortschr Neurol Psychiat 60: 91–103

VON ZERSSEN D, KRIEG C, WITTCHEN HU (1988) Der langfristige Verlauf behandelter und unbehandelter Angstsyndrome. In: HEINRICH K, BOGERTS B (Hrsg) Angstsyndrome – Ursachen, Erscheinungsformen, Therapie. Schattauer, Stuttgart, S 81–88

Neuro-Psychopharmaka, Bd. 2
Riederer P. / Laux G. / Pöldinger W. (Hrsg.)

5 Chemisch neuartige Tranquilizer und Hypnotika

5.1 Einteilung

G. Hajak, E. Rüther und G. Laux

Zur Gruppe der chemisch neuartigen Tranquilizer und Hypnotika können derzeit folgende Substanzklassen gezählt werden:

1. Azaspirodecandione
2. Imidazopyridine und
3. Cyclopyrrolone.

Zu den bislang bekannten und untersuchten Vertretern der Azaspirodecadione gehören Buspiron, Gepiron und Ipsapiron, zu den Imidazopyridinen Zolpidem und Alpidem, zu den Cyclopyrrolonen Zopiclon und Suriclon.
Zugelassen und verfügbar sind von den genannten Substanzen bislang in den deutschsprachigen Ländern **Buspiron**, **Zolpidem** und **Zopiclon**; diese strukturchemisch unterschiedlichen Substanzen (s. Abb. 5.1) werden im folgenden dargestellt. Gemeinsam ist den genannten Substanzen, daß sie auf der Suche nach Verbindungen mit ähnlichen pharmakologischen Eigenschaften wie die Benzodiazepine gefunden wurden, ohne deren chemische Struktur aufzuweisen. Ein zentrales Anliegen der Weiterentwicklung bestand darin, die bekannten Nachteile von Benzodiazepinen wie Abhängigkeitsrisiko, negative Interaktionen (z.B. mit Alkohol) und kognitive Beeinträchtigungen zu eliminieren. Dementsprechend dienen sowohl in pharmakologischen als auch in klinischen Untersuchungen Benzodiazepine als Referenzsubstanzen und somit als Vergleichsmaßstab.

5.1.1 Buspiron

Fast 25 Jahre nach Einführung der Benzodiazepine wurde von der Amerikanischen Food and Drug Administration mit Buspiron der erste Non-Benzodiazepin-Tranquilizer zugelassen. Initial war die Substanz zunächst als Antipsychotikum entwickelt worden, bald zeigte sich aber ein primär anxiolytisches Wirkprofil. Im Gegensatz zu Benzodiazepinen fehlen antikonvulsive und muskelrelaxierende Wirkungen, die Sedierung ist vergleichsweise gering. Interaktionsstudien zeigten, daß im Vergleich zu

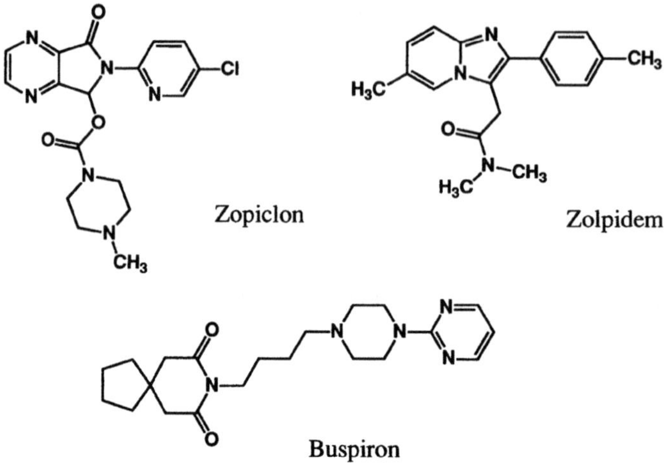

Abb. 5.1. Strukturformeln von Zopiclon, Buspiron und Zolpidem

Benzodiazepinen relativ geringe Wechselwirkungen mit Alkohol und anderen ZNS-dämpfenden Substanzen bestehen (MATTILA et al. 1982, RIBLET et al. 1982, GOA und WARD 1986, LADER 1987, RICKELS et al. 1988).
Der neurobiochemische Wirkmechanismus von Buspiron blieb zunächst unklar; aufgrund multipler pharmakologischer Wirkungen auf ZNS-Rezeptorsysteme wurde vorgeschlagen, Buspiron als „Mittelhirn-Modulator" anzusehen (EISON und TEMPLE 1986). In neurochemischen Studien konnte zunächst gezeigt werden, daß Buspiron als (präsynaptischer) Dopamin-Antagonist/Agonist wirkt, in späteren Untersuchungen konnten dann primäre Effekte auf Serotonin 1a-Rezeptoren objektiviert werden (s. 5.2.2). Nach Vorliegen zahlreicher klinischer Studien mit belegtem Wirksamkeitsnachweis wurde Buspiron 1985 in Deutschland vom BGA als Anxiolytikum zugelassen.

5.1.2 Zolpidem

Zolpidem wird seit 1988 klinisch angewandt und nimmt als Stoff aus der Gruppe der Imidazopyridine unter den Hypnotika eine Sonderstellung ein. Neben dem Zopiclon aus der Gruppe der Cyclopyrrolone (RÜTHER et al. 1992) ist es das erste sogenannte Nicht-Benzodiazepin, welches seine Wirkung am Benzodiazepin-Rezeptor-Komplex entfaltet und als Schlafmittel eingesetzt wird. Verschiedene englischsprachige Monographien, Proceedings-Bände und Übersichtsartikel beschreiben wissenschaftliche und klinische Aspekte des Zolpidem (GAILLARD 1992, LANGTRY und BENFIELD 1990, SAUVANET et al. 1988, WHEATLEY 1989).

Für die Entwicklung des Zolpidem war die Identifizierung von Bindungsstellen mit hoher Affinität für Benzodiazepine im Gehirn von Tier und Mensch (MÖHLER und OKADA 1977a, b, NIDDAM et al. 1987, SQUIRES und BRAESTRUP 1977) bedeutsam. Pharmakologische und klinische Effekte der Hypnotika ließen sich damit erstmals mit den Angriffsstellen dieser Moleküle und daher mit dem mutmaßlichen Wirkungsmechanismus korrelieren. Inzwischen wurden verschiedene Subtypen dieser Rezeptoren identifiziert (LANGER und ARBILLA 1988). Die lang vorherrschende Meinung, daß der Unterschied zwischen hypnotischer, sedativer, anxiolytischer oder etwa antikonvulsiver Wirkung von mit Benzodiazepin-Rezeptoren interagierenden Substanzen weniger ein qualitativer als ein quantitativer (d.h. dosisabhängiger) Effekt ist, kam dadurch ins Wanken. Es etablierte sich ein neues Konzept des Wirkungsmechanismus, das spezifische Wirkungen dieser Substanzen auf Hirnfunktionen über die Affinität zu spe-

zifischen Rezeptoren innerhalb eines makromolekulären GABA-(Gammaaminobuttersäure)-A/ Chloridkanal-Komplexes erklärt. Die funktionelle Bedeutung dieser Rezeptoren des Benzodiazepin-Rezeptor-Komplexes ist trotz der Entwicklung relativ gut pharmakologisch-selektiver Substanzen noch nicht befriedigend geklärt. Die pharmakologische Forschung entwickelte jedoch in den letzten 10 Jahren zahlreiche neue chemische Strukturen Carboline, Polypeptide, Triazeolopyridazine, Pyrazinopyrrolone, Adrenosteroide, Pyrazoloquinolinone und endogene Substanzen mit niedrigem Molekulargewicht, die an Rezeptoren des Benzodiazepin-Rezeptor-Komplexes binden (ALHO et al. 1985, ARMANDO et al. 1986, BRAESTRUP und NIELSEN 1981, BLANCHARD et al. 1979, CRAWLEY et al. 1986, GOLDBERG et al. 1983, PENA et al. 1986, PETERSEN et al. 1984, WILDMANN et al. 1986, YOKOYAMA et al. 1982). Die Substanzen zeigen jedoch andere pharmakologische Profile als Benzodiazepine (DEPOORTERE 1985, DEPOORTERE et al. 1986, GEE und YAMAMURA 1982, LIPPA et al. 1979, YOKOYAMA et al. 1982). Diese Ergebnisse ergänzten das Denkmodell, daß über die differenzierte pharmakologische Beeinflussung verschiedener Benzodiazepin-Rezeptor-Subtypen unterschiedliche biologische Wirkungen zu erzielen sind.
Das Imidazopyridin Zolpidem wurde mit dem Ziel einer hohen hypnoselektiven Wirkung entwickelt, und sollte minimale benzodiazepin-typische Begleitwirkungen wie Anxiolyse, Muskelrelaxation oder antikonvulsive Effekte aufweisen. Unter den zahlreichen substituierten Imidazo-(1,2-a)-pyridin-3-acetamiden waren die hypnotisch sedativen Wirkungen des N,N,6-Trimethyl-2-(4-methyl-phenyl)-imidazo-(1,2-a)-pyridin-3-acetamid-hemitartrats am ausgeprägtesten (GEORGE et al. 1988). Die Substanz wurde unter der internationalen Kurzbezeichnung Zolpidem 1991 eingeführt. Zolpidem wird wegen der schwach löslichen Basissubstanz als Salz (d.h. Zolpidemhemitartrat) verwandt (1 Molekül Weinsäure auf 2 Moleküle Zolpidem).

5.1.3 Zopiclon

Zopiclon ist das erste Hypnotikum aus der Klasse der Cyclopyrrolone.
Es wurde in den 70er Jahren mit dem Ziel einer potenten sedativ-hypnotischen Wirkung entwickelt. Zopiclon nimmt ähnlich wie Zolpidem eine Sonderstellung unter den Hypnotika ein, es besitzt keine chemische Verwandtschaft zu Benzodiazepinen oder Barbituraten, ist allerdings in seiner pharmakologischen Wirkung ähnlich der der Benzodiazepin-Hypnotika. Zopiclon wirkt ausschließlich zentral (Cortex, Cerebellum, Hippocampus) an einer separaten Stelle des GABA-Chlorid-Rezeptorenkomplexes, welcher eine allosterische Verbindung zu den Benzodiazepin-Rezeptoren darstellt (BLANCHARD 1983, TRIFILETTI und SNYDER 1984, JULOU 1985, DOBLE 1992).
Es besitzt die Fähigkeit, Benzodiazepine von ihrer zentralen Bindungsstelle zu verdrängen (BLANCHARD 1988).
Die Interaktion mit dem GABA-Rezeptorkomplex führt zu einer Erhöhung des inhibitorischen Effektes des Neurotransmitters Gamma-Aminobuttersäure (GABA), worauf der sedative Effekt des Zopiclon basiert.
Die Substanz wurde in mehr als 95 Studien an über 5000 Insomnie-Patienten hinsichtlich ihrer Wirksamkeit untersucht. Aufgrund seiner pharmakologischen Eigenschaften wird Zopiclon zur symptomatischen Behandlung von Ein- und Durchschlafstörungen eingesetzt und ist seit April 1990 vom BGA in Deutschland zugelassen.

Literatur

ALHO H, COSTA E, FERRERO P et al. (1985) Diazepam binding inhibitor: a neuropeptide located in selected neuronal populations of rat brain. Science 229: 179–182

ARMANDO I, GLOVER V, SANDLER M (1986)Distribution of endogenous benzodiazepine receptor ligand-monoamine oxidase inhibitory activity (Tribulin) in tissues. Life Sci 38: 2063–2067

BIANCHETTI G, DUBRUC C, THIERCELIN JF et al. (1988) Clinical pharmacokinetics of zolpidem in various physiological and pathological conditions. In: SAUVANET JP, LANGER SZ, MORSELLI PL (eds) Imidazopyridines in sleep disorders. Raven, New York, pp 155–163 (L.E.R.S. monograph series, vol 6)

Blanchard JC (1983) Brain receptors and zopiclone. Pharmacology 27 [Suppl 2]: 59–69

Blanchard JC (1988) The cyclopyrrolones: a new group of psychotropic drugs. Synapse 48: 1–4

Blanchard JC, Boireau A, Garret C et al. (1979) In vitro and in vivo inhibition by zopiclone of benzodiazepine binding to rodent brain receptors. Life Sci 24: 2417–2420

Braestrup C, Nielsen M (1981)(^{3}H)-Propyl-beta-carbolin-3-carboxylate as a selective radioligand for the BZ_1 benzodiazepine subclass. J Neurochem 37: 33–38

Bullen WW, Bivens DL, Gammans RE et al. (1985) The binding of buspirone to human proteins (abstracts). Proc 44: 4166

Caccia S, Vigano GL, Migngard G et al. (1988) Clinical pharmacokinetics of oral buspirone in patients with impaired renal function. Clin Pharmacokinet 14: 171–177

Caille G, Du Souich P, Spenard J et al. (1984) Pharmacokinetics and clinical parameters of zopiclone and trimipramine when administered simultaneously to volunteers. Biopharmaceut Drug Dispos 5: 117–125

Crawley JN, Glowa JR, Majewska MD et al. (1986) Anxiolytic activity of an endogenous adrenal steroid. Brain Res 382–385

Dalhoff K, Poulsen HE, Garred P et al. (1987) Buspirone pharmacokinetics in patients with cirrhosis. Br J Clin Pharmacol 24: 547–550

Depoortere H (1985) A comparative EEG study of some benzodiazepine (BZD) and non-BZD sedative or hypnotic drugs. Pharmacopsychiatry 18: 17–19

Depoortere H, Decobert M, Granger P et al. (1986) Pharmaco-EEG study of some benzodiazepine (BZD) and non-BZD anxiolytichypnotic drugs. In: Court L, Trocherie S, Doucet J (eds) Traitement du signal en electrophysiologie clinique et experimentale. Edition du Commissariat à l'Energie Atomique, Tome 1, pp 427–442

Doble A, Canton T, Piot W et al. (1992) The pharmacology of cyclopyrrolone derivates acting at the GABA/benzodiazepine receptor. In: Biggio G, Conas A, Costa E (eds) GABAergic synaptic transmission. Raven, New York, pp 407–418

Eison AS, Temple DLJ (1986) Buspirone: review of its pharmacology and current perspectives on its mechanism of action. Am H Med 80: 1–9

Gaillard JM (1992) Benzodiazepine receptor agonists: a comparative portrait. Upjohn, Kalamazoo

Garattini S, Caccia S, Mennini T (1982) Notes of buspirone's mechanisms of action. J Clin Psychiatry 43: 19–22

Gee KW, Yamamura HI (1982) A novel pyrazoloquinoline that interacts with brain benzodiazepine receptors: characterization of some in vitro and in vivo properties of CGS 9896. Life Sci 30: 2245–2252

George P, Rossey G, Depoortere H et al. (1988) Zolpidem and related compounds: snytheses, physical properties and structure-activity relationships. In: Sauvanet JP, Langer SZ, Morselli PL (eds) Imidazopyridines in sleep disorders. Raven, New York, pp 11–23 (L.E.R.S. monograph series, vol 6)

Goa KL, Ward A (1986) Buspirone. A preliminary review of its pharmacological properties and therapeutic efficacy as an anxiolytic. Drugs 32: 114–129

Goldberg ME, Salama AI, Patel JB (1983) Novel non-benzodiazepine anxiolytics. Neuropharmacology 22: 1499–1504

Guinebault P, Dubruc C, Hermann P et al. (1986) High-performance liquid chromatographic determination of zolpidem, a new sleep inducer, in biological fluids with fluorimetric detection. J Chromatogr 383: 206–211

Julou L, Blanchard JC, Freyfuss JF (1985) Pharmacological and clinical studies of cyclopyrrolones: zopiclone and suriclone. Pharmacol Biochem Behav 23: 643–659

Kastenholz KV, Crismon ML (1984) Buspirone, a novel nonbenzodiazepine anxiolytic. Clin Pharm 3: 600–607

Lader M (1987) Assessing the potential for buspirone dependence or abuse and effects of its withdrawal. Am J Med 82: 20–26

Langer SZ, Arbilla S (1988) Limitations of the benzodiazepine receptor nomenclature: a proposal for a pharmacolical classification as omega receptor subtypes. Fundam Clin Pharmacol 2: 159– 170

Langtry HD, Benfield B (1990) Zolpidem. A review of its pharmacodynamic and pharmacokinetic properties and therapeutic potential. Drugs 40: 291–313

Lippa AS, Coupet J, Greenblatt EN et al. (1979) A synthetic nonbenzodiazepine ligand for benzodiazepine receptors: a probe for investigating neuronal substrates of anxiety. Pharmacol Biochem Behav 11: 99–106

Marc-Aurele J, Caille G, Bourgouin J (1987)

Comparison of zopiclone pharmacokinetics in patients with impaired renal function and normal subjects. Effect of haemodialysis. Sleep 10 [Suppl 1]: 22–26

MATTILA MJ, ARANKO K, SEPPALA T(1982) Acute effects of buspirone and alcohol on psychomotor skills. J Clin Psychiatry 43: 65–61

MAYOL RF, ADAMSON DS, GAMMANS RE et al. (1985) Pharmacokinetics and disposition of [C-14]-buspirone HCI after intravenous and oral dosing in man. Clin Pharmacol Ther 37: 210

MÖHLER H, OKADA T (1977a) Benzodiazepine receptors – demonstratlon in the central nervous system. Science 198: 849–851

MÖHLER H, OKADA T (1977b) Properties of ^{3}H-diazepam binding to benzodiazepine receptors in rat cerebral cortex. Life Sci 20: 2101–2110

NICHOLSON AN (1986) Hypnotics: their place in therapeutics. Drugs 31: 164–176

NIDDAM R, DUBOIS A, SCATTON B et al. (1987) Autoradiographic localization of (^{3}H)-zolpidem binding sites in the rat central nervous system. Comparison with the distribution of (^{3}H)-flunitrazepam binding sites. J Neurochem 49: 890–899

PACIFICI GM, VIANI A, RIZZO G et al. (1988) Plasma protein binding of zolpidem in liver and renal insufficiency. Int J Clin Pharmacol Ther Toxicol 26: 439–443

PENA C, MEDINA JH, NOVAS ML et al. (1986) Isolation and identification cerebral cortex of n-butyl-beta-carboline-3-carboxylate, a potent binding inhibitor. Proc Natl Acad Sci 83: 4952–4956

PETERSEN EN, JENSEN LH, HONORE T et al. (1984) ZK 91296, a partial agonist at benzodiazepine receptors. Psychopharmacology 83: 240–248

RIBLET LA, TAYLOR DP, EISON MS et al. (1982) Pharmacology and neurochemistry of buspirone. J Clin Psychiatry 43: 11–18

RIBLET LA, EISON AS, EISON MS et al. (1983) Buspirone: an anxioselective alternative for the management of anxiety disorders. Prog Neuropsychopharmacol Biol Psychiatry 7: 663–668

RICKELS K, SCHWEIZER E, CSANALOSI I et al. (1988) Long-term treatment of anxiety and risk of withdrawal. Prospective comparison of clorazepate and buspirone. Arch Gen Psychiatry 45: 444–450

RÜTHER E, CLARENBACH P, HAJAK G et al. (1992) Zopiclon bei Patienten mit Schlafstörungen. Münch Med Wochenschr 134: 753–757

SAUVANET JP, MAAREK L, ROGER M et al. (1988) Open long-term trial with zolpidem in insomnia. In: SAUVANET JP, LANGER SZ, MORSELLI PL (eds) Imidazopyridines in sleep disorders. Raven, New York, pp 339–349 (L.E.R.S. monograph series, vol 6)

SQUIRES RF, BRAESTRUP C (1977) Benzodiazepine receptors in rat brain. Nature 266: 732–734

SCHÖLLNHAMMER G (1992) Pharmacokinetics of the azapirones. In: GASTPAR M et al. (eds) Serotonin 1A receptors in depression and anxiety. Raven Press, New York, pp 99–107

THENOT JP, HERMANN P, DURAND A et al. (1988) Pharmacokinetics and metabolism of zolpidem in various animal species and in humans. In: SAUVANET JP, LANGER SZ, MORSELLI PL (eds) Imidazopyridines in sleep disorders. Raven Press, New York, pp 139–153 (L.E.R.S. monograph series, vol 6)

TRIFILETTI RR, SNYDER SH (1984) Anxiolytic cyclopyrrolones zopiclone and suriclone bind to a novel site linked allosterically to benzodiazepines. Mol Pharmacol 26: 458–469

WHEATLEY D (1989) Zolpidem: a new imidazopyridine hypnotic. Psychopharmacol Bull 25: 124–127

WILDMANN J, NIEMANN J, MATTHALI H (1986) Endogenous benzodiazepine receptor agonist in human and mammalian plasma. J Neural Transm 66: 151–160

YOKOYAMA N, RITTER B, NEUBERT AD (1982) Arylpyrazolo (4,3-c)-quinolin-3-ones: novel agonist, partial agonist and antagonist of benzodiazepines. J Med Chem 25: 337–339

5.2 Pharmakologie

5.2.1 Pharmakokinetik

K. Heininger und G. Hajak

Buspiron

Bei oraler Gabe wird Buspiron rasch aus dem gastrointestinalen Trakt absorbiert, maximale Plasmaspiegel werden nach 0,7 bis 3,9 Stunden erreicht (Kastenholz und Crismon 1984) (Tabelle 5.2.1.1). Die Substanz wird bereits beim first-pass in der Leber extensiv metabolisiert mit der Folge einer geringen oralen Bioverfügbarkeit von im Mittel nur 4% (Gammans et al. 1986). Eine hohe interindividuelle Variabilität des first-pass-Effekts (orale Bioverfügbarkeit von 1,5–13%, n = 8) erklärt auch die etwa 10fachen Unterschiede der Buspiron-Plasmaspiegel nach oraler Gabe. Im Plasma liegen 95% von Buspiron an Protein gebunden vor, davon 69% an Albumin, der Rest an alpha1-saures Glykoprotein (Bullen et al. 1985). Das scheinbare Verteilungsvolumen beträgt 5,3 Liter/kg Körpergewicht (Mayol et al. 1985). Buspiron wird über oxidative Reaktionen verstoffwechselt, die zu verschiedenen hydroxylierten Metaboliten, z.B. 5-Hydroxy-Buspiron und 1-Pyrimidinylpiperazin (1-PP) sowie deren Glucuroniden führen (Gammans et al. 1982, Garattini et al. 1982) (Abb. 5.2.1.1). Während 5-Hydroxy-Buspiron im wesentlichen pharmakologisch inaktiv ist, zeigte 1-PP in verschiedenen pharmakologischen Tests 1 bis 20% der Aktivität der Muttersubstanz. Nachdem 1-PP im Serum in etwa 4fach höherer Konzentration als Buspiron vorliegt (bzw. etwa 8fach bezogen auf die molaren Verhältnisse), wird die pharmakologische Wirkung vom Metaboliten 1-PP erheblich mitbestimmt (Gammans et al. 1986), zumal die zerebrale Konzentration von 1-PP bei der Ratte (und in ähnlicher Größenordnung möglicherweise auch beim Menschen) 15 bis 30 mal so hoch wie die von Buspiron ist (Gammans et al. 1983; Abb. 5.2.1.2).

Die **Eliminationshalbwertszeit** von Buspiron beträgt etwa 2,5 h (2–11 Stunden), die von 1-PP etwa 5 h (Gammans et al. 1982, 1985). Nach oraler Gabe erfolgt die Ausscheidung von Buspiron und seiner Metabolite zu 60% über den Urin und zu 40% über die Faeces (Mayol et al. 1985). Weniger als 1% der Substanz wird unverändert ausgeschieden, 10% finden sich als hydrolisierbare Konjugate im Urin (Gammans et al. 1986). Eine wiederholte Gabe hatte keinen

Tabelle 5.2.1.1. Kinetische Daten von chemisch neuartigen Tranquilizern und Hypnotika

Substanz	t_{max} (h)	$t_{1/2}$ (h)	V (1/kg)	orale Bioverf.	Proteinbindung
Buspiron	0,8	2	5,3	4%	> 95%
Zolpidem	0,5–1	2,5	0,5	67%	92%
Zopiclon	1	5 (3,5–6,5)	100	80%	45%

$t_{1/2}$ Eliminationshalbwertszeit, t_{max} Zeitpunkt maximaler Plasmakonzentration, *V* Verteilungsvolumen

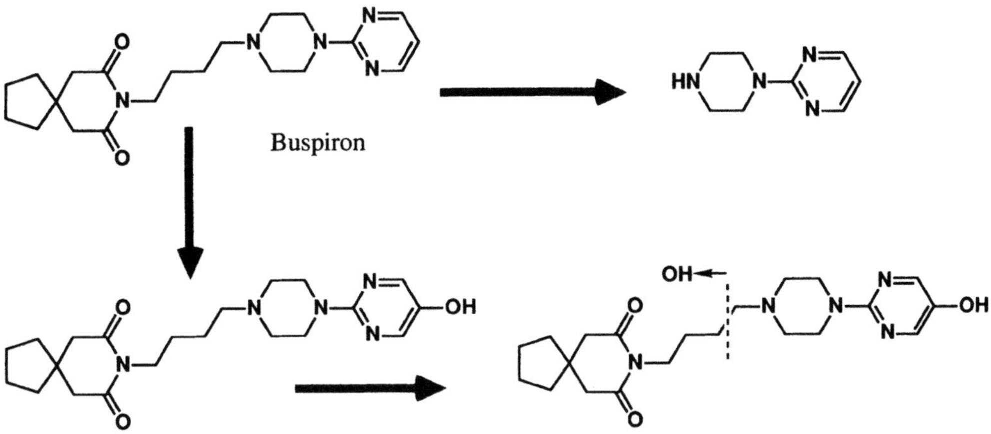

Abb. 5.2.1.1. Hauptabbauwege von Buspiron (nach GAMMANS et al. 1986)

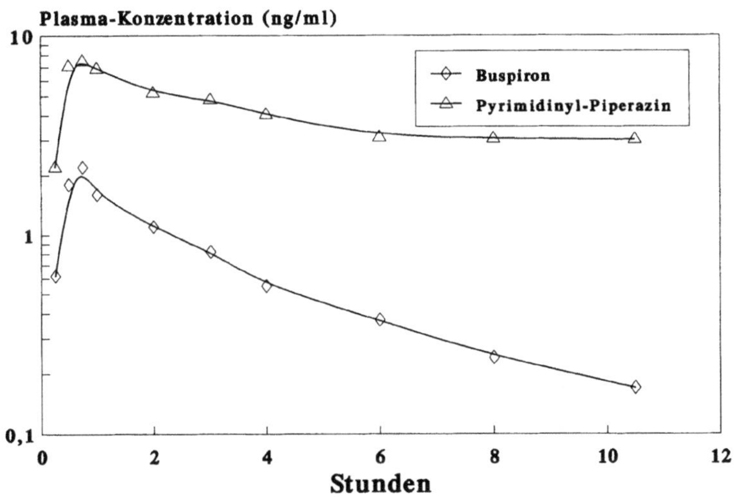

Abb. 5.2.1.2. Mittlere Plasmakonzentrationen von Buspiron und l-Pyrimidinyl-Piperazin nach oraler Gabe von 20 mg Buspiron (nach GAMMANS et al. 1986)

Einfluß auf die pharmakokinetischen Variablen von Buspiron. Im **Alter** blieb die Pharmakokinetik von Buspiron und 1-PP unverändert. Bei Leberinsuffizienz verlängerte sich die Halbwertszeit von Buspiron, insgesamt ließ sich die verminderte hepatische Clearance der Substanz mit einer krankheits-assoziiert erhöhten alkalischen Phosphatase korrelieren (DALHOFF et al. 1987). Eine renale Insuffizienz verlangsamte die Clearance von Buspiron um das 2 bis 3fache, die Clearance von 1-PP war bei mäßiger Niereninsuffizienz unverändert, verminderte sich erst deutlich bei anurischen Patienten (CACCIA et al. 1988).

Zolpidem

Nach oraler Gabe wird Zolpidem rasch adsorbiert, maximale Plasmaspiegel werden im Mittel nach 0,5-1 Stunde erreicht (NICHOL-

SON 1986, GUINEBAULT et al. 1986, THÉNOT et al. 1988) (Tabelle 5.2.1.1, Abb. 5.2.1.3). Die Absorptionskinetik verläuft linear, sie läßt sich im therapeutischen Bereich nicht sättigen. Die absolute Bioverfügbarkeit von Zolpidem beträgt im Mittel etwa 67%. 99% bzw. 92% der Substanz sind im Plasma an Eiweiß, im wesentlichen Albumin und alpha-1-Glycoprotein, gebunden (PACIFICI et al. 1988, 1989). Zolpidem wird im Organismus weitgehend gleichmäßig verteilt, dabei sind die Konzentrationen im Gehirn am

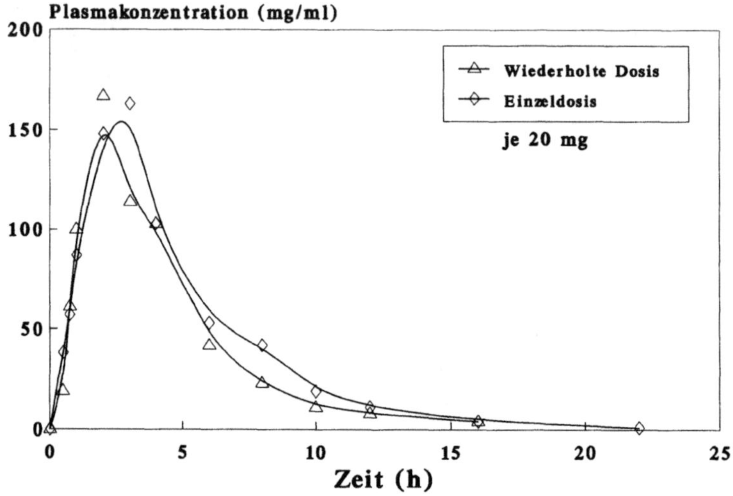

Abb. 5.2.1.3. Mittlere Plasmakonzentrationen von Zolpidem nach oraler Gabe (nach SYNTHELABO 1990)

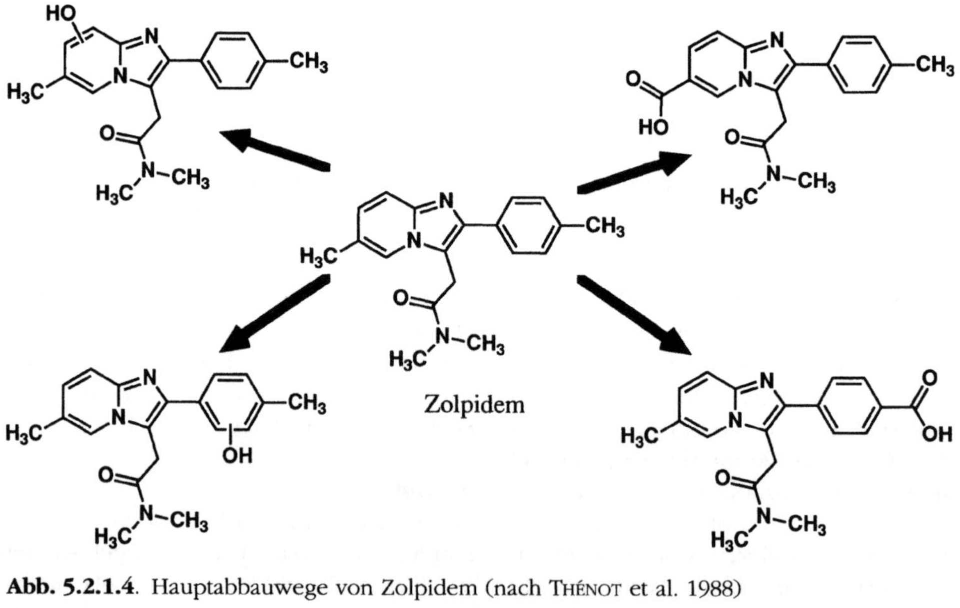

Abb. 5.2.1.4. Hauptabbauwege von Zolpidem (nach THÉNOT et al. 1988)

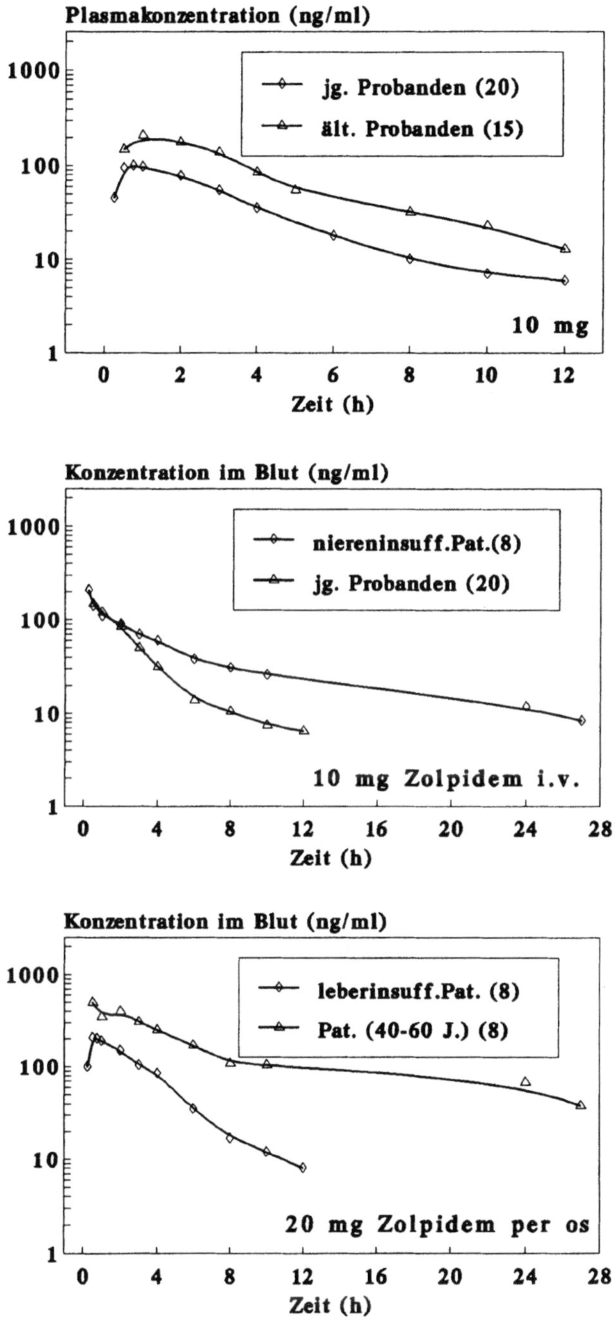

Abb. 5.2.1.5. Mittlere Plasmakonzentrationen von Zolpidem bei jüngeren/älteren Probanden und nieren- bzw. leberinsuffizienten Patienten (nach SYNTHELABO 1990)

niedrigsten und in Speicheldrüsen und im Fettgewebe am höchsten. Das scheinbare Verteilungsvolumen von Zolpidem beträgt etwa 0,5 Liter/kg Körpergewicht.
Beim Menschen wurden von Zolpidem 3 Hauptmetaboliten identifiziert, die sämtlich pharmakologisch nicht aktiv zu sein scheinen (Abb. 5.2.1.4). Die Metabolisierung führt über Oxidation der Methylgruppe des Phenyl- (zu 50%) oder des Imidazopyridinrings (11%) oder Hydroxylierung der Imidazopyridingruppe (10%). Ein vierter, weniger gebräuchlicher Stoffwechselweg verläuft über eine Oxidation der Methylgruppe des substituierten Amids (Wheatley 1989). Die Metabolite von Zolpidem werden zu 56% über die Nieren und zu 37% über den Stuhl eliminiert, weniger als 0,1% des Zolpidems wird unverändert ausgeschieden (Nicholson 1986, Guinebault et al. 1986).
Die **Eliminationshalbwertszeit** wurde zwischen 2 und 5 Stunden gefunden. Wiederholte orale Zufuhr veränderte nicht das pharmakokinetische Profil von Zolpidem. Beim **älteren Patienten** (über 70 Jahre) verlangsamt sich die Clearance von Zolpidem mit der Folge einer höheren maximalen Plasmakonzentration (+ 55%) und Halbwertszeit (+ 16%). Bei Leberinsuffizienz verdoppelt sich die maximale Plasmakonzentration und verfünffacht sich der Plasmagesamtgehalt der Substanz (AUC = area under curve). Niereninsuffiziente Patienten weisen ein erhöhtes Verteilungsvolumen, erhöhte AUC-Werte und eine gegenüber Gesunden doppelt so lange Plasmahalbwertszeit auf (Thénot et al. 1988) (Abb. 5.2.1.5). Die nicht-Protein-gebundene Fraktion von Zolpidem erhöhte sich bei Leberzirrhose-Patienten auf etwa 11,3% und bei Niereninsuffizienten auf 10,8% (Pacifici et al. 1988). Ernährungsparameter, Koffein oder Alkoholgenuß und ethnische Unterschiede beeinflußten nicht die Pharmakokinetik des Zolpidem (Pacifici et al. 1988, Vandel et al. 1988).
Geringe Mengen des Zolpidem gelangen in die Muttermilch, wobei 0,004 bis 0,019% einer 20 mg Dosis bis zu drei Stunden nach Einnahme gefunden wurden, Milchproben zu einem späteren Zeitpunkt jedoch substanzfrei blieben (Pons et al. 1989).

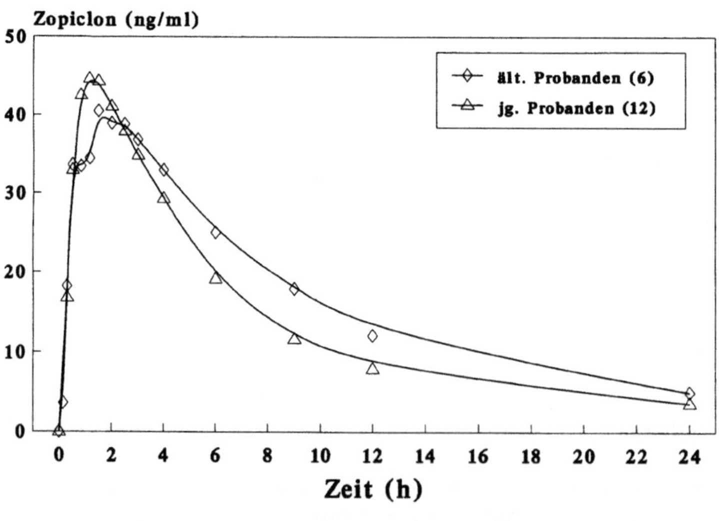

Abb. 5.2.1.6. Mittlere Plasmakonzentrationen von Zopiclon bei jüngeren/älteren Probanden (nach Gaillot et al. 1983)

Zopiclon

Nach oraler Gabe wird Zopiclon rasch absorbiert, die maximalen Plasmaspiegel von Zopiclon werden nach ca. 1 Stunde erreicht (GAILLOT et al. 1983, CAILLE et al. 1984) (Tabelle 5.2.1.1, Abb. 5.2.1.6). Zopiclon unterliegt einem geringen first-pass Metabolismus mit der Folge einer hohen Bioverfügbarkeit (ca. 80%). Die Cyclopyrrolone verteilen sich rasch im gesamten Organismus, die scheinbaren Verteilungsvolumina sind mit etwa 100 Liter/kg Körpergewicht sehr hoch. Zopiclon ist zu 45% an Plasmaproteine gebunden und wird hauptsächlich auf drei Wegen verstoffwechselt (GAILLOT et al. 1983) (Abb. 5.2.1.7). Der Hauptmetabolit entsteht durch Decarboxylierung und ist pharmakologisch inaktiv. Mengenmäßig weniger bedeutsam ist die N-Demethylierung (zu 15%) zu einem inaktiven Produkt und die N-oxidation zu einem aktiven Metaboliten (11%). Die Stoffwechselprodukte werden hauptsächlich über den Urin ausgeschieden, nur 2–4% der Substanz werden unverändert eliminiert. Die biologische Halbwertszeit von Zopiclon beträgt ca. 5 h, 24–48 h nach Aufnahme sind praktisch 100% der Substanz und seiner Metabolite aus dem Organismus entfernt (GAILLOT et al. 1983).

Eine Kumulation wurde bei Zopiclon nicht beobachtet. Chronische Behandlung hatte keinen Einfluß auf die pharmakokinetischen Parameter.

Bei Alten ist die Eliminationshalbwertszeit von Zopiclon verlängert (auf 6 Stunden bei über 65jährigen und 8 Stunden bei über 80jährigen) (GAILLOT et al. 1987). Bei Leberinsuffizienz führt die verminderte hepatische Clearance zu einer erhöhten Bioverfügbarkeit (97%) und einer verlängerten Eliminationshalbwertszeit (8,4 h). Eine renale Insuffizienz hat nur geringe Auswirkungen auf die Pharmakokinetik von Zopiclon (MARC-AURÈLE et al. 1987) (Abb. 5.2.1.8).

Zopiclon ist muttermilchgängig und kann somit von stillenden Müttern auf neugeborene Kinder übertragen werden (MATHESON et al. 1985).

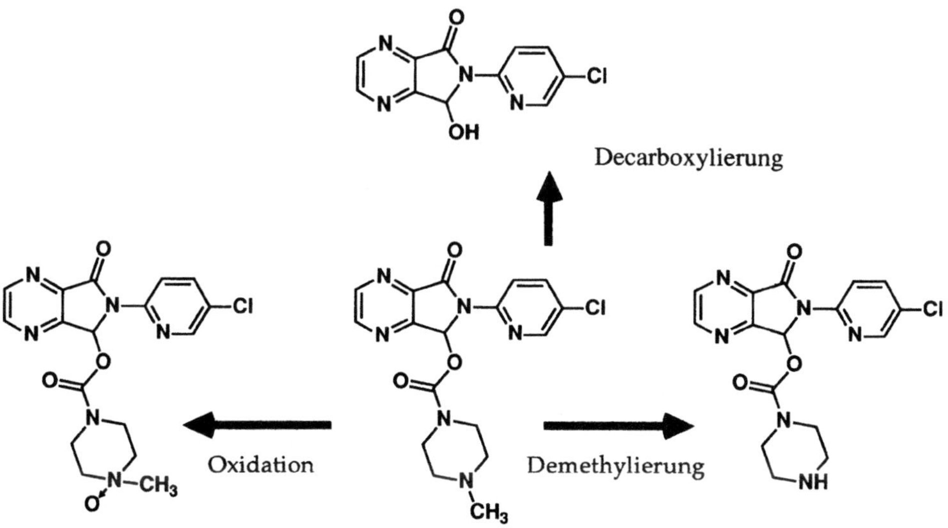

N-oxid Zopiclon N-demethyl-Derivat

Abb. 5.2.1.7. Hauptabbauwege von Zopiclon (nach GAILLOT et al. 1983)

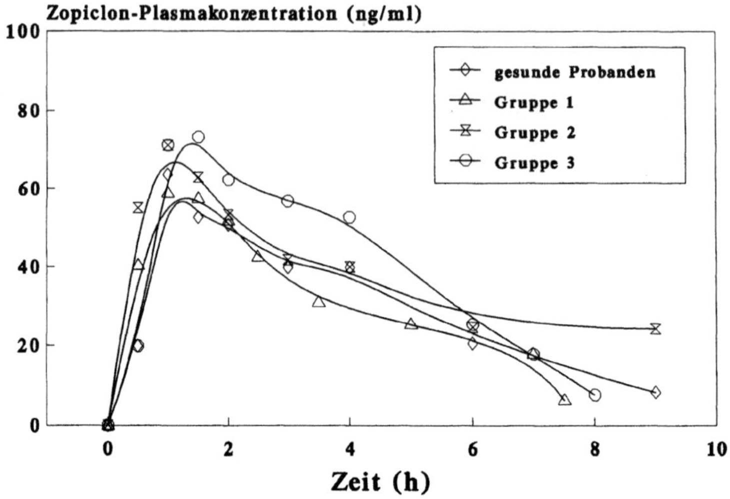

Abb. 5.2.1.8. Mittlere Plasmakonzentrationen von Zopiclon bei niereninsuffizienten Patienten. Gruppe 1: Dialyse-Patienten mit schwerer Nierenerkrankung. Gruppe 2: Patienten mit schwerer Nierenerkrankung (ohne Dialyse). Gruppe 3: Patienten mit mittelgradiger Niereninsuffizienz (nach GAILLOT et al. 1983)

Literatur

BIANCHI G, CACCIA S (1988) Simultaneous determination of buspirone, gepirone, ipsapirone and their common metabolite 1-(2-pyrimidinyl) piperazine in rat plasma and brain by high-performance liquid chromatography. J Chromatogr 43:477–480

BULLEN WW, BIVENS DL, GAMMANS RE et al. (1985) The binding of buspirone to human plasma proteins. Fed Proc 44: 1123

CACCIA S, VIGANO GL, MINGARDI G, GARATTINI S, GAMMANS RE, PLACCHI M, MAYOL RF, PFEFFER M (1988) Clinical pharmacokinetics of oral buspirone in patients with impaired renal function. Clin Pharmacokinet 14: 171–177

CAILLÉ G, DU SOUICH P, SPENARD J et al. (1984) Pharmacokinetics and clinical parameters of zopiclone and trimipramine when administered simultaneously to volunteers. Biopharmaceut Drug Dispos 5: 117–125

DALHOFF K, POULSEN HE, GARRED P et al. (1987) Buspirone pharmacokinetics in patients with cirrhosis. Br J Clin Pharmacol 24: 547–550

GAILLOT J, HEUSSE D, HOUGHTON DW et al. (1983) Pharmacokinetics and metabolism of zopiclone. Pharmacology 27 [Suppl 2]: 76–91

GAILLOT J, LE ROUX Y, HOUGHTON GW et al. (1987) Critical factors for pharmacokinetics of zopiclone in the elderly and in patients with liver and renal insufficiency. Sleep 10 [Suppl 1]: 7–21

GAMMANS RE, MAYOL RF, CASTEN GP et al. (1982) Metabolic fate of (14)C/(15)N-buspirone in man. Fed Proc 41: 1335

GAMMANS RE, MAYOL RF, EISON ME (1983) Concentration of buspirone and 1-pyrimidinylpiperazine, a metabolite, in rat brain. Fed Proc 42: 377

GAMMANS RE, MAYOL RF, MACKENTHUN AV et al. (1985) The between buspirone bioavailability and dose in healthy subjects. Biopharm Drug Dispos 6: 139–145

GAMMANS RE, MAYOL RF, LABUDDE JA (1986) Metabolism and disposition of buspirone. Am J Med 80 [Suppl 3B]: 41–51

GARATTINI S, CACCIA S, MENNINI T (1982) Notes of buspirone's mechanisms of action. J Clin Psychiatry 43: 19–22

GUINEBAULT P, DUBRUC C, HERMANN P et al. (1986) Highperformance liquid chromatographic determination of zolpidem, a new sleep inducer, in biological fluids with fluorimetric detection. J Chromatogr 383: 206–211

KASTENHOLZ KV, CRISMON ML (1984) Buspirone, a novel nonbenzodiazepine anxiolytic. Clin Pharm 3:600-607

MARC-AURÉLE J, CAILLE G, BOURGOUIN J (1987) Comparison of zopiclone pharmacokinetics

in patients with impaired rena function and normal subjects. Effect of haemodialysis. Sleep 10 [Suppl 1]: 22–26
MATHESON I, SANDE HA, GAILLOT J et al. (1985) Zopiclone excretion in breast milk. Br J Clin Pharmacol 20: 290–291
MAYOL RF, ADAMSON DS, GAMMANS RE, LA BUDDE JA (1985) Pharmacokinetics and disposition of [C-14]-buspirone HCI after intravenous and oral dosing in man. Clin Pharmacol Ther 37: 210
NICHOLSON AN (1986) Hypnotics: their place in therapeutics. Drugs 31: 164–176
PACIFICI GM, VIANI A, RIZZO G et al. (1988) Plasma protein binding of zolpidem in liver and renal insufficiency. Int J Clin Pharmacol Ther Toxicol 26: 439–443
PACIFICI GM, BIANCHETTI G, VIANI A, RIZZO G, CARRAI M (1989) Plasma protein binding of alpidem in healthy volunteers, in neonates and in liver or renal insufficiency. Eur J Clin Pharmacol 37: 29–32
PONS G, FRANCOUAL C, GUILET PH et al. (1989) Zolpidem excretion in breast milk. Eur J Clin Pharmacol 37: 245–248
SCHÖLLNHAMMER G (1992) Pharmacokinetics of the azapirones. In: GASTPAR M et al. (ed) Serotonin 1A receptors in depression and anxiety. Raven Press, New York, pp 99–107
THÉNOT JP et al. (1988) Pharmacokinetics and metabolism of zolipdem in various animal species and in humans. In: SAUVANET JP, LANGER SZ, MORSELLI PL (eds) Imidazopyridines in sleep disorders. Raven Press, New York, pp 139–153 (L.E.R.S. monograph series, vol 6)
VANDEL S VANDEL B, JOANNE C et al. (1988) Influence of ethnic origin on the clinical pharmacology of zolpidem. In: SAUVANET J, LANGER SZ, MORSELLI PL (eds) Imidazopyridines in sleep disorders. Raven Press, New York, pp 390–391 (L.E.R.S. monograph series, vol 6)
WHEATLEY D (1989) Zolpidem: a new imidazopyridine hypnotic. Psychopharmacol Bull 25: 124–127

5.2.2 Experimentelle und klinische Pharmakologie

J. Fritze, U. Bongartz, G. Hajak und E. Rüther

Buspiron

Buspiron ist das erste Anxiolytikum aus der Gruppe der Pyrimidinylpiperazine. Die anxiolytische Aktivität von Buspiron wurde zufällig entdeckt. Buspiron wurde als Neuroleptikum entwickelt, erwies sich diesbezüglich aber als wirkungslos, zeigte aber bei schizophren Kranken anxiolytische Eigenschaften (LEVINE 1988), die sich in systematischen Studien bestätigten (SCHUCKIT 1984). Die tierexperimentellen Grundlagen wurden für Buspiron erst im Nachhinein erarbeitet (RIBLET et al. 1983, 1984).
Chemische Weiterentwicklungen sind Ipsapiron (TVX Q 7821), Gepiron und Tandospiron (Metanopiron). Erste experimentelle Befunde mit diesen Substanzen sowie mit 8-Hydroxy-2-(di-n-propyl-aminotetralin) (8-OH-DPAT) erlaubten weiteren Einblick in die mutmaßlichen Wirkmechanismen von Buspiron, nämlich die Interaktion mit Serotonin-Rezeptoren (5-HT_{1A}-Rezeptoren). Die Annahme gemeinsamer Wirkmechanismen wird dadurch gestützt, daß sich diese Substanzen in Experimenten zum Diskriminationslernen gegenseitig voll ersetzen konnten, nicht aber Diazepam, Pentobarbital und einige andere serotonerge Substanzen (SPENCER und TRABER 1987). Beim Menschen entwickelt sich abweichend von Benzodiazepinen die anxiolytische Wirkung von Buspiron (FEIGHNER und BOYER 1989) und wohl auch Ipsapiron (BORISON et al. 1990) wie bei Antidepressiva nur allmählich mit einer „Wirklatenz".

Angstmodelle: Im Geller-Seifter-Konflikttest sind die Befunde anxiolytischer Aktivität der Pyrimidinylpiperazine widersprüchlich (Tabelle 5.2.2.1) (BROEKKAMP et al. 1989). Im Vogel-Test (Abb. 5.2.2.1) steigern sie die Bereitschaft der Tiere, trotz Bestrafung (Elektroschock) zu trinken (DE VRY et al. 1991). Die Antikonfliktwirkung von Buspiron bleibt von Benzodiazepin-Antagonisten wie Ro15-1788 oder CGS-8216 (WEISSMAN et al. 1984) unbeeinflußt, wird also nicht über Benzodiazepin-Rezeptoren vermittelt. Die Furcht-potenzierte Schreckreaktion wird durch Buspiron vermindert, nur schwach durch Ipsapiron und nicht durch 8-OH-DPAT (DAVIS et al. 1988, KEHNE et al. 1988). Im sozialen Interaktionstest (JOHNSTON und FILE 1988) fördern die Pyrimidinylpiperazine die soziale Kontaktaufnahme

Tabelle 5.2.2.1. Synopsis der Wirkungen verschiedener Agonisten und Antagonisten im serotonergen System in verschiedenen Tiermodellen der Angst (BROEKKAMP et al. 1989, JOHNSTON und FILE 1988)

	Geller-Seifter	Vogel-Test	Soziale Interaktion	Erhöhtes Plus-Labyrinth	Furcht-potenzierte Schreckreaktion
Benzodiazepine	+	+	+	+	+
$5\text{-}HT_{1A}$-Agonisten					
8-OH-DPAT	±	+	±	anxiogen	–
Ipsapiron	±	+	+	±	(+)
Buspiron	±	+	+	–	+
Gepiron	+	+	+		+
$5\text{-}HT_1$-Antagonisten					
Pindolol				+	
(–)Propranolol				–	(+)
$5\text{-}HT_2$-Antagonisten					
Ritanserin	(+)		±	±	
Ketanserin			–	+	
$5\text{-}HT_3$-Antagonisten					
GR 38032F	–		±	–	
BRL 43694	–		+	–	
ICS 205-930	–			–	
Zacoprid	–		+	+	

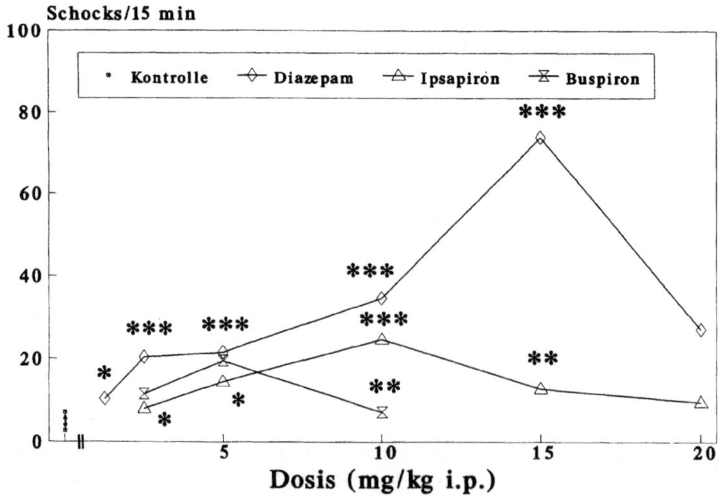

Abb. 5.2.2.1. Dosisabhängig „anxiolytische“ Wirkung der Pyrimidinylpiperazine Buspiron und Ipsapiron verglichen mit Diazepam im Vogel-Test: Durstige Ratten nehmen unter der Substanz beim Trinken häufiger die Bestrafung durch Elektroschock in Kauf (DE VRY et al. 1991). * $p < 0{,}05$, ** $p < 0{,}01$, *** $p < 0{,}001$

unter den Tieren in Furcht-induzierender Umgebung (Tabelle 5.2.2.1). In der Hemmung konditionierten Vermeidungsverhaltens (Abb. 5.2.2.2) gleicht Buspiron den Neuroleptika. In allen diesen Paradigmen sind die „anxiolytischen" Effekte anders als in der Humananwendung schon bei Einzelapplikationen erkennbar. Dieser Unterschied ist bisher unerklärt. Immerhin bildet sich beim Tier, soweit bisher untersucht, keine Toleranz gegen die „Anxiolyse".
Die Diskrepanzen zwischen verschiedenen Studien mögen mit methodischen Unterschieden zusammenhängen. Die Modelle sind sehr empfindlich für Einflüsse unabhängiger Variablen. Dies belegt, daß nicht alle Modelle dieselbe, uniforme Dimension Angst erfassen. Eine ethologische Betrachtung kann Homologien nahelegen z.B. zwischen dem Paradigma des erhöhten Plus-Labyrinths und der Agoraphobie des Menschen, zwischen dem sozialen Interaktionsmodell und der sozialen Phobie (Broekkamp et al. 1989) oder zwischen der Furcht-potenzierten Schreckreaktion und Panikattacken (Davis et al. 1988). Solche Homologien müssen durch klinische Studien geprüft werden.

Allgemeine Pharmakologie

Anders als Benzodiazepin-Anxiolytika besitzt Buspiron keine muskelrelaxierenden, sedierenden und antikonvulsiven Eigenschaften (Riblet et al. 1983, 1984). Es potenziert nicht allgemein dämpfende Substanzen wie Ethanol und Barbiturate. Dies bestätigt sich beim Menschen auch in Interaktionsstudien mit Benzodiazepinen (Abb. 5.2.2.3; Seidel et al. 1985) und mit Ethanol (Mattila et al. 1982).

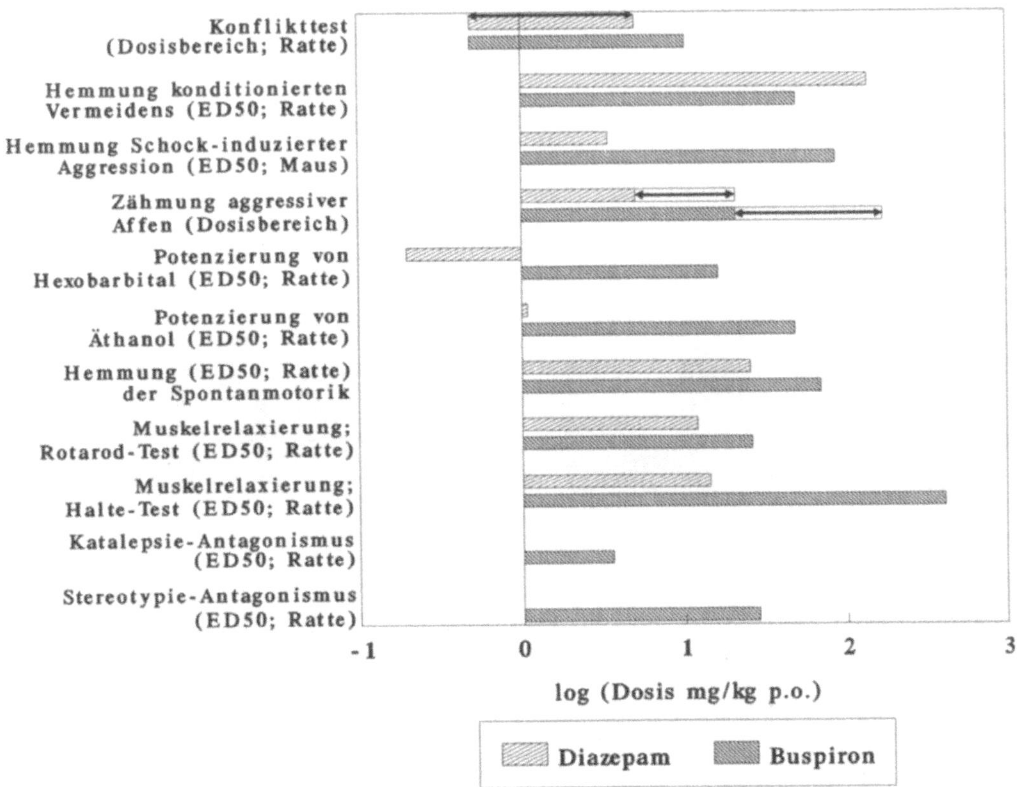

Abb. 5.2.2.2. Pharmakologische Eigenschaften von Buspiron im Vergleich zu Diazepam in Tiermodellen (Riblet et al. 1983, 1984)

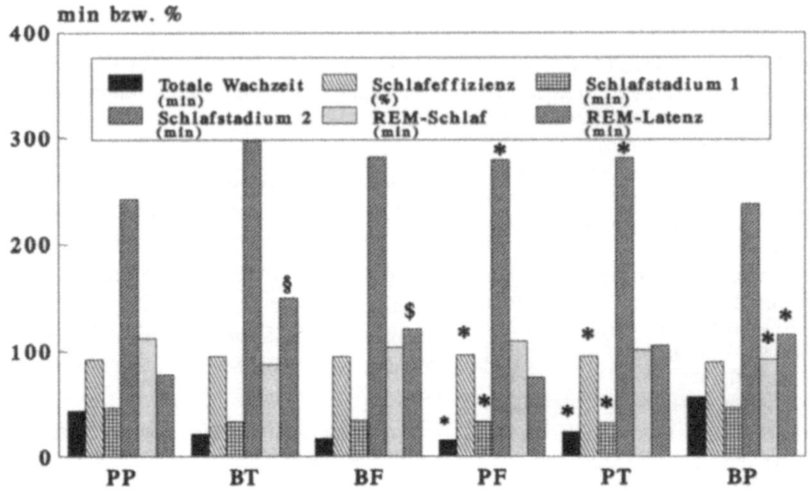

*: p < 0,01 gegen P+P
§: p < 0,01 gegen P+T
$: p < 0,01 gegen P+F

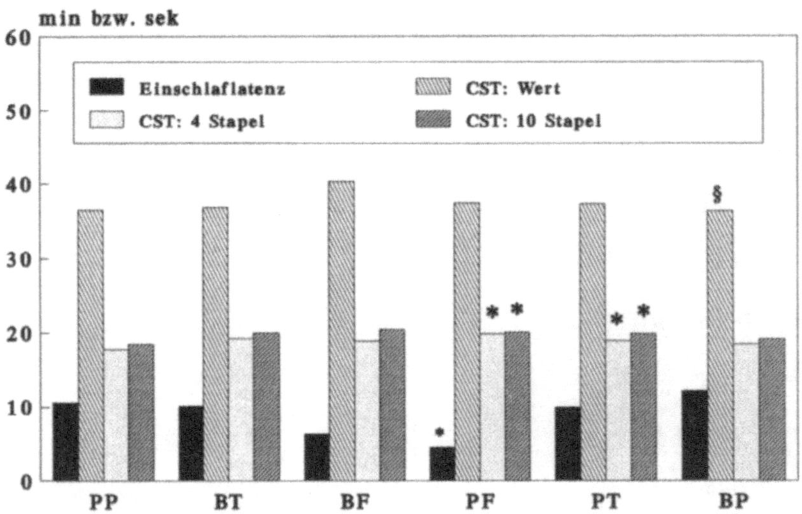

*: p < 0,01 gegen P+P
§: p < 0,01 gegen P+F

Abb. 5.2.2.3. Nachtschlaf und Aufmerksamkeit am Tage unter 6 verschiedenen Behandlungsbedingungen bei 12 chronisch Schlafgestörten (SEIDEL et al. 1985). Schlafeffizienz = (totale Schlafzeit / Zeit im Bett) × 100. Die Patienten erhielten von Donnerstag bis Sonntag entweder Placebo (P) oder 2 × 5 mg und zur Nacht 10 mg Buspiron (B). Freitag und Samstag abend erhielten sie 30 mg Flurazepam (PF/BF) oder 0,5 mg Triazolam (PT/BT) oder Placebo (PP/BP)

Buspiron und Ipsapiron hemmen potent die durch Neuroleptika induzierte Katalepsie, Buspiron aber wie Neuroleptika auch durch Apomorphin induzierte Stereotypien der Ratte, nicht jedoch das Rotationsverhalten der Ratte unter Apomorphin nach einseitiger Zerstörung dopaminerger, nigrostriataler Bahnen (RIBLET et al. 1983). Andererseits aber potenziert Buspiron die cholinerg, mit Arecolin oder Oxotremorin induzierte Katalepsie (RIBLET et al. 1984) und erhöht wie Neuroleptika zumindest in hohen Dosen auch beim Menschen die Prolaktin-Sekretion (MELTZER et al. 1983).

Abhängigkeit

In Tierexperimenten mit Selbstapplikation wirken weder Buspiron (BALSTER und WOOLVERTON 1982) noch Ipsapiron als positive Verstärker. Das Absetzen von Buspiron geht nicht mit Entzugssymptomen einher; mit Ro15-1788 lassen sich keine Entzugssymptome provozieren (EISON 1986). Beim Menschen konnte Buspiron Benzodiazepine nach deren Entzug nicht ersetzen (SCHWEIZER et al. 1986). Buspiron wurde von Abhängigen in der entspannend-euphorisierenden Wirkung als gleich oder schlechter als Placebo eingeschätzt (COLE et al. 1982).

Sedative Wirkung beim Menschen

Im Humanexperiment zeigte sich, daß Buspiron – selbst unter Dosen von 20 mg/die – insgesamt nur geringe sedierende Effekte aufweist (Übersicht: TUNNICLIFF und EISON 1991). BOND und LADER (1981) verabreichten 12 Probanden 10 bzw. 20 mg Buspiron, Placebo oder 10 mg Diazepam. Nur unter 20 mg Buspiron und 10 mg Diazepam zeigte sich 1 und 3 Stunden nach Einnahme eine deutliche Reduktion in den gemessenen akustischen Reaktionszeiten, andere psychomotorische Parameter wurden nur durch Diazepam signifikant beeinflußt. Unter höherer Buspiron-Dosis berichteten die Probanden über Dysphorie, außerdem wurde ebenso wie unter 10 mg Diazepam das Auftreten von Schwindel geklagt. SEIDEL et al. (1985) untersuchten die schlafinduzierenden Wirkeigenschaften von Buspiron allein oder in Kombination mit Flurazepam, Triazolam und Placebo. 12 Probanden, die über chronische Schlaflosigkeit klagten, wurden im Schlaflabor untersucht unter Anwendung des Multiple-Sleep-Latency-Tests und der Messung psychomotorischer Leistungsparameter. Unter Buspiron wurde keine Reduktion der Tageswachheit registriert, ebenso keine Verschlechterung in den psychomotorischen Tests. Buspiron interferierte nur leicht mit Flurazepam, mit Triazolam ließ sich keine Interaktion nachweisen. MATTILA et al. (1982) berichteten jedoch, daß in einer Untersuchung bei 2 männlichen Probanden unter 20 mg Buspiron ähnlich wie unter 2,5 mg Lorazepam tranquilizierende Wirkungen mit Schläfrigkeit sowie Bedrücktheit auftraten. BOULENGER et al. (1989) untersuchten subjektive Befindlichkeit sowie psychomotorische und kognitive Funktionen an 12 weiblichen Probanden in einer doppel-blinden cross-over-Studie mit 10 mg Buspiron versus 10 mg Diazepam. Die Beeinträchtigung der subjektiven Befindlichkeit war unter Buspiron deutlich geringer als unter Diazepam, im Gegensatz zu Diazepam trat unter Buspiron keine Schläfrigkeit auf. Ebenso zeigte sich unter Buspiron keine Beeinträchtigung psychomotorischer Funktionen, während Diazepam sensorische Wahrnehmungs- und Verarbeitungsprozesse sowie Gedächtnisfunktionen beeinträchtigte. Ähnlich konnten LAWLOR et al. (1992) zeigen, daß Buspiron im Gegensatz zu Lorazepam keine signifikanten Beeinträchtigungen von Vigilanz, Aufmerksamkeit und Gedächtnisfunktionen bei älteren Probanden (Durchschnittsalter 63 Jahre) hervorruft.

Wirkung auf psychomotorische Leistungsparameter

In Untersuchungen zur Fahrtauglichkeit konnten MOSKOWITZ und SMILEY (1982) an 16

Probanden zeigen, daß 10 mg Buspiron im Vergleich zu 10 mg Diazepam keine akute Beeinträchtigung psychomotorischer Funktionen hervorruft. Am 8. und 9. Einnahmetag war unter Buspiron sogar eine psychomotorische Leistungsverbesserung festzustellen, während unter Diazepam ein weiterer Abfall der Leistungsfähigkeit zu registrieren war. Dies konnte in einer Nachfolgestudie mit 20 mg Buspiron/die versus 15 mg Diazepam versus Placebo in einer Fahrsimulatoruntersuchung repliziert werden (SMILEY und MOSKOWITZ 1986).

SEPPALA et al. (1982) verglichen an 12 Probanden reaktive und koordinative Funktionen, Ataxie und Nystagmus nach Gabe von 10 mg versus 20 mg Buspiron versus 2,5 mg Lorazepam. Auch unter 20 mg Buspiron fanden sich keine negativen Auswirkungen auf die Psychomotorik, während Lorazepam diese deutlich beeinträchtigte, ohne daß dies von den Probanden subjektiv adäquat eingeschätzt wurde. Buspiron wies im Gegensatz zu Diazepam auch nur geringfügige EEG-Veränderungen auf. Auch nach chronischer Anwendung zeigte sich unter 10 und 20 mg Buspiron im Gegensatz zu 10 mg Diazepam keine Verschlechterung im Zahlen-Symbol-Test (BOND und LADER 1983).

Interaktionsstudien mit Alkohol ergaben, daß 10 mg Buspiron bei männlichen Probanden die Auswirkungen von Alkohol weder auf Nystagmus noch auf Koordinations- und Reaktionsparameter verstärkte. Es war auch keine verstärkte Schläfrigkeit zu beobachten. Die Kombination von 20 mg Buspiron mit Alkohol produzierte allerdings 3 Stunden nach Einnahme eine ausgeprägte Schläfrigkeit. Hinsichtlich der Fahrtauglichkeit zeigte sich, daß Buspiron bei 48 gesunden Versuchspersonen negative Alkoholeffekte nicht verstärkte, während dies unter 15 mg Diazepam deutlich zu beobachten war. Letzteres verschwand, wenn Diazepam durch 20 mg Buspiron ersetzt wurde (MOSKOWITZ und SMILEY 1982).

Zolpidem

Zur Wirkung von Zolpidem wurden **tierexperimentelle Untersuchungen** an Ratten, Katzen und Affen durchgeführt. Sie fokusierten auf die schlaferzeugenden Effekte des Zolpidem und beleuchteten das weitere pharmakologische Spektrum (antikonvulsive und angstlösende Wirkung, Wirkung auf Bewegung, Gedächtnis, Herz-Kreislauf-System, Atmung, Schmerz, Entzündung, Plättchenaggregation, Erzielen von Toleranz und Abhängigkeit und Medikamenteninteraktion).

Wirkung auf den Schlaf von Tieren

Elektroenzephalographische Studien zeigten unabhängig von der verwendeten Tierspezies bei freilaufenden und immobilisierten, schlafgesunden und chemisch sowie stereotaktisch induziert schlafgestörten Tieren eine schnelle Schlafinduktion und Verlängerung der Gesamtschlafdauer ohne Beeinträchtigung der Schlafarchitektur nach peroralen (po) und intraperitonealen (ip) Minimaldosen von mindestens 0,1 mg Zolpidem/kg Körpergewicht. Zolpidem unterschied sich bei Dosen von bis zu 3 mg/kg Körpergewicht po oder ip durch eine verhältnismäßig geringe Zunahme schneller Wellenfrequenzen und einem unveränderten Rapid-eye-movement-Schlaf (REM-Schlaf) von Benzodiazepinen, die die Amplitude tiefschlafkorrelierter langsamer Wellen reduzieren, hochfrequente Schlafspindeln vermehren und den REM-Schlaf vermindern können. Zolpidem erhöhte den Anteil langsamer Hirnstromwellen und vermittelte eine Amplitudenerhöhung im Frequenzbereich von 1–4 Hz, was dem physiologischen Tiefschlaf der Stadien III und IV des Menschen entspricht. Die Wirkung des Zolpidem ließ sich mit Benzodiazepinantagonisten wie Ro15-1788 oder CGS-8216 hemmen. Die wiederholte Anwendung an bis zu zehn Tagen führte zu keinem Wirkungsverlust. In höheren Dosierungen von 3 mg bis 30 mg/kg Körpergewicht ip wurde vorübergehend der Wachheitsgrad erhöht, auch trat vermehrt Schlaf mit niedriger Amplitude und hoher Frequenz überwiegend in Form von Spindelkomplexen auf (ARBILLA et al. 1985, DEPOORTERE und GRANGER 1985, DEPOORTERE 1985, DEPOORTERE et al. 1986b, 1988, ONGINI 1983).

Anxiolyse, Muskelrelaxation und andere Wirkungen im Tierexperiment

Zolpidem besitzt im Tierversuch eine antikonvulsive Wirkung, es führt zur Muskelrelaxation und schränkt die motorische Koordination ein, wirkt diesbezüglich jedoch schwächer als Triazolam, Flunitrazepam oder Midazolam (Depoortere et al. 1986b). Die sedierende und schlaferzeugende Wirkung tritt bereits in deutlich niedrigeren Dosierungen (circa einem Zehntel) auf als für antikonvulsive oder muskelrelaxierende Effekte nötig sind (Zivkovic et al. 1988).

In Konflikttests reduzierte Zolpidem den Hemmeffekt einer Strafe für ein Verhalten, was auf eine anxiolytische Wirkung des Präparates schließen läßt. Der konfliktlösende Effekt glich über mittlere Dosisbereiche dem des Midazolam (Zivkovic et al. 1988). Mit steigender Dosis ging im Gegensatz zu Benzodiazepinen die konfliktlösende Wirkung bei Ratten und Mäusen verloren (Joly et al. 1986, Zivkovic et al. 1988). Im Sinne einer Anxiolyse waren Dosierungen von 10 mg/kg Körpergewicht weniger wirkungsvoll als 3 mg/kg Körpergewicht, was vermutlich motorischen Einschränkungen durch den sedativen Effekt des Zolpidem zuzuschreiben war (Depoortere et al. 1988). Der konfliktlösende Charakter des Präparates ist insgesamt jedoch schwach ausgeprägt, da er in Dosierungen auftritt, die zehnfach über denen mit schlaferzeugender Wirkung liegen. Nicht alle Untersuchungen konnten einen anxiolytischen Effekt niedriger Zolpidemdosen von 1 mg/kg bis 4 mg/kg Körpergewicht bestätigen, was einem, die anxiolytische Wirkung maskierenden Effekt einer mit steigender Dosis zunehmenden motorischen Hemmung zugeschrieben werden könnte (Sanger und Zivkovic 1988).

Zolpidem beeinträchtigt ebenso wie Benzodiazepine (Thiébot 1985) die Leistung von Tieren in Lerntests (Sanger et al. 1986, 1988, Sanger und Zivkovic 1986). Die bei Mäusen und Ratten verwendeten Tests des Erwerbs eines bedingten Angstreflexes oder einer medikamenteninduzierten Stimulus-Kontrolle sind hinsichtlich der interpretativen Übertragung auf Gedächtnisphänomene nicht unumstritten. Dennoch zeigen die Untersuchungen, daß Zolpidem das Verhalten der getesteten Tiere erst dann beeinträchtigt, wenn auch durch das Präparat die sedative Wirkung und eine Beeinträchtigung der motorischen Fähigkeit einsetzen.

10 mg/kg Körpergewicht Zolpidem erniedrigte das respiratorische Volumen, beeinflußte bei Ratten die Atemfrequenz und die Lungencompliance allerdings nicht. Der Einfluß auf die Atemfunktion war deutlich geringer ausgeprägt als der von Midazolam, Triazolam und Flunitrazepam (Lloyd et al. 1988). Es fanden sich keine Einflüsse auf den Blutdruck und die Herzfrequenz von Ratten und Kaninchen. Der zerebrale Blutfluß wurde beim Affen leicht erniedrigt (Cudennec et al. 1988).

Bei Ratten war die Toleranzentwicklung nach Midazolameinnahme über zehn Tage deutlich höher als bei Zolpidem. Die Langzeiteinnahme von Zolpidem erhöhte nicht die Toleranz für Midazolam, während die Tiere nach einer längeren Midazolambehandlung etwas weniger empfindlich für Zolpidem waren (Sanger und Zivkovic 1987). Mit Vorsicht ist jedoch der Rückschluß auf eine geringere Toleranz und Abhängigkeitsentwicklung durch Zolpidem zu ziehen, da bisher nur geringe Fallzahlen im Tierversuch vorliegen und bei Affen durchaus Entzugssymptome und Symptome einer psychischen Abhängigkeit beobachtet wurden.

Interaktionsstudien zeigten eine Wirkungsverstärkung von Alkohol und Barbituraten, die weniger ausgeprägt als die von Benzodiazepinen sein soll. Im Tierversuch wurden Medikamenteninteraktionen weder mit Imipramin, Theophyllin, Aspirin, Cholin-Acetyltransferase noch mit Benzodiazepinen beobachtet.

Wirkung auf den Schlaf

Die Wirkungen von Zolpidem auf den Schlaf des Menschen sind bisher in mindestens 35 Studien bei gesunden Probanden, bei Insomniepatienten und Patienten mit anderen Schlafstörungen, in verschiedenen Altersklassen, offen oder doppelblind im Vergleich zu Placebo oder Benzodiazepin-Hypnotika, in unterschiedlichen Dosierungen, mittels subjektivem Rating der Schlafqualität, durch polysomnographische objektivierung der Schlafparameter und über zwei Tage bis zu einem Jahr Behandlungsdauer untersucht worden.

In doppelblinden, placebokontrollierten Studien zeigte sich bei jungen und alten schlafgesunden Probanden teilweise schon in niedrigen Dosen von 5 mg bis 7,5 mg, zumeist jedoch nach 10 mg Zolpidem eine hypnotische Wirkung. Die Einschlaflatenz wurde reduziert, die Schlafeffizienz verbessert (Merlotti et al. 1989, Scharf et al. 1988) und die nächtlichen Aufwachvorgänge und Wachzeiten manchmal nur tendentiell (Nicholson und Pascoe 1986, 1988), manchmal auch signifikant verkürzt (Merlotti et al. 1989, Scharf et al. 1988).

Dosisfindungsstudien an Probanden mit transienten Schlafstörungen, „first night"-Effekte im Schlaflabor und künstliche Verschiebung der Schlafzeiten („jetlag") bestätigten für mindestens 7,5 mg bzw. 10 mg Zolpidem im Vergleich zu Placebo eine Verkürzung der Einschlaflatenz (VOGEL et al. 1988, WALSH et al. 1988), eine Verbesserung der Schlafeffizienz (KOSHOREK et al. 1988, VOGEL et al. 1988) und eine Reduktion der nächtlichen Wachzeiten (WALSH et al. 1988). Gesunde Probanden einer anderen Studie gaben nach 20 mg Zolpidem ausschließlich ein verbessertes Einschlafen an (BENSIMON et al. 1990). Bei Schlafgestörten, die mindestens 10 mg Zolpidem im Vergleich zu Placebo erhielten, verkürzte sich schlafpolygraphisch die Einschlaflatenz (CIRIGNOTTA et al. 1988, LUND et al. 1988, MONTI 1989), in einigen Studien jedoch nicht statistisch signifikant (BESSET et al. 1990, HERMANN et al. 1988, OSWALD und ADAM 1988). Die Gesamtschlafdauer erhöhte sich (KUMMER et al. 1988, MONTI 1989, OSWALD und ADAM 1988) zum Teil tendentiell (BESSET et al. 1990, CIRIGNOTTA et al. 1988, HERMANN et al. 1988), die Schlafperiode wurde verlängert (LUND et al. 1988) und die Schlafeffizienz verbessert bzw. die nächtliche Wachzeit verkürzt (CIRIGNOTTA et al. 1988, MONTI 1989, OSWALD und ADAM 1988), wenn gelegentlich auch nicht signifikant (BESSET et al. 1990, HERMANN et al. 1988, LUND et al. 1988).

Von Benzodiazepinen ist bekannt, daß sie den Tiefschlaf und REM-Schlaf vermindern können (BORBELY 1986a, b). Die zahlreich durchgeführten schlafpolygraphischen Untersuchungen an Gesunden und Schlafgestörten mit Zolpidem lassen den Rückschluß zu, daß die Schlafstadienstruktur bei Dosierungen von weniger als 10 mg oder 20 mg gewöhnlich nicht derart beeinflußt wird (BESSET et al. 1990, BLOIS und GAILLARD 1988, CIRIGNOTTA et al. 1988, FEUERSTEIN 1983, HERMANN et al. 1988, KUMMER et al. 1988, KURTZ et al. 1988, LUND et al. 1988, MERLOTTI et al. 1989, MONTI 1989, NICHOLSON und PASCOE 1986, 1988, OSWALD und ADAM 1988, TERZANO et al. 1988). Gelegentlich war eine verbesserte Gesamtschlafzeit nach Zolpidemgabe auf eine Zunahme des Leichtschlafstadiums II zurückzuführen (MONTI 1989). Zolpidem erhöhte bei Schlafgestörten und Gesunden den Tiefschlaf der Stadien III und IV, wenn auch zum Teil nur vorübergehend (BESSET et al. 1990) und nur in wenigen Studien (NICHOLSON und PASCOE 1986, 1988). Bei Dosierungen von 20 mg oder mehr verlängerte sich die Latenz bis zum Einsetzen des REM-Schlafs. Die REM-Schlaf-Menge verminderte sich dabei gelegentlich (BLOIS und GAILLARD 1988) (Tabelle 5.2.2.2).

Der subjektive Effekt des Zolpidem auf den Schlaf wurde in den im folgenden dargestellten klinischen Vergleichsstudien an deutlich mehr als 1000 Gesunden oder Schlafgestörten ermittelt.

Im Vergleich zu Placebo verbesserten Dosierungen von 10 mg bis 30 mg Zolpidem signifikant die subjektive Einschlaflatenz, Schlafqualität, Schlafdauer und die Häufigkeit nächtlichen Erwachens bei Erwachsenen und älteren Schlafgestörten in der Klinik oder Allgemeinpraxis (ROGER et al. 1988, MONTI 1989, SCHLICH et al. 1991, WHEATLEY 1988). Bei älteren Schlafgestörten unterschied sich 5 mg Zolpidem nicht in der Wirkung von Placebo. Die Wirkung von 10 mg, 15 mg, 20 mg und 30 mg Zolpidem auf den Schlaf war nahezu gleich, die Befindlichkeit am Morgen jedoch nach 5 mg und 30 mg Zolpidem tendentiell schlechter, so daß 10 mg bis 20 mg Zolpidem als geeignete Dosis dargestellt wurde (ROGER et al. 1988). Bei Patienten mit situationsbedingter Insomnie durch einen Krankenhausaufenthalt bzw. älteren psychiatrischen Insomniepatienten ließ sich ein signifikanter Effekt von 10 mg und 20 mg Zolpidem im Vergleich zu Placebo für die subjektive Einschlaflatenz, die Häufigkeit nächtlicher Aufwachvorgänge (COUPEZ et al. 1988, RIZZO et al. 1988) und die Gesamtdauer des Schlafes (SHAW 1988, SHAW et al. 1992) ermitteln.

Tabelle 5.2.2.2. Polysomnographische Studien zur Wirkung von Zolpidem im Vergleich zu Placebo auf Schlafparameter und Schlafstadien

Autor	Jahr	Studienpopulation n	Ø Alter (Jahre)	Art	Dosis (mg/Tag)	Behandlungsdauer (Tag)	Schlaflatenz	Schlafzeit	Schlafeffizienz	Dauer/Prozent des Schlafstadiums W	I	II	SWS	REM
Feuerstein	1983	4	25	Probanden	10	1	–	–		–		–	–	–
					20	1	–	–		–		–	–	–
Blois und Gaillard	1988	8	23	Probanden	10	1	–	–		–	–	↑[a]	–[b] –[c]	–
					20	1	–	–		–	–	↑[a]	–[b] ↑[c]	–
					40	1	–	–		–	–	↑[a]	–[b] ↑[c]	↓
Cirignotta et al.	1988	12	49	Schlafapnoe-patienten	20	1	↓	↑	↑	↓	–	↑	–	–
Herrmann et al.	1988	8	51	Insomnie-patienten	20	14	–	–		–		–	–	–
						28	–	↑		–		↑	–	–
Kummer et al.	1988	14	68	Isomniepat. ≥ 6 Std.	20	187		–			–	–	–	–
				mit Bettzeit ≥ 5 Std.				+			+	+	–	+
				≥ 4 Std.				+			+	+	–	+
Kurtz et al.	1988	12	66	Probanden	10	7	–	–					–	–
Lund et al.	1988	10	27	Probanden	10	1	↓		–	–	↓	–	–	–
					20	1	↓		–	–	–	–	–	–
Nicholson und Pascoe	1988	6	21	Probanden	10	1	–	–	–	–	–	–	–	–
					20	1	–	–	–	–	–	–	↑	–
					30	1	–	–	–	–	–	↓	↑	–
		6	48	Probanden	10	1	–	–	–	↓	–	–	–	–
					20	1	–	–	–	↓	–	–	–	–
					30	1	–	–	–	↓	↓	↑	–	–
Oswald und Adam	1989	12	57	Insomnie-Patienten	10	2	–	↑		↓		↑	–	–
		12			20	2	–	↑		↓		↑	–	–
Terzano et al.	1988	12	25	Probanden	10	1	–	–		–	–	–	–	–

(Fortsetzung siehe S. 222)

Tabelle 5.2.2.2. Fortsetzung

Autor	Jahr	Studienpopulation			Dosis (mg/Tag)	Behandlungsdauer (Tag)	Schlaflatenz	Schlafzeit	Schlafeffizienz	Dauer/Prozent des Schlafstadiums				
		n	Ø Alter (Jahre)	Art						W	I	II	SWS	REM
Merlotti et al.	1989	12	21–35	Probanden	2,5	2	–	–		–	–	–	–	–
					5,0	2	↓	–		–	–	–	–	–
					7,5	2	↓	↑		–	–	–	–	–
					10	2	↓	↑		–	–	–	–	–
					20	2	↓	↑		–	–	–	–	↓
Monti	1989	6	50	Insomniepatienten	10	7	↓	↑		↓	–	↑	–	–
						18	↓	↑		↓	–	↑	–	–
Besset et al.	1990	8	43	Insomniepatienten	10	2	–	↑	–	–	–	–	↑	–
						8	–	–	–	–	–	–	–	–
						15	–	–	–	–	–	↑	–	–

[a] Effekt der „post-drug night", [b] Stadium II, [c] Stadium IV
W wach, *I* Schlafstadium I, *II* Schlafstadium II, *SWS* Slow-wave-Schlaf (Tiefschlaf), *REM* Rapid-eye-movement-Schlaf, ↑ signifikant erhöht, ↓ signifikant erniedrigt, + nicht spezifizierter Effekt, – nicht signifikanter Effekt

Im Vergleich der vier Dosierungen 10 mg, 20 mg, 30 mg und 40 mg bevorzugten schlafgestörte Patienten einer Studie die 20 mg oder 30 mg Dosis. 10 mg wurde als vergleichsweise schlecht hypnotisch wirksam, 40 mg als zu stark und mit Nebenwirkungen belastet empfunden (WEINTRAUB et al. 1988).
Im Rahmen präoperativer Maßnahmen wurde placebokontrolliert ein sedierender Effekt für die Mindestdosis von 10 mg Zolpidem gesichert (CASHMAN et al. 1987a, b, 1989). Der sedierende Effekt von 10 mg bzw. 20 mg Zolpidem entsprach bei präoperativer Anwendung dem von 1 mg bzw. 2,5 mg Lormetazepam oder 15 mg Midazolam. Die anxiolytische Wirkung des Zolpidem fiel deutlich geringer als die des Midazolams aus (LEBRAULT et al. 1989, PAHUD et al. 1988).

Wirkung auf die Tagesbefindlichkeit
Im Vergleich mit Flunitrazepam und Flurazepam fiel Zolpidem durch die größere Anzahl von Schlafgestörten auf, die sich morgens nach abendlicher Tabletteneinnahme frisch und ausgeruht fühlten (BENSIMON et al. 1990, EMERIAU et al. 1988). Diese gute Morgenbefindlichkeit könnte zum einen durch die schlafverbessernde Wirkung des Präparates, zum anderen durch einen fehlenden Überhangeffekt erklärt werden. Ein Zusammenhang zwischen hypnotischem Effekt und Morgenbefindlichkeit ist plausibel, er wurde allerdings nie schlüssig bewiesen. Momentan bleibt daher ungeklärt, ob der hypnotische Effekt und/oder eine kurze Wirkdauer des Zolpidem die gute Morgenbefindlichkeit bedingen. Gesunde Probanden und Insomniepatienten waren jedenfalls nach 10 mg bzw. 20 mg Zolpidem am nächsten Morgen so frisch und ausgeruht wie nach Placebo (BENSIMON et al. 1990, MONTI 1989). Die Probanden fühlten sich nach 2 mg Flunitrazepam jedoch signifikant in ihrer morgendlichen Wachheit eingeschränkt (BENSIMON et al. 1990). 10 mg und 20 mg Zolpidem unterschieden sich in der Selbstbeurteilung der Tagesschläfrigkeit in der Stanford-Sleepiness-Scale nicht signifikant von 1 mg Lormetazepam, 0,5 mg Triazolam und Placebo (LUND et al. 1988).
Verschiedene Leistungs- und Reaktionstests, die Untersuchung der ruckartigen Augenbewegungen, der Flickerlichtfusionsfrequenz und der motorischen Aktivität sowie die Fahrsimulationstests dienten zur Objektivierung von Überhangeffekten. Die Studien zeigten bis auf wenige Ausnahmen (LEBRAULT et al. 1989, LILIE et al. 1989), daß akut nach oraler Gabe von 10 mg oder 20 mg Zolpidem oder intravenöser Applikation von 0,21 mg/kg Körpergewicht Einschränkungen in der psychomotorischen Leistungsfähigkeit bei Gesunden und Schlafgestörten auftreten (BORBELY et al. 1988, CASHMAN et al. 1987b, 1989, LEBRAULT et al. 1989, NAEF et al. 1989). Nach mehr als zwei Stunden verschwanden diese Effekte (CASHMAN et al. 1987b, 1989, NAEF et al. 1989) oder traten bei Dosen von 10 mg Zolpidem gar nicht erst auf (LEBRAULT et al. 1989).
Eine Metaanalyse publizierter und nicht publizierter Studien resümiert, daß nach einer abendlichen Einnahme von bis zu 20 mg Zolpidem sowohl bei Gesunden als auch bei Schlafgestörten keine Wirkungen auf die Psychomotorik am nächsten Morgen auftraten, die sich von Placeboeffekten unterschieden (MORSELLI et al. 1988). Fahrsimulationstests nach 10 mg Zolpidem (VERMEEREN et al. 1990) und Untersuchungen der Augenbewegungen nach bis zu 20 mg Zolpidem (GRIFFITHS et al. 1986) bestätigten dieses Ergebnis.
Maximal 20 mg Zolpidem unterschied sich in Leistungstests Schlafgestörter nicht von 0,5 mg Triazolam und Placebo. Für 2 mg Flunitrazepam wurde in einer Studie ein Überhangeffekt, in einer anderen Studie keine Beeinflussung der morgendlichen Leistungsfähigkeit im Vergleich zu 20 mg Zolpidem und Placebo gemessen (MORSELLI

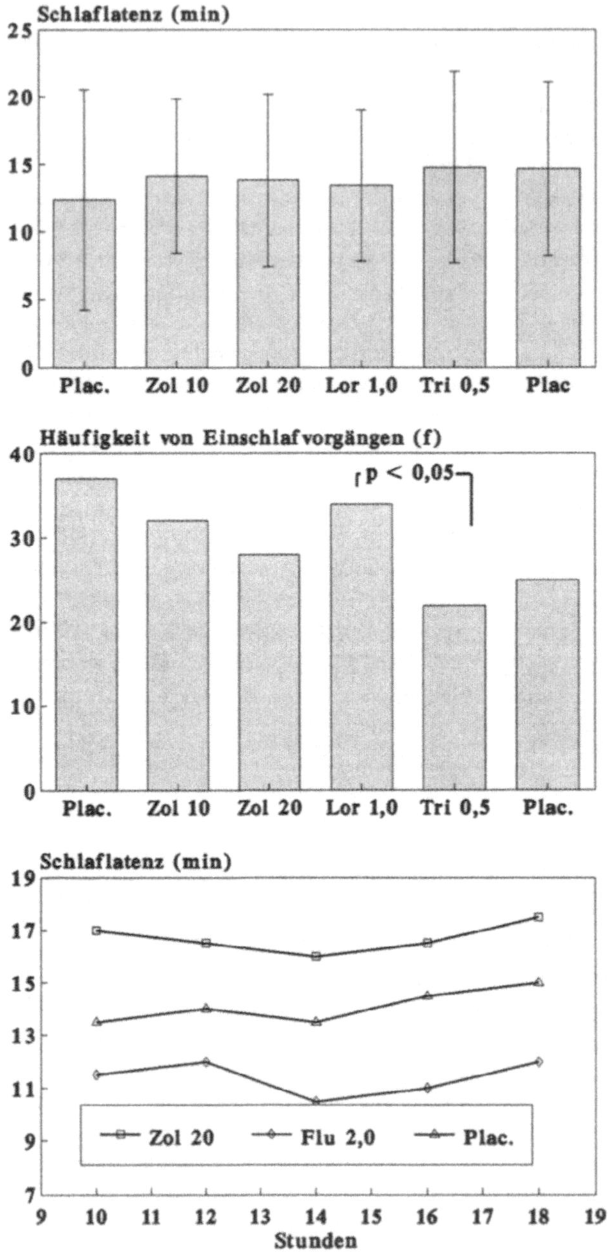

Abb. 5.2.2.4. Die Wirkung von Zolpidem, Benzodiazepinen und Placebo auf die Schlaflatenz und die Häufigkeit von Einschlafvorgängen bei Schlafgesunden in über den Tag verteilten Multiple-Sleep-Latency-Tests (MSLT) nach abendlicher Präparateinnahme (nach MORSELLI et al. 1988, LUND et al. 1988)

et al. 1988). Bemerkenswerterweise verringerte Zolpidem die abendliche Gabe von 20 mg Zolpidem im Vergleich zu Placebo bei gesunden Probanden die Tendenz in Einschlaftests am nächsten Tag (Multiple Sleep Latency Tests [MSLT]) einzuschlafen. Flunitrazepam vergrößerte demgegenüber die Einschlafneigung (Bensimon et al. 1988, 1990, Morselli et al. 1988). Die abendliche Gabe von Zolpidem könnte demnach die Tagesvigilanz verbessern. Allerdings unterschied sich die Einschlaflatenz von Patienten im MSLT in einer Studie nach 10 mg und 20 mg Zolpidem, 1 mg Lormetazepam, 0,5 mg Triazolam und Placebo nicht voneinander (Lund et al. 1988) (Abb. 5.2.2.4). In dieser Untersuchung bestätigte sich die bekannt schlechte Korrelation von subjektiver und objektiver Beeinträchtigung der Tagesschläfrigkeit (Cluydts et al. 1985, Seidel et al. 1984), was die Interpretation solcher Daten auch im bezug zum Zolpidem erschwert.

Andere Wirkungen
Ungeklärt ist die anxiolytische Potenz des Zolpidem beim Menschen. Es fehlen Behandlungsversuche mit Angstpatienten. Bei der präoperativen Anwendung schien der anxiolytische Effekt von 10 mg bzw. 20 mg Zolpidem dem von 1 mg bis 2,5 mg Lorazepam zu entsprechen und den von 15 mg Midazolam zu übertreffen (Lebrault et al. 1989, Pahud et al. 1988). Dem entgegen fand eine weitere Studie bei präoperativer Gabe von 10 mg bzw. 20 mg Zolpidem im Vergleich zu Placebo keinen Unterschied in der Anxiolyse (Cashman et al. 1987a).

Zopiclon

Die Cyclopyrrolone Zopiclon und Suriclon wurden auf der Suche nach Substanzen mit ähnlichen pharmakologischen Eigenschaften wie anxiolytische Benzodiazepine gefunden, ohne deren chemische Struktur aufzuweisen (Julou et al. 1983). Da bei dieser Suche tierexperimentelle Methoden eingesetzt wurden, die sich bei Benzodiazepinen bewährt haben, ähneln zwangsläufig die präklinischen pharmakologischen Eigenschaften denen der Benzodiazepine

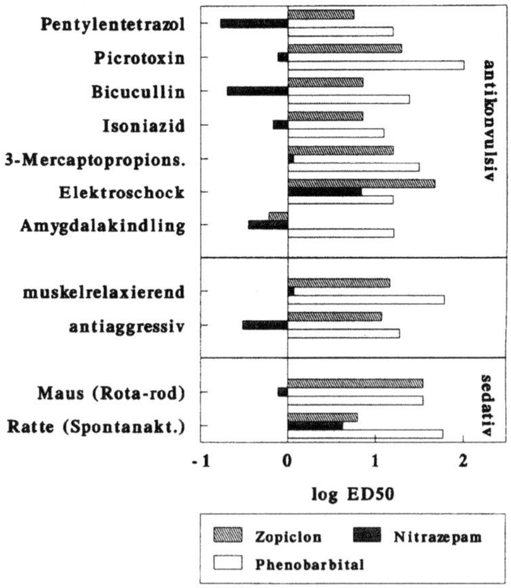

Abb. 5.2.2.5. Pharmakologische Eigenschaften von Zopiclon im Vergleich zu Nitrazepam und Phenobarbital (nach Julou et al. 1983, Ueki 1987)

(Übersichten: Julou et al. 1983, 1985, Ueki 1987).

Als Referenzsubstanzen dienten überwiegend Nitrazepam und Chlordiazepoxid, dann auch Diazepam und Flurazepam. Dies begründet sich einerseits aus dem Entwicklungsstand der Benzodiazepine zur Zeit der Entwicklung von Zopiclon, andererseits aus marktstrategischen Gesichtspunkten, nämlich Zopiclon als kurz wirkendes Hypnotikum zu entwickeln.

Antikonvulsive Wirkung: Zopiclon unterdrückt wie Benzodiazepine in verschiedenen Modellen bei Maus und Ratte epileptische Anfälle (Abb. 5.2.2.5). Es ist gegen Pentylentetrazol-induzierte Konvulsionen ähnlich wirksam wie Chlordiazepoxid, bei der Maus, aber nicht bei der Ratte, um ungefähr eine Größenordnung weniger potent als Nitrazepam, Diazepam und Flurazepam (Julou et al. 1983).
Gegen durch maximalen Elektroschock ausgelöste Konvulsionen wirkte Zopiclon bei der Maus schwächer als Chlordiazepoxid und Nitrazepam (Julou et al. 1983) oder gar nicht (Ueki 1987), bei der Ratte ähnlich wie diese Benzodiazepine (Julou et al. 1983). Zur Unterdrückung von Konvulsionen nach „Kindling" der Amygdala bei der Ratte waren ähnliche Dosen wie bei Benzodiazepinen wirksam (Julou et al. 1983). In diesem

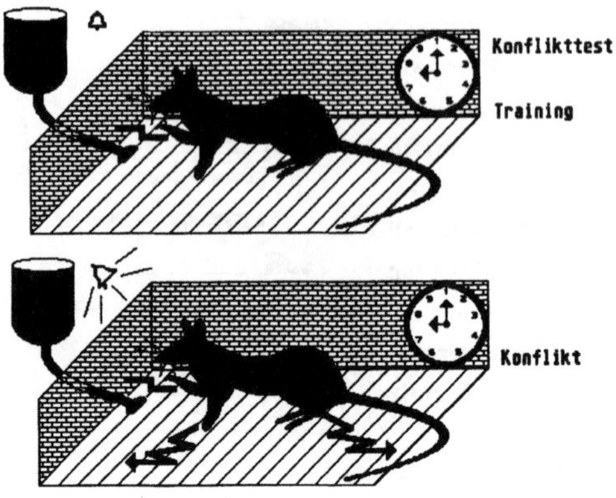

Abb. 5.2.2.6. Schematische Darstellung des Konfliktmodells nach GELLER und SEIFTER zur Prüfung anxiolytischer Wirkungen im Tierversuch. Zunächst lernen die Tiere, sich durch Hebeldruck Futter zu verschaffen. Dann werden sie konditioniert, auf ein mit Elektroschock gepaartes z.B. akustisches Signal dieses belohnte Verhalten zu hemmen. „Anxiolyse" zeigt sich in einer Enthemmung, d.h. Inkaufnahme von Bestrafungen, die gezählt („Uhr" = Zählwerk) werden

Epilepsiemodell führen tägliche, unterschwellige elektrische Reize limbischer Hirnstrukturen nach ungefähr zwei Wochen zu Konvulsionen, werden also im Sinne einer Sensitivierung dann überschwellig.

Muskelrelaxierung: Zopiclon vermindert in Tests, in denen die Maus sich festhalten muß, den Muskeltonus ähnlich wie Chlordiazepoxid, aber um eine Größenordnung schwächer und kürzer als Nitrazepam, Diazepam und Flurazepam (JULOU et al. 1983, UEKI et al. 1983).

Antiaggressive Wirkung: Zopiclon unterdrückt das durch elektrische Fuß-Schocks induzierte Kampfverhalten von Mäusen ähnlich wie Chlordiazepoxid, aber um zwei Größenordnungen schwächer als Nitrazepam (Abb. 5.2.2.5; JULOU et al. 1983). In verschiedenen Modellen des Maustötungsverhaltens der Ratte ist Zopiclon ähnlich wirksam wie Diazepam und Flurazepam, aber schwächer als Nitrazepam. Die Aggressions-Enthemmung der Ratte nach Zerstörung der serotonergen Raphe-Neuronen wird ähnlich wirksam wie durch Nitrazepam unterdrückt (UEKI 1987).

Sedierung: Bei Messung des spontanen Explorationsverhaltens der Ratte oder der Dauer des Aushaltens auf einem sich drehenden Zylinder („Rotarod") wirkt Zopiclon ähnlich stark sedierend wie Chlordiazepoxid, aber 2- bis 100fach schwächer als Nitrazepam, Diazepam und Flurazepam.

Potenzierung von Anästhetika: Zopiclon potenziert ungefähr 10- bis 50fach geringer als Diazepam und Nitrazepam die narkotischen Effekte von Äthyläther, Thiopental und Äthanol (UEKI 1987). Beim Menschen wurde nach 7,5 mg Zopiclon (23.00 Uhr) am Morgen danach (11.00 Uhr) keine Interaktion mit 0,5 mg/kg Äthanol in psychometrischen Tests gefunden (MAMELAK et al. 1987). Zopiclon potenziert auch die analgetische Wirkung von Morphin (ZAMBOTTI et al. 1987). Da dieser Effekt durch den Benzodiazepin-Antagonisten Ro15-1788 (Flumazenil) verhindert wird, wird er über Benzodiazepin Rezeptoren vermittelt. Da er nur nach systemischer und intrathekaler, nicht aber intrazerebroventrikulärer Applikation beobachtet wird, ist anatomisch ein spinaler Wirkort anzunehmen. Im Gegensatz zu Zopiclon verminderten intrazerebroventrikulär injizierte Benzodiazepine wie Diazepam und Midazolam die Morphin-Analgesie (ZAMBOTTI et al. 1986).

„Anxiolyse": Im Konflikt-Test von GELLER und SEIFTER (Abb. 5.2.2.6) steigert Zopiclon wie Diazepam die Bereitschaft, sich trotz damit verbundenen Elektroschocks durch Hebeldruck Futter zu verschaffen (Abb. 5.2.2.7). In höheren Dosen nimmt bei beiden Substanzen die Enthemmung dieses bestraften Verhaltens wieder ab, dann auch die Häufigkeit unbestraften Verhaltens als Folge der sedierenden Wirkkomponente. Der Vergleich der Befunde von JULOU et al. (1983) mit denen von UEKI (1987) zeigt (Abb. 5.2.2.7) entgegen der Interpretation von UEKI (1987) keinen differentiellen Unterschied. Die „anxiolytische" Wirkung wird durch den Benzodiazepin-Antagonisten Ro15-1788 (Flumazenil) aufgehoben (Abb. 5.2.2.8; GOLDBERG et al. 1983).

Lernen: Im Diskriminationstest konnten Ratten trainiert werden, Zopiclon von Placebo zu unterscheiden. Dies generalisierte auf andere Benzodiazepine und Barbiturate: Chlordiazepoxid, Diazepam, Nitrazepam und Pentobarbital konnten Zopiclon ersetzen und wurden nicht von Zopiclon unterschieden (JULOU et al. 1983).

In Experimenten zum Erlernen passiven Vermeidungsverhaltens induzieren verschiedene Benzodiazepine eine anterograde Amnesie, die auf eine Beeinträchtigung der Konsolidierung des Gedächtnisses zurückgeführt wird (GAMZU 1988). Diese Eigenschaft wird von Zopiclon geteilt (Abb. 5.2.2.9; SANGER und JOLY 1985). Eine

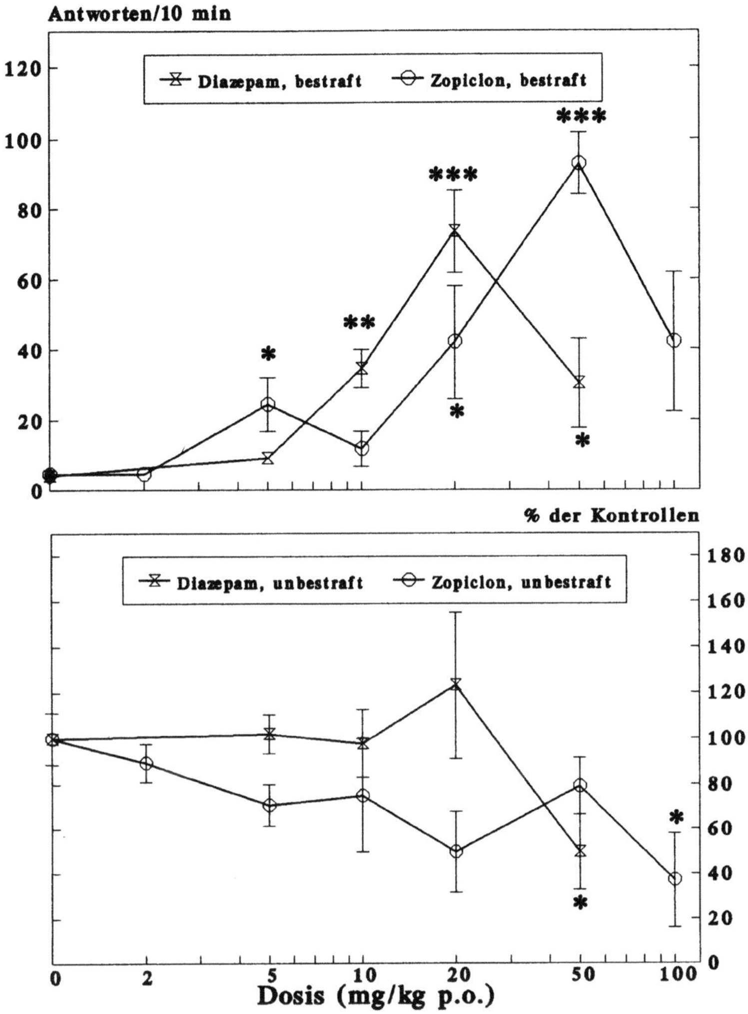

Abb. 5.2.2.7. Dosisabängig anxiolytische Wirkung (bestrafte Reaktion auf den konditionierten Reiz) von Zopiclon im Vergleich zu Diazepam im Geller-Seifter-Konfliktmodell. In hohen Dosen Minderung auch unbestrafter Reaktionen als Ausdruck der Sedierung (UEKI 1987)

dosisabhängige Beeinträchtigung kognitiver Funktionen wurde auch in Humanversuchen gefunden (BILLIARD et al. 1987, BROADHURST und CUSHNAGHAN 1987, SUBHAN und HINDMARCH 1984).

Wirkungsdauer: Der Antagonismus Pentylentetrazol-induzierter Konvulsionen hält tierexperimentell nach Zopiclon kürzer als nach Chlordiazepoxid und Nitrazepam (JULOU et al. 1983) an. Eine kürzere Wirkungsdauer zeigt sich auch in Humanversuchen, wo sich kognitive Beeinträchtigungen im Sinne eines „Hang-over" am auf die Einnahme folgenden Tag zurückgebildet haben (BILLIARD et al. 1987, BROADHURST und CUSHNAGHAN 1987, SUBHAN und HINDMARCH 1984). Dennoch kann die kognitive Beeinträchtigung bei nächtlichem Aufstehen bedeutsam werden. Ergebnisse bei einer bestimmten Dosis schließen einen „Hangover" bei höherer Dosis nicht aus.

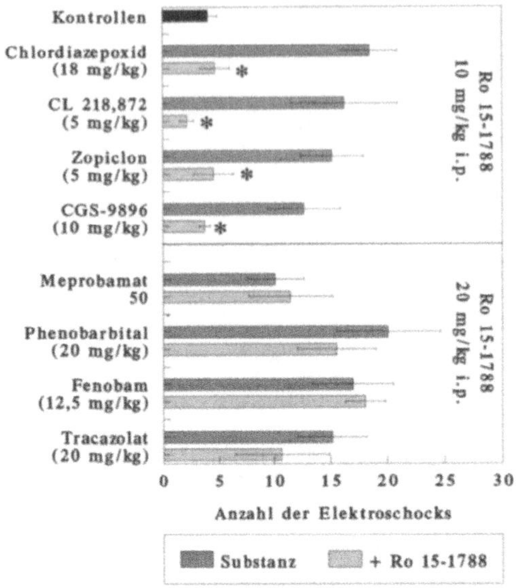

Abb. 5.2.2.8. Die anxiolytische Wirkung von Zopiclon wird wie diejenige anderer Anxiolytika mit Benzodiazepin- oder anderer chemischer Struktur (CL 218,872; CGS-9896) durch den Benzodiazepin-Antagonisten Flumazenil (Ro 15-1788) aufgehoben (linke Hälfte). Demgegenüber werden die Wirkungen anderer Substanzen (rechts) nicht signifikant beeinflußt (GOLDBERG et al. 1983). * $p < 0{,}05$

Vitalfunktionen: Im Humanversuch verminderte bei Gesunden intravenöses Zopiclon (7,5 mg) im Gegensatz zu Diazepam (10 mg) nicht das durch CO_2-Rückatmung stimulierte Atemvolumen (RANLOV und NIELSEN 1987). Blutgase und Säure-Basen-Haushalt blieben unbeeinflußt. Der Blutdruck wurde durch beide Substanzen nur unwesentlich gesenkt. Kritisch muß angemerkt werden, daß in der Publikation weder die galenische Präparation von Diazepam noch die Injektionsgeschwindigkeit angegeben werden. Die Befunde können nicht zwanglos auf ateminsuffiziente Kranke übertragen werden. Befunde zu einer Verstärkung der Schlaf-Apnoe wie bei Benzodiazepin-Hypnotika (DOLLY und BLOCK 1982, GUILLEMINAULT et al. 1973) werden unten dargestellt.

Schlaf: Hypnotika vom Benzodiazepin-Typ verändern die Schlafarchitektur (BORBELY et al. 1983). Neben einer Minderung der Tiefschlafstadien (III und IV) zugunsten vor allem von Schlafstadium II ist die Latenz bis zum paradoxen Schlaf (REM-Latenz) verlängert, der REM-Schlaf verkürzt, abhängig von der Pharmakokinetik ggf. in die zweite Nachthälfte verschoben, insgesamt die Zahl der Schlafzyklen vermindert. Ob diese Änderung der Schlafarchitektur klinische Relevanz besitzt, ist unklar. Immerhin wird den Tiefschlafstadien eine Bedeutung für Resititutionsprozesse zugeschrieben (OSWALD 1980). Möglicherweise sind die Einflüsse von Zopiclon auf die Schlafarchitektur in einer Dosis von 7,5 mg beim Menschen geringer als die von Benzodiazepinen (BILLIARD et al. 1987, MAMELAK et al. 1983, NICHOLSON und STONE 1983, QUADENS et al. 1983). Die untersuchten Kollektive waren klein, die Zunahme von Tiefschlafstadien unter Zopiclon nicht einhellig und gering. Wenn auch die REM-Schlaf-Minderung keine Signifikanz erreicht, bedeutet dies nicht ihr Fehlen. Die praktische Bedeutung für die klinische Routine bleibt fraglich.

Abhängigkeit: Tierexperimentelle Untersuchungen zur Selbstapplikation als Kriterium für „belohnende" Eigenschaften („Verstärker") zeigen für Zopiclon ein nur schwaches Abhängigkeitspotential (YANAGITA 1983). Bisherige Beobachtungen zeigten bei 6 Kranken über 17 Wochen keine Toleranzentwicklung gegen Zopiclon (FLEMING et al. 1988). Nach 2wöchiger Gabe wurden bei Gesunden diskrete Rebound-Phänomene beobachtet (LADER und FRCKA 1987). Derartige Studien können aber das Risiko einer Abhängigkeit von Zopiclon nicht ausschließen (MUSCH und BIANCHI 1988), da es nicht nur vom „Suchtpotential" der Substanz, sondern auch von der Dosis und Dauer der Einnahme und individuellen Merkmalen des Konsumenten abhängt (HAEFELY 1986). Deshalb bleiben Langzeitbeobachtungen abzuwarten.

Sedativ-hypnotische Wirkung

Viele placebokontrollierte Studien an Gesunden und Insomnie-Patienten verschiedenen Alters beschäftigten sich mit der Frage, wie Zopiclon verglichen mit Hypnotika aus der Benzodiazepin-Gruppe und Phenobarbital auf den Schlaf wirkt. Insbesondere wurden vergleichende Untersuchungen in Bezug auf die subjektive Änderung der Schlafqualität und objektiven Änderung der Schlafarchitektur durchgeführt (vgl. Tabelle 5.4.1.3).

Wirkung auf die Schlafarchitektur

Die klinische Bedeutung der Schlafarchitektur und die Auswirkung einer Änderung auf

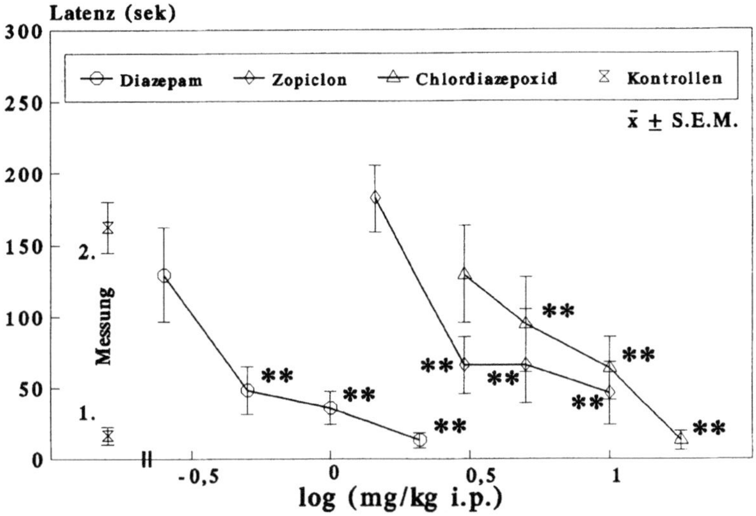

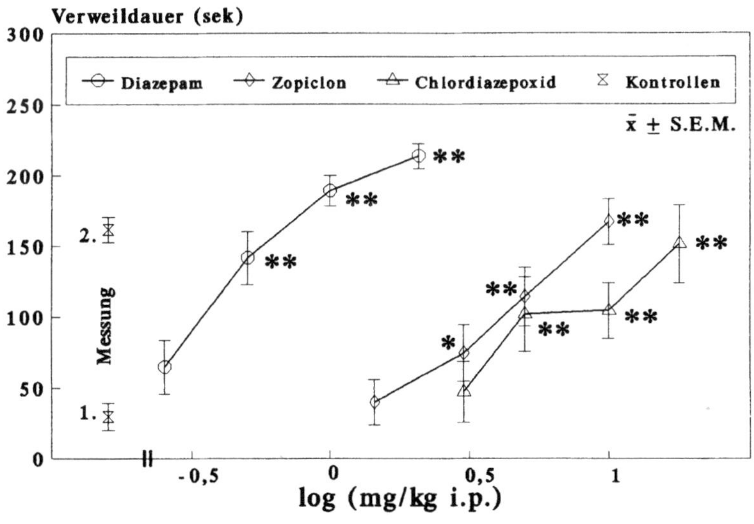

Abb. 5.2.2.9. Bei Mäusen wurde in einem zweiteiligen Käfig die Latenz, Häufigkeit und Dauer des Betretens der dunklen Hälfte bestimmt (Messung 1). Anschließend erlebten sie in der dunklen Hälfte eine Serie von Elektroschocks. Nach 24 h wurden dieselben Parameter erneut bestimmt (Messung 2), wobei medikamentenfreie Tiere sich an die schlechte Erfahrung erinnern: verlängerte Latenz (oben) und verkürzte Dauer des Betretens. 30 min vor den Schocks injizierte Anxiolytika stören dosisabhängig diesen Lernerfolg (Sanger und Joly 1985). Der Vergleich mit CGS-9896 zeigt, daß diese Störung nicht auf Sedierung oder zustandsabhängiges Erinnern zurückzuführen ist. * $p < 0{,}05$, ** $p < 0{,}01$

das Empfinden der Patienten in Bezug auf die subjektive Schlafqualität (Gefühl des „Ausgeschlafenseins") ist bis heute noch unklar.

Untersuchungen an Insomnie-Patienten und Gesunden unterschiedlichen Alters zeigten, daß 7,5 mg Zopiclon zu einer Reduktion des Schlafstadiums 1 führt (Blois und GAILLARD 1983, GOA und HEEL 1986, TIBERGE et al. 1988, NICHOLSON und STONE 1983, PECKNOLD et al. 1990), was vergleichbar mit polysomnographischen Untersuchungsergebnissen unter Benzodiazepinen und Barbituraten ist. Dieser Effekt ist erwünscht.

Die Auswirkungen von Zopiclon auf das Schlafstadium 2 sind bis heute noch ungeklärt; die Ergebnisse der polysomnographischen Untersuchungen an Insomnie-Patienten ergeben kein einheitliches Bild. Der überwiegende Teil der Studien an Insomnie-Patienten fand eine Verlängerung des Schlafstadium 2 (BLOIS und GAILLARD 1983, MAMELAK et al. 1983, QUANDENS et al. 1983, LAMPHERE et al. 1989), während andere Studien polysomnographisch eine Abnahme (JOVANOVIC und DREYFUS 1983) bzw. keine Veränderungen (PECKNOLD et al. 1990, FLEMING et al. 1988) registrierten.

Ebenso ist bis heute die Auswirkung von 7,5 mg Zopiclon auf die Tiefschlafphasen bei Insomnie-Patienten noch nicht gesichert; der überwiegende Teil der Studien fand polysomnographisch eine Verlängerung der Tiefschlafphasen 3 und 4 (JOVANOVIC und DREYFUS 1983, NICHOLSON und STONE 1983, BILLIARD et al. 1987, GOA und HEEL 1986, TIBERGE et al. 1988), während andere Studien zeigten, daß Zopiclon die Stadien 3 und 4 verkürzt (MAMELAK et al. 1983, QUADENS et al. 1983).

In bezug auf die Klärung der Frage, ob 7,5 mg Zopiclon einen Einfluß auf den REM-Schlaf hat, ergaben die Studien, daß 7,5 mg Zopiclon im Gegensatz zu Benzodiazepien und Barbituraten keinen Einfluß auf die Zahl der REM-Schlafphasen hat (BILLIARD et al. 1987, JOVANOVIC und DREYFUS 1983, MAMELAK et al. 1983, NICHOLSON und STONE 1983, QUADENS et al. 1983, FLEMING et al. 1988, PECKNOLD et al. 1990). Zwar verzögert 7,5 mg Zopiclon das Einsetzen der ersten REM-Schlafperiode, beeinflußt allerdings die Gesamtdauer des REM-Schlafes nicht.

Wirkung auf die Schlafqualität

Wichtig Behandlungsziele der pharmakologischen Behandlung von Insomnie-Patienten ist die Verkürzung der Einschlaflatenz, eine Reduktion der Zahl des nächtlichen Erwachens und Verlängerung der totalen Schlafzeit ohne Alteration der physiologischen Schlafarchitektur.

Polysomnographische Untersuchungen im Rahmen Placebo-kontrollierter Studien kamen zu dem Ergebnis, daß die abendliche Gabe von 7,5 mg Zopiclon die Einschlaflatenz verkürzt (BROADHURST und CUSHNAGHAN 1987, FLEMING et al. 1988, JOVANOVIC und DREYFUS 1983, LADER und DENNY 1983, NICHOLSON und STONE 1983, TIBERGE et al. 1988). Hierbei zeigte sich eine Überlegenheit von 7,5 mg Zopiclon/os gegenüber 5 mg Nitrazepam/os (JOVANOVIC und DREYFUS 1983), 0,5 mg Triazolam/os (TIBERGE et al. 1988) und 30 mg Flurazepam/os (QUADENS et al. 1983). Zwar wiesen 2 mg Flunitrazepam im Vergleich zu 7,5 mg Zopiclon eine höhere Effektivität in Bezug auf die Verkürzung der Einschlaflatenz auf, die Patienten klagten aber über morgendliche Hang-over-Effekte und eine eingeschränkte Tagesbefindlichkeit (WICKSTROM und GIERCKSKY 1980).

Über die Wirksamkeit von Zopiclon auf die Besserung der gestörten Schlafkontinuität bei Insomnie-Patienten gibt es bisher keine einheitlichen Untersuchungsergebnisse; tendenziell führt die abendliche Gabe von 7,5 mg Zopiclon zu einer quantitativen Reduktion des nächtlichen Erwachens (JOVANOVIC und DREYFUS 1983, NICHOLSON und STONE 1987, QUADENS et al. 1983, TIBERGE et al. 1988).

Unter Zopiclon läßt sich bei Insomnie-Patienten eine signifikante Verlängerung der totalen Schlafzeit nachweisen (JOVANOVIC und DREYFUS 1983, LAMPHERE et al. 1989, QUADENS et al. 1983, TIBERGE et al. 1988, PECKNOLD et al. 1990). Eine von CAMPBELL et al. (1987) an n = 56 Insomnie-Patienten durchgeführte Doppel-Blindstudie ergab eine si-

gnifikante Verbesserung der totalen Schlafzeit um 15% ($p < 0,05$) nach 21 Tagen durch eine Behandlung mit 7,5 mg Zopiclon. Die Effizienz der Verlängerung der totalen Schlafzeit ist vergleichbar mit der unter 5 mg Nitrazepam, 0,5 mg Triazolam oder 3 mg Flurazepam (ELIE und DECHENES 1983, JOVANOVIC und DREYFUS 1983, QUADENS et al. 1983, TIBERGE et al. 1988).
Interessanterweise konnte dieser Effekt nach Gabe von 7,5 mg Zopiclon bei Gesunden nicht nachgewiesen werden (BLOIS und GAILLARD 1983, NICHOLSON und STONE 1983).

Wirkung auf die Tagesbefindlichkeit
Patienten beurteilen ihre Schlafqualitäten u.a. anhand der subjektiven Befindlichkeit, ihres Wohlbefindens und ihrer Konzentrationsfähigkeit am folgenden Tag.
Klinische Studien konzentrierten sich auf die Fragestellungen, ob Zopiclon die psychomotorische Leistungsfähigkeit, die Gedächtnisleistungen, die Fahrtüchtigkeit, die Wachheit, die Stimmung und Befindlichkeit am Morgen nach der Medikation beeinträchtigt und somit ähnlich der klassischen Hypnotika zu morgendlichen Hang-over-Effekten führt.
Bei Probanden wurden anhand Placebo-kontrollierter Studien dosisabhängige Effekte auf kognitive und psychomotorische Leistungen sowohl nach einmaliger als auch nach mehrmaliger abendlicher Zopicloneinnahme im Vergleich zu Benzodiazepin-Hypnotika untersucht (s. Tabelle 5.4.3.4).
Bei Insomnie-Patienten wurden Effekte der Zopiclon- bzw. Benzodiazepin-Behandlung über 2 bis 3 Wochen in unterschiedlicher Dosierung hinsichtlich kognitiver und psychomotorischer Leistungen evaluiert (VOLKERTS und O'HANLON 1988, O'HANLON und VOLKERTS 1986, HINDMARCH 1985, NGEB und HASSAN 1990).
Die Untersuchungsergebnisse bestätigen ausnahmslos die gute sedative Wirkung nach abendlicher oraler Einnahme von 7,5 mg Zopiclon. 1 bis 2 Stunden nach Einnahme der Zopiclon-Dosis kommt es zu einer signifikanten Abnahme der psychomotorischen Leistungsfähigkeit (WAROT et al. 1985), 10 Stunden nach Medikamenteneinnahme war lediglich ein geringer Residualeffekt nachweisbar, der sich in neueren Untersuchungen als statistisch nicht signifikant erwies (BILLIARD et al. 1989, WICKSTROM et al. 1988).
In einer von GRIFFITH et al. (1986) durchgeführten Vergleichsstudie an 10 Probanden konnten keinerlei Unterschiede in den Ergebnissen der psychomotorischen Leistungstests zwischen Einmalgaben von 7,5 mg Zopiclon, 15 mg Flurazepam, 1 mg Lormetazepam und 0,25 mg Triazolam nachgewiesen werden.
Ähnliche Ergebnisse erzielten VOLKERTS und O'HANLON (1985), die im Rahmen einer Placebo-kontrollierten Studie an Probanden deren morgendliche Fahrtüchtigkeit nach abendlicher Einnahme von 7,5 mg Zopiclon im Vergleich zu 15 bzw. 30 mg Flurazepam, 1 bzw. 2 mg Lormetazepam, 2 mg Flunitrazepam und 5 mg Nitrazepam untersuchten.
Die Einschränkung der psychomotorischen Leistungen unter Zopiclon kann nach oraler Einnahme von 250 mg Koffein aufgehoben werden (O'BOYLE 1988).
Im Bereich der kognitiven Leistungen ließen sich bei Gesunden 1 Stunde nach Einnahme von 7,5 mg Zopiclon Einschränkungen im Bereich des Kurzzeitgedächtnisses (visuelle und motorische Lernfähigkeit, Reaktionsgeschwindigkeit) nachweisen, welche ausgeprägter als unter Einnahme von 1 mg Lormetazepam aber geringer als unter Einnahme von 1 bzw. 2 mg Flunitrazepam, 0,25 mg Triazolam und 5 mg Nitrazepam waren (HINDMARCH und SUBHAN 1985, SUBHAN und HINDMARCH 1984).
Placebo-kontrollierte Vergleichsstudien zwischen Einmalgaben von 7,5 mg Zopiclon und 0,25 mg Triazolam an gesunden Probanden (WAROT et al. 1985) ergaben für beide Hypnotika eine anterograde Amnesie in den Kurzzeit- und Langzeit-Ge-

dächtnisbereichen, die weniger als 6 Stunden anhielt.

Wirkungen auf respiratorische Funktionen
Im Gegensatz zu Benzodiazepin-Hypnotika führt eine Zopiclon-Behandlung von Insomnie-Patienten mit chronisch obstruktiven Atemwegserkrankungen oder leichtem Schlaf-Apnoe-Syndrom (Apnoe-Index: 5 bis 20) weder zu einer Depression der respiratorischen Funktionen noch zu einer Änderung von respiratorischen Parametern (Beaupre et al. 1988, Muir et al. 1990, Wildschiodtz und Gynning 1991, Molle et al. 1991, Inoue et al. 1991).
Polysomnographische Untersuchungen an 18 älteren Patienten mit verschieden ausgeprägten Apnoe-Syndromen zeigten, daß bei Patienten mit einem leichten Apnoe-Syndrom die Häufigkeit der zentralen Apnoen rückläufig war (Inoue et al. 1991).
Ältere Patienten mit einer mäßigen Schlaf-Apnoe (Apnoe-Index: > 20) zeigten allerdings eine signifikante Zunahme des obstruktiven Apnoe-Syndroms unter abendlicher Einnahme von 7,5 mg Zopiclon.

Bisher wurde der **anxiolytische Effekt** von Zopiclon im Rahmen vergleichender, randomisierter Studien in der Behandlung einer chronischen Insomnie an über 100 Patienten, die zusätzlich an einer generalisierten Angststörung erkrankt waren, untersucht. Hierbei ließ sich während der Insomnie-Behandlung mit 7,5 mg Zopiclon/os ein anxiolytischer Effekt nachweisen, der dem unter Behandlung mit 5 mg Nitrazepam (Agnoli et al. 1989, Manna et al. 1988) bzw. unter Behandlung mit 0,5 mg Triazolam (Fontaine et al. 1990) überlegen war. Trotz des offensichtlichen anxiolytischen Effektes von Zopiclon ist diese Wirkung durch die im Vergleich zu Diazepam kurze Halbwertszeit (4–7 h) des Zopiclon für die Behandlung von Angstzuständen von begrenztem Wert.

Literatur

Agnoli A, Manna V, Martucci N (1989) Double-blind study on the hypnotic and antianxiety effects of zopiclone compared with nitrazepam in the treatment of insomnia. Int J Clin Pharmacol Res 10: 277–281

Arbilla S, Depoortere H, George P et al. (1985) Pharmacological profile of zolpidem at benzodiazepine receptors and electrocorticograms in rats. Naunyn Schmiedebergs Arch Pharmacol 330: 248–251

Balster RL, Woolverton WL (1982) Intravenous buspirone self administration in rhesus monkeys. J Clin Psychiatry 43: 34–47

Beaupre A, Soucy R, Phillips R et al. (1988) Respiratory center output following zopiclone or diazepam administration in patients with pulmonary disease. Respiration 54: 235–240

Bensimon G, Warot D, Foret J et al. (1988) Residual effects of hypnotics: comparative study of zolpidem and flunitrazepam versus placebo. In: Sauvanet JP, Langer SZ, Morselli PL (eds) Imidazopyridines in sleep disorders. Raven, New York, p 374

Bensimon G, Foret J, Warot D et al. (1990) Daytime wakefulness following a bedtime oral dose of zolpidem 20 mg, flunitrazepam 2 mg and placebo. Br J Clin Pharmacol 30: 463–469

Besset A, Billiard M, Tafti M et al. (1990) Effect of zolpidem on waking and sleeping in the poor sleeper. Polygraphic and psychometric study. In: Barthonil P (ed) Insomnia et imidazopyridines. Excerpta Medica, Amsterdam, pp 231–232, 268–287

Billiard M, Besset A, de Lustrac C et al. (1987) Dose-response effects of zopiclone on night sleep and on night-time and daytime functioning. Sleep [Suppl 1] 10: 27–34

Billiard M, Besset A, de Lustrac C et al. (1989) Effects de la zopiclone sur le sommeil, la somnolence diurne et les peformances nocturnes et diurnes chez le volontaire sain. Neurophysiologie Clinique 19: 131–143

Blois R, Gaillard JM (1983) The effects of zopiclone on some polygraphic and subjective aspects of normal human sleep. VII World Congress of Psychiatry, Vienna, July 11–15 (Abstract)

Blois R, Gaillard JM (1988) The effects of zolpidem on characteristics of normal human sleep. In: Sauvanet JP, Langer SZ, Morselli PL (eds) Imidazopyridines in sleep disorders. Raven, New York, pp 375–376

Bond A, Lader M (1981) Comparative effects of diazepam and buspirone on subjective feelings, psychological tests and the EEG. Int Pharmacopsychiatry 16: 212–220

Bond A, Lader M (1983) Correlations among measures of response to benzodiazepines in man. Pharmacol Biochem Behav 18: 295–298

Borbely AA, Mattmann P, Loepfe M (1983) A single dose of benzodiazepine hypnotics alters the sleep EEG in the subsequent drug-free night. Eur J Pharmacol 89: 157–161

Borbely AA (1986a) Benzodiazepinhypnotika: Wirkungen und Nachwirkungen von Einzeldosen. In: Hippius H, Engel RR, Laakmann G (Hrsg) Benzodiazepine. Rückblick und Ausblick. Springer, Berlin Heidelberg New York Tokyo, S 96–100

Borbely AA (1986b) Schlafmittel und Schlaf. Übersicht und therapeutische Richtlinien. Therap Umsch 43: 509–516

Borbely AA, Youmbi-Balderer G, Jaggi-Schwarz K (1988) Zolpidem (10 mg and 20 mg): hypnotic action and residual effects after a single bedtime dose. In: Sauvanet J, Langer SZ, Morselli PL (eds) Imidazopyridines in sleep disorders. Raven, New York, pp 205–210

Borison RL, Albrecht JW, Diamond BI (1990) Efficacy and safety of a putative anxiolytic agent: ipsapirone. Psychopharmacol Bull 26: 207–210

Boulenger JP, Squillace K, Simon P et al. (1989) Buspirone and diazepam: comparison of subjective, psychomotor and biological effects. Neuropsychobiology 22: 83–89

Broekkamp CL, Berendesen HH, Jenck F et al. (1989) Animal models for anxiety and response to serotonergic drugs. Psychopathology 22 [Suppl 1]: 2–12

Broadhurst A, Cushnaghan RC (1987) Residual effects of zopiclone (Imovane). Sleep [Suppl 1] 10: 48–53

Campbell RD, Grace MGA, Bourgouin J et al. (1987) Efficacy and safety of zopiclone in the treatment of insomnia. Curr Ther Res 42: 665–670

Cashman JN, Power J, Jones RM (1987a) Assessment of a new hypnotic imidazo-pyridine (zolpidem) as oral premedication. Br J Clin Pharmacol 24: 85–92

Cashman JN, Power SJ, Jones RM et al. (1987b) Assessment of recovery from anesthesia: what tests should we use? Anesthesiology 67: 343

Cashman JN, Power SJ (1989) An evaluation of tests of psychomotor function in assessing recovery following a brief anaesthesia. Ann Anaesthesiol Scand 33: 693–697

Cirignotta F, Mondini S, Zucconi M et al. (1988) Controlled polysomnographic study of the effects of benzodiazepine and non-benzodiazepine hypnotics (zolpidem) in obstructive sleep apnea patients: preliminary results. In: Sauvanet JP, Langer SZ, Morselli PL (eds) Imidazopyridines in sleep disorders. Raven, New York, pp 297–304

Cluydts R, De Roeck J, Schotte C et al. (1985) Interrelation of daytime alertness, performance and nocturnal sleep in healthy volunteers. Sleep Res 14: 90

Cole JO, Orzack MH, Beake B et al. (1982) Assessment of the abuse liability of buspirone in recreational sedative users. J Clin Psychiatry 43: 69–74

Coupez JM, Bachy C, Coupez-Lopinot R et al. (1988) Study of the efficacy and safety of zolpidem compared with oxazepam in hospitalized patients with sleep disorders. In: Sauvanet JP, Langer SZ, Morselli PL (eds) Imidazopyridines in sleep disoders. Raven, New York, pp 377–378

Cudennec A, Decobert M, Depoortere H et al. (1988) The effects of an imidazopyridine hypnotic, zolpidem, on cerebral blood flow and metabolism in primates and rats. In: Sauvanet JP, Langer SZ, Morselli PL (eds) Imidazopyridines in sleep disorders. Raven, New York, pp 379–380

Davis M, Cassella JV, Kehne JH (1988) Serotonin does not mediate anxiolytic effects of buspirone in the fear-potentiated startle paradigm: comparison with 8-OH-DPAT and ipsapirone. Psychopharmacology 94: 14–20

Depoortere H (1985) A comparative EEG study of some benzodiazepine (BZD) and non-BZD sedative or hypnotic drugs. Pharmacopsychiatry 18: 17–19

Depoortere H, Granger P (1985) Differentiation of EEG sleep stages in the rat and the cat by automatic analysis. In: Kubicki S, Hermann WM (eds) Methods of sleep research. Fischer, Stuttgart, pp 37–45

Depoortere H, Decobert M, Granger P et al. (1986a) Pharmaco-EEG study of some benzodiazepine (BZD) and non-BZD anxiolytic-hypnotic drugs. In: Court L, Trocherie S, Doucet J (eds) Traitement du signal en electrophysiologie clinique et expérimentale. Edition du Commissariat à l'Energie Atomique, Tome 1, pp 427–442

Depoortere H, Zivkovic B, Lloyd KG et al. (1986b) Zolpidem, a novel non-benzodiazepine hypnotic. In: Neuropharmacological and behavioral effects. J Pharmacol Exp Ther 237: 649–658

Depoortere H, Decobert M, Granger P et al. (1988) Pharmaco-EEG profile of zolpidem: an imidazopyridine hypnotic agent. In: Sauvant JP, Langer SZ, Morselli PL (eds) Imidazopyridines in sleep disorders. Raven, New York, pp 81–96

De Vry J, Glaser T, Schuurman T et al. (1991)

$5HT_{1A}$ receptors in anxiety. In: Briley M, File SE (eds) New concepts in anxiety. MacMillan Press, London, pp 94–129

Dolly F, Block A (1982) Effect of flurazepam on sleep-disordered breathing and nocturnal oxygen desaturation in asymptomatic subjects. JAMA 73: 239–243

Eison MS (1986) Lack of withdrawal signs of dependence following cessation of treatment or Ro 15-1788 administration to rats chronically treated with buspirone. Neuropsychobiology 16: 15–18

Elie R, Dechenes JP (1983) Efficacy and tolerance of zopiclone in insomniac geriatric patients. Pharmacology 27 [Suppl 2]: 179–187

Emeriau JP, Descamps A, Dechelotte P et al. (1988) Zolpidem and flunitrazepam: a multicenter trial in elderly hospitalized patients. In: Sauvanet JP, Langer SZ, Morselli PL (eds) Imidazopyridines in sleep disorders. Raven, New York, pp 317–326

Feighner JP, Boyer WF (1989) Serotonin-IA anxiolytics: an overview. Psychopathology 22: 21–26

Feuerstein C (1983) Etude polygraphique du sommeil de nuit après administration de zolpidem chez l'homme. Rapport interne, Grenoble (zitiert nach Synthelabo 1990)

Fleming JAE, Bourgouin J, Hamilton P (1988) A sleep laboratory evaluation of the long-term efficacy of zopiclone. Can J Psychiatry 33: 103–107

Fontaine R, Beaudry P, Le Morvan P et al. (1990) Zopiclone and triazolam in insomnia associated with generalized anxiety disorder: a placebo-controlled evaluation of efficacy and anxiety. Int Clin Psychopharmacol 5: 173–183

Gamzu ER (1988) Animal model studies of benzodiazepine-induced amnesia. In: Hindmarch I, Ott H (eds) Benzodiazepine receptor ligands, memory and information processing. Springer, Berlin Heidelberg New York Tokyo, pp 218–229

Goa KL, Heel RC (1986) Zopiclone. A review of its pharmacodynamic and pharmacokinetic properties and therapeutic efficacy as an hypnotic. Drug 32: 48–65

Goldberg ME, Salama AI, Patel JP et al. (1983) Novel non-benzodiazepine anxiolytics. Neuropharmacology 22: 1499–1504

Griffiths A, Mercer A, Jones D et al. (1986) The effects of zolpidem, a novel hypnotic, on saccadic eye movements, psychomotor performance and mood in healthy male volunteers. Acta Pharmacol Toxicol 59 [Suppl V]: 120

Guilleminault C, Eldridge F, Dement W (1973) Insomnia with sleep apnea: a new syndrome. Science 181: 856–858

Haefely W (1986) Biological basis of drug-induced tolerance, rebound and dependence. Contribution of recent research on benzodiazepines. Pharmacopsychiatry 19: 353–361

Herrmann WM, Kubicki ST, Wober W (1988) Zolpidem: a four-week pilot polysomnographic study in patients with chronic sleep disturbances. In: Sauvanet J, Langer SZ, Morselli PL (eds) Imidazopyridines in sleep disorders. Raven, New York, pp 261–278

Hindmarch I (1985) Residual effects of zopiclone on psychomotor performance. 1st International Conference on Recent Advances in Drug Treatment in Psychiatry, Montreux, October 6–11. Symposium: Zopiclone – an update

Hindmarch I, Subhan Z (1985) Immediate and overnight effects of zopiclone 7,5 mg and nitrazepam 5 mg with ethanol, on psychomotor performance and memory in healthy volunteers. First International Conference on Recent Advances in Drug Treatment in Psychiatry, Montreux, October 6–11 (Abstract)

Inoue Y, Komatsu K, Takata K et al. (1991) Comparison of zopiclone and flurazepam on sleep apnea in the elderly. World Federation of Sleep Research Societies Founding Congress, Cannes, September 21–25, 1991

Johnston AL, File SE (1988) Effects of ligands for specific 5-HT receptor sub-types in two animal tests of anxiety. In: Lader M (ed) Buspirone: a new introduction to the treatment of anxiety. Royal Society of Medicine Services, London New York, pp 31–41

Joly D, Sanger DJ, Zivkovic B (1986) The effects of zolpidem, a new imidazopyridine hypnotic acting at benzodiazepine binding sites, on the acquisition of learned fear in mice. Psychopharmacology 89: 19

Jovanovic VJ, Dreyfus JF (1983) Polygraphical sleep recordings in insomniac patients under zopiclone or nitrazepam. Pharmacology 27 [Suppl 2]: 136–145

Julou L, Bardone MC, Blanchard JC et al. (1983) Pharmacological studies on zopiclone. Pharmacology [Suppl 2] 27: 46–58

Julou L, Blanchard JC, Dreyfus JF (1985) Pharmacological and clinical studies of cyclopyrrolones: zopiclone and suriclone. Pharmacol Biochem Behav 23: 653–659

Kehne JH, Cassella JV, Davis M (1988) Anxiolytic effects of buspirone and gepirone in the fear potentiated startle paradigm. Psychopharmacology 94: 8–13

KOSHOREK G, ROEHRS T, SICKLESTEEL J et al. (1988) Dose effects of zolpidem on transient insomnia. Sleep Res 17: 47

KUMMER J, GUENDEL L, KYREIN HJ et al. (1988) Sleep-EEG profile of elderly insomniacs during long-term treatment with zolpidem. In: SAUVANET JP, LANGER SZ, MORSELLI PL (eds) Imidazopyridines in sleep disorders. Raven, New York, p 381

KURTZ D, FILLIUS B, BONINGEN C et al. (1988) Effects of zolpidem on the sleep of healthy elderly subjects: polysomnographic recording assessments and pharmacokinetics. In: SAUVANET JP, LANGER SZ, MORSELLI PL (eds) Imidazopyridines in sleep disorders. Raven, New York, p 382

LADER M, DENNEY SC (1983) A double-blind study to establish the residual effects of zopiclone on performance in healthy volunteers. Pharmacology 27 [Suppl 2]: 98–108

LADER M, FRCKA G (1987) Subjective effects during administration and on discontinuation of zopiclone and temazepam in normal subjects. Pharmacopsychiatry 20: 67–71

LAMPHERE JK, ROEHRS TA, ZORICK FJ et al. (1989) The dose effects of zopiclone. Hum Psychopharmacol 4: 41–46

LAWLOR BA, HILL JL, RADCLIFFE JL et al. (1992) A single oral dose challenge of buspirone does not affect memory processes in older volunteers. Biol Psychiatry 32: 101–103

LEBRAULT C, CHAUVIN M, BRUSSET A et al. (1989) Preoperative sedation with zolpidem, lorazepam and placebo: a random double-blind comparison. Anesthesiology 71: 300

LEVINE S (1988) Buspirone: clinical studies in psychiatry. In: LADER M (ed) Buspirone: a new introduction to the treatment of anxiety. Royal Society of Medicine Services, London New York, pp 43–49

LILIE J, LAHMEYER HW, BELZER LJ (1989) Effect of zolpidem on cognitive functioning and mood in insomniacs. Sleep Res 18: 122

LLOYD KG, LEVRIER J, FERRARI P (1988) Comparison of zolpidem with diazepine hypnotics on respiratory function in the rat. In: SAUVANET JP, LANGER SZ, MORSELLI PL (eds) Imidazopyridines in sleep disorders. Raven, New York, pp 383–384

LUND R, RÜTHER E, WOBER W et al. (1988) Effects of zolpidem (10 and 20 mg) lormetazepam, triazolam and placebo on night sleep and residual effects during the day. In: SAUVANET JP, LANGER SZ, MORSELLI PD (eds) Imidazopyridines in sleep disorders. Raven, New York, pp 103–104

MAMELAK M, SCIMA A, PRIVE V (1983) Effects of zopiclone on the sleep of chronic insomniacs. Pharmacology [Suppl 2] 27: 156– 164

MAMELAK M, BUCK L, CSIMA A et al. (1987) Effects of flurazepam and zopiclone on the performance of chronic insomniac patients: a study of ethanol-drug interaction. Sleep [Suppl 1] 10: 79–87

MANNA V, MARTUCCI N, AGNOLO A (1988) Hypnotic and antianxiety effects of zopiclone vs nitrazepam. Psychopharmacology 96 [Suppl]: 359

MATTILA MJ, ARANKO K, SEPPALA T (1982) Acute effects of buspirone and alcohol on psychomotor skills. J Clin Psychiatry 43: 56–60

MELTZER HY, FLEMING R, ROBERTSON A (1983) The effect of buspirone on prolactin and growth hormone secretion in man. Arch Gen Psychiatry 40: 1099–1102

MERLOTTI L, ROEHRS T, KOSHOREK G et al. (1989) The dose effects of zolpidem on the sleep of healthy normals. J Clin Psychopharmacol 9: 9–14

MOLLE JP, QUARRÉ JP, GILBERT P et al. (1991) Influence of zopiclone on nocturnal oxygene saturation in patients with mild chronic obstructive pulmonary disease. World Federation of Sleep Research Societies Founding Congress, Cannes, September 21–25, 1991

MONTI JM (1989) Effect of zolpidem on sleep in insomniac patients. Eur Clin Pharmacol 36: 461–466

MORSELLI PL, LARRIBAUD J, GUILLET PH et al. (1988) Daytime residual effects of zolpidem: a review of available data. In: SAUVANET JF, LANGER SZ, MORSELLI PL (eds) Imidazopyridines in sleep disorders. Raven, New York, pp 183–191

MOSKOWITZ H, SMILEY A (1982) Effects of chronically administered buspirone and diazepam on driving-related skills performance. J Clin Psychiatry 43: 45–55

MUIR JF, DEFOUILLOY C, BROUSSIER P et al. (1990) Comparative study of the effects of zopiclone and placebo on respiratory function in patients with chronic obstructive respiratory insufficiency. Int Clin Psychopharmacol 5 [Suppl 2]: 85–94

MUSCH B, BIANCHI M (1988) Lack of rebound effects and withdrawal symptoms with zopiclone: a review of 26 clinical studies. Psychopharmacology [Suppl] 96: 174–174

NAEF MM, FORSTER A, NAHORY A et al. (1989) Flumazenil antagonizes the sedative action of zolpidem, a new imidazopyridine hypnotic. Anesthesiology 71: 297

NGEB CC, HASSAN R (1990) A double-blind placebo-controlled trial of zopiclone 7,5 mg and

temazepam 20 mg in insomnia. Int Clin Psychopharmacol 5: 165–171
Nicholson AN, Stone BM (1983) Zopiclone: sleep and performance studies in healthy man. Pharmacology [Suppl 2] 27: 92–97
Nicholson AN, Pascoe PA (1986) Hypnotic activity of an imidazopyridine (Zolpidem). Br J Clin Pharmacol 21: 205–211
Nicholson AN, Stone BM (1987) Efficacy of zopiclone in middle age. Sleep 10 [Suppl 1]: 35–39
Nicholson AN, Pascoe PA (1988) Hypnotic activity of zolpidem: night-time and day-time studies in young and middle-aged adults. In: Sauvanet JP, Langer SZ, Morselli PL (eds) Imidazopyridines in sleep disorders. Raven, New York, pp 231–240
O'Boyle CA (1988) Caffeine antagonism of the central effects of zopiclone and nitrazepam in man. Br J Clin Pharmacol 26: 621–622
O'Hanlon JF, Volkerts ER (1986) Hypnotics and actual driving performance. Acta Psychiatr Scand 74 [Suppl 332]: 95–104
Ongini E (1983) Behavioral and EEG effects of benzodiazepines and their antagonists in the cat. In: Biggio G, Costa E (eds) Benzodiazepines recognition site ligands: biochemistry and pharmacology. Raven, New York, pp 211–225
Oswald I (1980) Sleep as a restorative process: human clues. Prog Brain Res 53: 279–288
Oswald I, Adam K (1988) A new look at short-acting hypnotics. In: Sauvanet JP, Langer SZ, Morselli PL (eds) Imidazopyridines in sleep disoders. Raven, New York, pp 253–259
Pahud J, Forster A, Gamulin Z et al. (1988) Preoperative sedation with zolpidem, midazolam and placebo: a randomized double-blind comparison. Anesthesiology 69: 555
Pecknold J, Wilson R, Le Moran P (1990) Long-term efficacy and withdrawal of zopiclone: a sleep laboratory study. Int Clin Psychopharmacol 5 [Suppl 2]: 57–67
Quadens OP, Hoffman G, Buytaert G (1983) Effects of zopiclone as compared to flurazepam on sleep in women over 40 years of age. Pharmacology [Suppl 2] 27: 146–155
Ranlov PJ, Nielsen SP (1987) Effect of zopiclone and diazepam on ventilatory response in normal human subjects. Sleep 10 [Suppl 1]: 40–47
Riblet LA, Eison AS, Eison MS et al. (1983) Buspirone – a new anxioselective alternative. Neuropsychopharmacol Biol Psychiatry 7: 663–668
Riblet LA, Eison AS, Eison MS et al. (1984) Neuropharmacology of buspirone. Psychopathology 17: 69–78
Rizzo PA, Fattapposta F, Sanarelli L et al. (1988) Zolpidem: a double-blind study on sleep quality and contingent negative variation. In: Sauvanet JP, Langer SZ, Morselli PL (eds) Imidazopyridines in sleep disorders. Raven, New York, p 388
Roger M, Dallot JY, Salmon O et al. (1988) Hypnotic effect of zolpidem in geriatric patients: a dose-finding study. In: Sauvanet J, Langer SZ, Morselli PL (eds) Imidazopyridines in sleep disorders. Raven, New York, pp 279–287
Sanger DJ, Joly D (1985) Anxiolytic drugs and the acquisition of conditioned fear in mice. Psychopharmacology 85: 284–288
Sanger DJ, Zivkovic B (1986) The discriminative stimulus propertics of zolpidem, a novel imidazopyridine hypnotic. Psychopharmacology 89: 317–322
Sanger DJ, Zivkovic B (1987) Investigation of the development of tolerance to the action of zolpidem and midazolam. Neuropharmacology 26: 1513– 1518
Sanger DJ, Zivkovic B (1988) Further behavioural evidence for the selective sedative action of zolpidem. Neuropharmacology 27: 1125–1130
Sanger DJ, Joly D, Zivkovic B (1986) Effects of zolpidem, a new imidazopyridine hypnotic, on the acquisition of conditioned fear in mice. Comparison with triazolam and CL 281, 872. Psychopharmacology 90: 207–210
Sanger DJ, Joly D, Zivkovic B (1988) The behavioural pharmacology of zolpidem: comparison with other compounds acting at the benzodiazepine receptor. In: Sauvanet JP, Langer SZ, Morselli PL (eds) Imidazopyridines in sleep disorders. Raven, New York, pp 111–121
Scharf MB, Kaffeman M, Rodgers L et al. (1988) Single dose tolerance study of zolpidem. In: Sauvanet JP, Langer SZ, Morselli PL (eds) Imidazopyridines in sleep disorders. Raven, New York, pp 175–181
Schlich D, Heritier CL, Coquelin JP et al. (1991) Long-term treatment of insomnia with zolpidem: a multicenter general practitioner study of 107 patients. J Int Med Res 19: 271–279
Schuckit MA (1984) Clinical studies of buspirone. Psychopathology 17: 61–68
Schweizer E, Rickels K, Lucki I (1986) Resistence to the antianxiety effect of buspirone in patients with a history of benzodiazepine use. N Engl J Med 314: 719–720
Seidel W, Ball S, Cohen S et al. (1984) Daytime alertness in relation to mood, performance and nocturnal sleep in chronic insomniacs

and non-complaining sleepers. Sleep 7: 582–594
SEIDEL WF, COHEN SA, BLIWISE NG et al. (1985) Buspirone: an anxiolytic without sedative effect. Psychopharmacology 87: 371–373
SEPPALA T, NUOTTO E, DREYFUS JF (1982) Zopiclone and flunitrazepam in healthy subjects: hypnotic activity, residual effects on performance and combined effects with alcohol. Drugs Exp Clin Res 8: 35–47
SHAW SH (1988) Double-blind, comparative study of zolpidem and placebo in the treatment of insomnia in elderly psychiatric in-patients. In: SAUVANET JP, LANGER SZ, MORSELLI PL (eds) Imidazopyridines in sleep disorders. Raven, New York, p 389
SHAW SH, TCURSON H, COQUELIN JP (1992) A double-blind, comparative study of zolpidem and placebo in the treatment of insomnia in elderly psychiatric in-patients. J Int Med Res 20: 150–161
SMILEY A, MOSKOWITZ H (1986) Effects of long-term administration of buspirone and diazepam on driver steering control. Am J Med 80: 22–29
SPENCER DG JR, TRABER J (1987) The interoceptive discriminative stimuli induced by the novel putative anxiolytic TVX Q 7821: behavioral evidence for the specific involvement of serotonin 5-HT_{1A} receptors. Psychopharmacology 91: 25–29
SUBHAN Z, HINDMARCH I (1984) Effects of zopiclone and benzodiazepine hypnotics on search in short-term memory. Neuropsychobiology 12: 244–248
TERZANO MG, PARRINO L, FIORITI G et al. (1988) The cyclic alternating pattern rate: a sleep variable sensitive to environmental modifications. A controlled study utilizing white noise and zolpidem. In: SAUVANET JP, LANGER SZ, MORSELLI PL (eds) Imidazopyridines in sleep disorders. Raven, New York, pp 219–230
THIÉBOT MH (1985) Some evidence for amnesic-like effects of benzodiazepines in animals. Neurosci Biobehav Rev 9: 95–100
TIBERGE M, CALVET U, KHAYI N et al. (1988) Comparison of the effects of zopiclone and triazolam on sleep in healthy subjects. Encephale 14: 319–324
TUNNICLIFF G, EISON AS (1991) Clinical pharmacology of buspirone action. In: TUNNICLIFF G, EISON AS, TAYLOR DP (eds) Buspirone – mechanisms and clinical aspects. Academic Press, San Diego, pp 19–34
UEKI S (1987) Behavioral pharmacology of zopiclone. Sleep [Suppl 1] 10: 16
UEKI S, YAMAMOTO T, KATAOKA Y et al. (1983) Behavioral effects of zopiclone, a cyclopyrrolone derivative. 7th World Congress of Psychiatry, Vienna, July 11–15, 1983
VERMEEREN A, DECLERK AC, KHO L et al. (1990) Zolpidem's effects on sleep, memory and driving versus those of flunitrazepam, placebo and partial sleep deprivation. 1st Conference – Congress of European Sleep Research Society, Strasbourg, France, May 21, 1990 (Abstract)
VOGEL G, THURMOND A, MACINTOSH W et al. (1988) The effects of zolpidem on transient insomnia. Sleep Res 17: 67
VOLKERTS ER, O'HANLON JF (1985) Residual effect of prescribed hypnotics upon actual driving performance. Tijdschr Ther Genees Onderz 10: 919–928
VOLKERTS ER, O'HANLON JF (1988) Residual effects on real car driving performance: zopiclone versus flunitrazepam and nitrazepam. Tijdschr Ther Genees Onderz 13: 111–114
WALSH JK, SCHWEITZER PK, MUSHLBACH MJ et al. (1988) Experimental phase-advance as a model of transient insomnia and effects of zolpidem. Sleep Res 17: 267
WAROT D, BENSIMON G, DANJOU PH et al. (1985) Effects of two hypnotics (zopiclone, triazolam) and placebo on mnemonic and psychomotor performance. J Pharmacol 16: 538
WEINTRAUB M, DE LOIVEIRA G, MOSCUCCI M et al. (1988) A two-night preference technique for assessing the dose response and efficacy of hypnotics in insomniac patients. In: SAUVANET JP, LANGER SZ, MORSELLI PL (eds) Imidazopyridines in sleep disorders. Raven, New York, pp 241–251
WEISSMANN BA, BARRETT JE, BRADY LS et al. (1984) Behavioral and neurochemical studies on the anticonflict actions of buspirone. Drug Dev Res 4: 83–93
WHEATLEY D (1988) Zolpidem and placebo: a study in general practice in patients suffering from insomnia. In: SAUVANET JP, LANGER SZ, MORSELLI PL (eds) Imidazopyridines in sleep disorders. Raven, New York, pp 305–316
WICKSTROM E, GIERCKSKY E (1980) Comparative study of zopiclone, a novel hypnotic, and three benzodiazepines. Eur J Clin Pharmacol 1: 93–97
WICKSTROM E, GODTLIBSEN OB, BREDESEN JE et al. (1988) Performance and mood following partial sleep deprivation: a randomized, double-blind crossover study of zopiclone, triazolam, flunitrazepam, ethanol and placebo. Hum Psychopharmacol 3: 3–11

WILDSCHIODTZ G, GYNNING B (1991) The effect of zopiclone on sleep in patients with mild sleep apnea. World Federation of Sleep Research Societies, Founding Congress, Cannes, pp 21–25

YANAGITA T (1983) Dependence potential of zopiclone studies in monkeys. Pharmacology 17 [Suppl 2]: 216–227

ZAMBOTTI F, ZONTA N, HAFNER B et al. (1986) Modification of GABA turnover in the striatum and hippocampus of the rat after zopiclone. Naunyn Schmiedebergs Arch Pharmacol 335: 547–550

ZAMBOTTI F, ZONTA N, TAMMISO R et al. (1987) Zopiclone potentiates the antinociceptive effect of morphine in rats. Naunyn Schmiedebergs Arch Pharmacol 336: 526–529

ZIVKOVIC B, PERRAULT G, MOREL E et al. (1988) Comparative pharmacology of zolpidem and other hypnotics and sleep inducers. In: SAUVANET JP, LANGER SZ, MORSELLI PL (eds) Imidazopyridines in sleep disorders. Raven, New York, pp 97–109

5.3 Neurobiochemie und Wirkmechanismus

J. Fritze, G. Hajak und E. Rüther

5.3.1 Buspiron

Entsprechend der primären Entwicklung von Buspiron als Neuroleptikum und den tierpharmakologischen Befunden (s.o.) war zunächst nur eine Interaktion mit dopaminergen Rezeptoren bekannt: Buspiron erhöht potent und stärker als Haloperidol die elektrische Aktivität dopaminerger Neuronen mit entsprechendem Anstieg der Aktivität der Tyrosin-Hydroxylase sowie der Konzentration der Metaboliten von Dopamin, 3,4-Dihydroxyphenylessigsäure (DOPAC) und Homovanillinsäure (HVA) im Striatum, aber nicht im frontalen Cortex (Übersicht: RIBLET et al. 1984), was mit einer bevorzugten Blockade dopaminerger Autorezeptoren vereinbar ist. Tatsächlich besitzt Buspiron eine hohe Affinität zu D_2-Dopaminrezeptoren (Abb. 5.3.1) Abweichend von typischen Neuroleptika führt chronische Behandlung mit Buspiron nicht zu einer Vermehrung von D_2-Dopaminrezeptoren im Striatum.

GLASER und TRABER (1983) zeigten, daß Buspiron und auch Ipsapiron (DOMPERT et al. 1985) an 5-HT_1-Serotoninrezeptoren im Hippocampus bindet, die als 5-HT_{1A}-Rezeptoren charakterisiert wurden. Diese werden am spezifischsten markiert mit 8-Hydroxy-2-(di-n-propyl-amino)tetralin (^{3}H-8-OH-DPAT). Die Pyrimidinylpiperazine besitzen keine sinnvolle Affinität zu anderen Transmitter-Rezeptoren (Abb. 5.3.1), insbesondere nicht zu Benzodiazepin-Rezeptoren (Abb. 5.3.2) Autoradiographische Untersuchungen zeigten, daß 5-HT_{1A}-Rezeptoren eine besonders hohe Dichte im Hippocampus, entorhinalen Cortex, Nucleus interpeduncularis und im dorsalen Raphekern aufweisen (GLASER et al. 1985).

Die Affinität (KD) von 5-H-T_{1A}-Liganden zu ihren Rezeptoren nimmt in Gegenwart von Guanosintriphosphat (GTP) oder seinen nicht hydrolysierbaren Analoga bei gleichbleibender maximaler Bindungskapazität (B_{max}) ab, nicht aber die Affinität dieser Rezeptoren für Antagonisten (SCHLEGEL und PEROUTKA 1986). Deshalb sind 5-HT_{1A}-Rezeptoren über G-Proteine als Transduktionssystem an Adenylatzyklase als „second messenger" gekoppelt (Übersicht: PEROUTKA 1988). Einerseits wird die Zyklase durch 8-OH-DPAT, nicht aber Buspiron oder Ipsapiron stimuliert, andererseits hemmen alle drei Substanzen die direkt durch Forskolin stimulierte Zyklase.

Die anatomische Verteilung der 5-HT_{1A}-Rezeptoren legte nahe, daß sie sowohl auf serotonergen Neuronen selbst als auch serotonerg innervierten Neuronen lokalisiert sind (Abb. 5.3.3). Dies wurde elektrophysiologisch bestätigt: Alle drei Substanzen, 8-OH-DPAT, Buspiron und Ipsapiron, hemmen die spontane (Abb. 5.3.4) und stimulierte elektrische Aktivität beider Neuronentypen. Dies ist wahrscheinlich auf eine Hyperpolarisation durch Öffnung von Kaliumkanälen zurückzuführen. Die Hemmung wird durch den (unselektiven) 5-HT_{1A}-Antagonisten (–) Propranolol verhindert (SPROUSE und AGHAJANIAN 1986), was auch für anxiolytische Wirkungen zutrifft (FERNANDEZ-GUASTI und LOPEZ-RUBALCAVA 1990). Intrazelluläre Ableitungen zeigen eine Hyperpolarisierung hippocampaler CA1-Neuronen durch Serotonin. Die inhibitorischen

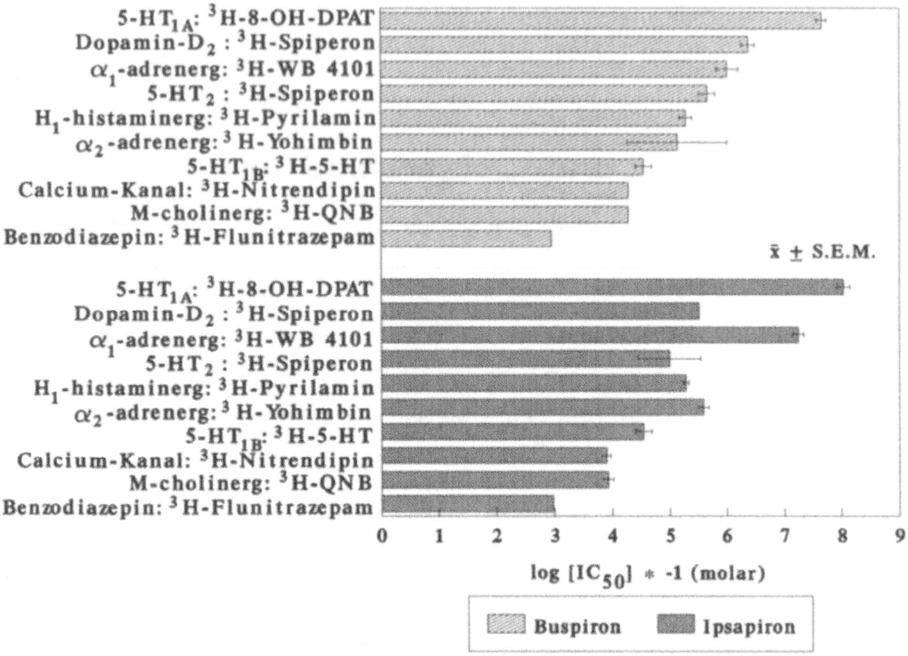

Abb. 5.3.1. Potenz (IC_{50}) von Buspiron und Ipsapiron bei der Bindung an 5-HT_{1A}-Rezeptoren (Ligand: ^{3}H-8-OH-DPAT) im Vergleich zu anderen Transmitter-Rezeptoren an Hirnmembranen vom Rind (PEROUTKA 1985). Die Konzentrationen der Radioliganden waren 0,2 nM ^{3}H-8-OH-DPAT, 0,4 nM ^{3}H-Spiperon, 0,2 nM ^{3}H-WB-4101, 2 nM ^{3}H-Pyrilamin, 2 nM ^{3}H-Yohimbin, 2 nM ^{3}H-Serotonin (5-HT), 0,2 nM ^{3}H-Nitrendipin, 0,3 nM ^{3}H-Quinuclidinylbenzilat (QNB) und 1 nM ^{3}H-Flunitrazepam

Autorezeptoren müssen somatodendritisch (Abb. 5.3.3) und nicht präsynaptisch lokalisiert (HJORTH und MAGNUSSON 1988) sein, da die durch Kalium induzierte synaptische Freisetzung von Serotonin unbeeinflußt bleibt (MIDDLEMISS und FOZARD 1983). Die Stimulation der somatodendritischen Autorezeptoren vermindert aber Synthese und Umsatz von Serotonin (GOODWIN et al. 1986, MARSDEN und MARTIN 1986). Dabei erweisen sich Buspiron und Ipsapiron als gemischte Agonisten/Antagonisten, d.h. Partialagonisten (Abb. 5.3.5). Dieser Partialagonismus wird auch dadurch belegt, daß Buspiron und Ipsapiron im Gegensatz zu 8-OH-DPAT bei der Ratte nur ein unvollständiges Serotonin-Syndrom auslösen, andererseits aber das Serotonin-Syndrom nach 8-OH-DPAT partiell antagonisieren (SMITH und PEROUTKA 1986). Bei chronischer Behandlung entwikkelt sich gegen die hypotherme Wirkung der 5-HT_{1A}-Agonisten Toleranz (DE SOUZA et al. 1986), nicht aber gegen die Hemmung des Serotonin-Umsatzes (LARSSON et al. 1990), obwohl beides der Wirkung an Autorezeptoren zugeschrieben wird.

Die Hemmung der elektrischen Aktivität serotonerger Neuronen teilen die 5HT_{1A}-Agonisten mit den anxiolytischen Benzodiazepinen (LAURENT et al. 1983, VAN DER MAELEN et al. 1986). Während aber Benzodiazepine die Aktivität auch noradrenerger Neuronen des Locus coeruleus hemmen (GRANT et al. 1980), werden diese unter Buspiron sogar noch aktiver (SANGHER und GERMAN 1983). Dies wäre nicht mit der Vorstellung vereinbar, Angst wäre an eine erhöhte zentralnervös-noradrenerge Aktivität und Anxiolyse an deren Minderung gebunden (Übersicht: FRITZE 1990). Die herausfallende Wirkung von Buspiron ist aber als Enthemmung der noradrenergen Neuronen nach Hemmung serotonerger Neuronen gut erklärbar (SEGAL 1979). Auf eine analoge Enthemmung dopaminerger Neuronen wird die Aufhebung der Neuroleptika induzierten Katalepsie durch Buspiron und auch Ipsapiron zurückgeführt (ELLIOTT et al. 1990, MCMILLEN et al. 1988).

Schon in frühen Experimenten führte eine Hemmung der Serotoninsynthese mit para-Chlorophenylalanin zu einer Enthemmung bestraften Verhaltens („Anxiolyse") (GELLER und BLUM 1970, ROBICHAUD und SLEDGE 1969) und des spontanen Explorationsverhaltens in ungewohnter Umgebung (FILE und HYDE

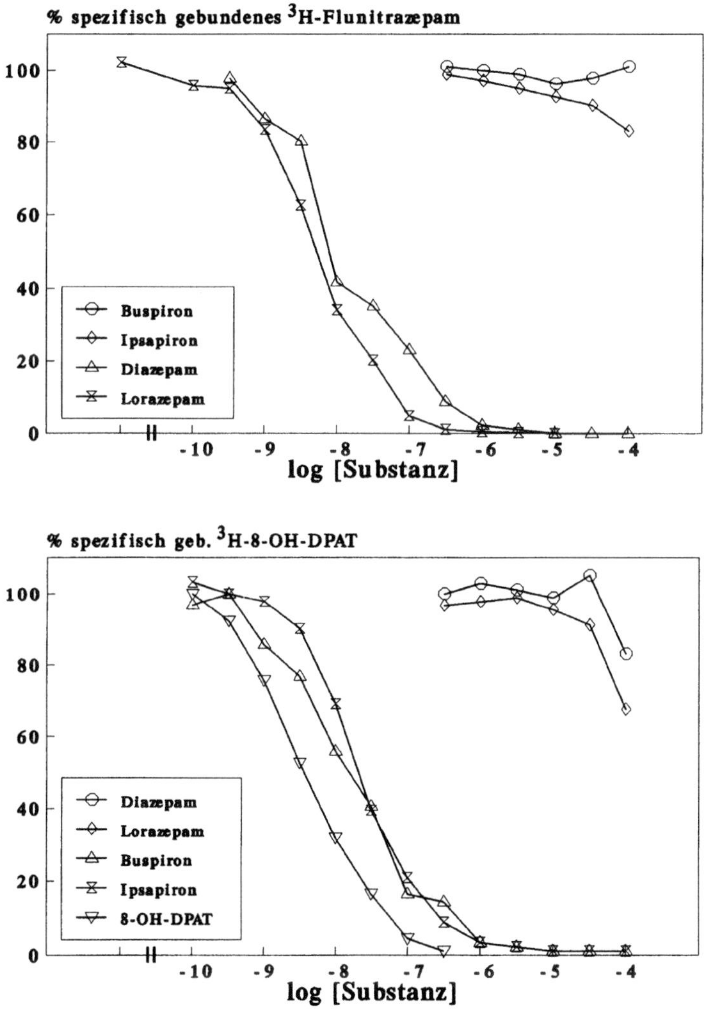

Abb. 5.3.2. Keine Hemmung der Bindung von ^{3}H-Flunitrazepam (1 nM) an Benzodiazepin-Rezeptoren (Hirnmembranen vom Cortex des Rindes) durch Buspiron und Ipsapiron (oben); potente Hemmung der Bindung von ^{3}H-8-OH-DPAT (0,2 nM) an 5-HT_{1A}-Rezeptoren durch 8-OH-DPAT, Buspiron und Ipsapiron, aber nicht Diazepam und Lorazepam (unten) (PEROUTKA 1985)

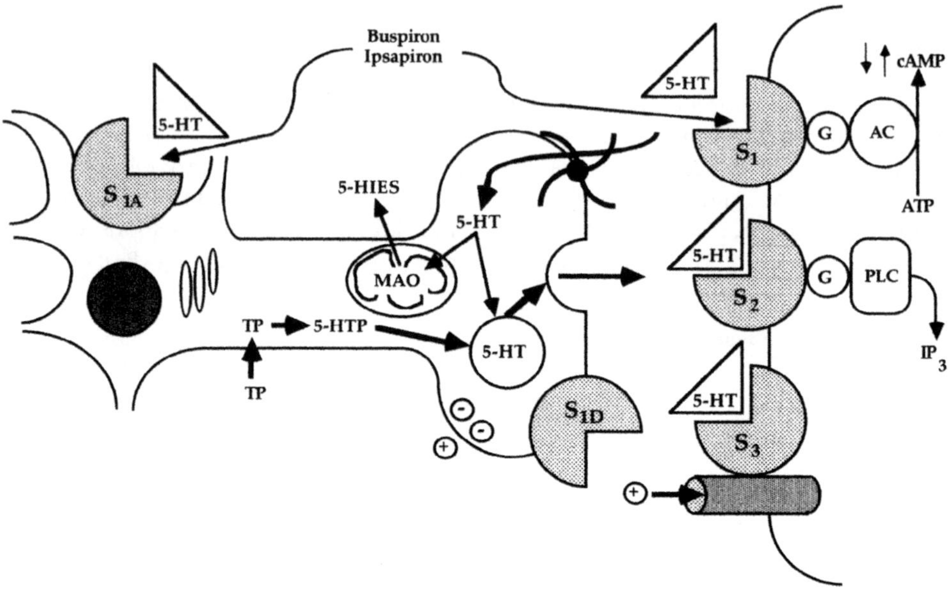

Abb. 5.3.3. Modell eines serotonergen Neurons mit einer serotonergen Synapse. *TP* Tryptophan, *5HTP* 5-Hydroxytryptophan, *5HT* Serotonin, *S* Serotonin-Rezeptoren, *MAO* Monoaminoxidase, *5HIAA* 5-Hydroxyindolessigsäure, *G* G-Protein, *ATP* Adenosintriphosphat, *AC* Adenylatzyklase, *PLC* Phospholipase C, *cAMP* zyklisches Adenosinmonophosphat, *IP3* 1,2,5-Inositoltriphosphat, ––+ Hyperpolarisation, + Kationenkanal

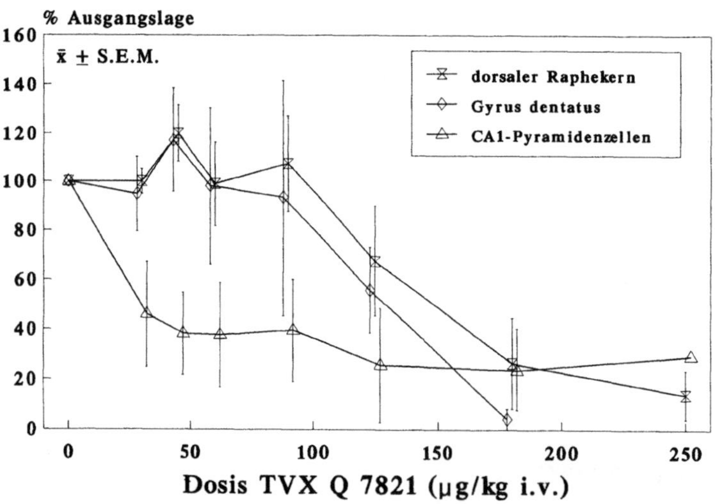

Abb. 5.3.4. Dosisabhängige Hemmung der spontanen elektrischen Aktivität serotonerger Neuronen im dorsalen Raphekern sowie serotonerg innervierter Neuronen im Nucleus dentatus und in der CA1-Region des Hippocampus der Ratte durch Ipsapiron (TVX Q 7821) (Basse-Tomusk und Rebec 1986)

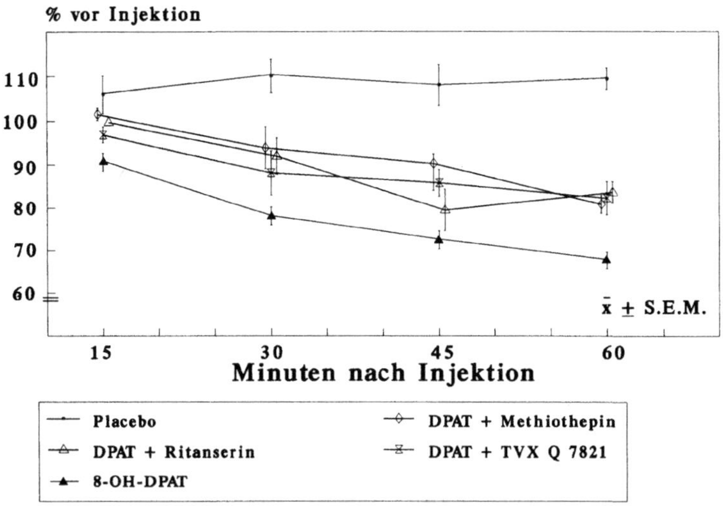

Abb. 5.3.5. Hemmung des Serotonin-Umsatzes gemessen als Konzentration seines Metaboliten 5-Hydroxyindolessigsäure (5-HIAA) im Nucleus suprachiasmaticus der Ratte (Voltametrie) durch den 5-HT_{1A}-Agonisten 8-OH-DPAT (0,1 mg/kg iv.). Während auch Ipsapiron (TVX Q 7821) allein den Umsatz hemmt (nicht gezeigt), antagonisiert Ipsapiron (1 mg/kg iv.) die Wirkung von 8-OH-DPAT. Antagonismus auch durch das unselektive Methiothepin und durch den selektiven 5-HT_2-Antagonisten Ritanserin (MARSDEN und MARTIN 1986)

1977). Auch für verschiedene Serotonin-Antagonisten wurden Antikonflikt-Wirkungen beschrieben (GELLER et al. 1974). Analoges bewirkt selektive Zerstörung serotonerger Neuronen mit dem Toxin 5,7-Dihydroxytryptamin (STEIN et al. 1973) oder elektrolytisch (WIRTSHAFTER und ASIN 1981). Allerdings bildet sich diese „Anxiolyse" innerhalb von Tagen bis Wochen wieder zurück. Auch gehen diese tierexperimentellen Serotonindefizite mit erheblichen Störungen des Sozialverhaltens, nämlich Impulsivität und Aggressivität einher, während Buspiron und mehr noch Ipsapiron antiaggressiv und prosozial wirken. Umgekehrt bewirkt elektrische Stimulation der Neuronen des medianen Raphekerns eine Verhaltenshemmung wie bei Angst (GRAEFF und SILVEIRA-FILHO 1978).

Andererseits weist auf die Bedeutung der Herabsetzung serotonerger Transmission hin, daß die anxiolytische Wirkung der 5-HT_{1A}-Agonisten nach Zerstörung des serotonergen Systems verloren geht (CARLI et al. 1989, CRITCHLEY und HANDLEY 1989, EISON et al. 1986, ENGEL et al. 1984), allerdings nicht in allen Testparadigmen (DAVIS et al. 1988). Auch postsynaptische Mechanismen spielen eine Rolle, da lokale Applikation von Buspiron in den Hippocampus ebenfalls anxiolytisch wirkt (KOSTOWSKI et al. 1989), was analogen Befunden mit Benzodiazepinen entspricht (CAMPBELL et al. 1980, NAGY et al. 1979).

Dennoch stellt die serotonerge Innervation nicht die gemeinsame Endstrecke der anxiolytischen Wirkung von 5-HT_{1A}-Agonisten und Benzodiazepinen dar: Die Injektion des Benzodiazepin-Antagonisten Ro15-1788 in den dorsalen Raphekern blockiert nicht den anxiolytischen Effekt systemisch applizierten Diazepams, obwohl Ro15-1788 (Flumazenil) dabei die Minderung der serotonergen Aktivität aufhebt (THIEBOT et al. 1984). Eine Zerstörung der Rapheneuronen (GREEN und HODGES 1986) oder die Hemmung der

Serotoninsynthese mit para-Chlorophenylalanin (pCPA) (SHEPHARD et al. 1982) hebt nicht die (zusätzliche) Anxiolyse durch Benzodiazepine auf. Die Antikonflikt-Wirkung von pCPA oder von Serotonin-Antagonisten ist schwach im Vergleich zu Benzodiazepinen und persistiert nicht, trotz anhaltender Unterdrückung der serotonergen Transmission (KILTS et al. 1982).

Serotonerge Mechanismen können also allenfalls einen Teil der Anxiolyse unter Benzodiazepinen erklären. Umgekehrt müssen die serotonergen Mechanismen der Pyrimidinylpiperazine nicht gegen jede Form von Angst wirken.

Ob der Blockade der Autorezeptoren dopaminerger Neuronen durch Buspiron eine Bedeutung für die Anxiolyse zukommt, ist unklar. Niedrig dosierte Neuroleptika stimulieren über denselben Mechanismus die elektrische Aktivität und den Dopaminumsatz dopaminerger Neuronen (COSTALL et al. 1983, JENNER und MARSDEN 1981). Tierexperimentell entfalten Neuroleptika im allgemeinen keine spezifischen Antikonflikt-Wirkungen, d.h. keine Enthemmung bestraften (mit aversiven Konsequenzen behafteten) Verhaltens ohne allgemeine Verhaltenshemmung. Eine Ausnahme mögen niedrige, selektiv am Autorezeptor wirksame Dosierungen bilden (PICH und SAMANIN 1986) Die Selektivität geht aber schon bei unwesentlich höherer Dosis verloren. Sofern sich die tierexperimentell anxiolytischen Wirkungen von Strukturanaloga wie Ipsapiron und Gepiron, die keine sinnvolle Affinität zu Dopamin-Rezeptoren besitzen (Abb. 5.3.1), auch beim Menschen nachweisen lassen, kommt der dopaminergen Komponente wohl keine Bedeutung für die Anxiolyse zu.

Cholinerge Neuronen im Cortex und Hippocampus scheinen serotonerg gehemmt zu werden: Wird das serotonerge System mit dem Neurotoxin 5,7-Dihydroxytryptamin zerstört, so steigt in diesen Regionen der Umsatz von Azetylcholin an (ROBINSON 1983). KALOSA et al. (1982) wiesen unter Buspiron im Striatum eine Steigerung des Umsatzes von Azetylcholin nach. Diese kann als Folge der Enthemmung nach Hemmung der serotonergen Neuronen aufgefaßt werden. Sie kann die Verstärkung der Katalepsie nach Cholinomimetika wie Arecolin durch Buspiron (s.o.) erklären. Sofern sie auch für den Cortex gilt, könnte sie auch die Steigerung der psychomotorischen Leistungsfähigkeit unter Buspiron (MATTILA et al. 1982) begründen.

5.3.2 Zolpidem

Zolpidem wirkt als Agonist an Bindungsstellen im Gammaaminobuttersäure (GABA)A-Chloridkanal-Komplex neuronaler Synapsen (ARBILLA et al. 1986, LANGER et al. 1988, NIDDAM et al. 1987). Es wird damit an den Membranbindungsstellen GABA-erger Neurone wirksam, die Ende der 70er Jahre als Benzodiazepin-Rezeptoren identifiziert wurden (BRAESTRUP und SQUIRES 1977, MÖHLER und OKADA 1977). GABA-erge Neurone sind als Projektionsneurone oder als Interneurone anderen Neuronentypen mit unterschiedlichsten Neurotransmittern (z.B. Noradrenalin, Dopamin, Serotonin, Acetyl-Cholin) vor- oder nachgeordnet. Benzodiazepine modulieren über ihre Rezeptorbindung die neuronale Aktivität durch verstärktes Öffnen des Chloridkanals während GABAerger Simulation. Diese vereinfachte Arbeitshypothese beschreibt eine Hyperpolarisation der Zelle und damit einen inhibitorischen Effekt auf das neuronale Leitungsnetz (BRAESTRUP et al. 1983, BIGGIO und COSTA 1983, MÜLLER 1982, 1986). Die ubiquitär vorhandenen GABAergen Synapsen sollen so überwiegend dämpfend, bei der Kopplung mehrerer GABAerger Neurone unter Umständen auch enthemmend wirken. Der inhibitorischen Aktivität des GABA-Chloridkanal-Rezeptor-Komplexes werden im allgemeinen die sedativen, hypnotischen, anxiolytischen aber auch muskelrelaxierenden Wirkungen der Benzodiazepine zugeschrieben.

Heute sind verschiedene **Subtypen** dieses **Benzodiazepin-Rezeptor-Komplexes** identifiziert und qualitativ unterschiedlichste Wirkungen verschiedenster Rezeptor Liganden (z.B. Agonisten, Partialagonisten, Inversagonisten) beschrieben worden (BIGGIO und COSTA 1983, HAEFELY 1991, MARTIN et al. 1983, SIEGHART 1986). Da Substanzen chemisch unterschiedlicher Familien an Benzodiazepin-Rezeptoren binden, wurde eine neue Nomenklatur für die unterschiedlichen Formen des Rezeptor-Komplexes vorgeschlagen (LANGER und ARBILLA 1988, LANGER et al. 1988). Benzodiazepin 1 oder jetzt *Omega. 1* (ω) genannte Rezeptoren kommen überwiegend zentral und betont im Kleinhirn vor. Cortical finden sich ω_1 und ω_2-Rezeptoren, wobei ω_2-Rezeptoren auch im Rückenmark auftreten. ω_3-Rezeptoren existieren überwiegend in peripheren Organen.

Klassische Benzodiazepine binden in Tierversuchen relativ unselektiv an alle Rezeptorsubtypen (LANGER und ARBILLA 1988, LLOYD und ZIVKOVIC 1988). In Hirnmembranaufbereitungen und in autoradiographischen Studien mit ^3H-markiertem Zolpidem band die Substanz ganz überwiegend und damit selektiv an ω_1–Rezeptoren und war in höchster Konzentration in der substantia nigra pars reticularis, dem ventralen Pallidum, dem Kleinhirn und der Hirnrinde angereichert (ARBILLA et al. 1985, 1986, BENAVIDES et al. 1988, DENNIS et al. 1988, LANGER und ARBILLA 1988, LLOYD und ZIVKOVIC 1988, NIDDAM et al. 1987). Im Tierversuch wurde die

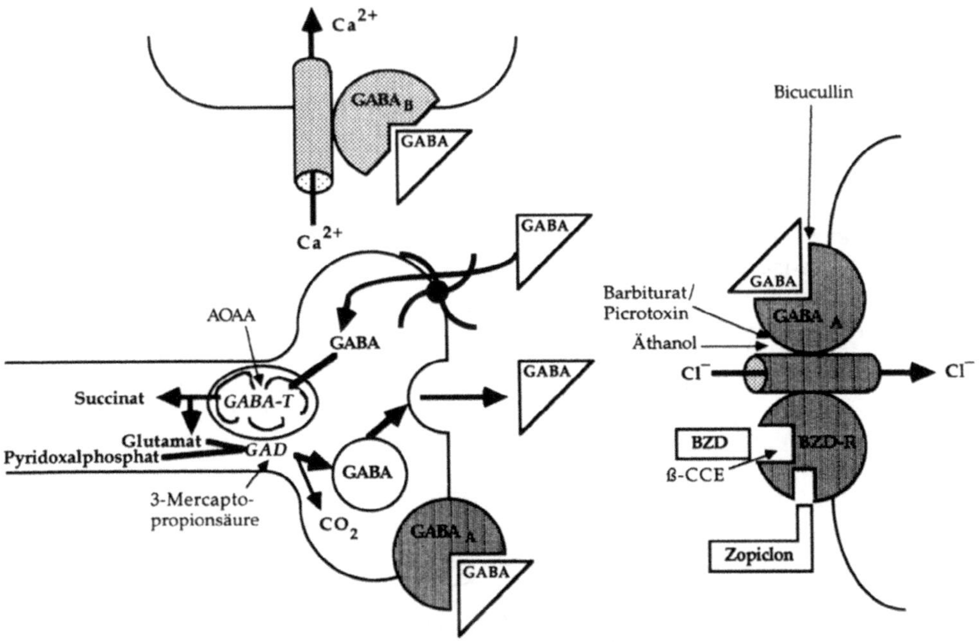

Abb. 5.3.6. Schema einer GABAergen Synapse. Zopiclon bindet allosterisch an den zentralen Benzodiazepin-Rezeptor (BZD-R) als Teil des $GABA_A$-Rezeptors und steigert damit den hyperpolarisierenden Chlorideinstrom (Cl-). Keine Interaktion mit dem $GABA_B$-Rezeptor. *GABA-T* Transaminase, *GAD* Glutaminsäure-Decarboxylase, *AOAA* Aminooxyessigsäure (Inhibitor der GABA-T)

Entladungsrate von Neuronen der substantia nigra pars reticularis durch intravenös verabreichtes Zolpidem beeinflußt, dieser Effekt ließ sie durch das benzodiazepin-antagonistisch wirkende Flumazenil verhindern (MEREU et al. 1990). Zolpidem erhöhte in vitro die Affinität von GABA zu Rezeptoren (BIGGIO et al. 1989). Die Daten erlauben den Rückschluß auf eine agonistische Wirkung des Zolpidem auf den Rezeptor. Aus der engen Interaktion von GABA und Zolpidem (ARBILLA et al. 1985) und der Fähigkeit des Zolpidem, Isoniazid-induzierte Anfälle bei Mäusen zu antagonisieren (ZIVKOVIC et al. 1988), ist auf einen Rezeptoragonismus mit hoher intrinsischer Wirkung zu schließen.

Die physiologische Rolle der Bindungsselektivität des Zolpidem ist experimentell und klinisch wenig gesichert. Der hohen ω_1-Rezeptor-Selektivität wurde der „spezifische" hypnotische Effekt des Zolpidem zugeschrieben. Die geringe Affinität zu ω_2-Rezeptoren könnte dagegen für eine geringe Muskelrelaxation verantwortlich sein (LANGER et al. 1988).

5.3.3 Zopiclon

Kurz nach der Entdeckung spezifischer Benzodiazepin-Rezeptoren (MÖHLER und OKADA 1977, SQUIRES und BRASTRUP 1977) im Zentralnervensystem als Mediatoren der Wirkung anxiolytisch-hypnotischer Benzodiazepine wurde auch für die Cyclopyrrolone Zopiclon (BLANCHARD et al. 1979) und Suriclon (BLANCHARD und JULOU 1983) die Bindung an diese Rezeptoren gezeigt. Die Cyclopyrrolone binden an keinen anderen bekannten Transmitterrezeptor. Die Benzodiazepin-Rezeptoren (BZD-R) sind Teil des $GABA_A$-Rezeptor-Chloridkanal-Komplexes, über den γ-Aminobuttersäure (GABA) andere Neuronen hemmt (Abb. 5.3.6). Die Cyclopyrrolone besitzen keine Selektivität für die pharmakobiochemisch-anatomisch definierten Subtypen (KLEPNER et al. 1979) des zentralen BZDR (TRIFILETTI und SNYDER 1984). Dieser Rezeptor-Komplex ist durch die Bidirektionalität seiner Effekte einzigartig: Agonisten verstärken die Erhöhung des Chlorideinstroms durch GABA und wirken anxiolytisch-antikonvulsiv, inverse Agoni-

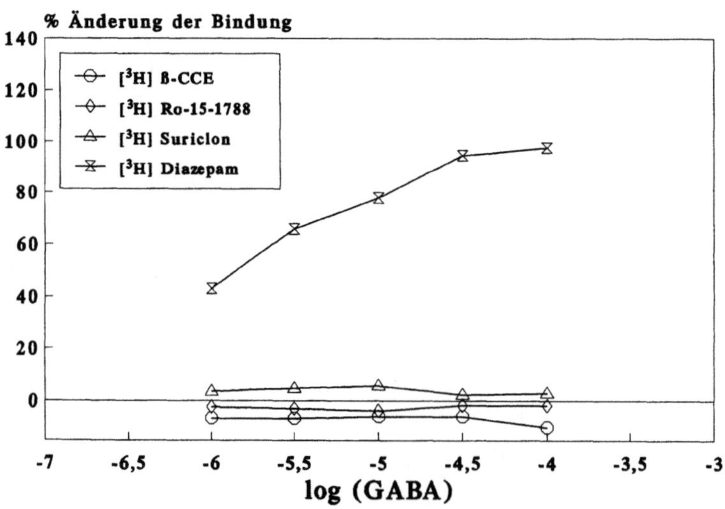

Abb. 5.3.7. Zunahme der Bindung nur von ^{3}H-Diazepam (5 nM) mit steigender Konzentration von GABA, nicht aber der von ^{3}H-Ro15-1788 (0,5 nM), ^{3}H-βCCE (β-Carbolin-Carboxyethylester; 0,5 nM) und ^{3}H-Suriclon (0,5 nM) an Membranen vom Cortex der Ratte (TRIFILETTI und SNYDER 1984)

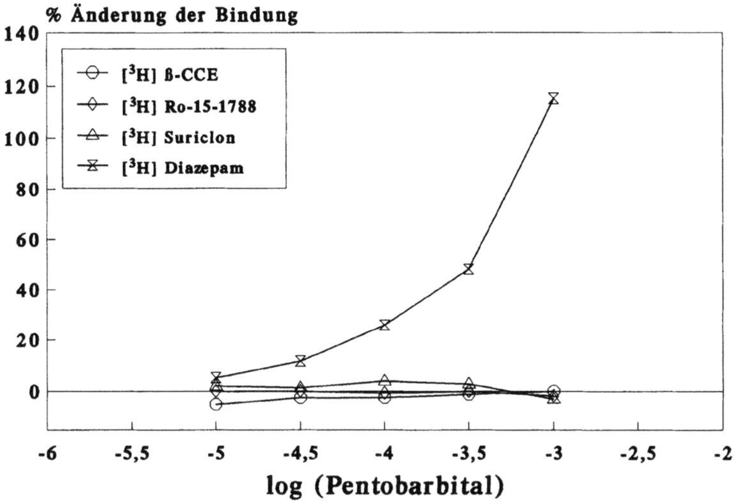

Abb. 5.3.8. Zunahme der Bindung nur von ^{3}H-Diazepam (5 nM) mit steigender Konzentration von Pentobarbital, nicht aber der von ^{3}H-Ro15-1788 (0,5 nM), ^{3}H-βCCE (β-Carbolin- Carboxyethylester; 0,5 nM) und ^{3}H-Suriclon (0,5 nM) an Membranen vom Cortex der Ratte (Trifiletti und Snyder 1984)

sten vermindern den Chlorideinstrom und wirken anxiogen-iktogen, Antagonisten (Ro15-1788) besitzen keine intrinsische Aktivität, verhindern aber die Effekte direkter und inverser Agonisten (Übersicht Haefely 1989; siehe Kap. 1 und 2.2 für Details).

Die inhibitorische Potenz verschiedener, zumindest tierexperimentell als „Anxiolytika" charakterisierter Substanzen einschließlich Zopiclon und Suriclon gegen die Bindung des Antagonisten ^{3}H-Ro15-1788 geht mit jener gegen ^{3}H-Suriclon selbst parallel, was einen identischen Bindungsort nahelegen würde. Jedoch unterscheiden sich die Cyclopyrrolone von Benzodiazepinen dadurch, daß eine Zunahme der Bindung von ^{3}H-Suriclon in Abhängigkeit von GABA (Abb. 5.3.7) und Barbiturat (Abb. 5.3.8) fehlt, womit die Cyclopyrrolone eher Benzodiazepin-Antagonisten wie Ro15-1788

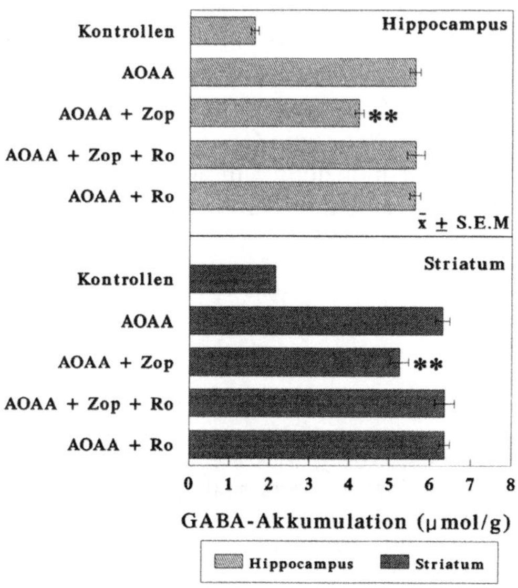

Abb. 5.3.9. Der Inhibitor der GABA-Transaminase, Aminooxyessigsäure (AOAA, 30 mg/kg i.p.) läßt die GABA-Konzentration im Hirngewebe (Hippocampus bzw. Striatum) der Ratte ansteigen. Dieser Anstieg wird durch 5 mg/kg i.p. Zopiclon (wie durch Anxiolytika vom Benzodiazepin-Typ) vermindert, diese Verminderung durch den Benzodiazepin-Antagonisten Ro15-3505 (10 mg/kg) verhindert, wobei Ro15-3505 allein wirkungslos bleibt. **$p < 0{,}01$ (Zambotti et al. 1987)

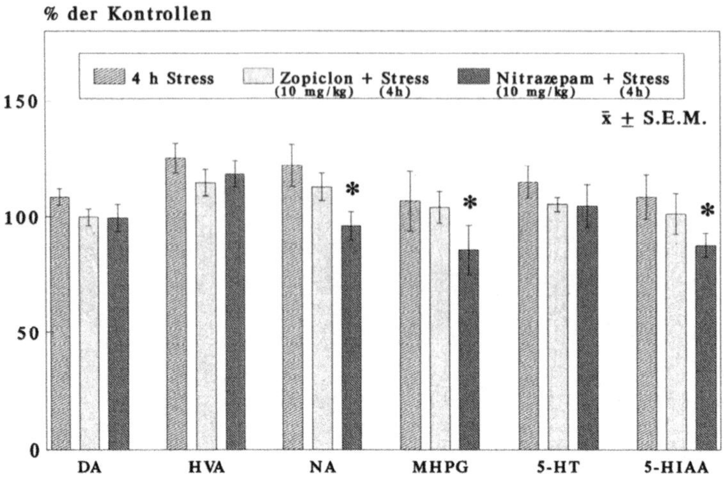

Abb. 5.3.10. Einfluß von Zopiclon (10 mg/kg p.o.) und Nitrazepam (10 mg/kg p.o.) nach 4stündigem Streß (elektrischer Fußschock, 50 V für 1 sec, Intervall 10 sec) auf die Konzentrationen biogener Amine (*DA* Dopamin, *NA* Noradrenalin, *5-HT* Serotonin) und ihrer Metaboliten (*HVA* Homovanillinsäure, *MHPG* 3-Methoxy-4-Hydroxy-Phenylglykol, *5-HIAA* 5-Hydroxyindolessigsäure) (SATO et al. 1985)

(Flumazenil) und inversen Agonisten wie β-Carbolinen gleichen (TRIFILETTI und SNYDER 1984). Auch die Abhängkeit von Chlorid-Ionen ist deutlich geringer. Die Kinetik der Hemmung der Bindung von ^{3}H-Ro15-1788 durch Suriclon legt eine heterogene Rezeptorpopulation nahe. Im Gegensatz zu Benzodiazepin-Agonisten, Antagonisten und inversen Agonisten nimmt die Affinität für ^{3}H-Suriclon mit steigender Temperatur zu. Die Cyclopyrrolone vermindern die maximale Bindungskapazität (B_{max}) für ^{3}H-Ro15-1788, ^{3}H-β-Carbolin-Carboxyethylester und ^{3}H-Flunitrazepam und nicht die Affinität, umgekehrt Benzodiazepin-Agonisten. Diese Befunde legen nahe, daß die Cyclopyrrolone an einem Bindungsort allosterisch zum Benzodiazepin-Rezeptor angreifen (TRIFILETTI und SNYDER 1984).

Zopiclon vermindert wie Benzodiazepin-Agonisten die zerebelläre Konzentration von zyklischem Guanosinmonophosphat (cGMP) (BLANCHARD et al. 1983). Zopiclon hemmt auch wie Benzodiazepin-Agonisten den zerebralen Umsatz von GABA (Abb. 5.3.9) (ZAMBOTTI et al. 1987), Dopamin und Serotonin (LIU et al. 1985) sowie die Streß-induzierte Umsatzsteigerung von Noradrenalin und Serotonin (Abb. 5.3.10) (SATO et al. 1985).

Literatur

ARBILLA S, DEPOORTERE H, GEORGE P et al. (1985) Pharmacological profile of zolpidem at benzodiazepine receptors and electrocorticograms in rats. Naunyn Schmiedebergs Arch Pharmacol 330: 248–251

ARBILLA S, ALLEN J, WICK A et al. (1986) High affinity (^{3}H)-zolpidem binding in the rat brain: an imidazopyridine with agonist properties at central benzodiazepine receptors. Eur J Pharmacol 130: 257–263

BASSE-TOMUSK A, REBEC GV (1986) Ipsapirone depresses neuronal activity in the dorsal raphe nucleus and the hippocampal formation. Eur J Pharmacol 130: 141–143

BENAVIDES J, PENY B, DUBOIS A et al. (1988) In vivo interaction of zolpidem with central benzodiazepine (BZD) binding sites (as labelled by (3H)Ro 15-1788) in the mouse brain. Preferential affinity of zolpidem for the ω_1 (BZD_1) subtype. J Pharmacol Exp Ther 245: 1033–1041

BIGGIO G, COSTA E (1983) Benzodiazepine recognition site ligands. Biochemistry and pharmacology. Raven, New York

BIGGIO G, CONCAS A, CORDA MG (1989) Enhancement of GABA-ergic transmission by zolpidem, an imidazopyridine with preferential affinity for type-1 benzodiazepine receptors. Eur J Pharmacol 161: 173–180

BLANCHARD JC, JULOU L (1983) Suriclone: a new cyclopyrrolone derivative recognizing receptors labelled by benzodiazepines in rat hippocampus and cerebellum. J Neurochem 40: 601–607

BLANCHARD JC, BOIREAU A, GARRETT C et al. (1979) In vitro and in vivo inhibition by zopiclone of benzodiazepine binding to rodent brain receptors. Life Sci 24: 2417–2420

BLANCHARD JC, ZUNDEL JL, JULOU L (1983) Differences between cyclopyrrolones (suriclone and zopiclone) and benzodiazepines binding to rat hippocampus photolabelled membranes. Biochem Pharmacol 32: 3651–3653

BRAESTRUP C, SQUIRES R (1977) Specific benzodiazepine receptors in rat brain characterized by high affinity ^{3}H-diazepam binding. Proc Natl Acad Sci USA 74: 3804–3809

BRAESTRUP C, SCHMIEDCHEN R, NIELSEN R et al. (1983) Benzodiazepine receptor ligands, receptor occupancy, pharmacological effect and GABA receptor coupling. In: USDIN E, SKOLINIK P, TALLMANN JF, GREENBLATT D, PAUL S (eds) Pharmacology of benzodiazepines. Chemie Verlag, Weinheim, pp 71–85

CAMPBELL JL, SHERMAN AD, PETTY F (1980) Diazepam anxiolytic activity in hippocampus. J Commun Psychopharmacol 4: 387–392

CARLI M, PRONTEAA C, SAMANIN R (1989) Evidence that central 5-hydroxytryptaminergic neurones are involved in the anxiolytic activity of buspirone. Br J Pharmacol 96: 829–836

COSTALL B, DOMENEY AM, NAYLOR RJ (1983) Stimulation of rat spontaneous locomotion by low doses of haloperidol and (–)sulpiride: importance of animal selection and measurement technique. Eur J Pharmacol 90: 307–314

CRITCHLEY MAE, HANDLEY SL (1989) Dorsal raphe lesions abolish effects of 8-OH-DPAT and ipsapirone in the X-maze. Br J Pharmacol 96: 309–309

DAVIS M, CASSELLA JV, KEHNE JH (1988) Serotonin does not mediate anxiolytic effects of buspirone in the fear-potentiated startle paradigm: comparison with 8-OH-DPAT and ipsapirone. Psychopharmacology 94: 14–20

DE SOUZA RJ, GOODWIN GM, GREEN AR et al. (1986) Effect of chronic treatment with $5HT_1$ agonist (8-OH-DPAT and RU 24969) and antagonist (isapirone) drugs on the behavioural responses of mice to $5HT_1$ and $5HT_2$ agonists. Br J Pharmacol 89: 377–384

DENNIS T, DUBOIS A, BENAVIDES J et al. (1988) Distribution of central w_1 ($benzodiazepine_1$) and w_2 ($benzodiazepine_2$) receptor subtypes in the monkey and human brain. An autoradiographic study with (^{3}H) zolpidem and the w1, selective ligand (^{3}H) flunitrazepam. J Pharmacol Exp Ther 247: 309–322

DOMPERT WV, GLASER T, TRABER J (1985) ^{3}H-TVX Q 7821: identification of 5HT1 binding sites as a target of a novel putative anxiolytic. Naunyn Schmiedebergs Arch Pharmacol 328: 467-470

EISON AS, EISON MS, STANLEY M et al. (1986) Serotonergic mechanisms in the behavioral effects of buspirone and gepirone. Pharmacol Biochem Behav 24: 701–707

ELLIOTT PJ, WALSH DM, CLOSE SP et al. (1990) Behavioral effects of serotonin agonists and antagonists in the rat and marmoset. Neuropharmacology 29: 949–956

ENGEL JA, HJORTH S, SVENSSON K et al. (1984) Anticonflict effect of the putative serotonin receptor agonist 8-hydroxy-2 (di-n-propylamino) tetralin (8-OH-DPAT). Eur J Pharmacol 105: 365–368

FERNANDEZ-GUASTI A, LOPEZ-RUBALCAVA C (1990) Evidence for the involvement of the 5HT1A receptor in the anxiolytic action of indorenate and ipsapirone. Psychopharmacology 101: 354–358

FILE SE, HYDE JRG (1977) The effects of p-chlorophenylalanine and ethanolamine-O-sulfate in an animal test of anxiety. J Pharm Pharmacol 29: 735–738

FRITZE J (1990) Anxiety. In: RIEDERER P, KOPP N, PEARSON J (eds) An introduction to neurotransmission in health and disease. Oxford University Press, Oxford New York Tokyo, pp 289–302

GELLER I, BLUM K (1970) The effects of 5HTP or parachlorophenylalanine (pCPA) attenuation of conflict behavior. Eur J Pharmacol 9: 319–324

GELLER I, HARTMANN RJ, CROY DJ (1974) Attenuation of conflict behavior with cinanserin, a serotonin antagonist: reversal of the effect with 5-hydroxytryptophan and methyltryptamine. Res Commun Chem Pathol Pharmacol 7: 165–174

GLASER T, TRABER J (1983) Buspirone: action on serotonin receptors in calf hippocampus. Eur J Pharmacol 88: 137–138

GLASER T, RATH M, TRABER J et al. (1985) Autoradiographic identification and topographical analysis of high affinity serotonin receptor subtypes as a target of the novel putative anxiolytic TVX Q 7821. Brain Res 358: 129–136

GOODWIN GM, DESOUZZA RJ, GREEN AR (1986) The effects of a 5HT1 receptor ligand ipsapiron (TVX Q 7821) on 5HT synthesis and the behavioral effects of 5HT agonists in mice and rats. Psychopharmacology 89: 382–387

GRAEFF FG, SILVEIRA-FILHO NG (1978) Behavioral inhibition induced by electrical stimulation of the median raphe nucleus of the rat. Physiol Behav 21: 477–484

GRANT SJ, HUANG YH, REDMOND DE (1980) Benzodiazepines attenuate single unit activity in the locus coeruleus. Life Sci 27: 2231–2236

GREEN S, HODGES H (1986) Differential effects of dorsal raphe lesions and intraraphe GABA and benzodiazepines on conflict behavior in rats. Behav Neural Biol 46: 13–29

HAEFELY WE (1989) Pharmacology of the allosteric modulation of GABA-A receptors by benzodiazepine receptor ligands. In: BARNARD EA, COSTA E (eds) Allosteric modulation of amino acid receptors: therapeutic implications. Raven Press, New York, pp 476–479

HJORTH S, MAGNUSSON T (1988) The 5HT1A receptor agonist 8-OH-DPAT preferentially activates cell body 5HT autoreceptors in the rat brain in vivo. Naunyn Schmiedebergs Arch Pharmacol 338: 463–471

JENNER P, MARSDEN CD (1981) Possible neuronal mechanisms involved in the production of the disinhibitory action of sulpiride. Adv Biol Psychiatry 7: 100–102

KALOSA K, FUSI R, GARATTINI S et al. (1982) Neurochemical effects of buspirone, a novel psychotropic drug, on the central cholinergic system. J Pharm Pharmacol 34: 314–317

KILTS CD, COMMISSARIS RL, CORDON JJ et al. (1982) Lack of central 5-hydroxytryptamine influence on the anticonflict activity of diazepam. Psychopharmacology 78: 156–164

KLEPNER CA, LIPPA AS, BENSON DI et al. (1979) Resolution of two biochemically and pharmacologically distinct benzodiazepine receptors. Pharmacol Biochem Behav 11: 457–462

KOSTOWSKI W, PLAZNIK A, STEFANSKI R (1989) Intrahippocampal buspirone in animal models of anxiety. Eur J Pharmacol 168: 393–396

LANGER SZ, ARBILLA S (1988) Limitations of the benzodiazepine receptor nomenclature: a proposal for a pharmacological classification as omega receptor subtypes. Fundam Clin Pharmacol 2: 159–170

LANGER SZ, ARBILLA S, SCATTON B et al. (1988) Receptors involved in the mechanism of action of zolpidem. In: SAUVANET J, LANGER SZ, MORSELLI PL (eds) Imidazopyridines in sleep disorders. Raven, New York, pp 55–70

LARSSON LG, RENYI L, ROSS SB et al. (1990) Different effects on the responses of functional pre- and postsynaptic 5HT1A receptors by repeated treatment of rats with the 5HT1A receptor agonist 8-OH-DPAT. Neuropharmacology 29: 85–91

LAURENT JP, MANGOLD M, HUMBEL U et al. (1983) Reduction by two benzodiazepines and pentobarbitone of the multiunit activity in substantia nigra, nucleus locus coeruleus and nucleus raphe dorsalis of encephale isole rats. Neuropharmacology 22: 501–511

LIU HJ, SATO K, SHIH HC et al. (1985) Pharmacologic studies of the central action of zopiclone: effects on locomotor activity and brain monoamines in rats. Int J Clin Pharmacol Ther Toxicol 23: 121–128

LLOYD KG, ZIVKOVIC B (1988) Speficity within the $GABA_A$-receptor supramolecular complex: a consideration of the new W_1-receptor selective imidazopyridine hypnotic zolpidem. Pharmacol Biochem Behav 29: 781–783

MARSDEN CA, MARTIN KF (1986) Involvement of 5HT1A and α_2-receptors in the decreased 5-hydroxytryptamine release and metabolism in rat suprachiasmatic nucleus after intravenous 8-hydroxy-2-(n-dipropylamino)-tetralin. Br J Pharmacol 89: 277–286

MARTIN IL, BROWN CL, DOBLE A (1983) Multiple benzodizepine receptors: structures in the brain of structures in the mind. A critical review. Life Sci 32: 1925–1933

MATTILA MJ, ARANKO K, SEPPALA T (1982) Acute effects of buspirone and alcohol on psychomotor skills. J Clin Psychiatry 43: 56–60

MCMILLEN BA, SCOTT SM, DAVANZO EA (1988) Reversal of neuroleptic-induced catalepsy by novel arylpiperazine anxiolytic drugs. J Pharm Pharmacol 40: 885–887

MEREU G, CARCANGIU G, CONCAS A et al. (1990) Reduction of reticulata neuronal activity by zolpidem and alpidem, two imidazopyridines with high affinity for type 1 benzodiazepine receptors. Eur J Pharmacol 179: 339–346

MIDDLEMISS DN, FOZARD JR (1983) 8-Hydroxy-2-(di-n-propylamino)-tetralin discriminates between subtypes of the 5-HT1 recognition site. Eur J Pharmacol 90: 151–153

MÖHLER H, OKADA T (1977a) Benzodiazepine receptor: demonstration in the central nervous system. Science 198: 849–851

MÖHLER H, OKADA T (1977b) Properties of ^{3}H-diazepam binding to benzodiazepine receptors in rat cerebral cortex. Life Sci 20: 2101–2110

MÜLLER WE (1982) Molekularer Wirkungsmechanismus der Benzodiazepine. Münch Med Wochenschr 124: 879–883

MÜLLER WE (1986) Die Wirkung der Benzodiazepine auf neuronaler Ebene. In: HIPPIUS H, ENGEL RR, LAAKMANN G (Hrsg) Benzodiazepine. Rückblick und Ausblick. Springer, Berlin Heidelberg New York Tokyo, S 1–10

NAGY J, ZAMBO K, DECSI L (1979) Antianxiety action of diazepam after intraamygdaloid application in the rat. Neuropharmacology 18: 573–576

NIDDAM R, DUBOIS A, SCATTON B et al. (1987) Autoradiographic localization of ^{3}H-zolpidem binding sites in the rat central nervous system. Comparison with the distribution of ^{3}H-Flunitrazepam binding sites. J Neurochem 49: 890–899

PEROUTKA SJ (1988) 5-Hydroxytryptamine receptor subtypes: molecular biochemical and physiological characterization. Trends Neurosci 11: 496–500

PICH EM, SAMANIN R (1986) Disinhibitory effects of buspirone and low doses of sulpiride and haloperidol in two experimental anxiety models in rats: possible role of dopamine. Psychopharmacology 89: 125–130

RIBLET LA, EISON AS, EISON MS et al. (1983) Buspirone – a new anxioselective alternative for the management of anxiety disorders. Prog Neuropsychopharmacol Biol Psychiatry: 663–668

RIBLET LA, EISON AS, EISON MS et al. (1984) Neuropharmacology of buspirone. Psychopathology 17: 69–78

ROBICHAUD RC, SLEDGE KL (1969) The effects of p-chlorophenylalanine on experimentally induced conflict in the rat. Life Sci 8: 965–969

ROBINSON SE (1983) Effect of specific serotonergic lesions on cholinergic neurons in the hippocampus cortex and striatum. Life Sci 32: 345–353

SANGHERA MK, GERMAN DC (1983) The effect of benzodiazepine and non-benzodiazepine anxiolytics on locus coeruleus unit activity. J Neural Transm 57: 267–279

SATO K, HONG YL, YANG MS et al. (1985) Pharmacologic studies of central actions of zopiclone: influence on brain monoamines in rats under stressful condition. Int J Clin Pharmacol Ther Toxicol 23: 204210

SCHLEGEL JR, PEROUTKA SJ (1986) Nucleotide interactions with 5-HT1A binding sites directly labeled by 3-H-8-hydroxy 2-(di-n-propylamino)-tetralin (3-H8-OH-DPAT). Biochem Pharmacol 35: 1943–1949

SEGAL M (1979) Serotonergic innervation of the locus coeruleus from the dorsal raphe and its action on responses to noxious stimuli. J Physiol 286: 401–415

SHEPHARD RA, BUXTON DA, BROADHURST PL (1982) Drug interactions do not support reduction in serotonin turnover as the mechanism of action of benzodiazepines. Neuropharmacology 21: 1027–1032

SIEGHART W (1986) Wechselwirkung von Benzodiazepinagonisten, Antagonisten und inversen Agonisten mit dem Benzodiazepinrezeptor. In: HIPPIUS H, ENGEL RR, LAAKMANN G (Hrsg) Benzodiazepine. Rückblick und Ausblick. Springer, Berlin Heidelberg New York Tokyo, S 11–16

SMITH LM, PEROUTKA SJ (1986) Differential effects of 5-hydroxytryptamine 1A selective drugs on the 5-HT behavioral syndrome. Pharmacol Biochem Behav 24: 1513–1519

SPROUSE JS, AGHAJANIAN GK (1986) Propranolol blocks the inhibition of serotonergic dorsal raphe cell firing by 5-HT-1A selective agonists. Eur J Pharmacol 128: 295–298

SQUIRES RF, BRAESRUP C (1977) Benzodiazepine receptors in rat brain. Nature 266: 732–734

STEIN L, WISE CD, BERGER BD (1973) Antianxiety action of benzodiazepines: decrease in activity of serotonin neurons in the punishment system. In: GARATTINI S, MUSSINI E, RANDALL LO (eds) The benzodiazepines. Raven Press, New York, pp 299–326

TRIFILETTI RR, SNYDER SH (1984) Anxiolytic cyclopyrrolones zopiclone and suriclone bind to a novel site linked allosterically to benzodiazepine receptors. Mol Pharmacol 26: 458–469

VAN DER MAELEN CP, MATHESON GK, WILDERMAN RC et al. (1986) Inhibition of serotonergic dorsal raphe neurons by systemic and iontophoretic administration of buspirone, a non-benzodiazepine anxiolytic drug. Eur J Pharmacol 129: 123–130

WIRTSHAFTER D, ASIN KE (1981) Shock-induced suppression of drinking following electrolytic median raphe lesions. Physiol Psychol 9: 263–268

ZAMBOTTI F, ZONTA N, HAFNER B et al. (1987) Modification of GABA turnover in the striatum and hippocampus of the rat after zopiclone. Naunyn Schmiedebergs Arch Pharmacol 335: 547–550

ZIVKOVIC B, PERRAULT G, MOREL E et al. (1988) Comparative pharmacology of zolpidem and other hypnotics and sleep inducers. In: SAUVANET JP, LANGER SZ, MORSELLI PL (eds) Imidazopyridines in sleep disorders. Raven, New York, pp 97–109

Exkurs: 5-HT_{1A}-Rezeptoren als Angriffspunkt für neuartige Anxiolytika

T. Glaser, J. M. Greuel und J. De Vry

1. Einleitung

Seit fast drei Jahrzehnten dominieren Substanzen aus der Klasse der Benzodiazepine das Feld der Tranquilizer und Hypnotika. Ihnen allen gemeinsam ist die Bindung an Benzodiazepin-Rezeptoren, die ein integraler Bestandteil des Gamma-Aminobuttersäure $(GABA)_A$-Rezeptor-Chloridkanal-Komplexes sind, und die daraus resultierende Modulation der GABA-ergen Neurotransmission. Die veränderte GABA-Aktivität im zentralen Nervensystem (ZNS) bedingt letztlich die pharmakologischen und vermutlich auch therapeutischen Effekte der Benzodiazepine.

Neben dem GABA-System wurden auch das Dopamin-, Noradrenalin- und Serotonin (5-HT)-System mit Angstmechanismen in Zusammenhang gebracht (Koe 1979). Eine Vielzahl von Untersuchungen in der Literatur weist dabei vor allem dem 5-HT eine wichtige Funktion zu (Kahn et al. 1988). Danach wird bei Angstzuständen eine erhöhte serotoninerge Aktivität im Gehirn postuliert, während umgekehrt eine Erniedrigung der serotoninergen Transmission eine anxiolytische Wirkung hervorrufen sollte (Kahn et al. 1988, Charney und Delgado 1992). Mit diesen Hypothesen übereinstimmend zeigen zahlreiche tierexperimentelle Befunde, daß eine Erniedrigung der serotoninergen Aktivität im Gehirn, z.B. durch Läsionen, Synthesehemmung oder Rezeptorantagonisten mit anxiolytischer Wirkung in entsprechenden Tiermodellen einhergeht (Kahn et al. 1988, Chopin und Briley 1987, Iversen 1984). Diese Befunde sind jedoch keineswegs unumstritten (Thiebot 1986). Klinische Studien an gesunden Freiwilligen, wie an Patienten mit Panik- oder Zwangserkrankungen deuten in dieselbe Richtung wie die tierpharmakologischen Ergebnisse (Kahn et al. 1988, Charney et al. 1990, Lesch 1992). Erschwert wurden viele der in der Vergangenheit durchgeführten Studien zum einen durch die Komplexität des 5-HT-Systems und zum anderen durch den Mangel an selektiv angreifenden Substanzen. Die Entdeckung verschiedener 5-HT-Rezeptorsubtypen im Gehirn und die Entwicklung selektiver Verbindungen bieten nun die Möglichkeit, die Rolle von 5-HT im Angstgeschehen vertieft zu untersuchen und neuartige Therapeutika zu entwickeln, die nicht über das GABA-/Benzodiazepin-System wirken. Derartige Verbindungen sollten daher nicht die Benzodiazepin-typischen Nebenwirkungen wie Sedation, Ataxie, Muskelrelaxation u.a. aufweisen und frei von Gewöhnungs- bzw. Suchtpotential sein.

Mit biochemischen, pharmakologischen und molekularbiologischen Techniken sind bisher sieben 5-HT-Rezeptorpopulationen nachgewiesen worden, die sich in regionaler Verteilung, pharmakologischem Profil und physiologischer Funktion unterscheiden (Glennon 1990, Peroutka, 1988, Hartig 1989, Göthert 1992) und als 5-HT_{1A}-, 5-HT_{1B}-, 5-HT_{1C}-, 5-HT_{1D}-, 5-HT_2-, 5-HT_3- und 5-HT_4-Rezeptoren klassifiziert werden. Auf molekularbiologischer Basis sind sogar noch weitere Subtypen identifiziert worden, über deren physiologische Funktion aber noch nichts bekannt ist. Bedingt durch die bevorzugte Lokalisation in Strukturen des limbischen Systems wie auch in den Raphe-Kernen ist besonders der 5-HT_{1A}-Rezeptor-Subtyp als Angriffspunkt für neuartige Tranquilizer von Interesse (TRABER und GLASER 1987, GLASER und DE VRY 1992, DE VRY et al. 1992). In den Raphe-Kernen ist der größte Teil der serotoninergen Neurone konzentriert, die von hier aus die unterschiedlichen Gehirnregionen innervieren. So besteht eine Verbindung zum septo-hippocampalen System, dem man beim Angstgeschehen eine zentrale Rolle zuschreibt (GRAY 1982). Eine Vielzahl verschiedener mehr oder minder 5-HT_{1A}-Rezeptor-spezifischer Substanzen (Agonisten, partielle Agonisten und Antagonisten) ist synthetisiert worden. Einige befinden sich in klinischer Entwicklung als Anxiolytika und/oder Antidepressiva. Von klinischer Bedeutung als Anxiolytika sind derzeit die Pyrimidinylpiperazin-Derivate (auch als Azapirone bezeichnet) Buspiron, Ipsapiron, Gepiron und Tandospiron. Weitere Substanzen in einem frühen Stadium der klinischen Prüfung sind Zalospiron, Binospiron und Lesopitron. Die weiteren Ausführungen in diesem Kapitel beschränken sich vor allem auf die Azapirone Buspiron, Gepiron und Ipsapiron.

2. Chemie der Pyrimidinylpiperazine

Die chemischen Strukturen der Azapirone sind in Abb. 1 dargestellt. Gemeinsam ist den meisten der Pyrimidinylpiperazinyl-butyl-Rest. Variationen beschränken sich auf den „Kopfteil" des Moleküls. Trotz der chemischen Ähnlichkeit gibt es deutliche Unterschiede zum einen hinsichtlich der Selektivität für und der Wirkstärke an 5-HT_{1A}-Rezeptoren, zum anderen im pharmakologischen Profil.

Auf metabolischem Weg entsteht aus diesen Substanzen 1-Pyrimidinylpiperazin (1-PP). Dieses Molekül bindet nur noch mit geringer Affinität an 5-HT_{1A}-Rezeptoren, ist jedoch ein potenter alpha-adrenerger Antagonist. Aufgrund letzterer Eigenschaft zeigt 1-PP zentralnervöse Wirkungen, die sich jedoch von denen der Muttersubstanzen deutlich unterscheiden. Bei der Ratte ist 1-PP der Hauptmetabolit der Pyrimidinylpiperazine. Beim Menschen finden sich abhängig von der Substanz jedoch deutliche Unterschiede (SCHÖLLNHAMMER 1992, SCHÖLLNHAMMER et al. 1993). So ist z.B. die Bildung von 1-PP nach Buspirongabe sehr viel ausgeprägter als nach Gabe von Ipsapiron.

3. Neurobiochemische und neurophysiologische Wirkungen der Pyrimidinylpiperazine

3.1 Bindung an 5-HT_{1A}-Rezeptoren

Mittels Rezeptorbindungsstudien mit z.B. Tritium-markiertem Ipsapiron (^3H-Ipsapiron) lassen sich in Membranpräparationen verschiedener Gehirnregionen die Anzahl vorhandener Bindungsstellen und deren pharmakologische Eigenschaften bestimmen. Die auf diese Weise identifizierten 5-HT_{1A}-Rezeptoren sind in Strukturen des limbischen Systems wie z.B. im Hippocampus, Septum und entorhinalen Cortex besonders stark konzentriert (DOMPERT et al. 1985, PEROUTKA 1986). Mit Hilfe rezeptorautoradiographischer Techniken läßt sich die Lokalisation von Bindungsstellen noch sehr viel genauer darstellen (Abb. 2). Auf diese Weise wurde auch in den Raphe-Kernen eine hohe Rezeptordichte gefunden (GLASER et al. 1985, MARCINKIEWICZ et al. 1984, PAZOS und PALACIOS 1985, VERGE et al. 1985). Abbildung 2 zeigt einige Gehirngebiete der Ratte mit hoher 5-HT_{1A}-Rezeptordichte. Die so bestimmte Verteilung wird durch immunhistochemische Methoden sowie durch in situ-Hybridisierung komplett bestätigt

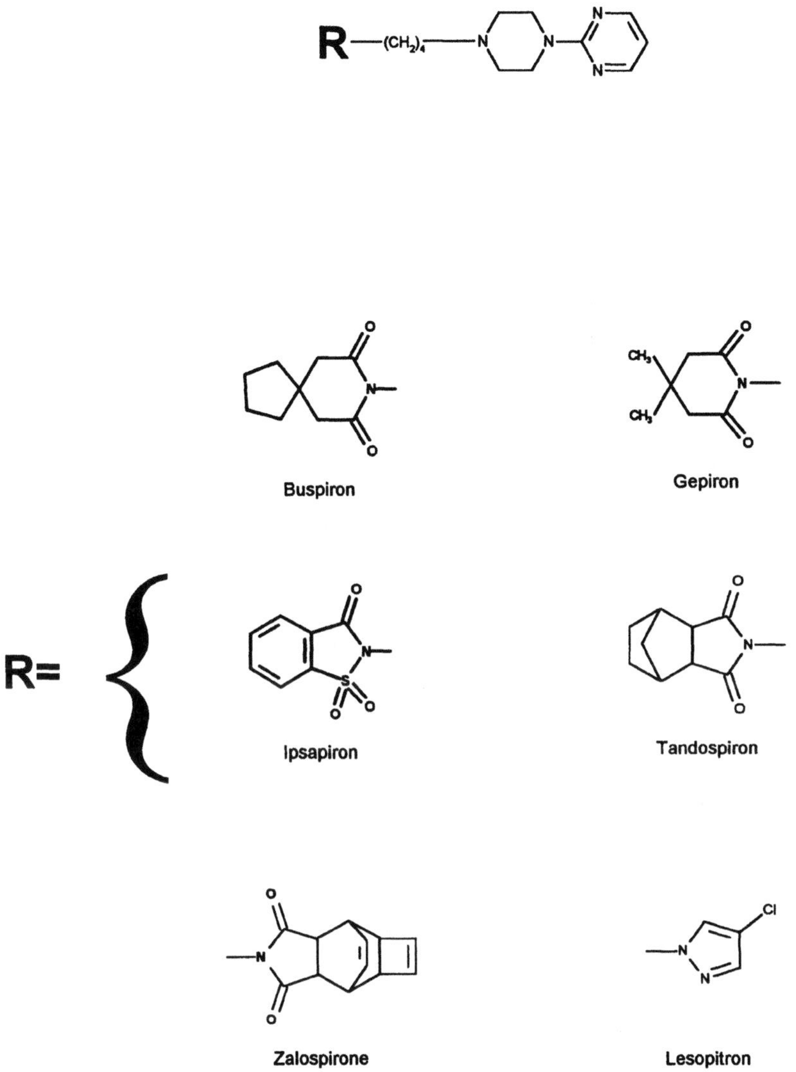

Abb. 1. Chemische Strukturen der Pyrimidinylpiperazin-Derivate

(CHALMERS und WATSON 1991, MIQUEL et al. 1991, POMPEIANO et al. 1992).
Wie bereits erwähnt befinden sich in den Raphe-Kernen die serotoninergen Neurone. Die 5-HT$_{1A}$-Rezeptoren sind auf den Dendriten und Zellkörpern dieser Neurone lokalisiert. Ihre Funktion ist die von Autorezeptoren, d.h., die elektrische Aktivität der Neurone wird über diese Rezeptoren reguliert. Man bezeichnet sie daher als **somatodendritische Autorezeptoren** (im Gegensatz zu terminalen Autorezeptoren an den Nervendigungen, die je nach Spezies vom 5-HT$_{1B}$- bzw. 5-HT$_{1D}$-Typ sind). 5-HT$_{1A}$-Rezeptoren sind also sowohl **präsynaptisch** (auf den serotoninergen Neuronen) als auch **postsynaptisch** (in den Projektionsgebieten) lokalisiert (Abb. 3). Gemeinsam ist den

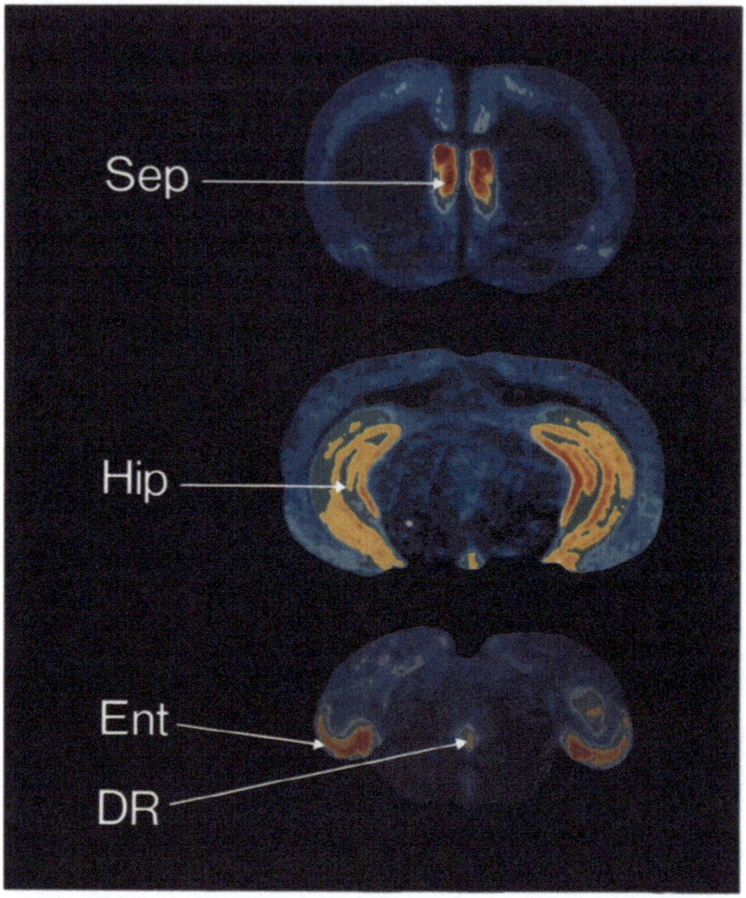

Abb. 2. Rezeptorautoradiographische Lokalisation von 5-HT_{1A}-Rezeptoren an Rattengehirnschnitten mit Hilfe von ^{3}H-Ipsapiron. Blau bedeutet geringe Bindung, gelb hohe und rot sehr hohe Bindung. *Sep* Septum, *Hip* Hippocampus, *ENT* entorhinaler Cortex, *DR* N. raphe dorsalis (mit freundlicher Genehmigung des Schattauer-Verlages, Stuttgart)

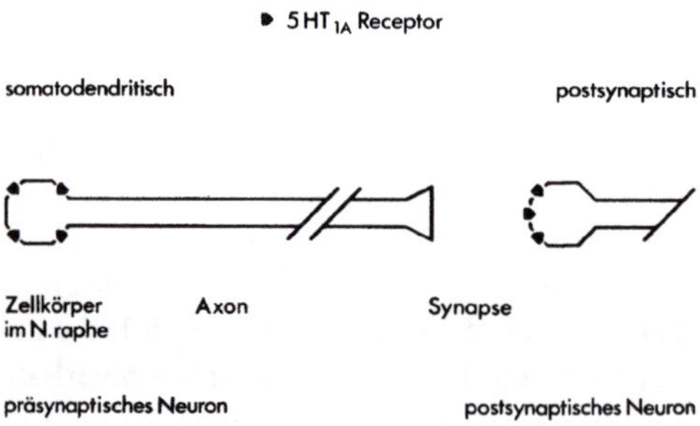

Abb. 3. Schematische Darstellung eines serotoninergen Neurons und der Lokalisation von prä- und postsynaptischen 5-HT_{1A}-Rezeptoren

Tabelle 1. Inhibitionskonstanten K_i an verschiedenen Rezeptoren

	K_i ± SEM (nmol/l)		
Rezeptor	Buspiron	Gepiron	Ipsapiron
5-HT_{1A}	9 ± 2	49 ± 2	2.6 ± 0.6
5-HT_{1B}	> 10.000	> 10.000	> 10.000
5-HT_{1D}	> 10.000	> 10.000	9.000
5-HT_2	730	n.b.	2.940 ± 240
$alpha_1$-adrenerg	2.150 ± 50	1.170 ± 580	125 ± 13
$alpha_2$-adrenerg	2.200 ± 250	17.200 ± 4.900	226 ± 26
Dopamin D1	10.000	10.000	1.000
Dopamin D2	22 ± 3	287 ± 36	175 ± 20
Benzodiazepin	> 10.000	> 10.000	> 10.000

n.b. nicht bestimmt

Pyrimidinylpiperazin-Derivaten eine hohe Affinität für 5-HT_{1A}-Rezeptoren (Tabelle 1). Unterschiede gibt es in der Affinität für Dopamin D2-Rezeptoren (Buspiron > Ipsapiron > Gepiron) und alpha-adrengerge Rezeptoren (Ipsapiron > Buspiron ≈ Gepiron).

3.2 Neurophysiologische Wirkungen

Die Aktivierung präsynaptischer 5-HT_{1A}-Rezeptoren bewirkt die Öffnung von Kaliumkanälen und damit eine Hyperpolarisierung der Zellen (Sprouse und Aghajanian 1987, Basse-Tomusk und Rebec 1986, Haj-Dahmane et al. 1991). Das äußert sich in einer reversiblen Hemmung der elektrischen Spontanaktivität der serotoninergen Neurone. So bewirkt z.B. der selektive 5-HT_{1A}-Rezeptoragonist 8-Hydroxy-2-(di-n-propylamino)tetralin (8-OH-DPAT) eine vollständige Hemmung der Zellaktivität (Abb. 4). Auch die Pyrimidinylpiperazin-Derivate Buspiron, Gepiron und Ipsapiron zeigen bereits in niedrigen Konzentrationen eine derartige Wirkung (Abb. 4). Sie verhalten sich demnach an diesen **präsynaptischen Rezeptoren** als **Agonisten**.
Anders stellt sich die Situation an postsynaptischen 5-HT_{1A}-Rezeptoren z.B. im Hippocampus dar. 5-HT selbst löst sowohl depolarisierende wie auch hyperpolarisierende Antworten aus (Segal 1980). 5-HT_{1A}-Rezeptor-Agonisten bewirken nur den hyperpolarisierenden Effekt und reduzieren den Eingangswiderstand (Andrade und Nicoll 1987, Colino und Halliwell 1987). Dadurch feuern hippocampale Neurone in Gegenwart solcher Substanzen weniger Aktionspotentiale. Hohe Substanzkonzentrationen (> 10 µmol/l) sind erforderlich, um diese Wirkung sichtbar werden zu lassen. Dies ist ein Unterscheidungsmerkmal zwischen prä- und postsynaptischen Zellantworten. Ein anderes sind die **partiell agonistischen/antagonistischen** Eigenschaften von Pyrimidinylpiperazinen wie z.B. von Ipsapiron an **postsynaptischen Rezeptoren** (Martin und Mason 1987). Dies ist in Übereinstimmung mit biochemischen (siehe Absatz 3.3) und verhaltenspharmakologischen Ergebnissen (De Vry et al. 1990, Glaser et al. 1991). Unklar ist noch, ob postsynaptische 5-HT_{1A}-Rezeptoren direkt an Ionenkanäle gekoppelt sind, oder ob die Wirkung auf das Membranpotential indirekt über zweite Botenstoffe vermittelt wird (s.u.).

3.3 Neurobiochemische Wirkungen

Postsynaptische 5-HT_{1A}-Rezeptoren sind inhibitorisch an das Enzym Adenylatcyclase gekoppelt, d.h., Aktivierung der Rezeptoren hemmt die Enzymaktivität und führt damit zu einer Erniedrigung der intrazellulären Spiegel von zyklischem 3',5'-Adenosin-monophosphat (cycloAMP) (De Vivo und Maayani 1986). Die intrinsische Aktivität der Pyrimidinylpiperazine ist in diesem Test geringer als die von 5-HT selbst und nimmt in der Reihenfolge Tandospiron > Gepiron > Buspiron > Ipsapiron ab (De Vry et al. 1990, Bockaert et al. 1987). Umgekehrt nehmen in gleicher Reihenfolge die antagonistischen Eigenschaften zu (De Vry et al. 1990). Man bezeichnet Verbindungen mit derartigem Aktivitätsprofil als **partielle Agonisten**. Der Unterschied in der intrinsischen Aktivität der Pyrimidinylpiperazine an prä- versus postsynaptischen Rezeptoren liegt vermutlich darin begründet, daß unterschiedlich viele sogenannte „spare receptors" vorhanden sind. Aus rezeptortheoretischen Betrachtungen kann abgeleitet werden, daß beim Vorhandensein eines großen Anteils von „spare receptors" auch Substanzen, die eine geringere intrinsische Aktivität als volle Agonisten besitzen, einen maximalen Effekt hervorrufen (Ruffolo 1982). Umgekehrt, gibt es wenige oder keine „spare receptors", können nur volle Agonisten die Maximalantwort auslösen. Im Fall der 5-HT_{1A}-Rezeptoren wurde gezeigt, daß es präsynaptisch eine große Zahl von „spare receptors" gibt, postsynaptisch jedoch keine (Meller et al. 1990, Yocca et al. 1992, Cox et al. 1993).

Wie oben beschrieben hemmen 5-HT_{1A}-Rezeptor-Agonisten die elektrische Aktivität serotoninerger Neurone. Dies sollte die Freisetzung von 5-HT in den Projektionsgebieten reduzieren. Mit Hilfe von 5-HT-Umsatzmessungen (Hamon et al. 1988) und von

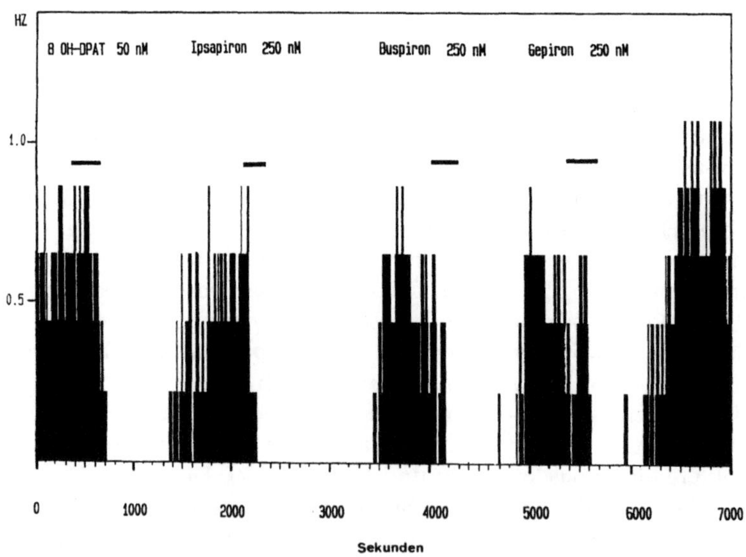

Abb. 4. Effekte der Pyrimidinylpiperazine Ipsapiron, Buspiron und Gepiron sowie der Referenzverbindung 8-OH-DPAT auf die elektrische Aktivität eines serotoninergen Neurons im N. raphe dorsalis der Ratte. Es wurden extrazelluläre Ableitungen an Gehirnschnitten durchgeführt. Die Aktivität ist als Aktionspotentialfrequenz auf der Ordinate aufgetragen. Die Substanzen wurden in der angegebenen Konzentration für die jeweilige Zeit (horizontale Balken, entsprechend 4 bzw. 5 min) mit der Badflüssigkeit eingewaschen. *8-OH-DPAT* 8-Hydroxy-2-(di-n-propylamin)tetralin

Mikrodialyse-Experimenten (SHARP et al. 1989, SHARP und HJORTH 1990, SOMMERMEYER et al. 1993) wurde für den Hippocampus und den Cortex eine derartige Abnahme der 5-HT-Freisetzung nach Gabe von 5-HT_{1A}-Rezeptor-Agonisten (8-OH-DPAT, Ipsapiron) nachgewiesen.

4. Verhaltenspharmakologische Untersuchungen in Angstmodellen und klinische Aspekte

Eine Vielzahl verschiedener Tiermodelle zur Erfassung anxiolytischer Aktivität sind entwickelt worden. Es ist jedoch bisher nicht möglich, mit bestimmten Tiermodellen unterschiedliche Kategorien von Angstzuständen, wie generalisierte Angst, Panikattakken, Zwangserkrankungen oder Phobien, spezifisch nachzustellen. Aufgrund ähnlicher Sensitivität gegenüber der Behandlung mit Therapeutika scheint die beste Korrelation zu bestehen zwischen Angst als Symptom und bestimmten Konflikt-Modellen oder konditionierten Angstmodellen, wie z.B. dem Ultraschallvokalisationstest (DE VRY et al. 1992). Die sogenannten Konfliktmodelle gehören zu den am weitesten verbreiteten Tests zur Prüfung anxiolytischer Wirksamkeit. Sie beruhen auf einem experimentell induzierten Konflikt zwischen Annäherung und Vermeidung, was zu einer Verhaltenssuppression führt (siehe auch SCHUURMAN et al., Band 1, Kap. 3). Das Annäherungsverhalten wird z.B. durch Futterdeprivation im „Geller-Seifter"-Test oder Wasserdeprivation im „shock suppressed drinking"-Test herbeigeführt, gleichzeitig jedoch durch einen aversiven Reiz wie z.B. einen leichten Elektroschock unterdrückt. Die so erzeugte Verhaltenshemmung läßt sich messen und pharmakologisch beeinflussen. Tests dieser Art wurden darauf optimiert, Tranquilizer von Benzodiazepin-Typ zu erfassen. Unter etwas modifizierten Bedingungen lassen sich jedoch auch anxiolytisch wirkende Substanzen mit anderen Mechanismen erfassen, so auch diejenigen, die über eine Wechselwirkung mit 5-HT_{1A}-Rezeptoren ihre Wirkung entfalten. In o.g. Konfliktmodellen sind die Pyrimidinylpiperazine aktiv, wenn auch insgesamt weniger effizient und potent als typische Benzodiazepine wie Diazepam (Tabelle 2, DE VRY et al. 1990, 1991, EISON et al. 1986).

Die Aufhebung der Verhaltensuppression in einem Konflikttest könnte auch durch stimulatorische Effekte auf Nahrungs- oder Flüssigkeitsaufnahme (anstatt eines anxiolytischen Effekts) bedingt sein. Tiermodelle, die unabhängig von Belohnungen dieser Art sind, umfassen Tests, bei denen konditionierte Angst (wie z.B. im Passiven Vermeidungsverhaltenstest oder im Ultraschallvokalisationstest), das Sozialverhalten („social interaction"-Test), das Explorationsverhalten („elevated plus maze") oder aggressives Verhalten (Schock-induzierte oder territoriale Aggressivität) an Mäusen oder Ratten gemessen wird (Tabelle 2). In dieser Art von Testmodellen sind 5-HT_{1A}-Rezeptorliganden mindestens equieffizient und equipotent wie Diazepam, was auf einen spezifisch anxiolytischen Effekt dieser Substanzen hindeutet. In Tierverhaltensuntersuchungen wurde klar gezeigt, daß die anxiolytischen Effekte von 5-HT_{1A}-Rezeptorliganden und von Benzodiazepinen über unterschiedliche Mechanismen mediiert werden. So konnte die Wirkung von Diazepam durch den Benzodiazepin-Rezeptor-Antagonisten Flumazenil geblockt werden, nicht aber durch den 5-HT_{1A}-Rezeptor-Antagonisten Spiroperidol, während für Ipsapiron das umgekehrte gefunden wurde (Tabelle 3).

Zum Studium von mechanistischen Aspekten sowie der neuroanatomischen Basis der anxiolytischen Wirksamkeit von 5-HT_{1A}-Rezeptorliganden wurden Experimente an Tieren mit bestimmten Gehirnläsionen sowie nach Lokalapplikation von Substanzen in distinkte Gehirnareale durchgeführt (HIG-

Tabelle 2. Effekte von 5-HT_{1A} Rezeptorliganden und Diazepam in verschiedenen Angstmodellen

Test	Spezies	Buspiron	Gepiron	Ipsapiron	Tandospiron	Diazepam	Referenz
Konflikttests[a]							
– Aufhebung des „shock-suppressed drinking“	Ratte	5:+175%	2,5:+169%	2,5:+125%	5:+53%	1,25:+161%	De Vry et al. (1990, 1991) Schuurman und Traber (1994)
– Aufhebung des „shock-suppressed lever pressing“	Ratte	1–10: n.s.	10:+206%	10:+221%	n.t.	1:+102%	De Vry et al. (1990)
Konditionelle Angst							
– Hemmung der Ultraschallvokalisation[b]	Ratte	7,5	3,9	3,9	1	6.9	De Vry et al. (1990, 1991)
– Aufhebung des passiven Vermeidungsverhaltens[a]	Ratte	1	n.t.	1	n.t.	0,5	Schuurman und Traber (1994)
Sozialverhalten[a]							
– Stimulation unter streßvollen Bedingungen	Ratte	1,25:+17%	1,25:+21%	1,25:+44%	1,25: n.s.	2,5:+34%	Schuurman und Traber (1994) De Vry et al. (1990, 1991)
– Stimulation unter streßarmen Bedingungen	Ratte	0,3–5: 0%	0,3–5: 0%	2,5:+105%	0,3–5: 0%	0,5–2,5: 0%	Schuurman und Traber (1993) De Vry et al. (1990, 1991)
Explorationsverhalten[a]							
– „elevated plus-maze“	Ratte	1:+54%	1:+83%	n.t.	n.t.	1,25:+47%	Dunn et al. (1989)
Aggressives Verhalten[c]							
– Hemmung der Schock-induzierten Aggressivität	Maus	5,4	10	2,2	n.t.	2,5	De Vry et al. (1991)
– „resident intruder“[b]	Ratte	2	n.t.	2	n.t.	4	Schuurman und Traber (1994)

[a] Minimal effektive Dosis in mg/kg i.p.; [b] ED_{50} mg/kg p.o.; [c] ED_{50} mg/kg i.p.; *n.s.* nicht signifikant; *n.t.* nicht getestet

GINS et al. 1992, DE VRY et al. 1992). Danach hat eine Läsion des 5-HT-Systems durch 5-7-Dihydroxytryptamin bzw. p-Chlorphenylalanin im USV-Test selbst eine vergleichbare anxiolytische Wirkung wie Ipsapiron und 8-OH-DPAT nach systemischer oder lokaler Applikation in den dorsalen Raphe-Kern (DE VRY et al. 1992). Darüberhinaus gibt es für Ipsapiron nach systemischer Applikation eine gute Korrelation der Zeit-Wirkungsbeziehungen für die anxiolytische Wirksamkeit (im USV-Test), die Hemmung der neuronalen Zellaktivität im dorsalen Raphe-Kern sowie der mittels Mikrodialyse bestimmten Reduktion der 5-HT-Freisetzung in Hippocampus (SOMMERMEYER et al. 1993). Diese Befunde lassen eine entscheidende Rolle der präsynaptischen 5-HT_{1A}-Rezeptoren für die Vermittlung der anxiolytischen Wirkung von 5-HT_{1A}-Rezeptorliganden vermuten. Eine Beteiligung postsynaptischer Rezeptoren kann jedoch nicht ganz ausgeschlossen werden (PRZEGALINSKI et al. 1992, CHOINACKA-WOJCIK und PRZEGALINSKI 1991). Wenn man die Wirkpotenzen von Diazepam und der Pyrimidinylpiperazine im Ultraschallvokalisationstest mit denen in Konfliktmodellen vergleicht, scheint es so zu sein, daß in letzteren Diazepam die wirksamere Substanz ist, in ersteren dagegen die 5-HT_{1A}-Rezeptorliganden. Dies könnte darauf hindeuten, daß die anxiolytischen Profile der Benzodiazepine und der Pyrimidinylpiperazine unterschiedlich sind (SCHREIBER und DE VRY 1993). In Anbetracht der Konditionierungsprozesse, die beim Ultraschallvokalisationstest eine Rolle spielen, könnte man vermuten, daß dieser Test besonders empfindlich für Substanzen zur Behandlung antizipatorischer Angst ist. Unterstützt wird diese Vermutung durch klinische Befunde, die eine besondere Wirksamkeit von Buspiron bei der Behandlung antizipatorischer Ängste bei Panikerkrankungen aufzeigen (ROBINSON et al. 1989). Die bisherigen klinischen Erfahrungen, vor allem mit Buspiron, aber auch mit den anderen (sich in der klinischen Entwicklung befindenden) 5-HT_{1A}-Rezeptor-Agonisten zeigen daß ihre anxiolytische Wirksamkeit der der Benzodiazepine vergleichbar ist (CSANALOSI et al. 1987, GOA und WARD 1986, TAYLOR 1988, KÜMMEL et al. 1988, MURASAKI und MIURA 1992, FEIGHNER und COHN 1989). Ein Hauptunterschied ist jedoch, daß der Wirkeintritt im Gegensatz zu der Sofortwirkung der Benzodiazepine im allgemeinen erst nach 2–3 wöchiger Behandlung erfolgt. Hinweise auch auf eine Akutwirkung ergeben sich aus einer Studie mit Ipsapiron bei experimentell induzierter Angst an gesunden Probanden (ZUARDI et al. 1993). Noch sehr viel mehr klinische Anwendung mit dieser Art von Substanzen ist vonnöten, um ihr therapeutisches Potential

Tabelle 3. Effekte des Benzodiazepinrezeptor-Antagonisten Flumazenil und des 5-HT_{1A} Rezeptor-Antagonisten Spiroperidol auf die anxiolytische Wirksamkeit von Diazepam und Ipsapiron im Ultraschallvokalisationstest

Vorbehandlung (mg/kg i.p.)	Behandlung (mg/kg i.p.)	USV (s) (1 SEM)	Vorbehandlung (mg/kg i.p.)	Behandlung (mg/kg i.p.)	USV (s) (1 SEM)
Vehikel	Vehikel	172 (9)	Vehikel	Vehikel	169 (13)
Vehikel	Diazepam (5)	92 (23)[b]	Vehikel	Ipsapiron (1)	79 (20)[c]
Flumazenil (5)	Diazepam (5)	149 (12)	Flumazenil (5)	Ipsapiron (1)	83 (22)[c]
Spiroperidol (0,1)	Diazepam (5)	91 (29)[a]	Spiroperidol (0,1)	Ipsapiron (1)	151 (17)

[a] $p < 0,05$ gegenüber Vehikel-Vehikel-Kontrolle; [b] $p < 0.025$; [c] $p < 0,01$

auszuloten und das anxiolytische Profil dieser Verbindungen im Vergleich zu Benzodiazepinen genau zu charakterisieren.
Auch zwischen verschiedenen 5-HT_{1A}-Rezeptorliganden wurden bei Verhaltensuntersuchungen in Tiermodellen Unterschiede beobachtet. Mit der auffälligste Unterschied ist der prosoziale Effekt von Ipsapiron, der in der streßfreien Variante des „social interaction"-Tests nur für diese Substanz beobachtet wird (Tabelle 2). Obwohl der zugrundeliegende Mechanismus und die klinische Relevanz dieser spezifischen Eigenschaft von Ipsapiron derzeit noch unklar sind, könnten sich hieraus neue Perspektiven für die Therapie von Störungen im Sozialverhalten eröffnen.

5. *Zusammenfassung und Ausblick*

Die in diesem Kapitel beschriebenen Ergebnisse sowie viele weitere, nicht eigens erwähnte Befunde zeigen, daß die Pyrimidinylpiperazin-Derivate Buspiron, Gepiron, Ipsapiron und Tandospiron mit 5-HT_{1A}-Rezeptoren im zentralen Nervensystem wechselwirken und dadurch die serotoninerge Neurotransmission beeinflussen. Was diese Verbindungen von bisher bekannten serotoninergen Substanzen abhebt, ist die selektive Interaktion mit nur einem 5-HT-Rezeptorsubtyp und – bedingt durch dessen Lokalisation – eine prä- wie auch eine postsynaptische Wirkkomponente. Ein weiteres Charakteristikum ist die unterschiedliche intrinsische Aktivität an prä- und postsynaptischen 5-HT_{1A}-Rezeptoren, d.h., volle Agonisten präsynaptisch und partielle postsynaptisch. Vor allem die Aktivierung der präsynaptischen Rezeptoren und die daraus resultierende Erniedrigung der serotoninergen Aktivität im Gehirn scheint für die anxiolytische Wirkung von 5-HT_{1A}-Rezeptor-Agonisten verantwortlich zu sein. Da auch Benzodiazepine den 5-HT-Turnover erniedrigen (WISE et al. 1972), könnte eine derartige Reduktion der serotoninergen Transmission ein gemeinsamer Nenner dieser beiden Substanzklassen sein. Inwieweit die vergleichbare anxiolytische Wirksamkeit in sowohl geeigneten Tiermodellen als auch an Patienten damit in Zusammenhang gebracht werden kann, ist eine offene Frage. Ein interessanter Unterschied bei Patienten (nicht jedoch tierexperimentell) ist der bei den 5-HT_{1A}-Rezeptor-Liganden im Vergleich zu Benzodiazepinen langsame, erst nach 1–3 Wochen Behandlung erfolgende Wirkungseintritt. Dies läßt vermuten, daß hierbei Adaptationsphänomene wie z.B. Rezeptorsub- oder -supersensitivität eine Rolle spielen. Untersuchungen an Patienten mit Panik- oder Zwangserkrankungen deuten auf eine Störung des regulatorischen Zusammenspiels verschiedener 5-HT-Rezeptorsysteme wie auch anderer Neurotransmittersysteme (LESCH 1992). Ein klarer Hinweis auf eine Subsensitivität von 5-HT_{1A}-Rezeptoren wurde bei Patienten mit Affektkrankheiten bzw. unipolaren Depressionen erhoben (LESCH et al. 1989, 1990).
Adapative Prozesse wurden auch tierexperimentell nach chronischer Gabe von 5-HT_{1A}-Rezeptor-Agonisten beschrieben. So wurde eine Erniedrigung von prä-, nicht aber von postsynaptischen 5-HT_{1A}-Rezeptoren (FANELLI und MCMONAGLE-STRUCKO 1992) und von 5-HT_2- und 5-HT_3-Rezeptoren (SCHECHTER et al. 1990) nach chronischer Gabe von Ipsapiron berichtet. Elektrophysiologisch (BLIER und MONTIGNY 1990) und neurochemisch (BOHMAKER et al. 1993) wurde unter vergleichbarem Versuchsdesign eine Desensitisierung der präsynaptischen 5-HT_{1A}-Rezeptoren beobachtet. Widersprüchlich ist noch die funktionelle Relevanz dieser Veränderungen, da trotz Erniedrigung der Rezeptordichten nach Langzeitgabe die anxiolytische Wirksamkeit von 5-HT_{1A}-Rezeptor-Agonisten nicht vermindert ist (DE VRY und SCHREIBER 1993). Künftigen tier- und humanpharmakologischen Studien bleibt es

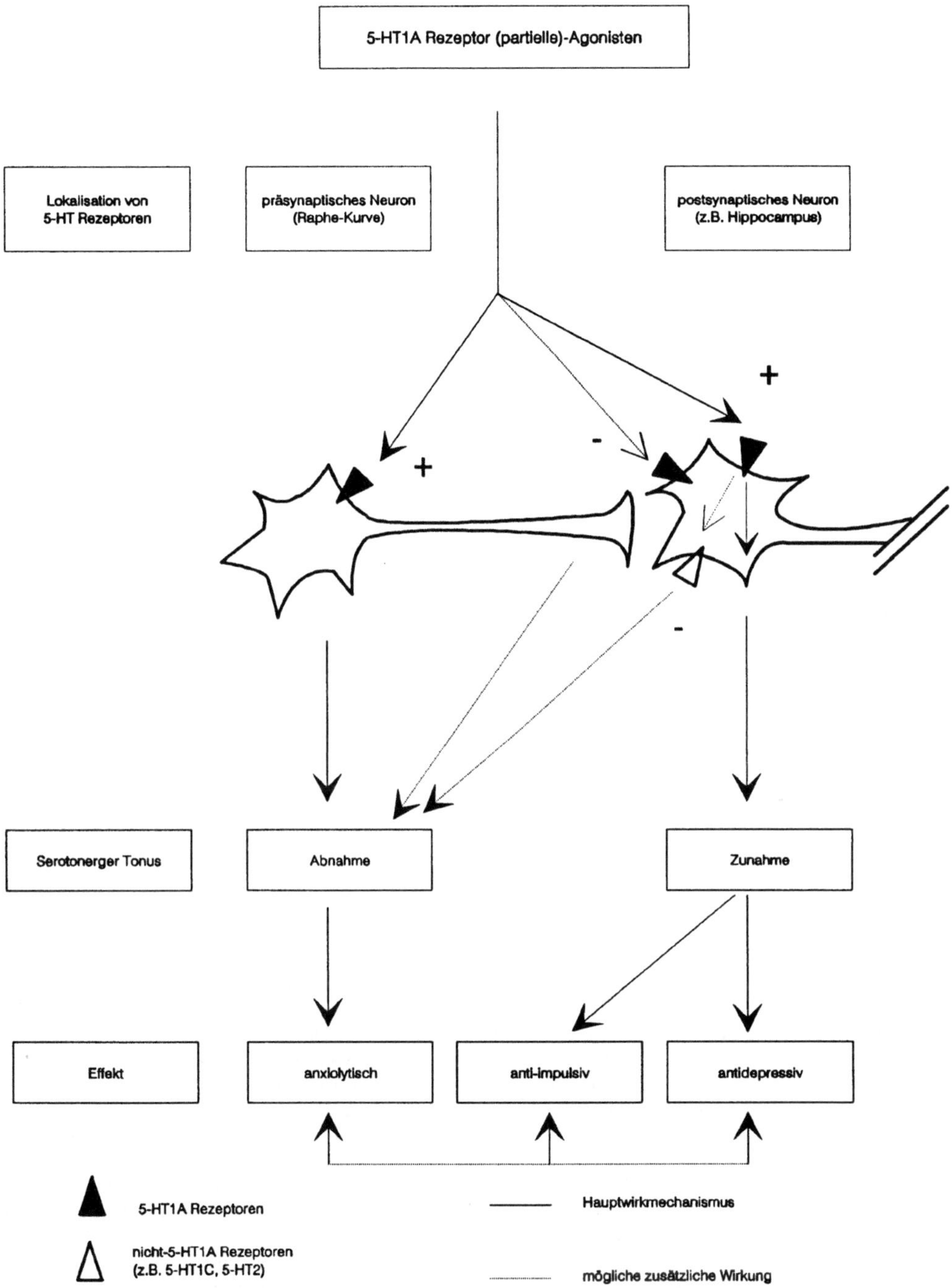

Abb. 5. Schematische Darstellung der relativen Beiträge von prä- und postsynaptischen 5-HT_{1A}-Rezeptoren zu den anxiolytischen, antidepressiven und Anti-Impulsivitäts-Effekten von 5-HT_{1A}-Rezeptor Agonisten (nach SCHREIBER und DE VRY 1993)

überlassen, wirkmechanistische Aspeke der $5\text{-}HT_{1A}$-Rezeptor-Agonisten detaillierter abzuklären und vielleicht pathophysiologische Veränderungen bei $5\text{-}HT_{1A}$ (und anderen 5-HT)-Rezeptoren bei Patienten mit unterschiedlichen Formen von Angst-Erkrankungen festzustellen.

Das 5-HT-System im ZNS spielt nicht nur beim Angstgeschehen eine wichtige Rolle, sondern wahrscheinlich auch bei depressiven Erkrankungen. Wenngleich auch hier unklar ist, wie die postulierte Dysfunktion geartet ist, auf welcher (molekularen) Ebene sie lokalisiert ist und was die Ursachen dafür sind, so ist doch eindeutig, daß Substanzen, die die Verfügbarkeit von 5-HT erhöhen (z.B. Wiederaufnahme-Hemmer, Monoaminoxidase-Inhibitoren u.a.), klinisch wirksam sind. Die Pyrimidinylpiperazine könnten daher als direkt wirkende (partielle) Agonisten antidepressive Wirkeigenschaften besitzen. Aufgrund präklinischer pharmakologischer Untersuchungen und ersten klinischen Studien scheint dies tatsächlich der Fall zu sein. Der derzeitige Stand der Entwicklung ist bei De Vry et al. (Kapitel 6.2, Band 3) zusammengefaßt. Ein weiteres potentielles Einsatzgebiet von $5\text{-}HT_{1A}$-Rezeptor-Agonisten ist das Feld der Impulskontroll-Störungen. Auch hier gibt es gute Evidenz dafür, daß dem 5-HT-System eine wichtige Rolle zukommmt (Schreiber und De Vry 1993).

Wie nach heutigen Vorstellungen $5\text{-}HT_{1A}$-Rezeptor-Agonisten anxiolytische, antidepressive und Anti-Impulskontroll-Effekte hervorrufen, ist schematisch in Abb. 5 gezeigt. Abhängig vom relativen Beitrag der prä- und postsynaptschen $5\text{-}HT_{1A}$-Rezeptoren überwiegt eine Ab- bzw. Zunahme der serotoninergen Aktivität und damit eine unterschiedliche Wirkqualität.

Zusammenfassend läßt sich feststellen, daß mit den Pyrimidinylpiperazinen Buspiron, Gepiron, Ipsapiron und neuerdings Tandospiron ein interessanter Weg zur Pharmakotherapie pathologischer Angst und möglicherweise auch von Depressionen und anderen psychiatrischen Erkrankungen gefunden wurde, der die Entwicklung neuartiger und zu den herkömmlichen Medikamenten eine Aternative darstellender Arzneimittel ermöglicht. Die Arbeiten auf diesem Gebiet besonders die klinischen, stehen jedoch zur Zeit noch am Anfang, so daß erst eine künftige breite und umfassende klinische Evaluierung das therapeutische Potential dieser Wirkstoffklasse aufzuzeigen vermag.

Literatur

Andrade R, Nicoll RA (1987) Novel anxiolytics discriminate between postsynaptic serotonin receptors mediating different physiological responses on single neurons of the rat hippocampus. Naunyn Schmiedebergs Arch Pharmacol 336: 5–10

Basse-Tomusk A, Rebec GV (1986) Ipsapirone depresses neuronal ativity in the dorsal raphe nucleus and the hippocampal formation. Eur J Pharmacol 130: 141–143

Blier P, Montigny C (1990) Electrophysiological investigation of the adaptive response of the 5-HT system to the administration of $5\text{-}HT_{1A}$ receptor agonists. J Cardiovasc Pharmacol 15: 42–48

Bockaert J, Dumuis A, Boukelal R, Sebben M, Cory RN (1987) Piperazine derivatives including the putative anxiolytic drugs buspirone and ipsapirone are agonists at $5\text{-}HT_{1A}$ receptors negatively coupled with adenylate cyclase in hippocampal neurons. Naunyn Schmiedebergs Arch Pharmacol 335: 588–592

Bohmaker K, Eison AS, Yocca FD, Meller E (1993) Comparative effects of chronic 8-OH-DPAT, gepirone and ipsapirone treatment on the sensitivity of somatodendritic $5\text{-}HT_{1A}$ autoreceptors. Neuropharmacology 6: 527–534

Chalmers DT, Watson SJ (1991) Comparative anatomical distribution of $5\text{-}HT_{1A}$ receptor mRNA and $5\text{-}HT_{1A}$ binding in rat brain – a combined

in situ hybridisation/in vitro receptor autoradiographic study. Brain Res 561: 51–60
CHARNEY DS, DELGADO PL (1992) Current concepts of the role of serotonin function in depression and anxiety. In: LANGER SZ, RACAGNI G, MENDLEWICZ J (eds) Serotonin receptor subtypes: pharmacological significance and clinical implications. Int Acad Biomed Drug Res 1: 89–104
CHARNEY DS, WOODS SW, KRYSTAL JH, NAGY LM HENINGER GR (1990) Hypotheses relating serotoninergic dysfunction to the etiology and treatment of panic and generalized anxiety disorders. In: COCCARO EF, MURPHY DL (eds) Serotonin in major psychiatric disorders. American Psychiatric Press, Washington, pp 127–152
CHOJNACKA-WOJCIK E, PRZEGALINSKI E (1991) Evidence for the involvement of 5-HT_{1A} receptors in the anticonflict effect of ipsapirone in rats. Neuropharmacology 30: 703–709
CHOPIN P, BRILEY M (1987) Animal models of anxiety: the effects of compounds that modify 5-HT neurotransmission. Trends Pharmacol Sci 8: 383–388
COLINO A, HALLIWELL JV (1987) Differential modulation of three separate K-conductances in hippocampal CA-1 neurons by serotonin. Nature 328: 73–77
COX RF, MELLER E, WASZCZAK BL (1993) Electrophysiological evidence for a large receptor reserve for inhibition of dorsal raphe neuronal firing by 5-HT_{1A} agonists. Synapse 14: 297–304
CSANALOSI J, SCHWEIZER E, CASE WG, RICKELS K (1987) Gepirone in anxiety: a pilot study. J Clin Psychopharmacol 7: 31–33
DE VIVO M, MAAYANI S (1986) Characterization of the 5-hydroxytryptamine$_{1A}$ receptor mediated inhibition of forskolin-stimulated adenylate cyclase activity in guinea pig and rat hippocampal membranes. J Pharmacol Exp Ther 238: 248–253
DE VRY J, SCHEIBER R (1993) Comparison of acute and repeated treatment with the 5-HT_{1A} receptor ligands 8-OH-DPAT and ipsapirone in animal models of anxiety and depression. Drug Dev Res 30: 91–103
DE VRY J, GLASER T, TRABER J (1990) 5-HT_{1A} receptor partial agonists as anxiolytics. In: PAOLETTI R, VANHOUTTE PM, BRUNELLO N, MAGGI FM (eds) Serotonin: from cell biology to pharmacology and therapeutics. Kluwer Academic Publishers, Dordrecht, pp 517–522
DE VRY J, GLASER T, SCHUURMAN T, SCHREIBER R, TRABER J (1991) 5-HT_{1A} receptors in anxiety. In: BRILEY M, FILE SE (eds) New concepts in anxiety. Mac Millan, London, pp 94–129
DE VRY J, SCHREIBER R, GLASER T, TRABER J (1992) Behavioral pharmacology of 5-HT_{1A} agonists: animal models of anxiety and depression. In: STAHL SM, GASTPAR M, KEPPEL HESSELINK JM, TRABER J (eds) Serotonin 1A receptors in depression and anxiety. Raven Press, New York, pp 55–81
DOMPERT WU, GLASER T, TRABER J (1985) ^{3}H-TVX Q 7821: identification of 5-HT_1 binding sites as target for a novel putative anxiolytic. Naunyn Schmiedebergs Arch Pharmacol 328: 467–470
DUNN RW, CORBETT R, FIELDING S (1989) Effects of 5-HT_{1A} receptor agonists and NMDA receptor antagonists in the social interaction test and the eleveated plus maze. Eur J Pharmacol 169: 1–10
EISON AS, EISON MS, STANLEY M, RIBLET LA (1986) Serotonergic mechanisms in the behavioral effects of buspirone and gepirone. Pharmacol Biochem Behav 24: 701–707
FANELLI RJ, MCMONAGLE-STRUCKO K (1992) Alteration of 5-HT_{1A} receptor binding sites following chronic treatment with ipsapirone measured by quantitative autoradiography. Synapse 12: 75–81
FEIGHNER J, COHN JB (1989) Analysis of individual symptoms in generalized anxiety – a pooled, multistudy, double-blind evaluation of buspirone. Neuropsychobiology 21: 124–130
GLASER T, DE VRY J (1992) Neurobiology of 5-HT_{1A} receptors. In: STAHL SM, GASTPAR M, KEPPEL, HESSELINK JM, TRABER J (eds) Serotonin 1A receptors in depression and anxiety. Raven Press, New York, pp 35–53
GLASER T, RATH M, TRABER J, ZILLES K, SCHLEICHER A (1985) Autoradiographic identification and topographical analyses of high affinity serotonin receptor subtypes as a target for the novel putative anxiolytic TVX Q 7821. Brain Res 358: 129–136
GLASER T, GREUEL JM, HORVATH E, SCHREIBER R, DE VRY J (1991) Differentiation of 8-OH-DPAT and ipsapirone in rat models of 5-HT_{1A} receptor function. In: FOZARD J, SAXENA P (eds) 2nd IUPHAR Satellite meeting on serotonin. Birkhäuser, Basel, pp 460–470 (Proceedings)
GLENNON RA (1990) Serotonin receptors: clinical implications. Neurosci Biobehav Rev 14: 35–47
GOA KL, WARD A (1986) Buspirone: a preliminary review of its pharmacological properties and therapeutic efficacy as an anxiolytic. Drugs 32: 114–129
GÖTHERT M (1992) 5-Hydroxytryptamine receptors: an example for the complexity of chemical transmission of information in the brain. Drug Res 42: 238–246

GRAY JA (1982) The neuropsychology of anxiety: an equiry into the functions of the septo-hippocampal system. Clarendon Press, Oxford

HAJ-DAHMANE S, HAMON M, LANFUMEY L (1991) K^+ channel and 5-HT_{1A} autoreceptor interactions in the rat dorsal raphe nucleus: an in vitro electrophysiological study. Neuroscience 41: 495–505

HAMON M, FATTACCINI CM, ADRIEN J, GALLISSOT MC, MARTIN P, GOZLAN H (1988) Alterations of central serotonin and dopamine turnover in rats treated with ipsapirone and other 5-hydroxytryptamine$_{1A}$ agonists with potential anxiolytic properties. J Pharmacol Exp Ther 246: 745–752

HARTIG PR (1989) Molecular biology of 5-HT receptors. Trends Pharmacol Sci 10: 64–69

HIGGINS GA, JONES BJ, OAKLEY NR (1992) Effect of 5-HT_{1A} receptor agonists in two models of anxiety after dorsal raphe injection. Psychopharmacology 106: 261–267

IVERSEN SD (1984) 5-HT and anxiety. Neuropharmacology 23: 1553–1560

KAHN RS, VAN PRAAG HM, WETZLER S, ASNIS GM, BARR G (1988) Serotonin and anxiety revisited. Biol Psychiatry 23: 189–208

KOE BK (1979) Biochemical effects of antianxiety drugs on brain monoamines. In: FIELDING S, LAL H (eds) Anxiolytics. Futura, New York, pp 173–195

KÜMMEL B, BENEKE M, KROL G, SCHÖLLNHAMMER G, SPECHTMEYER H (1988) Ipsapirone in the treatment of generalized anxiety disorders. Results of a phase II US-multicenter trial. Psychopharmacology 96: S 353

LESCH K-P (1992) The ipsapirone/5-HT_{1A} receptor challenge in anxiety disorders and depression. In: STAHL SM, GASTPAR M, KEPPEL HESSELINK JM, TRABER J (eds) Serotonin 1A receptors in depression and anxiety. Raven Press, New York, pp 135–162

LESCH K-P, MAYER S, HOH A, DISSELKAMP-TIETZE J, RUPPRECHT R, SCHMIDTKE A, OSTERHEIDER M, BECKMANN H (1989) 5-Hydroxytryptamine-$_{1A}$ (5-HT_{1A}) receptor function in affective disorders. Pharmacopsychiatry 22: 205

LESCH K-P, MAYER S, DISSELKAMP-TIETZE J, HOH A, SCHÖLLNHAMMER G, SCHULTE HM (1990) Subsensitivity of the 5-hydroxytryptamine$_{1A}$ (5-HT_{1A}) receptor-mediated hypothermic response to ipsapirone in unipolar depression. Life Sci 46: 1271–1277

MARCINKIEWICZ M, VERGE D, GOZLAN H, PICHAT L, HAMON M (1984) Autoradiographic evidence for the heterogeneity of 5-HT_1 sites in rat brain. Brain Res 291: 159–163

MARTIN KF, MASON R (1987) Ipsapirone is a partial agonist at 5-hydroxytryptamine$_{1A}$ (5-HT_{1A}) receptors in the rat hippocampus: electrophysiological evidence. Eur J Pharmacol 141: 470–483

MELLER E, GOLDSTEIN M, BOHMAKER K (1990) Receptor reserve for 5-hydroxytryptamine$_{1A}$-mediated inhibition of serotonin synthesis: possible relationship to anxiolytic properties of 5-hydroxytryptamine$_{1A}$ agonists. Mol Pharmacol 37: 231–237

MIQUEL MC, COUCET E, BONI C, EL MESTIKAWY S, MATTHIESSEN L, DAVAL G, VERGE D, HAMON M (1991) Central serotonin$_{1A}$ receptors: respective distributions of encoding mRNA, receptor protein and binding sites by in situ hybridization histochemistry, radioimmunohistochemistry and autoradiographic mapping in the rat brain. Neurochem Int 19: 453–465

MURASAKI M, MIURA S (1992) The future of 5-HT_{1A} receptor agonists (aryl-piperazine derivatives). Prog Neuropsychopharmacol Biol Psychiatry 16: 833–845

PAZOS A, PALACIOS DM (1985) Quantitative autoradiographic mapping of serotonin receptors in the rat brain. I. Serotonin-1 receptors. Brain Res 346: 205–230

PEROUTKA SJ (1986) Pharmacological differentiation and characterization of 5-HT_{1A}, 5-HT_{1B} and 5-HT_{1C} binding sites in rat frontal cortex. J Neurochem 47: 529–540

PEROUTKA SJ (1988) 5-Hydroxytryptamine receptor subtypes: molecular, biochemical and physiological characterization. Trends Neurosci 11: 496–500

POMPEIANO M, PALACIOS JM, MENGOD G (1992) Distribution and cellular localization of mRNA coding for 5-HT_{1A} receptor in the rat brain: correlation with receptor binding. J Neurosci 12: 440–453

PRZEGALINSKI E, CHOJNACKA-WOJCIK E, FILIP M (1992) Stimulation of postsynaptic 5-HT_{1A} receptors is responsible for the anticonflict effect of ipsapirone in rats. J Pharm Pharmacol 44: 780–782

ROBINSON DS, RAJESH CS, ALMS DR, MESSINA M, ANDARY J (1989) Treatment of panic disorder: Nonbenzodiazepine anxiolytics including buspirone. Psychopharmacol Bull 25: 21–26

RUFFOLO RR JR (1982) Important concepts of receptor theory. J Auton Pharmacol 2: 277–295

SCHECHTER LE, BOLANOS J, GOZLAN H, LANFUMEY L, HAJ-DAHMANE S, LAPORTE AM, FATTACCINI CM, HAMON M (1990) Alterations of central serotoninergic and dopaminergic neurotransmission in rats chronically treated with ipsapirone: biochemical and electrophysiological studies. J Pharmacol Exp Ther 255: 1335–1347

SCHÖLLNHAMMER G (1992) Pharmacokinetics of the azapirones. In: STAHL SM, GASTPAR M, KEPPEL HESSELINK JM, TRABER J (eds) Serotonin 1A receptors in depression and anxiety. Raven Press, New York, pp 99–107

SCHÖLLNHAMMER G, BENEKE M, BÖTTCHER M, DIETRICH H, HORSTMANN R, SEITZ I (1993) Absolute oral bioavailability of two preparations of ipsapirone hydrochloride. Pharmacopsychiatry 26: 199

SCHREIBER R, DE VRY J (1993) 5-HT_{1A} receptor ligands in animal models of anxiety, impulsivity and depression: multiple mechanisms of action? Prog Neuropsychopharmacol Biol Psychiatry 17: 87–104

SCHUURMAN T, TRABER J (1994) Effects of ipsapirone on social behavior and conflict-induced responses in rats: a comparison to diazepam (submitted)

SEGAL M (1980) The action of serotonin in the rat hippocampal slice preparation. J Physiol (Lond) 303: 423–429

SHARP T, HJORTH S (1990) Application of brain microdialysis to study the pharmacology of the 5-HT_{1A} autoreceptor. J Neurosci Methods 34: 83–90

SHARP T, BRAMWELL SR, GRAHAME-SMITH DG (1989) 5-HT_1 agonists reduce 5-hydroxytryptamine release in rat hippocampus in vivo as determined by brain microdialysis. Br J Pharmacol 96: 283–290

SOMMERMEYER H, SCHREIBER R, GREUEL JM, DE VRY J, GLASER T (1993) Anxiolytic effects of the 5-HT_{1A} receptor agonist ipsapirone in the rat: neurobiological correlates. Eur J Pharmacol 240: 29–37

SPROUSE JS, AGHAJANIAN GK (1987) Electrophysiological responses of serotonergic dorsal raphe neurons to 5-HT_{1A} and 5-HT_{1B} agonists. Synapse 1: 3–9

STAHL SM, GASTPAR M, KEPPEL HESSELINK JM, TRABER J (1992) Serotonin 1A receptors in depression and anxiety. Raven Press, New York

TAYLOR DP (1988) Buspirone, a new approach to the treatment of anxiety. FASEB J 2: 2445–2452

THIEBOT MH (1986) Are serotonergic neurons involved in the control of anxiety and in the anxiolytic activity of benzodiazepines? Pharmacol Biochem Behav 24: 1471–1477

TRABER J, GLASER T (1987) 5-HT_{1A} receptor-related anxiolytics. Trends Pharmacol Sci 8: 432–437

VERGE D, DAVAL G, PATEY A, GOZLAN H, EL MESTIKAWY S, HAMON M (1985) Presynaptic 5-HT autoreceptors on serotonergic cell bodies and/or dendrites but not terminals are of the 5-HT_{1A} subtype. Eur J Pharmacol 113: 463–464

WISE CD, BERGER BD, STEIN L (1972) Benzodiazepines: anxiety-reducing activity by reduction of serotonin turnover in the brain. Science 177: 180–183

YOCCA FD, IBEN L, MELLER E (1992) Lack of apparent receptor reserve at postsynaptic 5-hydroxytryptamine$_{1A}$ receptors negatively coupled to adenylyl cyclase activity in rat hippocampal membranes. Mol Pharmacol 41: 1066–1072

ZUARDI AW, COSME RA, GRAEFF FG, GUIMARAES FS (1993) Effects of ipsapirone and cannabidiol on human experimental anxiety. J Psychopharmacol 7: 82–88

5.4 Klinik

G. Laux und W. E. Platz (Buspiron)
G. Hajak und E. Rüther (Zolpidem)
U. Bongartz, G. Laux und W. E. Platz (Zopiclon)

5.4.1 Indikationen

Buspiron
Aufgrund seiner Zugehörigkeit zur Gruppe der Pyrimidinylpiperazine wurde Buspiron als Neuroleptikum entwickelt, zeigte bei Schizophrenen aber keine antipsychotischen, jedoch anxiolytische Eigenschaften (LEVINE und NAPIELLO 1988). In zahlreichen Untersuchungen konnte die angstlösende Wirkung von Buspiron verifiziert werden, die Zulassung der Substanz in Deutschland erfolgte für folgende Indikation: Symptomatische Behandlung von Angstzuständen mit den Leitsymptomen Angst, innere Unruhe, Spannungszustände.

Übersichtsarbeiten zur klinischen Wirkung liegen vor von EISON und TEMPLE (1986), GOA und WARD (1986), NAPIELLO und DOMANTAY (1988, 1991), ORTIZ et al. (1987), RICKELS (1990), SCHUCKIT (1984) und ROBINSON et al. (1990).

In Tabelle 5.4.1.1 sind die wichtigsten kontrollierten Studien mit Buspiron zusammenfassend dargestellt.

Als Hauptindikation für Buspiron sind **generalisierte Angsterkrankungen** anzusehen; hierbei erwies sich Buspiron außer in den Studien von OLAJIDE und LADER (1987) und FONTAINE et al. (1987) Placebo signifikant überlegen. Als Vergleichssubstanzen wurden in den kontrollierten Studien hauptsächlich Benzodiazepine eingesetzt (Alprazolam, Clobazam, Clorazepat, Diazepam, Lorazepam, Oxazepam). In den meisten dieser kontrollierten Vergleichsstudien zeigte Buspiron eine den Benzodiazepinen vergleichbare Globalwirkung (s. Tabelle 5.4.1.1); in einigen Untersuchungen waren Benzodiazepine jedoch signifikant oder tendenziell überlegen (WHEATLEY 1982, BUCHHEIM et al. 1985, COHN und WILCOX 1986, FONTAINE et al. 1987). STRAND et al. (1990) fanden demgegenüber bei Angststörungen eine tendenzielle Überlegenheit von Buspiron im Vergleich zu Oxazepam.

Abbildung 5.4.1 faßt die Ergebnisse einer in drei verschiedenen Ländern durchgeführten kontrollierten Vergleichsstudie zusammen (ROBINSON et al. 1989).

In den kontrollierten Vergleichsstudien mit Benzodiazepinen wurde zum einen deutlich, daß Buspiron somatische Symptome der Angst weniger günstig beeinflußt als Benzodiazepine, zum anderen, daß Buspiron einen verzögerten Wirkungseintritt aufweist (BUCHHEIM et al. 1985, JACOBSON et al. 1985, MURPHY et al. 1989, RICKELS 1990, ANSSEAU et al. 1990). Schlafstörungen wurden durch Benzodiazepine ebenfalls günstiger beeinflußt (PETRACCA et al. 1990).

Die beiden vorliegenden kontrollierten Studien zur Wirksamkeit von Buspiron bei **Panikstörungen** ergaben eine signifikante Überlegenheit von Imipramin bzw. Alprazolam (SHEEHAN et al. 1990, 1993).

In den beiden bislang vorliegenden Studien zur Wirksamkeit bei **sozialer Phobie** zeigte

Tabelle 5.4.1.1. Wichtige kontrollierte Studien mit Buspiron (B)

Autor(en)	Diagnose Vergleichssubst. (N)	Dosis/die	Ergebnis	Nebenwirkungen (NW), Abbrüche (A)
Feighner et al. (1982)	General. Angsterkr. B (89) vs Diazepam (29)	B: 16,5 mg D: 15,0 mg	B = D	NW: D > B (Sedierung, kognitive Beeinträchtigung) A: B 12, D 6
Wheatley (1982)	General. Angsterkr. B (43) vs Diazepam (46) vs Placebo (42)	B: 10–30 mg D: 10–30 mg	D > B > Pl	NW: B Kopfschmerz D Sedierung
Rickels et al. (1982)	Angstneurosen B (81) vs Diazepam (81) vs Placebo	B: 20–25 mg D: 20–25 mg	B = D > Pl D > B somat. Angst	NW: B Schwindel, Kopfschmerz D Sedierung
Buchheim et al. (1985)	Angstneurosen B (20) vs Lorazepam (20)	B: 16,1 mg L: 2,4 mg	L (>) B somat. Angst L > B	NW: B Schlafstörung, Unruhe, L Müdigkeit A: B 6, L 3
Jacobson et al. (1985)	General. Angsterkr. B (33) vs Diazepam (33)	B: 30 mg D: 20 mg	B = D D rascherer Wirkungseintritt	NW: D > B
Cohn und Wilcox (1986)	General. Angsterkr. B (20) vs Alprazolam (20) vs Lorazepam (20)	B: 15 mg A: 1,5 mg L: 3 mg	B Responserate 65% A Responserate 80% L Responserate 80%	NW: B weniger Sedierung
Cohn et al. (1986)	General. Angsterkr. B (218) vs Clorazepat (75)	B: 16–20,5 mg C: 21–30,8 mg	B = C	C mehr Sedierung, B häufiger Nausea und Kopfschmerzen
Olajide und Lader (1987)	General. Angsterkr. (chron.) B vs Diazepam vs Placebo (33), Cross-over	B: 20 mg D: 20 mg	D > B = Pl (fast alle mit BZD vorbehandelt)	NW: B Nausea D Müdigkeit A: B 6, D 1, Pl 2
Fontaine et al. (1987)	General. Angsterkr. B (16) vs Diazepam (16) vs Placebo (16)		D > B = Pl	Mehr Rebound-Angst unter D nach abruptem Absetzen
Amin et al. (1988)	General. Angsterkr. B (9) vs Diazepam (10) vs Placebo (11)	B: 10–40 mg D: 10–40 mg	D > B = Pl	
Cohn und Rickels (1989)	General. Angsterkr. Frauen Pool-Analyse (n = 367) B vs Diazepam vs Placebo	B: 24,5 mg D: 20,8 mg	B = D > Pl	NW: D > B
Murphy et al. (1989)	General. Angsterkr. B (26) vs Diazepam (25)		D rascherer Wirkungseintritt und mehr Entzugssymptome	A: 8 von 11 unter B

(Fortsetzung siehe S. 270)

Tabelle 5.4.1.1. Fortsetzung

Autor(en)	Diagnose Vergleichssubst. (N)	Dosis/die	Ergebnis	Nebenwirkungen (NW), Abbrüche (A)
Pecknold et al. (1989)	General. Angsterkr. B (42) vs Diazepam (43) vs Placebo (40)	B: 26 mg D: 21 mg	B = D > Pl	NW: B Schwindel, Nausea D Schläfrigkeit A: B 3, D 8, Pl 9
Ansseau et al. (1990)	General. Angsterkr. B (14) vs Oxazepam (12)	B: 22,2 mg O: 55,8 mg	B < O B langsamerer Wirkungseintritt	NW: B Nausea, Unruhe O Sedierung A: B 8 (4 Wirkungslosigkeit) O 4 (1 Wirkungslosigkeit)
Böhm et al. (1990)	Angststörung B (20) vs Clobazam (20) vs Placebo(20)	B: 23 mg CL: 21 mg	C > B > Pl B Responserate 70% C Responserate 80% Pl Responserate 10%	NW: keine
Petracca et al. (1990)	General. Angsterkr. B (20) vs Lorazepam (20)	B: 15 mg L: 3 mg	B = L außer Schlaf	NW: B keine Entzugssympt. L Rebound nach Absetzen A: B 25%, L 10%
Sheehan et al. (1990)	Panikstörung B (18) vs Imipramin (18) vs Placebo (19)	B: 57,2 mg IMI:	IMI > B = Pl	
Rickels et al. (1990, 1991)	Major Depression B (78) vs Placebo (77)	B: bis 90 mg	B > Pl	A: B 34% Pl 41%
Fabre (1990)	Major Depression B (70) vs Placebo (70)	B: 47,1 mg	B > Pl	A: B 64%, Pl 74% NW: Schwindel, Nausea
Strand et al. (1990)	Angststörung B (113) vs Oxazepam (117)	B: 15–30 mg O: 30–60 mg	B = O	NW: B Schwindel (24%), Nausea (16%) O Sedierung (35%)
Enkelmann (1991)	General. Angsterkr. B (32) vs Alprazolam (31) vs Placebo (31)	B: 18,7 mg A: 1,9 mg	B = A > Pl	NW: B = A B: Nausea, Tremor, Ataxie A: Nervosität
Pato et al. (1991)	Zwangsstörung B (9) vs Clomipramin (9)		B = Cl	

(Fortsetzung siehe S. 271)

Tabelle 5.4.1.1. Fortsetzung

Autor(en)	Diagnose Vergleichssubst. (N)	Dosis/die	Ergebnis	Nebenwirkungen (NW), Abbrüche (A)
CLARK und AGRAS (1991)	Soziale Phobie B (47) vs kognitive Verhaltenstherapie vs Placebo (47)		Kogn. VT > B = P	
GAMMANS et al. (1992)	General. Angsterkr. Meta–Analyse B (268) vs Placebo (252)	B: 20 mg (10–60 mg)	B > Pl zusätzl. antidepr. Wirkung	
VAN LAAR et al. (1992)	Angststörung B (12) vs Diazepam (12)	B: 20 mg D: 15 mg	B = D B auf Fahrtauglichkeit ohne signif. Einfluß	D: Sedierung, Fahrtauglichkeit
SHEEHAN et al. (1993)	Panikstörung B (31) vs Alprazolam (30) vs Placebo (31)	B: 61 mg	A > B = Pl	

A Alprazolam, *C* Clorazepat, *Cl* Clobazam, *D* Diazepam, *L* Lorazepam, *Pl* Placebo, = gleich wirksam bzw. häufig, > signifikant wirksamer bzw. häufiger, > tendenziell wirksamer

Buspiron keine Überlegenheit gegenüber Placebo bzw. nur mäßige Wirksamkeit (CLARK und AGRAS 1991, SCHNEIER et al. 1993). Studien bei **Schlafstörungen** und polysomnographische Ableitungen ergaben, daß Buspiron keine hypnotischen Wirkeigenschaften aufweist (MANFREDI et al. 1991, MENDELSON et al. 1991, DE ROECK et al. 1989).

Aus jüngerer Zeit liegen Studien zur Behandlung von **Depressionen** mit Buspiron vor: RICKELS et al. (1990, 1991) sowie FABRE (1990) fanden eine signifikante Überlegenheit von Buspiron gegenüber Placebo, allerdings mit hohen Abbruchsraten in beiden Behandlungsgruppen. GAMMANS et al. (1992) kamen aufgrund einer Pool-Analyse von 8 kontrollierten Studien zu dem Schluß, daß Buspiron insbesondere bei generalisierter Angsterkrankung mit depressiver Begleitsymptomatik wirksam sei (s. Abb. 5.4.2). Auch bei dieser Analyse ist der protrahierte Wirkungseintritt von Buspiron deutlich erkennbar. ROBINSON et al. (1990) beschrieben eine signifikante antidepressive Wirkung von Buspiron im Vergleich zu Placebo bei n = 382 Patienten mit Major Depression und Angstsymptomatik (Hamilton Depressions- und Angst-Skalenwerte > 18). JACOBSEN (1991) und NAPIELLO (1986) berichteten über günstige Effekte einer Buspiron-Augmentationsbehandlung zu Antidepressiva.

Hinsichtlich der Indikation **Zwangsstörungen** ist die Datenlage bislang widersprüchlich und spärlich: PATO et al. (1991) beobachteten eine Clomipramin-vergleichbare Wirksamkeit von Buspiron, während JENIKE und BAER (1988) keine Wirksamkeit von Buspiron in dieser Indikation feststellen konnten. JENIKE et al. (1991) sowie MARKOWICZ et al. (1990) berichteten über eine additive Wirkung von Buspiron bei der Augmentationsbehandlung zu Fluoxetin, PIGOTT et al. (1992) fanden bei 29% der mit Clomipramin behandelten Patienten eine zusätzliche positive Wirkung auf die Zwangssym-

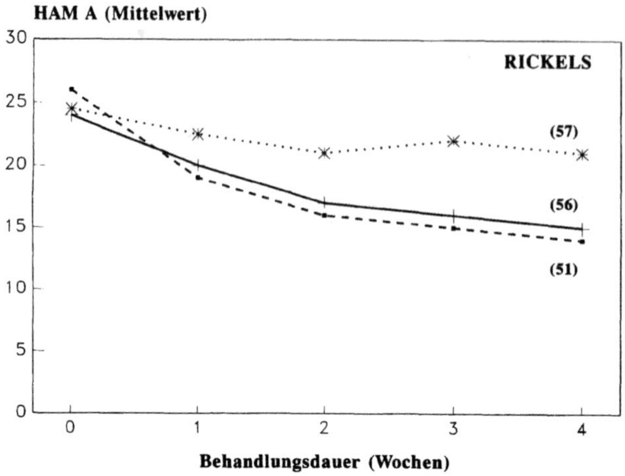

Abb. 5.4.1a

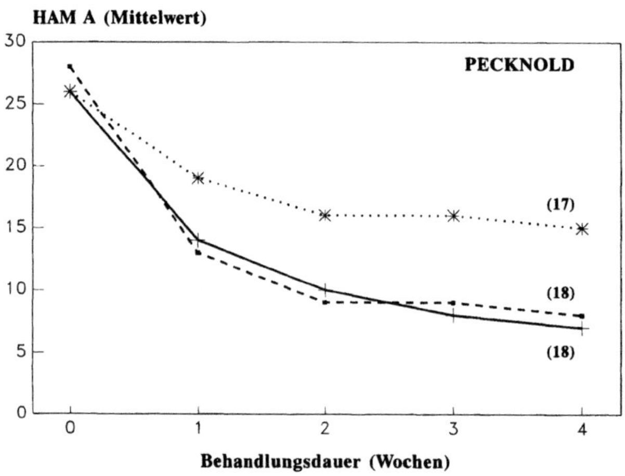

Abb. 5.4.1b

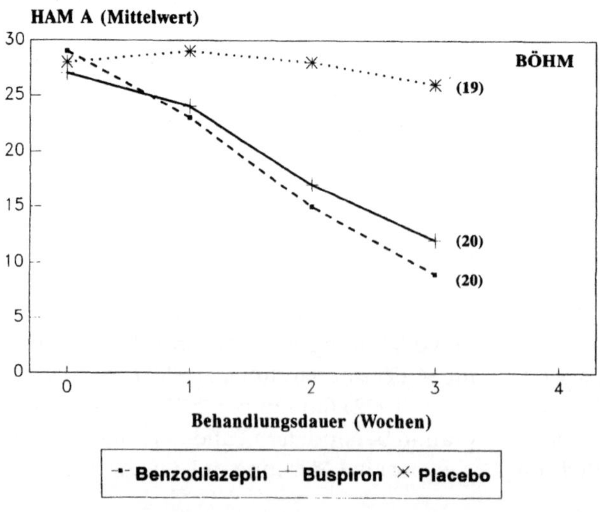

Abb. 5.4.1c

ptomatik durch adjuvante Buspirongabe. McDougle et al. (1993) sahen demgegenüber nur den begrenzten therapeutischen Nutzen einer zusätzlichen Buspiron-Gabe bei Fluvoxamin-Non-Respondern.
Jüngst wurde über eine antidyskinetische Wirkung von 20 mg Buspiron pro die bei Levodopa-induzierten Dyskinesien Parkinson-Kranker berichtet (Bonifati et al. 1994).

Einzelberichte liegen zu folgenden Indikationen vor:
Bei geistig Behinderten wurde eine Reduktion der Aggressivität beschrieben (Gedye 1991, Ratey et al. 1991). Keine positiven Effekte von Buspiron konnten bei Parkinson-Patienten (Hammerstad et al. 1986) und Schmerzpatienten (Kishore Kumar et al. 1989) erzielt werden. Auch zur Behandlung des Benzodiazepin-Entzugs erwies sich Buspiron als nicht geeignet (Ashton et al. 1990, 1991).
Gastfriend und Rosenbaum (1989) beschrieben günstige Effekte eine adjuvanten Buspiron-Gabe zu Benzodiazepinen bei Patienten mit Panikstörungen. Goff et al. (1991) sahen ähnlich wie Brody et al. (1990) positive Effekte einer adjuvanten Buspiron-Gabe zu Neuroleptika bei schizophrenen Patienten; möglicherweise hängt dieser Effekt mit der in einer Interaktions-Studie beschriebenen Plasmaspiegelerhöhung von Haloperidol durch Buspiron zusammen.
Einige Autoren berichteten über günstige Effekte von Buspiron beim prämenstruellen Syndrom (Anderson 1989, Brown et al. 1990, Rickels et al. 1989).
Positive Berichte liegen zur Raucherentwöhnung von West et al. (1991) und Gawin et al. (1989) vor. Hierbei fanden sich unter Buspiron signifikant höhere Abstinenzraten. Bei Patienten mit Alkoholabusus beschrieben Bruno (1989) und Tollefson et al. (1991) eine deutliche Abnahme des Craving unter Buspiron, Malcom et al. (1992) konnten demgegenüber keine positive Wirkung von Buspiron bei Alkoholabhängigen verzeichnen.

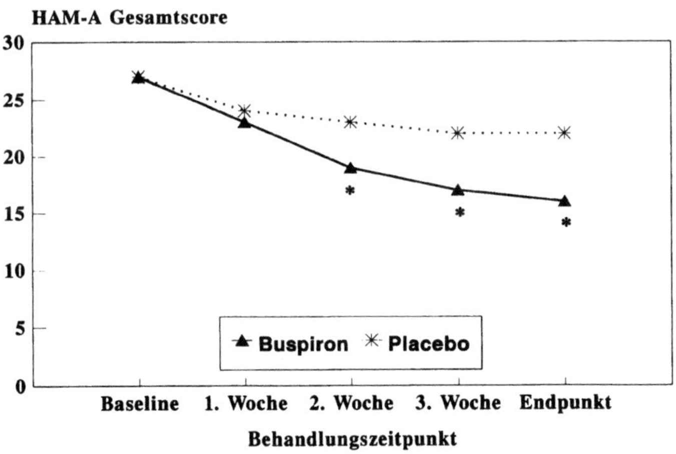

Abb. 5.4.2. Pool-Analyse von 8 kontrollierten Studien zur Wirksamkeit von Buspiron bei generalisierter Angsterkrankung mit depressiver Begleitsymptomatik (nach Gammans et al. 1992)

Abb. 5.4.1. Placebo-kontrollierte Vergleichsstudien Buspiron versus Benzodiazepin bei Angstpatienten (nach Robinson et al. 1989)

Bei Patienten mit chronisch obstruktiven Lungenerkrankungen konnte die Dyspnoe durch Buspiron ohne ungünstige Beeinflussung von Blutgasparametern gebessert werden (ARGYROPOULOU et al. 1993).
Widersprüchlich sind die Befunde hinsichtlich der Umstellung von Benzodiazepinen auf Buspiron: Während RICKELS (1990) und FILE und ANDREWS (1991) günstige Buspiron-Effekte beim Absetzen von Benzodiazepinen in Form einer Angstreduktion sahen, beschrieben JERKOVICH und PRESKORN (1987) sowie SCHWEIZER und RICKELS (1986) negative Effekte beim Entzug von Lorazepam und Diazepam.

Zolpidem
Zolpidem wird zur vorübergehenden Behandlung von Einschlafstörungen empfohlen. Die Indikationsstellung für Einschlafstörungen wird der relativ kurzen Wirkungsdauer des Präparates gerecht, welches nach abendlicher Einnahme seine Wirkung vor allem im ersten Drittel der Nacht entfaltet. Die Erfahrungen, die mit Hypnotika aus der Gruppe der Benzodiazepine gemacht wurden, zeigen jedoch, daß auch Durchschlafstörungen mit Erwachen in der ersten Nachthälfte mit kurzwirksamen Präparaten erfolgreich behandelt werden können.
Mindestens acht firmenintern und sieben offiziell publizierte Studien verglichen an über 500 Gesunden oder schlafgestörten Patienten die hypnotische Wirkung von Zolpidem mit der von Benzodiazepinen. Abendliche Gaben von 10 mg oder 20 mg Zolpidem hatten in nahezu allen Untersuchungen einen vergleichbaren Effekt auf subjektiv erfaßte Schlafparameter wie 1 mg oder 2 mg Flunitrazepam, 30 mg Flurazepam, 0,5 mg Triazolam, 15 mg Oxazepam oder 5 mg Nitrazepam. Dies betraf sowohl das Ein- als auch das Durchschlafen (Tabelle 5.4.1.2; BENSIMON et al. 1990, CIRIGNOTTA et al. 1988, COUPEZ et al. 1988, EMERIAU et al. 1988, LOUVEL et al. 1988, MAGGIONI und FRATTOLA 1988).

Zopiclon
Zopiclon dient zur symptomatischen Behandlung von Ein- und Durchschlafstörungen.
Tabelle 5.4.1.3 faßt die wichtigsten vorliegenden klinischen Studien zusammen. Als Resummé ergibt sich, daß abendliche Gaben von 7,5 mg Zopiclon in den meisten durchgeführten Untersuchungen einen vergleichbaren Effekt zeigte wie Benzodiazepin-Hypnotika (MAMELAK et al. 1983, DURIEZ et al. 1979, ANDERSON 1987; s. Abb. 5.4.3a und b, MUSCH und MAILLARD 1990).
Weitere Studien wurden zur Wirksamkeit von Zopiclon bei situativer Insomnie (z.B. präoperativ) (DUNDEE et al. 1983, SCHLOSBERG 1983, MOMOSE 1983) sowie zur Behandlung der Insomnie bei Schichtarbeitern (MOON et al. 1990, MONCHESKY et al. 1989) sowie bei Alterspatienten mit Schlafstörungen durchgeführt (DEHLIN et al. 1983, ELIE und DESCHENES 1983, GIERCKSKY und WICKSTROM 1980).

Tabelle 5.4.1.2. Vergleichende Doppelblindstudien zur Wirkung von Zolpidem und Benzodiazepinen auf Schlafparameter

Autoren	Jahr	Studienpopulation			Dosis (mg/Tag)	Behandlungsdauer (Tage)	Effekt auf Schlafparameter				
		N	Alter (Jahre)	Art			Schlaflatenz	Schlafdauer	Aufwachvorgänge	Schlafqualität	Morgenbefinden
Bensimon et al.	1990	12	18–28 Ø 23,6	Probanden	Z 20 F 2 P	15	Z = F > P	Z = F = P	Z = F = P	Z = F = P	Z = P > F
Cirignotta et al.	1988	12	38–64 Ø 49,3	Schlafapnoe-patienten	Z 20 F 30 P	2	Z ≥ F ≥ P[a]	Z = F ≥ P[a]	F ≥ F ≥ P[a]	Z > P ≥ F	
Coupez et al.	1988	35	40–66 Ø 59,9	Insomnie-patienten (hospitalisiert)	Z 20 O 15	5	Z > 0	Z = 0	Z = 0	Z = 0	Z = 0
Emeriau et al.	1988	84	61–99 Ø 83,5	Insomnie-patienten (hospitalisiert)	Z 10 Z 20 FN 1	28	$Z_{10} = Z_{20} =$ = FN	$Z_{10} = Z_{20} =$ = FN	FN ≥ $Z_{10} =$ = Z_{20}	$Z_{10} = Z_{20} =$ = FN	$Z_{10} \geq Z_{20} =$ = FN
Louvel et al.	1988	78	Ø 47,8	Psychiatrische Patienten (teils hospit.)	Z 10 T 0,5	90	T > Z (nach 90 Tagen)	Z = T	Z = T	Z = T	
		260	Ø 41,9	Insomnie-patienten (ambulant)	Z 10 T 0,5	90	Z = T	Z = T	Z = T	Z = T	
Lund et al.	1988	10	23–36 Ø 26,6	Probanden	Z 10 Z 20 L 1 T 0,5 P	1	$Z_{10} \geq Z_{20} \geq$ ≥ L ≥ T[1] Z_{10}, Z_{20}, L > > P[a]	$Z_{10} = Z_{20} \geq$ ≥ L ≥ T ≥ P[a]	T ≥ $Z_{10} =$ ≥ P = Z_{20}[a]		T ≥ $Z_{10} =$ = Z_{20} = P ≥ L
Maggioni und Franola	1988	42	Ø 59	Insomnie-patienten (hospitalisiert)	Z 20 FN 2	5	Z = FN	Z = FN			

[a] Schlafpolygraphisch ermittelte Parameter; *F* Flurazepam, *FN* Flunitrazepam, *L* Lorazepam, *O* Oxazepam, *P* Placebo, *T* Triazolam, *Z* Zolpidem, = vergleichbarer Effekt, ≥ tendenziell besserer Effekt, > signifikant besserer Effekt ($p < 0,05$)

Tabelle 5.4.1.3. Vergleichende Doppelblindstudien zur Wirkung von Zopiclon und Benzodiazepinen auf Schlafparameter (modifiziert und erweitert nach Goa und Heel 1991)

Autor(en)	Studienpopulation			Dosis (mg/Tag)	Behandlungsdauer (Tage)	Effekt auf Schlafparameter				
	N	Alter (Jahre)				Schlaflatenz	Schlafdauer	Aufwachvorgang	Schlafqualität	Morgenbefindl.
Wickstrom und Giercksky (1980)	414	18–65	präoperative Patienten	Z = 7,5 F = 30 N = 5 FN = 2	1	FN > Z > F, N	FN > ZF, N	FN, F > Z, N	FN > Z, N	
Wickstrom et al. (1983)	40	18–60 x̄ = 50	Insomnie-patienten (ambulant)	Z = 7,5 FN = 2	20	FN > Z	FN = Z	FN = Z	FN = Z	FN = Z
Quadens et al. (1983)	12	40–60	Insomnie-patientinnen (ambulant)	Z = 7,5 F = 30	26	Z > F[a]	Z > F	Z = F		
Pull et al. (1983)	40	18–65	Psychiatr. Patienten (hospitalisiert)	Z = 7,5; 15 N = 5; 10	10	N_{10}, Z_{15} > > N_5, $Z_{7,5}$	N_{10}, Z_{15} > > N_5, $Z_{7,5}$	N_{10}, Z_{15} > > N_5, $Z_{7,5}$	N_{10}, Z_{15} > N_{10}, Z_{15} >	
Momose (1983)	237	20–70	Präoperative Patienten	Z = 7,5; 10 N = 10	1	Z = N	Z = N	Z = N	Z = N	$Z_{7,5}$ > N
Elie und Deschenes (1983)	30	60–93 x̄ = 75	geriatr. Insomnie-patienten (ambulant)	Z = 5; 7,5; 10 F - 15	20	$Z_{7,5;\,10}$, F > Z5	$Z_{7,5;\,10}$, F > > Z_5	$Z_{7,5;\,10}$, F > > Z_5	$Z_{7,5;\,10}$, F > > Z_5	Z = F
Wheatley (1985)	36	25–82 x̄ = 53	Insomnie-patienten	Z = 7,5 T = 20	14	Z = T	Z = T	Z = T	Z = T	Z = T
Autret et al. (1987)	113	x̄ = 46	Insomnie-patienten (ambulant)	Z = 7,5 TR = 0,5	7	Z > TR	Z = TR	Z > TR	Z > TR	Z = TR

Tabelle 5.4.1.3. Fortsetzung

Autoren	Studienpopulation			Dosis (mg/Tag)	Behandlungsdauer (Tage)	Effekt auf Schlafparameter				
	N	Alter (Jahre)				Schlaflatenz	Schlafdauer	Aufwachvorgang	Schlafqualität	Morgenbefindl.
Klimm et al. (1987)	74	x̄ = 73	geriatr. Insomniepatienten (ambulant)	Z = 7,5 N = 5	7	Z = N	Z = N	Z = N	Z = N	Z > N
Agnoli et al. (1989)	20	20–50 x̄ = 38	Insomnie-/Angstpatienten	Z = 7,5 N = 5	14	Z > N	Z = N	Z = N	Z = N	Z > N
Fontaine et al. (1992)	75	x̄ = 43	Insomnie-/Angstpatienten (ambulant)	Z = 7,5 TR = 0,5	28	Z = TR	Z = TR		Z = TRZ	Z = TR
Rüther et al. (1992)	1507	x̄ = 51	Insomniepatienten	Z = 7,5 FN = 1,0 TR = 0,25	28				Z > TR = = FN > Pl	

[a] Schlafpolygraphisch ermittelte Parameter
F Flurazepam, *FN* Flunitrazepam, *N* Nitrazepam, *T* Temazepam, *TR* Triazolam, *Z* Zopiclon, *Pl* Placebo, = vergleichbarer Effekt, > tendenziell besserer Effekt, > signifikant besserer Effekt ($p < 0,05$)

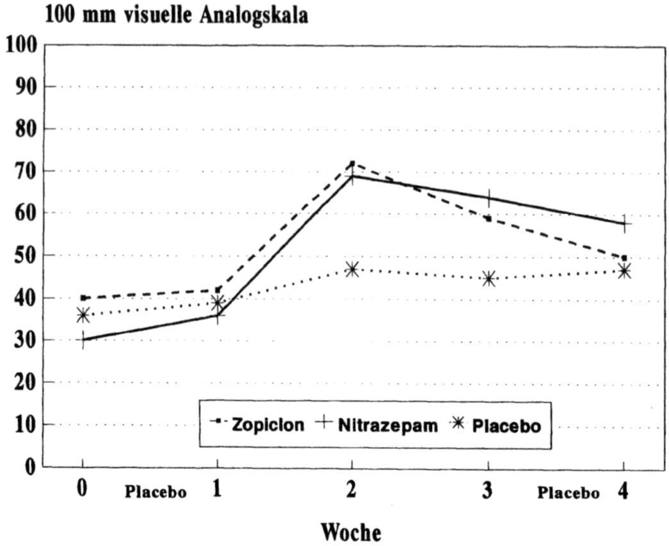

a

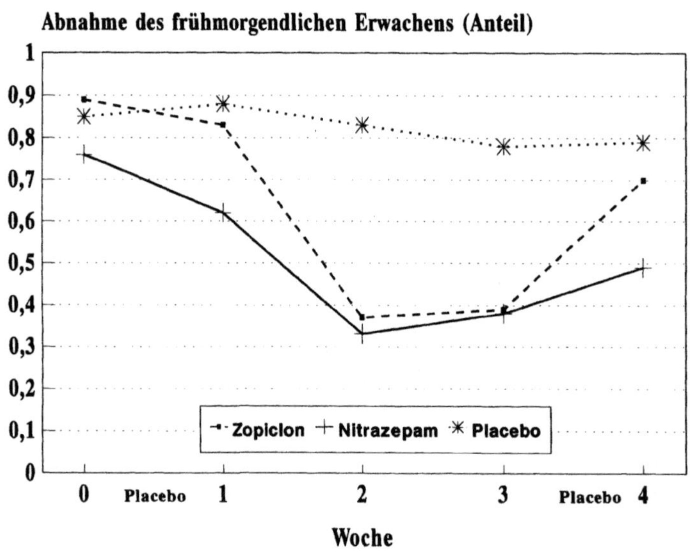

b

Abb. 5.4.3. **a** Subjektive Einschlaflatenz: signifikante Reduktion unter Zopiclon 7,5 mg und Nitrazepam 5 mg im Vergleich zu Placebo (p = 0.017) (nach ANDERSON 1987). **b** Subjektive morgendliche Früherwachens-Frequenz: signifikante Reduktion unter Zopiclon 7,5 mg und Nitrazepam 5 mg im Vergleich zu Placebo (p = 0,0005)

5.4.2 Dosierung

Buspiron

Die empfohlene Dosierung von Buspiron beträgt 3 × 5 mg täglich, bei Bedarf ist eine Dosiserhöhung in 5 mg-Schritten bis zu einer maximalen Tagesdosis von 60 mg möglich. Bei der Mehrzahl der vorliegenden kontrollierten klinischen Vergleichsstudien wurde für die Indikation generalisierte Angsterkrankung eine Tagesdosierung von 20 bis 25 mg verwendet (Übersicht: RICKELS 1990).

Zur Behandlung von **Panikstörungen** und **Depressionen** wurde Buspiron meist in einer Tagesdosis von 40 bis 50 mg appliziert (SHEEHAN et al. 1993, FABRE 1990, RICKELS et al. 1991).

Da Buspiron keine lineare Pharmakokinetik aufweist, können Dosissteigerungen zu relativ höheren Plasmakonzentrationen führen. Die gemessenen Plasmakonzentrationen von Buspiron waren sehr niedrig und wiesen eine große interindividuelle Varianz auf (Spitzenwerte: 1 bis 6 µg/l). Eine Dosisanpassung bei Alterspatienten scheint nicht erforderlich zu sein.

Zolpidem

Die Dosierung muß individuell der kleinsten wirksamen Dosis angeglichen werden. Im allgemeinen erhalten Patienten unter 65 Jahren 10 mg Zolpidem oral als Einmaldosis zur Nacht. Die Dosis kann nach Empfehlungen des Herstellers auf 15 mg oder 20 mg, abhängig vom individuellen therapeutischen Ansprechen des Patienten, erhöht werden. Hier ist zu beachten, daß mit höherer Dosierung des Zolpidem unerwünschte Wirkungen zunehmen (vgl. Kapitel 5.4.3). Bei **älteren Patienten** kann eine veränderte Pharmakokinetik mit verlängerter Eliminationshalbwertszeit vorliegen (vgl. Kapitel 5.2.1). Hier ist eine Halbierung der Anfangsdosis empfehlenswert, wenn auch Daten vorliegen, daß die Wirkung von 5 mg Zolpidem Placebo nicht übertrifft (vgl. Kapitel 5.2.2). **Patienten mit eingeschränkter Leber- oder Nierenfunktion** (vgl. Kapitel 5.2.1) werden mit niedrigen Dosen einschleichend unter Abwägung des Wirkungs-/Nebenwirkungsverhältnisses behandelt. 5 mg Zolpidem können als Einstiegsdosis gelten.

Klinische Erfahrungen zur Kombination des Präparates mit anderen Sedativa oder Hypnotika liegen nicht vor. Aufgrund der schwer abschätzbaren additiven Wirkung des Zolpidem mit Benzodiazepin-Hypnotika, Neuroleptika oder Antidepressiva (vgl. Kapitel 5.4.4) ist eine Kombinationsbehandlung nur Ärzten mit Erfahrung in der Psychopharmakotherapie zu empfehlen.

Zopiclon

Anhand mehreren Placebo-kontrollierten klinischen Dosisfindungsstudien wurde untersucht, in welcher Dosierung Zopiclon optimal sedativ-hypnotisch unter Minimierung der Nebenwirkungsrate wirkt (DURIEZ et al. 1979, DEHLIN et al. 1983, BILLIARD et al. 1989, LADER und DENNEY 1983).

Die Ergebnisse der Untersuchungen bei Gesunden und Insomnie-Patienten mittleren Alters zeigten, daß 5 mg Zopiclon lediglich die Einschlaflatenz verkürzt, während 7,5 mg, 10 mg bzw. 15 mg Zopiclon in bezug auf die Verkürzung der Einschlaflatenz, Schlafdauer und Besserung der nächtlichen Wachphasen gut wirksam waren, ohne daß Dosis-Unterschiede objektiviert werden konnten (GIERCKSKY und WICKSTROM 1980, MOMOSE 1983, LAMPHERE et al. 1989).

Die Wirksamkeit von Zopiclon-Einmalgaben in unterschiedlicher Dosierung bei der Behandlung der akuten Insomnie wurde multizentrisch an n = 304 präoperativen chirurgischen und gynäkologischen Patienten untersucht. Es zeigte sich in bezug auf die sedative Wirkung kein Unterschied zwischen 7,5 mg bzw. 10 mg Zopiclon (MOMOSE 1983).

Eine höhere Zopiclon-Dosierung als 7,5 mg/die verursachte höhere Nebenwir-

kungen, ohne daß es zu einer proportionalen Zunahme des hypnotischen Effektes kam (LADER und DENNY 1983).
Somit sollte die übliche abendliche orale Dosierung von Zopiclon zur Behandlung der Insomnie bei erwachsenen Menschen 7,5 mg betragen. Diese Dosierung gilt auch für körperlich gesunde Insomnie-Patienten über 70 Jahre (DEHLIN et al. 1983, ELIE und DESCHENES 1983) und Patienten mit Niereninsuffizienz (vgl. Kapitel 5.2.1).
Allerdings sollte bei Patienten mit **Leberinsuffizienz** (Serum-Albuminspiegel > 30 g/l) und bei Patienten, die an einer **Niereninsuffizienz** erkrankt sind, aufgrund der reduzierten Clearance und der Möglichkeit der Kumulation bei längerer Behandlungsdauer die Zopiclon-Dosis auf 3,75 mg/die reduziert werden (GAILLOT et al. 1983). Diese Empfehlung gilt auch für die Patienten mit einer chronisch obstruktiven Atemwegserkrankung (vgl. Kapitel 5.2.2).
Die Behandlung von Schlafstörungen psychisch kranker Menschen erfordert häufig einen vorübergehenden Einsatz von höheren Zopiclon-Dosen. Hier erwies sich eine Zopiclon-Dosierung von 15 mg/die als vorteilhaft (PULL et al. 1983).

5.4.3 Unerwünschte Wirkungen, Kontraindikationen, Überdosierung, Intoxikation

Buspiron
Unter Buspiron wurden am häufigsten folgende **Nebenwirkungen** beobachtet: Benommenheit, Übelkeit, Kopfschmerzen, Nervosität, Schwindelgefühl und Erregung. Im Vergleich zu Placebo traten insbesondere Schwindelgefühle und Nervosität, Kopfschmerzen, Nausea und Alpträume auf. In klinischen Studien brachen ca. 10% der mit Buspiron behandelten Patienten die Therapie wegen Nebenwirkungen ab. Hierbei dominierten mit über 3% ZNS-Nebenwirkungen in Form von Schwindelgefühl, Schlafstörung und Nervosität (WHEATLEY 1982, GOLDBERG und FINNERTY 1982, NEWTON et al. 1982, 1986).
Tabelle 5.4.3.1 gibt die in kontrollierten Studien bei Patienten mit Angststörungen beobachteten Nebenwirkungen unter Buspiron versus Diazepam versus Placebo wieder: Im Vergleich zur Benzodiazepinen bewirkte Buspiron deutlich seltener Beeinträchtigungen kognitiver und psychomotorischer Funktionen (LUCKI et al. 1987). Gleiches gilt hinsichtlich der Auswirkungen auf die Fahrtauglichkeit: Unter Diazepam traten hier signifikant häufiger Beeinträchtigungen auf als unter Buspiron (MOSKOWITZ und SMILEY 1982, SMILEY und MOSKOWITZ 1982, SCHNABEL 1987, BALLINGER 1990, O'HANLON 1991).
Placebo-kontrollierte Absetzstudien zeigten, daß nach Absetzen von Diazepam signifikant häufiger Reboundphänomene und Begleitwirkungen auftraten als nach Absetzen von Buspiron bzw. Placebo (FONTAINE et al. 1987, BALLINGER 1990).
Von mehreren Autoren wurden in den letzten Jahren extrapyramidal-motorische Nebenwirkungen unter einer Behandlung mit Buspiron beschrieben. Im einzelnen waren dies Dystonien (BOYLAN 1990), Akathisie (PATTERSON 1988), generalisierter Myoclonus (RITCHIE et al. 1988), orale Dyskinesien (STRAUSS 1988) und persistierende Bewegungsstörungen (LEWITT et al. 1993). D'MELLO et al. (1989) beschrieben mehrere Fälle, bei denen Neuroleptika-induzierte Akathisie durch Buspiron supprimiert werden konnte.
Verschiedentlich wurden psychische Alterationen und paradoxe Reaktionen unter Buspiron beobachtet, so z. B. Panikreaktionen (CHIGNON und LEPINE 1989, FULLER 1990), Psychosen (FRIEDMAN 1991), Manien (IRUELA et al. 1991, LIEGGHIO und YERAGANI 1988, MCDANIEL et al. 1990, MCIVOR und SINANAN 1991, PRICE und BIELEFELD 1989) sowie Angstzustände (POLS et al. 1989).
Das Abususpotential von Buspiron wird im Vergleich zu dem von Benzodiazepinen

nach den bislang vorliegenden experimentellen und klinischen Befunden als deutlich geringer eingeschätzt (Balster 1990, Cole et al. 1982, Griffith et al. 1986, Lader 1987, 1991, Sellers et al. 1992).

Kontraindikationen: Buspiron ist bei schweren Leber- und Nierenfunktionsstörungen, Myasthenia gravis und akutem Engwinkelglaukom kontraindiziert. Während der Schwangerschaft sollte Buspiron nur bei strenger Indikationsstellung angewendet werden, ebenso sollte abgestillt werden. Buspiron sollte Kindern und Jugendlichen unter 18 Jahren nicht verordnet werden.

Bei **Überdosierung** wurden vor allem folgende Symptome beobachtet: Übelkeit, Erbrechen, Müdigkeit, Myosis. Tagesdosen von bis zu 2.400 mg wurden ohne ernsthafte Komplikationen toleriert. Bei **Intoxikationen** sollte neben allgemeinen symptomatischen Maßnahmen eine Magenspülung durchgeführt werden. Ein spezifisches Antidot ist nicht bekannt, Buspiron ist nicht dialysierbar.

Toxikologische Studien ergaben für Buspiron folgende LD_{50}-Werte: 655 mg/kg bei der Maus, 196 mg/kg bei der Ratte, 586 mg/kg bei Hunden und 356 mg/kg bei Affen. Diese Dosen betragen das 160- bis 550fache der empfohlenen therapeutischen Tagesdosis beim Menschen.

Zolpidem

Eine Metaanalyse von 23 klinischen Studien beschreibt die Art und Häufigkeit von **unerwünschten Wirkungen**, die bei 1.028 Insomniepatienten nach Zolpidem-Einnahme auftraten (Palminteri und Narbonne 1988). Der depressorische Effekt des Zolpidem auf das Nervensystem schien die wesentlichen Nebenwirkungen wie Benommenheit und Schwindel (5,2%), Schläfrigkeit (5,2%), Kopfschmerzen (3,0%), Übelkeit und Erbrechen (2,5%), Asthenie (2,3%) und Stürze

Tabelle 5.4.3.1. Unerwünschte Wirkungen unter Buspiron mit signifikant höherem Vorkommen im Vergleich zur Placebo- und Diazepam-Behandlung in Doppelblind-Studien bei Angsterkrankungen (nach Robinson 1987)

	Häufigkeit in %		
Nebenwirkungen	Buspiron (n = 496)	Diazepam (n = 498)	Placebo (n = 433)
Müdigkeit	11	35 [a]	10
Nervosität	6 [a]	2	1
Beeinträchtigung der Konzentration	2	4 [b]	2
Erregung	2 [b]	1	< 1
Depression	2	7 [a]	2
Übelkeit	9 [b]	4	5
Kopfschmerzen	6 [b]	4	3
Ermüdbarkeit	4	14 [a]	5
Schwäche	2	5 [a]	1
Schwindel	12 [a]	7 [a]	3
Verwirrtheitsgefühl	4 [a]	3	1
Benommenheit	1	4 [a]	< 1
Veränderte Sexualfunktion	< 1	2 (p = 0,06)	< 1

[a] $p < 0{,}01$, [b] $p < 0{,}05$ (Differenz Substanz – Placebo)

Tabelle 5.4.3.2. Unerwünschte Wirkungen von Zolpidem (nach PALMINTERI und NARBONNE 1988)

Beschreibung der unerwünschten Wirkung	Anzahl Patienten	%
„Schwindel", Benommenheit, Drehschwindel	53	5,2
Schläfrigkeit	53	5,2
Kopfschmerzen	31	3,0
Übelkeit, Erbrechen	26	2,5
Asthenie, Müdigkeit	24	2,3
Stürze	24	2,3
Mnestische Störungen	18	1,8
Träume oder Alpträume	16	1,6
Verwirrung	16	1,6
Abgeschlagenheit, „Hangover"	14	1,4
Depression	12	1,2
Magen- oder Bauchschmerzen	11	1,1
Trockener Mund oder belegte Zunge	11	1,1

(n = 1028)

(2,3%) zu bedingen. Die Häufigkeit weiterer unerwünschter Wirkungen lag unter 2%. 2,2% der Patienten brachen die Behandlung wegen unerwünschter Wirkungen ab (Tabelle 5.4.3.2).

Die Inzidenz unerwünschter Wirkungen stieg mit der Dosis des Zolpidem und dem Alter der Patienten und war bei Frauen größer als bei Männern. Im einzelnen war die Häufigkeit unerwünschter Wirkungen nach 10 mg Zolpidem tendentiell niedriger (6,0%) als nach Placebo (9,2%), erhöhte sich allerdings signifikant nach 20 mg (23,3%). Sie lag bei unter 65jährigen Patienten für Dosierungen unter 15 mg bei 13,5% im Vergleich zu 18,4% bei den Patienten, die mehr als 15 mg einnahmen (LANGTRY und BENFIELD 1990).

In einer Studie mit freier Dosiswahl bevorzugten die Schlafgestörten dennoch 20 mg oder 30 mg Zolpidem und wählten weniger oft die 10 mg oder 40 mg Dosis (WEINTRAUB et al. 1988). Dies mag daran liegen, daß nicht allein die Nebenwirkungsrate, sondern das Wirkungs/Nebenwirkungsverhältnis die Akzeptanz des Medikamentes bestimmten.

Ältere Patienten litten mehr als jüngere Menschen und auch häufiger bei > 15 mg Zolpidem (20,3%) als bei niedrigeren Dosen (13,2%) an unerwünschten Wirkungen (LANGTRY und BENFIELD 1990). Verwirrtheitszustände und Stürze traten nahezu ausschließlich bei Patienten von 70 und mehr Jahren und nach Dosen von mehr als 10 mg auf. Frauen beklagten doppelt so oft unerwünschte Wirkungen, was mit der geschlechtsabhängigen Pharmakokinetik des Zolpidem zusammenhängen mag (BIANCHETTI et al. 1988) (vergl. Kapitel 5.2.1). Bei einer Medikamentendosierung nach Körpergewicht fanden sich allerdings keine Geschlechtsunterschiede (DUBRUC et al. 1989).

Störungen des Gedächtnisses traten bei 1,8% der Patienten überwiegend als anterograde Amnesien auf und waren häufiger bei Frauen, jedoch unabhängig vom Alter der Patienten. In neueren Studien von Insomniepatienten ließen sich mnestische Störungen nach abendlicher Gabe von 10 mg Zolpidem am folgenden Morgen testpsychologisch nicht feststellen (MONTI 1987, VERMEEREN et al. 1990). Auch eine Studie an gesunden Probanden hatte für 10 mg-Dosierungen bis zu zwei Stunden nach Gabe keine signifikante Beeinträchtigung mnestischer Leistungen feststellen können (VAUCHER et al. 1988). Im Rahmen der präoperativen Anwendung des Zolpidem bei 240 Patienten traten allerdings Amnesien nach 10 mg Zolpidem bei 16%, nach 20 mg Zolpidem bei 21% im Gegensatz zu 4% bei Placebo auf (LEBRAULT et al. 1989). 20 mg Zolpidem verursachte in Studien von 93 bzw. 37 Patienten bei präoperativer Gabe in fast der Hälfte der Patienten anterograde Amnesien (CASHMAN et al. 1987, PAHUD et al. 1988). Nach 10 mg zeigten nur 2 von 12 Patienten eine derartige Symptomatik (CASHMAN et al. 1987). Das Auftreten von Amnesien scheint demnach dosisabhängig zu sein. Eine Metaanalyse von 23 klinischen Studien zu den unerwünschten Wirkungen des Zolpidem mit 2,6% Amnesien nach 10 mg bzw. 1,1% Amnesien nach 20 mg Zolpidem bestätigte diesen Sachverhalt jedoch nicht (PALMINTERI und NARBONNE 1988). Amnestische Episoden kamen bei älteren Menschen häufig in Verbindung mit Verwirrtheit vor und legen zumindest für diese Patienten eine Dosisreduktion nahe. Neuere Einzelberichte über psychotische Verwirrtheit mit kompletter Amnesie bei jungen Frauen (ANSSEAU et al. 1992, IURELA 1993) bestätigen diese seltene Nebenwirkungspotenz des Zolpidem. Für Benzodiazepine vor allem mit kurzer Wirkdauer (z.B. Triazolam, Midazolam) wurden Einzelfälle ähnlicher Zustände mit Amnesien berichtet (VAN DER KROEF 1979, LIEBERHERR et al. 1991, OSWALD 1989).

Hohe interindividuelle Unterschiede erschweren die Interpretation des Befundes einer tendenziell höheren Inzidenz unerwünschter Wirkungen bei Zolpidem als bei Benzodiazepinen. Unter 514 schlafgestörten Patienten klagten nach 20 mg Zolpidem 18,6% und nach 0,5 mg Triazolam 12,9% über mindestens eine unerwünschte Wirkung. 10 mg Zolpidem führte bei 20,7% und 1 mg Flunitrazepam bei 17,5% von 115 Patienten zu mindestens einer unerwünschten Wirkung (PALMINTERI und NARBONNE 1988). Im Gegensatz zu manchen Einzeluntersuchungen waren unerwünschte Wirkungen in dieser Gesamtanalyse nach 10 mg Zolpidem häufiger als nach 20 mg Zolpidem zu beobachten, was die Aussagekraft dieser Analyse schwächt. Der Vergleich verschiedener Hypnotika ist in seiner Aussagekraft auch deshalb nicht zu hoch zu bewerten, da die verwendeten Äquivalenzdosen nicht adäquat gewählt zu sein scheinen (z.B. 0,5 mg Flunitrazepam gegen 10 mg Zolpidem). Zum anderen verzichteten die existierende Vergleichsstudien auf ein Rating des Schweregrades der Nebenwirkungen, was ebenso für einen relevanten Vergleich der Substanzen bedeutsam wäre.

Reboundeffekte, d.h. über das Maß vor der Behandlung hinausgehende Ein- oder Durchschlafstörungen treten nach dem Absetzen zahlreicher Benzodiazepin-Hypnotika auf (KALES et al. 1983, ROEHRS et al. 1986, BIXLER et al. 1985). Gesunde Probanden und schlafgestörte Patienten, die 2,5 mg bis 20 mg Zolpidem über einen Tag bis zu vier Wochen erhielten, zeigten keinen Reboundeffekt bei Absetzen des Hypnotikums (BORBELY et al. 1988, BLOIS und GAILLARD 1988, COUPEZ et al. 1988, EMERIAU et al. 1988, HERRMANN et al. 1988, KURTZ et al. 1988, MAGGIONI und FRATTOLA 1988, MERLOTTI et al. 1989, WEATHLEY 1989). Es ist von besonderer Bedeutung, daß auch nach einer Langzeitbehandlung mit variabler Dosis über ein halbes Jahr keine Reboundschlafstörung beobachtet wurde (SCHLICH et al. 1991). Reboundsymptome traten allerdings auch bei vergleichendem Absetzen von 10 mg Zolpidem, 20 mg Zolpidem und 1 mg Flunitrazepam eine Woche nach einer vierwöchigen Therapie bei keinem der Präparate auf (EMERIAU et al. 1988). Die Datenlage spricht insgesamt gegen einen Reboundeffekt bei Zolpidem-Einnahme. Es fehlen allerdings weitere vergleichende Untersuchungen mit Benzodiazepinen, um den klinischen Wert dieses Befundes abzusichern.

Im Tierversuch fiel Zolpidem durch eine

geringe *Toleranzentwicklung* auf (vgl. Kapitel 5.2.2). In offenen Langzeitstudien von über 200 schlafgestörten Patienten aus Allgemeinarztpraxen und einer geriatrischen Klinikabteilung hielt die hypnotische Wirkung von 10 mg bis 30 mg Zolpidem in der Selbstbeurteilung der Wirkung auf das Einschlafen, die Schlafdauer, das nächtliche Erwachen und die Schlafqualität bis zu einem Jahr an (SAUVANET et al. 1988, SCHLICH et al. 1991). Ein Viertel der Schlafgestörten aus der Allgemeinarztpraxis erhöhte bei freier Dosiswahl ihre tägliche Einnahmemenge von 10 mg auf 20 mg. Dies erfolgte zumeist in den ersten 30 von 180 Behandlungstagen (SAUVANET et al. 1988). Die Dosiserhöhung schien damit eher die Folge einer initial zu geringen Wirkung als einer nachlassenden Wirkung zu sein. In Folge blieb die Effektivität über den gesamten Behandlungszeitraum erhalten. Beim Absetzen fielen keine Entzugssymptome auf, eine individuelle Dosiswahl durch die Patienten führte über die Behandlungsperiode im Mittel zu einer Dosisverminderung. Dies ist ein bemerkenswertes Ergebnis. Es läßt sich im Sinne einer fehlenden Toleranzentwicklung des Präparates interpretieren (SAUVANET et al. 1988, SCHLICH et al. 1991).
Jüngst wurde allerdings von CAVALLARO et al. (1993) über Fälle von Toleranzentwicklung und Abhängigkeit mit Entzugssymptomatik unter Zolpidem berichtet.

Kontraindikationen: Zolpidem darf nicht bei Überempfindlichkeit gegen Zolpidem oder strukturverwandte Stoffe angewandt werden. Trotz seiner geringen muskelrelaxierenden Wirkung (vgl. Kapitel 5.2.2) ist Zolpidem bei Vorliegen einer Myasthenia gravis aus Sicherheitsgründen kontraindiziert. Gegenanzeigen bestehen weiterhin bei respiratorischer Insuffizienz, bei Vergiftungen durch Arzneimittel zur Behandlung psychiatrischer Störungen (z.B. Neuroleptika, Antidepressiva) und bei Kindern unter 15 Jahren.

Zolpidem war im Tierversuch weder teratogen noch embryotoxisch. Auch ging es nur in unbedeutender Menge in die Muttermilch über (vgl. Kapitel 5.2.1). Dennoch darf Zolpidem während der Schwangerschaft und Stillzeit nicht verschrieben werden, da keine ausreichenden Erfahrungen zu Nebenwirkungen und Risiken für das Kind vorliegen.
Bei Patienten mit obstruktiven Lungenerkrankungen wird ein sorgfältiges Abwägen der Verordnung angeraten. Dies ist aufgrund atemdepressorischer Effekte GABA-assoziierter Pharmaka verständlich. So verstärkte Zolpidem nächtliche Apnoen und Hypopnoen bei Patienten mit einem Schlaf-Apnoe-Syndrom (CIRIGNOTTA et al. 1988). Bei neun Patienten mit chronisch obstruktiver Lungenerkrankung veränderte allerdings weder 10 mg Zolpidem noch 0,25 mg Triazolam die arteriellen Blutgase, während beispielsweise 1 mg Flunitrazepam den Partialdruck des CO_2 erhöhte (MURCIANO et al. 1990). Zolpidem hatte sowohl bei älteren Patienten im Rahmen operativer Eingriffe (RHODES et al. 1990) als auch im Tierversuch vernachlässigbare Effekte auf die Atemfunktion (LLOYD et al. 1988), so daß im Vergleich zu einigen Benzodiazepinen eine relativ bessere Verträglichkeit des Präparates bei Störungen der Atemfunktion vermutet werden kann.

Überdosierung, Intoxikation: Die Toleranz für Höchstdosen von Zolpidem ist gut. Im Tierversuch ließ sich für das Fertigprodukt keine LD_{50} für die maximal verabreichte Dosis von 12.800 mg/kg Körpergewicht (entspricht 1.000 mg Zolpidem/kg Körpergewicht) bestimmen. Der LD_{50}-Wert der Reinsubstanz lag bei 836 mg/kg Körpergewicht/Tag bei der Ratte und 2.800 mg/kg Körpergewicht/Tag bei der Maus (FRIEDMANN und PRENEZ 1988). Dosierungen bis zu 100 mg Zolpidem/kg Körpergewicht/Tag waren frei von toxischen Wirkungen. Bei einer empfohlenen Dosis von 10 mg Zolpidem pro Tag (entspricht ca. 0,15 mg/kg Körpergewicht) liegt der Sicherheitskoeffizient von Zolpidem in der Größenordnung des 700fachen der empfohlenen therapeutischen Dosis. Eine chronische Toxizität wurde in Behandlungsperioden von bis zu 52 Wochen nicht festgestellt.

Gesunde Probanden, die bis zu 90 mg pro Tag zu sich nahmen, berichteten über Sehstörungen, Ataxie, Schwindel, Übelkeit und Erbrechen als die häufigsten unerwünschten Wirkungen (Scharf et al. 1988). Von 22 Patienten, die mit Intoxikationen von im Mittel 150 mg Zolpidem (70 bis 390 mg) stationär in eine toxikologische Abteilung aufgenommen wurden, überlebten alle. Schläfrigkeit, Erbrechen und Schwindel waren die häufigsten Beschwerden (Meram und Descotes 1989).

Zopiclon

Eine Interimsanalyse an n = 20.513 Insomnie-Patienten, die mit Zopiclon behandelt wurden, beschreibt die Art und Häufigkeit von **unerwünschten Nebenwirkungen** (Allain et al. 1991).

Die Patienten wurden mit 3,75 mg (10,5% der Fälle) oder 7,5 mg (62,6% der Fälle) Zopiclon über 21 Tage behandelt. Die Untersuchung ergab, daß Zopiclon von den Patienten in diesem kurzen Behandlungszeitraum sehr gut toleriert wurde. 9,2% der Patienten beklagten Nebenwirkungen, die in 2,8% der Fälle zum Abbruch der Therapie führten (s. Tabelle 5.4.3.3).

Als Nebenwirkung wurde in dieser Untersuchung ein bitterer, metallischer Geschmack (3,6%), trockener Mund (1,6%) oder schlechtes morgendliches Erwachen (1,3%) angegeben. In 7 Fällen wurden Halluzinationen unter Zopiclon berichtet, in 6 Fällen sind Stürze nach Zopiclon-Einnahme beschrieben worden. Kardiovaskuläre oder respiratorische Nebenwirkungen fehlten selbst bei älteren Patienten.

Unter der abendlichen Einnahme von 7,5 mg Zopiclon läßt sich bei Insomnie-Patienten ein geringer Residualeffekt im Bereich der *kognitiven Leistungsfähigkeit* nachweisen (Quadens et al. 1983, Griffiths et al. 1986), der am ersten Tag nach Therapiebeginn am deutlichsten ausgeprägt war (Fossen et al. 1983).

Vergleichende kontrollierte Studien zeigen, daß die morgendlichen sedativen Residualeffekte im Vergleich zu mittel- und lang-

Tabelle 5.4.3.3. Die häufigsten Nebenwirkungen unter Zopiclon-Therapie (N = 20.513 Patienten) (modifiziert nach Allain et al. 1991)

Nebenwirkungen	Häufigkeit (absolut)	Häufigkeit (%)
Bitterer Geschmack	746	3,64
Trockener Mund	325	1,58
Erschwertes morgendliches Erwachen	267	1,30
Tagesschläfrigkeit	107	0,52
Übelkeit	101	0,48
Alpträume	101	0,48
Magenschmerzen	61	0,30
Kopfschmerzen	61	0,30
Schwindel	57	0,28
Psychische Erregung/Agitiertheit	56	0,27
Benommenheit	53	0,26
Vermehrtes nächtliches Träumen	38	0,19

wirksamen Hypnotika nach abendlicher Einnahme von 7,5 mg Zopiclon deutlich geringer ausgeprägt waren (s. Tabelle 5.4.3.4).
In bezug auf die Beeinträchtigung der morgendlichen *Fahrtüchtigkeit* nach Hypnotika-Einnahme zeigten bei Gesunden alle Hypnotika mit Ausnahme von Nitrazepam negative Effekte auf die Fahrtüchtigkeit.
Diese Ergebnisse ließen sich an Insomnie-Patienten reproduzieren (O'Hanlon et al. 1984); bei den Patienten konnte nach zweimaliger abendlicher Einnahme von 7,5 mg Zopiclon bzw. 2 mg Flunitrazepam bzw. 5 mg Nitrazepam kein Unterschied in der morgendlichen eingeschränkten Fahrtüchtigkeit zwischen Zopiclon und Flunitrazepam nachgewiesen werden, während die Fahrtüchtigkeit nach NitrazepamEinnahme eingeschränkt blieb. Allerdings persistierte der Residualeffekt unter Einnahme von Flunitrazepam bis in die Nachmittagsstunden.

Die Übersichtsarbeit von Bianchi und Musch (1990) über die Ergebnisse von 25 klinischen Studien zur Untersuchung von *Entzugssymptomen* und *Reboundphänomenen* bei insgesamt n = 832 Patienten (49 Probanden, 783 Insomnie-Patienten), die eine orale Dosis von 7,5 mg Zopiclon über einen Zeitraum von 8 bis 28 Tage erhielten, läßt den Schluß zu, daß Zopiclon im Vergleich zu Nitrazepam, Flurazepam, Flunitrazepam und Triazolam eine geringere Inzidenz für das Auftreten einer Rebound-Insomnie und Entzugserscheinungen zu besitzen scheint. Subjektive Entzugserscheinungen wurden während der Absetzphase nach Zopiclon, Flurazepam, Flunitrazepam und Triazolam sowohl von Gesunden als auch von Insomnie-Patienten berichtet (Dorian et al. 1982, Lader 1987, Fleming et al. 1990, Fontaine et al. 1988). Überwiegend schilderten die Patienten Angstsymptome, welche allerdings im Vergleich zu Zopiclon unter Triazolam am ausgeprägtesten waren.
Fleming et al. (1990) beobachteten an n = 48 chronischen Insomnie-Patienten, die im Rahmen einer Doppelblindstudie 7,5 mg Zopiclon bzw. 0,25 mg Triazolam über 21 Tage erhielten, in der ersten, zweiten und vierten Nacht nach Ersetzen der Zopiclon-Medikation durch Placebo eine Abnahme des Tiefschlafanteils bei ansonsten unveränderten Schlafparametern.
Pecknold et al. (1990) fanden in einer offenen Langzeitstudie mit n = 11 Insomnie-Patienten über 8 Wochen nach Absetzen der Zopiclon-Medikation eine nicht signifikante Tendenz zu einer verlängerten Einschlaflatenz ohne Veränderung der anderen Schlafparameter.
Adaptation und Abhängigkeit: Im Tierversuch an Mäusen verursacht Zopiclon keine physische Abhängigkeit (Piot et al. 1990). Im Tiermodell an Affen induziert Zopiclon allerdings eine physische Abhängigkeit, wobei das Abhängigkeitspotential vergleichbar dem von Nitrazepam und geringer als das von Diazepam eingeschätzt wurde (Yanagita 1983).
Klinisch wurde das Abhängigkeitspotential von Zopiclon an ehemaligen Alkoholikern, die unter suchtbedingten Schlafstörungen litten, untersucht:
Zwei Studien verglichen das Abhängigkeitspotential von Zopiclon in einer maximalen Dosierung von 30 mg/Tag mit Triazolam in einer maximalen Dosierung von 30 mg/Tag mit Triazolam in einer maximalen Dosierung von 2,0 mg/Tag.
Bechelli et al. (1983) fanden zwischen beiden Pharmaka keine Unterschiede hinsichtlich des Abhängigkeitspotentials; in der Untersuchung von Boissl et al. (1983) zeigten sich die Patienten unter der Triazolam-Medikation Symptome wie unter Alkoholeinfluß, während die Zopiclon-Medikation in seltenen Fällen Verwirrtheitszustände und einen Verlust an Vitalität induzierte ($p < 0,02$). In beiden Studien baten die Patienten nicht um zusätzliche Medikation.
In einer Studie an drogenabhängigen jungen Patienten, bei der 25 aktiv Drogen kon-

Tabelle 5.4.3.4. Auswirkung von Zopiclon auf die kognitive Tagesbefindlichkeit im Vergleich zu Placebo und Benzodiazepin-Hypnotika

Autor(en)	Studienpopulation			Dosis	Behandlungs-	Kognitive	Testzeit nach	Ergebnis
	N	Alter	Art	(mg/Tag)	dauer (Tage)	Testverfahren	Einnahme	
Quadens et al. (1983)	12	40–60	chronische Insomnie-Patienten	Z = 7,5 F = 30	13	ZST, Koordinationstest, Burdon-Wiersma-Test, Gedächtnistest	ca. 8 Std.	Z = P Z>F (ZST)
Pull et al. (1983)	40	18–65	psychiatrische Insomnie-Patienten	Z = 7,5; 15 N = 5: 10	1	Gedächtnistest	10	Z = P
Mamelak et al. (1987)	10	x̄ = 40	chronische Insomnie	Z = 7,5	7	Syndrom-Kurztest	11,75	Z = P
Tamminen und Hansen (1987)	94	18–70	chronische Insomnie-Patienten	Z = 7,5	42	Symbolergänzungstest, akust. Reaktionszeit, Tapping Rate	K.A.	Z = P
Klimm et al. (1987)	74	x̄ = 73	chronische Insomnie	Z = 7,5 N = 5	7	Syndrom-Kurztest	K.A.	Z > N
Monchesky (1987)	50	18–40	chronische Insomnie	Z = 7,5	14			Z = P
Moon (1990)	12	18–35	Schichtarbeit mit chronischer Insomnie	Z = 7,5	10	Flimmerverschmelzungszeit, Reaktionszeit-Test, ZST	ca. 8 Std.	Z = P
Tafti et al. (1992)	8	22–29	Probanden	Z = 7,5	2	akustische Reaktionszeit, Koordinationstest, Flimmerverschmelzungszeit	9 Std. 13 Std. 18 Std.	Z = P

F Flurazepam, *K.A.* keine Angabe, *N* Nitrazepam, *P* Placebo, *Z* Zopiclon, *ZST* Zahlensymboltest, = vergleichbarer Effekt, > besser

sumierenden Patienten und 14 Patienten während ihrer Entgiftung Zopiclon zur Behandlung ihrer Schlafstörung verabreicht wurde, zeigten beide Gruppen keine Gewöhnung an die Medikation.
Eine Kasuistik eines jungen Drogenabhängigen, der 12 Monate lang drogenfrei war, beschreibt den Rückfall nach einmaliger abendlicher Einnahme von 7, 5 mg Zopiclon aufgrund des unter der Medikation wiederaufgetretenen anhaltenden psychischen Verlangens nach Narkotika (SUTHERLAND 1991).
Von ARANKO et al. (1991) wurde der Fall eines 36jährigen Mannes mitgeteilt, der Zopiclon in Tagesdosen von 60–90 mg mißbräuchlich verwendete und nach Absetzen zerebrale Krampfanfälle entwickelte.
Eine Toleranzentwicklung unter einer Therapie mit Zopiclon über einen Zeitraum von bis zu 8 Wochen konnte nicht nachgewiesen werden (TAMMINEN und HANSEN 1987, FLEMING et al. 1990, MAMELAK et al. 1983, PECKNOLD et al. 1990). Auch dieses Ergebnis spricht für ein geringes Abhängigkeitspotential von Zopiclon. Auch ein "Prescription-Event-Monitoring" von 13177 mit Zopiclon behandelten Patienten weist auf ein sehr niedriges Abhängigkeitsrisiko hin (INMAN et al. 1993).
Trotz dieser Ergebnisse sollte Zopiclon Patienten mit früherer Abhängigkeitsproblematik nicht verordnet werden, da noch ungenügende Erfahrungen über Zopiclon bei Patienten mit einer Suchtanamnese vorliegen.
Auch rechtfertigt die offenbar fehlende Toleranzentwicklung keine Langzeittherapie mit Zopiclon bei Insomnie-Patienten, da die Erfahrungen über mögliche Rebound- und Entzugsphänomene bei Langzeitbehandlung mit Zopiclon noch unzureichend sind.

Kontraindikationen: Zopiclon darf nicht bei Überempfindlichkeit gegen Cyclopyrrolone angewandt werden. Trotz seiner vergleichsweisen geringen muskelrelaxierenden Wirkung (vgl. Kapitel 5.2.2) ist Zopiclon bei Vorliegen einer Myasthenia gravis aus Sicherheitsgründen kontraindiziert. Gegenanzeigen bestehen weiterhin bei akuter respiratorischer Insuffizienz, dekompensierter Herzinsuffizienz, akuten Alkohol-, Analgetika- und Psychopharmakaintoxikationen und bei Kindern unter 15 Jahren.
Obwohl für Zopiclon im Tierversuch weder eine embryotoxische noch eine teratogene Wirksamkeit nachgewiesen werden konnte (vgl. Kapitel 5.2.2), ist Zopiclon bei zu erwartender oder bestehender Gravidität kontraindiziert, da es plazentagängig ist und keine Erfahrungen über Risiken und Auswirkungen auf das Kind vorliegen. Zopiclon ist muttermilchgängig, darf deshalb in der Stillzeit nicht angewendet werden.
Als **relative Kontraindikationen** sind Leberinsuffizienz und das Vorliegen einer chronisch-obstruktiven Lungenerkrankung anzusehen.
Patienten mit einer Leberzirrhose zeigen in Korrelation mit dem pathologischen Abfall der Serum-Albumin-Konzentration eine verlängerte Eliminationshalbwertszeit, wodurch die Gefahr einer Kumulation gegeben ist (vgl. Kapitel 5.2.1).
Das Anraten eines sorgfältigen Abwägens der Verordnung von Zopiclon bei Patienten mit einer obstruktiven Lungenerkrankung ist aufgrund der bekannten atemdepressorischen Effekte GABA-assoziierter Pharmaka gerechtfertigt. obwohl kein Effekt von Zopiclon bei Patienten mit einem leichten Apnoe-Syndrom nachgewiesen werden konnte, verstärkt Zopiclon bei Vorliegen eines schweren Apnoe-Syndroms die nächtlichen Apnoen und Hypopnoen (vgl. Kapitel 5.2.2).

Überdosierungen: Eine Analyse von n = 239 Fällen akuter Vergiftungen mit Zopiclon zeigte, daß bereits eine Dosis von 22,5 mg Zopiclon in weniger als 1 Stunde eine Hypokaliämie, Hyperglykämie und diskrete Hyperbilirubinämie induzierte.

Zwei Patienten, bei denen zusätzlich eine Alkohol-, Barbiturat- und Amphetamin-Intoxikation nachgewiesen wurde, verstarben, wobei allerdings von den Autoren ein kausaler Zusammenhang mit der Zopiclon-Vergiftung als unwahrscheinlich angesehen wurde (GUERAULT et al. 1990).

Kasuistisch wurde der Fall eines 47jährigen Mannes geschildert, der nach Einnahme einer einmaligen toxischen Zopiclon-Dosis von 127,5 mg einen atrioventrikulären Block entwickelte (REGOUBY et al. 1989).

Zopiclon läßt sich, ähnlich wie Zolpidem, nicht hämodialysieren (MARCAURELE et al. 1983).

5.4.4 Interaktionen

Buspiron

Wegen der Gefahr des Auftretens hypertensiver Krisen ist eine Kombination von Buspiron mit irreversiblen MAO-Inhibitoren nicht empfehlenswert. GRADY et al. (1992) beschrieben das Auftreten von zerebralen Krampfanfällen unter einer Kombination von Fluoxetin mit Buspiron. GOLDBERG und HUK (1992) beobachteten das Auftreten eines Serotonin-Syndroms unter kombinierter Gabe von Buspiron und **Trazodon**. In einer Studie wurde unter dieser Kombination auch eine deutliche Erhöhung der SGPT beschrieben. Zwischen Cimetidin und Buspiron fand sich keine Interaktion (GAMMANS et al. 1987), im Vergleich zu Benzodiazepinen war auch die Wechselwirkung zwischen Buspiron und Alkohol von geringer klinischer Relevanz (SCHUCKIT 1987).

Zolpidem

Die Tendenz eines additiv sedierenden Effektes bzw. Einschränkungen der Feinmotorik wurden für die Kombination von Zolpidem mit **Cimetidin** (HULHOVEN et al. 1988) und **Imipramin** (HARVENGT et al. 1988) nachgewiesen. 5 von 8 Probanden einer Studie, die Imipramin und Zolpidem kombinierten, erlitten anterograde Amnesien. Haloperidol zeigte keine Medikamenteninteraktionen mit Zolpidem (HARVENGT et al. 1988). Wird Zolpidem zusammen mit H_2-Antagonisten gegeben, sollen Interaktionen auftreten. Es ließen sich allerdings keine pharmakokinetischen Veränderungen bei der Kombination von Zolpidem mit Cimetidin und Ranitidin nachweisen (HULHOVEN et al. 1988). Zolpidem hat weder hemmende noch induzierende Wirkungen auf Leberenzyme (ALBIN et al. 1988). Gleichzeitige Nahrungsaufnahme oder Koffein änderten experimentell weder die Pharmakokinetik noch die pharmakologische Wirkung von Zolpidem. Additive klinische Wirkungen wie z.B. Sedierungen können bei gleichzeitiger Anwendung von Zolpidem und Medikamenten mit Wirkungen auf das ZNS (z.B. Hypnotika, Neuroleptika, trizyklische Antidepressiva) und bei Alkohol auftreten.

Zopiclon

Vergleichende Placebo-kontrollierte Studien an Probanden untersuchten die Frage einer potentiellen Interaktion von **Alkohol** mit Zopiclon-, Flunitrazepam-, Nitrazepam- und Triazolam-Einzelgaben im Hinblick auf psychomotorische und kognitive Leistungen (HINDMARCH 1990, KUITUNEN et al. 1990a, SEPPÄLÄ et al. 1983, LARIVIERE et al. 1986). In Kombination mit Alkohol (0,2 bis 0,8 g/kg) zeigten alle untersuchten Hypnotika eine Zunahme und Verlängerung des sedativhypnotischen Effektes, ohne daß gleichzeitig eine pharmakokinetische Interaktion nachweisbar war.

Sowohl unter der Kombination Alkohol plus 7,5 mg Zopiclon als auch unter der Kombination Alkohol plus 5 mg Nitrazepam oder 0,25 mg Triazolam ließ sich 1–2 Stunden später eine Minderung psychomotorischer Funktionen nachweisen, die aber 8 Stunden nach Einnahme praktisch nicht mehr nachweisbar war (HINDMARCH 1990, KUITUNEN et al. 1990a).

Die Gabe von Alkohol am Morgen nach abendlicher Einnahme von Zopiclon, Flur-

azepam, Flunitrazepam oder Nitrazepam ergab nur nach Flunitrazepam (2 mg) eine größere Beeinträchtigung von Reaktionsparametern als unter Alkohol allein (SEPPÄLÄ et al. 1983).
Insomnie-Patienten, die über einen längeren Zeitraum (12 bis 14 Tage) mit Zopiclon bzw. Benzodiazepin-Hypnotika behandelt wurden, zeigten nach Einmalgabe von Alkohol in kleineren Mengen (0,5 g/kg) unter 7,5 mg Zopiclon im Gegensatz zu 30 mg Flurazepam, 2 mg Flunitrazepam und 5 mg Nitrazepam keine morgendlichen Residualeffekte (MAMELAK et al. 1983, 1987, KUITUNEN et al. 1990a).
KUITUNEN et al. (1990b) untersuchten die Wirkung von 600 mg Carbamazepin und 7,5 mg Zopiclon als Einzeldosen im Vergleich zu kombinierter Applikation. Beide Pharmaka induzierten unabhängig voneinander eine psychomotorische Leistungsminderung, abhängig von der Plasmakonzentration war dieser Effekt unter Zopiclon ausgeprägter, jedoch kürzer. Unter der Kombination ließen sich deutlich additive Effekte feststellen, obwohl die Absorption beider Pharmaka unter der Kombination – wie die gemessenen Plasmaspiegel zeigten – verzögert war.
CAILLE et al. (1984) beschrieben unter 7,5 mg Zopiclon und 50 mg **Trimipramin** eine leicht verringerte Bioverfügbarkeit beider Pharmaka: Trimipramin verminderte die relative Bioverfügbarkeit von Zopiclon um knapp 14%, während Zopiclon die von Trimipramin um durchschnittlich knapp 27% reduzierte.
Die Gabe von **Metoclopramid** führte bei n = 12 Probanden zu einer Erhöhung der Zopiclon-Plasmaspiegel und einem verstärkten sedativen Effekt (ELLIOTT et al. 1983). Dies konnte von der Arbeitsgruppe O'TOOLE et al. (1986) nicht bestätigt werden.
Nach oraler Gabe von **Ranitidin** und Zopiclon zur präoperativen Vorbereitung bei chirurgischen Patienten konnte keine Interaktion in Bezug auf den sedativen Effekt von Zopiclon nachgewiesen werden (DUNDEE et al. 1984).

5.4.5 Kontrolluntersuchungen

Buspiron
Unter einer Behandlung mit Buspiron sind keine Kontrolluntersuchungen von Laborwerten erforderlich.

Zolpidem
Während einer Behandlung mit Zolpidem sind keine Kontrolluntersuchungen notwendig. Bei Patienten mit eingeschränkter Leber- oder Nierenfunktion muß allerdings unter Umständen die Dosis von Zolpidem reduziert werden. Daher ist bei längerfristiger Einnahme des Präparates eine Kontrolle der Leber- und Nierenwerte zu empfehlen.

Zopiclon
Unter Zopiclon sind keine klinisch-chemischen oder apparativen Kontrolluntersuchungen erforderlich.

5.4.6 Praktische Durchführung, allgemeine Behandlungsrichtlinien

Buspiron
Das Non-Benzodiazepin Buspiron wurde in zahlreichen, Placebo-kontrollierten Studien im Vergleich zu Benzodiazepin-Tranquilizern klinisch geprüft; insgesamt ergab die Mehrzahl dieser Studien, daß Buspiron bei generalisierten Angststörungen eine den Benzodiazepinen vergleichbare Effektivität aufweist. Im Vergleich zu letzteren zeigte sich, daß Buspiron kaum sedierende Eigenschaften aufweist, psychomotorische Leistungsparameter nicht signifikant beeinträchtigt, offenbar keine klinisch relevante Alkoholinteraktion aufweist und nicht zu Absetzsymptomen führt (Übersicht: ORTIZ et al. 1987). Ausreichende Erfahrungen bezüg-

lich der Wirksamkeit von Buspiron bei längerfristiger Applikation fehlen allerdings (Langzeitstudien über mehr als vier Wochen). Hinweise auf ein Abususpotential von Buspiron liegen bislang nicht vor, in tier- und humanpharmakologischen Studien (s. o.) ergab sich keine Evidenz für Toleranz-, psychische oder physische Abhängigkeitsentwicklungen.

Als mögliche Hauptvorteile von Buspiron können deshalb das Fehlen eines Abhängigkeitspotentials, amnestischer und sedierender Effekte angesehen werden.

Nachteile sind der im Vergleich zu Benzodiazepinen verzögerte Wirkungseintritt, die geringere Wirksamkeit auf somatische Angstsymptome und bei Patienten mit Benzodiazepin-Vorbehandlung. Im Gegensatz zu Benzodiazepin-Tranquilizern zeigte Buspiron auch keine Wirkung bei Patienten mit Panikstörungen.

Angesichts des Fehlens ausreichender Daten und Erfahrungen in der Langzeitanwendung sowie in Anbetracht des Vorliegens von Kasuistiken über extrapyramidal-motorische Nebenwirkungen empfiehlt es sich, Buspiron bei entsprechenden Risiko-Patienten (z.B. Neuroleptika-Überempfindlichkeit) nicht einzusetzen und bei Langzeitverordnung eine kontinuierliche, strenge Indikationsstellung vorzunehmen. An Personen unter 18 Jahre sollte Buspiron nicht verordnet werden.

Generell gilt, daß der Einsatz eines Tranquilizers nur bei klar definierter Indikation erfolgen sollte, d.h. daß medikamentös behandlungsbedürftige Angstzustände vorliegen. Für die Diagnose einer generalisierten Angststörung sind differentialdiagnostisch insbesondere körperliche Störungen, aber auch Panikstörungen, Anpassungsstörungen und depressive Syndrome auszuschließen. Inwieweit Buspiron tatsächlich bei Mischformen von Angst und Depression („Angst-Depression") günstige Wirkeffekte zeigt, bedarf der Klärung durch weitere Studien.

Eine Behandlung mit Buspiron sollte nur in Ausnahmefällen länger als vier Monate dauern, grundsätzlich sollte die Behandlung von Patienten mit Angststörungen im Rahmen eines Gesamtbehandlungskonzeptes durchgeführt werden, bei welchen insbesondere verhaltenstherapeutische Techniken und das Erlernen von Entspannungsverfahren eine zentrale Rolle spielen.

Wichtig erscheint es, den Patienten darauf aufmerksam zu machen, daß durch Buspiron keine sofortige oder rasche Symptombeeinflussung bzw. -besserung erfolgt. Initial sollte die Dosierung mit 3 × 5 mg/die vorgenommen werden; die Dosis kann allmählich auf 20 bis 30 mg/die gesteigert werden.

Bei Benzodiazepin-vorbehandelten Patienten muß die Umstellung auf Buspiron überlappend vorgenommen werden: Das Benzodiazepin ist allmählich (etwa ein Viertel der Dosis pro Woche) zu reduzieren und gleichzeitig mit 5 mg Buspiron morgens beginnend allmählich auf 15–30 mg/die zu steigern. Es wird empfohlen, erst nach 2wöchiger überlappender Buspiron-Gabe Benzodiazepine ausschleichend abzusetzen. Erfahrungsgemäß erfordert eine solche Umstellung eine verstärkte Zuwendung dem Patienten gegenüber, er muß darüber informiert werden, daß es trotz überlappender Gabe zu Entzugserscheinungen wie Unruhe und Schlafstörungen kommen kann. Von manchen Patienten wird der Wegfall einer unerwünschten Sedierung („Leben wie in einer Glasglocke", „Wahrnehmung von Problemen wie durch eine Watteschicht gefiltert") als positiv und vorteilhaft erlebt.

Zolpidem

Zolpidem hat sich als effektives und gut verträgliches Hypnotikum von Insomnien ausgewiesen. Im Vergleich zu anderen Hypnotika entsprach seine Wirkung auf die Schlaflatenz, nächtliche Aufwachvorgänge, die Dauer und die Qualität des Schlafes im

allgemeinen der von Benzodiazepinen wie Triazolam, Flunitrazepam, Oxazepam oder Flurazepam. Das Nicht-Benzodiazepin kann als gleichwertiges Hypnotikum im Kreise der Benzodiazepin-Hypnotika angesehen werden, wobei ein direkter Wirkungsvergleich der Substanzen aufgrund der inäquipotenten Dosierung in einigen Studien nur begrenzt möglich war.
Die Wirkung des Flunitrazepams auf nächtliche Aufwachvorgänge erschien die des Zolpidem zu übertreffen (vgl. Kapitel 5.3.1). Auch zeichnete sich ab, daß einige Benzodiazepine tendentiell weniger unerwünschte Wirkungen aufweisen. Ein Trend, dessen Sicherung noch weiterer Untersuchungen bedarf (vgl. Kapitel 5.3.3).
Gewöhnlich wird eine Tablette à 10 mg am Abend vor dem Zubettgehen eingenommen, die Dosis kann auf 15–20 mg gesteigert werden. Bei Patienten über 65 Jahren wird die Behandlung mit 5 mg begonnen, die Gesamtdosis sollte 10 mg nicht überschreiten, gleiches gilt für Patienten mit Ateminsuffizienz (chronisch obstruktive Lungenerkrankungen) und eingeschränkter Leber- oder Nierenfunktion.
Die Anwendung des Zolpidem stellt keine kausale, sondern eine symptomatische Therapie dar. Es ist daher empfehlenswert, einige Behandlungsrichtlinien (Hajak et al. 1992, 1993) bei der Schlafmitteltherapie zu berücksichtigen.
Generell ist der Einsatz eines Hypnotikums nur bei klarer Indikation gerechtfertigt. Für das Zolpidem mit seiner selektiven hypnotischen Wirkung sind dies vor allem Ein- und unter Umständen auch Durchschlafstörungen (vgl. Kapitel 5.3.1), die nicht-medikamentös unzureichend oder mit zu großer Wirklatenz behandelt würden. Mehr als die Hälfte der Patienten mit chronischen Ein- und Durchschlafstörungen sind psychiatrisch oder organisch krank (Jacobs et al. 1988). Die Anwendung eines Hypnotikums sollte daher nur in Kombination mit einer kausalen Therapie erfolgen. Die phänomenologische Trennung von Einschlafstörungen, Durchschlafstörungen und morgendlichem Früherwachen ist von therapeutischer Bedeutung, da der beste Therapieerfolg von kurzwirksamen Präparaten wie Zolpidem bei Einschlafstörungen zu erwarten ist. Die im Vergleich zu Benzodiazepinen schwache muskelrelaxierende, antikonvulsive und wohl auch anxiolytische Wirkung des Zolpidem (vgl. Kapitel 5.1.2) favorisieren den Einsatz des Zolpidem auf Situationen, bei denen ausschließlich ein hypnotischer Effekt erwünscht ist.
Zolpidem fällt in zahlreichen Studien durch das Fehlen eines Überhangs am Morgen nach einer abendlichen Einnahme auf (vgl. Kapitel 5.1.2). Dies prädisponiert solche Patienten für die Einnahme von Zolpidem, bei denen eine uneingeschränkte Tagesvigilanz von therapeutischer Bedeutung ist. Chronisch Erkrankte und mit hochpotenten (z.B. Flunitrazepam) oder langwirksamen Benzodiazepinen (z.B. Flurazepam) vorbehandelte Patienten müssen auf die kurze Wirkdauer bzw. unter Umständen geringe Anxiolyse des Zolpidem vorbereitet werden.
Fehlende Erfahrungen mit über mehrere Jahre gehendem Zolpidemgebrauch lassen noch keine gesicherten Empfehlungen zur Langzeiteinnahme zu. Bis auf weiteres sollte man daher bei der Verschreibung neuer Nichtbenzodiazepine dem Konzept zur Anwendung von Benzodiazepin-Hypnotika folgen. Eine maximale Behandlungsdauer von vier bis sechs Wochen bei täglicher Einnahme kann als Richtlinie gelten (Nedopil und Rüther 1984).

Zopiclon

Das zur Gruppe der Cyclopyrrolone gehörende Zopiclon hat sich als effektives und gut verträgliches Hypnotikum zur Behandlung chronischer Insomnien erwiesen. Hierbei haben Untersuchungen gezeigt, daß die Wirkung von 7,5 mg Zopiclon auf den Schlaf im allgemeinen der der Benzodiazepine Triazolam, Temazepam, Nitraze-

pam, Flurazepam und Flunitrazepam entsprach.
Die Wirkung des Flunitrazepams auf die Verkürzung der Einschlaflatenz schien die des Zopiclon zu übertreffen, wobei allerdings im Vergleich zu Zopiclon unter Flunitrazepam morgendliche Hang-over-Effekte und Minderungen der psychomotorischen Fähigkeiten deutlicher ausgeprägt waren und bis in die Nachmittagsstunden anhielten (vgl. Kapitel 5.2.2). Insgesamt scheint Zopiclon im Vergleich zu Benzodiazepin-Hypnotika eine geringere Inzidenz für das Auftreten von Residualeffekten und das Auftreten einer Rebound-Insomnie zu besitzen.
Generell ist der Einsatz eines Hypnotikums nur bei klarer Indikation und nach eingehender Anamneseerhebung sowie körperlicher Untersuchung gerechtfertigt. Bei der Indikationsstellung ist zu bedenken, daß die Hyposomnie ein häufiges Symptom psychiatrischer Erkrankungen ist. Der Literatur ist zu entnehmen, daß ca. 35% aller Hyposomnien psychiatrische Erkrankungen (Psychosen, affektive Störungen, Persönlichkeitsstörungen) zugrunde liegen und weitere 12% in Zusammenhang mit Mißbrauch oder Abhängigkeit bzw. Entzug psychotroper Substanzen wie Stimulantien, Benzodiazepinen und Alkohol zu sehen sind (Rodin et al. 1988, Coleman 1983). Ferner sollte nicht außer Acht gelassen werden, daß etwa ein Drittel aller Ein- und Durchschlafstörungen organisch bedingt sind (Jacobs et al. 1988, Hajak et al. 1992).
Erst nach Abschluß des diagnostischen Prozesses sollte die symptomatische Hypnotika-Therapie begonnen werden. Vor der pharmakogenen Therapie sollten möglichst alle ursachenorientierten oder nichtmedikamentösen Therapien ausgeschöpft werden, was allerdings in der Praxis z.T. schwer umzusetzen ist, da der Leidensdruck der Patienten den Arzt oft zu einem schnellen Handeln drängt.
Üblicherweise wird eine Filmtablette Zopiclon à 7,5 mg kurz vor dem Schlafengehen eingenommen, bei schweren Schlafstörungen kann die Dosis auf 15 mg gesteigert werden. Zopiclon besitzt im Vergleich zu Benzodiazepin-Hypnotika eine schwächer ausgeprägte muskelrelaxierende, antikonvulsive und anxiolytische Wirkung; es dient zur symptomatischen Behandlung von Ein- und Durchschlafstörungen. Ein wichtiges Charakteristikum von Zopiclon ist der gering ausgeprägte morgendliche Überhangeffekt nach abendlicher Einnahme, was einen Vorteil in der Behandlung von Insomnie-Patienten, bei denen eine uneingeschränkte Tagesvigilanz von großer Bedeutung ist, darstellt.
Eine abschließende Aussage zum Abhängigkeitspotential von Zopiclon läßt sich zum gegenwärtigen Zeitpunkt nicht treffen, eine genaue Beobachtung während einer Therapie mit Zopiclon im Hinblick auf Verordnungshäufigkeit, Dosissteigerung etc. ist deshalb erforderlich; von vornherein sollte, unabhängig davon, mit dem Patienten eine zeitliche Begrenzung der Verordnung im Rahmen eines Gesamtbehandlungsplanes der Schlafstörung besprochen werden.
Der als häufigste Nebenwirkung geklagte bittere, als metallisch beschriebene und zum Teil äußerst unangenehm empfundene Geschmack nach Einnahme von Zopiclon kommt dadurch zustande, daß die Substanz auch mit dem Speichel ausgeschieden wird. Nach Absetzen nehmen die Erscheinungen ab, oftmals bessern sie sich auch unter der Therapie, das Kauen von Kaugummi (zukkerfrei) stellt eine Überbrückungsmöglichkeit dar, die auch gleichzeitig gegen mögliche Mundtrockenheit helfen kann.
Da *älteren Patienten*, wie ausgeführt, sehr häufig Hypnotika verordnet werden, muß auf die Gefahr einer zu starken Sedierung hingewiesen werden, gerade bei multimorbiden älteren Patienten, die bereits eine verminderte Knochenfestigkeit aufweisen und einen oft durch Bewegungsmangel mitbedingten *herabgesetzten Muskeltonus* haben, besteht in erhöhtem Ausmaß die *Ge-*

fahr von Stürzen, da auch unter Zopiclon Muskelschwäche, Bewegungs- und Gangunsicherheit auftreten können. Alte Menschen reagieren ohnehin empfindlicher auf Medikamente, weshalb generell mit der Hälfte der sonst üblichen Dosis, d.h. mit 3,75 mg, begonnen werden sollte.

Gleiches gilt für Patienten mit eingeschränkter Leber- oder Nierenfunktion.

Das *Absetzen* von Zopiclon sollte, sofern es sich nicht um eine Einmalgabe handelt, generell ausschleichend erfolgen.

Zunehmend besteht bei Arzt und Patient der Wunsch, auf Substanzen zu verzichten, für die ein Abhängigkeitspotential bekannt ist um dafür auf Substanzen umzustellen, die mit keinem oder zumindest einem geringeren Abhängigkeitsrisiko belastet sind. Die Frage, ob Zopiclon im Hinblick auf Abhängigkeitsphänomene günstiger zu bewerten ist als Benzodiazepin-Hypnotika (wofür einige präklinische Befunde sprechen), kann derzeit – auch in Anbetracht der bis heute relativ geringen Zahl an Fällen von Abusus und Abhängigkeit – noch nicht sicher beantwortet werden.

Am häufigsten werden Benzodiazepine als Hypnotika verordnet, so daß bei einer Umstellung z.B. mit dem Ziel, die hypnotische Medikation völlig abzusetzen, am günstigsten „überlappend" vorgegangen wird. D.h., daß nach Gabe von initial 3,5 mg Zopiclon die Benzodiazepin-Dosis ebenfalls halbiert wird, um dann wiederum im Verlauf einer Woche Zopiclon auf 7, 5 mg zu erhöhen und das Benzodiazepin abzusetzen. Sollten Patienten Benzodiazepine länger als sechs Monate kontinuierlich eingenommen haben, kann sich diese Umstellungsphase auf zwei bis drei Wochen verlängern. Auch für Zopiclon gilt bis zum Vorliegen von entsprechenden Erfahrungen, daß die Verordnungsdauer in der Regel 3 Monate nicht überschreiten sollte.

Literatur

Agnoli A, Manna V, Martucci N (1989) Double-blind study on the hypnotic and antianxiety effects of zopiclone compared with nitrazepam in the treatment of insomnia. Int J Clin Pharmacol Res 10: 277–281

Albin H, Vincon J, Vincon G et al. (1988) Study of the pharmacokinetics of zolpidem in healthy volunteers after repeated administration: effect on antipyrine clearance. In: Sauvanet JP, Langer SZ, Morselli PL (eds) Imidazopyridines in sleep disorders. Raven, New York, pp 369–370

Allain H, Delahaye C, Ke Coz F et al. (1991) Post marketing surveillance of zopiclone in insomnia: analysis of 20.513 cases. Sleep 14: 408–413

Amin M, Lehmann HE, Schwartz G (1988) Lack of anxiolytic effects of buspirone: a double-blind standard placebo controlled study. Psychopharmacology 96 [Suppl]: 217

Anderson AA (1987) Zopiclone and nitrazepam: a multicenter placebo controlled comparative study of efficacy and tolerance in insomniac patients in general practice. Sleep 10 [Suppl 1]: 54–62

Anderson IM (1989) Serotonin receptors, buspirone and premenstrual syndrome. Lancet ii: 615

Ansseau M, Papart P, Gerard MA et al. (1990) Controlled comparison of buspirone and oxazepam in generalized anxiety. Neuropsychobiology 64: 74–78

Ansseau M, Pitchot W, Hansenne M et al. (1992) Psychotic reactions to zolpidem. Lancet 341: 809

Aranko K, Henriksson M, Hublin C et al. (1991) Misuse of zopiclone and convulsions during withdrawal. Pharmacopsychiatry 24: 138–140

Argyropoulou P, Patakas D, Koukou A et al. (1993) Buspirone effects on breathlessness and exercise performance in patients with chronic obstructive pulmonary disease. Respiration 60: 216–220

Ashton CH, Rawlins MD, Tyrer SP (1990) A double-blind placebo-controlled study of buspirone in diazepam withdrawal in chronic benzodiazepine users. Br J Psychiatry 157: 232–238

Ashton CH, Rawlins MD, Tyrer SP (1991) Buspirone in benzodiazepine withdrawal (letter). Br J Psychiatry 158: 283–284

Autret E, Naillard F, Autret A (1987) Comparison of the clinical hypnotic effects of zopiclone and triazolam. Eur J Clin Pharmacol 31: 621–623

Ballinger BR (1990) New drugs. Hypnotics and anxiolytics. Br Med 300: 456–458

Balster RL (1990) Abuse potential of buspirone and related drugs. J Clin Psychopharmacol 10: 31–37

Bechelli LP, Navas F, Pierangelo SA (1983) Comparison of the reinforcing properties of zopiclone and triazolam in former alcoholics. Pharmacology 27 [Suppl 2]: 235–241

Bensimon G, Foret J, Warot D et al. (1990) Daytime wakefulness following a bedtime oral dose of zolpidem 20 mg, flunitrazepam 2 mg and placebo. Br J Clin Pharmacol 30: 463–469

Bianchetti G, Dubruc C, Thiercelin JF et al. (1988) Clinical pharmacokinetics of zolpidem in various physiological and pathological conditions. In: Sauvanet JP, Langer SZ, Morselli PL (eds) Imidazopyridines in sleep disorders. Raven, New York, pp 155–163

Bianchi M, Musch B (1990) Zopiclone discontinuation: review of 25 studies assessing withdrawal and rebound phenomena. Int Clin Psychopharmacol 5 [Suppl 2]: 139–145

Billiard M, Besset A, De Lustreac C et al. (1989) Effects de la zopiclone sur le sommeil, la somnolence diurne et les performances nocturnes et diunes chez le volontaire sain. Neurophysiol Clin 19: 131–143

Bixler EO, Kales J, Kales A et al. (1985) Rebound insomnia and elimination half-life: assessment of individual subject response. J Clin Pharmacol 25: 115–124

Blois R, Gailard JM (1988) The effects of zolpidem on characteristics of normal human sleep. In: Sauvanet JP, Langer SZ, Morselli PL (eds) Imidazopyridines in sleep disorders. Raven, New York, pp 375–376

Böhm C, Placchi M, Stallone F et al. (1990) A double-blind comparison of buspirone, clobazam, and placebo in patients with anxiety treated in a general practice setting. J Clin Psychopharmacol 10: 38–42

Boissl K, Dreyfus JF, Delmote M (1983) Studies in the dependence-inducing potential of zopiclone and triazolam. Pharmacology 27 [Suppl 2]: 242–247

Bonifati V, Fabrizio E, Cipriani R et al. (1994) Buspirone in levodopa-induced dyskinesias. Clin Neuropharmacol 17: 73–82

Borbely AA, Youmbi-Balderer G, Jaggi-Schwarz K (1988) Zolpidem (10 mg and 20 mg): hypnotic action and residual effects after a single bedtime dose. In: Sauvanet JP, Langer SZ, Morselli PL (eds) Imidazopyridines in sleep disorders. Raven, New York, pp 205–210

Boylan K (1990) Persistent dystonia associated with buspirone. Neurology 40: 1904

Brody D, Adler LA, Kim T et al. (1990) Effects of buspirone in seven schizophrenic subjects. J Clin Psychopharmacol 10: 68–69

Brown CS, Ling FW, Farmer RG et al. (1990) Buspirone in the treatment of premenstrual syndrome. Drug Ther [Suppl]: 112–121

Bruno F (1989) Buspirone in the treatment of alcoholic patients. Psychopathology 22 [Suppl 1]: 49–59

Buchheim P, Bender W, Greil W et al. (1985) Buspiron versus Lorazepam – eine dreiwöchige Doppelblindstudie bei ambulanten Patienten mit Angstsyndromen. In: Hippius H (Hrsg) Buspiron-Workshop. Neue Entwicklungen der Pharmakotherapie der Angst. Edition Materia Medica, Gräfelfing, S 89–100

Caille G, Dusouich P, Spenard J et al. (1984) Pharmacokinetics and clinical parameters of zopiclone and trimipramine when administered simultaneously to volunteers. Biopharmaceut Dispos 5: 117–125

Cashman JN, Power SJ, Jones RM (1987) Assessment of a new hypnotic imidazo-pyridine (zolpidem) as oral premedications. Br J Clin Pharmacol 24: 85–92

Cavallaro R, Regazetti MG, Vovelli G et al. (1993) Tolerance and withdrawal with zolpidem. Lancet 342: 374–375

Chignon JM, Lepine JP (1989) Panic and hypertension associated with single dose of buspirone. Lancet ii: 46–47

Cirignotta F, Mondini S, Zucconi M et al. (1988) Controlled polysomnographic study of effects of benzodiazepine and nonbenzodiazepine hypnotics (zolpidem) in obstructive sleep apnea patients: preliminary results. In: Sauvanet JP, Langer SZ, Morselli PL (eds) Imidazopyridines in sleep disorders. Raven, New York, pp 297–304

Clark DB, Agras WS (1991) The assessment and treatment of performance anxiety in musicians. Am J Psychiatry 148: 598–605

Cohn JB, Bowden CL, Fisher JG et al. (1986) Double-blind comparison of buspirone and clorazepate in anxious outpatients. Am J Med 80: 10–16

COHN JB, WILCOX CS (1986) Low-sedation potential of buspirone compared with alprazolam and lorazepam in the treatment of anxious patients: a double-blind study. J Clin Psychiatry 47: 409–412

COHN JB, RICKELS KA (1989) Pooled, double-blind comparison of the effects of buspirone, diazepam and placebo in women with chronic anxiety. Curr Med Res Opin 11: 304–320

COLE JO, ORZACK M, BEAKE B et al. (1982) Assessment of the abuse liability of buspirone in recreational sedative users. J Clin Psychiatry 43: 69–75

COLEMAN RM (1983) Diagnosis, treatment and follow up of about 800 sleep/wake disorder patients. In: GUILLEMINAULT C, LUGARESI E (eds) Sleep/wake disorders: natural history, epidemiology and long-term evalution. Raven, New York, pp 87–97

COUPEZ JM, BACHY C, COUPEZ-LOPINOT R et al. (1988) Study of efficacy and safety of zolpidem compared with oxazepam in hospitalized patients with sleep disorders. In: SAUVANET JP, LANGER SZ, MORSELLI PL (eds) Imidazopyridines in sleep disorders. Raven, New York, pp 377–378

D'MELLO DA, MCNEIL JA, HARRIS W (1989) Buspirone suppression of neuroleptic-induced akathisia: multiple case reports. J Clin Psychopharmacol 9: 151–152

DE ROECK J, CLUYDTS R, SCHOTTE C et al. (1989) Explorative singleblind study on the sedative and hypnotic effects of buspirone in anxiety patients. Acta Psychiatr Scand 79: 129–135

DEHLIN O, RUNDGREN A, BOJESSON L et al. (1983) Zopiclone to geriatric patients. Pharmacology 27 [Suppl 2]: 173–187

DORIAN P, SELLERS EM, KAPLAN H et al. (1983) Evaluation of zopiclone physical dependence liability in normal volunteers. Pharmacology 27 [Suppl 2]: 228–234

DUBRUC C, THENOT JP, ROSEN P et al. (1989) Pharmacokinetics of zolpidem as a function of gender. IV World Conference on Clinial Pharmacology and Therapeutics

DUNDEE JW, ELWOOD RJ, HILDEBRAND PJ et al. (1983) Dose-finding and premedication studies with zopiclone. Pharmacology 27 [Suppl 2]: 210–215

DUNDEE JW, WILSON CM, ROBINSON FP et al. (1984) The effect of ranitidine on the hypnotic action of single doses of midazolam, temazepam and zopiclone. Br J Clin Pharmacol 19: 553–555

DURIEZ R, BARTHELEMY C, RIVES H et al. (1979) Traitement des troubles du sommeil par la zopiclone. Therapie 34: 317–325

EISON AS, TEMPLE DLJ (1986) Buspirone: review of its pharmacology and current perspectives on its mechanism of action. Am J Med 80: 1–9

ELIE R, DESCHENES JP (1983) Efficacy and tolerance of zopiclone in insomniac geriatric patients. Pharmacology 27 [Suppl 2]: 179–187

ELLIOTT P, CHESTNUTT WN, ELWOOD RJ et al. (1983) Effect of atropine and metoclopramide on the plasma concentrations of orally administered zopiclone. Br J Anaesth 55: 1159–1160

EMERIAU JP, DESCAMPS A, DECHELOTTE P et al. (1988) Zolpidem and flunitrazepam: a multicenter trial in elderly hospitalized patients. In: SAUVANET P, LANGER SZ, MORSELLI PL (eds) Imidazopyridines in sleep disorders. Raven, New York, pp 317–326

ENKELMANN R (1991) Alprazolam versus buspirone in the treatment of outpatients with generalized anxiety disorder. Psychopharmacology 105: 428–432

FABRE LF (1990) Buspirone in the management of major depression: a placebo-controlled comparison. J Clin Psychiatry 51 [Suppl 9]: 55–61

FEIGHNER JP, MEDIDETH CH, HENDRICKSON GA (1982) Double-blind comparison of buspirone and diazepam in outpatients with generalized anxiety disorder. J Clin Psychiatry 43: 103–108

FILE SE, ANDREWS N (1991) Low but not high doses of buspirone reduce the anxiogenic effects of diazepam withdrawal. Psychopharmacology 105: 578–582

FLEMING JA, MCCLURE DJ, MAYES C et al. (1990) A comparison of the efficacy, safety and withdrawal effects of zopiclone and triazolam in the treatment of insomnia. Int Clin Psychopharmacol 5 [Suppl 2]: 29–33

FONTAINE R, BEAUDRY P, BEAUCLAIR L et al. (1987) Comparison of withdrawal of buspirone and diazepam: a placebo controlled study. Prog Neuropsychopharmacol Biol Psychiatry 11: 189–197

FONTAINE R, BEAUDRY P, LE MORVAN P et al. (1988) Efficacy and rebound insomnia of zopiclone and triazolam. Psychopharmacology 96 [Suppl]: 219

FONTAINE R, BEAUDRY P, LE MORVAN P et al. (1990) Zopiclone and triazolam in insomnia associated with generalized anxiety disorder: a placebo-controlled evaluation of efficacy and anxiety. Int Clin Psychopharmacol 5: 173–183

FOSSEN A, GODLIBSEN OB, COYNING V et al. (1983) Effects of hypnotics on memory. Pharmacology 27 [Suppl 2]: 118–126

FRIEDMANN JCH, PRENEZ A (1988) Safety evaluation of zolpidem. In: SAUVANET JP, LANGER SZ, MOR-

SELLI PL (eds) Imidazopyridines in sleep disorders. Raven, New York, pp 123–138
FRIEDMAN R (1991) Possible induction of psychosis by buspirone. Am J Psychiatry 148: 1606
FULLER RW (1990) Buspirone metabolite and panic attacks. Lancet 339: 335–470
GAILLOT J, HEUSSE D, HOUGTON GW et al. (1983) Pharmacokinetics and metabolism of zopiclone. Pharmacology 27 [Suppl 2]: 76–91
GAMMANS RE, PFEFFER M, WESTRICK ML et al. (1987) Lack of interaction between cimetidine and buspirone. Pharmacotherapy 7: 72–79
GAMMANS RE, STRINGFELLOW JC, HVIZDOS AJ et al. (1992) Use of buspirone in patients with generalized anxiety disorder and coexisting depressive symptoms. A meta-analysis of eight randomized, controlled studies. Neuropsychobiology 25: 193–201
GASTFRIEND DR, ROSENBAUM JF (1989) Adjunctive buspirone in benzodiazepine treatment of four patients with panic disorder. Am J Psychiatry 146: 914–916
GAWIN F, COMPTON M, BYCK R (1989) Buspirone reduces smoking. Arch Gen Psychiatry 46: 288–289
GEDYE A (1991) Buspirone alone or with serotonergic diet reduced aggression in a developmentally disabled adult. Biol Psychiatry 30: 88–91
GIERCKSKY KE, WICKSTROM E (1980) A dose-response study in situational insomnia with zopiclone, a new tranquilizer. Clin Therapeut 3: 21–27
GOA KL, WARD A (1986) Buspirone. A preliminary review of its pharmacological properties and therapeutic efficacy as an anxiolytic. Drugs 32: 114–129
GOFF DC, MIDHA KK, BROTMAN AW et al. (1991) An open trial of buspirone added to neuroleptics in schizophrenic patients. J Clin Psychopharmacol 11: 193–197
GOLDBERG HL, FINNERTY R (1982) Comparison of buspirone in two separate studies. J Clin Psychiatry 43: 87–91
GOLDBERG RJ, HUK M (1992) Serotonin syndrome from trazodone and buspirone (Letter). Psychosomatics 33: 235–236
GRADY TA, PIGOTT TA, L'HEUREUX F et al. (1992) Seizure associated with fluoxetine and adjuvant buspirone therapy. J Clin Psychopharmacol 12: 70–71
GRIFFITH JD, JASINSKA DR, CASTEN GP et al. (1986) Investigation of the abuse liability of buspirone in alcohol-dependent patients. Am J Med 80: 30–35
GRIFFITHS AN, JONES DM, RICHENS A (1986) Zopiclone produces effects on human performance similar to flurazepam, lormetazepam and triazolam. Br J Clin Pharmacol 21: 647–653
GUERAULT E, GARNIER R, EFTHYMION ML (1990) Voluntary acute poisoning with zopiclone: review of 239 cases. 28EME Congres Francais des Centres Anti-Poison, Reunion de la Societe Francaise de Toxicologie, Societe des Toxicologie clinique, Toulouse, October 3–5, 1990
HAJAK G, RÜTHER E, HAURI PJ (1992) Insomnie. In: BERGER M (Hrsg) Handbuch des normalen und gestörten Schlafs. Springer, Berlin Heidelberg New York Tokyo, S 67–119
HAJAK G, HERRENDORF G, RÜTHER E (1993) Therapie der Insomnie. In: HECHT K, ENGFER A, PETER JH, POPPEI H (Hrsg) Schlaf, Gesundheit, Leistungsfähigkeit. Springer, Berlin Heidelberg New York Tokyo, S 123–175
HAMMERSTAD JP, CARTER J, NUTT JG et al. (1986) Buspirone in Parkinson's disease. Clin Neuropharmacol 9: 556–560
HARVENGT C, HULHOVEN R, DESAGER JP et al. (1988) Drug interactions investigated with zolpidem. In: SAUVANET JP, LANGER SZ, MORSELLI PL (eds) Imidazopyridines in sleep disorders. Raven, New York, pp 165–173
HERRMANN WM, KUBICI ST, WOBER W (1988) Zolpidem: a four week pilot polysomnographic study in patients with chronic sleep disturbances. In: SAUVANET JP, LANGER SZ, MORSELLI PL (eds) Imidazopyridines in sleep disorders. Raven, New York, pp 261–278
HINDMARCH I (1990) Immediate and overnight effects of zopiclone 7,5 mg and nitrazepam 5 mg with ethanol, on psychomotor performance and memory in healthy volunteers. Int Clin Psychopharmacol 5 [Suppl 2]: 105–143
HULHOVEN R, DESAGER JP, HARVENGT C et al. (1988) Lack of interaction between zolpidem and H_2 antagonists, cimetidine and ranitidine. Int J Clin Pharm Res 8: 471–476
INMANN W, KUBOTA K, PEARCE G, WILTON L (1993) PEM report number 10. Zopiclone. Pharmacoepidemiology Drug Safety 2: 499–521
IRUELA LM, IBANEZ ROJO V, CABALLERO L et al. (1991) Buspirone-induced mania: possible interaction with disulfiram. Br J Psychiatry 159: 297–298
IRUELA LM (1993) Tolerance and withdrawal with zolpidem. Lancet 342: 374–375
JACOBS EA, RYNOLDS III CF, KUPFER DJ et al. (1988) The role of polysomnography in the differential diagnosis of chronic insomnia. Am J Psychiatry 154: 346–349

JACOBSEN FM (1991) Possible augmentation of antidepressant response by buspirone. J Clin Psychiatry 52: 217–220

JACOBSON AF, DOMINGUEZ RA, GOLDSTEIN BJ et al. (1985) Comparison of buspirone and diazepam in generalized anxiety disorder. Pharmacotherapy 5: 290–296

JENIKE MA, BAER L (1988) An open trial of buspirone in obsessive-compulsive disorder. Am J Psychiatry 145: 1285–1286

JENIKE MA, BAER L, BUTTOLPH L (1991) Buspirone augmentation of fluoxetine in patients with obsessive compulsive disorder. J Clin Psychiatry 52: 13–14

JERKOVICH GS, PRESKORN SH (1987) Failure of buspirone to protect against lorazepam withdrawal symptoms. JAMA 258: 204–205

KALES A, SOLDATOS CR, BIXLER EO et al. (1983) Rebound insomnia and rebound anxiety: a review. Pharmacology 26: 121–137

KISHORE KUMAR R, SCHAFER SC, LAWLOR BA et al. (1989) Single doses of the serotonin agonists buspirone and m-chlorophenylpiperazine do not relieve neuropathic pain. Pain 37: 223–227

KLIMM HD, DREYFUS JF, DELMOTTE M (1987) Zopiclone versus nitrazepam; a double-blind comparative study of efficacy a d tolerance in elderly patients with chronic insominia. Sleep 1 [Suppl 1]: 73–78

KUITUNEN T, MATTILA MJ, SEPPÄLÄ T (1990a) Actions and interactions of hypnotics on human performance: single doses of zopiclone, triazolam and alcohol. Int Clin Psychopharmacol 5 [Suppl 2]: 115–130

KUITUNEN T, MATTILA MJ, SEPPÄLÄ T et al. (1990b) Actions of zopiclone and carbamazepine, alone and in combination, on human skilled performance in laboratory and clinical tests. Br J Clin Pharmacol 30: 453–461

KURTZ D, FILLIUS B, BONINGEN C et al. (1988) Effects of zolpidem on the sleep of healthy elderly subjects: polysomnographic recording assessments and pharmacokinetics. In: SAUVANET JP, LANGER SZ, MORSELLI PL (eds) Imidazopyridines in sleep disorders. Raven, New York, pp 382

LADER M (1987) Assessing the potential for buspirone dependence or abuse and effects of its withdrawal. Am J Med 82: 20–26

LADER M (1991) Can buspirone induce rebound, dependence or abuse? Br J Psychiatry 159 [Suppl 12]: 45–51

LADER M, DENNEY SC (1983) A double-blind study to establish the residual effects of zopiclone on performance in healthy volunteers. Pharmacology 27 [Suppl 2]: 98–108

LAMPHERE JK, ROEHRS TA, ZORICK FJ et al. (1989) The dose effects of zopiclone. Hum Psychopharmacol 4: 41–46

LANGTRY HD, BENFIELD B (1990) Zolpidem. A review of its pharmacodynamic and pharmacokinetic properties and therapeutic potential. Drugs 40: 291–313

LARIVIERE L, CAILLE G, ELIE R (1986) The effects of low and moderate doses of alcohol on the pharmacokinetic parameters of zopiclone. Biopharmaceut Drug Dispos 7: 207–210

LEBRAULT C, CHAUVIN M, BRUSSERT A et al. (1989) Preoperative sedation with zolpidem, lorazepam and placebo: a random double blind comparison. Anesthesiol 71: 300

LEVINE S, NAPIELLO ML (1988) An open study of buspirone coprescribed with histamine H2-receptor antagonists in anxious outpatients. Int Clin Psychopharmacol 3: 83–86

LEWITT PA, WALTERS A, HENING W et al. (1993) Persistent movement disorders induced by buspirone. Mov Disord 8: 331–334

LIEBERHERR S, SCOLLO-LAVIZZARI G, BATTEGAY R (1991) Dämmerzustände nach Einnahme von kurzwirksamen Benzodiazepinen (Midazolam/Triazolam). Schweiz Rundsch Med Prax 80: 673–675

LIEGGHIO NR, YERAGANI VK, MOORE NC (1988) Buspirone-induced hypomania: a case report. J Clin Psychopharmacol 8: 226–227

LIEGGHIO NE, YERAGANI VK, MOORE NC (1988) Buspirone-induced jitteriness in three patients with panic disorder and one patient with generalized anxiety disorder. J Clin Psychiatry 49: 165–166

LLOYD KG, LEVRIER J, FERRARI P (1988) Comparison of zolpidem with diazepine hypnotics on respiratory function in the rat. In: SAUVANET JP, LANGER SZ, MORSELLI PL (eds) Imidazopyridines in sleep disorders. Raven, New York, pp 383–384

LAUVEL E, CRAMER P, FERRERI M et al. (1988) Zolpidem and triazolam: long-term multicenter studie (1–3 months) in psychiatric and general practice patients. In: SAUVANET JP, LANGER SZ, MORSELLI PL (eds) Imidazopyridines in sleep disorders. Raven, New York, pp 327–338

LUCKI I, RICKELS K, GIESECKE MA et al. (1987) Differential effects of the anxiolytic drugs, diazepam and buspirone, on memory function. Br J Clin Pharmacol 23: 207–211

LUND R, RÜTHER E, WOBER W et al. (1988) Effects of zolpidem (10 and 20 mg) lormetazepam, triazolam and placebo on night sleep and residual effects during the day. In: SAUVANET JP,

LANGER SZ, MORSELLI PL (eds) Imidazopyridines in sleep disorders. Raven, New York, pp 103–204
MAGGIONI M, FRATTOLA L (1988) Double-blind controlled study of the efficacy and safety of zolpidem versus flunitrazepam. In: SAUVANET JP, LANGER SZ, MORSELLI PL (eds) Imidazopyridines in sleep disorders. Raven, New York, pp 386–387
MALCOLM R, ANTON RF, RANDALL CL et al. (1992) A placebo-controlled trial of buspirone in anxious inpatient alcoholics. Alcohol Clin Exp Res 16: 1007–1013
MAMELAK M, SCIMA A, PRINCE V (1983) Effects of zopiclone on the sleep of chronic insomniacs. Pharmacology 27 [Suppl 2]: 156–164
MAMELAK M, BUCK L, CSIMA A et al. (1987) Effects of flurazepam and zopiclone on the performance of chronic insomniac patients: a study of ethanol-drug interaction. Sleep 10 [Suppl 1]: 79–87
MANFREDI RL, KALES A, VGONTZAS AN et al. (1991) Buspirone: sedative or stimulant effect? Am J Psychiatry 148: 1213–1217
MARC-AURELE J, CAILLE G, BOURGOUIN J (1983) Comparison of zopiclone pharmacokinetics in patients with impaired renal function and normal subjects. Effect of hemodialysis. IV International Congress of Sleep Research, Bologna, July 18–22
MARKOVITZ PJ, STAGNO SJ, CALABRESE JR (1990) Buspirone augmentation of fluoxetine in obsessive-compulsive disorder. Am J Psychiatry 147: 798–800
MCDANIEL JS, NINAN PT, MAGNUSON JV (1990) Possible induction of mania by buspirone. Am J Psychiatry 147: 125–126
MCDOUGLE CJ, GOODMAN WK, LECKMAN JF et al. (1993) Limited therapeutic effect of addition of buspirone in fluvoxamine-refractory obsessive-compulsive disorder. Am J Psychiatry 150: 647–649
MCIVOR R, SINANAN K (1991) Buspirone-induced mania. Br J Psychiatry 158: 136–137
MENDELSON WB, MACZAJ M, HOLT J (1991) Buspirone administration to sleep apnea patients. J Clin Psychopharmacol 11: 71–72
MERAM D, DESCOTES J (1989) Acute poisoning with zolpidem. Revue de Medicine Interne 10: 466
MERLOTTI L, ROEHRS T, KOSHOREK G et al. (1989) The dose effects of zolpidem on the sleep of healthy normals. J Clin Psychopharmacol 9: 9–14
MOMOSE T (1983) Effectiveness of zopiclone as a preoperative hypnotic. Pharmacology 27 [Suppl 2]: 196–204
MONCHESKY TC, BILLINGS BJ, PHILIPS R et al. (1989) Zopiclone in insomniac shift-workers. Evaluation of its hypnotic properties and its effects on mood and work performance. Int Arch Occup Environ Health 61: 255–259
MONTI JM (1989) Effect of zolpidem on sleep in insomniac patients. Eur Clin Pharmacol 36: 461–466
MOON CA, HINDMARCH I, HOLLAND RL (1990) The effect of zopiclone 7,5 mg on the sleep, mood and performance of shift-workers. Int Clin Psychopharmacol 5: 79–83
MOSKOWITZ H, SMILEY A (1982) Effects of chronically administered buspirone and diazepam on driving-related skills performance. J Clin Psychiatry 43: 45–55
MURCIANO D, AUBIER M, PALACIOS S et al. (1990) Comparison of zolpidem (Z), triazolam (T) and flunitrazepam (F) effects on arterial blood gases and control of breathing in patients with severe chronic obstructive pulmonary disease (COPD). Chest 97 [Suppl 3]: 51–52
MURPHY SM, OWEN R, TYRER P (1989) Comparative assessment of efficacy and withdrawal symptoms after 6 and 12 weeks' treatment with diazepam or buspirone. Br J Psychiatry 154: 529–534
MUSCH B, MAILLARD F (1990) Zopiclone, the third generation hypnotic: a clinical overview. Int Clin Psychopharmacol 5 [Suppl 2]: 147–158
NAPIELLO MJ (1986) A study of buspirone coprescribed with antidepressants in 184 anxious ambulatory patients. Curr Ther Res 40: 917–923
NAPIELLO MJ, DOMANTAY AG (1988) Newer clinical studies with buspirone. In: LADER M (ed) Buspirone: a new introduction to the treatment of anxiety. Roy Soc Med Ser 133, London, pp 59–69
NAPIELLO MJ, DOMANTAY AG (1991) Buspiron: a worldwide update. Br J Psychiatry 159 [Suppl 12]: 40–44
NEDOPIL N, RÜTHER E (1984) Medikamentöse Therapie von Schlafstörungen. Münch Med Wochenschr 126: 290–291
NEWTON RE, CASTEN GP, ALMS DR et al. (1982) The side effect profile of buspirone in comparison to active controls and placebo. J Clin Psychiatry 43: 100–102
NEWTON RE, MARUNYCZ JD, ALDREDICE MT et al. (1986) Review of the side-effect profile of buspirone. Am J Med 80: 17–21
O'HANLON JF, VOLKERTS ER, LOUWERENS JW et al. (1984) Zopiclone's residual effect upon actual driving performance versus those of nitrazepam and flunitrazepam. Clin Neuropharmacol 7 [Suppl 1]: 620–621

O'Hanlon JF (1991) Review of buspirone's effects on human performance and related variables. Eur Neuropsychopharmacol 1: 489–501

Olajide D, Lader MA (1987) Comparison of buspirone, diazepam, and placebo in patients with chronic anxiety states. J Clin Psychopharmacol 7: 148–152

Ortiz A, Pohl R, Gershon S (1987) Azaspirodecanediones in generalized anxiety disorder: buspirone. J Affect Disord 13: 131–143

O'Toole DP, Carlisle RJ, Howard PJ et al. (1986) Effects of altered gastric motility on the pharmacokinetics of orally administered zopiclone. Ir J Med Sci 155: 136

Oswald I (1989) Triazolam syndrome 10 years on. Lancet ii: 451

Pahud J, Forster A, Gamulin Z et al. (1988) Preoperative sedation with zolpidem, midazolam and placebo: a randomized double-blind comparison. Anesthesiol 69: 555

Palminteri R, Narbonne G (1988) Safety profile of zolpidem. In: Sauvanet JP, Langer SZ, Morselli PL (eds) Imidazopyridines in sleep disorders. Raven, New York, pp 351–361

Pato MT, Pigott TA, Hill JL et al. (1991) Controlled comparison of buspirone and clomipramine in obsessive-compulsive disorder. Am J Psychiatry 148: 127–129

Patterson JF (1988) Akathisia associated with buspirone. J Clin Psychopharmacol 8: 296–297

Pecknold J, Matas M, Howarth BG et al. (1989) Evaluation of buspirone as an antianxiety agent: buspirone and diazepam versus placebo. Can J Psychiatry 34: 766–771

Pecknold J, Wilson R, Le Moran P (1990) Long-term efficacy and withdrawal of zopiclone: a sleep laboratory study. Int Clin Psychopharmacol 5 [Suppl 2]: 57–67

Petracca A, Nisita C, McNair D et al. (1990) Treatment of generalized anxiety disorder: preliminary clinical experience with buspirone. J Clin Psychiatry 51 [Suppl]: 31–39

Pigott TA, L'Heureux F, Hill JL et al. (1992) A double-blind study of adjuvant buspirone hydrochloride in clomipramine-treated patients with obsessive-compulsive disorder. J Clin Psychopharmacol 12: 11–18

Piot O, Betschart J, Stutzmann JM et al. (1990) Cyclopyrrolones, unlike some benzodiazepines, do not induce physical dependence in mice. Neurosci Lett 117: 140–143

Pols HJ, Griez A, Zandbergen J (1989) Does buspirone have anxiogenic properties? Lancet ii: 682–683

Price WA, Bielefeld M (1989) Buspirone-induced mania. J Clin Psychopharmacol 9: 150–151

Pull CB, Dreyfus JF, Brun JP (1983) Comparison of nitrazepam and zopiclone in psychiatric patients. Pharmacology 27 [Suppl 2]: 205–209

Quadens OP, Hoffmann G, Buytaert G (1983) Effects of zopiclone as compared to flurazepam in women over 40 years of age. Pharmacology 27 [Suppl 2]: 146–155

Ratey J, Sovner R, Parks A et al. (1991) Buspirone treatment of aggression and anxiety in mentally retarded patients: a multiple-baseline, placebo lead-in study. J Clin Psychiatry 52: 159–162

Regouby Y, Delomez G, Tisserant A (1989) Auriculo-ventricular block during voluntary poisoning with zopiclone. Therapie 44: 379–380

Rhodes SP, Parry P, hanning CD (1990) A comparison of the effects of zolpidem and placebo on respiration and oxygen saturation during sleep in the healthy elderly. Br J Clin Pharmacol 30: 817–824

Rickels K (1990) Buspirone in clinical practice. J Clin Psychiatry 51 [Suppl]: 51–54

Rickels K, Weisman K, Orstad N et al. (1982) Buspirone and diazepam in anxiety: a controlled study. J Clin Psychiatry 43: 81–86

Rickels K, Freeman E, Sondheimer S (1989) Buspirone in treatment of premenstrual syndrome. Lancet i: 777

Rickels K, Amsterdam J, Clary C et al. (1991) Buspirone in major depression: a controlled study. J Clin Psychiatry 52: 34–38

Ritchie EC, Bridenbaugh RH, Jabbari B (1988) Acute generalized myoclonus following buspirone administration. J Clin Psychiatry 49: 242–243

Robinson DS (1987) An overview of the safety and side-effect of buspirone. Int Med Spec [Suppl]: 33–34

Robinson DS, Alms DR, Shrotriya RC et al. (1989) Serotonergic anxiolytics and treatment of depression. Psychopathology 22 [Suppl 1]: 27–36

Robinson DS, Rickels LK, Feighner J et al. (1990) Clinical effects of the 5–HT1A partial agonist in depression: a composite analysis of buspirone in the treatment of depression. J Clin Psychopharmacol 10: 67–76

Rodin J, McAvay G, Tunko C (1988) A longitudinal study of depressed mood and sleep disturbance in elderly adults. J Gerontol 43: 45–53

Roehrs TA, Zorick FJ, Wittig RM et al. (1986) Dose determinants of rebound insomnia. Br J Clin Pharmacol 22: 143–147

Rüther E, Clarenbach P, Hajak G et al. (1992) Zopiclon bei Patienten mit Schlafstörungen: Einflüsse auf Schlafqualität und Tagesbefinden im Vergleich zu Flunitrazepam, Triazolam

und Plazebo. Münch Med Wochenschr 46: 753–757
SAUVANET JP, MAAREK L, ROGER M et al. (1988) Open long-term trials with zolpidem in insomnia. In: SAUVANET JP, LANGER SZ, MORSELLI PL (eds) Imidazopyridines in sleep disorders. Raven, New York, pp 339–349
SCHARF MB, MAYLEBEN DW, MCDANNOLD MD et al. (1988) Dose response effects of zolpidem in normal geriatric patients. Sleep Res 17: 59
SCHLICH D, HERITIER CL, COQUELIN JP et al. (1991) Long-term treatment of insomnia with zolpidem: a multicentre general practitioner study of 107 patients. J Int Med Res 19: 271–270
SCHLOSBERG A (1983) Zopiclone: a third generation of hypnotics – conclusion. Pharmacology 27 [Suppl 2]: 248–250
SCHNABEEL TJ (1987) Evaluation of the safety and side effects of antianxiety agents. Am J Med 82: 7–13
SCHNEIER FR, SAOUD JB, CAMPEAS R et al. (1993) Buspirone in social phobia. J Clin Psychopharmacol 13: 251–256
SCHUCKIT MA (1984) Clinical studies of buspirone. Psychopathology 17 [Suppl 3]: 61–68
SCHUCKIT MA (1987) Alcohol and drug interactions with antianxiety medications. Am J Med 82: 27–33
SCHWEIZER E, RICKELS K (1986) Failure of buspirone to manage benzodiazepine withdrawal. Am J Psychiatry 143: 1590–1592
SCHWEIZER E, RICKELS K, LUCKI I (1986) Resistance to the antianxiety effect of buspirone in patients with a history of benzodiazepine use. N Engl J Med 314: 719–720
SELLERS EM, SCHNEIDERMAN JF, ROMACH MK et al. (1992) Comparative drug effects and abuse liability of lorazepam, buspirone, and secobarbital in nondependent subjects. J Clin Psychopharmacol 12: 7985
SEPPÄLÄ T, NUOTTO E, DREYFUS JF (1983) Drug-alcohol interactions on psychomotor skills. Zopiclone and flunitrazepam. Pharmacology 27 [Suppl 2]: 127–135
SHEEHAN DV, RAJ AB, SHEEHAN KH et al. (1990) Is buspirone effective for panic disorder? J Clin Psychopharmacol 10: 3–11
SHEEHAN DV, RAJ AB, HANETT-SHEEHAN K et al. (1993) The relative efficacy of high-dose buspirone and alprazolam in the treatment of panic disorders: a double-blind placebo-controlled study. Acta Psychiatr Scand 88: 1–11
SMILEY A, MOSKOWITZ H (1986) Effects of long-term administration of buspirone and diazepam on driver steering control. Am J Med 80: 22–29
STRAND M, HETTA J, ROSEN A et al. (1990) A double-blind, controlled trial in primary care patients with generalized anxiety: a comparison between buspirone and oxazepam. J Clin Psychiatry 51 [Suppl 9]: 40–45
STRAUSS A (1988) Oral dyskinesia associated with buspirone use in an elderly woman. J Clin Psychiatry 49: 322–323
SOUTHERLAND J (1991) Imovane and narcotic addiction. N Med J 104: 103
TAFTI M, BESSET A, BILLIARD M (1992) Effects of zopiclone on subjective evaluation of sleep and daytime alertness and on psychomotor and physical performance tests in athletes. Prog Neuropsychopharmacol Biol Psychiatry 18: 55–63
TAMMINEN T, HANSEN PP (1987) Chronic administration of zopiclone and nitrazepam in the treatment of insomnia. Sleep 10 [Suppl 1]: 63–72
TOLLEFSON GD, LANCASTER SP, MONTAGUE CLOUSE J (1991) The association of buspirone and its metabolite 1-pyrimidinylpiperazine in the remission of comorbid anxiety with depressive features and alcohol dependency. Psychopharmacol Bull 27: 163–170
VAN DER KROEF C (1979) Reactions to triazolam. Lancet ii: 526
VAN LAAR MW, VOLKERTS ER, VAN WILLIGENBURG APP (1992) Therapeutic effects and effects on actual driving performance of chronically administered buspirone and diazepam in anxious outpatients. J Clin Psychopharmacol 12: 86–95
VAUCHER M, OSIEK C, SCHULZ P et al. (1988) Influence of zolpidem, flunitrazepam and placebo on the cognitive and memory functions in healthy subjects. Therapie 43: 163
VERMEEREN A, DECLERCK AC, KHO L et al. (1990) Zolpidem's effects of sleep, memory and driving versus those of flunitrazepam, placebo and partial sleep deprivation. 1st Conference – Congress of European Sleep Research Society, Strasbourg, France, May 21, 1990 (Abstract)
WEINTRAUB M, DE OLIVEIRA G, MOSCUCCI M et al. (1988) A two-night preference technique for assessing the dose response and efficacy of hypnotics in insomniac patients. In: SAUVANET JP, LANGER SZI, MORSELLI PL (eds) Imidazopyridines in sleep disorder. Raven, New York, pp 241–251
WEST R, HAJEK P, MCNEILL A (1991) Effect of buspirone on cigarette withdrawal symptoms and short-term abstinence rates in a smokers clinic. Psychopharmacology 104: 91–96

WHEATLEY D (1982) Buspirone: multicenter efficacy study. J Clin Psychiatry 43: 92–94

WHEATLEY D (1985) Zopiclone: a non-benzodiazepine hypnotic controlled comparison to temazepam in insomnia. Br J Psychiatry 146: 312–314

WHEATLEY D (1989) Zolpidem. A new imidazopyridine hypnotic. Psychopharmacol Bull 25: 124–127

WICKSTROM E, GIERCKSKY KE (1980) Comparative study of zopiclone, a novel hypnotic, and three benzodiazepines. Eur J Clin Pharmacol 1: 93–97

WICKSTROM E, BARBO SE, DREYFUS JF et al. (1983) A comparative study of zopiclone and flunitrazepam in insomniacs seen by general practitioners. Pharmacology 27 [Suppl 2]: 165–172

YANAGITA T (1983) Dependence potential of zopiclone studies in monkeys. Pharmacology 27 [Suppl 2]: 216–227

Neuro-Psychopharmaka, Bd. 2
Riederer P. / Laux G. / Pöldinger W. (Hrsg.)

6
Pflanzliche Mittel mit psychotroper Wirkung

R. Hänsel und H.-P. Volz

6.1 Bestandteile, Wirkungen, Toxikologie, Pharmakologie

6.1.1 Einleitung

Die pflanzlichen Arzneistoffe, die im folgenden beschrieben werden, sind in den gängigen Arzneimittelverzeichnissen, beispielsweise in der Roten Liste (1993), teils unter die Sedativa-Hypnotika, teils unter die Psychopharmaka eingeordnet. Unter den sedativ und hypnotisch wirkenden Pharmaka versteht man Stoffe, welche die Aktivität des „Wachsystems" in der Formatio reticularis vermindern. Diese Eigenschaft kommt keinem der pflanzlichen „Beruhigungsmitteln" zu, die heute therapeutisch verwendet werden. Die Bezeichnung „Arzneimittel mit psychotroper Wirkung" wurde deshalb gewählt, weil dieser Begriff nicht in gleicher Weise terminologisch festgelegt ist, wie die Begriffe „Sedativa, Hypnotika und Psychopharmaka". Für viele pflanzliche „Beruhigungsmittel" fehlen Wirksamkeitsnachweise im Sinne der naturwissenschaftlich orientierten Medizin.

6.1.2 Baldrianpräparate

Über Baldrianpräparate allgemein können keine wissenschaftlichen Aussagen, sei es zur Pharmakologie, zur Toxikologie oder zur Unbedenklichkeit gemacht werden: Unter „Baldrian" werden Arneimittel mit sehr unterschiedlichen Arzneistoffen subsumiert. Eine Differenzierung zumindest in drei verschiedene Typen von Baldrianpräparaten ist daher unerläßlich. Eine Aussage, die für den einen Typ von Baldrianpräparaten zutrifft, muß nicht für den zweiten Präparatetyp zutreffen, einfach deswegen nicht, weil die Zusammensetzung der Präparate unterschiedlich ist und weil weiterhin die Dosierungen erheblich voneinander abweichen. Ursachen für diese Nichtvergleichbarkeit sind: unterschiedliche Stammpflanzen als Drogenlieferanten und unterschiedliche Extraktionsmittel bei der Herstellung des Arzneistoffes „Baldrianextrakt" (Hänsel 1987, 1989).

Der Offizinelle Baldrian und einfache Zubereitungen daraus

Droge

Baldrianwurzel, Valerianae radix, besteht aus den getrockneten unterirdischen Organen von Valeriana officinalis, dem Echten Baldrian, der heute aus Kulturen stammt. An extrahierbaren Einzelbestandteilen (Inhaltsstoffen) enthält er ein ätherisches Öl (0,3–0,7%) mit zahlreichen Einzelbestandteilen, darunter niederen Fettsäuren, die den charakteristischen schweißartigen Geruch des Baldrians bedingen. Weiter kommen Valepotriate vor (0,5–2%), lipophile Inhaltsstoffe, die unbeständig sind und nur in der frisch gesammelten und bei niedriger Temperatur getrockneten Droge vorkommen. Weiterhin mindestens 15% polare, mit Wasser-Ethanol (4:6) extrahierbare Stoffe, darunter Zucker (Glucose, Fructose, Sacharose) Aminosäuren (Alanin, GABA, Glutaminsäure), freie Fettsäuren, aromatische Carbonsäuren (Chlorogen-, Kaffee-, Isoferulasäure). Angaben über das Vorkommen von Alkaloiden bedürfen der Überprüfung.

Wirksamkeitsbestimmende Inhaltsstoffe

Bisher keine bekannt.

Es sind im Verlaufe der letzten Jahrzehnte die unterschiedlichsten Inhaltsstoffe des Baldrians als wirksamkeitsbestimmende diskutiert worden. Nacheinander wurden das ätherische Öl, Methylpyrrylketon und die Valerensäure für die pharmakologische Baldrianwirkung verantwortlich gemacht. Das ätherische Öl, desgleichen Methylpyrrylketon wirken zwar in hohen Dosen im Tierversuch sedativ-hypnotisch, jedoch ist ihre Menge in der Droge viel zu gering, als daß eine Wirkung am Menschen zu erwarten ist. Es ist errechnet worden: Die für 200 g Maus im Zitterkäfigtest sedativ wirkende Dosis wird einem 60 kg schweren Menschen therapeutisch gegeben (Matthies 1973). Es entspricht das einer rechnerischen Einzeldosis für den Menschen von 300 g Baldrian oder Zubereitungen daraus.

Valerensäure und Derivate (Hydroxy- und Acetoxyvalerenäsure) wirken spasmolytisch und muskelrelaxierend (Hendricks et al. 1981, Hazelhoff 1984), allerdings erst in Dosen von 50 mg/kg KG (i.p., Maus). Die Konzentration in der Droge ist gering (0,1–0,3%). Extrapoliert von der Maus auf den Menschen, würde die muskelrelaxierende Dosis bei einer Größenordnung von 3 g liegen, eine Menge, die in 1–3 kg Baldrian enthalten ist.

Großes Interesse als potentielle Wirkstoffe haben die Valepotriate gefunden (s. weiter unten). Es hat sich allerdings rasch herausgestellt, daß Valepotriate zwar in der Ausgangsdroge selbst enthalten sind, nicht aber in der Baldriantinktur und im Baldrianaufguß, die der Tradition nach zur Beruhigung und Schlafförderung eingenommen werden (Hänsel und Schulz 1985, Laufer et al. 1970).

Baldriantinktur, Valerianae tinctura

Tinktur aus Baldrianwurzel wird aus 1 Teil pulverisierter Baldrianwurzel und 5 Teilen Ethanol 70% (V/V) nach dem Perkolationsverfahren hergestellt. Dunkelbraune Flüssigkeit von starkem, charakteristischen Geruch und Geschmack. Die Geruchsnote wurde als animalisch und schweißartig charakterisiert.

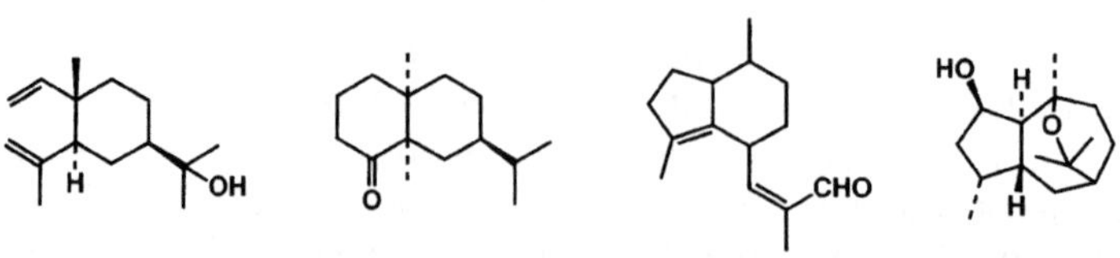

1 2 3 4

Abb. 6.1. Struktur- und Konfigurationsformeln einiger typischer Bestandteile des ätherischen Öles von Valeriana-officinalis-Rhizom. *1* Elemol, *2* Valeranon, *3* Valerenal, *4* Kessylalkohol

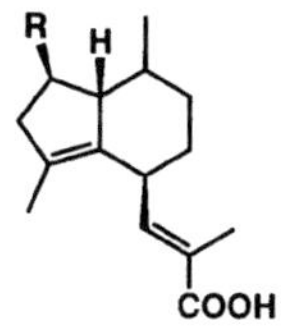

Valerensäure	R = H
Acetoxyvalerensäure	R = $OCOCH_3$

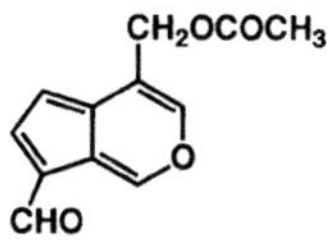

Baldrinal

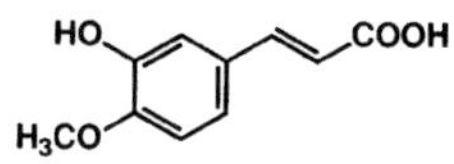

Isoferulasäure

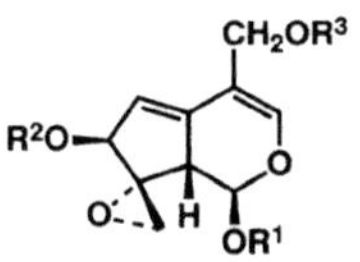

	R^1	R^2	R^3
Valtrat	Isovaleryl-	Isovaleryl-	Acetyl-
Isovaltrat	Isovaleryl-	Acetyl-	Isovaleryl-

Abb. 6.2. Valerensäure und Derivate sind neben den Valepotriaten charakteristische Inhaltsstoffe in den mit lipohilen Lösungsmitteln hergestellten Extrakten. Baldrinal ist ein Abbauprodukt der Valepotriate, das in der Baldriantinktur und in Baldrianextrakten vorkommt. Die Valerensäuren sind kennzeichnend für Extrakt aus offizinellem Baldrian, der von Valeriana officinalis stammt. Valepotriate kommen auch in anderen Valeriana-Arten vor. Die Isoferulasäure ist ein phytochemisches Kennzeichen für die mit Wasser hergestellten Valeriana-officinalis-Extrakte

Die Zusammensetzung ist unzureichend bekannt. Nachgewiesen wurden Bestandteile des ätherischen Öles, die Sesquiterpene Valeren- und Acetoxyvalerensäure sowie Baldrinal, ein Abbauprodukt der Valepotriate (VAN MEER et al. 1977).

Teeaufguß
3–5 g möglichst fein geschnittene Droge wird mit siedendem Wasser (ca. 150 ml) übergossen und 10 bis 15 min bedeckt stehen gelassen, anschließend durch ein Teesieb gegeben. Valepatriate werden dabei nicht aus der Droge herausgelöst; daher braucht auch nicht mit dem Auftreten von Baldrinal und anderen Abbauprodukten gerechnet werden (HÄNSEL und SCHULZ 1985).

Baldrianextrakt als Arzneistoff für Fertigarzneimittel
Während die Arzneibücher für die Baldrianwurzel Qualitätsanforderungen stellen, existieren für den Baldriantrockenextrakt, der den Arzneistoff in den zahlreichen Fertigarzneimitteln darstellt, keine entsprechenden Prüfvorschriften. Ein wässriger Trockenextrakt wird in der Regel so hergestellt, daß die zerkleinerte Droge mit heißem Wasser von ca. 80° C perkoliert wird und daß dann das Perkolat im Vakuum reduziert und getrocknet wird.

Nicht selten wird der Trockenrückstand mit hochdisperser Kieselsäure (z. B. mit Aerosil) versetzt, um die Klebrigkeit des Extraktes zu mindern, das Pulver aufzulockern, es „rieselfähig“ zu machen. Abhängig von den Trocknungsverfahren – Sprühtrocknung, Walzentrocknung, Gefriertrocknung resultieren unterschiedlich zusammengesetzte Extrakte. In der Regel enthalten wäßrige Trockenextrakte keine lipophilen Extraktivstoffe.

Wirkungen

In einer Studie an 128 Probanden zeigte sich, daß die Einnahme von 400 mg eines Aquosumextraktes, entsprechend ca. 600 mg Baldrianwurzel, im Gegensatz zu Placebo, die Einschlafzeit verkürzte und die Schlafqualität verbesserte, vor allem bei Patienten mit Schlafstörungen und bei Rauchern. Bei Personen mit gutem Schlafvermögen erwies sich Baldrian als unwirksam. Die Autoren halten Baldrianextrakt für mindestens ebenso wirksam wie niedrige Dosen von Barbituraten und Benzodiazepinen (LEATHWOOD und CHAUFFARD 1982/83). Die schlaffördernden Eigenschaften des Baldrians konnten auch in placebokontrollierten Doppelblindstudien mit 450 bis 900 mg des Aquosumextraktes nachgewiesen werden (LEATHWOOD und CHAUFFARD 1985, BALDERER und BORBELY 1985). Im Schlaf-EEG allerdings wurden mit 400 bzw. 900 mg keine Veränderungen registriert (LEATHWOOD und CHAUFFARD 1982, BALDERER und BORBELY 1985). Allem Anschein nach ist der Baldrianextrakt in therapeutischer Dosierung subjektiv wirksam, ohne daß es gelingt, die verbesserte Schlafqualität apparativ zu objektivieren.

Die Weiterverarbeitung zum Fertigarzneimittel

Die Weiterverarbeitung von Extrakten zu festen Arzneiformen erfordert dieselben Zusätze an pharmazeutischen Hilfsstoffen, wie sie auch für synthetische Arzneistoffe gebräuchlich sind. Da in einer festen Arzneiform der Arzneistoff nur einen Bruchteil des Gesamtgewichtes ausmacht, liegen die Unterschiede zwischen „Naturheilmitteln" und „chemischen Mitteln" nicht primär in der „Naturbelassenheit" des pflanzlichen Mittels. Darauf hinzuweisen erscheint in Anbetracht der neuen phytoromantischen Welle angebracht.

Um einen Baldrianextrakt in Weichgelatinekapseln einzuarbeiten, muß er zuvor mit lipophilen Dispersionsmitteln in pumpbare Suspensionen oder Emulsionen eingearbeitet werden. Sprühgetrocknete Extrakte sind zu voluminös und werden zuvor granuliert. Auch zur Herstellung von Tabletten und Dragees muß zuvor granuliert werden. Die unterschiedlichsten Hilfsstoffe gelangen zur Anwendung: hochdisperse Kieselsäure, Lecithine, mikrofeine Cellulose, hydrierte Pflanzenfette u.v.m. (BAUER et al. 1989). Eine Baldrianextrakt-Tablette kann 8% Extrakt und 92% Hilfsstoffe enthalten (LIST und SCHMIDT 1984). Dragees enthalten einen Tablettenkern, der mit der 4–8fachen Menge Zucker überzogen ist, was offensichtlich zur Geruchsabdeckung notwendig ist.

Das Fehlen des charakteristischen Geruchs und Geschmacks nach Baldrian wird oft als Vorteil der festen Arzneiformen angesehen. Es wäre dies ein Nachteil allerdings dann, wenn man die durch den Geruch und Geschmack auslösbaren Reflexe als an der Wirksamkeit mitbeteiligt ansieht (HÄNSEL 1989).

Baldrianpräparate, die Valepotriate enthalten

Herkunft der Valepotriate und Eigenschaften

Als Valepotriate bezeichnet man eine Gruppe von Pflanzeninhaltsstoffen, die Ester niederer Fettsäuren (z.B. der Essigsäure, der Isovaleriansäure, der β-Acetoxy-isovaleriansäure) mit einem dreiwertigen Alkohol darstellen. Die Alkoholkomponente weist das C_{10}-Kohlenstoffskelett der Monoterpene auf, und zwar sind die zyklische Acetalstruktur und der Epoxidring erwähnenswert, da sie die Instabilität der genuinen Valepotriate wesentlich mitbedingen. Man gewinnt die Valepotriate technisch aus bestimmten Valeriana-Arten durch Extraktion mit Lipoidlösungsmitteln. In erster Linie werden sie aus den Wurzelstöcken der in Indien und Pakistan vorkommenden Art Valeriana wallichii und aus der neuweltlichen Valeriana edulis isoliert. Da die Valepotriate säure-, alkali-

und thermolabil sind, können sie nur in festen Arzneiformen (bevorzugt in Drageeform mit magensaftresistenten Überzügen) nicht aber als Liquida (Tinkturen, Medizinalweine) angeboten werden.
Die Valepotriate enthaltenden Reinstoffpräparate sind keine Monopräparate in dem Sinne, daß ein einziger Wirkstoff enthalten ist; die Präparate stellen vielmehr ein Gemisch dreier chemisch eng verwandter Valepotriate dar, so wie sie in der lebenden Pflanze bzw. in der frisch geernteten Droge vorliegen. Valepotriate, die aus der Valeriana wallichii stammen, enthalten mengenmäßig dominierend (zu etwa 80%) das Didrovaltrat, einen Vertreter der sog. Monoenreihe; bei den Valepotriaten aus Valeriana edulis dominiert das Isovaltrat, eine Vertreter der Dienreihe.

Wirkungen
Im Verhaltenstest an freiherumlaufenden Katzen wurden nach Gaben von 10 mg Valepotriatgemisch/kg KG (verabreicht mit der Schlundsonde, in Kondensmilch aufgeschlemmt) dämpfende Eigenschaften gefunden, die in einer Abnahme der Unruhe sowie der Angst und Aggressivität zum Ausdruck kamen (Eickstedt und Rahmann 1969). Mittels neuer Untersuchungstechniken an Ratten durchgeführte Experimente führten zu dem Ergebnis, daß Valepotriate weder niedrig dosiert noch in hohen Dosen 50 mg/kg KG gegeben, zentrale Wirkungen aufweisen (Grusla 1987, Krieglstein und Grusla 1988).

Toxikologie
Bei der Maus besteht eine außerordentlich große Diskrepanz zwischen toxischer Dosis nach intraperitonealer Gabe (LD50 = 62 mg/kg KG) einerseits und oraler Gabe andererseits (4600 mg/kg KG noch nicht tödlich). Die Kurzzeittoxizität ist sehr gering. Nach Dosen bis zu 150 mg/kg KG zeigen sich bei Ratten keinerlei Hinweise auf toxische Wirkungen irgendwelcher Art (HRC-Report 1985). In vitro zeigen die Valepotriate alkylierende, zytotoxische und mutagene Potenz (Braun et al. 1982, 1984, 1985, Tortarolo et al. 1982).
Diese Wirkungen kommen jedoch nicht den Valepotriaten selbst zu, sondern bestimmten Metaboliten, dem Baldrinal und dem Homobaldrinal. Die Baldrinale bilden sich im Magen-Darm-Trakt, sie werden fast quantitativ resorbiert und unterliegen einem hohen First-Pass-Effekt. Nach Glucuronidierung entstehen Ester, die dann nicht mehr gentoxisch sind (Dieckmann 1988). Somit besteht bei Zufuhr von Valepotriaten ein genotoxisches Risiko allenfalls für den Magen-Darm-Trakt und für die Leber.

Risiken
Partieller Abbau von Valepotriaten erfolgt auch bei der Extraktherstellung. Jedenfalls enthielten 14 von insgesamt 52 Baldrian-Fertigarzneimitteln Baldrinale. Unter Berücksichtigung der empfohlenen Tagesdosis führt die Einnahme dieser Arzneimittel zu einer Belastung von 0,01–3 mg Baldrinal pro Patient und Tag (Dieckmann loc. cit. S. 72). Berücksichtigt man, daß diese Baldrinalpräparate oft langfristig eingenommen werden, so sollte aufgrund des bisher ungeklärten mutagenen Risikos, die Einnahme baldrinal- und valepotriathaltiger Arzneimittel überdacht werden.

Fixe Kombination Baldrian und Johanniskraut
Fertigarzneimittel mit Baldrianextrakt werden häufig in fixer Kombination mit Extrakten aus Hopfen, Johanniskraut, Melisse oder Passiflora angeboten (Rote Liste 1993). Klinische Studien liegen zu einem Fertigarzneimittel vor, das Trockenextrakt aus der offizinellen Baldrianwurzel zusammen mit einem auf Gesamthypericin standardisierten Trockenextrakt aus Johanniskraut enthält.
Hinweis: Monopräparate mit Trockenex-

trakt aus Johanniskraut (Hyperici herba) werden an anderer Stelle dieses Handbuches, Band 3, Seiten 454 bis 462 ausführlich besprochen.

6.1.3 Hopfenzapfen und Hopfendrüsen

Hopfenzapfen, Lupuli strobulus, sind die weiblichen Blütenstände des in Kulturen gezogenen Hopfens, Humulus lupulus. Hopfendrüsen oder Hopfenmehl, Lupuli glandula, bestehen aus den gelben Drüsenschuppen; sie werden durch Absieben der getrockneten Hopfenzapfen gewonnen und stellen frisch ein grünes, später gold- oder orangegelbes Pulver von eigentümlich durchdringendem, angenehm aromatischen Geruch und gewürzhaft bitteren Geschmack dar.

Geschichtliches
Hopfen ist der traditionellen europäischen Medizin nach zwar ein Tonikum, ein Diuretikum und ein aromatisches Bittermittel, hingegen ist die Verwendung als „Beruhigungsmittel" neueren Datums. Hopfenpflückerinnen sollen Hopfenharz, das an den Händen klebte, in den Mund gebracht haben; und auf diese Weise sei die müdigkeits- und schlafbringende Wirkung entdeckt worden (Tyler 1992) . Diese Entdeckungsgeschichte setzt voraus, daß Hopfenharz nach peroraler Applikation ZNS-sedierend wirkt, wofür es aber keine Anhaltspunkte gibt (Hänsel und Wagener 1967, Stocker 1967). Viel wahrscheinlicher ist es, daß eine Art Konditionierung vorlag, eine Verknüpfung von Müdigkeit, bedingt durch die ungewohnte Tätigkeit des Hopfenzupfens, mit dem „narkotischen" Duft, den der Hopfen ausströmt. Es war unter dieser Voraussetzung nur folgerichtig, daß man später, um besser schlafen zu können, sich ein Kopfkissen mit Hopfen füllte. Auch mit dem Infus gelangen Aromastoffe zum Riechepithel, nicht aber mit Kapseln und Dragees. Bier soll nach landläufiger Meinung aufgrund seines Hopfengehaltes Müdigkeit und Schlafbedürfnis steigern. Im Bier enthaltene Hopfenstoffe, in einer Dosis entsprechend 5 Flaschen Bier eingenommen, führen bei Versuchspersonen jedoch zu keinem übernormalen Schlaf (Stocker 1967).

Inhaltsstoffe
Bitterstoffe vom Typus der Acylphloroglucide, darunter Humulon und Lupulon. Im Gemisch bilden sie das sog. Harz, das in den Hopfenzapfen zu 15–30%, in den Hopfendrüsen zu 50–80% enthalten ist. Ferner sind enthalten: ätherisches Öl (0,3–1% in Hopfenzapfen, 1–3% in Hopfendrüsen), Gerbstoffe (2–4% in Hopfenzapfen, wenig in Hopfendrüsen), Flavonoide, darunter Rutin und die drogenspezifischen Xanthohumole (d.s. isoprensubstituierte Chalkone).
Die genannten Inhaltsstoffe sind zwar in der frisch geernteten Droge, aber nicht oder in erheblich geringerer Konzentration in den Extrakten und in den Fertigarzneimitteln enthalten (Hänsel und Schulz 1986). Bedingt durch Begleitstoffe der Droge, wahrscheinlich handelt es sich um Spuren von Schwermetallen, zersetzen sich vor allem die Bitterstoffe rasch und nehmen, allein schon beim bloßen Lagern der Droge, innerhalb von sechs Monaten um 50–70% ab (Hänsel und Schulz 1986). Bei der Herstellung der Extrakte, insbesondere mit Wasser-Alkohol als Extraktionsmenstruum, gehen weitere oxidative Umsetzungen vor sich, mit dem Ergebnis, daß Art und Menge der im Extrakt vorliegenden Substanzen weitgehend unbekannt sind, auf jeden Fall weicht die Zusammensetzung der hydroalkoholischen Extrakte stark von der Zusammensetzung der Ausgangsdroge ab. Daß die ätherischen Öle fehlen, darauf wurde bereits weiter oben (Abschnitt: Geschichtliches) hingewiesen. Aus pharmazeutischer Sicht müssen die hydroalkoholischen Hopfenextrakte als Arzneistoffe betrachtet werden, deren Zusammensetzung undefiniert ist.

Gelagerter Hopfen enthält bis zu 0,4% Methylbutenol, das ZNS-sedierend wirkt (Hänsel et al. 1982).

Anmerkung
Die für den Menschen wirksame Einzeldosis ist in ca. 150 g gelagertem Hopfen enthalten (Wohlfart et al. 1983). Wegen seiner Flüchtigkeit ge-

langt Methylbutenol weder in die Hopfenextrakte noch in die daraus hergestellten Fertigarzneimittel. Methylbutenol kann somit nicht als Wirkstoff der gängigen Hopfenpräparate angesehen werden.
Lupulon und ethanolischer Hopfenextrakt erwiesen sich in allen gängigen Versuchsanordnungen zur tierexperimentellen Prüfung auf ZNS-Sedation als unwirksam (Hänsel und Wagener 1967):

- Prüfung auf motorische Aktivität in der Lauftrommel: Keine Veränderung der Laufaktivität bei Dosen bis zu 500 mg Hopfenextrakt/kg KG (Maus peroral).
- Prüfung auf lokomotorische Aktivität im Laufkasten nach Drews: In Dosen von 30 bis 200 mg Hopfenextrakt/kg KG (Maus peroral) keine Beeinflussung der lokomotorischen Aktivität gegenüber den nur mit Methamphetamin behandelten Kontrollgruppen.
- Prüfung auf barbituratpotenzierende Wirkung: In steigenden Dosen von 30 bis 300 mg Hopfenextrakt/kg KG (Maus peroral) konnte keine Veränderung der Schlafzeit gemessen werden.
- Prüfung am rotierenden Stab: In Dosen von 10, 30, 90 und 200 mg Hopfenextrakt/kg KG (Maus peroral) konnte kein Einfluß auf die Haltezeit beobachtet werden.

Lupulon und ethanolischer Hopfenextrakt erwiesen sich ferner als unwirksam bei der Prüfung auf antiödematöse und auf antinociceptive Wirksamkeit.
In Übereinstimmung mit den tierexperimentellen Ergebnissen verliefen orientierende Untersuchungen mit Hopfenpräparationen am Menschen. 15 Probanden erhielten 5 Tage lang 250 mg eines lipophilen Hopfenkonzentrates (50 mg α-Säuren, 40 mg β-Säuren, 35 mg Resupone, 35 mg Hartharze, 8 mg Hopfenmehl). Bei keiner einzigen Versuchsperson wurde eine schlafmachende Wirkung beobachtet (Stocker 1967).

6.1.4 Kamillenblüten

Kamillenblüten, Matricariae flos, bestehen aus den frischen oder getrockneten Blütenköpfchen von Matricaria recutita L.
Zubereitungen aus Kamillenblüten sind für die folgenden Anwendungsgebiete zugelassen:

Äußerlich:
- Haut- und Schleimhautentzündungen sowie bakterielle Hauterkrankungen einschließlich der Mundhöhle und des Zahnfleisches.
- Entzündliche Erkrankungen und Reizzustände der Luftwege (Inhalationen).
- Erkrankungen im Anal- und Genitalbereich (Bäder und Spülungen).

Innerlich:
- Gastro-intestinale Spasmen und
- entzündliche Erkrankungen des Gastro-Intestinal-Traktes

Darüber hinaus hat in der Volksmedizin die Kamille eine Reputation als Beruhigungsmittel. „Wo der Baldrian nicht hilft, nimmt man Kamille gegen nervöse Erscheinungen, Schlaflosigkeit und innere Unruhe“ (Funke 1980). Vor allem aber in den angelsächsischen Ländern gilt Kamillentee als ein wirksames Beruhigungsmittel. Zur klinischen Wirksamkeit ist ein bemerkenswerter Fall dokumentiert, der selbst in renommierten Handbüchern (Reynolds 1989) referiert wird. Durch orale Gabe von Kamillentee gelang es, 10 von 12 Patienten in einen so tiefen Schlaf zu versetzen, daß ohne Medikamentengabe die Herzkatheterisierung vorgenommen werden konnte (Gould et al. 1973). Spekulativ wurde die sedierende Wirkung auf einen Gehalt an Tryptophan geschoben (Mann und Staba 1986), was aber nicht verifiziert werden konnte: Im Aufguß aus Kamillenblüten konnte kein Tryptophan nachgewiesen werden:
Zur sedierenden Wirkung von Kamillenblüten liegen ansonsten keine weiteren klinischen oder pharmakologischen Untersuchungen vor. Der von Gould et al. (1973) referierte Fallbericht deckt deutlich die Problematik der pflanzlichen Sedativa auf: Die Wirksamkeit wird anscheinend von einer tradierten Kollektivmeinung mitbestimmt.

6.1.5 Kava-Präparate

Kava-Trockenextrakt

Definition

Trockenextrakte aus dem Wurzelstock von Piper methysticum, die auf bestimmte Gehalte an Kavapyrone eingestellt sind.

Herstellung

Die zerkleinerte Droge wird mit Lipoidlösungsmitteln, beispielsweise mit Ethanol, extrahiert; der Flüssigextrakt wird schonend eingeengt und getrocknet. Um die Weiterverarbeitung zu festen Arzneiformen zu erleichtern, setzt man eine erforderliche Menge hochdisperse Kieselsäure zu, so daß ein rieselfähiges Pulver resultiert.

Eigenschaften

Gelbbraune streichfähige Masse oder bräunlichgelbes Puver von charakteristisch erdigem Geruch und schwach bitteren, seifigen Geschmack; der Extrakt erregt Speichelfluß und ruft eine länger anhaltende Anästhesie der Zunge hervor.

Zusammensetzung

Kava-Trockenextrakte enthalten unterschiedlich je nach Hersteller, zwischen 20 und 70% Kavapyrone, ein Sammelname für Dihydrokavain, Kavain, Dihydromethysticin, Methysticin, Desmethoxyyangonin und Yangonin (Abb. 6.3). Das Mischungsverhältnis der Einzelkomponenten variiert je nach Herkunft der Droge; es hängt weiter-

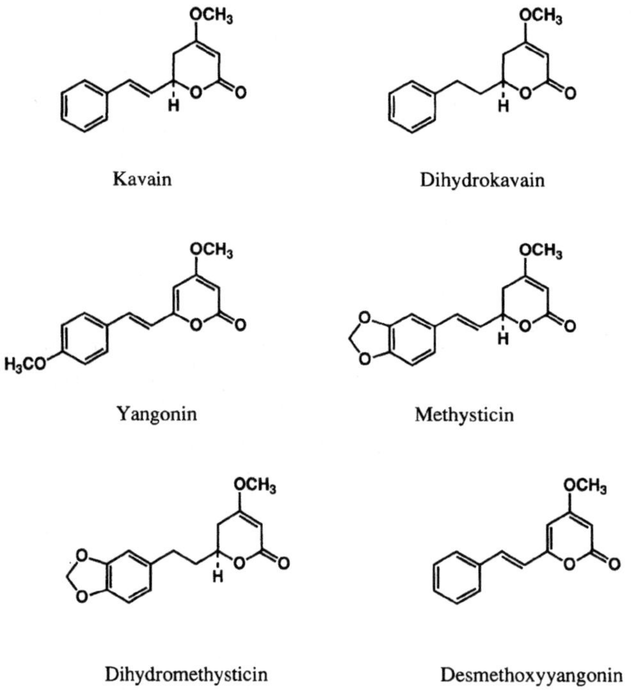

Abb. 6.3. Die wirksamkeitsbestimmenden Bestandteile des Kawa-Extraktes sind neutrale, stickstofffreie Verbindungen, die sowohl als substituierte δ-Lactone als auch als substituierte α-Pyrone bezeichnet werden können. Der Lacton- bzw. Pyronring enthält eine oder zwei Doppelbindungen, so daß man zwei Gruppen unterscheidet: die Enolide und die Dienolide. Der Lactonring ist in Position C-4 stets durch eine Methoxygruppe substituiert. Die Unterschiede bestehen in der Substitution durch einen Styrylrest – im Yangonin, Desmethoxyyangonin, Kavain und Methysticin – oder durch einen Phenylethylrest wie im Dihydrokavain und im Dihydromethysticin

hin davon ab, ob neben Rhizomteilen auch Wurzel und Stengel mit verarbeitet werden. Tabelle 6.1 bringt eine Übersicht über die prozentualen Anteile, in der die einzelnen Pyrone vorliegen können. Die innere Zusammensetzung der Kava-Trockenextrakte wird bisher von den Herstellern nicht deklariert. Ein bestimmtes Fertigarzneimittel kommt zwar in jeweils gleichbleibender Zusammensetzung auf den Markt – konstante Qualität ist eine wesentliche Voraussetzung für eine Reproduzierbarkeit der Wirksamkeit – doch können sich Fertigarzneimittel unterschiedlicher Hersteller in der inneren Zusammensetzung des verarbeiteten Extraktes unterscheiden. In dieser Variabilität des Arzneistoffes Extrakt besteht ein Unterschied zu Arzneistoffen, die als Einzelstoffe verwendet werden.

Pharmakokinetik, Bioverfügbarkeit

Die Datenlage ist unvollständig. Am besten untersucht ist das synthetisch rac.-Kavain, dem somit eine gewisse Modellfunktion zukommt. Nach Untersuchungen mit 14C-markiertem Kavain an der Ratte werden nach oraler Gabe 78% resorbiert. Der resorbierte Anteil unterliegt mit 98% einem ausgeprägten first-pass-Effekt. Beim Menschen setzt die Resorption nach etwa 15 min ein und führt innerhalb von 1,7–1,8 h zu einem maximalen Plasmaspiegel von 50 ng/ml an p-Hydroxykavainsulfokonjugat und von 18 ng/ml an Kavain (KLINGE 1989). Somit wird auch beim Menschen Kavain bei der ersten Leberpassage in erheblichem Maße metabolisiert.

Im 24-Stunden Urin werden neben Spuren von unverändertem Kavain 1% als freies und 18% als konjugiertes p-Hydroxykavain (ca. 85% als Sulfat und 15% als Glucuronid), bezogen auf die eingenommene Dosis, gefunden. Weitere Metaboliten entstehen durch Öffnung des Lactonringes, Entmethylierung und Decarboxylierung (KÖPPEL und TENCZER 1991). Aus dem Plasma wird der Hauptmetabolit p-Hydroxykavain mit einer terminalen Halbwertszeit von durchschnittlich 29 h eliminiert (KLINGE 1989).

Nach Gabe von 200–600 mg Kavain (p.o.) kam es bei gesunden Probanden (n = 15) dosisabhängig zu charakteristischen Veränderungen im EEG, zu Abnahme der Delta und Beta-Aktivität und zur Zunahme der Alpha-Aktivität, ein Hinweis dafür, daß wirksame Konzentrationen an Kavain oder seiner Metaboliten ins ZNS gelangen. Die EEG-Veränderungen zeigen zwei Peaks, einen ersten innerhalb von 1–2 h nach Arzneistoffgabe und einen zweiten in der 6. Stunde (SALETU et al. 1989).

Tabelle 6.1. Beispiele für Mischungsverhältnisse, in der Kavapyrone in Drogen unterschiedlicher Herkunft vorliegen können. Im Falle der Handelsdroge wurden Gehalte an Desmethoxyyangonin nicht gemessen

Pyron	Anteil in % der Gesamtpyrone			
	Fidschi[a]	Hawaii[a]	Samoa[a]	Handelsdroge[b]
Dihydrokavain	9,3	11,6	12,5	28,9
Kavain	29,7	21,5	25,8	19,4
Dihydromethysticin	8,3	13,1	10,0	16,3
Methysticin	19,4	21,8	23,9	22,0
Desmethoxyyangonin	16,2	14,2	6,9	
Yangonin	17,1	17,8	20,9	13,4

[a] HÄNSEL und LAZAR (1985); [b] GRACZA und RUFF (1980)

Die mit synthetischem Kavain erhobenen Befunde sind nur mit Vorsicht auf das natürliche Pyrongemisch extrapolierbar. Die im Gemisch neben Kavain enthaltenen Pyrone unterscheiden sich vom Kavain in chemischen und physikalischen Eigenschaften (CZUPOR und SPAICH 1971). Die Substitution im Benzolring mit der Methylendioxygruppe erschwert den metabolischen Abbau der Methysticinderivate erheblich. Vor allem aber zeigen die Methysticine und auch die Yangonine eine geringere Löslichkeit in Wasser, was ihre Bioverfügbarkeit entscheidend ändert. Nimmt man die anticonvulsive Wirkung (Versuchstier: Ratte oder Maus) als Meßparameter, so sind die Yangoninderivate erst in 5–10mal höheren Dosen äquipotent; auch liegt das Maximum der Wirkung mit 2 h deutlich verzögert gegenüber dem Kavain (KRETZSCHMAR und TESCHENDORF 1974).

Eine Extrapolation pharmakokinetischer Daten von Einzelpyronen auf das im Extrakt vorliegende Stoffgemisch ist auch aus einem weiteren Grunde sehr erschwert die Aktivität von oral oder intraperitoneal verabreichtem Yangonin oder auch Desmethoxyyangonin wird stark gesteigert, wenn diese Dienolide in Kombination mit Enoliden – den Kavainen und Methysticinen – verabreicht werden. Beide Yangonine verstärken überadditiv bei peroraler Gabe die muskelrelaxierende, hypothermieerzeugende, narkosepotenzierende und antikonvulsive Wirkung der Kavaine und Methysticine (KRETZSCHMAR et al. 1968). Kombinationen mit Anteilen bis zu 80% Yangonin sind überadditiv wirksam; Yangonin als Reinsubstanz in gleicher Dosis gegeben ist unwirksam. Die Ursache für die Überadditivität von Enolid-Dienolidkombinationen ist nicht klar. Man vermutet sie in der wechselseitigen Resorptionsvermittlung (GRACZA und RUFF 1980).

Keine Angaben liegen über Ausmaß und Art der Metabolitenbildung bei der ersten Leberpassage vor; auch nicht darüber wie sich die Kavaine, Methysticine und Yangonine als Einzelstoffe und als Gemisch im Extrakt dabei verhalten. Auch fehlen die sehr wichtigen Informationen über die zerebrale Bioverfügbarkeit nach per-os-Applikation dieser Substanzen. Daß Kavapyrone die Blut-Hirnschranke überwinden können, zeigt eine Untersuchung an Mäusen nach parenteraler Applikation (KELEDJIAN et al. 1988). Nach einer intraperitonealen Einzelgabe von 120 mg Kava-Extrakt/kg KG (Maus) – entsprechend einer Gabe von 44 mg Kavain, 23 mg Dihydrokavain, 18 mg Yangonin – wurden die folgenden nach 5 min erreichten maximalen Konzentrationen (ng Lacton/mg Gehirngewebe) gefunden: Kavain 27, Dihydrokavain 11, Yangonin 4 und Desmethoxyyangonin 3.

Toxikologie

Akute Toxizität

Sie hängt von der Applikationsform ab. Der relativ hohen Toxizität bei intravenöser Zufuhr steht die etwa 6mal geringere Toxizität bei peroraler Gabe gegenüber (MEYER 1968). Für die Verträglichkeit der Kavapyrone bei intravenöser Zufuhr spielt die Injektionsgeschwindigkeit die entscheidende Rolle. Beispielsweise kann die Letalität von 40 mg/kg KG beim Kaninchen bei vierfach langsamerer Injektions-geschwindigkeit von 50% auf 0% gesenkt werden. Selbst 100 mg/kg KG werden intravenös vertragen, wenn sich die Injektion in Form einer Dauerinfusion über einen Zeitraum von 30 min erstreckt. Todesursache bei ausgesprochen langsamer Injektion ist eine Atemlähmung, bei rascher Injektion hingegen spontaner Herzstillstand.

Letale Dosen, per os zugeführt, führen bei Mäusen, Ratten und Meerschweinchen mit einer Latenzzeit von etwa 6 h bei den Kavainen und 20–24 h bei den Methysticinen zum Tod durch Atemlähmung (MEYER 1968).

Für einen Kava-Trockenextrakt mit einem Gehalt von 70% Pyronen – das Mischungsverhältnis der Pyrone ist nicht bekannt – wurden die folgenden LD50-Werte ermittelt (SCHWABE 1991): oral 16.000 mg/kg KG (Ratte) und 1800 mg/kg KG (Maus);

intraperitoneal 370 mg/kg KG (Ratte) und 380 mg/kg KG (Maus).

Chronische Toxizität
Untersucht wurden bisher lediglich die beiden natürlichen optisch aktiven Pyrone Kavain und Dihydromethysticin (MEYER 1968), außerdem das synthetische rac.-Kavain (KLINGE 1989).

Dihydromethysticin und Kavain wurden in Einzeldosen von 50 mg/kg KG, 3mal wöchentlich intraperitoneal verabreicht, von jungen männlichen und weiblichen Ratten über eine Versuchsdauer von 3 Monaten reaktionslos vertragen. Der histologische Organbefund ergab keinerlei Anhaltspunkte für eine chronische Intoxikation.
Mit Dihydromethysticin behandelte Katzen reagierten auf 6 i.p.-applizierte Einzeldosen zu je 50 mg/kg KG pro Woche mit einem geringfügigen initialen Gewichtsverlust. Blutbild, Thrombozytenzahl, osmotische Resistenz der Erythrozyten und Gerinnungszeit des Blutes entsprachen im gesamten Verlauf der Behandlung den Normwerten. Ein auffälliger Befund zeigte sich hingegen an der Haut. Hier kam es bei allen mit Dihydromethysticin behandelten Katzen nach mehrwöchiger Substanzverabreichung zu Schuppen- und Borkenbildung besonders an Zehenballen und an der Haut im Bereich des Maules und der Augen. Das Fell wurde trocken und zeigte vermehrten Haarausfall. Diese Hauterscheinungen erwiesen sich als reversibel: Nach Absetzen von Dihydromethysticin bildeten sie sich innerhalb von 1–2 Wochen vollständig zurück (MEYER 1968). Dieser Befund ist insoferne wichtig, als auch bei den Inselbewohnern der Südsee nach chronischem Mißbrauch von Kavazubereitungen Hautaffektionen auftreten, die an eine Ichthyosis vulgaris erinnern (LEWIN 1931, FRATER 1951).

Im Rahmen einer orientierenden klinischen Studie erhielten an Epilepsie leidende Patienten tägliche Gaben von 6 g Drogenpulver bzw. 1 g Extrakt. Nach mehreren Wochen (Zahlenangaben fehlen) verfärbten sich Haut und Skleren zitronengelb, Finger- und Zehennägel wurden gelbstreifig (PFEIFFER et al. 1967), ein Phänomen, das an die Hyperpigmentierung durch Ablagerung von Carotinen (Aurantiasis cutis) oder an die Ablagerung von Griseofulvin erinnert. Welches Pigment für die Verfärbung nach chronischer Zufuhr von Kawaextrakt verantwortlich ist, konnte bisher nicht ermittelt werden: Es kommen Yangonin, Desmethoxyyangonin oder Photoaddukte dieser Stoffe in Frage, die alle gelb gefärbte Stoffe darstellen.
Bei der Anwendung von Kava-Trockenextrakt enthaltenden Fertigarzneimitteln sind bisher ichthyosiforme Hautaffektionen oder Pigmenteinlagerungen nicht gesehen worden: Vielleicht ist der Beobachtungszeitraum noch zu kurz oder es liegt an der niedrigen Dosierung.

Reproduktionstoxikologie
Bisher wurden folgende Pyrone auf Teratogenität geprüft Dihydromethysticin (MEYER 1968), Mischungen von Kavain (40%), Dihydrokavain (40%) und Yangonin (20%) und rac.-Kavain (HAPKE et al. 1971, KLINGE 1989). In Untersuchungen bei oraler Applikation an trächtigen Ratten mit Dosierungen von 100 und 500 mg Pyrongemisch/kg KG und an Kaninchen von 20 und 200 mg/kg KG wurden keine teratogenen Effekte beobachtet. Beobachtet wurde eine dosisabhängige Gewichtsreduktion, was als eine geringe unspezifische embryotoxische Wirkung hoher Dosierungen – 200 mg/kg KG (Ratte) bzw. 500 mg/kg KG (Kaninchen) – interpretiert wurde. Am Kaninchen blieben orale Gaben von 45 und 135 mg rac.-Kavain/kg KG ohne Einfluß auf die tragenden Muttertiere. Embryotoxische oder teratogenen Schäden wurden nicht beobachtet.

Pharmakologische Eigenschaften
Die pharmakologischen Wirkungen der Kava-Trockenextrakte sind an die lipophilen Kavapyrone gebunden. Zwar kommen in der Ausgangsdroge, dem Piper-methysticum-Rhizom, wasserlösliche polare Stoffe vor, die im Tierexperiment die Spontanmotilität senken sowie schwach analgetische und apomorphinantagonistische Wirkungen zeigen. Es handelt sich jedoch um hochmolekulare Substanzen, die bei per-os-Ap-

plikation unwirksam sind (JAMIESON et al. 1989).

Die Kavapyrone bewirken in Dosisbereichen von 60–200 mg/kg KG (i.p.) eine motorische Inaktivierung und Erschlaffung der Skelettmuskulatur, die entsprechend dem Typ einer aufsteigenden Lähmung durch totale Erschlaffung der willkürlichen Muskulatur zum Verlust der Stell- und Haltereflexe und daher zu Bauch- und Seitenlage führt, die bei Ratten bis zu 60 h lang anhalten kann (MEYER und KRETZSCHMAR 1966). Bei der Prüfung der Pyronwirkung auf spinale Reflexe wurden polysynaptische spinale Reflexe sowohl bei i.v.- als auch i.p.-Verabreichung dosisabhängig gehemmt. Tonische Dehnungsreflexe erwiesen sich als am empfindlichsten, während der Effekt auf den mechanisch ausgelösten monosynaptischen Massenreflex bis in hohe Dosen gering war. Mephenesin, der Prototyp eines zentralen Muskelrelaxans, wirkte auf alle Reflexe qualitativ ähnlich, jedoch 3mal schwächer als die Kawapyrone (MEYER 1966).

Untersuchungen zum Mechanismus der Muskelrelaxation durch Messungen am isolierten Nervus-ischiadicus-Musculus-sartorius-Präparat des Frosches zeigten, daß eine direkte Wirkung auf die Muskelkontraktibilität als Mechanismus in Frage kommt, nicht hingegen eine Blockade der neuromuskulären Übertragung. Kava-Extrakt führt zu einer Erniedrigung und Verlängerung der Endplattenamplituden, was auf eine Beeinflussung der postsynaptischen Sensitivität hinweist. Da das Membranpotential des Muskels nahezu unbeeinflußt bleibt, dürfte die Wirkung über eine Blockade der Ionenkanäle gehen (SINGH 1983). Die Kavapyrone gleichen hinsichtlich der Muskelrelaxation weitgehend dem Lidocain und anderen Lokalanästhetika.

Antikonvulsive Wirkung

Die Kavapyrone vom Typus der Enolide (Kavain, Dihydrokavain, Methysticin, Dihydromethysticin) erwiesen sich als stark antagonistisch wirksam gegen experimentell hervorgerufene Krämpfe, und zwar sowohl gegen elektrisch induzierte als auch gegen chemisch mittels Pentetrazol, Strychnin und Picrotoxin ausgelöste Krämpfe, wobei die Pyrone ausschließlich tonische Krampfäquivalente verhindern (MEYER 1964, MEYER und MEYER-BURG 1963, 1964, MEYER und KRETZSCHMAR 1966, KRETZSCHMAR et al. 1969). Bemerkenswert ist die strychninantagonistische Wirkung der Kavapyrone, die sich nicht auf deren reflexhemmende Eigenschaften zurückführen läßt. So ist beispielsweise Dihydromethysticin an der Maus, bei gleicher Applikationsart, gegenüber dem tödlichen Strychninkrampf (LD50) bereits in der Dosis von 30 mg/kg KG signifikant wirksam; die Muskelrelaxation setzte dagegen frühestens bei 60–80 mg/kg KG ein, und Fremdreflexe wie der Pinnareflex (Katze) wurden erst ab 120 mg/kg KG deutlich abgeschwächt (MEYER 1966). Eine Analyse des Zeit-Wirkungs-Verlaufes in Bezug auf die Beeinflussung des Chemoschocks erbrachte eine auffallende Übereinstimmung zwischen Kavapyronen und dem Lokalanästhetikum Procain (MEYER 1966).

Sedation

Sedierende Eigenschaften eines Pharmakons werden pharmakologisch im allgemeinen durch Abnahme der motorischen Aktivität charakterisiert, neurophysiologisch hingegen durch eine Erregbarkeitsdämpfung des aufsteigenden aktvierenden Systems definiert. Zwischen diesen beiden Kriterien besteht ein möglicher, aber kein notwendiger Zusammenhang (HOLM et al. 1991). Die bisher mit isolierten Einzelstoffen mit Kavaextrakten erzielten Versuchergebnisse sind widersprüchlich. Bei Kaninchen blieben das kortikale EEG und die retikulär ausgelöste EEG-Wachreaktion in dem Dosisbereich von 50–300 mg/kg KG (i.p.) bzw. 5–40 mg/kg KG (i.v.) unbeeinflußt, ein Dosisbereich, in dem sich Dehnungsreflexe bereits als gehemmt erwiesen (MEYER und KRETZSCHMAR 1966). Demnach können die Pyrone neurophysiologisch nicht als Sedativa eingestuft werden. Allerdings haben die Autoren diese ihre Ergebnisse später relativiert (KRETZSCHMAR und TESCHENDORF 1974): Intravenös applizierte Kavapyrone (5–20 mg/kg KG) vermehrten ähnlich wie Sedativa-Hypnotika die synchronisierte Spindeltätigkeit am wachen Kaninchen (EEG-Technik mit corticalen und subcorticalen Elektroden). In die gleiche Richtung sedierender Effekte deuten anscheinend Versuche an Mäusen, deren Spontanmotilität durch Gabe von 120 mg Dihydrokavain/kg KG bzw. 60 mg Dihydromethysticin/kg KG (i.p.-Injektionen von Lösungen in Erdnußöl) reduziert wurde (MEYER 1962). Aufgrund elektrophysiologischer Untersuchungen an 35 frei beweglichen Katzen mit chronisch implantierten Elektroden wurde dem Kavaextrakt eine sedative Wirkung, im Sinne von Vigilanzminderung, erneut abgesprochen (HOLM et al. 1991) Die Reizschwellen der EEG-Wachreaktion wurden durch 50 mg Kavaextrakt/kg KG i.p. nicht beeinflußt. In den Ableitungen des Mandelkerns induzierte der Extrakt hochamplitudige Delta-Wellen und spindelartige Formationen bis hin zu fortlaufenden Alpha- oder Beta-Synchronisationen. Limbische Areale und hier besonders der Mandelkern sind, zumindest beim Versuchstier Katze und nach i.p.-Applikation, bevorzugte Angriffsorte der Kavapyrone (HOLM et al. 1991).

Periphere Wirkungen

Lokalanästhetische Eigenschaften
Es handelt sich bei den Enolidpyronen um echte lokalanästhetische Wirkungen: Die Wirkungen sind konzentrationsabhängig und reversibel, die Stoffe sind auch bei wiederholter Anwendung gewebsverträglich. Mit dem Mephenesin teilen sie die Eigenschaft, daß es sich um stickstoffreie, nicht dissozierende Verbindungen mit lokalanästhetischen Eigenschaften handelt.

Spasmolytische Wirkung
Sämtliche Enolidpyrone hemmen dosisabhängig den Acetylcholin-, Histamin-, Bradykinin-, Bariumchlorid-, Serotonin- und Nicotin-Spasmus des isolierten Meerschweinchen-Ileums und des Ratten-Uterus. Gehemmt wurde außerdem die durch Adrenalin hervorgerufene Kontraktion der isolierten Samenblase des Meerschweinchens. Der wirksame Konzentrationsbereich lag bei allen Pyronen übereinstimmend in der Größenordnung von 10^{-6} bis 10^{-5} g/ml, unabhängig von der Art des Spasmogens. Dieser verhältnismäßig enge Konzentrationsbereich entspricht demjenigen des klassischen Spasmolytikums Papaverin. Die Wirksamkeit der Pyrone kann daher wie die des Papaverins als unspezifisch, vornehmlich muskulotrop angesehen werden (KRETZSCHMAR et al. 1969, MEYER 1966).

Verstärkung der Alkoholwirkung
In einer Dosis von 200 mg/kg KG (p.o., Maus) verlängerte ein Kavaextrakt (nicht präzise definiert) überadditiv die Schlafzeit nach Gabe von Ethanol (3,5–4,0 g/kg KG, i.p.) (PL 0,001). Auch verstärkt der Extrakt die Toxizität des Ethanols (Erniedrigung der DL) (JAMIESON und DUFFIELD 1990).

Hinweis
Schlußfolgerungen über Wechselwirkungen bei therapeutischer Anwendung von Kavaextrakt beim Menschen lassen sich aus dem pharmakologischem Experiment kaum ziehen, da unrealistisch hohe Dosierungen gewählt wurden. Auf den Menschen übertragen entspräche die Versuchsanordnung der gleichzeitigen Gabe von 3/4 L Whisky (43 Vol.-%) und von ca. 100 Tabletten eines Fertigarzneimittels mit Kavatrockenextrakt an einen 70 kg schweren Menschen.

Zusammenfassung:
Wirkprofil von Kavaextrakten
Von den wirksamkeitsbestimmenden Bestandteilen der Kavaextrakte sind zunächst die Enolidpyrone Kavain, Dihydrokavain, Methysticin und Dihydromethysticin experimentell geprüft worden: Ihr Wirkprofil entspricht weitgehend dem des Mephenesins, einer Substanz, die gleich den Enolidpyronen eine zentralmuskelrelaxierende Wirkung mit anticonvulsiven und lokalanästhetischen Eigenschaften in sich vereinigt (MEYER 1962, MEYER und KRETZSCHMAR 1966). Die Dienolidpyrone Yangonin und Desmethoxyyangonin zeigen neben muskelrelaxierenden auch sedierende Wirkungen (KRETZSCHMAR et al. 1968) Untersuchungen zur Wirkung der Kavapyrone auf die hirnelektrische Aktivität führten zu dem Ergebnis, daß sie dem Wirkungsbild der Benzodiazepine und dem der tricyclischen Thymoleptika zwar ähneln, ohne aber im Wirkungsprofil mit einem der beiden Psychopharmakagruppen deckungsgleich zu sein. Bei der evtl. Extrapolation tierexperimenteller Ergebnisse auf die therapeutische Situation am Menschen ist zu beachten, daß die pharmakologische Dosis, bezogen jeweils auf 1 kg KG, die therapeutische um den Faktor 100 überschreitet. Das trifft beispielsweise auf die sedierende Wirkkomponente der Kavapyrone zu, die bei der therapeutischen Anwendung nicht zur Geltung kommt. In Einzelfällen, bei Einnahme sehr hoher Dosen (ED ca. 100–300 g Drogenpulver als Aufschlämmung, entsprechend ca. 1–2 g Kavapyrone), wurden auch beim Menschen Müdigkeit und Schlafneigung als Zeichen einer sedierenden Wirkungskomponente beobachtet (CAWTE 1985, 1986). Eine Einordnung der Kavapyrone in das System der Psychopharmaka ist nicht möglich, solange die den verschiedenen Wirkungen zugrunde liegenden Wirkmechanismen unerforscht sind. Untersuchungen auf Rezeptorebene sprechen dafür, daß die Wirkmechanismen der Kavapyrone keine Gemeinsamkeiten mit denen anderer anxiolytischer Substanzen aufweisen.

Racemisches Kavain

Eigenschaften
Kavain existiert gemäß seiner chemischen Struktur in Form zweier optisch aktiver Formen. Die rechtsdrehende Variante kommt im Kava-Trockenextrakt vor. Bei der synthetischen Herstellung von Kavain bildet sich racemisches (R,S)-Kavain, d.i. eine Mischung der beiden spiegelbildisomeren Formen im Verhältnis 1:1. Hinweis: Racemisches Kavain, abgekürzt rac.-Kavain, kann den heute in der Chemie geltenden Regeln folgend auch als (±)-Kavain oder noch präziser als (R,S) (±)-Kavain bezeichnet werden. Die im medizinischen Schrifttum üblich gebliebene Bezeichnungsweise als (D,L)-Kavain ist nicht sinnvoll, da der Bezug zur Schreibweise des D-(+)-Glycerinaldehyds nicht eindeutig ist.
Racemisches Kavain ist ein kristallines, weißes, geruchloses, uncharakteristisch schmeckendes Pulver, das in Wasser schwer, in den meisten organischen Lösungsmitteln sowie in fetten Ölen hingegen gut löslich ist.

Pharmakokinetik, Bioverfügbarkeit
Siehe unter Kava-Trockenextrakt.

Pharmakologie
Es gibt bisher keine vergleichenden Untersuchungen über mögliche quantitative Unterschiede in der Wirkungsstärke von rechtsdrehendem, aus der Kavadroge isoliertem Kavain und dem synthetisierten (±)-Kavain (= rac.-Kavain). Die tierexperimentellen Untersuchungen wurden überwiegend mit (+)-Kavain durchgeführt (MEYER 1966, MEYER und KRETZSCHMAR 1966, MEYER und MAY 1964), die klinisch-pharmakologischen Studien hingegen durchweg mit rac.-Kavain. Die Ergebnisse der tierexperimentellen Studien sind mit denen der humanpharmakologischen Untersuchungen

(KRETSCHMER 1970, 1974, SALETU et al. 1989) nicht unmittelbar korrelierbar, da die jeweils verwendeten Dosierungen nicht vergleichbar sind: Einzeldosen im Bereich von 50–500 mg/kg KG intraperitoneal oder intravenös im Tierversuch und 3–9 mg/kg KG (oral) im Humanversuch. Für rac.-Kavain liegen vier kontrollierte, doppelblinde Studien an gesunden Probanden vor, drei davon mit Crossover-Design (AMBROZI 1979, AMMANN 1979, KRUEGER und KELL 1977, LANGHEINRICH 1979). Die Probanden erhielten über einen Zeitraum von 1 bis 4 Wochen täglich 400 bzw. 600 mg rac.-Kavain. Wirkungen auf das ZNS wurden anhand psychometrischer Tests erfaßt. In einer der vier älteren Studien „Ammann 1979“ wurden nach 1 wöchiger Gabe von täglich 2mal 200 mg rac.-Kavain anhand von Vigilosomnogrammen zentral dämpfende (sedierende) Effekte registriert. In den übrigen Studien konnten weder sedierende, noch erregende Wirkungen gemessen werden, doch wurde das psychometrisch erfaßte Leistungsniveau – Aufmerksamkeit beim Zahlennachsprechen, apparative Messung visuell-mentaler Verarbeitungszeiten und motorische Reaktionszeiten signifikant angehoben. Eine methodisch sehr diffenzierte Studie (SALETU et al. 1989) charakterisiert die Wirkungen von rac.-Kavain auf den Menschen nicht nur psychometrisch, sondern parallel dazu auch anhand elektroencepahlographischer Meßverfahren, dem sog. „Pharmaco-EEG Brain mapping“. 15 gesunde Probanden erhielten, mit wöchentlichen Intervallen, randomisiert und doppelblind Einzeldosen von rac.-Kavain (200, 400 und 600 mg) oder von Placebo. Im psychometrischen Teil der Studie wird zwischen „noopsychischen“ und „thymopsychischen“ Variablen unterschieden. Aufmerksamkeit, Konzentrationsfähigkeit, intellektuelle Leistungen, Reaktionsgeschwindigkeit und Geschwindigkeit der Motorik per se (Rigiditätsmessungen nach GRÜNBERGER et al. 1988) erwiesen sich unter allen drei Kavaindosen im Vergleich mit Placebo signifikant gesteigert („noopsychischer Bereich“). Auf die Vigilanz, den Antrieb, die Stimmungslage und auf die Gesamtbefindlichkeit („thymopsychischer Bereich“) wirkten Einzeldosen von 200 mg rac.-Kavain steigernd, Gaben von 600 mg hingegen dämpfend. Im Pharmako-EEG gaben sich Einzeldosen von 200 mg rac.-Kavain an der Abnahme der Beta-Aktivität und an einer Zunahme der Alpha- und Gesamtaktivität zu erkennen, d.s. Veränderungen, die einen vigilanzsteigernden Effekt abbilden. Höhere Dosen von rac.-Kavain (400 und 600 mg) induzieren im Gegensatz dazu EEG-Veränderungen, die für eine sedierende Wirkung stehen, vergleichbar den Veränderungen, die nach Gabe von 30 mg Clobazam registriert werden konnten. Subjektiv fühlten sich die Probanden unter 200 mg rac.-Kavain aktiviert, wohingegen sie die 600 mg-Gabe ähnlich dämpfend wie 30 mg Clobazam erlebten. Topographisch betrachtet spielen sich die meisten encephalotropen Effekte nach rac.-Kavain im Bereich des Frontalhirns rechtsseitig akzentuiert ab, dagegen nach Clobazam in den zentralen und parietalen Regionen.

Toxikologie

Akute Toxizität (KLINGE 1989, MEYER 1966): Im Tierversuch ist nach oraler Gabe eine LD50 nicht zu ermitteln; für Maus und Ratte liegt der Wert > 6 g/kg KG. Chronische Toxizität (KLINGE 1989, MEYER 1966): rac.-Kavain wurde an der Ratte und am Hund bei oraler Applikation über 13 Wochen (Tagesdosen: Ratte 50, 200 und 800 mg/kg KG; Hund 5,50 und 250 mg/kg KG und ab der 8. Woche 500 mg/kg KG) und über 26 Wochen (Tagesdosen: Ratte 80, 240 und 720 mg/kg KG; Hund 50, 150 und 450 mg/kg KG) geprüft. An Ratten führten in beiden Versuchen die jeweils höchsten Dosierungen zu verminderten Gewichtszunahmen, erhöhtem Trinkwasserverbrauch sowie heraufgesetztem Leber- und Nierengewicht. Die histologischen Befunde, eine gering- bis mittelgradige Kernpolymorphie der Leberparenchymzellen, werden von den Autoren als funktionelle Belastung der Leber ohne pathologisches Substrat interpretiert. Bei Hunden kam es nach Dosierungen ab 150 mg/kg KG in Verbindung mit einer reduzierten Futteraufnahme zu verzögerten Gewichtszunahmen. Harnanalytisch, biochemisch und hämatologisch lagen keine Hinweise auf substanzbedingte Schädigungen vor. Reproduktionstoxikologie (Hapke et al. 1971, Klinge 1989): An Ratten mit oralen Dosen von 80, 240 und 720 mg/kg KG Kavain (6–17. Tag der Gestation) ergaben sich bei den fetalen Parametern keine Hinweise auf substanzbedingte Wirkungen. Mißbildungen wurden nicht beobachtet. Die Muttertiere wiesen während der ersten Behandlungswoche verzögerte Gewichtszunahme und einen Mehrverbrauch an Trinkwasser auf. An Kaninchen blieben orale Kavaindosierungen von 45 und 135 mg/kg KG ohne Einfluß auf die tragenden Muttertiere. Embryotoxische oder teratogene Schäden waren nicht nachweisbar.

6.1.6 *Melissenblätter*

Melissenblätter, Melissae folium, bestehen aus den getrockneten Laubblättern der Zitronenmelisse, Melissa officinalis (Familie: Lamiaceae, Lippenblütler). Zitronenmelisse wird heute kultiviert. Die Blätter riechen beim Zerreiben angenehm zitronenartig; gelagerte Melisse ist oft nahezu geruchlos, besonders, wenn es sich um Ware handelt, die von vornherein arm an ätherischen Ölen ist.

Inhaltsstoffe und Zubereitungen

Mindestens 0,05% ätherisches Öl mit Citronellal, Geranial und Neral als Hauptbestandteile. Phenolcarbonsäuren (Mengenangaben fehlen). „Labiatengerbstoff", darunter etwa 4% Rosmarinsäure.

Teeaufguß: 2 g Melissenblätter (ca. 2 Teelöffel voll) auf 1 Tasse Wasser, überbrühen, nach etwa 10 min durch ein Teesieb geben.

6.1.7 *Passionsblumenkraut*

Passionsblumenkraut, Passiflorae herba, besteht aus dem getrockneten Kraut von Passiflora incarnata. Als Bestandteile von pflanzlichen Beruhigungsmitteln werden hauptsächlich Sprühtrockenextrakte (6:1), seltener Fluidextrakte (1:1) verwendet; daneben gibt es Fertigarzneimittel, die das unverarbeitete Drogenpulver enthalten.

6.2 Erfahrungen aus klinischen Studien

6.2.1 *Einleitung*

Die Wirksamkeitsbeurteilung der pflanzlichen Psychopharmaka fällt schwer. Dies hat verschiedene Gründe. Zum einen erscheint die Datenlage zu einigen Substanzen lükkenhaft und nur in wenig verbreiteten, deutschsprachigen Zeitschriften publiziert, zum anderen sind die Inhaltsstoffe wechselnd, sowohl was die pharmazeutische Aufbereitung, als auch die Dosierung und die Kombination betrifft. Zudem nähert sich der traditionell pharmakolgisch denkende Kliniker diesen Substanzen mit (unbegründeter?) Skepsis, da die Wirkmechanismen auf zellulärer Basis oft nicht bekannt oder nicht ausreichend publiziert sind.

Betrachtet man z.B. die in den letzten Jahren zugelassenen Antidepressiva, z.B. die selektiven Serotonin-Wiederaufnahmehemmer,

so reicht die publizierte Datenlage von Rezeptorstudien und tierpharmakologischen Modellen, über verschiedenste Phase-I-Studien und Dosisfindungsstudien zur groß angelegten Phase-III-Studien in unterschiedlichen Alters- und Krankheitsgruppen und systematischen Anwendungsbeobachtungen nach Zulassung. Eine solche reichhaltige Dokumentation gibt es zu keinem pflanzlichem Psychopharmakon. Die nachfolgende Übersicht wird trotzdem versuchen, ähnliche methodische Kriterien, wie sie an solche Prüfprogramme angelegt werden, auch in diesem Gebiet anzuwenden. Neben dem kursorischen Bericht über jede einzelne Substanzklasse werden wenige Studien exemplarisch herausgegriffen, Indikationen, Nebenwirkungsspektrum und allgemeine Schlußfolgerung runden dieses Kapitel ab.
Johanniskraut und Gingko werden in diesem Beitrag nicht berücksichtigt: Johanniskraut fand bereits an anderer Stelle dieses Handbuchs Aufnahme, so daß in diesem Überblick lediglich die Kombination Johanniskraut und Baldrian eingeht; Gingko wird vor allen Dingen bei hirnorganischen Bildern eingesetzt, so daß es nicht in das Zielgebiet dieses Beitrags fällt. (Für einen allgemeinen Überblick siehe auch Volz und Hänsel 1995.) Zu Hopfen, Mellisse und Passionsblume konnten wir trotz intensiver Suche (siehe weiter unten) keine klinischen Studien finden, so daß diese Wirkstoffe in die vorliegende Übersicht der klinischen Studien nicht aufgenommen werden konnten.
In die folgende Übersicht wurden alle verfügbaren Studien an Patienten aufgenommen, wobei das Schwergewicht auf kontrollierten klinischen Untersuchungen liegt. Das Datenmaterial wurde auf drei Wegen beschafft:

a) Med-Line-Literaturrecherche
b) Anschreiben aller in der „Roten Liste" vertretenen Herstellerfirmen
c) Intensive Quervergleiche der in den Arbeiten angegebenen Referenzen

6.2.2 Baldrian

Baldrian, Monozubereitungen
(siehe Tabelle 6.2)

Zu Baldrian liegen nur zwei offene Studien vor, allerdings wurden hierbei ca. 13.000 Patienten im Rahmen von Anwendungsbeobachtungen untersucht. Leider sind bei der größeren Studie (Schmidt-Voigt 1986) keine systematischen Nebenwirkungserfassungen durchgeführt worden, so daß dieser Aspekt lediglich auf der Basis der kleineren Studie beurteilt werden kann. Bei Frerick und Kuhn (1990) wurden bei den Untersuchten 2124 Patienten nur ingesamt 15 unerwünschte Wirkungen beobachtet, wobei der Symptomkomplex Übelkeit/Gastritis/Magenschmerzen mit insgesamt 8 Nennungen im Vordergrund steht. Zur Wirksamkeitsbeurteilung können beide Studien wegen des offenen Designs nicht beitragen.

Dosierung und Anwendung
Tinktur 1/2–1 Teelöffel voll (1–3 ml) bis mehrmals täglich und vor dem Schlafengehen.
Teeaufguß: 2–3mal täglich und vor dem Schlafengehen eine Tasse frisch bereiteten Aufguß trinken.

Anwendungsgebiete
Nervöse Unruhezustände, Förderung der Schlafbereitschaft.

Gegenanzeigen/Nebenwirkungen/ Wechselwirkungen mit anderen Arzneimitteln
sind bisher nicht bekannt geworden (Monographie der Kommission E am BGA 1985).

Anwendungsbeschränkungen
Es sind in der Literatur keine Angaben zu finden. Zu bedenken ist: Die Extraktivstoffe aus Tinktur und Infus sind bisher weder auf das Fehlen chronischer Toxizität noch auf ihre reproduktionstoxikologische Unbedenklichkeit geprüft worden.

Überdosierung, Dauer der Anwendung
In der offiziellen Monographie werden dazu keine Angaben gemacht. In der volksmedizinischen Literatur (WIDMAIER 1986) finden sich jedoch Hinweise, wonach bei Überdosierung oder bei längerem Gebrauch Übelkeit, Kopfschmerzen, Schwindelgefühl und Herzsensationen auftreten können. Konkrete Fallberichte fehlen.

Baldrian und Johanniskraut
(siehe Tabelle 6.3)
Hierzu liegen 3 Studien, alle kontrolliert, eine gegen Placebo, 2 gegen eine Vergleichssubstanz vor. In die von STEGER (1985) berichtete Studie wurden leichte bis mittelschwere depressive Patienten eingeschlossen, die diagnostische Zuordnung ist nicht weiter operationalisiert. Auch hier sind die Nebenwirkungen nur kursorisch angegeben: Müdigkeit, Schwindel, Tachycardie und Mundtrockenheit, wobei sie in der Johanniskraut-Baldrian-Gruppe ebenso häufig wie in der Desipramin-Gruppe auftraten, was angesichts der Nebenwirkungshäufigkeit unter diesem klassischen trizyklischen Antidepressivum verwundert. Der pflanzliche Wirkstoff zeigt sich überlegen wirksam, wobei das Fehlen eines standardisierten Meßinstruments (z.B. der Hamilton-Depressions-Skala) bemängelt werden muß. In der Studie von KNIEBEL und BURCHARD (1988) wurde bei dysthymen Störungen (DSM-III-Klassifikation) eine gleiche Wirksamkeit wie bei Amitriptylin beobachtet. Dieser Schluß ist wegen der Nichtbeachtung der Beta-Fehler-Problematik sicher nicht gerechtfertigt, zudem wurde Amitriptylin suboptimal (80 mg pro Tag) dosiert. Als Nebenwirkungen des Johanniskraut-Baldrian-Präparats werden Sehstörungen, Herzklopfen, Schwindel, Tagesmüdigkeit, Schlafstörungen, Mundtrockenheit und Schwitzen berichtet, diese Symptome waren in der Amitriptylingruppe durchweg häufiger ausgeprägt. Die Studie von PANIJEL (1985) bei Angstzuständen ist zu kurz angelegt und erlaubt daher keine abschließenden Aussagen.
Insgesamt muß also festgehalten werden, daß sowohl die Wirksamkeit als auch die Verträglichkeit dieser Kombination nur unzureichend belegt ist, sich allenfalls Hinweise auf eine möglicherweise günstige Beeinflussung leichter bis mittelschwerer depressiver Zustände ergeben.

6.2.3 Hopfenzapfen und Hopfendrüsen

Zu diesen Präparaten liegen unseres Wissens keine klinischen Studien vor.

Anwendungsgebiete
In der Monographie der Kommission E am BGA (1984) werden Befindensstörungen wie Unruhe und Einschlafstörungen als Indikationen genannt.

6.2.4 Kamillenblüten

Auch zu dieser Substanzgruppe gibt es keine Erfahrungen basierend auf klinischen Prüfungen. Empfehlungen zu Anwendungsgebieten, Dosierungen etc. können nicht gegeben werden.

6.2.5 Kava-Präparate

Kava-Trockenextrakte
(siehe Tabelle 6.4)
Zu den Kava-Extrakten liegen 3 Studien, allesamt kontrolliert, 2 gegen Placebo, vor. Bei der Studie von WOELK (1993) wurden insgesamt 174 Patienten entweder mit 3 × 1 Laitan 100, Oxazepam 5 mg oder Bromazepam 3 mg behandelt. Das Einschlußkriterium „Angst, Spannungs- und Erregungszustände nicht psychotische Genese“ ist unzureichend operationalisiert und führte sicherlich zum Einschluß eines hochheterogenen

Tabelle 6.2. Baldrian, Monozubereitungen. In dieser und den folgenden Tabellen werden die gefundenen Studien kursorisch zusammenfaßt

1. Autor (Jahr)	Design (Dauer)	Einschluß-kriterien	Gruppen [N] (Dosis)	Instrumente		Ergebnisse		Bemerkungen
				Wirksamkeit	Verträglichkeit	Wirksamkeit	Verträglichkeit	
Schmidt-Voigt (1986)	offen, Anwendungsbeobachtung (10d)	Ein- u. Durchschlafstörungen, innere Unruhe	freie Dosierung [11168]	GE auf Syndromebene	?	gut	?	offen, daher keine Wirksamkeitsbeurteilung möglich, keine Standardmeßinstrumente
Frerick und Kuhn (1990)	offen, Anwendungsbeobachtung (3w)	Pat., die die Medikation verschrieben bekamen	Prüfmedikation und andere Medikamente möglich [2124] (Euvenal Dragees N u. Euvenal Tropfen N, Dosis unterschiedlich)	psychische Syndrome	AEs	gut	gut	offen, keine Kontrollgruppe, keine standardisierten Meßinstrumente

AE adverse events (unerwünschte Arzneimittelwirkungen), *GE* globale Einschätzung, *d* Tage, *w* Wochen

Tabelle 6.3. Johanniskraut und Baldrian (z.B. Sedariston)

1. Autor (Jahr)	Design (Dauer)	Einschluß-kriterien	Gruppen [N] (Dosis)	Instrumente		Ergebnisse		Bemerkungen
				Wirksamkeit	Verträglichkeit	Wirksamkeit	Verträglichkeit	
Steger (1985)	DB, Gruppen-vergleich (6w)	neurotische Depression	1. Johannis-kraut-Baldrian-Extrakt [50] (0,2 mg Hy-pericin u. Baldrian) 2. Desipramin [50] (100 mg)	CGI, B-L', D-S	CGI	1. > 2.	?	Standardmeß-instrumente für Depression wurden nicht verwendet; ungenügende Patienten-charakterisierung
Panijel (1985)	DB, Gruppen-vergleich (2w)	mittelschwere Angstzustände	1. Johannis-kraut-Baldrian-Extrakt [50] (0,1–0,2 Hypericin u. Baldrian) 2. Diazepam [50] (4–8 mg)	CGI, B-L', STAI-X2	AEs	1. > 2.	1. > 2.	Einschluß nicht genügend operationalisiert; zu kurze Behandlungszeit
Kniebel und Burchard (1988)	DB, Gruppen-vergleich (6w)	dysthyme Störungen	1. Johannis-kraut-Baldrian-Extrakt [65] (0,15 Hypen-cin u. Baldrian) 2. Amitriptylin [65] (ca. 80 mg)	HAMD, SDS, Bf-S, CGI	AEs, Checkliste	1. = 2.	1. > 2.	Beta-Fehler nicht berücksichtigt; Amitriptylin suboptimal dosiert

AE adverse events (unerwünschte Arzneimittelwirkungen), *ASI* Angst-Status-Inventar, *Bf-S* Befindlichkeits-Skala, *B-L* Beschwerden-Liste, *BP* Blutdruck, *CGI* clinical global impression, *DB* doppelblind, *D-S* Depressivitäts-Skala, *EAAS* Erlanger Skala für Angst, Aggression und Spannung, *GE* globale Einschätzung, *HAMA* Hamilton Angst Skala, *HR* Herzrate, *KEPS* Kurzverfahren zur Erfassung der Persönlichkeitsstruktur, *HAMD* Hamilton Depressions Skala, *Lab.* Laborwerte, *SAS* Selbstbeurteilungs-Angst-Skala, *SDS* Selbstbeurteilungs-Depressions-Skala, *STAI-X* State-Trate-Anxiety Inventory, *w* Woche(n)

Tabelle 6.4. Kava-Trockenextrakt

1. Autor (Jahr)	Design (Dauer)	Einschluß-kriterien	Gruppen [N] (Dosis)	Instrumente		Ergebnisse		Bemerkungen
				Wirksamkeit	Verträglichkeit	Wirksamkeit	Verträglichkeit	
Kinzler et al. (1991)	DB, Gruppenvergleich (4w)	Angst-,Spannungs- u. Erregungszustände nicht psychotischer Genese	1. WS 1490 [29] (Laitan 100 3 × 1) 2. Placebo [29]	HAMA, EWL, CGI, FSUCL	AEs	1. > 2.	1. = 2.	Einschlußkriterien ungenügend operationalisiert
Warnecke (1991)	DB, Gruppenvergleich (8w)	psychovegetative u. psychosomatische Beschwerden im Klimakterium, HAMA > 18	1. WS 1490 [20] (Laitan 100 3 × 1) 2. Placebo [20]	HAMA, DSI, Kuppermann-Skala, CGI	AEs, Lab.	1. > 2.	1. = 2.	Einschlußkriterien ungenügend operationalisiert
Woelk (1993)	DB, Gruppenvergleich (6w)	Angst-, Spannungs- u. Erregungszustände nicht psychotischer Genese	1. WS 1490 [59] (Laitan 100 3 × 1) 2. Oxazepam [59] (5 mg) 3. Bromazepam [56] (3 mg)	HAMA, KEPS, EAAS, GE	AEs	1. = 2. = 3. (Ausnahme GE: 3. > 1. = 2.)	1. = 2. = 3.	Einschlußkriterien ungenügend operationalisiert; Äquivalenz fraglich (beta-Fehler)

Kollektivs. Die Wirksamkeit – gemessen vor allem mit der Hamilton-Angst-Skala – wird für alle 3 Vergleichsgruppen als gleich eingestuft (wobei auch hier das Beta-Fehlerproblem bei Äquilenzvergleich außeracht bleibt). Bezüglich unerwünschter Wirkungen gibt es keine deutlichen Unterschiede, unter dem Kava-Extrakt kommt zu Magendruck, nächtlicher Übelkeit, Antriebsminderung und Verkrampfung (jeweils einmal berichtet). Für die Studie von KINZLER et al. (1991) treffen ähnliche Kritikpunkte zu; was hier besonders überrascht, ist das Fehlen unerwünschter Ereignisse in beiden Gruppen. WARNECKE (1991) zeigt eine Überlegenheit des Kava-Extraktes versus Placebo bei psychovegetativen und psychosomatischen Schmerzen im Klimakterium. Die Einschlußkriterien scheinen unscharf definiert, das Verbindende ist der recht hohe Angst-Score (Hamilton-Angst-Skala-Score bei Aufnahme größer 18).

Indikationen

Zusammenfassend bleibt festzuhalten, daß für Kava-Extrakte Hinweise einer Wirksamkeit bei leichteren Angstzuständen zu bestehen scheinen; die Kommision E am BGA hat 1990 als Indikationen nervöse Angst-, Spannungs- und Unruhezustände als Indikationen angegeben, wenngleich eine konfirmatorische Studie mit ausreichend operationalisierten Einschlußkriterien und ausreichend hoher Patientenzahl fehlt.

Dosierung

Tagesdosis: Extrakte entsprechend 60–120 mg Kavapyrone.

Kontraindikationen, Überdosierung unerwünschte Wirkungen

Bei der Anwendung von Fertigarzneimitteln mit Kavatrockenextrakt sind bisher keine unerwünschten Nebenwirkungen zur Kenntnis gelangt. Bei der gewohnheitsmäßigen Anwendung von Kava zu Genußzwecken in Ozeanien kommt es häufiger zur Gelbfärbung der Haut sowie der Finger- und Zehennägel. Es läßt sich nicht ausschließen, daß es auch bei Anwendung von Fertigarzneimitteln zu einer Pigmenteinlagerung kommt. In einem solchen Fall ist von einer weiteren Einnahme abzusehen. Die Gelbfärbung ist reversibel. Als **Kontraindikationen** nennt die amtliche Monographie: Schwangerschaft, Stillzeit, Depressionen.

Intoxikationen

Konkrete Fälle nach Einnahme von Fertigarzneimitteln mit Kavatrockenextrakt sind nicht bekannt. Aus der ethnomedizinischen Literatur sind einige Einzelfallberichte nach Kava-Abusus bekannt. Nach Einnahme hoher Dosen des Kavapulvers in Form von Aufschlemmungen in Wasser (genaue Dosisangaben fehlen, geschätzte Mengen 200 g Pulver und mehr) stellen sich als Soforteffekte Schläfrigkeit und Benommensein ein, nach längerem Gebrauch Gewichtsverlust, Appetitlosigkeit sowie an Pellagra erinnernde Hautsymptome, vermutlich bedingt durch Fehlernährung (CAWTE 1986). In einem anderen Falle kam es nach einer täglichen Dosis von 6 Tassen Kavatee (genaue Dosisangaben fehlen) im Verlaufe von 6 Monaten zu „Schwierigkeiten beim Sehen und Hören". Haut, Finger- und Zehennägel verfärbten sich gelblich (SIEGEL 1976). Den Soforteffekt nach Kava beschrieb der Patient als ein Gefühl der Schwäche, des „Wie-betrunken-Seins".

Interaktionen

Eine Wirkungsverstärkung von zentral wirksamen Substanzen, wie Alkohol, Barbituraten und Psychopharmaka ist möglich (Monographie der Kommission E am BGA 1990).

Auswirkungen auf Kraftfahrer und die Bedienung von Maschinen

Gaben von 3mal 100 mg Kavaextrakt, entsprechend Einzelgaben von 70 mg und Tagesgaben von 210 mg Kavapyronen, an

gesunde Probanden über einen Zeitraum von 15 Tagen ließen weder in der Initialphase der Medikation noch nach Erreichen eines Fließgleichgewichts eine sicherheitsrelevante Verminderung des Leistungsvermögens in Bezug auf die Fahrtüchtigkeit oder das Bedienen von Maschinenerkennen (HERBERG 1991).
Tagesgaben von 300 mg Kavaextrakt sollen bei Hirngesunden sogar die Vigilanz verbessern (JOHNSON et al. 1991). Da die Zahl der Studien bisher vergleichsweise klein ist, kann jedoch durch individuell auftretende unterschiedliche Reaktionen nicht ausgeschlossen werden, daß Sehleistung und Fähigkeit zur aktiven Teilnahme am Straßenverkehr oder zum Bedienen von Maschinen beeinträchtigt werden.
Außer der möglichen Beeinträchtigung von Vigilanz und Reaktionsfähigkeit durch Kavapyrone, sollte das künftige Prüfungsdesign Pupillenmotorik, Akkomodationsfähigkeit und Dunkeladaptation, die besonders bei Nachtfahrten wichtig sind, einschließen.
In der Aufbereitungsmonographie Piper-Methysticum-Rhizom der Kommission E am BGA (1990) wird erwähnt, daß nach Zufuhr von Zubereitungen Akkomodationsstörungen, Pupillenerweiterungen sowie Störungen des okulomotorischen Gleichgewichtes beobachtet worden sind. Diese Angabe geht auf eine klinische Studie an gesunden Probanden zurück, die innerhalb eines bestimmten Zeitraumes von 15 min 600 ml eines wässrigen Mazerates eingenommen hatten (GARNER und KLINGER 1985). Der Gehalt an Kavapyronen ist in dieser Studie nicht bestimmt worden, in vergleichbaren Mazeraten sind aber Gehalte von 70 mg Pyrone/100 ml Mazerat gemessen worden (HÄNSEL und LAZAR 1985), so daß sich auf eine Einzelgabe von 630 mg Kavapyrone rückschließen läßt. In Form der Fertigarzneimittel werden Einzeldosen von 35 bis 70 mg Pyrone zugeführt, so daß eine die okulomotrischen Fähigkeiten beeinträchtigende Konzentration anscheinend nicht erreicht wird. Wie sich eine Langzeitmedikation auf die für die Verkehrstüchtigkeit relevanten Leistungen auswirkt, sollte bei der ärztlich kontrollierten Medikation überwacht werden.

Racemisches Kavain (rac.-Kavain)
(siehe Tabelle 6.5)
Zu rac.-Kavain liegen 3 offene, 2 Vergleichsstudien gegen aktive Kontrollen und 7 Placebokontrollierte Studien vor, wobei die meisten Studien Patienten mit neurotischen Verstimmungs- und Angstzuständen oder psychovegetativen Störungen einschließen. Allen diesen Studien ist gemeinsam, daß die Einschlußkriterien nicht ausreichend operationalisiert sind. Die besten Studien (unter eben genanntem Vorbehalt) sind die von MÖLLER und HEUBERGER (1989) und MÖLLER et al. (1992), vor allem da anerkannte Instrumente zur Wirksamkeitsbeurteilung verwendet wurden. In der ersten Studie traten keine, in der zweiten 3 Nebenwirkungen unter Kavain (die allerdings nicht genannt werden) auf. Zur Illustration ist in Abb. 6.4 der Effekt von rac.-Kavain erfaßt mit einer Fremd- (ASI) und Selbstbeurteilungsskala (SAS) wiedergegeben. Was in der Studie von POLSTER et al. (1993) wundert, ist die gleich gute Verträglichkeit von rac.-Kavain im Vergleich zu Opipramol, das eigentlich zumindest einige typische Trizyklikanebenwirkungen hätte zeigen müssen; eventuell liegt dieses Phänomen auch daran, daß Opipramol mit 150 mg/die unterdosiert ist, was dann aber die postulierte Gleichwirksamkeit von rac.-Kavain zu Opipramol noch stärker (als schon durch das Übersehen des Beta-Fehlers gegeben) in Frage stellt.
Insgesamt bleibt aber festzuhalten, daß zu rac.-Kavain eine große Anzahl kontrollierter Studien vornehmlich im Bereich psychovegetativer Beschwerden, Angst- und Spannungszuständen vorliegen, die meist, wenn auch auf stark unterschiedlich methodischem Niveau eine gute Wirksamkeit in diesem Bereich nahelegen. Auch hier fehlen

Tabelle 6.5. rac.-Kavain

1. Autor (Jahr)	Design (Dauer)	Einschlußkriterien	Gruppen [N] (Dosis)	Instrumente		Ergebnisse		Bemerkungen
				Wirksamkeit	Verträglichkeit	Wirksamkeit	Verträglichkeit	
STAEDT et al. (1991)	offen (3 Tage)	vegetative Dystonie	D,L-Kavain [10] (200–600 mg)	EEG, Psychometrie	Lab.	keine Veränderungen	keine Veränderungen	offen, keine Wirksamkeitsbeurteilung möglich
STAEDT et al. (1991)	DB, Gruppenvergleich (3 d)	vegetative Dystonie	1. D,L-Kavain [15] (200–600) 2. Placebo [15]	EEG, Psychometrie	Lab.	1. = 2.	1. = 2.	heterogenes Patientenkollektiv eingeschlossen
STAEDT et al. (1991)	DB, Gruppenvergleich (12 d)	depressive Verstimmung bei Lungeninfiltraten	1. D,L-Kavain [30] (600 mg) 2. Placebo [42]	HAMD	Lab.	1. = 2.nur in HAMD-10 (Angst, psychisch) D,L-Kavain überlegen	1. = 2.	Wirksamkeitsaussage (HAMD-10) methodisch nicht haltbar
SCHOLING und CLAUSEN (1977)	DB, Gruppenvergleich (3w)	vegetativ labile Versuchspersonen	1. D,L-Kavain [42](400 mg) 2. Placebo [42]	Bf-S, Psychometrie	?	1. > 2.	?	unklare Ergebnisdarstellung, insbesondere, ob Unterschied zu Placebo-Gruppe tatsächlich besteht
LEHMANN et al. (1989)	DB, Gruppenvergleich (4w)	Paniksyndrom, GAD, Anpassungsstörung, Phobie	1. D,L-Kavain [28] (400 mg) 2. Placebo [28]	HAMA, GE, Eigenschaftsliste (JANKE/DEBUS)	?	1. > 2.	?	Verträglichkeit viel zu kurz berichtet
UNGER (1988)	offen, postmarketing surveillance (4w)	psychovegetative Störungen	D,L-Kavain [2944] (400 mg)	GE	HR, BP	gut	keine Veränderungen	keine Kontrollgruppe, daher nur geringe Aussagekraft bezüglich Wirksamkeit
MÖLLER und HEUBERGER (1989)	DB, Gruppenvergleich (4w)	neurotische u. psychosomatische Störungen 2. Placebo mit Angst	1. D,L-Kavain [20] (600 mg) [20]	ASI, SAS, GE	AEs, BP, HR	1. > 2.	1. = 2. unspezifisch	Einschlußkriterien zu

(Fortsetzung siehe S. 327)

Tabelle 6.5. Fortsetzung

1. Autor (Jahr)	Design (Dauer)	Einschluß-kriterien	Gruppen [N] (Dosis)	Instrumente		Ergebnisse		Bemerkungen
				Wirksamkeit	Verträglichkeit	Wirksamkeit	Verträglichkeit	
Krach (1986)	DB, Gruppen-vergleich (2w)	psycho-vegetative Störungen	1. D,L Kavain [20] (400 mg) 2. Placebo [21]	GE von Einzelbe-schwerden	AEs, BP, HR	1. = 2. (?)	1. > 2.	schlecht opera-tionalisierte Wirk-samkeitsparameter
Linden-berg (1990)	DB, Gruppen-vergleich (4w)	Angstsympto-matik in Zu-sammenhang mit psycho-somatischen oder neuroti-schen Störungen	1. D,L-Kavain [18] (600 mg) 2. Oxazepam [20] (20 mg)	ASI. SAS, GE	AEs	1. = 2.	1. > 2.	stark heterogene Einschlußkrite-rien; beta-Fehler für Äquivalenz-nachweis nicht berücksichtigt
Polster et al. (1993)	DB, Gruppen-vergleich (4w)	ICD-9: 300./308./316.	1. D,L-Kavain [31] (600 mg) 2. Opipramol [33] (150 mg)	HAMA., STAI-X1/2, GE	Lab., HR, BP, GE	1. = 2. (außer GE 1 . > 2.)	1. = 2	methodisch recht gute Studie; beta-Fehler nicht berücksichtigt, Opipramol unterdosiert
Möller et al. (1992)	DB, Gruppen-vergleich (3w)	Neurotisches Angstsyndrom für mindestens 6w mit Benzo-diazepinen be-handelt/Behand-lung der Absetz-phänomene	1. D,L-Kavain [42] (600 mg) 2. Placebo [41]	CGI, ASI, SAS	AEs, Lab.	1. > 2.	1. = 2.	kein Unterschied bei der eigentlichen Entzugssympto-matik
Dona et al. (1986)	offen (30d)	neurovegetative und psychische Symptome i. R. einer cerebro-vaskulären Insuffizienz	Kavain Kapseln [20] (D,L-Kavain 30 mg Extrakt Kava-Kava)	Checkliste	Lab.	gut	gut	da keine Kon-trollgruppe und keine standard. Wirksamkeits-parameter keine Aussage möglich

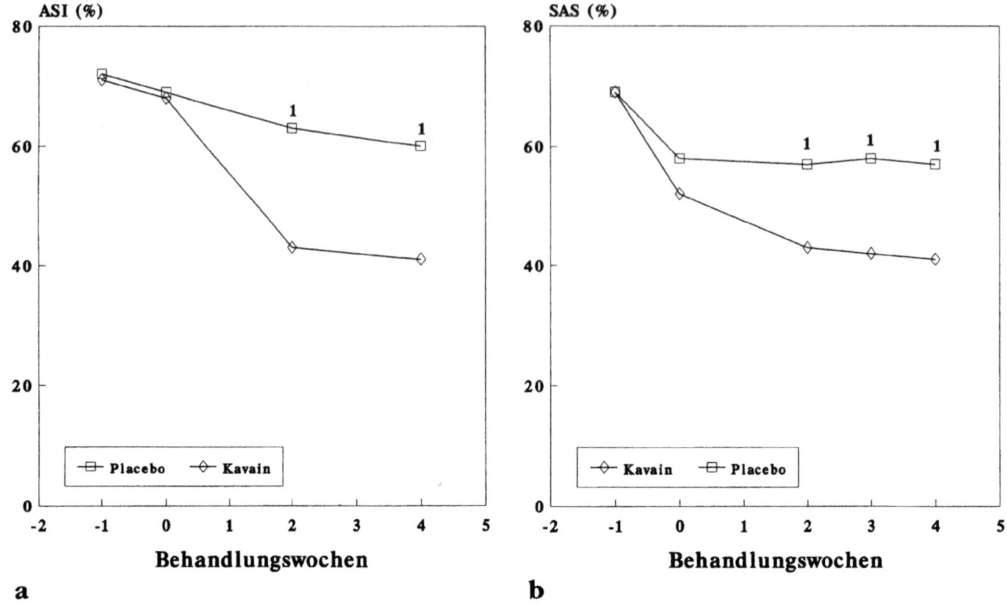

Abb. 6.4. Symptomverlauf einer 4-wöchigen Therapie mit rac.-Kavain versus Placebo erfaßt mit einer Fremdbeurteilungs- (ASI [Beurteilung von Angstsymptomatik durch den Arzt]) und Selbstbeurteilungsskala (SAS [Selbstbeurteilung der Angstsymptomatik]) (aus MÖLLER und HEUBERGER 1989). **a** Mittelwerte und Standardabweichungen der ASI-Summenscores (Beurteilung der Angstsymptomatik durch den Arzt), ausgedrückt in % des theoretisch erreichbaren Maximalwertes (1: $p < 0{,}01$). **b** Mittelwerte und Standardabweichung der SAS-Summenscores (Selbstbeurteilung der Angstsymptomatik), ausgedrückt in % des theoretisch erreichbaren Maximalwertes (1: $p < 0{,}01$)

konfirmatorische Studien zu klar umrissenen Krankheitsbildern. Über das Nebenwirkungsspektrum kann auf der Basis der gezeigten Studien nahezu keine Aussage getroffen werden.

Unerwünschte Wirkungen

In Einzelfällen sind beschrieben worden: Unruhe, Herzklopfen, Bewegungs- und Rededrang (KRETSCHMER 1970, 1974); Mundtrockenheit (KRETSCHMER 1983), leichte Kopfschmerzen, Schwindelgefühl (UNGER 1988); verminderter Appetit (LANGHEINRICH 1979, KRETSCHMER 1983), gastrointestinale Symptome wie Übelkeit, Magenbeschwerden und Diarrhö (GERBER 1986, SUKYASYAN 1974). Diese Angaben entstammen der Fachliteratur: Spontanmeldungen über Nebenwirkungen liegen keine vor.

Verwendung bei Schwangerschaft und Laktation

Bei umfangreicher Anwendung am Menschen hat sich kein Verdacht auf eine embryotoxische/teratogene Wirkung ergeben. Auch der Tierversuch erbrachte keine Hinweise auf embryotoxische/teratogene Wirkungen. Während der Stillzeit sollte Kavain nicht eingenommen werden, da nicht ausgeschlossen werden kann, daß die Substanz oder ihre Metabolite in die Muttermilch übertreten.

Dosierung

Für Erwachsene Tagesdosis 200–600 mg verteilt auf ein bis drei Einzeldosen.

Überdosierung/Intoxikationen

Symptome einer Überdosierung bzw. einer Intoxikation beim Menschen sind bislang nicht bekannt geworden. **Interaktionen.** Die Wirkung von Alkohol, Barbituraten und Psychopharmaka bzw. sonstigen Mitteln mit zentralen Effekten kann durch die gleichzeitige Einnahme von Kavain unerwünscht verstärkt oder in nicht vorhersehbarer Weise modifiziert werden.

Besondere Warnungen
Auch bei einer längeren Anwendungsdauer wird weder die Entwicklung süchtigen Verhaltens gefördert, noch wird eine Tendenz nach Dosissteigerung ausgelöst (KLIMKE 1988, KRYSPIN-EXNER 1974); auch gibt es keine Hinweise auf Entzugserscheinungen.

Auswirkungen auf Kraftfahrer und die Bedienung von Maschinen
Zwar haben sich aus klinischen Prüfungen keine konkreten Anhaltspunkte für eine Minderung des Reaktionsvermögens ergeben (AMMANN 1979, KRUEGER und KELL 1977), doch ist im Einzelfall nicht auszuschließen, daß auch bei bestimmungsgemäßem Gebrauch die Fähigkeit zur aktiven Teilnahme am Straßenverkehr oder zum Bedienen von Maschinen beeinträchtigt wird. Das gilt in verstärktem Maße beim Zusammenwirken mit Alkohol.

6.2.6 Melissenblätter

Hier konnten wir keine klinischen Studien eruieren.

Dosierung und Art der Anwendung
Teeaufguß: Mehrmals täglich. Trockenextrakt: Als Kombinationspartner in Fertigarzneimitteln, in der Regel als feste Arzneiformen angeboten.

Wirkungen
Beruhigend, karminativ (Monographie der Kommission E am BGA).

Anmerkung
Die bisherigen Versuche, die der Melisse zugeschriebene beruhigende Wirkung pharmakologisch zu begründen, sind nicht überzeugend. Geprüft wurde das ätherische Melissenöl. Es reduziert in einer Dosis von 3–100 mg/kg KG (Maus, perorale Gabe) dosisunabhängig (!) die Spontanmotilität der Versuchstiere (WAGNER und SPRINKMEYER 1973). Daß der Effekt dosisunabhängig ist, spricht dafür, daß das Ergebnis unspezifisch, möglicherweise durch den Eingriff der Applikation zustande kam.

Anwendungsgebiete
Nervöse Unruhe. Zur Förderung der Schlafbereitschaft (Monographie der Kommission E am BGA 1984). Hinweis. Kontrollierte klinische Untersuchungen, welche die genannten Anwendungen rechtfertigen, liegen nicht vor.

Gegenanzeigen, unerwünschte Wirkungen, Wechselwirkungen
sind bisher keine bekannt.

Kontraindikationen
Bisher nicht bekannt.

6.2.7 Passionsblumenkraut

Zu Passionsblumenkraut liegen derzeit unseres Wissens keine klinischen Prüfungen vor.

Anwendungsgebiete, Dosierung
In einer Tagesdosis entsprechend 6 g Droge soll Passionsblumenkraut gegen nervöse Unruhezustände wirksam sein (Monographie der Kommission E am BGA 1990). Kontrollierte klinische Untersuchungen, welche die Wirksamkeit im Sinne der naturwissenschaftlich orientierten Medizin belegen, liegen nicht vor.

6.2.8 Synopsis

Insgesamt erscheinen die Indikationen für alle pflanzlichen Psychopharmaka als „weich". In nahezu keiner Studie wurden die diagostischen Einschlußkriterien ausrei-

chend operationalisiert, so daß meist Mischbilder leichteren Schweregrades zur Behandlung gelangten. Hier zeigt sich meist eine Wirksamkeit, oft genug aber mit nicht adäquaten Instrumenten gemessen. So können auch klare Dosierungsempfehlungen nicht gegeben werden, da keine einzige Dosisfindungsstudie vorliegt; vielmehr kann nur auf die in den Tabellenübersichten verwendeten Dosierungen verwiesen werden, ob diese adäquat, zu hoch oder zu niedrig sind, kann wegen des schon erwähnten Fehlens von Dosisfindungsstudien nicht abschließend gesagt werden.
Die Nebenwirkungen scheinen insgesamt recht niedrig ausgeprägt zu sein, Berichte über Interaktionen liegen nicht vor. In den meisten Placebo-kontrollierten Studien sind die Nebenwirkungen in der Verumgruppe nicht häufiger als in der Placebogruppe. Allerdings ist an dieser Stelle nochmals kritisch anzumerken, daß – wie an verschiedenen Stellen bereits erwähnt – oft keine systematischen Nebenwirkungserfassung durchgeführt wurde, und daß bei Vergleichsstudien gegen eine aktive Substanz auch bei dieser meist keine oder nur wenige Nebenwirkungen gefunden wurden, was auf einen methodischen Mangel bei der Studiendurchführung hinweist.
Abschließend ist zu bemerken, daß die Wirksamkeit und Verträglichkeit von Kava-Extrakten und rac.-Kavain bei milden psychovegetativen Störungen mit Angst am besten nachgewiesen zu sein scheint.

Der Einsatz von pflanzlichen Psychopharmaka ist aufgrund des vor allem von den Herstellern postulierten günstigen Nebenwirkungsprofils verlockend. Angesichts der aufgezeigten methodischen Mängel sowohl hinsichtlich des Nachweises der Wirksamkeit als auch der Verträglichkeit scheint dieser Schluß verfrüht. Solange zu diesen Substanzen keine robusten Daten erhoben auf hohem Niveau mit Standard-Designs (Hauptforderung: strikte Operationalisierung der Einschlußkriterien und Verwendung von adäquaten Meßinstrumenten) vorliegen, ist der Einsatz dieser Substanzen aufgrund methodisch, wissenschaftliche Überlegungen kaum zu empfehlen. Die vielen positiven Ergebnisse (meist aus methodisch unbefriedigenden Studien) legen dennoch den Schluß nahe, daß eine gewisse Wirksamkeit vorhanden sein könnte.

Literatur

Ambrozi L (1979) Der Einfluß von D,L-Kavain (Neuronika) auf Konzentrationsfähigkeit, Kurzzeitgedächtnis, Reaktionssicherheit und Reaktionsgeschwindigkeit. Therapiewoche 29: 5967–5970

Ammann M (1979) Zerebrale Funktionsänderungen nach Kavain. Dissertation, München

Aufbereitungsmonographie der Kommission E am BGA (1990) Piperis methystici rhizoma (Kava-Kava-Wurzelstock), veröffentlicht BAZ Nr 50 vom 15. 03. 1990

Balderer G, Borbely AA (1985) Effect ot valerian on human sleep. Psychopharmacology 87: 406–409

Bauer KH, Frömming K-H, Führer C (1989) Pharmazeutische Technologie. Thieme, Stuttgart New York, S 339–439

Braun R, Dittmar W, Machut M, Weickmann S (1982) Valepotriate mit Epoxidstruktur – beachtliche Alkylantien. Dtsch Apotheker Z 122: 1109–1113

Braun R, Dittmar W, Hübner GE, Maurer HR (1984) In-vivo-Einfluß von Valtrat/Isovaltrat auf Knochenmarkszellen der Maus und auf die metabolische Aktivität der Leber. Planta Med 20: 1–4

Braun R, Dittmar W, von der Hude W, Scheutwinkel-Reich M (1985) Bacterial mutagenicity of the tranquilizing constituents of valerianaceae roots. Naunyn Schmiedebergs Arch Pharmacol [Suppl] 329: R 28

CAWTE J (1985) Psychoactive substances of the South Seas: Betel, Kava and Pituri. Aust NZ J Psychiatry 19: 83–87

CAWTE J (1986) Parameters of kava used as a challenge to alcohol. Aust NZ J Psychiatry 20: 70–76

CZUPOR L, SPAICH W (1971) Galenische Zubereitungen oder Reinsubstanzen. Pharm Industrie 33: 15–17, 900–902

DIECKMANN H (1988) Untersuchungen zu Pharmakokinetik, Metabolismus und Toxikologie von Baldrinalen. Dissertation, Berlin

DONA G, CUZZONI G, PECORINI M (1986) Die Wirkung von Kavain bei älteren Patienten mit neurovegetativen und psychischen Symptomen. Therapiewoche 36: 2836–44

EICKSTEDT KW VON, RAHMANN R (1969) Psychopharmakologische Wirkung von Valepotriaten. Arzneimittelforschung/Drug Res 19: 316–319

EMSER W, BARTYLLA K (1991) Verbesserung der Schlafqualität. Zur Wirkung von Kava-Extrakt auf das Schlafmuster bei Gesunden. Neurologie/Psychiatrie 5: 636–642

FINK C (1982) Analytik, Pharmakokinetik und pharmakologische Wirkung der Valepotriate unter besonderer Berücksichtigung des Valtrats. Dissertation, Marburg/L

FRATER AS (1951) Medical aspects of Yangona. Transact Proc Fiji Soc 5: 31–39

FRERICK H, KUHN U (1990) Risikoarme Therapie psychovegetativer Zustandsbilder. Notabene Medici 9: 410–415

FUNKE H (1980) Die Welt der Heilpflanzen. Pflaum Verlag, München

GARNER LF, KLINGER JD (1985) Some visual effects caused by the beverage kava. J Ethnopharmacol 13: 307–311

GERBER R (1986) Neuronika – eine echte Alternative zur herkömmlichen Tranquilizer-Therapie. Naturheilpraxis 39: 89–94

GOULD L, RAMANA REDDY CW et al. (1973) Cardiac effects of chamomile tea. J Clin Pharmacol 13: 475–479

GRACZA L, RUFF P (1980) Einfache Methode zur Trennung und quantitativen Bestimmung von Kava-Lactonen. J Chromatogr 193: 486–490

GRÜNBERGER J, LINZMAYER L, STÖHR H, WITTEK R, SALETU B (1988) Computergestützte Rigiditätsmessungen zur Differenzierung psychopathologischer Gruppen. Wien Med Wochenschr 9: 206

GRUSLA D (1987) Nachweis der Wirkung eines Baldrianextraktes im Rattenhirn mit der 14C-2-Desoxyglucose-Technik. Dissertation, Marburg/L

HÄNSEL R (1987) Möglichkeiten und Grenzen pflanzlicher Arzneimittel (Phytotherapie). Dtsch Apotheker Z 127: 2–6

HÄNSEL R (1989) Pflanzliche Sedativa. Informierte Vermutung zum Verständnis ihrer Wirkweise. Erfahrungsheilkunde 38: 327–332

HÄNSEL R, WAGENER HH (1967) Versuche, sedativ-hypnotische Wirkstoffe im Hopfen nachzuweisen. Arzneimittelforschung/Drug Res 17: 79–81

HÄNSEL R, LAZAR J (1985) Kavapyrone. Dtsch Apotheker Z 125: 2056–2058

HÄNSEL R, SCHULZ J (1985) Beitrag zur Qualitätssicherung von Baldrianextrakten. Pharm Industrie 47: 531–533

HÄNSEL R, SCHULZ J (1986) Hopfen und Hopfenpräparate. Fragen zur pharmazeutischen Qualität. Dtsch Apotheker Z 126: 2033–2037

HÄNSEL R, WOHLFART R, SCHMIDT H (1982) Der Gehalt von Hopfen und Hopfenzubereitungen an 2-Methyl-3-buten-2-ol. Planta Med 45: 224–228

HAPKE HJ, STERNER W, HEISLER E, BRÄUER H (1971) Toxocological studies with Kavaform. II Farmaco 26: 692–720

HAZELHOFF B (1984) Phytochemical and pharmacological aspects of valerian compounds. Dissertation, Groningen

HENDRIKS H, BOS R, ALLERMA DP et al. (1981) Pharmacological screening of valerenal and some other compounds of essential oil of Valeriana officinalis. Planta Med 42: 62–68

HERBERG K-W (1991) Fahrtüchtigkeit nach Einnahme von Kava-Spezial-Extrakt WS 1490. Doppelblinde placebokontrollierte Probandenstudie. Z Allg Med 67: 842–844

HITZENBERG G (1992) Zur Wirkung von Ginkgobiloba Spezialextrakt (EGb 761,Tebofortan). Wien Med Wochenschr 17: 372–379

HOLM E, HEEP J et al. (1991) Untersuchungen zum Wirkungsprofil von D,L-Kavain. Arzneimittelforschung/Drug Res 41: 673-683

HOLZNER W (1986) Das kritsche Heilpflanzenbuch. Orac, Wien, S 65

JAMIESON DD, DUFFIELD PH (1990) Positive interaction of ethanol and Kava resin in mice. Clin Exp Pharmacol Physiol 17: 509–514

JAMIESON DD, DUFFIELD PH, CHENG D, DUFFIELED AM (1989) Comparison of the centralnervous system activity of the aqueous liquid extract of kava (Piper methysticum). Arch Int Pharmacodyn 301: 66–80

JAMIESON DD, DUFFIELD PH, CHENG D, DUFFIELED AM (1989) Comparison of the centralnervous system activity of the aqueous liquid extract of kava (Piper methysticum). Arch Int Pharmacodyn 301: 66–80

JOHNSON D, FRAUENDORF A (1991) Neurophysiologisches Wirkprofil und Verträglichkeit von Kava-Extrakt WS 1490. Neurol Psychiat 5: 349–354

KELEDIJAN J, DUFFIELD PH, JAMIESON DD, LIDGARD RD, DUFFIELD AM (1988) Uptake into mouse brain of four compounds present in the psychoactive beverage kava. J Pharm Sci 77: 1003–1006

KINZLER E, KRÄMER J, LEHMANN E (1991) Wirksamkeit eines Kava-Spezial-Extraktes bei Patienten mit Angst-, Spannungs- und Erregungszuständen nichtpsychotischer Genese. Arzneimittelforschung/Drug Res 41: 584–588

KLIMKE A (1988) Die Wirksamkeit von D,L-Kavain zur Behandlung von neurotischer Angst, erlebnisreaktiven und psychovegetativen Störungen. Dissertation, Düsseldorf

KLINGE PHARMA GMBH (1989) Fachinformation zu Neuronika. Bundesverband der Pharmazeutischen Industrie (Fachinfo-Service), Aulendorf/Württ

KLOHS MW, KELLER F, WILLIAMS RE, TOEKES MI, CRONHEIM GE (1959) A chemical and pharmacological investgation of Piper methysticum. J Med Pharm Chem 1: 95–103

KNIEBEL R, BURCHARD JM (1988) Zur Therapie depressiver Verstimmung in der Praxis. Multizentrischer Doppelblindvergleich des Baldrian-Johanniskraut-Konzentrats mit dem Standard-Antidepressivum Amitriptylin. Z Allg Med 64: 689–696

KÖPPEL C, TENCZER J (1991) Mass spectral characterization of urinary metabolites of D,L-Kavain. J Chromatogr 562: 207–211

KRACH H (1986) Wirksamkeit und Verträglichkeit des Naturstoffs Kavain als Psychopharmakon. Z Allg Med 62: 1028–1031

KRETZSCHMAR R, MEYER HJ (1968) Der Einfluß natürlicher 5,6-hydrierter Kawa-Pyrone auf isolierte Herzpräparate und ihre antifibrillatorische Wirkung am Ganztier. Arch Int Pharmacodyn 175: 1–15

KRETZSCHMAR R, TESCHENDORF HJ (1974) Pharmakologische Untersuchungen zur sedativ-tranquillisierenden Wirkung des Rauschpfeffers (Piper methysticum). Chemiker Z 98:24–28

KRETZSCHMAR R, MEYER HJ, TESCHENDORF HJ (1969) Strychnine antagonistic potency of pyrone compounds of the Kavaroot. Experientia 26: 283–284

KRETZSCHMAR R, TESCHENDORF HJ, LADOUS A, ETTEHADIEH D (1971) On the sedative action of the kava rhizome (Piper methysticum). Acta Pharmacol Toxicol 29 [Suppl 4]: 260

KRETSCHMER W (1970) Kavain als Psychopharmakon. Münch Med Wochenschr 112: 154–158

KRETSCHMER W (1974) Psychische Wirkungen von Kavain. Münch Med Wochenschr 116: 741–742

KRETSCHMER W (1983) Stimmungsaufheller individuell dosieren! Ärztl Praxis 35: 2324–2325

KRIEGLSTEIN J, GRUSLA D (1988) Zentral dämpfende Inhaltsstoffe im Baldrian. Dtsch Apotheker Z 128: 2041–2046

KRYSPIN-EXNER K (1974) Wirkung von Kavain bei Alkoholkranken in der Entziehungsphase. Münch Med Wochenschr 116: 1557–1560

KRUEGER H, KELL G (1977) Die Wirkung von Neuronika auf die motorische Reaktionszeit und die visuell-mentale Verarbeitungszeit. Therapiewoche 27: 9417–9420

LANGHEINRICH GW (1979) Psychoexperimentelle Testuntersuchungen nach Gabe von Kavain im Vergleich zu Placebo. Dissertation, München

LAUFER JL, SECKEL BJ, ZWAVING JH (1970) Onderzoek naar de samenstelling van de werkzame bestanddelen van verschillende Yaleriaan – en Kentranthussorten. Pharm Weekbl 105: 609–625

LEATHWOOD PD, CHAUFFARD F (1982/83) Quantifying the effects of mild sedatives. J Psychiatry Res 17: 115–122

LEATHWOOD PD, CHAUFFARD F (1985) Aqueous extract of valerian reduces latency of fall asleep in man. Planta Med 50: 144–148

LEATHWOOD PO, CHAUFFARD F, HECK E, MUNOZ-BOX R (1982) Aqueous extract of valerian root (Valeriana officinalis) improves sleep quality in man. Pharmacol Biochem Behav 17: 65–71

LEHMANN E, KLIESER E, KLIMKE A, KRACH H, SPATZ R (1989) The efficacy of Cavain in patients suffering from anxiety. Pharmacopsychiatry 22: 1–5

LEWIN L (1931) Phantastica: narcotic and stimulating drugs, their use and abuse. Paul/Trench/Trubner, London, pp 215–225

LINDENBERG D, PITULE-SCHÖDEL H (1990) D,L-Kavain im Vergleich zu Oxazepam bei Angstzuständen. Fortschr Med 108: 31–34

LIST PH, SCHMIDT PC (1984) Technologie pflanzlicher Arzneizubereitungen. Wissenschaftliche Verlagsgesellschaft, Stuttgart, S 385–389

MANN C, STABA EJ (1986) The chemistry, pharmacology, and commercial formulations of Chamomile. In: CRAKER LE, SIMON JE (eds) Herbs, spices, and medicinal plants. Oryx Press, Phoenix, pp 235–280

MATTHIES H (1973) Zentrales Nervensystem. In: HAUSCHILD F (Hrsg) Pharmakologie und Grundlagen der Toxikologie. VEB Thieme, Leipzig, S 620–845

MEER JH VAN, SHUIS WG VAN DER, LABADIE RP (1977) Onderzoek naar de aranbezigheid van valepotriaten in valeriaanpreperaten. Pharm Weekbl 112: 20–27

MEYER HJ (1962) Pharmakologie der wirksamen Prinzipien des Kava-Rhizoms. Arch Int Pharmacodyn 138: 505–536

MEYER HJ (1964) Untersuchungen über den antikonvulsiven Wirkungstyp der Kava-Pyrone Dihydromethysticin und Dihydrokavain mit Hilfe chemisch induzierter Krämpfe. Arch Int Pharmacodyn 150: 118–131

MEYER HJ (1966) Pharmakologie der Kawa-Droge (Piper methysticum). Dissertation, Freiburg

MEYER HJ (1968) Pharmacology of Kava. In: EFRON DH (ed) Ethnopharmacological search for psychoactive drugs. Public Health Service Publication No. 1645. Washington DC, pp 133–140

MEYER HJ, MEYER-BURG J (1963) Antikonvulsive Eigenschaften der Kawa-Wirkstoffe Dihydromethysticin und Dihydrokawain im Elektro- und Chemoschock der Maus. Naunyn Schmiedebergs Arch Exp Path Pharmak 245: 122–123

MEYER HJ, MAY HU (1964) Lokalanästhetische Eigenschaften der Kavapyrone. Klin Wochenschr 42: 407–409

MEYER J, MEYER-BURG J (1964) Hemmung des Elektrokrampfes durch die Kawa-Pyrone Dihydromethysticin und Dihydrokawain. Arch Int Pharmacodyn 148: 97–100

MEYER J, KRETZSCHMAR R (1966) Kawa-Pyrone – eine neuartige Substanzgruppe zentraler Muskelrelaxantien vom Typ des Mephenesins. Klin Wochenschr 44: 902–903

MÖLLER HJ (1992) Kavain (Neuronika). Internist Prax 32: 907–908

MÖLLER HJ, HEUBERGER L (1989) Anxiolytische Potenz von D,L-Kavain. Münch Med Wochenschr 131: 656–659

MÖLLER HJ, ULM K, GLÖGGLER A (1992) Kavain als Hilfe beim Benzodiazepin-Entzug. Münch Med Wochenschr 134: 587–590

MONOGRAPHIE „Baldrianwurzel, Valerianae radix" der Kommission E am BGA. Bundesanzeiger Nr 90 vom 11. 5. 1985, ergänzt in Nr 50 vom 13. 3. 1990

MONOGRAPHIE „Melissenblätter, Melissae folium" der Kommission E am BGA. Bundesanzeiger Nr 228 vom 5. 12. 1984

MONOGRAPHIE „Passionsblumenkraut" der Kommission E am BGA. Bundesanzeiger Nr 50 vom 13. 3. 1990

MONOGRAPHIE „Piper methysticum, Kava-Kava" der Kommission E am BGA. Bundesanzeiger Nr 101 vom 1. 6. 1990

PANIJEL M (1985) Die Behandlung mittelschwerer Angstzustände. Randomisierte Doppelblindstudie zum klinischen Wirksamkeitsvergleich eines Phytotherapeutikums mit Diazepam. Therapiewoche 35: 4658–4668

PFEIFFER CC, MURPHEE HB, GOLDSTEIN L (1967) In: EFRON DH (ed) Pharmacologic search for psychoactive drugs. Raven Press, New York, pp 155–161

POLSTER W, MÜHLHÄUSLER W, WALTHER KU (1993) Therapie mit D,L-Kavain. Eine echte Alternative bei Angststörungen? Therapiewoche 43: 528–532

RASMUSSEN AK, SCHELINE RR, SOLHEIM E, HÄNSEL R (1979) Metabolism of some Kava Pyrones in the rat. Xenobiotica 9: 1–16

REYNOLDS JEF (ed) (1989) Martindale The Extra Pharmacopeia, 29th ed. The Pharmaceutical Press, London, p 1064

SALETU B, GRÜNBERGER J, LINZMAYER L (1989) EEG-brain mapping, psychometric and psychological studies on central effects of kavain – a kava plant derivative. Hum Psychopharmacol 4: 169–190

SCHMIDT-VOIGT (1986) Die Behandlung nervöser Schlafstörungen und innerer Unruhe mit einem rein pflanzlichen Sedativum. Therapiewoche 36: 663–667

SCHWABE W (1991) Fachinformation zu Laitan. Dr. Willmar Schwabe GmbH, Karlsruhe

SCHOLING WE, CLAUSEN HD (1977) Über die Wirkung von D,L-Kavain. Med Klin 72: 1301–1306

SIEGEL RK (1976) Herbal intoxication. Psychoactive effects from herbal cigarettes, tea, and capsules. JAMA 236: 473–476

SINGH YN (1983) Effects of kava on neuromuscular transmission and muscle contractility. J Ethnopharmacol 7: 267–276

STAEDT U, HOLM E, HEEP J, RIENMÜLLER S, KORTSIK C, STEINER G (1991) Zum Wirkungsprofil von D,L-Kavain. Medwelt 42: 881–891

STEGER W (1985) Depressive Verstimmungen. Randomisierte Doppelblindstudie zum Wirksamkeitsvergleich einer pflanzlichen Wirkstoffkombination und eines synthetischen Antidepressivums. Z Allg Med 61: 914–918

STOCKER HR (1967) Sedative und hypnogene Wirkung des Hopfens. Schweizer Brauerei Rundschau 78: 80–89

SUKYASYAN A (1974) The effect of kavaine and magnesium orotate combination in the psycho-organic disorders of the elderly. N Istanbul Contrib Clin Sci 13: 103–111

TORTAROLO M, BRAUN R, HÜBNER GE, MAURER HR (1982) In vitro effects of epoxide-bearing valepotriates on mouse early hematopoietic progenitor cells and human T-lymphocytes. Arch Toxicol 51: 37-4

TYLER VE (1992) The honest herbal, 3rd ed. Pharmaceutical Products Press, New York London Norwood, pp 175–176

UNGER L (1988) Veränderungen psychovegetativer Beschwerden mit Kavain. Therapiewoche 38: 3171–3174

VOLZ HP, HÄNSEL R (1995) Phytopharmaka in der psychiatrischen Pharmakotherapie – Klinische Studien und Indikationsgebiete. Psychopharmakotherapie (im Druck)

WAGNER H, SPRINKMEYER L (1973) Über die Wirkung von Melissengeist. Dtsch Apotheker 113: 1159–1166

WARNECKE G (1991) Psychosomatische Dysfunktionen im weiblichen Klimakterium. Klinische Wirksamkeit und Verträglichkeit von Kava-Extrakt WS 1490. Fortsch Med 109: 119–122

WEISS H, KALLISCHNIGG G (1991) Ginkgo-biloba-Extrakt (EGb 761). Münch Med Wochenschr 10: 138–142

WIDMAIER W (1986) Pflanzenheilkunde. Biologisch-medizinische Verlagsgesellschaft, Schorndorf, S 94

WOELK H (1993) Behandlung von Angst-Patienten. Kava-Spezialextrakt WS 1490 bei Angst-Patienten im Vergleich zu den Benzodiazepinen Oxazepam und Bromazepam – eine Doppelblindstudie in ärztlichen Praxen. Z Allg Med 69: 271–217

WOHLFART R, HÄNSEL R, SCHMIDT H (1983) Nachweis sedativ-hypnotischer Wirkstoffe im Hopfen, 4. Mittlg. Planta Med 48: 120–123

Neuro-Psychopharmaka, Bd. 2
Riederer P. / Laux G. / Pöldinger W. (Hrsg.)

7 Ältere Psychosedativa, sonstige Hypnotika

7.1 Antihistaminika

K. Broich

Die Antihistaminika werden in Histamin-H_1-, H_2- und H_3-Rezeptorblocker unterschieden. H_1-Rezeptoren finden sich im Zentralnervensystem (ZNS), an den Blutgefäßen und in den mukösen Membranen der oberen Luftwege. H_2-Rezeptoren wurden vornehmlich am Gastrointestinaltrakt nachgewiesen, wurden aber auch im ZNS isoliert. H_3-Rezeptoren wurden hauptsächlich im ZNS dargestellt. Die H_3-Rezeptoren scheinen die Freisetzung von Histamin aus histaminergen Neuronen zu regulieren, werden von den klassischen Antihistaminika aber nur wenig beeinflußt (Garrison 1991, Montgomery und Deuster 1993, Schwartz et al. 1986). Während die H_1-Rezeptorblocker ihr Hauptanwendungsgebiet heute v.a. bei allergischen Erkrankungen und der Bewegungskrankheit haben, werden H_2-Rezeptorblocker (Cimetidin, Ranitidin) bei gastroduodenalen Krankheitsbildern eingesetzt.

Der erste therapeutisch genutzte H_1-Rezeptorblocker Phenbenzamin wurde 1942 in Frankreich hergestellt, kurze Zeit später wurde in den USA **Diphenhydramin** synthetisiert. Die Anwendung der H_1-Antihistaminika bei Angst- und Spannungszuständen, Schmerzsyndromen, psychosomatischen Krankheitsbildern und Schlafstörungen beschränkt sich heute auf die folgenden Antihistaminika der 1. Generation: **Diphenhydramin, Doxylamin** und **Hydroxyzin.** Durch die Verfügbarkeit der unterschiedlichen Benzodiazepinpräparate hat die Bedeutung der H_1-Rezeptorblocker in der Therapie der zuvor aufgeführten psychiatrischen oder psychosomatischen Erkrankungen deutlich abgenommen, in Einzelfällen stellen sie aber eine mögliche Alternative bei Gegenanzeigen gegen Benzodiazepine dar.

Da die ZNS-Wirkungen der H_1-Antihistaminika bei den heutigen Hauptindikationsgebieten der allergischen und entzündlichen Erkrankungen eher als reine Nebenwirkungen gesehen wurden, sind sogenannte H_1-Rezeptorblocker der 2. Generation (Cetirizin, Terfenadin) entwickelt worden, die aufgrund ihrer Hydrophilie im Gegensatz zu den oben genannten lipophilen H_1-Rezeptorblockern der 1. Generation kaum noch Wirkung an zentralnervösen Rezeptorsystemen entfalten (LEVANDER et al. 1991, MONTGOMERY und DEUSTER 1993, SORKIN und HEEL 1985).

7.1.1 *Pharmakologie*

Pharmakokinetik

Die H_1-Rezeptorblocker werden aus dem Magen-Darm-Trakt fast vollständig resorbiert (GARRISON 1991). **Diphenhydramin** hat eine Halbwertszeit von ca. 6 Stunden und einen pharmakologisch aktiven Metaboliten. 2 Stunden nach der Einnahme von 50 mg Diphenhydramin sind Plasmaspiegel von 150 ng/ml zu erwarten.

Doxylamin hat eine Halbwertszeit von 10 Stunden, maximale Plasmaspiegel werden nach 24 Stunden erreicht (FRIEDMAN und GREENBLATT 1985). Ca. 60% der eingenommenen Doxylamin-Dosis werden unverändert über den Urin ausgeschieden (GIELSDORF und SCHUBERT 1981).

Die Ausscheidung von **Hydroxyzin** verläuft bei Erwachsenen zweiphasig, die Halbwertszeit der 1. Phase beträgt etwa 3 Stunden, die Eliminationshalbwertszeit liegt bei ca. 20 Stunden. Maximale Plasmaspiegel werden nach ca. 2 Stunden erreicht (SIMONS et al. 1984). Hydroxyzin und seine Metabolite werden hauptsächlich biliär ausgeschieden (PONG und HUANG 1974), bei Lebererkrankungen ist die Ausscheidung entsprechend verzögert (SIMONS et al. 1989).

7.1.2 *Neurobiochemie, Wirkmechanismus*

Histamin wurde 1927 als eine Substanz mit potenten vasodepressorischen und stimulierenden Eigenschaften auf die glatte Muskulatur entdeckt. Seither wurde die Rolle von Histamin bei allergischen Reaktionen, Regulation der Säuresekretion des Magens und als Neurotransmitter untersucht (GARRISON 1991).

Histamin wurde im ZNS in einer Gesamtkonzentration von 50–70 ng/g nachgewiesen, die höchste Histamin-Konzentration befindet sich im Hypothalamus. Immunhistochemisch wurden histaminerge Kerngebiete in der Nähe der inneren und äußeren Liquorräume am Dach des dritten Ventrikels und in der Nähe des ventrolateralen Kortex sowie im Hypothalamus gefunden. Von diesen Kerngebieten gehen multiple Projektionen zu limbischen Strukturen und zum Hippocampus (POLLARD und SCHWARTZ 1987).

Ähnlich dem Noradrenalin hemmt Histamin lokal appliziert in den meisten Hirnregionen die neuronale Aktivität, während im Hippocampus exzitatorische Impulse verstärkt werden (HAAS 1985). Werden Neurone in Zellkulturen in vitro mit Histamin in höherer Dosierung gespült, überwiegen dagegen exzitatorische Impulse dieser Neurone (HAAS 1985). Intraventrikuläre Applikation von Histamin führt zu einer EEG-Aktivierung, Histamin wird daher auch als „Weckamin" bezeichnet (SCHWARTZ et al. 1986).

Hohe Konzentrationen von Histamin und Rezeptordichte von H_2-Rezeptoren im Hypothalamus spielen eine Rolle bei der Kontrolle der Nahrungsaufnahme, der Blutdruckkontrolle und der Thermoregulation. Zentrale H_1- und H_2-Rezeptoren beeinflussen Second-messenger-Systeme mit Erhöhung des zyklischen AMP, entweder über die Adenylat-Zyklase (vorwiegend H_2-Rezeptoren) oder das Inositol-Triphosphat-System (vorwiegend H_1-Rezeptoren), die spezielle Funktion dieser Wirkungen ist aber nicht bekannt. Zentrale Wirkungen von klinischer Relevanz der H_2-Rezeptorblocker wurden bisher bei deren therapeutischer Anwendung nicht beobachtet (GREEN 1989, WEBSTER 1989).

Zentrale Angriffspunkte der klassischen H_1-Rezeptorblocker sind das limbische System, der Hypothalamus und die Formatio reticularis. Neben der antihistaminischen Wirkung haben diese Substanzen deutliche adrenolytische und anticholinerge (muskarinerge) Wirkungen.
Aufgrund ihrer chemischen Eigenschaften lassen sich insgesamt 6 Klassen der klassischen H_1-Rezeptorblocker unterscheiden. **Hydroxyzin** gehört zu den Piperazinderivaten (Diphenylmethanderivat), die durch eine längere Wirkdauer charakterisiert sind, während **Diphenhydramin** und **Doxylamin** zu den Äthanolaminen zählen, die signifikante muskarinerge und sedative Wirkeigenschaften haben (GARRISON 1991, TRZECIAKOWSKI et al. 1988).
Aufgrund ihrer Lipophilie passieren diese klassischen H_1-Rezeptorblocker die Blut-Hirnschranke und fungieren als reversible und kompetitive Antagonisten der zentralen H_1-Rezeptoren. Eine zentrale Blockade der H_1-Rezeptoren führt beim Menschen zu Somnolenz bzw. Sedierung, Gewichtszunahme und hypotonen Blutdruckwerten. Diese H_1-vermittelte Wirkung ist auch von antihistaminerg wirksamen Antidepressiva bekannt (BLACKWELL 1981).
Zusammenfassend läßt sich festhalten, daß der genaue Wirkmechanismus von H_1-Rezeptorblockern zwar nicht in allen Einzelheiten bekannt ist, die stimulierende Wirkung von Histamin an den zentralen H_1-Rezeptoren wird aber antagonisiert (GARRISON 1991, GREEN 1989, HAAS 1985).

7.1.3 Klinik

Indikationen

Die H_1-Rezeptorblocker sind bei Angst- und Spannungszuständen, Schlafstörungen, Unruhezuständen, Schmerzsyndromen und in der Prämedikation vor chirurgischen Eingriffen eingesetzt worden. Durch die Abnahme der Bedeutung dieser Substanzen in der Therapie der genannten Störungen durch den Einsatz der Benzodiazepine gibt es insgesamt nur wenige Untersuchungen, die die entsprechenden Indikationsgebiete überprüft haben, von diesen werden nur einige den heutigen Anforderungen an klinische Studien gerecht.
Am besten untersucht ist **Hydroxyzin** bei Patienten mit Angststörungen (BARRANCO und BRIDGER 1977), dabei sind aber die starke Heterogenität der Patientenkollektive und die unterschiedlichen diagnostischen Kriterien zu berücksichtigen. In den verschiedenen Studien zeigte Hydroxyzin ein positives Therapieergebnis mit deutlicher Angstminderung in 60 bis 91% der untersuchten Patienten (ALEXANDER 1960, BRESLOW 1968, CLYNE et al. 1968, RICKELS et al. 1970, SHALOWITZ 1961). Nach einer Untersuchung von CHOUSSAT (1984) besserte sich bei 77% der untersuchten 6249 Patienten mit Angststörungen die Symptomatik mit gutem oder sehr gutem Behandlungsergebnis. In der Studie war die Hamilton-Angst-Skala eingesetzt worden, die Scores waren nach 15-tägiger Therapie mit 50 mg Hydroxyzin für die psychische wie die somatische Symptomatik um 50% reduziert.
FRANSSEN et al. (1992) verglichen die anxiolytische Wirkung von Alprazolam (1 mg) und Hydroxyzin (75 mg) in der Prämedikation vor chirurgischen Eingriffen bei 65 Patienten. Eine signifikante Anxiolyse zeigte sich nur nach Prämedikation mit Alprazolam, Hydroxyzin führte aber zu mehr Nebenwirkungen.
Die schlaffördernde Wirkung von **Diphenhydramin** wurde von KUDO und KURIHARA (1990) bei 144 psychiatrischen Patienten mit Schlafstörungen untersucht. Dosen von 12,5 mg, 25 mg und 50 mg Diphenhydramin zur Nacht führten zu einer zufriedenstellenden Besserung der Schlafstörung in 60–67,4% der Patienten, wobei keine Effektivitätsunterschiede zwischen den verabreichten Dosen nachweisbar waren. Ein Einfluß der Diphenhydramin-Dosis zeigte

sich nur bei nicht mit Hypnotika vorbehandelten Patienten. In einer früheren Studie der Autoren (KUDO et al. 1989) war ein optimaler Therapieeffekt auf Schlafstörungen bei einer Dosis von 50 mg Diphenhydramin gefunden worden, der sich durch eine Dosiserhöhung auf 75 mg Diphenhydramin nicht weiter verbessern ließ. BOBELY und YOUMBI-BALDERER fanden dagegen nur eine geringe hypnotische Wirksamkeit von Diphenhydramin in diesem Dosisbereich. Eine Toleranzentwicklung gegen die sedativen Effekte nach einigen Wochen Therapie wurde von REDESTEIN (1984) berichtet.
Doxylamin war in einer Dosis von 25–50 mg zur Nacht signifikant besser wirksam als Placebo bei Patienten mit chronischer Insomnie und zeigte eine vergleichbare Wirkung wie Secobarbital (100 oder 200 mg zur Nacht) (SJÖQVIST und LASAGNA 1967).

Dosierung

Hydroxyzin wird bei Angst- und Spannungszuständen in einer Dosis von 37,5–75 mg pro Tag verteilt auf drei Einzeldosen eingesetzt, bei Schlafstörungen werden 50–75 mg zur Nacht empfohlen und in der Prämedikation vor chirurgischen Eingriffen werden 50 mg am Vorabend der Operation verordnet.
Bei Ein- und Durchschlafstörungen wird **Diphenhydramin** in einer Dosis von 50 mg und **Doxylamin** in einer Dosis von 25–50 mg jeweils 15 bis 30 Minuten vor dem Schlafengehen empfohlen.

Unerwünschte Wirkungen, Kontraindikationen, Überdosierung, Intoxikation

Zusammenfassend ist die anxiolytische und schlafinduzierende Wirkung der H_1-Rezeptorblocker im Vergleich zu den Benzodiazepinen geringer ausgeprägt, ihre Toxizität allerdings ist höher als bei Benzodiazepinen oder ähnlich wirksamen Substanzen (BERNSTEIN 1988, PRESTON et al. 1992, ROTH et al. 1987). Zu den häufigsten Nebenwirkungen der H_1-Rezeptorblocker gehören Mundtrockenheit, Müdigkeit und Konzentrationsstörungen (20–35%), Schwindelerscheinungen, motorische Unruhe, Tremor und Schlaflosigkeit. Blutbildveränderungen treten nur sehr selten auf (CARRUTHERS et al. 1978, GARRISON 1991, LEVANDER et al. 1985). Bei höherer Dosierung der H_1-Rezeptorenblocker können bei prädisponierten Patienten die zentralen anticholinergen Wirkungen zu deliranten Zuständen führen, die peripheren anticholinergen Nebenwirkungen können wie trizyklische Antidepressiva Glaukomanfall und Harnverhalt hervorrufen, dies gilt v.a. für die Äthanolamine **Doxylamin** und **Diphenhydramin.**
Hydroxyzin führte in einer doppelblinden, dreifach-crossover Studie mit Lorazepam und Placebo zu einer meßbaren Sedation wie Lorazepam, führte aber nicht zu meßbaren Veränderungen der Aufmerksamkeit und von Gedächtnisleistungen wie unter Lorazepam (DE BRABANDER und DEBERDT 1990). Von SEIDEL et al. (1990) wurden Sedation und Schläfrigkeit nach Gabe von Cetirizin, Hydroxyzin oder Placebo quantitativ bestimmt und mit EEG-Veränderungen korreliert. Nach Hydroxyzin zeigte sich signifikant häufiger eine deutliche Sedation mit entsprechenden EEG-Veränderungen als unter Cetirizin und Placebo.
Diphenhydramin führt zu starker Photosensibilisierung. Kasuistische Mitteilungen beschrieben das Auftreten von Dyskinesien unter Diphenhydramin und anderen H_1-Rezeptorblockern (JANET und LAL 1985, THACH et al. 1975), systematische Untersuchungen hierzu liegen aber nicht vor.
In zahlreichen Studien wurde der Einfluß der verschiedenen H_1-Rezeptorblocker auf Reaktionszeit und Verhalten im Straßenverkehr untersucht. So verglichen GENGO und MANNING (1990) **Diphenhydramin, Hydroxyzin, Cetirizin** und Placebo miteinander. Hydroxyzin und Diphenhydramin führten zu deutlichen Beeinträchtigungen psychomotorischer Testleistungen und zu

Fehlleistungen im Fahrsimulator im Vergleich zu Cetirizin oder Placebo. COHEN et al. (1984) fanden im Fahrsimulator keine Beeinträchtigung der Fahrtüchtigkeit bei zwölf Probanden nach Dosen von 25–100 mg **Diphenhydramin** im Vergleich zu Placebo, allerdings klagten alle Probanden bei allen Dosen über eine subjektive Sedation unter Diphenhydramin und alle Probanden zeigten unter Verum signifikante Abnahmen in neuropsychologischen Testleistungen. Ähnliche Befunde mit Verschlechterung neuropsychologischer Testbefunde nach Einnahme von Diphenhydramin wurden auch von anderen Arbeitsgruppen erhoben (LINES et al. 1992, MATTILA et al. 1986). Im Vergleich zu Terfenadin, einem H_1-Rezeptorblocker der 2. Generation, führte **Hydroxyzin** zu einer deutlichen Verlängerung der Reaktionszeiten und zeigte auch signifikant häufiger Nebenwirkungen wie Benommenheit, Mundtrockenheit und erhöhte Irritabilität (GOETZ et al. 1989).

KÖPPEL et al. (1987a) werteten die klinische Symptomatik von 109 Patienten aus, die **Doxylamin** in suizidaler Absicht in höherer Dosis eingenommen hatten. Bei zwei Dritteln der Fälle lag der gemessene Plasmaspiegel um das 10–40fache über dem therapeutischen Plasmaspiegel. Die häufigsten Symptome bestanden in einer Bewußtseinstrübung (ca. 50% der Fälle), zerebralen Anfällen, tachykarden Herzrhythmusstörungen, Mydriasis und „psychoseähnlichen Zuständen" (12% der Fälle), die an einen katatonen Stupor erinnerten. Eine besonders schwerwiegende Komplikation war das Auftreten einer Rhabdomyolyse mit Nierenfunktionsstörung bis zum akuten Nierenversagen bei einem Patienten. 39% der Patienten zeigten keine signifikanten Nebenwirkungen der Doxylamin-Einnahme, eine Korrelation zwischen Plasmaspiegeln und klinischer Symptomatik ließ sich nicht nachweisen. In einer weiteren Publikation berichteten die Autoren (KÖPPEL et al. 1987) von insgesamt 7 Fällen einer Rhabdomyolyse bei insgesamt 442 Patienten mit einer Doxylamin-Überdosierung, zwei aktuelle Publikationen bestätigen dies (FRANKEL et al. 1993, SOTO et al. 1993).

KÖPPEL et al. (1987a) erwähnten in ihrer Arbeit, daß sie ein vergleichbares klinisches Symptomspektrum bei 136 Fällen von **Diphenhydramin**-Intoxikationen nachweisen konnten, mehrere dieser Patienten zeigten ebenfalls einen „katatonen Stupor". Nach Diphenhydramineinnahme wurde ebenfalls über das Auftreten einer Rhabdomyolyse berichtet (STEINHOFF et al. 1985, HAMPEL et al. 1983).

Kontraindikationen für H_1-Rezeptorblocker bestehen in einer Alkoholintoxikation, bzw. bei Intoxikation mit sedierenden Medikamenten, bei Engwinkelglaukom und Blasenentleerungsstörungen mit Restharnbildung. Für Diphenhydramin bestehen relative Kontraindikationen zusätzlich noch bei Epilepsie, Asthma bronchiale und bei Magen- und Duodenal-Ulcera.

Interaktionen

Systematische Untersuchungen zu Interaktionen mit anderen Psychopharmaka liegen nicht vor, grundsätzlich wird aber die sedative Wirkung von Psychopharmaka verstärkt. Das gehäufte Auftreten anticholinerger Effekte in Kombination mit tri- und tetrazyklischen Antidepressiva muß berücksichtigt werden, v.a. bei älteren Patienten. Nach den bisher vorliegenden Daten sollten H_1-Rezeptorblocker nicht mit irreversiblen MAO-Hemmern kombiniert werden, da die Wirksamkeit der H_1-Rezeptorblocker verlängert wird (BLACKWELL 1981). **Hydroxyzin** führt zu einer Wirkungsabschwächung von Phenytoin.

Praktische Durchführung, allgemeine Behandlungsrichtlinien

Zusammenfassend läßt sich sagen, daß die Antihistaminika zwar bei Angststörungen (**Hydroxyzin** 37,5–75 mg/die) und auch Schlafstörungen (**Diphenhydramin** 50 mg

zur Nacht; 25–50 mg zur Nacht) wirksam sind, bei adäquater Anwendung von Benzodiazepinen aber nur noch selten eine Indikation für die Verordnung dieser Substanzen besteht. Bei Schlafstörungen stehen mit den sedierenden Antidepressiva und den niedrigpotenten Neuroleptika weitere Alternativen zur Verfügung.
Aufgrund der geringeren Toleranzentwicklung und eines zu vernachlässigenden Suchtpotentials der H_1-Rezeptorblocker sind diese Substanzen bei Patienten mit einer Abhängigkeitsproblematik evtl. eine Alternative zu Benzodiazepinen. Hinzuweisen ist in diesem Zusammenhang allerdings auf – zwar sehr seltene – kasuistische Mitteilungen, in denen aber auch bei H_1-Rezeptorblockern eine Toleranzentwicklung- (REGESTEIN 1984, MANNING et al. 1992) bzw. Abhängigkeitsproblematik (FELDMAN und BEHAR 1986) berichtet wurde.
In Anbetracht der Nebenwirkungen der klassischen H_1-Antihistaminika ist der freie Verkauf von Präparaten, die diese Stoffe allein oder in Kombination enthalten, nicht unproblematisch.

Literatur

ALEXANDER AD (1960) Evaluation of an ataractic (hydroxyzine) in 2025 patients as an adjunct in oral surgery. W Va Dent J 34: 56–59

BARRANCO SF, BRIDGER W (1977) Treatment of anxiety with oralhydroxyzine: an overview. Curr Ther Res 22: 217–227

BERNSTEIN JG (1988) Handbook of drug therapy in psychiatry. Year Book, 2nd edn. Medical Publishers, Chicago, pp 394–396

BLACKWELL B (1981) Second generation antidepressants and rational decision making in antidepressant therapy. Drugs 21: 273–282

BORBELY AA, YOUMBI-BALDERER G (1987) Effect of diphenhydramine on subjective sleep parameters and on motor activity during bedtime. Int J Clin Pharmacol Ther Toxicol 26: 392–396

BRESLOW IH (1968) Evaluation of hydroxyzine pamoate concentrate as an ataractic: a double-blind crossover study in a neurotic male prison group. Curr Ther Res 10: 421–427

CARRUTHERS SG, SHOEMAN DW, HIGNITE CE, AZARNOFF DL (1978) Correlation between plasma diphenhydramine level and sedative antihistamine effects. Clin Pharmacol Ther 23: 375–382

CHOUSSAT H (1984) Essai therapeutique de l'hydroxyzine dans les manifestations somatiques et psychiques de l'anxiete. La Vie Medicale 26: 1157–1165

CLYNE MB, FREELIN R, GINSBORG S (1968) A comparative trial between two tranquilizers. Practitioner 201: 496–498

COHEN AF, POSNER J, ASHBY L, SMITH R, PECK AW (1984) A comparison of methods for assessing the sedative effects of diphenhydramine on skills related to car driving. Eur J Clin Pharmacol 27: 477–482

COHEN AF, POSNER J, ASHBY L, SMITH R, PECK AW (1987) A comparison of methods for assessing the sedative effects of diphenhydramine on skills related to car driving. Eur J Clin Pharmacol 27: 477–482

DE BRABANDER A, DEBERDT W (1990) Effect of hydroxyzine on attention and memory. Hum Psychopharmacol 5: 357–362

FELDMAN MD, BEHAR M (1986) A case of massive diphenhydramin abuse and withdrawal from use of the drug. JAMA 255: 3119–3120

FRANKEL D, DOLGIN J, MURRAY BM (1993) Nontraumatic rhabdomyolysis complicating antihistamine overdose. J Toxicol Clin Toxicol 31: 493–496

FRANSSEN C, HANS P, BRICHANT JF, NOIROT D, LAMY M (1992) Comparison between alprazolam and hydroxyzine for oral premedication. Can J Anaesth 40: 13–17

FRIEDMAN H, GREENBLATT DJ (1985) The pharmacokinetics of doxylamine: use of automated gas chromatography with nitrogen-phosphorus detection. J Clin Pharmacol 25: 448–451

GARRISON JC (1991) Histamine, Bradykinin 5-Hydroxytryptamine, and their antagonists. In: GOODMAN and GILMAN'S the pharmacological basis of therapeutics. McGraw-Hill, New York, pp 575–599

GENGO FM, MANNING C (1990) A review of the effects of antihistamines on mental processes related to automobile driving. J Allerg Clin Immunol 186: 1034–1039

Gielsdorf W, Schubert K (1981) Zum Stoffwechsel des Doxylamin: Isolierung und Synthese einiger Metabolite. J Clin Chem Clin Biochem 19: 485–490

Goetz DW, Jacobson JM, Murnane JE et al. (1989) Prolongation of simple and choice reaction times in a double blind comparison of twice-daily hydoxyzine versus terfenadine. J Allerg Clin Immunol 84: 316–322

Goldberg HL, Finnerty RJ (1973) The use of hydroxyzine in the treatment of anxiety neurosis. Psychosomatics 14: 38–41

Green JP (1989) Histamine and serotonin. In: Siegel G, Agranoff B, Albers RW, Molinoff P (eds) Basic neurochemistry, 4th edn. Raven Press, New York, pp 253–269

Haas HC (1985) Histamine actions in the mammalian central nervous system. Adv Biosci 51: 215–224

Hampel G, Horstkotte K, Rumpf KW (1983) Myoglobinuric renal failure due to drug induced rhabdomyolysis. Hum Toxicol 2: 197–201

Janet B, Lal S (1985) Tardive dyskinesia uncovered after ingestion of Sominex®, an over the counter drug. Can J Psychiatry 46: 370–371

Köppel C, Ibe K, Oberdisse U (1987) Rhabdomyolysis in doxylamine overdose. Lancet i: 442–443

Köppel C, Tenczer J, Ibe K (1987a) Poisoning with over-the-counter doxylamine preparations: an evaluation of 109 cases. Hum Toxicol 6: 355–359

Kudo Y, Kurihara M (1990) Clinical evaluation of diphenhydramine hydrochloride for the treatment of insomnia in psychiatric patients: a double-blind study. Clin Pharmacol 30: 1041–1048

Kudo Y, Sakai T, Kawakita Y (1989) A clinical evaluation of hypnotic efficacy of antihistaminic, diphenhydramine hydrochloride, in Japan. J Clin Ther Med 5: 1047–1074

Levander S, Hägermark Ö, Stahle M (1985) Peripheral antihistamine and central sedative effects of three H_1-receptor antagonists. Eur J Clin Pharmacol 28: 523–529

Levander S, Stahle-Bäckdahl M, Hägermark Ö (1991) Peripheral antihistamine and central sedative effects of single and continous oral doses of cetirizine and hydroxyzine. Eur J Clin Pharmacol 41: 435–439

Lines C, Dawson C, Ambrose J, Panebianco D, Cheng K, Traub M (1992) Investigation of the sedative and cognitive effects of cyclobenzaprine compared with diphenhydramin and placebo using a computerized test battery. Drug Dev Res 27: 33–44

Manning C, Scandale L, Manning EJ, Gengo FM (1992) Central nervous system effects of meclizine and dimenhydrinate. J Clin Pharmacol 32: 996–1002

Mattila MJ, Mattila M, Konno K (1986) Acute and subacute actions on human performance and interactions with diazepam of temelastine and diphenhydramine. Eur J Clin Pharmacol 31: 291–298

Montgomery LC, Deuster PA (1993) Effects of antihistamine medications on exercise performance. Sports Med 15: 179–195

Pollard H, Schwartz JC (1987) Histamin neuronal pathways and their function. Trends Neurosci 10: 86–89

Pong SF, Huang CL (1974) Comparative studies on distribution, excretion, and metabolism of hydroxyzine-3H and its methiodide-14C in rats. J Pharmacol Sci 63: 1527–1532

Preston KL, Wolf B, Guarino JJ, Griffiths RR (1992) Subjective and behavioral effects of Diphenhydramine, lorazepam and methocarbamol: evaluation of abuse liability. J Pharmacol Exp Ther 262: 707–720

Regestein QR (1984) Treatment of insomnia in the elderly. In: Salzman C (ed) Clinical geriatric psychopharmacology. Mc Graw Hill, New York, pp 149–170

Rickels K, Gordon PE, Zamostien BB et al. (1970) Hydroxyzine and chlordiazepoxide in anxious neurotic outpatients – a collaborative controlled study. Compr Psychiatry 11: 457–474

Roth T, Roehrs T, Koshorek G, Sicklesteel J, Zorick F (1987) Sedative effects of anthistamines. J Allerg Clin Immunol 60: 94–98

Schwartz JC, Amarg JM, Jasbarg M (1986) Three classes of histamine receptors in brain. Trends Pharmacol Sci 7: 24–28

Seidel WF, Cohen S, Bliwise NG, Dement WC (1990) Direct measurement of daytime sleepiness after administration of cetirizine and hydroxyzine with a standardized electroencephalographic assessment. J Allerg Clin Immunol 86: 1029–1033

Shalowitz M (1961) Evaluation of an ataractic (hydroxyzine) in long term therapy. Int Rev Med 174: 357–361

Simons FER, Simons KJ, Frith EM (1984) The pharmacokinetics and antihistaminic of the H_1 receptor antagonist hydroxyzine. J Allerg Clin Immunol 73: 69–75

Simons FER, Watson WTA, Chen XY, Minuk GY, Simons KJ (1989) The pharmacokinetics and pharmacodynamics of hydroxyzine in patients with primary biliary cirrhosis. J Clin Pharmacol 29: 809–815

Sjöqvist F, Lasagna L (1967) The hypnotic efficacy of doxylamine. Clin Pharm Ther 8: 48–54

Sorkin EM, Heel RC (1985) Terfenadine: a review of its pharmacodynamic properties and therapeutic efficacy. Drugs 29: 34–56

Soto LF, Miller CH, Ognibere AJ (1993) Severe rhabdomyolysis after doxylamine overdose. Postgrad Med 93: 227–229

Steinhoff J, Kirschstein M, Castan H, Sack K (1985) Akutes oligurisches Nierenversagen nach Rhabdomyolyse durch Diphenhydramin. Dtsch Med Wochenschr 110: 2000

Thach BT, Chase TN, Bosma JF (1975) Oral facial dyskinesia associated with prolonged use of antihistaminic decongestants. N Engl J Med 293: 486–487

Trzeciakowski JP, Mendelsohn N, Levi R (1988) Antihistamines. In: Middleton J et al. (eds) Allergy. Principles and practice, vol 1, 3rd edn. CV Mosby, Washington, pp 715–738

Webster RA (1989) Trace amines and other possible mediators in the central nervous system. In: Webster RA, Jordan CC (eds) Neurotransmitters, drugs and disease. Blackwell, Oxford, pp 156–158

7.2 Barbiturate

A. Miretzky

Barbiturate sind als Diureide Derivate der Barbitursäure. Die Synthese von Barbitursäure (auch Malonylharnstoff genannt) gelang erstmalig ADOLF VON BAEYER 1863 durch Kondensation von Harnstoff mit Malonsäure. Um die Entstehung der Bezeichnung „Barbitursäure“ ranken verschiedene Legenden. Eine davon besagt, daß BAEYER am Tage der heiligen Barbara die Entdeckung seiner Substanz in einem nahegelegenen Lokal gefeiert und den Begriff aus der Verschmelzung der Worte „Barbara“ und „Urea“ abgeleitet habe.

Mit der Synthese des ersten Barbiturates, Barbital (5,5-Diethylbarbitursäure) begann 1903 gemessen an den damals zur Verfügung stehenden Medikamenten eine neue Therapie-Ära (FISHER et al. 1903). Insgesamt wurden durch Substitution des selbst nicht sedativ-hypnotisch wirksamen Barbitursäuremoleküls mehr als 2500 Verbindungen hergestellt, von denen über 50 schließlich in den Handel gelangten (HARVEY 1985). Barbiturate wurden u.a. zur Durchführung von Schlafkuren verwendet und stellten bis zur Einführung der Benzodiazepin-Hypnotika zu Anfang der 60er Jahre die am häufigsten verwendeten Schlafmittel dar. In den USA und im deutschsprachigen Raum besitzen alle Barbiturate die Endung „-al“, während im Bereich des Britischen Commonwealth die Endsilbe „-one“ verwendet wird.

7.2.1 Pharmakologie

Pharmakokinetik

Als Hypnotika werden Barbiturate in der Regel oral verabreicht und nach Applikation schnell und zuverlässig resorbiert. Die Resorption beginnt bereits im Magen, wo sie infolge des niedrigen pH-Wertes zu mehr als 90% in der nicht ionisierten, lipidlöslichen Form vorliegen. Überwiegend werden Barbiturate jedoch im Dünndarm resorbiert. Vorherige Nahrungsaufnahme verzögert zwar durch Verringerung der Absorptionsrate den Wirkungseintritt, beeinflußt aber nicht die Bioverfügbarkeit. Im Blut wird ein unterschiedlich großer Anteil (5% bei Barbital, 25% bei Cyclobarbital, 40–60% bei Amobarbital und Phenobarbital, 60–70% bei Pentobarbital) an Plasmaalbumine gebunden (LOUS 1954, EHRNERBO 1974, HARVEY 1985).

Der nicht an Albumin gebundene Anteil der Barbiturate liegt zu etwa 50% in der nicht ionisierten Form vor. Diese Fraktion durchdringt die Blut-Hirn-Schranke und verteilt sich in lipophilen Geweben (PRICE 1960). Die Anreicherung in Zell-Lipiden führt zu deutlichen Differenzen zwischen Verteilungs- und Eliminationshalbwertszeit. Der freie Anteil der Barbiturate durchdringt die Plazenta-Schranke und erreicht im fetalen Blut den maternalen Plasmakonzentrationen entsprechende Werte (HARVEY 1985).

In der Niere gelangt der freie Anteil der Barbiturate in das Ultrafiltrat, wird aber bei niedrigem pH rasch tubulär reabsorbiert (DORFMAN et al. 1947). Durch Alkalisierung

des Harns läßt sich die Reabsorption vermindern.
Der Abbau der Barbiturate erfolgt vorwiegend im endoplasmatischen Retikulum der Leberzelle (PRATT 1933, SHIDEMAN et al. 1949). Nach Dealkylierung (BUTLER 1952) oder Desulfierung (SÖRING et al. 1956) entstehende Metaboliten sind oft noch hypnotisch wirksam (MARK 1963). Dagegen sind die durch Oxidation entstehenden Ketone (FRETWURST et al. 1933), Alkohole (MAYNERT et al. 1949) und Carbonsäuren (BRODIE et al. 1950, 1951) um ein vielfaches hydrophiler und damit unwirksam. Die Oxidationsprodukte werden rasch renal eliminiert (MARK 1963).
Cyclobarbital (5-(1-Cyclohexenyl)-5-äthylbarbitursäure) ist mit einer *Halbwertszeit* (HWZ) von 8–17 h ein relativ kurz wirksames Barbiturat (BRILMEYER 1962). *Amobarbital* (5-Äthyl-5-isopentylbarbitursäure, HWZ 8–42 h), *Pentobarbital* (5Äthyl-5-(1-methylbutyl)-barbitursäure, HWZ 15–48 h) und *Vinylbital* (5-(1-Methylbutyl)-5-vinylbarbitursäure, HWZ 18–33 h) zählen zu den mittellang wirksamen Präparaten (BRODIE et al. 1963, FAZEKAS et al. 1956, BALASUBRAMANIAM et al. 1970, EHRNERBO 1974, HARVEY 1985). Ein lang wirksames Barbiturat ist *Phenobarbital* (5-Äthyl-5-phenylbarbitursäure, HWZ 72–120 h) (LOUS et al. 1954).

Experimentelle und klinische Pharmakologie

Das Barbitursäuremolekül (2,4,6-Trioxohydropyrimidin) kommt in verschiedenen tautomeren Formen vor. Die Substitution von Sauerstoff (Oxybarbiturate) an C2 durch Schwefel (Thiobarbiturate) erhöht die Lipophilie des Moleküls. Die Substitution der Wasserstoffatome an C5, z.B. durch Einführung eines aromatischen Restes (Phenobarbital) oder Verlängerung und Verzweigung eines aliphatischen Restes (Pentobarbital) erhöht den Grad der Lipidlöslichkeit und vermindert die Zahl der Tautomeriemöglichkeiten und die Azidität. Im Gegensatz zur Barbitursäure sind ihre Derivate schwache Säuren, welche mit starken Basen wasserlösliche Salze bilden. Die wäßrigen Lösungen reagieren stark alkalisch. In Abhängigkeit von der chemischen Struktur ist die nicht-ionisierte Form der verschiedenen Derivate unterschiedlich lipophil.
Die pharmakodynamische Wirkung aller Barbiturate ist an die freie nicht dissoziierte Säure gebunden. Dosisabhängig kommt es zunächst zu einer Sedierung, dann zur hypnotischen und schließlich narkotischen Wirkung. Bezüglich dieser Effekte gibt es keine Unterschiede zwischen den verschiedenen Barbitursäure-Derivaten. Abhängig von ihrer chemischen Struktur zeigen verschiedene Barbiturate jedoch Unterschiede in ihren pharmakokinetischen Eigenschaften und damit hinsichtlich der Schnelligkeit des Wirkungseintritts und der Wirkdauer auf. Wird durch Substitution an C5 bzw. N1 die Lipophilie eines Barbiturat-Derivates erhöht, führt dies in der Regel zu einem rascheren Wirkungseintritt, zu einer verkürzten Wirkdauer, zu einem schnelleren metabolischen Abbau und häufig zu einer Verstärkung der hypnotischen Wirksamkeit. Die Substitution sehr langer Alkylketten (mehr als sieben C-Atome) an C5 bewirkt antikonvulsive Eigenschaften, während die Einführung polarer Gruppen zu einem Verschwinden der hypnotischen Wirkung führt. Die Lipophilie eines Barbiturates korreliert ebenfalls deutlich mit seiner Bindung an Plasma-Proteine und an das Cytochrom P-450-System (BUSH 1963, HO 1981, HARVEY 1985).
Sowohl die hypnotische Wirkung wie auch das Auftreten unerwünschter Begleiterscheinungen unterliegen einer tageszeitlichen Abhängigkeit mit maximaler Wirksamkeit am Ende der Hell- und zu Beginn der Dunkelphase, welche vermutlich auf zirkadiane Schwankungen der Metabolisierungsrate in der Leber zurückzuführen sind (REDFERN et al. 1988).
Bezüglich des Schlafprofils kommt es unter Einnahme von Barbituraten dosisabhängig

zu einer Verkürzung der Einschlaflatenz, einer Zunahme schneller β-Aktivität sowie einer verminderten Aufwachfrequenz. Meist wird eine deutliche Verminderung der Tiefschlafstadien 3 und 4 zugunsten einer Zunahme von Schlafstadium 2 beobachtet. Der Anteil des REM-Schlafes ist reduziert, REM-Aktivität und Zahl der REM-Zyklen sind vermindert und die REM-Latenz ist verlängert (Kay et al. 1976, Kales et al. 1977). Nach Absetzen kann es zu einem ausgeprägten REM-Rebound mit Verlängerung der REM-Phasen und Alpträumen kommen (Evans et al. 1968, Kales et al. 1970).

Im EEG zeigt sich nach niedrig dosierter Gabe von Barbituraten eine frontal betonte Zunahme schneller β–Aktivität (20–30 Hz), welche sich schließlich auf den parietalen und okzipitalen Kortex ausbreitet. Begleitend werden Bewußtseinstrübung und gelegentlich auch euphorische Zustände beobachtet. Bei Verabreichung höherer, narkotisch wirksamer Dosen kommt es parallel zum Verlust des Bewußtseins im EEG zum Auftreten einer hochamplitudigen 4–12 Hz Spindelaktivität mit eingestreuten 15 Hz Wellen. Bei weiterer Dosiserhöhung findet sich ein polymorphes Muster von Deltaaktivität (1–3 Hz), welches von zunehmend längeren Perioden elektrischer Stille unterbrochen wird. In diesem Stadium der Narkose werden die meisten operativen Eingriffe durchgeführt (Winters 1982, Hudson et al. 1983, Stanski et al. 1984, Mandema et al. 1991, 1992).

Insbesondere bei langfristig wirkenden (aber nicht nur bei diesen) Barbituraten kann es bei regelmäßiger Einnahme rasch zu Kumulationseffekten kommen (Ho et al. 1981).

Die hypnotische Wirkung von Barbituraten unterliegt einer raschen Toleranzentwicklung, in der Regel bereits innerhalb weniger Tage. Die schlafinduzierende Wirkung kann dann nur durch Dosiserhöhung aufrechterhalten werden. Dadurch besteht die Gefahr von Gewöhnung und Mißbrauch (Brodie et al. 1951, Isbell et al. 1953, Dundee et al. 1956, Kay et al. 1976). Begründet wird die Toleranzentwicklung einerseits mit einer rascheren Metabolisierung, da Barbiturate zu den stärksten Enzyminduktoren in der Leber zählen (Remmer 1964, Conney 1967, Okey 1990). Dabei beschleunigen sie sowohl ihren eigenen als auch den Abbau anderer Medikamente. Neben dem mikrosomalen Cytochrom-P-450-System werden auch mitochondriale (z.B. die Delta-Aminolaevulinsäure-Synthetase) und Zytoplasmatische (z.B. die Aldehyddehydrogenase) induziert (Harvey 1985). Man unterscheidet eine schnell einsetzende akute, pharmakokinetische Toleranz von der bei chronischer Einnahme steigender Dosierungen beobachteten, sich über Wochen bis Monate entwikkelnden pharmakodynamischen Toleranz. Für eine Mitbeteiligung zentralnervöser Adaptationsprozesse an der Entstehung von Toleranzeffekten sprechen mehrere Faktoren. Toleranz wird bereits nach Einmalgabe beobachtet. Die Induktion mikrosomaler Enzyme erklärt alleine nicht die mehr als sechsfach gesteigerten Wirkdosen bei maximaler Toleranzentwicklung. Die antikonvulsiven wie auch die potentiell letalen Wirkungen unterliegen einer geringeren Toleranz. Kreuztoleranz besteht zu allen allgemein zentralnervös dämpfend wirksamen Substanzen (Kalant et al. 1971, Stolman et al. 1975, Roth-Schechter et al. 1976, 1979, Siew et al. 1978, Harvey 1985).

7.2.2 Neurobiochemie, Wirkmechanismus

Die neutrale Aminosäure GABA stellt den wichtigsten inhibitorischen Neurotransmitter im ZNS. Bis zu 30% der Synapsen im Gehirn sind GABAerg. Barbiturate verstärken die durch GABA vermittelte neuronale Hemmwirkung durch Interaktion mit dem GABA-A/Benzodiazepin-Rezeptor/Chloridionenkanal-Komplex (DeFeudis 1989). Die-

se Hemmung kann sich präsynaptisch in einer Reduktion der Transmitterfreisetzung exzitatorischer Neurone (Ho et al. 1981) oder postsynaptisch in einer verminderten Erregbarkeit des Zielneurons auf exzitatorische Impulse (SCHULZ et al. 1981) ausdrükken. Die Verstärkung der GABAergen Wirkung durch Barbiturate konnte u.a. im Spinalmark (ECCLES et al. 1963), im Nukleus Cuneatus (POLC et al. 1976), im Bulbus Olfaktorius (NICOLL 1972) und im Hippokampus (NICOLL et al. 1975) nachgewiesen werden. Barbiturate steigern zum einen das Bindungsvermögen von GABA und von Benzodiazepinen an ihre jeweiligen Bindungsstellen auf den A-Rezeptoren GABAerger Synapsen (ASANO et al. 1981), zum anderen bewirken sie über einen Angriffspunkt am Chloridionenkanal eine verlängerte Öffnungsdauer der einzelnen Kanäle (MATHERS 1987). Barbiturate bewirken somit eine Erhöhung der Leitfähigkeit des Chloridionenkanals mit der Folge, daß es durch vermehrten Einstrom von Chloridionen zu einer Hyperpolarisation und damit Mindererregbarkeit der Nervenzellen kommt. Die Möglichkeit, im Gegensatz zu Benzodiazepinen eine von GABA teilweise unabhängige Zunahme der Leitfähigkeit des Chloridionenkanals zu bewirken, kann teilweise die höhere Toxizität der Barbiturate gegenüber den Benzodiazepinen erklären. Barbiturate zeigen keine Affinität zu den Benzodiazepinbindungsstellen (LEEB-LUNDBERG et al. 1980).
Daneben scheinen Barbiturate eine Wirkung auf Calciumkanäle (WERZ et al. 1985) und die Calciumleitfähigkeit (OWEN et al. 1986) zu besitzen, wobei die meisten Barbiturate antagonistische wie einige aber auch agonistische Eigenschaften besitzen. Die Hemmung des Calcium-Einstroms wird mit den antikonvulsiven Eigenschaften der meisten Barbiturate in Zusammenhang gebracht (BLAUSTEIN et al. 1975). Es ist unklar, ob die Wirkung auf die Calcium-Leitfähigkeit auf einer transmittervermittelten oder einer direkten Wirkung am Calciumkanal beruht.
Weiter scheinen Barbiturate in narkotisch wirksamen Dosen allgemeine membranstabilisierende Wirkungen (LEVER et al. 1977) zu besitzen. Eine Vielzahl von Interaktionen mit dem cholinergen System wurde beobachtet (RICHTER et al. 1982), wobei Barbiturate u.a. die Ausschüttung von Acetylcholin in vivo vermindern (KALANT et al. 1967) und einen hemmenden Einfluß auf die cholinerge Transmission in autonomen Ganglien (HARVEY 1985) zeigen. Darüberhinaus gibt es Hinweise auf eine Interaktion von Barbituraten mit dem Serotoninsystem (KUSCHINSKY et al. 1973) und anderen biogenen Aminen (RICHTER et al. 1982) sowie Adenosinrezeptoren im ZNS, welche neuromodulatorische Funktionen besitzen und über einen Untertyp von Rezeptoren hemmend auf die Transmitterfreisetzung aus Nervenendigungen und die neuronale Impulsrate wirken können (KYOGOKU et al. 1968).

7.2.3 Klinik

Indikationen

Barbiturate gehörten über viele Jahrzehnte zu den klassischen und unverzichtbaren Schlafmitteln. Heute sind sie als Hypnotika entbehrlich geworden.
Barbiturate mit kurzer Halbwertszeit finden als **Narkotika** Anwendung in der Anästhesie (ALPERT et al. 1989). Im neurologischen Bereich werden sie bei der Behandlung von Krampfleiden als **Antikonvulsiva** (Phenobarbital) (VINING 1986) und experimentell in der Behandlung erhöhten Hirndruckes (HEINEMEYER 1987) verwendet. Die Tatsache, daß Barbiturate dosisabhängig eine Reduktion des Hirnstoffwechsels und der Hirndurchblutung (PIERCE et al. 1962) bewirken, führte zu ihrem Einsatz in der Behandlung zerebraler Hypoxie, globaler und fokaler Ischämie (SHAPIRO 1985), sowie akuter Hirnverletzungen (SMITH et al. 1991, TRAUNER

1986). Das Antiepileptikum Primidon, zu dessen Metaboliten Phenobarbital zählt, zeigt neben seiner antikonvulsiven Wirkung eine Wirksamkeit in der Behandlung des essentiellen Tremors und anderer Bewegungsstörungen (FINDLEY et al. 1982, SMITH et al. 1991). In der Geburtshilfe werden Barbiturate ante natum zur Prävention intraventrikulärer Blutungen bei Frühgeborenen (KAEMPF et al. 1990) und post natum im Falle künstlicher Beatmung, in der Behandlung perinataler Asphyxie und bakterieller Meningitis (STAUDT 1984) sowie des Morbus hämolyticus neonatarum (JAEHRIG et al. 1989) eingesetzt. Die induzierende Wirkung von Barbituraten auf die hepatische Glucuronyl-Transferase wird auch in der Behandlung anderer Hyperbilirubinämien genutzt (KIMURA et al. 1991). Weitere Indikationen sind Vergiftungen mit Lokalanästhetika und konvulsiv wirkenden Substanzen (BÜCH et al. 1983) sowie die Behandlung von Entzugsyndromen mit Phenobarbital (MCNICHOL et al. 1990).

Diagnostische Indikationen sind die Provokation epileptischer Foci mit Methohexital (MORRELL 1985, HUFNAGEL et al. 1990) und die Durchführung des Wada-Tests mit Amobarbital in der prächirurgischen Epilepsiediagnostik (WADA et al. 1949, 1960, BLUME et al. 1973, RAUSCH et al. 1990).

Als **Hypnotika** sind in Deutschland folgende Barbiturate in Form von Mono-Präparaten erhältlich: *Cyclobarbital*, *Vinylbital* und *Phenobarbital*, letzteres findet jedoch hauptsächlich als Antiepileptikum Verwendung. Daneben finden sich Barbiturat-Hypnotika als häufiger Bestandteil von Kombinationspräparaten wie *Aprobarbital*, *Phenobarbital*, *Brallobarbital* und *Secobarbital*.

Schließlich werden Barbiturate vereinzelt in Kombinationspräparaten **mit anderer Indikation** verwendet, z.B. *Amobarbital* (Indikation: Hyperhidrosis, allg. Unruhe) oder **Proxibarbal** (Indikation: Migräne).

Barbital und *Pentobarbital* haben **keine Indikationsberechtigung** mehr. Das Bundesgesundheitsamt bemängelt in seiner aktuellen Monographie zu Pentobarbital *(Arzneimittelkommission der Deutschen Ärzteschaft, Bundesanzeiger vom 16. 12. 1992)* daß im Hinblick auf die beanspruchte Indikation „Schlafstörungen" nur unzureichendes Erkenntnismaterial vorliegt. Für die anderen beanspruchten Indikationen lägen nur klinische Studien vor, die aufgrund methodischer Mängel die Wirksamkeit nicht hinreichend begründen können. Nach Auffassung des BGA ergäbe sich selbst bei einer ausreichend belegten klinischen Wirksamkeit in einer der beanspruchten Indikationen, daß „aufgrund der pharmakokinetischen Daten (lange Eliminationshalbwertszeit, fragliche Metaboliten mit unbekannter Wirkung), der Toxizität und nicht sicher ausgeschlossener kanzerogener, mutagener und teratogener Effekte sowie des primären Abhängigkeitspotentials die Risiken einen möglichen Nutzen deutlich übersteigen". Deshalb empfiehlt das BGA den betroffenen pharmazeutischen Unternehmen, eigenverantwortlich auf ein weiteres Inverkehrbringen von Pentobarbital zu verzichten, bzw. bei Kombinationsarzneimitteln im Rahmen der gesetzlichen Regelungen die Rezeptur zu ändern.

Dosierung

Die hypnotische Dosis bei Einmalgabe von Cyclobarbital und Pentobarbital liegt für Erwachsene zwischen 100 und 200 mg, die von Amobarbital bei 65 bis 200 mg, von Barbital bei 200 mg, von Phenobarbital bei 100 bis 320 mg, von Vinylbital bei 150 mg (HARVEY 1985).

Unerwünschte Wirkungen

Bei niedriger Dosierung sind unerwünschte Nebenwirkungen nach einmaliger Gabe selten. Bei regelmäßiger Einnahme von Barbituraten mit langer, aber auch mit mittellanger Halbwertszeit kommt es häufig zu Kumulationseffekten. Wie nach Gabe höherer

Dosierungen kommt es dann häufig zu hang-over-Effekten am nächsten Morgen mit Schläfrigkeit am Tage, Schwindel, Kopfschmerzen, Ataxie, Tremor, Dysarthrie, Doppelbildern, eingeschränktem Urteilsvermögen und Lethargie („Barbituratkater"). Das Auftreten von Übelkeit, Erbrechen und Obstipation wird gelegentlich berichtet und ist vermutlich auf die zentralnervösen Wirkungen der Barbiturate zurückzuführen. Dermatologische Erscheinungen (Scarlatiniforme oder morbilliforme Exantheme, Photosensibilisierung) werden meist im Rahmen von Überempfindlichkeitsreaktionen bei allergisch sensibilisierten Personen beobachtet. Vereinzelt ist jedoch auch eine lebensbedrohliche exfoliative Dermatitis beschrieben worden (ALMEYDA et al. 1972). Unter chronischer Gabe von Phenobarbital bei Epilepsiepatienten wurden megaloblastische Anämien und eine Folat- bzw. Vitamin D-sensitive Osteomalazie beobachtet. Prophylaktische Gabe von Vitamin K kann das Auftreten von Hypoprothrombinämien mit Blutungsneigung bei Neugeborenen verhindern, deren Mütter langfristig mit Phenobarbital behandelt werden. Vorwiegend bei älteren Patienten – insbesondere bei solchen mit hirnorganischen Abbauprozessen – kann es zu paradoxen Effekten mit innerer Unruhe, Angst, Verwirrtheit und Erregungszuständen kommen. Diese scheinen häufiger bei Gabe von Phenobarbital sowie N-Methyl-Barbituraten aufzutreten. Unter Phenobarbital kann es bei Kindern zu Irritierbarkeit und Hyperaktivität kommen. Nach längerem Gebrauch, im Einzelfall aber auch nach kurzzeitiger Einnahme, sind euphorische oder depressive, dysphorische, reizbare Verstimmungen, Affektlabilität, Nachlassen von Konzentrations- und Merkfähigkeit, Schwunglosigkeit, innere Teilnahmslosigkeit, aber auch psychotische Episoden oder gar längerdauernde funktionelle Psychosen beschrieben worden.

Wie alle Hypnotika können Barbiturate das Reaktionsvermögen auch noch am nächsten Morgen beeinträchtigen. Vorsicht ist am Arbeitsplatz und bei der Teilnahme am Straßenverkehr geboten (HARVEY 1985).

Bei allen Barbituraten kann es zu einer physischen und psychischen Abhängigkeit kommen. Bei regelmäßiger Einnahme kommt es rasch zur Toleranz, die zur Dosissteigerung zwingt und ein erhöhtes Intoxikationsrisiko beinhaltet. Die Gefahr der Abhängigkeitsentwicklung wird durch die bei manchen Personen beobachtete euphorisierende Wirkung noch gesteigert. Dosissteigerungen bis zum Faktor 10–15 gegenüber der Norm kommen vor.

Nach abruptem Absetzen bei Abhängigkeit treten Entzugserscheinungen wie Übererregbarkeit, innere Unruhe, Angst Tremor und Schwächegefühl auf. Im Extremfall kommt es zu Krämpfen und organisch bedingten Psychosen bis hin zum Delirium tremens. Entzugssymptome treten meist innerhalb von 24 h auf erreichen ein Maximum nach 2–3 Tagen (ISBELL et al. 1950, DUNCAN 1988). Therapeutisch ist ein sukzessiver Entzug über mindestens 4–6 Wochen (in Einzelfällen bis über 1 Jahr) notwendig.

Kontraindikationen

Als absolute Kontraindikationen gelten akute Alkohol-, Schlafmittel-, Analgetika- oder Psychopharmakaintoxikation, bekannte Überempfindlichkeit gegenüber Barbituraten, schwere Herz-, Leber- und Nierenerkrankungen sowie – wegen der induzierenden Wirkung auf die Delta-Aminolaevulinsäure-Synthetase – die akute hepatische Porphyrie. Bei älteren Patienten ist verstärkt mit der Auslösung paradoxer Erregungszustände zu rechnen. Vorsicht ist bei Patienten mit Hypothyreose und Myasthenia gravis wegen der zentralnervös dämpfenden Wirkung auf die Motorik sowie bei Abhängigkeitsgefährdeten und Patienten mit respiratorischer Insuffizienz wegen der synergistischen Dämpfung des Atemantriebs geboten. Ferner sollten suizidalen Patienten keine Barbiturate verordnet werden.

Überdosierung und Intoxikation

Im Kindesalter kommen Intoxikationen meist als Unglücksfälle vor. Bei Erwachsenen gehörten akute Intoxikationen mit Barbituraten in zivilisierten Ländern bis vor wenigen Jahren zu den häufigsten Suizidarten. In Deutschland ist die genaue Zahl von Schlafmittelvergiftungen schwer abzuschätzen, da es keine Meldepflicht gibt. Auf Grund entsprechender Hochrechnungen ist gegenwärtig – bezogen auf die alten Bundesländer – von jeweils 200.000 Vergiftungsfällen in der Bundesrepublik Deutschland auszugehen (GELDMACHER et al. 1976). In Newcastle waren von den im Zeitraum von 3,5 Jahren registrierten Vergiftungsfällen 11,2% durch Barbiturate bedingt. Demgegenüber lag der Anteil der Barbiturate an Vergiftungen mit tödlichem Ausgang mit 37,8% unverhältnismäßig hoch (MYERS et al. 1981). Die Letalität der Barbituratintoxikation liegt zwischen 0,5 und 12% (HARVEY 1985). Ein Rückgang der Vergiftungsfälle in Deutschland ist zu verzeichnen, seit Barbiturate wie Cyclobarbital oder Pentobarbital am 28. 7. 81 der Betäubungsmittelverschreibungsverordnung (BtmVV) unterstellt wurden. Wegen der mit zunehmender Toleranzentwicklung geringer werdenden therapeutischen Breite werden Intoxikationen bei abhängigen (oft polytoxikomanen) Patienten besonders häufig beobachtet (HARVEY 1985).

Die akute Intoxikation ist durch Nystagmus, Ataxie, Somnolenz, im weiteren Verlauf durch fehlenden Würge- und Schluckreflex mit Gefahr der Aspiration, Koma, Ateminsuffizienz durch Bronchialschleimretention und zentrale Atemlähmung, Hypothermie und toxisches Lungenödem gekennzeichnet. Der Tod tritt meist infolge der Lähmung medullärer Zentren (Atem-, Kreislaufstillstand) ein.

Bereits die Einnahme von 1 g Pentobarbital, 1,5 g Amobarbital bzw. Phenobarbital oder 2 g Barbital bzw. Cyclobarbital kann tödlich wirken. Die mittlere letale Dosis liegt für Pentobarbital und Amobarbital bei 2–3 g und für Phenobarbital bei 6–10 g (BRANDENBERGER 1975, HARVEY 1985).

Therapeutisch stehen allgemeine intensivmedizinische Maßnahmen zur Stützung von Atmung und Kreislauffunktion im Vordergrund, oft ergänzt durch Hämodialyse und -perfusion (KÜLPMANN 1984, HARVEY 1985).

Interaktionen

Alle Barbiturate führen zu einer gegenseitigen Wirkungsverstärkung mit auf das zentrale Nervensystem wirkenden Pharmaka wie Phenothiazinen, Benzodiazepinen, Antihistaminika und trizyklischen Antidepressiva führen. Auch Isoniacid und Monoaminoxidase-Inhibitoren verstärken die zentralnervös dämpfenden Effekte.

Durch Enzyminduktion in der Leber kann der Abbau anderer Arzneistoffe beschleunigt werden. Die Wirkung von oralen Antikoagulantien vom Cumarin-Typ, von Griseofulvin, Kortikosteroiden, Gestagenen und Östrogenen wird auf diese Weise abgeschwächt. Ebenso werden Propanolol, Metoprolol, Doxycyclin, Phenytoin, Sulfadimethoxin und trizyklische Antidepressiva schneller metabolisiert. Barbiturate verstärken die Toxizität von Methotrexat. Valproinsäure verstärkt die Barbituratwirkung. Ebenfalls verstärkend wirkt gleichzeitiger Alkoholgenuß. Bei Mißbrauch höherer Dosen zusammen mit Alkohol sind lebensbedrohliche Intoxikationen beobachtet worden (MYERS et al. 1981, DUNCAN 1988).

Die Einnahme während der Schwangerschaft sollte vermieden werden, da ausreichende Erfahrungen über die Anwendung beim Menschen hier nicht vorliegen (GOLD et al. 1978, GREENBERG et al. 1977, DIWAN et al. 1985).

Praktische Durchführung, allgemeine Behandlungsrichtlinien

Bei der Verschreibung von Barbituraten als Hypnotika sollte der Nutzen der sicheren,

„schlaferzwingenden" Wirkung sorgfältig gegen das Risiko von Gewöhnung und Abhängigkeit sowie die im Zusammenhang mit Kumulationsgefahr und hoher Toxizität stehende Intoxikationsgefährdung abgewogen werden. In der Regel wird sich die Indikation auf Ausnahmefälle, z.B. vereinzelt bei bereits langjährig bestehende Barbituratabhängigkeit oder bei ausgeprägter Therapieresistenz beschränken. Auch hier sollte auf eine möglichst kurzdauernde Verschreibung geachtet werden. Da Barbiturate der BtMVV unterliegen, müssen für die Verschreibung ohne BtM-Rezept die gesetzlichen Höchstmengen beachtet werden (Betäubungsmittelgesetz vom 28. 7. 1981 und Betäubungsmittel-Verschreibungsverordnung vom 16. 12. 1981, beide geändert durch die 1. Betäubungsmittelrechts-Änderungsverordnug vom 6. 8. 1984 und durch die 2. Betäubungsmittelrecht-Änderungsverordnung vom 1. 8. 1986). Die Höchstmenge je abgeteilter Arzneiform beträgt dabei 100 mg (Amobarbital), 110 mg (Pentobarbital), 120 mg (Secobarbital), 200 mg (Cyclobarbital), 300 mg oder 10%ige Konzentration (Phenobarbital), 500 mg oder 10%ige Konzentration (Barbital). Die Tageshöchstmenge für Pentobarbital beträgt 2,5 g. Für Phenobarbital ist keine Tageshöchstmenge festgesetzt. Die Höchstmenge je abgeteilter Arzneiform kann bei Barbital und Phenobarbital überschritten werden, wenn ein BtM-Rezept verwendet wird.

Literatur

Almeyda J, Levantine (1972) Drug reactions XVII. Cutaneous reactions to barbiturates, chloralhydrate and its derivatives. Br J Dermatol 86: 313–316

Alpert CC, Baker JD, Cooke JE (1989) A rational approach to anesthetic premedication. Drugs 37: 219–228

Arzneimittelkommission der Deutschen Ärzteschaft (1993) Bundesgesundheitsamt (BGA): Abwehr von Arzneimittelrisiken. Pentobarbital, Propallylonal, Methaqualon. Dtsch Ärztebl 90: 589

Asano T, Ogasawara N (1981) Chloride-dependent stimulation of GABA and benzodiazepine receptor binding by pentobarbital. Brain Res 225: 212–216

Balasubramaniam K, Lucas SB, Mawer GE, Simons PJ (1970) The kinetics of amylobarbitone metabolites in healthy men and women. Br J Pharmacol 39: 564–572

Blaustein MP, Ector AC (1975) Barbiturate inhibition of calcium uptake by nerve terminals in vitro. Mol Pharmacol 11: 369–378

Blume WT, Grabow JD, Darley FL, Aronson AE (1973) Intracarotid amobarbital test of language and memory before temporal lobectomy for seizure control. Neurology 23: 812–819

Brilmayer H, Loennecken SJ (1962) Die Eliminationsgeschwindigkeit von Barbiturat aus dem Blut akut intoxizierter Patienten. Arch Int Pharmacodyn 136: 137–146

Brodie BB, Mark LC, Lief PA, Bernstein E, Papper EM (1950) The fate of thiopental in man and a method for its estimation in biological material. J Pharmacol Exp Ther 98: 85–96

Brodie BB, Mark LC, Lief PA, Bernstein E, Papper EM (1951) Acute tolerance to thiopental. J Pharmacol Exp Ther 102: 215–218

Brodie BB, Burns JJ, Mark LC, Lief PA, Bernstein E, Papper EM (1953) The fate of pentobarbital in man and dog and a method for its estimation in biological material. J Pharmacol Exp Ther 109: 26–34

Büch HP, Büch U (1983) Pharmakotherapie bei Schlafstörungen und Erregungszuständen. In: Forth W, Henschler D, Rummel W (Hrsg) Pharmakologie und Toxikologie. Bibliographisches Institut, Mannheim

Bush MT (1963) Sedatives and hypnotics. In: Root WS, Hofmann FG (eds) Physiological pharmacology, vol 1. Academic Press, New York

Butler TC (1952) Quantitative studies of the metabolic fate of mephobarbital. J Pharmacol Exp Ther 106: 235–245

Conney AH (1967) Pharmacological implications of microsomal enzyme induction. Pharmacol Rev 19: 317–366

DEFEUDIS FV (1989) GABA-A receptors of the central nervous system: an update. Drugs of today 25: 525–540

DORFMAN A, GOLDBAUM LR (1947) Detoxication of barbiturates. J Pharmacol Exp Ther 90: 330–337

DUNCAN J (1988) Neuropsychiatric aspects of sedative drug withdrawal. Hum Psychopharmacol 3: 171–180

DUNDEE JW, PRICE HL, DRIPPS RD (1956) Acute tolerance to thiopentone in man. Br J Anesth 27: 114–123

ECCLES JC, SCHMIDT RF, WILLIS WD (1963) Pharmacological studies on presynaptic inhibition. J Physiol 168: 500–530

EHRNEBO M (1974) Pharmacokinetics and distribution properties of pentobarbital in humans following oral and intravenious administration. J Pharm Sci 63: 1114

EVANS JI, LEWIS SA (1968) Drug withdrawal state. Arch Gen Psychiatry 19: 631–634

FAZEKAS JF, GOLDBAUM R, KOPPANYI T, SHEA JG (1956) Study on the effect of over doses of pentylenetetrazol and barbiturate combinations in human volunteers. Am J Med Sci 231: 531–541

FINDLEY LJ, CALZETTI S (1982) Double-blind controlled study of primidone in essential tremor: preliminary results. Br Med J 285: 608

FISHER E, VON MEHRING J (1903) Über eine neue Klasse von Schlafmitteln. Ther Gegenwart 44: 97

FRETWURST F, HALBERKANN J, REICHE F (1932) Phanodorm und seine Wiederausscheidung mit dem Harn. Münch Med Wochenschr 79: 1429–1432

GASTROL-LEWINSKA L (1973) Evaluation of the toxicity and teratogenecity of drugs. Pol J Pharmacol Pharm 25: 327–339

GILLIN JC, BYERLEY WF (1990) The diagnosis and management of insomnia. N Engl J Med 322: 239–248

GOLD E, GORDIS L, TONASCIA J, SZKLO M (1978) Increased risk of brain tumors in children exposed to barbiturates. J Natl Canc Inst 61: 1031–1034

GREENBERG G, INMAN WHW, WEATHERALL JAC, ADELSTEIN AM, HASKEY JC (1977) Maternal drug histories and congenital abnormalities. Br Med J 92: 853–856

HAEFELY WE (1977) Synaptic pharmacology of barbiturates and benzodiazepines. Agents and Actions 7: 353–359

HARVEY SC (1980) Hypnotics and sedatives. In: GOODMAN LS, GILMAN A (ed) Goodman and Gilman's: the pharmacological basis of therapeutics, 6th edn. Macmillan, New York, pp 339–375

HEINEMEYER G (1987) Clinical pharmacokinetic considerations in the treatment of increased intracranial pressure. Clin Pharmacokinet 13: 1–25

HO IK, HARRIS RA (1981) Mechanism of action of barbiturates. Ann Rev Pharmacol 21: 83–111

HO IK, YU S (1990) Effects of acute barbiturate administration, tolerance and dependence on brain GABA system. Alcohol 7: 261–272

HUDSON RJ, STANSKI DR, SAIDMAN LJ, MEATHE E (1983) A model for studying depth of anaesthesia and acute tolarance to thiopental. Anesthesiology 59: 301–308

HUFNAGEL A, ELGER CE, BOKER DK, LINKE DB, KURTHEN M et al. (1990) Action of the epileptic focus during intracarotid amobarbital test: electrocortigraphic registration via subdural electrodes. Electroencephalogr Clin Neurophysiol 75: 453–463

ISBELL H, ALTSCHUL S, KORNETSKY CH, EISENMAN AJ, FLANARY HG, FRASER HF (1950) Chronic barbiturate intoxication. Arch Neur Psych 64: 1–281

ISBELL H, WHITE WM (1953) Clinical characteristics of addictions. Am J Med 14: 558–565

JAEHRIG K, STENGER R, MEISEL P (1989) Zur Pathogenese der Bilirubinenzephalopathie und daraus resultierenden therapeutischen Konsequenzen. Zentralbl Gynäkologie 111: 1025–1032

KAEMPF JW, PORRECO R, MOLINA R, HALE K, PANTOJA AF, ROSENBERG AA (1990) Antenatal phenobarbital for the prevention of periventricular and intraventricular hemorrhage. J Pediatr 117: 933–938

KALANT H, GROSE W (1967) Effects of ethanol and pentobarbital on release of acetylcholine from cerebral cortex slices. J Pharmacol Exp Ther 158: 386–393

KALANT H, LEBLANC AE, GIBBONS RT (1971) Tolerance to and dependence on some non-opiate psychotropic drugs. Pharmacol Rev 23: 135–190

KALES A, PRESTON TA, TAN TL, ALLEN C (1970) Hypnotics and altered sleep-dream patterns. Arch Gen Psychiatry 23: 211–218

KALES A, BIXLER EO, KALES JD, SCHARF MB (1977) Comparative effectiveness of nine hypnotic drugs: sleep laboratory studies. J Clin Pharm 17: 207–213

KAY DC, BLACKBURN AB, BUCKINGHAM JA, KARACAN I (1976) Human pharmacology of sleep. In: WILLIAMS RL, KARACAN I (eds) Pharmacology of sleep. Wiley, New York

KIMURA A, USHIJIMA K, KAGE M, MAHARA R, TOHMA M, INOKUCHI T, SHIBAO K, TANAKA N, FUJISAWA T,

ONO E (1991) Neonatal Dubin-Johnson syndrome with severe cholestasis: effective phenobarbital therapy. Acta Paed Scand 80: 381–385

KÖNIG W, RÜTHER E, FILIPIAK B (1987) Psychotropic drug utilization patterns in a metropolitan population. Eur J Clin Pharmacol 32: 43–51

KÜLPMANN WR (1984) Klinisch-toxikologische Analytik der akuten Schlafmittelvergiftung. Internist 25: 60–67

KUSCHINSKY K, SEIDEL G, REETZ E, MEYER-BURGDORF C (1973) The effect of pentobarbital on brain 5-HT metabolism in mice. Experientia 29: 826–827

KYOGOKU Y, LORD RC, RICH A (1968) Specific hydrogen bonding of barbiturate to adenine derivatives. Nature 218: 69–72

LEEB-LUNDBERG F, SNOWMAN A, OLSON RW (1980) Barbiturate receptors are coupled to benzodiazepine receptors. Proc Natl Acad Sci USA 77: 7468–7472

LEVER MJ, MILLER KW, PATON WDM, SMITH EB (1971) Pressure reversal of anesthesia. Nature 231: 368–371

LOUS P (1954) Plasma levels and urinary excretion of three barbituric acids after oral administration to man. Acta Pharmacol Toxicol 10: 147–165

MANDEMA JW, DANHOF M (1992) Electroencephalogram effect measures and relationships between pharmacokinetics and pharmacodynamics of centrally acting drugs. Clin Pharmacokinet 23: 191–215

MANDEMA JW, VENG-PEDERSEN P, DANHOF M (1991) Estimation of amobarbital plasma effect site equilibration kinetics: relevance of poly-exponential conductance functions. J Pharmacokinet Biopharm 19: 617–634

MARK LC (1963) Metabolism of barbiturates in man. Clin Pharmacol Ther 4: 504–530

MARK LC (1963) Uptake and distribution of thiobarbiturates. In: PAPPER EM (ed) Uptake and distribution of anesthic agents. MacGraw-Hill, New York

MATHERS DA (1987) The GABA-A receptor: new insights from single channel recording. Synapse 1: 96–101

MAYNERT EW, VAN DYKE HB (1949) The isolation of a metabolite of pentobarbital. Science 110: 661–662

MCNICHOL RW, VOGTSBERGER KN, ZULE WA (1990) Phenobarbital as an adjunct for alprazolam withdrawal. Am J Psychiatry 147: 1688–1689

MORRELL F (1985) Varieties of human secondary epileptogenesis. J Clin Neurophysiol 42: 318–335

NICOLL RA (1972) The effects of anesthetics on synaptic excitation and inhibition in the olfactory bulb. J Physiol 223: 803–814

NICOLL RA, ECCLES JC, OSHIMA T, RUBIA F (1975) Prolongation of hippocampal inhibitory postsynaptic potentials by barbiturates. Nature 258: 625–627

OKEY AB (1990) Enzyme induction in the cytochrome P-450 system. Pharmacol Ther 45: 241–298

OLSON RW (1988) Barbiturates. Int Anaesth Clin 26: 254–261

OWEN DG, BARKER JL, SEGAL M, STUDY RE (1986) Postsynaptic actions of pentobarbital in cultured mouse spinal neurons and rat hippocampal neurons. In: ROTH SH, MILLER KW (eds) Molecular and cellular mechanisms of anesthetics. Plenum Press, New York

PIERCE EC, LAMBERTSEN CJ, DEUTSCH S, CHASE PE, LINDE HW, DRIPPS RD, PRICE HL (1962) Cerebral circulation and metabolism during thiopental anesthesia and hyperventilation. J Clin Invest 41: 1664

PLATZ W (1985) Schlafmittelintoxikationen aus psychiatrisch-intensivmedizinischer Sicht. In: FAUST V (Hrsg) Schlafstörungen. Hippokrates, Stuttgart

POLC P, HAEFELY W (1976) Effects of two benzodiazepines, phenobarbitone, and baclofen on synaptic transmission in the cat cuneate nucleus. Naunyn Schmiedebergs Arch Pharmacol 294: 121–131

PRATT TW (1933) A comparison of the action of pentobarbital and sodium barbital in rabbits as related to the detoxicating power of the liver. J Pharmacol Exp Ther 48: 285–287

PRICE HL (1960) A dynamic concept of the distribution of thiopental in the human body. Anesthesiology 21: 40–45

RAUSCH R, RISINGER M (1990) Intracarotid sodium amobarbital procedure. Neuromethods 15: 127–146

REDFERN PH, MOSER PC (1988) Factors affecting circadian variation in responses to psychotropic drugs. Ann Rev Chronobiol 4: 107–136

REMMER H (1964) Gewöhnung an Hexobarbital durch beschleunigten Abbau. Arch Int Pharmacodyn 152: 346–359

RICHTER JA, GORMLEY JM (1982) Studies on the localization of the pentobarbital effect on hippocampal high affinity choline uptake. Fed Proc 41: 1324

ROTH-SCHECHTER BF, MANDEL P (1976) A study on the development of barbiturate tolerance and dependence in hamster glial cells culture. Biochem Pharmacol 25: 563–571

ROTH-SCHECHTER BF, WINTERITH M, THOLEY G, DIERICH A, MANDEL P (1979) Effect of pentobarbital on mitochondrial synthesis in cultured glial cells. J Neurochem 33: 660–676

SCHULZ DW, MACDONALD RL (1981) Barbiturate enhancement of GABA-mediated inhibition and activation of chloride ion conductance: correlation with anticonvulsant and anesthetic actions. Brain Res 209: 177–188

SETTER UG (1975) Emergency treatment of acute barbiturate intoxication. US Department of Health, Education and Welfare, Public Health Service (A treatment manual for acute drug abuse emergencies)

SHAPIRO HM (1985) Barbiturates in brain ischemia. Br J Anaesth 57: 82–95

SJÖGREN J, SÖLVELL L, KARLSSON I (1965) Studies on the absorption rate of barbiturates in man. Acta Med Scand 178: 553–559

SHIDEMAN FE, KELLY AR, LEE LE, LOWELL VF, ADAMS BJ (1949) The role of the liver in the detoxication of thiopental by man. Anesthesiology 10: 421–427

SIEW C, GOLDSTEIN DB (1978) Osmotic minipumps for administration of barbital to mice: demonstration of functional tolerance and physical dependance. J Pharmacol Exp Ther 204: 541–546

SMITH MC, RISKIN BJ (1991) The clinical use of barbiturates in neurological disorders. Drugs 42: 365–378

SOEHRING K, DIETZ W (1956) Pentobarbital – ein Abbauprodukt von Thiopental. Klin Wochenschr 34: 705–706

SOLDATOS CR, KALES A, KALES JD (1979) Management of insomnia. Ann Rev Med 30: 301–312

STANSKI DR, HUDSON RJ, HOMER TD, SAIDMAN LJ, MEATHE E (1984) Pharmacodynamic modeling of thiopental anesthesia. J Pharmacokinet Biopharm 12: 223–240

STAUDT F (1984) Phenobarbital beim Neugeborenen. Monatsschr Kinderheilkd 132: 194–202

STOLMAN S, LOH H (1975) Barbital-induced cross-tolerance to barbiturates by the intracisternal route of administration. Res Commun Chem Pathol Pharmacol 12: 309–316

TRAUNER DA (1986) Barbiturate therapy in acute brain injury. J Pediatr 109: 742–746

VINING EPG (1986) Use of barbiturates and benzodiazepines in treatment of epilepsy. Neur Clin 4: 617–632

WADA J (1949) A new method for the determination of the side of cerebral speech dominance: a preliminary report on the intracarotid injection of sodium Amytal in man. Med Biol 14: 221–222

WADA J, RASMUSSEN T (1960) Intracarotid injection of sodium Amytal for the lateralization of cerebral speech dominance: experimental and clinical observations. J Neurosurg 17: 266–282

WERZ MA, MACDONALD RL (1985) Barbiturates decrease voltage-dependant calcium conductance of mouse neurons in dissociated cell culture. Mol Pharmacol 85: 269–277

WHO EXPERT COMMITTEE ON DRUG DEPENDENCE (1987) 23rd Report. World Health Organization, Geneva

WIEDEMANN K (1984) Die Wirkung von Barbituraten auf das Gehirn. In: LEHMANN C, LANDAUER B, ROTH H (Hrsg) Intravenöse Narkosemittel. Perimed, Nürnberg

WINTERS WD (1982) A review of a continuum of drug induced states of excitation and depression. Prog Drug Res 26: 225–258

7.3 Chloralhydrat

W. Classen und J. Tkaczik

7.3.1 Pharmakologie

Chloralhydrat, ein Hydrat des Trichloracetaldehyds, wurde 1831 von JUSTUS VON LIEBIG entdeckt, 1832 von ihm hergestellt. Es ist ein 2,2,2-Trichloroethan-1,1-diol (vergl. Strukturformel, Übersichtstabellen, S. 383) mit einem Molekulargewicht von 165.40. Die Substanz ist farblos und besitzt einen scharfen, aber nicht ätzenden Geruch, der Geschmack ist bitter. Sie verflüchtigt sich langsam in der Luft (FAIRBROTHER 1973).
1861 entdeckte RUDOLF BUCHHEIM seine hypnotische Wirkung und OSKAR LIEBREICH führte die Substanz in die Therapie als Schlafmittel ein (MOLLER 1966). Es war anfangs eine sehr häufig benutzte hypnotische Substanz, wird heute jedoch nur noch relativ selten benutzt. LIEBREICH bemerkte, daß Chloralhydrat durch eine verdünnte alkalische Lösung in Formate und andere Substanzen aufgeteilt werden konnte, welche LIEBREICH später als Chlorophorm identifizierte. Bald stellte sich jedoch heraus, daß Chloralhydrat keineswegs so sicher war wie Chloroform, aber bis heute hat sich seine Verwendung wegen der schlafanstoßenden Eigenschaften fortgesetzt (BUTLER 1970).

Pharmakokinetik

Nach der Resorption des oral gegebenen Chloralhydrats unterliegt es einer sehr starken präsystemischen First-pass-Metabolisierung. Innerhalb einer Halbwertszeit von etwa 4 Minuten wird es zu Trichlorethanol, dem Hauptmetaboliten, reduziert, auf das die Wirkung im wesentlichen zurückgeführt werden kann. Diese Reaktion wird durch die Alkohol-Dehydrogenase der Leber katalysiert. Durch Oxidation des Trichlorethanols entsteht Trichloressigsäure, eine inaktive Substanz mit einer Halbwertszeit von vier bis fünf Tagen. Ferner kommt es zu einer Glucuronidierung der Trichloressigsäure zu Urochloralsäure, welche überwiegend über den Harn mit einer Halbwertszeit von sechs bis acht Stunden ausgeschieden wird. Beide Substanzen, Trichloressigsäure und Urochloralsäure, sind im Blut bzw. im Plasma während der Chloralhydrat-Applikation in der Höhe des Trichlorethanols oder auch höher nachzuweisen, während die Muttersubstanz nach therapeutischen Dosen weder im Blut noch im Serum gefunden werden kann (ASELLERS et al. 1978, REYNOLDS 1990). Ungefähr ein Prozent der applizierten Substanz wird innerhalb von 24 Stunden im Urin als freies Trichlorethanol, etwa 28% als Urochloralsäure und etwa 70% innerhalb von Tagen im Urin als Trichloressigsäure ausgeschieden (BERRY 1975).
Die Blutkonzentration des Trichlorethanol nach einer einmaligen oralen Gabe von 1000 mg Chloralhydrat beträgt etwa 8 (2 bis 12) mg/l nach einer Stunde, sinkt nach zwei Stunden unbedeutend auf 7,6 mg/1 ab und erreicht nach sechs Stunden die Höhe von 4,5 mg/l (KAPLAN et al. 1967). Die ersten Plasmaspiegel können ca 30 Minuten nach Einnahme gesehen werden. Die Plasmahalbwertszeit des Trichlorethanols beträgt ungefähr sieben Stunden. Diese Konzentrationen wurden gaschromatographisch bestimmt. Eine zuvor von BUTLER in 1948 vor-

Tabelle 7.3.1. Pharmakokinetische Daten des Chloralhydrats (nach AMMON 1992, BREIMER et al. 1973)

Aufnahme			Plasma		Verteilung	Eliminationswege	
Enterale Resorption	First-pass-Effekt	Bioverfügbarkeit (%)	Maximale Konzentration	$t_{1/2}$ (h)	Plasmaproteinbindung	Metabolisierung Leber	Ausscheidung Niere (%)
rasch	ja	60–100[a]	nach 30 min	8	40	vollständig	0

[a] Bei rektaler Applikation

genommene Untersuchung zeigte, daß die Chloralhydrat-Konzentrationen im Hirn schnell auf ca. 0,5 g pro 100 g Gewebe in der ersten Stunde ansteigen und dann recht plötzlich wieder abfallen. Dabei zeigte sich bei Kaninchen, daß die Konzentration im Hirn von der vorherigen Nahrungszufuhr erheblich abhing (vergl. Abb. 7.3.1). Zur Bioverfügbarkeit der Substanz ist nur im Rahmen der rektalen Applikation je nach Aufbereitung mit Sesam-Öl, Estarin-D-Base oder Polyethylenglycol eine Verfügbarkeit zwischen 60–100% bekannt (BREIMER et al. 1973). Zur oralen Applikation liegen keine Untersuchungen zur Bioverfügbarkeit vor.
1935 fand Vogt in ihren Experimenten, daß die Konzentrationen von Chloralhydrat und seinen Metaboliten in zellreichen Arealen des Gehirns, dem Kortex und Zerebellum

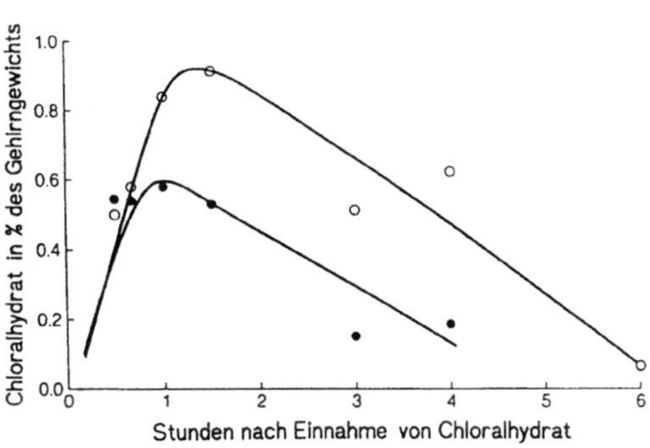

Abb. 7.3.1. Konzentration von Chloralhydrat im Kaninchen-Hirn im Zeitverlauf (geschlossene Kreise: gefütterte Tiere; offene Kreise: ungefütterte Tiere)

gleichbleibend hohe Konzentrationen aufwies (VOGT 1935).
Die Methoden zur Bestimmung des Metabolismus von Chloralhydrat waren bis kurz vor 1950 recht unbefriedigend. MARSCHALL und OWENS zeigten 1954, daß die Substanz langsam im Darm absorbiert und in einer sehr variablen Menge zu Trichloressigsäure umgewandelt wird. Gleichzeitig wird ein Teil des Aldehyds über reduktive Prozesse zu Trichlorethanol verstoffwechselt. Chloralhydrat selber ist im Plasma nicht nachzuweisen, da die Plasma-Halbwertszeit nur ca. 4 Minuten beträgt.
Während es Hinweise darauf gibt, daß diätetische Einflüsse das pharmakologische Verhalten von Chloralhydrat, insbesondere, seine Verstoffwechselung im Darm und die Aufnahme im Zentralnervensystem beeinflussen (vergl. BUTLER 1948), ist zu den übrigen pharmakokinetischen Wechselwirkungen nichts bekannt. Körpergewichtsreduktion und höheres Alter bedingen häufigeres Auftreten von Nebenwirkungen (JICK 1975).

Experimentelle und klinische Pharmakologie

Tier- und humanexperimentelle Untersuchungen zur Beeinflussung motorischer, psychomotorischer, kognitiver und Lern-Prozesse fehlen bislang. Auch Untersuchungen zu einer möglichen Beeinträchtigung des Gedächtnisses (Kurz- und Langzeitgedächtnis) liegen nicht vor. Elektroenzephalographische Parameter als Indikatoren zentraler psychophysiologischer Funktionen belegen eine Verkürzung der Einschlafphase und und eine Verlängerung der Schlafphasen II bis IV (BAUST 1979). Gestörte Schlafprofile einschließlich der Frequenz der REM-Perioden normalisieren sich durch die Gaben von Chloralhydrat wieder (JOVANOVIC 1984). Chloralhydrat, das älteste Hypnotikum, gilt als zuverlässig wirksames Schlafmittel, das den REM-Schlaf nicht beeinträchtigt (KAYE et al. 1976) und keine Muskelrelaxation bewirkt. In den ersten Nächten der Behandlung zeigt es eine sehr gute Ein- und Durchschlafwirkung, die aber im Laufe der Behandlung nach etwa zwei bis drei Wochen deutlich nachläßt. Die Ursache dafür ist nicht bekannt. Man nimmt aber nicht an, daß die hepatische Enzyminduktion alleine dafür verantwortlich wäre (BALDESSARINI et al. 1991).

Chloralhydrat und Paraldehyd wurden in verschiedenen Testmodifikationen – z.B. einfache Tierexperimente, Schlaflabor, sog. Geller conflict schedule – überwiegend an Ratten, Katzen und Rhesus-Affen getestet. Es konnte gezeigt werden, daß Paraldehyd bei Ratten im Rahmen der Schlaflaborstudien zu keiner signifikanten Erniedrigung der Wachheit führte. In ähnlicher Weise konnte

Tabelle 7.3.2. Konzentration von Chloralhydrat-Metaboliten in verschiedenen Regionen des ZNS von Hunden als Funktion der Wirkungsdauer der Substanz

	Wirkungsdauer (min)		
Hirnregion	4–10	7,5–20	45–130
Cerebraler Cortex	1,0	1,0	1,0
Rückenmark	0,6	0,8	1,7
Medulla oblongata und pons	0,9	1,0	1,6
Kleinhirn	0,9	0,9	1,1
Mesencephalon	1,1	1,0	1,3
Nucleus caudatus	–	1,1	0,9
Liquor	0,2	0,2	0,6

festgestellt werden, daß Chloralhydrat bei Katzen entweder keine Veränderung in Schlafmustern oder sogar aktuell eine Erhöhung der Wachheit verursachte. Die Experimente an vier Arten der Rhesus-Affen zeigten, daß Chloralhydrat im Gegensatz zu den Benzodiazepinen bei dieser Spezies keinen hypnotischen Effekt hervorrief. In ähnlicher Weise ineffektiv waren auch Glutethimid und einige Barbiturate (STRAW 1975). An Ratten und Affen getestetes Chloralhydrat wies keine anxiolytische – im Tierexperiment: antipunishment – Aktivität auf (MCMILLAN 1973).

In neurophysiologischen Human-Untersuchungen von Hypnotika fand man unter Chloralhydrat-Applikation ein im Gegensatz zu Neuroleptika und Antidepressiva den Benzodiazepinen ähnliches SEP-Profil, das einen Anstieg der Latenz im früheren Teil, Absinken der Latenz im späteren Teil der Antwort sowie eine Amplitudenverminderung im späteren Teil der evozierten Antwort (FIELDING und LAL 1979, SALETU 1976) aufweist. Neuropsychologische Leistungsmessungen nach 8-stündigem, von 1000 mg Chloralhydrat induziertem Schlaf erbrachten eine Leistungsverbesserung motorischer Anforderungen (pursuit rotor) (SIEGLER et al. 1966). Es ruft keine Unterdrückung des REM-Schlafes hervor , macht keinen REM-Rebound nach Behandlungsabbruch, noch wird das Tiefschlafstadium unterdrückt. Im Wach-EEG treten unter Chloralhydrat vermindert schnelle Beta-Frequenzen auf, die Alpha-, Theta- und Delta-Wellen bleiben gänzlich unbeeinflußt (SALETU 1976). Jedoch ist eine deutliche Toxizität bei Überdosierung zu sehen, darüberhinaus muß ein nicht unbeträchtliches Abhängigkeitspotential mit in Betracht gezogen werden (JOHNS et al. 1975) (vergl. Tabelle 7.3.3). Bei Überdosierung führt Chloralhydrat zu einer tödlichen Narkose oder zu einem primären Herztod (WIRTH und GLOXHUBER 1981). Kardiale Arrhythmien treten auf (GUSTAFSON et al. 1977, MARSCHALL 1977). Die letale Dosis ist interindividuell sehr unterschiedlich, reicht von vier bis dreißig Gramm (REHLING 1967).

7.3.2 Neurobiochemie, Wirkmechanismen

Choralhydrat ruft vermutlich über eine Inhibition der Aldehyd-Dehydrogenase (v. WARTBURG und RIS 1979) eine Verminderung der Bindung von freiem Acetylcholin sowie eine Aktivitätsminderung von Acetylcholin hervor, was dosisabhängig eine Funktionseinschränkung des Zentralnervensystem auslöst. Hierin wird hauptsächlich die pharmakologische Wirkung der Substanz gesehen (ANSCHÜTZ 1984). Darüberhinaus verändert es die Erregbarkeit dopaminerger Neurone in der Pars reticulata des Hypothalamus (RUFFIEUX und SCHULTZ 1981), verringert die Zahl präsynaptischer Vesikel und die Migration dieser Vesikel zum synaptischen Spalt (HAJOS et al.1978). Ob diese hier aufgezeigten Mechanismen die beim Chloralhydrat zu sehende schlafanstoßende, schlafphasennormalisierende Wirkung bedingen, ist bei dem derzeitigen Kenntnisstand nicht sicher zu beantworten.

Tabelle 7.3.3. Pharmakologisches Wirkprofil von Chloralhydrat (nach JOHNS et al. 1975)

	Wirkung
Ein- und Durchschlafwirkung:	
– in den ersten Nächten	++
– nach 2 Wochen	0
Einschlafzeit	–
Schlafdauer	*
Unterdrückung des REM-Schlafes	0
REM-Rebound	0
Unterdrückung des Tiefschlafs	0
Toxizität bei Überdosierung	+
Abhängigkeitspotential	++

– verkürzt, 0 unbedeutend, + mäßig, ++ deutlich, * verlängert

7.3.3 Klinik

Indikationen

Bei allen Erkrankungen und Beschwerden ist die Anwendung bestimmter Heilmittel an die größtmögliche Spezifität dieser Substanz, die krankhaften Veränderungen symptomatisch oder kausal anzugehen, ausgerichtet. BUCHHEIM und LIEBREICH entdeckten unabhängig von einander (vergl. SOURKES 1992), daß Chloralhydrat schlafinduzierende Wirkung hatte. Schon bald sah man auch die narkotische Wirkung, jedoch die enge therapeutische Breite mit früher Intoxikation schon in geringen Dosen zeigte, daß Chloralhydrat nicht annähernd so sicher in der Handhabung wie Chloroform war. Weitere Indikationen wurden darin gesehen, die Agitationsphase während des Deliriums tremens, die akute Manie und die schwere Chorea therapeutisch anzugehen sowie im letzten Jahrhundert bei der Behandlung des Tetanus und bei Vergiftungen mit Strychnin, Physostigmin und Picrotoxin. Während alle diese Indikationsbereiche verlassen wurden, blieb bis heute die Verwendung bei Schlafstörungen, insbesondere bei Störungen des Schlaf-Wach-Rhythmuses, bei übererregten älteren Patienten erhalten. Dieser vornehmlich organisch bedingten Indikation stehen Indikationen aus Gründen psychosozialer oder psychiatrischer Störungen gegenüber.

Bei einem Vergleich von 150 mg Cyclobarbital mit 1000 mg Chloralhydrat pro Nacht bei Patienten mit chronischen Schlafstörungen (VOLK und SPIEGELBERG 1976) fanden sich keine Unterschiede zwischen beiden Substanzen hinsichtlich der Schlafdauer, der Einschlafzeit und einem Hang-over-Effekt. Nach Einnahme von Chloralhydrat traten allerdings etwas häufiger Durchschlafstörungen und Stimmungsschwankungen am darauffolgenden Tag auf. JOVANOVIC (1984) untersuchte 20 Schlafgestörte mit funktionellen Schlafstörungen und applizierte ihnen 500 bis 1500 mg Chloralhydrat. Bei einer

Untersuchungsdauer von 21 Tagen fand er eine Korrektur des Schlafprofils mit einer Normalisierung des Einschlafens, einer Verlängerung der Tiefenschlafstadien und einer Vermehrung der Anzahl der REM-Phasen. Eine Toleranzentwicklung während dieser Zeit konnte von ihm nicht festgestellt werden, ebensowenig ein Rebound-Phänomen, wobei er die Substanz um wöchentlich 500 mg reduzierte. 1992 stellte er eine weitere Studie an 10 stationären Patienten mit Schlafstörungen bei psychosomatischen Beschwerden vor. Auch hier fand er eine Verlängerung der tatsächlichen Schlafzeit, eine Verringerung der Dauer der Wachzeiten, eine Verkürzung der Einschlafzeit, eine Verlängerung der Tiefenschlafstadien. Die Untersuchung erstreckte sich auf einen Zeitraum von drei Monaten, während dieser Zeit konnte kein Abhängigkeitsphänomen noch eine Toleranzentwicklung beobachtet werden. GROSSKOPF (1988) beobachtete 12 Patienten mit schweren Schlafstörungen unter der Therapie mit 500 mg Chloralhydrat. Während sich der physiologische Schlafablauf wieder normalisierte, d.h. sich die Zeit bis zum Einschlafen verringerte, die Tendenz zum nächtlichen Aufwachen schwächer wurde, die Schlafintensität zunahm, fanden sich bei den Kontrolluntersuchungen, in denen die Laborparameter BSG, Hämoglobin, Erythrozyten, Leukozyten, Leberenzyme, alkalische Phosphatase, Kreatinin, Quick, Langzeit-EKG vorgenommen wurde, keine pathologischen Werte. Auch bei 50 geriatrischen Patienten (ZORN 1980) ergab sich während einer 14tägigen Behandlungsdauer kein Hinweis für schwerwiegende Nebenwirkungen oder Interferenzen.

Forensischer Aspekt

Bei der längeren, mehr als vier Wochen andauernden Behandlung mit Chloralhydrat von Personen, die unter Betreuung stehen, ist im Gegensatz zu Substanzen mit ähnlicher Indikation – Melperon, Pipamperon – die vormundschaftsgerichtliche Genehmigungspflicht gem. § 1904 BGB zu beachten (SCHREIBER 1991).

Dosierung

Die durchschnittliche Dosis bei Schlafstörung Erwachsener beträgt 0,5 g bis 1 g, wobei eine Tagesmaximaldosis von 2 g wegen der schnellen Toxizität nicht überschritten werden sollte (RALL 1990). Der aktive Metabolit Trichlorethanol scheint die wesentliche Wirkung des Chloralhydrats auszumachen. Blutplasmakonzentrationen von 4–7 mg/l wirken sedativ, etwa um eine Blutplasmakonzentration von 12 mg/l Trichlorethanol wirkt Chloralhydrat hypnotisch.

Unerwünschte Wirkungen, Kontraindikationen, Überdosierung, Intoxikation

Unerwünschte Wirkungen von Aldehyden sind eine Reizung der Magenschleimhaut, übelkeit und Erbrechen, welche durch eine Darreichung in dünndarmlöslichen Kapseln verhindert wird. Da insbesondere bei höheren Dosierungen Reizungen des Verdauungstraktes nicht ausgeschlossen werden können, sollte bei oraler Gabe keine entzündliche Erkrankung des oberen Verdauungstraktes vorliegen. Zusätzlich kann es gelegentlich zu einer Benommenheit, Schwindel, Ängstlichkeit und allergischen Reaktionen, vor allem der Haut im Sinne eines Arzneimittelexanthems (LINDNER et al. 1990, JUNK et al. 1989) kommen. Dem steht eine jahrelange Behandlungserfahrung mit Chloralhydrat gerade bei allergischen Patienten mit Kontaktekzemen anderer Genese, bei denen Chloralhydrat die von dem erheblich begleitenden Pruritus hervorgerufenen Schlafstörungen günstig beeinflußte, gegenüber (NASEMANN 1988). Eine wesentliche und unangenehme Nebenwirkung ist der Mundgeruch, der durch die Abatmung der Aldehyde über die Lunge verursacht wird.

Kontraindikationen sind wegen der bestehenden Enzyminduktion schwere Leberfunktionsstörungen. Der inaktive Metabolit Trichloressigsäure wird mit einer Halbwertszeit von 67 bis 100 Stunden renal eliminiert, weshalb eine Niereninsuffizienz eine weitere Kontraindikation darstellt (MÖLLER et al. 1989). Weil kardiale Arrhythmien auftreten können (GUSTAFSON et al. 1977, MARSCHALL 1977), gehören auch schwere kardiale Erkrankungen zu den Ausschlußkriterien einer Chloralhydrat-Applikation. Da beim Chloralhydrat sowohl diaplazentare als auch translaktale Passage vorhanden sind, ist es in der Schwangerschaft und Stillzeit kontraindiziert, da es zu Atemdepression und Entzugssymptomen bei Neugeborenen führen kann (SPIELMANN et al. 1990).

Eine **Überdosierung** von Chloralhydrat ruft eine übermäßige zentrale Dämpfung, eventuell eine Bewußtlosigkeit bis zum Koma hervor. Ein Kreislaufversagen durch Herzrhythmusstörungen sowie einer Atemlähmung kann sich einstellen (MÖLLER et al. 1989). Sekundäre Schädigungen von Herz-, Lungen-, Leber- und Nierenfunktion sind beschrieben (WIRTH und GLOXHUBER 1981).

Bei schweren **Intoxikationen** sollte eine Magenspülung mit anschließender Gabe von Carbo medicinalis vorgenommen werden. Eine Hämodialyse kann die Eliminationshalbwertszeit – insbesondere der Trichloressigsäure – von 67 auf ca. 6 Stunden verringern, da die plasmatische Eiweißbindung für Trichloressigsäure im Vergleich zu anderen Psychopharmaka – mit Ausnahme von Lithium und Benzamiden – relativ gering (ca. 40%) ist. Ein spezifisches Antidot ist nicht bekannt.
In den letzten Jahren mehren sich Hinweise, daß Chloralhydrat zumindest bei Tieren den Mitose-Index erhöht und eine Aneuploidie hervorruft (ADLER et al. 1991, XU und ADLER 1990).

Interaktionen
Für das Chloralhydrat sind Interaktionen nur in sehr geringem Umfang geschrieben. Tabelle 7.3.4 gibt einen Überblick über die bedeutendsten Wechselwirkungseffekte. Am wichtigsten ist, auf die veränderte Wirkweise der Biosynthesehemmer von Gerinnungsfaktoren, vor allem Phenprocoumon und Warfarin, hinzuweisen, deren Wirkung durch die zusätzliche Gabe von Chloralhydrat durch Verdrängung aus der Plasma-Eiweiß-Bindung bzw. enzyminduzierende Wirkung potenziert werden kann (BENKERT und HIPPIUS 1992, WELLHÖNER 1992). Zudem kann es dadurch zu einer Beschleunigung der Biotransformation von Östrogenen, damit einer verringerten Sicherheit von Ovulationshemmern, und einer Verschlechterung einer vorbestehenden Porphyrie kommen (WELLHÖNER 1992). Porphyrie bedeutet keine absolute Kontraindikation für Chloralhy-

Tabelle 7.3.4. Wechselwirkungen von Chloralhydrat mit anderen pharmakologischen Substanzen

Wechselwirkung mit	Möglicher Effekt
Alkohol	verstärkte Sedation
Antidepressiva	verstärkte Sedation, Wirkungsverlust durch gesteigerten Metabolismus
Antihistaminika	verstärkte Sedation
Antikoagulantien	Wirkungssteigerung durch reduzierten Metabolismus
Niederpotente Neuroleptika	verstärkte Sedation
Schmerzmittel	verstärkte Sedation

drat, ganz im Gegenteil wird es als alternative Substanz (z.B. Rote Liste 1993) aufgeführt und als fraglich angesehen, ob die Porphyrie eine Kontraindikation darstelle (AMMON 1992). Wie bei allen sedierenden Substanzen bestehen Interaktionen mit Substanzen, die ebenfalls eine Sedation hervorrufen, wie Alkohol, nicht selektive Serotonin-Wiederaufnahmehemmer, antiserotonerge Antidepressiva und Analgetika (REYNOLDS 1989).

Kontrolluntersuchungen

Insbesondere unter längerfristiger Therapie mit Chloralhydrat ist die Kontrolle der Leberenzyme, des Bilirubins, des Harnstoffs, Cholesterins und Blutzuckers wegen möglicher Seiteneffekte auf die betreffenden Organsysteme notwendig. Bei niereninsuffizienten Patienten ist besondere Vorsicht geboten, wenn die glomeruläre Filtrationsrate 50 ml/min unterschreitet (REYNOLDS 1989). Zusätzlich ist wegen einer Beeinflussung des Reizleitungssystems am Herzen eine regelmäßge Kontrolle des EKGs angezeigt.

Praktische Durchführung, allgemeine Behandlungsrichtlinien

Neben Neuroleptika sind Hypnotika mit ca. 35–50% die am meister applizierten Substanzen in einem psychiatrischen Krankenhaus (SCHMIDT et al. 1987, 1988). Ähnliche Zahlen fanden schon GROHMANN et al. (1980). In den Praxen niedergelassener Ärzte werden sie mit etwa 250 Millionen DDD (definierten Tagesdosen) hinter der Gruppe der Tranquilizer am zweithäufigsten verordnet. Dabei kam es im Jahr 1991 in der Bundesrepublik Deutschland mit einer Abgabe von 4,6 Millionen DDD Chloralhydrat an Patienten zu einer Steigerung gegenüber dem Vorjahr von fast 20 Prozentpunkten (SCHWABE und PAFFRATH 1992). Damit wird Chloralhydrat im Vergleich zu über 180 Millionen DDD Benzodiazepin-Hypnotika bzw. ungefähr je 50 Millionen DDD Barbiturate und pflanzliche Hypnotika nur selten appliziert, aber vermutlich aus Angst – auch der Patienten – vor der Abhängigkeit von Benzodiazepinen, zunehmend häufiger abgegeben.

Infolge der Benzodiazepin- Verschreibungsregulation im Staat New York (USA) kam es dort in den Jahren 1988 bis 1989 zu einer Abnahme der Applikation von Benzodiazepinen. Chloralhydrat erfuhr zu diesem Zeitpunkt eine Zunahme der Verschreibung von 135% gegenüber einer unveränderten Verschreibungspraxis in den übrigen Bundesstaaten (WEINTRAUB et al. 1991). Die Autoren diskutieren kritisch, daß auch andere, weniger akzeptable Substanzen wie Butabarbital und Methyprylon zur Anwenaung kamen. Sie befürchten, daß durch weitere ähnliche Maßnahmen die Gesundheit der Bevölkerung Schaden nehmen könnte und in der Folge die erhofften Einsparungen wegen Teuerungen an anderer Stelle nicht einträten.

Bevor man sich bei Schlafstörungen dazu entschließt, eine medikamentöse Schlafhilfe zu verabreichen, sollte man, zumal alle Hypnotika sich tachyphylaktisch verbrauchen, mit den Patienten zunächst andere Strategien schlafinduzierender Maßnahmen besprechen, wobei die meisten erst dann ärztlichen Rat suchen, wenn ihnen schon mehrere Problembeseitigungsversuche mißglückt sind. Der Spielraum nicht-medikamentöser Maßnahmen ist insbesondere bei schon bestehenden Leistungseinbußen infolge der Schlaflosigkeit faktisch sehr eng.

Addendum

Jüngste experimentelle Studien weisen auf mögliche endogene toxische Metaboliten von Chloralhydrat mit Beeinflussung zentraler dopaminerger Funktion hin (BRINGMANN et al. 1995).

Literatur

Adler ID, Kliesch U, Hummelen van P, Kirsch-Volders M (1991) Mouse micronucleus tests with known and suspect sindle poisons: results from two laboratories. Mutagenesis 6: 47–53

Ammon HPT (1992) Arzneimittelneben- und -wechselwirkungen. Ein Handbuch und Tabellenwerk für Ärzte und Apotheker. Wissenschaftliche Verlagsgesellschaft, Stuttgart, S 199–200

Anschütz F (1984) Klinik und Therapie von Schlafstörungen. Aesopus, München, S 75–77

Baldessarini RJ, Fleischhacker WW, Sperk G (1991) Pharmakotherapie in der Psychiatrie. G Thieme, Stuttgart New York

Baust W (1979) Zur Physiologie des Schlafes. Pharmakotherapie 2: 163–165

Benkert O, Hippius HH (1992) Psychiatrische Pharmakotherapie 5. Aufl. Springer, Berlin Heidelberg New York Tokyo

Berry DJ (1975) Determination of trichlorethanol at therapeutic and overdose levels in blood and urine by electron capture gas chromatography. J Chromatogr 107: 107–114

de Boer AG, Moolenaar F, de Leede LGJ, Breimer DD (1982) Rectal drug administration: clinical pharmacokinetic considerations. Clin Pharmacokinet 7: 285–311

Breimer DD (1977) Clinical pharmacokinetics of hypnotics. Clin Pharmacokinet 2: 93–109

Breimer DD, Cox HLM, van Rossum JM (1973) Relative bioavailability of chloral hydrate after rectal administration of different dosage forms. Pharmaceut Weekblad 108: 1101–1110

Breimer DD, Ketelaars CJ, van Rossum JM (1974) Gas chromatograhic determination of chloral hydrate, trichlorethanol and trichloroacetic acid in blood and in urine employing headspace analysis. J Chromatogr 88: 55–63

Bringmann et al. (1995) J Neural Transm [Suppl] (in press)

Butler TC (1970) The introduction of chloral hydrate into medical practice. Bull Hist Med 44: 168–172

Butler TC (1948) The metabolic fate of chloral hydrate. J Pharmacol Exp Ther 92: 49–58

Fairbrother JE (1973) Chloralhydrate. In: Florey K (ed) Analytical profiles of drug substances, vol 2. Academic Press, New York, pp 85–143

Fielding S, Lal H (1979) Anxiolytics. Futura Publishing Company, Mount Kisco New York, pp 325–341

Grohmann R, Strauss A, Gehr C, Rüther E, Hippius HH (1980) Zur Praxis der klinischen Therapie mit Psychopharmaka. Retrospektive Untersuchung des Verordnungsgewohnheiten in einer Psychiatrischen Universitätsklinik. Pharmakopsychiatr Neuropsychopharmakol 13: 1–19

Grosskopf E (1988) Behandlung von Schlafstörungen. Objektivierung der Wirkung und Verträglichkeit von Chloralhydrat. Therapiewoche 38: 584–586

Gustafson A, Svensson SE, Ugander L (1977) Cardiac arrythmias in chloral hydrate poisoning. Acta Med Scand 201: 227–230

Hajos F, Csillag A, Kalman M (1978) The effect of pentobarbital, chloralhydrate, ether and protoveratrine on the distribution of synaptic vesicles in rat cortical synaptosomes. Exp Brain Res 33: 91–99

Hartmann E (1978) Arzneimittel gegen Schlaflosigkeit. Internist 19: 552–556

Hitzenberger G (1983) Klinisch bedeutsame Wechselwirkungen zwischen Psychopharmaka und anderen Medikamenten. In: Langer G, Heimann H (1983) Psychopharmaka. Grundlagen und Therapie. Springer, Wien New York, S 637–648

Jick H (1975) Various methods for evaluating clinical effects of hypnotics. In: Kagan F, Harward Th, Rickels K, Rudzik AD, Sorer H (eds) Hypnotics: methods of development and evaluation. Spectrum Publications, New York, pp 145–156

Johns WM (1975) Sleep and hypnotic drugs. Drugs 9: 448–478

Jovanovic UJ (1992) Die Einwirkung von Chloralhydrat auf Schlafstörungen bei psychosomatischen Patienten. Nervenheilkunde 11: 350–358

Jovanovic UJ (1984) Schlafstörungen, Teil 2. Ambulante Monotherapie funktioneller Schlafstörungen mit Chloraldurat. Fortschr Med 102: 108–112

Jung HD, Honemann W, Kloth C, Lubbe D, Pambor M, Quednow C, Ratz KH, Rothe A, Tarnick M (1989) Kontaktekzem durch Pestizide in der Deutschen Demokratischen Republik. Dermatol Monatsschr 175: 203–214

Kaplan HL, Formey RB, Hughes FW, Jain NC (1967) Chloral hydrate and alcohol metabolism in human subjects. J For Sci 12: 295–304

Kay DC, Blackburn AB, Buckingham JA, Karacan I (1976) Human pharmacology of sleep. In:

WILLIAMS RL, KARACAN I (eds) Pharmacology of sleep. Wiley, New York, pp 149–196

LINDNER K, PRATER E, SCHUBERT H, SIEGMUND S (1990) Arzneimittelexanthem auf Chloralhydrat. Dermatol Monatsschr 176: 483–485

MARSHALL AJ (1977) Cardiac arrythmias caused by chloral hydrate. Br Med J 2: 994

MARSHALL KE JR, OWENS AH JR (1954) Absorption, excretion and metabolic fate of chloral hydrate and trichlorethanol. Bull Johns Hopkins Hosp 95: 1–18

MCMILLAN DE (1973) Drugs and punished responding. IV. Effects of propranolol ethchlorvynol and chloralhydrate. Res Commun Chem Pathol Pharmacol 6: 167–174

MILLER BM, ADLER ID (1989) Suspect sindle poisons: analysis of c-mitotic effects in mouse bone marrow cells. Mutagenesis 4: 208–215

MÖLLER HJ, KISSLING W, STOLL KD, WENDT G (1989) Psychopharmakotherapie. Ein Leitfaden für Klinik und Praxis. Kohlhammer, Stuttgart

MOLLER KO (1966) Pharmakologie. Schwabe, Basel Stuttgart

NASEMANN TH (1988) Behandlung von Schlafstörungen speziell bei Allergikern. Therapiewoche 36: 2592–2594

PFEIFER S, BORCHERT H-H (1981) Biotransformation von Arzneimitteln, Bd 4. Verlag Chemie, Weinheim, S 380–381

RALL THW (1990) Hypnotics and sedatives – chloral derivates. In: GOODMAN LS, GILLMAN A (eds) The pharmacological basis of therapeutics, 9th ed. Macmillan, New York, pp 345–382

REHLING CJ (1967) Poison residues in human tissues. In: STOLMAN A (ed) Progress in clinical toxicology, vol 3. Academic Press, New York, pp 363–386

REYNOLDS JEF (eds) (1989) Martindale. The extra pharmacopoeia. Pharmaceutical Press, London, pp 717–718

RUFFIEUX A, SCHULTZ W (1981) Influence de la dopamine sur les neurones de la pars reticulata de la substance noire. J Physiol Paris 77: 63–69

SALETU B (1976) Psychopharmaka, Gehirntätigkeit und Schlaf. Karger, Basel (Bibl Psychiat 155)

SCHMIDT LG, CZERLINSKY H, STÖCKEL M (1987) Longitudinal assessment of psychotropic drug use in acutely-ill psychiatric inpatients. Int J Clin Pharmacol Ther Toxicol 25: 244–250

SCHMIDT LG, LAMMERS V, STÖCKEL M, MÜLLER-OERLINGHAUSEN B (1988) Recent trends in prescribing psychotropic drugs at psychiatric university hospital 1981–84. Pharmacopsychiat 21: 126–130

SCHREIBER LH (1991) Die medikamentöse Versorgung als Heilbehandlung gemäß Paragraphen 1904 BGB n. F. im zukünftigen Betreuungsgesetz. FamRZ 9: 1014–1021

SCHWABE U, PAFFRATH D (Hrsg) (1992) Arzneiverordnungsreport '92. Fischer, Stuttgart

SELLERS NE, LANG-SELLERS M, KOCH-WESER J (1978) Comparative metabolism of chloral hydrate in triclofos. J Clin Pharm 18: 457–461

SIEGLER PE, WINSTON D, NODINE JH (1966) Common hypnotics and a psychomotor performance task. Curr Ther Res 8: 215–219

SOURKES THL (1992) Early clinical neurochemistry of CNS-active drugs. Chloral hydrate. Mol Chem Neuropathol 17: 21–30

SPIELMANN H, STEINHOFF R (1990) Taschenbuch der Arzneimittelverordnung in Schwangerschaft und Stillperiode, 3. überarbeitete und ergänzte Aufl. Fischer, Stuttgart New York

STRAW RN (1975) Pharmacological evaluation of hypnotic drugs in infrahuman species as related to clinical utility. In: KAGAN F, HARWOOD TH, RICKELS K, RUDZIK A D, SORER H (eds) Hypnotics: methods of development and evaluation. Spectrum Publications, New York, pp 55–82

VOGT M (1935) Die Verteilung von Arzneistoffen auf verschiedene Regionen des Zentralnervensystems, zugleich ein Beitrag zu ihrer quantitativen Mikrobestimmung im Gewebe. VI. Mitteilung: Chloralhydrat. Arch Exp Pathol Pharmacol 178: 628–638

VOLK W, SPIEGELBERG U (1976) Wirkungsprüfung von Chloralhydrat gegen Referenzsubstanz bei Schlafstörungen stationärer psychiatrischer Patienten. Med Welt 27: 1587–1589

WARTBURG JP VON, RIS MM (1979) Determination of acetaldehyde in human blood. Experimentia 35: 1682–1683

WEINTRAUB M, SINGH S, BYRNE L, MAHARAJ K, GUTTMACHER L (1991) Consequences of the 1989 New York State triplicate benzodiazepine prescripton regulations. JAMA 266: 2392–2397

WELLHÖNER H (1992) Schlafstörungen. In: FÜLLGRAF G, PALM D (Hrsg) Pharmakotherapie, Klinische Pharmakologie, 8. Aufl. Fischer, Stuttgart, S 203–211

WIRTH W, GLOXHUBER C (1981) Toxikologie, 3. neubearb Aufl. Thieme, Stuttgart

XU W, ADLER ID (1990) Clastogenic effects of known and suspect spindle poisons studied by chromosome analysis in mouse bone marrow cells. Mutagenesis 5: 371–374

ZORN J (1980) Erfahrungen bei der Therapie von Schlafstörungen in der Geriatrie mit Chloralhydrat. Therapiewoche 30: 2267–2271

7.4 Clomethiazol

W. E. Platz

Chemisch handelt es sich bei Clomethiazol (INN, CAS 533-45-9 für die basische Form und CAS 1867-58-9 für das Edisilat) um 5-(2-chlorethyl)-4-methylthiazol) (WHO 1988). Es stellt ein Derivat des Thiamins (Vitamin B1) dar, ohne dabei jedoch pro- oder anti-Thiaminwirkungen zu zeigen (ROMMELSPACHER 1993).

7.4.1 *Pharmakologie*

Pharmakokinetik

Erste Ergebnisse einer Untersuchung an gesunden jüngeren und älteren Probanden deuten darauf hin, daß oral gegebenes Clomethiazol in beiden Altersgruppen rasch resorbiert wird, maximale Plasma-Konzentrationen wurden meist innerhalb einer Stunde erreicht (Abb. 7.4.1), Unterschiede in der Bioverfügbarkeit konnten aufgrund der großen interindividuellen Schwankungen der Plasma-Konzentrationen nicht festgestellt werden. Durchschnittlich betrug die Bioverfügbarkeit des oral applizierten Clomethiazols bei den gesunden jüngeren Probanden 34 ± 17% (12–69%) und bei den gesunden älteren Probanden 25 ± 20% (6–49%) (JOSTELL et al. 1986). Patienten mit schwerer Leberzirrhose zeigen eine 10fach höhere systemische Verfügbarkeit und eine signifikant erniedrigte Plasma-Clearance (JOSTELL 1987).

DEHLIN et al. (1978) bestimmten Plasma-Konzentrationen von Clomethiazol unter Langzeitbedingungen bei geriatrischen Pati-

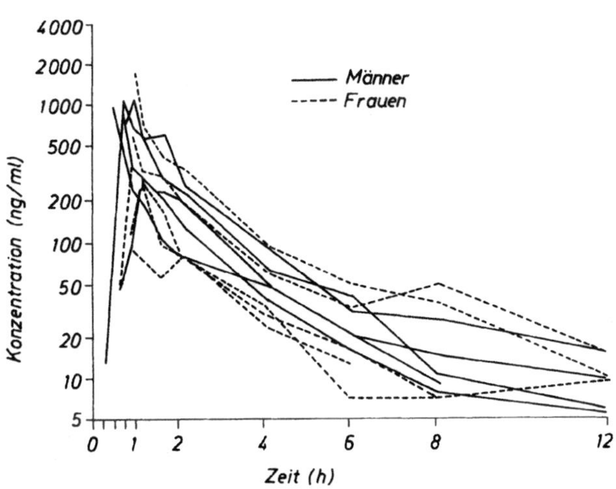

Abb. 7.4.1. Clomethiazol-Plasmakonzentrationen nach oraler Gabe von 356 mg bei 10 gesunden Erwachsenen (JOSTELL 1987)

Tabelle 7.4.1. Plasma-Konzentrationen von Clomethiazol-Base (µg/ml) 1, 1,5 und 2 Stunden nach der Einnahme von 384 mg Clomethiazol-Base pro Tag über 90 Tage bei hospitalisierten geriatrischen Patienten und als Einzeldosis bei gesunden Probanden (modifiziert nach DEHLIN et al. 1978)

		Stationäre Patienten (n = 11)			Gesunde Probanden (n = 10)		
		1 h	1,5 h	2 h	1 h	1,5 h	2 h
Tag 1	Mittel	0,412	0,285	0,251	0,342	0,258	0,175
	S.A.	0,259	0,205	0,170	0,221	0,221	0,112
	Bereich	0,070–0,900	0,060–0,790	0,040–0,650	0,059–0,863	0,114–0,824	0,073–0,458
Tag 15	Mittel	0,655	0,568	0,463			
	S.A.	0,690	0,446	0,337			
	Bereich	0,050–2,560	0,070–1,690	0,010–1,240			
Tag 45	Mittel	0,598	0,490	0,427			
	S.A.	0,499	0,328	0,270			
	Bereich	0,050–1,580	0,040–1,210	0,040–1,020			
Tag 90	Mittel	0,594	0,464	0,360			
	S.A.	0,554	0,473	0,322			
	Bereich	0,040–1,840	0,040–1,470	0,040–1,110			

S.A. Standardabweichung

enten (Mindestalter 70 Jahre), ohne daß sich systematische Veränderungen fanden. In dieser Untersuchung wurde Clomethiazol alle 24 h verabreicht, zwischen dem 1. und 15. Tag zeigte sich ein mäßiger Anstieg der Durchschnittswerte (s. Tabelle 7.4.1).
Bisher wurden von Clomethiazol zwei Metaboliten nachgewiesen: 5-Acetyl-4-methylthiazol (AMT) und 5-(1-hydroxyethyl)-4-methylthiazol (HEMT) (FRISCH und ÖRTENGREN 1966).
Der hepatische Metabolismus überwiegt mit einer hohen totalen Plasma-Clearance den extrahepatischen Metabolismus bei weitem. Die Ausscheidung erfolgt fast ausschließlich über die Niere (MOORE et al. 1975), < 5% Clomethiazol werden unverändert mit dem Harn ausgeschieden (ROMMELSPACHER 1993). Das Verteilungsvolumen hängt sowohl von der Eiweißbindung im Plasma als auch im Gewebe ab, Lebererkrankungen und ein höheres Lebensalter können das Verteilungsvolumen beeinflussen (JOSTELL 1987, KLOTZ et al. 1975). Frauen und Menschen im höheren Alter weisen ein größeres Verteilungsvolumen auf, mit dem Ergebnis einer verlängerten Halbwertzeit. Die Eiweißbindung liegt zwischen 65 und 70%, die größte Menge der Substanz wird an Albumin gebunden.
Nach den Untersuchungen von JOSTELL (1987) liegt die Halbwertzeit von Clomethiazol nach intravenöser Gabe zwischen 3–6 Stunden, dabei wird zugleich eine hohe Verteilungsrate im Gewebe erreicht.

Experimentelle und klinische Pharmakologie

Der möglichen Beeinflussung von **Herz** und **Kreislauf** sowie der **Atmung** kommt bei der Anwendung von Hypnotika eine große Bedeutung zu, da mit der Möglichkeit gerechnet werden muß, daß der durch Hypoxie ausgelöste Atmungsimpuls gestört oder sogar aufgehoben werden kann. Bisher vorliegende Untersuchungen (CALVERLEY et al. 1984, DOUGLAS et al. 1982, GEISLER und HERBERG 1967, KOO et al. 1975, SCOTT 1986) zeigten u.a. eine klinisch signifikante Erhöhung der Herzfrequenz, der bei Vorliegen einer koronaren Herzerkrankung und hohem arteriellem Druck eine Bedeutung zukommt. Bei Patienten mit chronisch-obstruktiven Atemwegserkrankungen erhöhte sich der arterielle CO_2-Partialdruck nach Clomethiazol-Infusion. Bei normaler Kohlendioxyd-Konzentration wurde keine Veränderung in der ventilatorischen Reaktion nach Hypoxie festgestellt, bei Erhöhung steigerte sich die Reaktion. Clomethiazol-Infusionen, insbesondere, wenn sie hochdosiert sind, haben offenbar auf die Atmung keine klinisch relevante Auswirkung, dramatisch kann die Wirkung allerdings dann werden, wenn eine tiefe Bewußtlosigkeit einsetzt und dadurch die Atmung durch Zurückfallen der Zunge behindert wird.

LILJENBERG et al. (1986) untersuchten die Auswirkungen von Clomethiazol auf das **Schlaf-EEG** an 6 gesunden freiwilligen Probanden im Alter von 67–74 Jahren. Die Einschlafzeit wurde nach Gabe von 384 mg Clomethiazol signifikant verkürzt, die Wachperioden während der Nacht wurden reduziert, die Schlafstruktur ergab nach einer Analyse keine signifikanten Verteilungsänderungen der verschiedenen Schlafstadien. Die Auswirkung auf den REM-Schlaf war nicht ausgeprägt, allerdings ergab sich eine Tendenz zur Umverteilung mit zunehmendem REM-Schlaf im Verlaufe der Nacht. In Selbstbeurteilungsbögen gaben die Probanden eine Verbesserung ihrer Schlafqualität an. Eine Unterdrückung des REM-Schlafes konnte nach einer Dosierung von 2 Gramm Clomethiazol erreicht werden.

Abhängigkeit

In kontrollierten Studien wurde festgestellt, daß Clomethiazol im Tierversuch Barbituratabhängigkeit nicht fördert, daß es bei Tauben ähnlich wie Pentobarbital wirkt, nicht jedoch bei Rhesusaffen (WHO 1988). Ratten und Paviane können nicht zwischen Clomethiazol und Benzodiazepinen unterscheiden. Intravenöse Selbstmedikation erbrachte bei codeinabhängigen Rhesusaffen keinen Effekt, allerdings bei pentobarbitalabhängigen Tieren. Auch bei intrazerebroventrikulärer Applikation wurde es von Ratten nicht selbst appliziert, einem Standardversuch, bei dem sonst Diazepam und Amobarbital üblicherweise selbst appliziert werden.

Eine Kreuztoleranz gegenüber Alkohol wurde im Tierversuch festgestellt: Wechselnde kontinuierliche Gabe von Clomethiazol und Alkohol ergab über einen bestimmten Zeitraum hinweg bei erwachsenen Ratten in Abhängigkeit von der Empfindlichkeit des angewandten Tests zur Verhaltensbeobachtung und der Dauer des zugeführten Clomethiazols sowohl Toleranz gegenüber Clomethiazol als auch Kreuztoleranz gegenüber Alkohol.

Anhaltspunkte für eine körperliche Abhängigkeit hatten sich in diesen Studien, gemessen an Entzugssymptomen, nicht ergeben, eine Beobachtung, für die es bisher noch keine ausreichende Erklärung gibt (KALANT und KHANNA 1986, KALANT et al. 1986).

Der WHO-Expertenbericht (1988) weist darauf hin, daß es bisher an kontrollierten Untersuchungen zum Abhängigkeitspotential des Clomethiazols beim Menschen fehlt.

7.4.2 Neurobiochemie, Wirkmechanismus

Der genaue Wirkungsmechanismus von Clomethiazol ist bisher nicht bekannt, es gibt noch zu wenig Informationen über die neuronalen Mechanismen, welche die klinischen und pharmakologischen Einflüsse des Clomethiazols übermitteln (MAJUMDAR 1986, ÖGREN 1986).

In tierexperimentellen Studien zeigte Clomethiazol eine schwache Wirkung auf Benzodiazepin-, GABA[1] und Kainsäure-Rezeptoren im Gehirn. Es fanden sich Hinweise dafür, daß die antikonvulsive Wirkung einer GABA-Transmission außerhalb der GABA-Rezeptoren verstärkt wird, möglicherweise durch Beeinflussung der Chlorid-Kanal-Funktion (HEDLUND und ÖGREN 1987), d.h., die antikonvulsive Aktivität wird nicht durch eine direkte Wirkung am GABA- oder Benzodiazepin-Rezeptor vermittelt. Hemmende Reaktionen auf GABA, Muscimol und Glycin werden potenziert; besonders hervorzuheben ist hierbei die Potenzierung der Glycinvermittelten Hemmung, die von anderen Antikonvulsiva wie Barbituraten, Benzodiazepinen, Phenytoin und Natriumvalproat nicht bekannt ist (ÖGREN 1986). Die sedativ-hypnotische Wirkung kommt wahrscheinlich vor allem durch einen Einfluß auf das GABA-System zustande, weniger durch serotoninerge oder noradrenerge Systeme, auch einer Hemmung der Dopamin-Aktivität wird hierbei eine Bedeutung zugemessen.

7.4.3 Klinik

Indikationen

Neben den Hauptindikationen für die Verordnung von Clomethiazol (Behandlung des Delirium tremens unter kontrollierten stationären Bedingungen und Behandlung bestimmter epileptischer Anfälle, wie z.B. Eklampsie, Status epilepticus, myoklonische Anfälle) kommt auch **Schlaflosigkeit und Unruhe („Verwirrtheit") bei geronto-psychiatrischen Patienten** in Betracht (WHO 1988).

Clomethiazol kann bei Schlafstörungen alter Menschen als Mittel der Wahl angesehen werden (GERTZ und KANOWSKI 1985), zumal die Entwicklung einer Abhängigkeit, wie sie bei (Alkohol-)gefährdeten oder -abhängigen und jüngeren Patienten zu befürchten ist, bei geriatrischen Patienten weitgehend – auch bei einer Langzeittherapie – entfällt. Möglicherweise spielt hierbei die geringe Dosierung eine Rolle (GERTZ und KANOWSKI 1989, PLATZ 1985).

Ein wesentlicher Vorteil der Therapie von Schlafstörungen geronto-psychiatrischer Patienten mit Clomethiazol besteht darin, daß es gegenüber Benzodiazepinen nicht zu paradoxen Reaktionen führt. Im Vergleich zu hochpotenten Neuroleptika, wie Haloperidol, tritt die Sedierung durch Clomethiazol rasch ein, aufgrund der kurzen Halbwertzeit ist eine bessere Steuerbarkeit gerade bei alten Menschen gegeben, auch eine stärkere aggressionshemmende Wirkung als nach Haloperidol wird berichtet (TER HAAR 1977), extrapyramidal-motorische Nebenwirkungen fehlen.

Die hypnotische Wirkung bei geriatrischen Patienten unter Langzeitbehandlung untersuchte DEHLIN (1986), der beobachtete, daß sich nach drei Monaten Behandlung keine ungünstige Wirkung auf die Verhaltensweise der Patienten gemessen nach der CGBRS-Skala[2] zeigte.

In einem Doppelblind-Vergleich von Clomethiazol und Triazolam als Hypnotikum bei Alterskranken konnten BAYER et al. (1986) zeigen, daß bei neunwöchiger kontinuierlicher Anwendung im therapeutischen Dosisbereich eine ähnliche Wirksamkeit gegeben ist, eine anhaltende hypnotische Wirkung zeigte aber nur Clomethiazol. Ab der ersten Nacht nach dem Absetzen von Clomethiazol fanden sich Hinweise für einen „rebound"-Effekt, nicht bei Triazolam, dagegen zeigte sich bei Triazolam tagsüber Benommenheit, nicht jedoch bei Clomethiazol.

Im Vergleich zu Placebo zeigte sich in einer Doppelblind-crossover-Studie, daß sich un-

---

[1] Gamma-Aminobuttersäure

[2] CRICHTONS Geriatrische Verhaltensmeß-Skala, bestimmt u.a.: Motilität, Orientierung, Kommunikation, Unruhe

ter Clomethiazol die Schlafdauer signifikant verlängerte (Magnus 1978).
Mit der Indikation erregter Verwirrtheitszustände bei Alterskranken verglich Athen (1986) Clomethiazol mit Thioridazin. Im Ergebnis bewirkten beide Medikamente eine signifikante Verminderung von Erregung und Unruhe, bei Verwirrtheit zeigte sich allerdings Clomethiazol dem Thioridazin überlegen. Die Gesamt-Scores der angewandten Skalen (Clifton, BRS, Crichton-Skala) wiesen auf eine stetige Besserung während der dreiwöchigen Behandlung, wobei sich nur die Werte für Clomethiazol statistisch signifikant unterschieden.

Dosierung

Clomethiazol steht als Filmtablette, als Kapsel, Mixtur und Lösung zur Infusion zur Verfügung. Indikationsbezogen sollen nachstehend ausschließlich die oralen Applikationsformen besprochen werden.

1. Schlafstörungen und Störungen des Schlaf-Wach-Rhythmus im höheren Lebensalter:
Eine Einmaldosis von 2 Kapseln bzw. 10 ml der Mixtur vor dem Schlafengehen reicht nach den klinischen Erfahrungen meist aus, gegebenenfalls können nach einer halben bis einer Stunde nochmals 1 (bis 2) Kapseln oder die äquivalente Menge Mixtur verabreicht werden.

2. Unruhe-(„Verwirrtheits-") Zustände bei Patienten mit (hirn-) organischem Psychosyndrom im höheren Lebensalter:
Initial empfiehlt es sich, 2–4mal über den Tag verteilt 1–2 Kapseln bzw. 5–10 ml der Mixtur zu geben. Nach etwa zwei Wochen kann meist versucht werden, die Dosis zu reduzieren.

Unerwünschte Wirkungen, Kontraindikationen, Intoxikationen

Unerwünschte Wirkungen
Auch bezogen auf eine orale Medikation können schon nach geringer Dosis

- Urticaria und Exantheme, die zum Absetzen zwingen,
- Reizungen der Nasenschleimhaut und der Bindehäute,
- Hustenreiz

auftreten.

- Sodbrennen oder Magenschmerzen können zwar nach einigen Tagen abnehmen oder ganz abklingen, beeinträchtigen jedoch meist die Kooperationsbereitschaft der Patienten.
- Benommenheit,
- Kopfschmerzen,
- Herzklopfen sind ebenfalls schon nach geringer Dosis möglich, hohe Dosen führen oft zu einer starken
- Speichelsekretion.

Besonders bei Patienten mit eingeschränkter Atemfunktion sind auch nach oraler Gabe ernste Atem- und Kreislaufdepressionen möglich.

Kontraindikationen
Überempfindlichkeit gegen Clomethiazol, Jugendliche unter 18 Jahren, Verordnung bei bestehender Mittel- (Alkohol-, Drogen-, Medikamenten-) -abhängigkeit, Patienten mit akuter Alkohol- (oder durch andere ZNS-dämpfende Mittel hervorgerufene) -Intoxikationen, Verdacht auf Schlafapnoe-Syndrom sowie andere zentral bedingten Atemstörungen, erstes Drittel der Schwangerschaft.

Intoxikationen
Die Behandlung von Intoxikationen erfordert ein intensivmedizinisches Vorgehen (Freihalten der Atemwege, Aufrechterhaltung der Atmung, gegebenenfalls künstliche Beatmung, Behandlung des Blutdruckabfalls, eventuell Hämodialyse); nach Gabe von Tabletten kann auch eine sofortige Magenspülung nützlich sein, da die Resorption gegenüber den anderen oralen Applikationsformen langsamer erfolgt.

Interaktionen
Eine gleichzeitige Einnahme zusammen mit anderen zentral wirksamen Substanzen kann vor allem die sedierende und hypnotische Wirkung des Clomethiazols unvorhersehbar additiv oder potenzierend verstärken. Wechselwirkungen mit Substanzen, die den Leberstoffwechsel beeinflussen, wie z.B. Cimetidin, sind zu erwarten.

Praktische Durchführung, allgemeine Behandlungsrichtlinien
Die Expertenkommission der WHO (1988) empfiehlt eine genaue Überwachung auftretender Fälle einer sich entwickelnden Abhängigkeit von Clomethiazol, die bisherigen Beobachtungen haben noch keine ausreichenden Hinweise dafür ergeben, daß ein Mißbrauch bereits im Sinne einer ernsten Gesundheitsgefährdung vorliegt oder für das Entstehen sozialer Probleme Bedeutung hätte, weshalb eine Auflistung der Substanz in der Gruppe, die eine internationale Kontrolle erfordert, nicht empfohlen wurde.
Mittelabhängigen alten Patienten sollte Clomethiazol nicht als Hypnotikum verordnet werden. Auch bei nicht mittelabhängigen geriatrischen Patienten ist darauf zu achten, daß die verordnete Menge dem tatsächlichen Bedarf entspricht (Beschaffung für andere!).
Der rascheste Wirkungseintritt bei oraler Applikation ist nach Gabe der Mixtur zu beobachten, allerdings sollte die Mixtur nie unverdünnt gegeben werden, da sonst die Gefahr besteht, daß der Patient erbricht; als Verdünnungsmittel haben sich Tee oder Apfelsaft bewährt.
Wegen der Möglichkeit des Auftretens von Ösophagusläsionen nach Gabe von Clomethiazol-Tabletten geben wir neben der Mixtur oral nur noch Kapseln.
Ambulant sollten nach Möglichkeit die Angehörigen nach Zustimmung durch den Patienten über die Anwendungsweise des Clomethiazols umfassend informiert und zur Sicherstellung der „compliance" einbezogen werden.
Alte Menschen, die oft wochen- oder monatelang unter Schlafstörungen litten oder durch nächtliche Unruhezustände ihre Umgebung in Mitleidenschaft zogen, können nach unseren Erfahrungen nicht selten durch eine adäquate Medikation, die zumindest symptomatisch hilft organbedingte Störungen zu mildern, vor einer Klinikeinweisung bewahrt werden.

Verkehrshinweise
Durch Veränderung des Reaktionsvermögens Beeinträchtigung der Fähigkeit zur aktiven Teilnahme am Straßenverkehr (und zum Bedienen von Maschinen überhaupt).

Literatur

Athen D (1986) Comparative investigation of chlormethiazole and neuroleptic agents in the treatment of alcoholic delirium. Acta Psychiatr Scand 73 [Suppl 329]: 167–170

Bayer AJ, Bayer EM, Pathy MSJ, Stoker MJ (1986) A double-blind controlled study of chlormethiazole and triazolam as hypnotics in the elderly. Acta Psychiatr Scand 73 [Suppl 329]: 104–111

Calverley PMA, Carmichael GLM, Scott DB (1984) The effect of chlormethiazole on the hypoxic drive to breathing in normal man. Br J Clin Pharmacol 18: 163–167

Dehlin O, Falkheden R, Gatzinska R, Nordqvist P (1978) The hypnotic effect of chlormethiazole during long-term treatment of geriatric patients. Clin Ther 2: 41–49

Dehlin O (1986) Hypnotische Wirksamkeit von Clomethiazol bei geriatrischen Patienten unter Langzeitbehandlung. In: Evans JG, Feuer-

LEIN W, GLATT MM, KANOWSKI S, SCOTT DB (Hrsg) Clomethiazol. Verlag für angewandte Wissenschaften, München, S 85–88

DOUGLAS NJ, WHITE DP, WEIL JV et al. (1982) Hypoxic ventilatory response decrease during sleep in normal man. Am Rev Resp Dis 1235: 286–289

FRISCH EP, ÖRTENGREN B (1966) Plasma concentration of chlormethiazole following oral intake of tablets and capsules. Acta Psychiatr Scand 42: 35–40

GEISLER I, HERBERG D (1967) Studies on the effect of some commonly used drugs on the excitability of the respiratory centre in man. Therapiewoche 47: 1941–1947

GERTZ HJ, KANOWSKI S (1985) Die medikamentöse Behandlung der chronischen organischen Psychosyndrome im Alter. Internist Prax 25: 333–340

GERTZ HJ, KANOWSKI S (1989) Schlafstörungen im Alter und ihre Behandlung. Wien Med Wochenschr 139: 253–256

TER HAAR HW (1977) The relief of restlessness in the elderly. Age Ageing 6: 73–77

HEDLUND B, ÖGREN SO (1987) Chlormethiazole acts on chloride channels in cultured spinal cord neurons. Neurosci Lett 78: 217–221

JOSTELL KG (1987) Pharmacokinetics of chlormethiazole in man and influence of altered physiological conditions. Acta Univ Ups. comprehensive Summaries of Uppsala Dissertations from the Faculty of Pharmacy 31. Graphic Systems, Stockholm

JOSTELL KG, FAGAN D, BJÖRK M (1986) The bioavailability and pharmacodynamics of chlormethiazole in healthy young and elderly volunteers: preliminary findings. Acta Psychiatr Scand 73 [Suppl 329]: 32–33

KALANT H, KHANNA JM (1986) Metabolic and functional aspects of tolerance to chlormethiazole and cross-tolerance to ethanol in the rat. Acta Psychiatr Scand 73 [Suppl 329]: 45–53

KALANT H, KHANNA JM, LIEWELLYN M, RINKEL GJE, WOODWORTH I (1986) Functional tolerance to chlormethiazole and crosstolerance to ethanol in the rat: importance of test and mode of drug administration. Acta Psychiatr Scand 73 [Suppl 329]: 54–65

KLOTZ U, AVANT GR, HOYUMPA A, SCHENKER S, WILKINSON GR (1975) The effects of age and liver disease on the disposition and elimination of diazepam in adult man. J Clin Invest 55: 347–359

KOO KW, SAX DS, SNIDER GL (1975) Arterial blood gases and pH during sleep in chronic obstructive pulmonary disease. Am J Med 58: 663–670

LILJENBERG B, ALMQVIST M, BROMAN JE (1986) The effects of chlormethiazole in EEG recorded sleep in normal elderly volunteers. Acta Psychiatr Scand 73 [Suppl 329]: 34–39

MAGNUS RV (1978) A controlled trial of chlormethiazole in the elderly in the management of confusional states and other features of the organic dementias. Clin Ther 1, 6: 387

MAJUMDAR SK (1986) The influence of chlormethiazole on the neuroendocrine system in chronic alcoholics. Acta Psychiatr Scand 73 [Suppl 329]: 69–72

MOORE RG, TRIGGS EJ, SHANKS CA, THOMAS J (1975) Pharmacokinetics of chlormethiazole in humans. Eur J Clin Pharmacol 8: 353

ÖGREN SO (1986) Chlormethiazole – mode of action. Acta Psychiatr Scand 73: 13–27

PLATZ W (1985) Medikamentöse Therapie bei gerontopsychiatrischen Notfällen. Med Klin 80: 511–513

ROMMELSPACHER H (1993) Clomethiazol (Distraneurin). Internist Praxis 33: 188–191

SCOTT DB (1986) Circulatory and respiratory effects of chlormethiazole. Acta Psychiatr Scand 73 [Suppl 329]: 28–31

WHO EXPERT COMMITTEE ON DRUG DEPENDENCE (1988) Twenty-fourth report. Technical Report Series 761. World Health Organisation, Geneva, pp 11–13

7.5 Meprobamat

A. Miretzky

Meprobamat (2-Methyl-2-propyltrimethylendicarbamat) zählt als psychotrope Substanz zu den Derivaten der Carbaminsäure. Es wurde 1951 ursprünglich als potentielles Muskelrelaxans entwickelt, nachdem BERGER zunächst im Mephenesin ein antikonvulsiv wirksames Propandiol entwickelt hatte (BERGER 1954). Ab 1955 wurde es vorwiegend als Anxiolytikum, aber auch als Sedativum und Hypnotikum eingesetzt.

7.5.1 *Pharmakologie*

Pharmakokinetik

Meprobamat wird nach oraler Verabreichung rasch resorbiert und im gesamten Körper verteilt. Nach oraler Gabe von 400 mg Meprobamat werden maximale Plasmakonzentrationen nach 1 bis 3 Stunden erreicht. Im Blut wird Meprobamat zu 15–30% an Plasmaalbumine gebunden. Das Verteilungsvolumen beträgt 0,5 bis 0,8 l/kg. Meprobamat wird größtenteils in der Leber metabolisiert. Im Harn finden sich nur 10–12% in unveränderter Form. Hauptmetabolit (60% der Dosis) ist das pharmakologisch inaktive 2-Methyl-2-(β-hydroxypropyl)-1,3-propandiol-dicarbamat. Es wird glukuronidiert, außerdem entsteht ein N-Glukuronid. Maximal beträgt die Glukuronidierung 20% der verabfolgten Dosis von Meprobamat. Bei längerer Einnahme (länger als 30 Tage) beobachtet man eine mikrosomale hepatische Enzyminduktion. Dabei ist ungeklärt, ob diese auch in den Abbau der Substanz selbst involvierten Enzyme betrifft. Die Eliminationshalbwertszeit beträgt nach einmaliger oraler Applikation 6–17 h, bei chronischer Gabe 24 h, in Einzelfällen bis 48 h. Die Toxizität von Meprobamat ist vergleichsweise groß, die therapeutische Breite relativ gering. Die minimale letale Dosis liegt bei 12 g, das entspricht dem 7,5–15-fachen der empfohlenen Einzeldosis (HARVEY 1985).

Experimentelle und klinische Pharmakologie

Meprobamat soll anxiolytische, sedierende, antikonvulsive und hypnotische Eigenschaften haben. Tierexperimentelle Untersuchungen deuten auf eine anxiolytische Wirkung, häufig verbunden mit einem sedierenden Effekt hin. Polysynaptische Reflexe kann Meprobamat im Spinalmark unterdrücken, ohne monosymptomatische Reflexe zu beeinflussen (LAURENCE 1952). Darüber hinaus wird eine analgetische Wirkung, möglicherweise als Folge einer Muskelrelaxation angenommen. Die klinische Wirksamkeit kann für die Anxiolyse als wahrscheinlich gelten, für die Muskelrelaxation und eine Analgesie liegen keine hinreichenden klinischen Erkenntnisse vor (MCNAIR 1973).

Untersuchungen an Probanden belegen emotional entspannende und angstlösende Wirkungen. Bei Dosierungen ab 800 mg treten Sedation, Müdigkeit und Verminderung der kognitiven Leistungsfähigkeit auf (KORNETSKY 1958). Antikonvulsive Wirkungen zeigt Meprobamat in der Antagonisierung des konvulsiven Effektes von Pentylenetetrazol und einer Anhebung der elektrisch induzierten Krampfschwelle. Dagegen kön-

nen beim Menschen tonisch-klonische Anfälle noch verstärkt werden (HARVEY 1985). In den wenigen Untersuchungen zur hypnotischen Wirksamkeit von Meprobamat wurde ein der Gabe von Flurazepam bzw. Flunitrazepam vergleichbarer Effekt festgestellt (KESTON et al. 1974, BROCKLEHURST et al. 1978). Im EEG führen hohe Dosierungen von Meprobamat zu einer Zunahme schneller Beta-Aktivität, welche bei Verabreichung klinisch verwendeter Dosen nicht beobachtet wird (FINK 1969).
Lediglich zwei spezifische Untersuchungen zur Beeinflussung der Schlafqualität wurden bisher durchgeführt. In einer davon zeigte sich eine leichte Zunahme der Schlafstadien II und REM (KAY et al. 1976). Klinisch zeigt sich bereits bei therapeutischer Dosierung häufig eine ausgeprägte Sedation.

7.5.2 *Neurobiochemie, Wirkmechanismus*

Der genaue Wirkmechanismus von Meprobamat ist unbekannt. Experimentelle Studien an Ratten deuten darauf hin, daß Meprobamat die Aufnahme von Adenosin im ZNS hemmt. Das GABAerge System und die präsynaptische Hemmung im Spinalmark scheinen durch Meprobamat nicht beeinflußt zu werden (LUDWIG et al. 1971).

7.5.3 *Klinik*

Indikationen
Meprobamat hat keine Indikationsberechtigung mehr. Für den Anwendungsbereich der Behandlung von Angst- Spannungs- und Erregungszuständen ist die klinische Wirksamkeit hinreichend belegt. In bezug auf andere Indikationen gibt es keine ausreichenden Erkenntnisse – z.B. in Form klinischer Studien – zur Wirksamkeit von Meprobamat (GREENBLATT et al. 1971). Das Bundesgesundheitsamt vertritt in seiner aktuellen Monographie zu Meprobamat *(Arzneimittelkommission der Deutschen Ärzteschaft, Bundesanzeiger vom 8. 8. 1992)* die Auffassung, daß „aufgrund der geringen therapeutischen Breite, der möglichen schweren Nebenwirkungen und häufigen unerwünschten Wirkungen bei therapeutischen Dosierungen sowie des primären Abhängigkeitspotentials“ ersichtlich wird, „daß die Risiken einen möglichen Nutzen deutlich übersteigen“. Deshalb hat das BGA den betroffenen pharmazeutischen Unternehmen empfohlen, eigenverantwortlich auf ein weiteres Inverkehrbringen von Meprobamat zu verzichten bzw. bei Kombinationsarzneimitteln im Rahmen der gesetzlichen Regelungen die Rezeptur zu ändern.

Dosierung
Eine begründete Dosierungsempfehlung kann nicht gegeben werden, da Untersuchungen zur Dosis-Wirkungs-Beziehung oder Dosisfindungsstudien nicht vorliegen. Aufgrund der klinischen Erfahrungen wurden Dosen von 800 bis 2400 mg angewendet (GENTSCHY 1960, GREENBLATT et al. 1971, COLE 1988).

Unerwünschte Wirkungen
Bereits therapeutische Dosierungen führen häufig zu übermäßiger Sedation am Tage. Meprobamat kann zu Verwirrtheit, teilweise euphorischen Zuständen mit Aggressivität, zu Ataxie und zu verwaschener Sprache führen (ESSIG 1964).
Weitere häufige Nebenwirkungen sind Diarrhoe, Übelkeit, Erbrechen, Fieber, Herzklopfen und Hypotonie, außerdem Müdigkeit, Mattigkeit, Benommenheit, verlängerte Reaktionszeit und eine anterograde Amnesie am Morgen nach der Einnahme.
Eine atemdepressive Wirkung kann bei Atemwegsobstruktion und bei Hirnschädigung in Erscheinung treten. Bei disponierten Patienten kann durch Einnahme von Meprobamat eine Porphyrie ausgelöst werden. Bei einer Neigung zu epileptischen Anfällen kann nach dem Absetzen einer nur

wenige Wochen dauernden Behandlung mit Meprobamat ein Grand-mal-Anfall provoziert werden. Allergische Erscheinungen werden meist in Form von Hautreaktionen wie Juckreiz, eines Erythems oder einer Urtikaria beobachtet in einer Häufigkeit von 0,2–3,4% beobachtet (HARVEY 1985). Gelegentlich sind auch Purpura, bullöses Exanthem, Schockzustände bei anaphylaktischen und toxischen Reaktionen aufgetreten. In Einzelfällen ist eine aplastische Anämie beschrieben worden (CARMEL et al. 1957, MEYER et al. 1957).

Bei hohen Dosen, insbeondere bei Langzeitbehandlung, können reversible Störungen wie Artikulationsstörungen, Ataxie, Doppelbilder und Nystagmus auftreten (GREENBLATT et al. 1971, HARVEY 1985).

Die Gefahr einer Entwicklung physischer und psychischer Abhängigkeit sowie Toleranz ist hoch. Abruptes Absetzen nach längerer täglicher Einnahme führt häufig zu Schlafstörungen und vermehrten Träumen (Rebound-Effekt) und zu einem typischen Entzugssyndrom mit verstärktem Wiederauftreten von Angst- und Spannungszuständen sowie Erregung und innerer Unruhe. Die Symptomatik kann sich bis zu bedrohlichen körperlichen und seelischen Reaktionen wie Krampfanfällen und symptomatischen Psychosen (z.B. Entzugsdelir) steigern (BULLA et al. 1959, ALLGULANDER 1978). Auch bei bestimmungsgemäßem Gebrauch von Meprobamat ist die Fähigkeit zur aktiven Teilnahme am Straßenverkehr und zur Bedienung von Maschinen eingeschränkt.

Kontraindikationen

Absolute Kontraindikationen sind neben bekannter Überempfindlichkeit gegen Meprobamat eine anamnestisch bekannte oder latente akute Porphyrie, Myasthenia gravis, schwere Leber- Nieren- oder Myokardschädigungen, Epilepsie sowie akute Intoxikationen mit zentraldämpfenden Pharmaka und Alkohol. Meprobamat wird über die Muttermilch in hoher Konzentration ausgeschieden. Deshalb dürfen stillende Mütter kein Meprobamat einnehmen. Kinder unter 16 Jahren dürfen nicht mit Meprobamat behandelt werden.

Relative Kontraindikationen liegen bei Erkrankungen des bronchopulmonalen Systems mit Dyspnoe, Obstruktion, oder einem Cor pulmonale sowie bei Herzrhythmusstörungen vor. Bei chronischen Lebererkrankungen kann die Ausscheidung von Meprobamat erheblich verzögert sein. Meprobamat durchdringt sehr rasch die Plazenta-Schranke und erreicht im fetalen Organismus ähnliche Konzentrationen wie im mütterlichen Blut. Auch wenn keine teratogenen oder embryotoxischen Wirkungen bekannt sind, sollte daher eine Behandlung während der Schwangerschaft mit Meprobamat unterbleiben.

Überdosierung und Intoxikation

Die häufigsten Symptome einer Überdosierung mit Meprobamat sind Müdigkeit. Stupor, Lethargie und Ataxie, bei schweren Intoxikationen auch Hypotension, Atemsuppression und – infolge eines Herz-Kreislauf-Versagens – Schockzustände. Akzidentelle Intoxikationen und solche in suizidaler Absicht sind insbesondere bei Kombination mit Alkohol und anderen ZNS-depressiven oder hypotensiv wirkenden Substanzen mit hohen Risiken behaftet. In Einzelfällen kann bereits eine Dosis von 12 g Meprobamat tödlich wirken. In den meisten Fällen wurden letale Ausgänge bei Dosierungen ab 40 g berichtet (HARVEY 1985).

Die Behandlung der Meprobamat-Intoxikation besteht primär in der Unterstützung der Herz-Kreislauf-Funktionen, der respiratorischen Tätigkeit und der Behandlung des Schocks. Bei nicht bwußtlosen Patienten sind Magenspülungen und die Gabe von Kohle, ggf. Erbrechen indiziert. Bei schweren Intoxikationen wird die forcierte Diurese empfohlen. In sehr schweren Fällen kann auch eine Hämodialyse indiziert sein (MADDOCK et al. 1966).

Interaktionen

Bei gleichzeitiger Gabe zentraldämpfender oder hypotensiv wirkender Pharmaka ist mit einer gegenseitigen Wirkungsverstärkung zu rechnen.

Die Plasmahalbwertszeit von oralen Antikoagulantien vom Cumarin-Typ wird nach längerer Anwendung von Meprobamat verkürzt. Generell ist von einer Wechselwirkung mit allen Substanzen, die über das mikrosomale Enzymsystem in der Leber metabolisiert werden, auszugehen.

Bei gleichzeitiger Einnahme von Meprobamat mit Alkohol ist von einer deutlichen gegenseitigen Wirkungsverstärkung auszugehen. Bei chronischem Alkoholgebrauch kommt es zu einer Verkürzung der Wirkdauer von Meprobamat (Reisby et al. 1969).

Praktische Durchführung, allgemeine Behandlungsrichtlinien

In Bezug auf die Indikation als Hypnotikum liegen für Meprobamat keine ausreichenden Informationen zur Wirksamkeit – z.B. in Form klinischer Studien – vor (Greenblatt et al. 1971). Unter Abwägung von Nutzen und Risiken besitzt Meprobamat keine Indikation mehr.

Literatur

Allgulander C (1978) Dependence on sedative and hypnotic drugs. Acta Psychiatr Scand [Suppl] 270: 1–120

Berger FM (1954) The pharmacological properties of 2-methyl-2-n-propyl-1,3-propanediol dicarbamate, a new interneuronal blocking agent. J Pharmacol Exp Ther 112: 413-423

Brocklehurst JC, Carty MH, Skorecki J (1978) The use of a kymograph in a comparative trial of flunitrazepam and meprobamate in elderly patients. Curr Med Res Opin 5: 663–668

Bulla JD, Ewing JA, Buffaloe WJ (1959) Further controlled studies of meprobamate. Am Practnr Dig Treat 10: 1961–1964

Bundesanzeiger des Bundesgesundheitsamtes (1992) Monographie Meprobamat

Carmel WJ, Dannenberg T (1957) Nonthrombocytopenic purpura due to Miltown (2-methyl-2-n-propyl-1,3-propanediol dicarbamate). N Engl Med 255: 770–771

Cole JO (1988) The drug treatment of anxiety and depression. Med Clin North Am 72: 815–830

Essig CF (1964) Addiction to nonbarbiturate sedative and tranquilizing drugs. Clin Pharmacol Ther 5: 334–343

Fink M (1969) EEG and human psychopharmacology. Ann Rev Pharmacol 9: 241–258

Gentschy E (1960) Klinische Erfahrungen mit Meprobamat. Med Klin 55: 1735–1736

Greenblatt DJ, Shader RI (1971) Meprobamate: a study of irrational drug use. Am J Psychiatry 127: 1297–1303

Harvey SC (1980) Hypnoties and sedatives. In: Goodman LS, Gilman A (eds) The pharmacological basis of therapeutics, 6th edn. MacMillan, New York, pp 339–375

Kay DC, Blackburn AB, Buckingham JA, Karaean I (1976) Human pharmacology of sleep. In: Williams RL, Karacan I (eds) Pharmacology of sleep. Wiley, New York, pp 83–210

Keston M, Broeklehurst JC (1974) Flurazepam and meprobamate: a clinical trial. Age Ageing 3: 54–58

Kornetsky C (1958) Effects of meprobamate, phenobarbital and dextroamphetamine on reaction time and learning in man. J Pharmacol Exp Ther 123: 216–219

Laurence DR (1952) Mephenesin. Lancet 262: 178

Ludwig BJ, Potterfield JR (1971) The pharmacology of propanediol carbamates. Adv Pharmac Chemother 9: 173–240

Maddock RK, Bloomer HA (1967) Meprobamate overdosage: evaluation of its severity and methods of treatment. JAMA 201: 999–1003

McNair DM (1973) Antianxiety drugs and human performance. Arch Gen Psychiatry 29: 611–617

Meyer LM, Heeve WL, Bertscher RW (1957) Aplastic anemia after meprobamate. N Engl J Med 256: 1232–1233

Reisby N, Theilgaard A (1969) The interaction of alcohol and meprobamate in man. Acta Psychiatr Scand [Suppl] 208: 1–121

7.6 Methaqualon

A. Miretzky

Methaqualon (2-Methyl-3-(o-tolyl)-4(3H)-chinazolinon) ist das wohl bekannteste Quinazolin-Derivat. Es wurde zufällig auf der Suche nach einem neuen Antimalariamittel entdeckt. Im Handel ist es als Methaqualon-Hydrochlorid erhältlich. In Deutschland wurde es erstmals 1960 in die Therapie eingeführt.

7.6.1 Pharmakologie

Pharmakokinetik

Methaqualon wird nach oraler Gabe rasch und vollständig aus dem Gastrointestinaltrakt resorbiert (Akagi et al. 1963). Maximale Plasmakonzentrationen werden nach etwa einer Stunde erreicht. Methaqualon erscheint primär im Fett- und Lebergewebe, sekundär im Hirn. Durch die Verteilung in schlechter durchblutete Gewebe sinkt der Plasmaspiegel zunächst rasch ab (Verteilungshalbwertszeit: 2–6 h), während die terminale Elimination nur langsam erfolgt (Eliminationshalbwertszeit: 10–40 h) (Alvan et al. 1974). Methaqualon wird zu 80–90% an Plasmaeiweiße gebunden, das Verteilungsvolumen liegt bei 6 l/kg. Die Biotransformation erfolgt über die Leber, wo Methaqualon zu über 90% mikrosomal metabolisiert wird. Hauptmetaboliten sind 4'Hydroxy-Methaqualon, das daraus gebildete Glucuronid sowie das N-Oxid (Nowak et al. 1966, Murata et al. 1970). Die Ausscheidung von Methaqualon erfolgt über die Galle, wobei es in den enterohepatischen Kreislauf einbezogen wird. Die Metaboliten werden neben etwa 2% unveränderter Substanz über die Nieren ausgeschieden. Nach oraler Gabe von 300–500 mg ist die Ausscheidung beim Menschen im wesentlichen nach 24 h beendet, so daß ein weitgehender und rascher Abbau im Organismus angenommen werden kann, auch wenn nach längerer Verabreichung noch nach 4–5 Tagen Abbauprodukte im Harn nachgewiesen werden konnten (Cohen et al. 1962)

Experimentelle und klinische Pharmakologie

Das Schlafprofil des Menschen wird durch Methaqualon verglichen mit anderen Hypnotika wenig verändert. Es kommt zu einer leichten Reduktion des REM-Schlafanteils. Tiefschlafanteil und REM-Latenz werden nicht beeinflußt. Ein REM-Rebound nach abruptem Absetzen wurde beobachtet (Williams et al. 1969).

7.6.2 Neurobiochemie, Wirkmechanismus

Methaqualon wirkt stark sedativ und hypnotisch sowie antikonvulsiv (Boissier et al. 1958, Swift et al. 1960, Soncin 1961). Weiterhin hat es eine antitussive Wirkung (Boissier 1959) sowie schwache antihistaminische, lokalanästhetische und spasmolytische Eigenschaften (Swift et al. 1960, Malhotra et al. 1960). Es bewirkt eine unspezifische Lähmung des gesamten ZNS mit Hemmung der Aktivität der Formatio reticularis und, in hoher Dosierung, Unterdrückung polysynaptischer spinaler Reflexe (SONCIN 1961).

7.6.3 Klinik

Indikationen

Methaqualon hat keine Indikationsberechtigung mehr. Zwar liegen für das Indikationsgebiet Schlafstörungen Untersuchungen vor, die die klinische Wirksamkeit hinreichend belegen können. Jedoch besitzt Methaqualon ein ausgeprägtes primäres Abhängigkeitspotential, weshalb es seit dem 1. 7. 81 der Betäubungsmittelverschreibungsverordnung (BtmVV) unterstellt ist. Das Bundesgesundheitsamt vertritt in seiner aktuellen Monographie zu Methaqualon *(Arzneimittelkommission der Deutschen Ärzteschaft, Bundesanzeiger vom 16. 12. 1992)* die Auffassung, daß „auf dem Hintergrund der ausgeprägten Toxizität, der gefährlichen Wechselwirkungen mit Alkohol, der raschen Toleranzbildung bei regelmäßiger Einnahme, des hohen Abhängigkeitspotentials und des ausgeprägten Risikos schwerer Intoxikationen" ersichtlich wird, „daß die Risiken einen möglichen Nutzen deutlich übersteigen". In Bezug auf andere Indikationen liegt kein Erkenntnismaterial in Form klinischer Studien oder anderen, nach wissenschaftlichen Kriterien auswertbaren Erkenntnismaterials vor. Deshalb empfiehlt das BGA den betroffenen pharmazeutischen Unternehmen eigenverantwortlich auf ein weiteres Inverkehrbringen von Methaqualon zu verzichten bzw. bei Kombinationsarzneimitteln im Rahmen der gesetzlichen Regelungen die Rezeptur zu ändern.

Dosierung

Die hypnotische Dosis liegt für Erwachsene bei 100–200 mg. In Ausnahmefällen können bis zu 300 mg eingenommen werden. Für Kinder ab 14 Jahre liegt die Dosis bei 75 mg (PARSONS 1961, GOLDSTEIL 1970).

Unerwünschte Wirkungen

Nebenwirkungen sind reversible Parästhesien an den Extremitäten oder im Bereich des Mundes, Mundtrockenheit, Übelkeit und Brechreiz, Sodbrennen, Völlegefühl, Kopfschmerzen, Diarrhoe und Obstipation (SWIFT et al. 1960). Selten werden schwerwiegende Hautreaktionen beobachtet (PARISH et al. 1980). Trotz der relativ kurzen Halbwertszeit finden sich häufig Hang-over-Effekte mit nach dem Aufwachen auftretendem Schwindel und Benommenheit (HERRMANN 1961) sowie gelegentlich ein paradoxer Effekt mit Unruhe, gesteigerter Erregbarkeit, Angst und Orientierungsstörungen. Nach längerem Gebrauch kann es zu polyneuritischen Symptomen mit Sensibilitätsstörungen, Reflexanomalien und Paresen kommen (MARKS et al. 1976).

Wie alle Hypnotika kann Methaqualon das Reaktionsvermögen vereinzelt noch am nächsten Morgen beeinträchtigen. Vorsicht ist am Arbeitsplatz und bei der Teilnahme am Straßenverkehr geboten.

Abruptes Absetzen nach längerem Gebrauch kann zu erhöhter Unruhe, Angst und Reizbarkeit, zu Übelkeit und depressiven Verstimmungen, im Extremfall zu einem Delirium tremens und/oder zu Krampfanfällen führen (EWART et al. 1967, SCHWARTZBURG et al. 1973).

Hauptproblem ist die extreme Gefahr einer physischen und psychischen Abhängigkeitsentwicklung (ALPERN et al. 1975, WHO EXPERT COMMITTEE ON DRUG DEPENDENCE 1987). Bei regelmäßiger Einnahme kommt es rasch zur Toleranz, die zur Dosissteigerung zwingt (bis zu 2 g/Tag) und ein erhebliches Intoxikationsrisiko beinhaltet. Bei Verhinderung des Schlafeintritts führt Methaqualon häufig zu euphorischen Zuständen. Von Drogensüchtigen wurde Methaqualon häufig zusammen mit Alkohol und/oder Heroin mißbraucht. Durch die fälschliche Annahme, Methaqualon sei – insbesondere in Verbindung mit Alkohol – ein wirksames Aphrodisiakum, wurde die Beliebtheit des Mittels noch gesteigert, u.a. mit der Folge zahlreicher lebensbedrohlicher Intoxikationen.

Kontraindikationen

Als Kontraindikationen gelten Krampfleiden, schwere Leber- und Nierenerkrankungen sowie dekompensierte Herzinsuffizienz und – wegen des hohen Mißbrauchspotentials – Arzneimittelabhängigkeit. Bei bestehender oder möglicher Schwangerschaft und bei Kindern bis zu 14 Jahren ist Methaqualon nicht zu verabreichen.

Überdosierung und Intoxikation

Die Symptomatik einer akuten Intoxikation mit Methaqualon unterscheidet sich von der einer Barbituratvergiftung. Bei einer akuten Vergiftung infolge erheblicher Überdosierung ist zu empfehlen, je nach Schwere in der bei Schlafmittel-Intoxikationen üblichen Weise vorzugehen. Ein spezifisches Antidot ist nicht bekannt. Die Erfahrungen von Vergiftungszentren sprechen dafür, daß die Behandlung akuter Methaqualonvergiftungen weniger erfolgreich ist als die von Barbituratvergiftungen (Ibe 1965, 1966a, b).
Bei leichteren Vergiftungsfällen kommt es zunächst zu einer Rötung von Gesicht und Körperhaut, gesteigerter Speichelsekretion und häufig zu Spontanerbrechen. Tachykardien, Dysarthrie, Nystagmus, Mydriasis und Ataxie werden ebenfalls häufig beobachtet. Bei schweren Intoxikationen kommt es in der Folge zu einer Stunden bis Tage anhaltenden Bewußtlosigkeit mit erhöhter Aspirationsgefahr. Hierbei wird zunächst ein Exzitationsstadium mit erhaltener Schmerzempfindung, gezielten Abwehrbewegungen, Hypermotorik und Hyperreflexie durchlaufen, welches von einem durch tonische Krämpfe gezeichneten Stadium gefolgt wird. Obwohl Methaqualon keine primären kardiotoxischen Wirkungen besitzt, wird – vermutlich bedingt durch die allgemeine Kreislaufbelastung in längerdauernden Exzitations-/Krampfstadien – nicht selten ein Sekundentod bei bereits abgeklungenen Symptomen und wiedererlangtem Bewußtsein beobachtet. Adynamie wird nur bei schwersten Vergiftungsfällen präfinal beobachtet. Die minimale letale Dosis liegt bei 8 g (Harvey 1985). Im Gegensatz zur Barbiturat-Intoxikation kommt es zu keiner Beeinflussung der Spontanatmung. Die verschiedenen Stadien der Methaqualon-Intoxikation werden von charakteristischen EEG-Veränderungen begleitet, wobei zunächst interponierte Nullinien, gefolgt von steilen Wellen kombiniert mit Delta-Aktivität beobachtet werden. Im weiteren Verlauf kommt es zum Auftreten hochamplitudiger Delta-Wellen und weiterer Frequenzabnahme. Schließlich kommt es zu einem gemischten Auftreten von Delta- und Theta-Aktivität (Ibe 1966a).

Interaktionen

Methaqualon kann zu einer gegenseitigen Wirkungsverstärkung mit auf das zentrale Nervensystem wirkenden Pharmaka wie Phenothiazinen, Barbituraten, Benzodiazepinen und trizyklischen Antidepressiva führen (Boissier et al. 1958, Lietz 1961) . Durch Enzyminduktion in der Leber kann der Abbau anderer Arzneistoffe beschleunigt werden.
Gleichzeitiger Alkoholgenuß kann die Wirkung von Methaqualon verändern, insbesondere verstärken und verlängern (Boggan et al. 1989). Bei Mißbrauch höherer Dosen zusammen mit Alkohol sind lebensbedrohliche Intoxikationen beobachtet worden (Ibe 1966a).

Kontrolluntersuchungen

Bei Verabreichung von Methaqualon an Glaukom-Patienten sind augenärztliche Kontrollen erforderlich.

Praktische Durchführung, allgemeine Behandlungsrichtlinien

Unter Abwägung von Nutzen und Risiken besitzt Methaqualon heute keine Indikation mehr. Wird es dennoch verordnet, müssen die BtMVV-Richtlinien beachtet und die möglichen Risiken bedacht werden. Besondere Zurückhaltung in der Verordnung ist bei suchtgefährdeten und Patienten mit suizidalen Tendenzen angebracht. Gleichzeitiger Alkoholgenuß ist wegen des hohen Intoxikationsrisikos zu vermeiden. Die Tagesdosis sollte bei Erwachsenen 300 mg nicht überschreiten. Methaqualon sollte bei ununterbrochener täglicher Anwendung nicht über mehr als vier (in Ausnahmefällen acht) Wochen verschrieben werden.

Literatur

Akagi M, Oketani Y, Takada M, Suga T (1963) Studies on metabolism of 2-methyl-3-o-tolyl-4(3H)-quinazolinone. Chem Pharm Bull 11: 321

Alpern HP, Greer CA, Stripling JS et al. (1975) Methaqualone: tolerance and physical dependence in mice. Psychopharmacology 44: 303–305

Alvan G, Ericsson Ö, Levander S et al. (1974) Plasma concentrations and effects of methaqualone after single and multiple oral doses in man. Eur J Clin Pharmacol 7: 449–454

Arzneimittelkommission der Deutschen Ärzteschaft (1993) Bundesgesundheitsamt (BGA): Abwehr von Arzneimittelrisiken. Pentobarbital, Propallylonal, Methaqualon. Dtsch Ärzteblatt 90: 589

Bailey DN (1981) Methaqualone ingestion: evaluation of present status. J Anal Toxicol 5: 279–282

Barcelo R (1961) Clinical study of methyl-ortho-tolyl-quinazolone, a new non barbituric hypnotic. Can Med Assoc J 85: 1304

Boggan WO, Wurthington C (1981) Interaction of methaqualone with ethanol, phenobarbital and methadone. Res Comm Subst Abuse 2: 313–329

Boissier JR, Pagny J (1959) Action antitussive d'un hypnotique non barbiturique, la metolquizolone. Medicina Experimentalis 1: 368–372

Boissier JR, Dumont C, Malen C (1958) Etude pharmacologique d'un nouvel hypnotique: La methyl-2 orthotolyl-3 quinazolone-4. Therapie 13: 30-45

Cohen Y, Font du Picard Y, Boissier JR (1962) Etude de la distribution chez la souris d'un hypnotique marqué au carbone 14, la méthyl-2, orthotolyl-3, quinazolone-4. Arch Int Pharmacodyn 137: 271

Ewart RBL, Priest RG (1967) Methaqualone addiction and delirium tremens. Br Med J 3: 92–93

Goldstein L, Graedon J, Willard D, Goldstein F, Smith RR (1970) A comparative study of the effects of methaqualone and glutethimide on sleep in male chronic insomniacs. J Clin Pharmacol 10: 258

Herrmann K (1961) Verträglichkeitsuntersuchungen und klinische Prüfung eines neuen barbituratfreien Schlafmittels. Münch Med Wochenschr 103: 2288–2290

Ibe K (1965) Die akute Methaqualon-Vergiftung. I. Statistik, Literaturübersicht und Kasuistik. Arch Tox 21: 179–198

Ibe K (1966a) Die akute Methaqualon-Vergiftung. II. Mitteilung, Klinik, Pathophysiologie und Therapie. Arch Tox 21: 289–309

Ibe K (1966b) Die akute Methaqualon-Vergiftung. III. Mitteilung. Klinisch-chemisch-toxikologische Untersuchungen. Arch Tox 22: 16–23

Lietz W (1961) Über eine neue Gruppe sedativer Substanzen. Acta Biol Med Germ 126 [Suppl 1]

Malhotra JC et al. (1960) Pharmacological study of 2-methyl-3-orthotolylquinazolone-4-one – a new hypnotic. Ind J Med Sci 14: 501–509

Marks P, Sloggam J (1976) Peripheral neuropathy caused by methaqualone. Am J Med Sci 272: 323–326

Mills DG (1978) Effects of methaqualon on blood platelet function. Clin Pharmacol Ther 23: 685–691

Monty JM, Alterwain P, Debellis J (1987) Comparative double-blind clinical study of midazolam, methaqualone, and placebo in outpatients with mild – to moderate insomnia. Curr Ther Res 41: 437–443

Murata T, Yamamoto I (1970) Metabolic fate of 2-methyl-3-o-tolyl-4(3H)quinazolinone. Chem Pharm Bull 18: 33

Nowak H, Schorre G, Struller R (1966) Untersuchungen zum Metabolismus von Methaqualon. Arzneimittelforschung 16: 407

PARISH LC, CANDER L, WITKOWSKI (1980) Erythema multiforme due to methaqualone. Act Derm 61: 88–89

PARSONS TW, THOMSON TJ (1961) Methaqualon as a hypnotic. Br Med J 1: 171

SCHWARTZBURG M, LIEB J, SCHWARTZ AH (1973) Methaqualone withdrawal. Arch Gen Psychiatry 29: 46–47

SMYTH RD, LEE JK, POLK A et al. (1973) Bioavailibility of methaqualone. J Clin Pharm 32: 391–400

SONCIN ES (1961) Proprieta farmacologiche del 2-metil-3-tolil-4-chinazolone, un nouovo farmaco ad azione ipnotica e sedativa. Rass Clin Ter 60: 83–93

SWIFT JG, DICKENS EA, BECKER BA (1960) Anticonvulsant and other pharmacological activities of tuazolone (2-methyl-3-o-tolyl-4-(3H)-quinazolone. Arch Int Pharmacodyn 128: 112

THOMSON TJ, PARSONS TW (1961) 2-Methyl-3-orthotolyl-quinazolone as a hypnotic. Br Med J 1: 171–173

WHO EXPERT COMMITTEE ON DRUG DEPENDENCE (1988) 24th Report. World Health Organization, Geneva

WILLIAMS RL, AGNEW HW (1969) Effects of drugs on the EEG sleep patterns of normal humans. Exp Med Surg 27: 53–64

Neuro-Psychopharmaka, Bd. 2
Riederer P. / Laux G. / Pöldinger W. (Hrsg.)

8 Übersichtstabellen

O. Dietmaier und G. Laux

In den Tabellen sind die in Deutschland (D), Österreich (A) und der Schweiz (CH) im Handel erhältlichen Tranquilizer und Hypnotika alphabetisch nach ihren gebräuchlichen Kurzbezeichnungen aufgeführt. Es wurden die in der Roten Liste 1994 angegebenen internationalen Freinamen (INN), INNv (vorgeschlagene internationale Freinamen) oder sonstige Kurzbezeichnungen gewählt.

Bezugsquellen für die Präparateauswahl sind für Deutschland die Rote und Gelbe Liste 1994, für Österreich der Austria-Codex 1993/94 einschließlich 1., 2. und 3. Nachtrag sowie für die Schweiz das Arzneimittel-Kompendium 1994. Die Handelsnamen der in diesen Ländern registrierten Präparate sind mit ® gekennzeichnet. Aufgelistet sind nur Monopräparate, d.h. sie enthalten als arzneilich wirksamen Bestandteil nur den betreffenden Stoff. Bei Phytopharmaka und freiverkäuflichen Präparaten wird wegen der Vielzahl von im Handel befindlichen Arzneimitteln teilweise nur eine Auswahl an Arzneispezialitäten aufgeführt. Auf die Wiedergabe von Zusätzen zu Präparatenamen wie „forte", „retard" u.ä. wurde genauso verzichtet wie auf die Auflistung von Generika, die im Namen die gebräuchliche Kurzbezeichnung (z.B. INN) enthalten.

Die angegebenen Tagesdosen beziehen sich auf die üblichen durchschnittlichen Dosierungen für Erwachsene, verteilt auf 2–3 Gaben. Bei Hypnotika bedeuten die aufgelisteten Zahlen in der Regel einmalige abendliche Verabreichungen der jeweiligen Tagesdosen des Medikaments.

Referenzsubstanz für die aufgeführten Äquivalenzdosen von Benzodiazepinen ist Diazepam 10 mg. Es handelt sich keinesfalls um feste Bezugswerte, sondern aus der klinischen Erfahrung und entsprechenden Vergleichsstudien abgeleitete empfohlene Schätzwerte, die beim therapeutischen Einsatz durchaus variieren können.

Als Eliminationshalbwertszeit ist die mittlere terminale Halbwertszeit eines nierengesunden Erwachsenen angegeben. Bei Leber- oder Niereninsuffizienz, Kindern oder im Alter können klinisch bedeutsame Abweichungen auftreten.

Internat. Freiname (INN, generic name) Chemische Formel	Stoffgruppe	Handelsname (A, CH, D)	Substanzcharakteristik Besondere Hinweise	Übliche durchschnittliche Tagesdosis (Erwachsene)	Äquivalenzdosis (Benzodiazepine)	Eliminationshalbwertszeit (in Stunden)	Übersichts-Literatur
Alimemazin 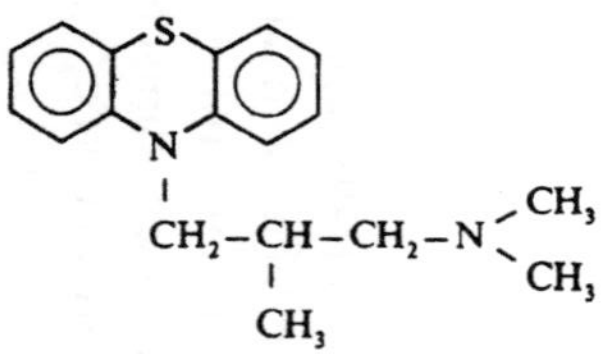	Phenothiazinderivat	Repeltin® (D) Theralene® (D)	Stark antihistaminerges Neuroleptikum mit sedierenden und antiemetischen Eigenschaften; praktisch keine antipsychotische Wirkung	5–40 mg		8	SIMONOFF und STORES (1987)
Alprazolam 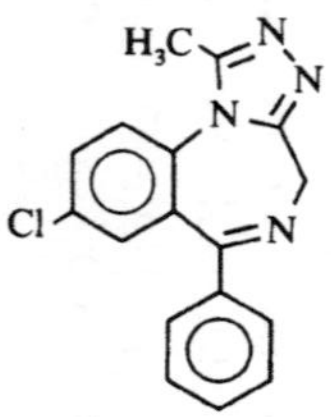	Benzodiazepinderivat	Tafil® (D) Cassadan® (D) Xanor® (A) Xanax® (CH)	Mittellang wirksames Benzodiazepin-Hypnotikum mit aktiven Metaboliten; leicht stimmungsaufhellende Eigenschaften (reaktive/neurotische Depressionen)	0,5–4 mg	1 mg	12–15	DAWSON et al. (1984) FAWCETT und KRAVITZ (1982) HUYBRECHTS (1991)
Baldrian	Phytotherapeutikum	Baldrisedon® (CH, D) Melival® (D) Nervipan® (CH, D) Nervipane® (A) Recvalysat® (D) Valdispert® (D) Valmane® (A, D) Psychobald® (A)	Klassisches Phytopharmakon aus der Echten Baldrianwurzel (Valeriana officinalis); die für die sedierende Wirkung verantwortlichen Inhaltsstoffe sind noch nicht eindeutig identifiziert; die sog. Valepotriate scheinen keine dämpfenden Eigenschaften zu besitzen	abhängig vom Extraktionsverfahren			BALDERER und BORBELY (1985) KRIEGLSTEIN und GRUSLA (1988)

Internat. Freiname (INN, generic name) Chemische Formel	Stoff-gruppe	Handelsname (A, CH, D)	Substanz-charakteristik Besondere Hinweise	Übliche durchschnittliche Tagesdosis (Erwachsene)	Äquivalenzdosis (Benzodiazepine)	Eliminationshalbwertszeit (in Stunden)	Übersichts-Literatur
Barbital 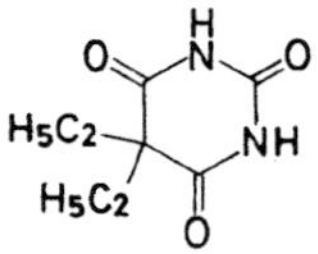	Barbitursäurederivat	nervoOPTmono® (D)	Langwirksames Barbiturat-Hypnotikum mit erheblicher Kumulationsgefahr	100—300 mg		ca. 100	
Bromazepam 	Benzodiazepinderivat	Lexotanil® (A, CH, D) Bromazanil® (D) bromazep® (D) durazanil® (D) Gityl® (D) neo OPT® (D) Normoc® (D)	Mittellang wirksamer Benzodiazepin-Tranquilizer mit vorwiegend anxiolytischer Wirkkomponente; ein wirksamer Metabolit	3–6 mg	4,5 mg	15–28	Fontaine et al. (1984) Kragh-Sorensen et al. (1990)
Bromide	Anorganische Bromverbindungen	Dibro-Bemono® (D) Psicosoma® (D) Vernelan® (D) Seduan® (A)	Wegen extrem langer Halbwertszeit hohe Kumulationsgefahr; cave Bromismus	600–1800 mg		ca. 12 Tage	Ott (1984)

Internat. Freiname (INN, generic name) Chemische Formel	Stoffgruppe	Handelsname (A, CH, D)	Substanzcharakteristik Besondere Hinweise	Übliche durchschnittliche Tagesdosis (Erwachsene)	Äquivalenzdosis (Benzodiazepine)	Eliminationshalbwertszeit (in Stunden)	Übersichts-Literatur
Brotizolam 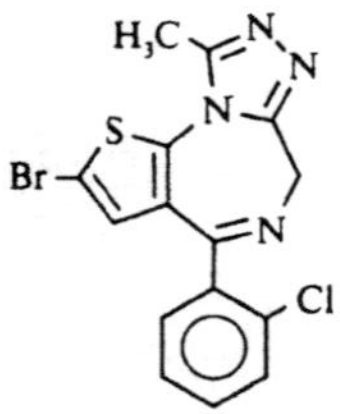	Benzodiazepinderivat	Lendormin® (CH, D) Lendorm® (A)	Kurz wirksames Benzodiazepin-Hypnotikum mit aktiven Metaboliten	0,125–0,25 mg	0,25 mg	4,5–7	RICKELS et al. (1986) LANGLEY und CLISSOLD (1988)
Buspiron 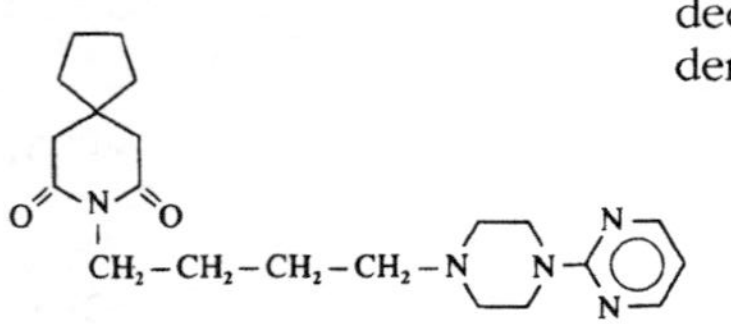	Azaspirodecandionderivat	Bespar® (D) Buspar® (A, CH)	Nicht-Benzodiazepin-Anxiolytikum; dopaminerger und serotonerger neurobiochemischer Wirkmechanismus; verzögerter Wirkungseintritt; mit Benzodiazepinen vorbehandelte Patienten scheinen von einer Behandlung weniger zu profitieren	15–30 mg	10 mg	2–3	EISON und TEMPLE (1986) GOA und WARD (1986) NAPOLIELLO und DOMANTAY (1991)
Camazepam 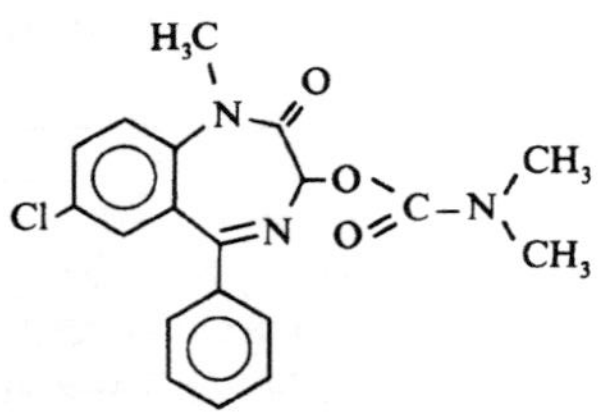	Benzodiazepinderivat	Albego® (CH)	Mittellang wirksamer Benzodiazepin-Tranquilizer mit vorwiegend anxiolytischer Wirkkomponente; als wirksame Metaboliten treten Temazepam und Oxazepam auf	10–20 mg	20 mg	15–20	FERRILLO et al. (1984)

Internat. Freiname (INN, generic name) Chemische Formel	Stoffgruppe	Handelsname (A, CH, D)	Substanzcharakteristik Besondere Hinweise	Übliche durchschnittliche Tagesdosis (Erwachsene)	Äquivalenzdosis (Benzodiazepine)	Eliminationshalbwertszeit (in Stunden)	Übersichts-Literatur
Chloralhydrat $Cl_3C-CH(OH)_2$	Aldehyd	Chloraldurat® (A, CH, D) Medianox® (CH) Nervifène® (CH)	Sedativum und Hypnotikum mit raschem Wirkungseintritt (ca. 30 min.); aktiver Metabolit Trichloroethanol; rel. enge therapeutische Breite; praktisch keine Beeinflussung des REM-Schlafs	0,25–2 g		6–10	Breimer (1977) Piccione et al. (1980) Graham et al. (1988)
Chlordiazepoxid 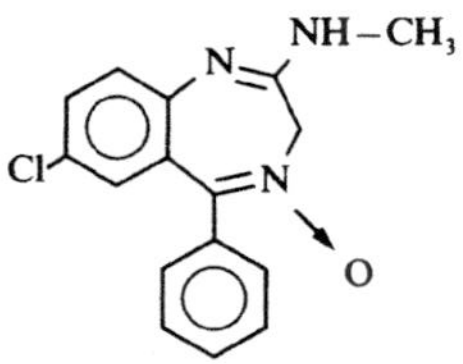	Benzodiazepinderivat	Librium® (CH, D) Multum® (D) Radepur® (D)	Lang wirksamer Benzodiazepin-Tranquilizer mit aktiven Metaboliten; Kumulationsgefahr	5–50 mg	20 mg	10–90	Baskin und Esdale (1982)
Chlorprothixen 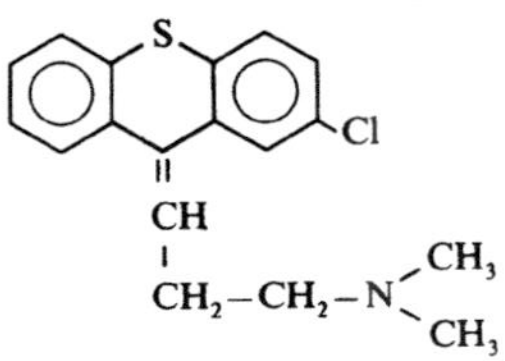	Thioxanthenderivat	Taractan® (D) Truxal® (A, CH, D) Truxaletten® (A, CH, D)	Stark sedierendes Neuroleptikum; nur schwach antipsychotisch wirksam	30–150 mg		8–12	Felger (1971)

Internat. Freiname (INN, generic name) Chemische Formel	Stoff-gruppe	Handelsname (A, CH, D)	Substanz-charakteristik Besondere Hinweise	Übliche durchschnittliche Tagesdosis (Erwachsene)	Äquivalenzdosis (Benzodiazepine)	Eliminationshalbwertszeit (in Stunden)	Übersichts-Literatur
Cinolazepam 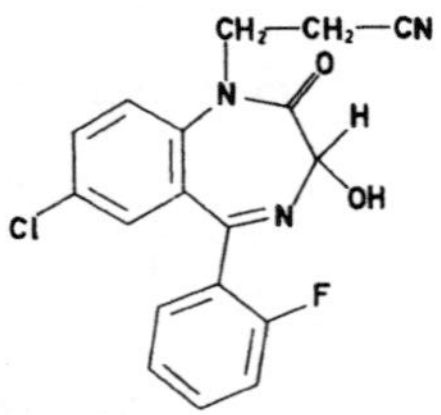	Benzo-diazepin-derivat	Gerodorm® (A)	Kurzwirksames Benzodiazepin-Hypnotikum	20–40 mg	40 mg	4–6	SALETU et al. (1987)
Clobazam 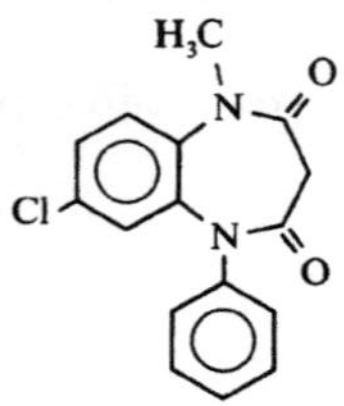	Benzo-diazepin-derivat	Frisium® (A, D) Urbanyl® (CH)	1,5-Benzodiazepin mit vorwiegend anxiolytischer Wirkung; aktiver Metabolit mit langer Halbwertszeit; auch zur Zusatzmedikation bei Patienten mit Anfallsleiden	20–30 mg	20 mg	18–42 (Met. 36–80)	BROGDEN et al. (1980)
Clomethiazol 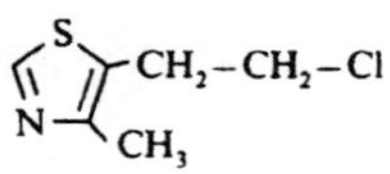	Thiazol-Derivat	Distraneurin® (A, CH, D)	Die Substanz besitzt sedierende, antikonvulsive und hypnotische Eigenschaften; Hauptindikation ist die Delirbehandlung; cave Suchtgefahr; als Hypnotikum allenfalls kurzzeitig in der Gerontopsychiatrie bei psychomotorisch unruhigen Patienten	384–768 mg		3–5	DEHLIN (1986) PATHY et al. (1986)

Internat. Freiname (INN, generic name) Chemische Formel	Stoffgruppe	Handelsname (A, CH, D)	Substanzcharakteristik Besondere Hinweise	Übliche durchschnittliche Tagesdosis (Erwachsene)	Äquivalenzdosis (Benzodiazepine)	Eliminationshalbwertszeit (in Stunden)	Übersichts-Literatur
Clonazepam 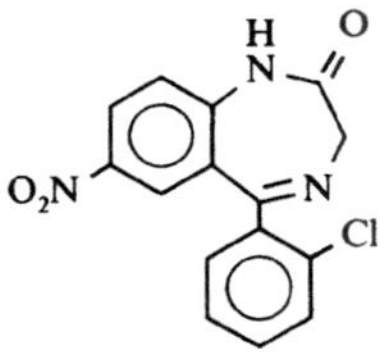	Benzodiazepinderivat	Rivotril® (A, CH, D) Antelepsin® (D)	Als Antikonvulsivum genutztes Benzodiazepin-Präparat; keine aktiven Metaboliten	3–6 mg (orale Erhaltungsdosis)		39–40	FARRELL (1986) POLLACK (1987)
Clotiazepam 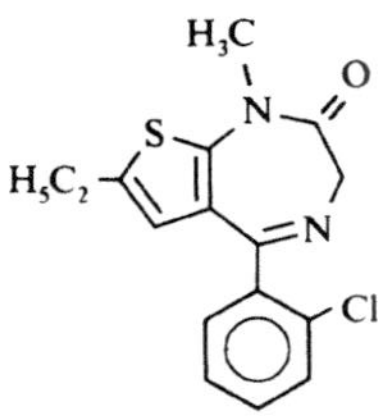	Benzodiazepinderivat	Trecalmo® (D)	Rel. kurz wirksamer Benzodiazepin-Tranquilizer mit vorwiegend anxiolytischer Wirkung; aktive Metaboliten	10–30 mg	10 mg	5–15	CHAMBAUD et al. (1986)
Cloxazolam 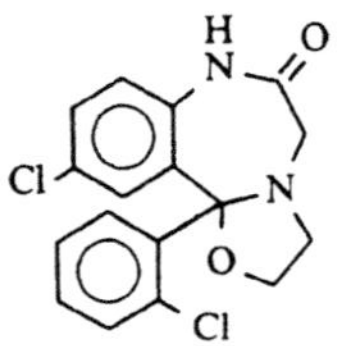	Benzodiazepinderivat	Lubalix® (CH) Olcadil® (A)	Lang wirksamer Benzodiazepin-Tranquilizer; „Prodrug“; aktive Metaboliten sind Delorazepam und Lorazepam	2–4 mg	2 mg	55–75	ANSSEAU und VON FRENCKEL (1991)

Internat. Freiname (INN, generic name) Chemische Formel	Stoffgruppe	Handelsname (A, CH, D)	Substanzcharakteristik Besondere Hinweise	Übliche durchschnittliche Tagesdosis (Erwachsene)	Äquivalenzdosis (Benzodiazepine)	Eliminationshalbwertszeit (in Stunden)	Übersichts-Literatur
Delorazepam 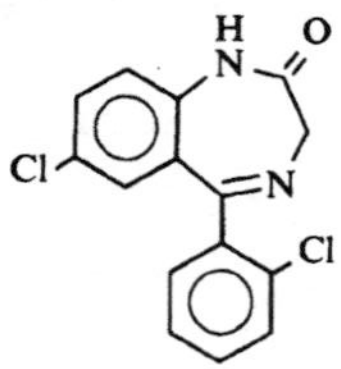	Benzodiazepinderivat	Briantum® (CH) (außer Handel)	Lang wirksamer Benzodiazepin-Tranquilizer mit vorwiegend anxiolytischer Wirkkomponente; wirksamer Metabolit ist Lorazepam	1–4 mg	1–2 mg	60–120	Bareggi et al. (1986)
Diazepam 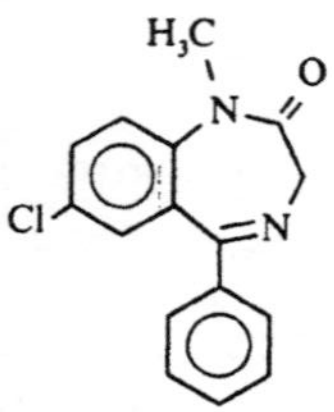	Benzodiazepinderivat	Valium® (A, CH, D) duradiazepam® (D) Faustan® (D) Lamra® (D) Stesolid® (A, CH, D) Tiromne® (D) Tranquase® (D) Tranquo-Tablinen® (D) Valiquid® (D) Gewacalm® (A) Psychopax® (A, CH) Umbrium® (A) Paceum® (CH) Neurolytril® (D) Diazemuls® (D)	Standardsubstanz der Benzodiazepin-Tranquilizer; peroral rasche und vollständige Resorption; mehrere aktive Metaboliten; Hauptmetabolit Nordazepam mit sehr langer Halbwertszeit; Kumulationgefahr	5–20 mg	10 mg	24–48 (Met. 50–80)	Greenblatt et al. (1983)

Internat. Freiname (INN, generic name) Chemische Formel	Stoff-gruppe	Handelsname (A, CH, D)	Substanz-charakteristik Besondere Hinweise	Übliche durchschnittliche Tagesdosis (Erwachsene)	Äquivalenzdosis (Benzodiazepine)	Eliminationshalbwertszeit (in Stunden)	Übersichts-Literatur
Dikaliumclorazepat 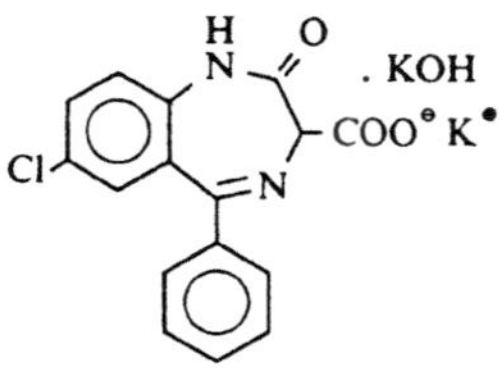	Benzodiazepinderivat	Tranxilium® (A, CH, D)	Lang wirksamer Benzodiazepin-Tranquilizer mit aktiven Metaboliten; wird als „Prodrug" zu N-Desmethyldiazepam verstoffwechselt	10–50 mg	15 mg	25–82	HOLMBERG und LIVSTEDT (1972) LADER et al. (1980)
Diphenhydramin 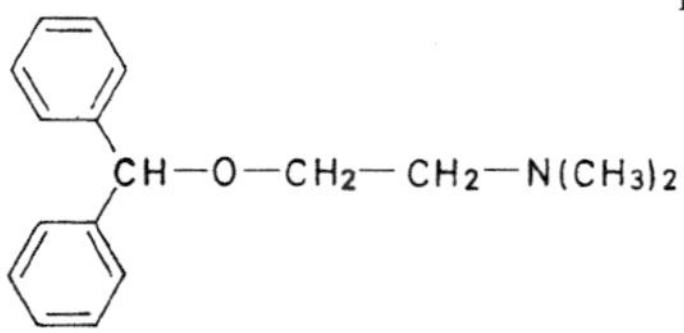	Antihistaminikum	Benadryl N® (D) Dolestan® (D) Dormutil N® (D) Halbmond® (D) Benocten® (CH) Neo-Synodorm® (CH) u. a.	Sedativum aus der Reihe der Antihistaminika	50 mg		6	BORBELY und YOUMBI-BALDERER (1988) ROTH et al. (1987)
Dixyrazin 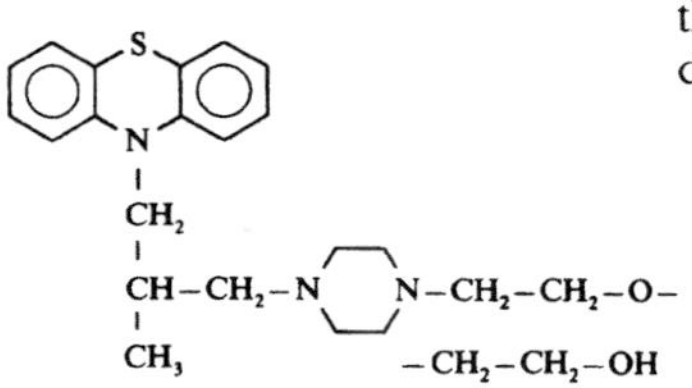	Phenothiazinderivat	Esucos® (A, D)	Schwach antipsychotisches Neuroleptikum mit sedierenden und antiemetischen Eigenschaften	25–75 mg		6	KARLSSON et al. (1993)

Internat. Freiname (INN, generic name) Chemische Formel	Stoffgruppe	Handelsname (A, CH, D)	Substanzcharakteristik Besondere Hinweise	Übliche durchschnittliche Tagesdosis (Erwachsene)	Äquivalenzdosis (Benzodiazepine)	Eliminationshalbwertszeit (in Stunden)	Übersichts-Literatur
Doxylamin 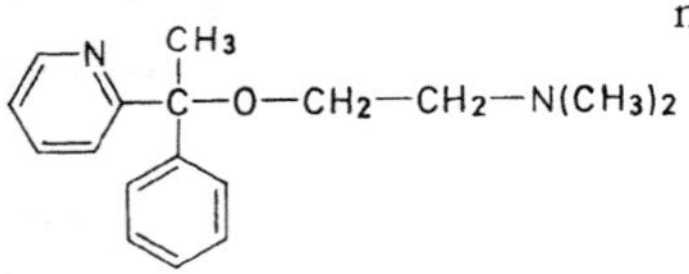	Antihistaminikum	Gittalun® (D) Hoggar N® (D) Mereprine® (CH, D) Sedaplus® (D) Sanalepsi N® (CH)	Sedativum aus der Reihe der Antihistaminika	25–50 mg		8–10	Sjoqvist und Lasagna (1967) Rickels et al. (1984)
Flumazenil 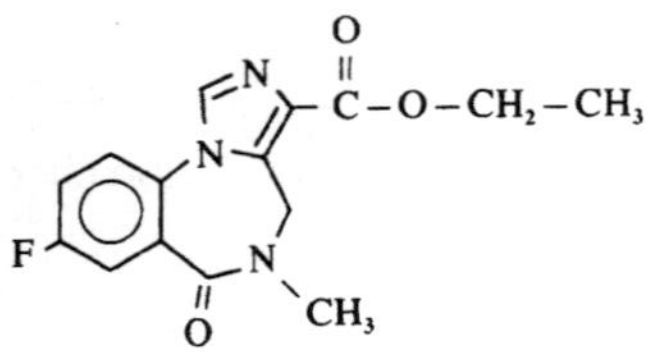	Benzodiazepinderivat	Anexate® (A, CH, D)	Benzodiazepinrezeptor-Antagonist; Antidot zur Aufhebung der zentral dämpfenden Wirkung von Benzodiazepinen	0,3–0,6 mg		53 min	Brogden und Goa (1991) Lauven und Kulka (1990)
Flunitrazepam 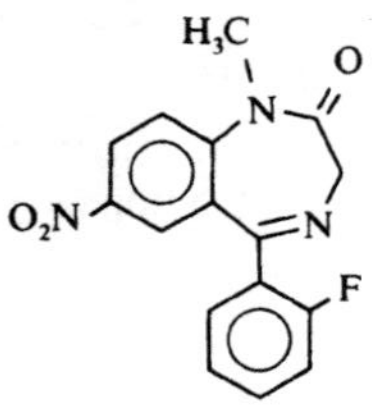	Benzodiazepinderivat	Rohypnol® (A, CH, D) Somnubene® (A)	Sehr potentes Benzodiazepin-Hypnotikum mit raschem Wirkungseintritt; aktive Metaboliten; mittellang wirksam; in D wegen Mißbrauchsgefahr mit Ausnahme der 1 mg-Tablette dem Betäubungsmittelgesetz unterstellt	0,5–2 mg	1 mg	18	Mattila und Larni (1980)

Internat. Freiname (INN, generic name) Chemische Formel	Stoffgruppe	Handelsname (A, CH, D)	Substanzcharakteristik Besondere Hinweise	Übliche durchschnittliche Tagesdosis (Erwachsene)	Äquivalenzdosis (Benzodiazepine)	Eliminationshalbwertszeit (in Stunden)	Übersichts-Literatur
Flupentixol 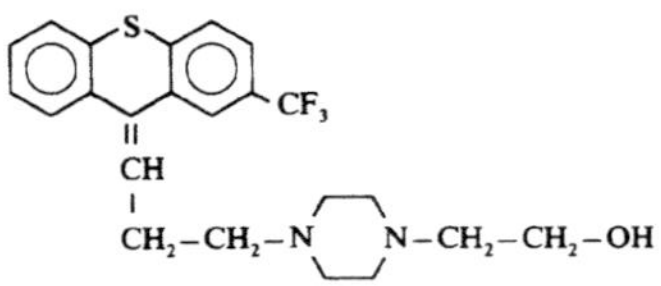	Thioxanthenderivat	Fluanxol® (A, CH, D)	Stark antipsychotisches, nicht sedierendes Neuroleptikum; in niedriger Dosierung leicht anxiolytisch wirksam	1–2 mg		30	OSTERHEIDER (1990)
Fluphenazin 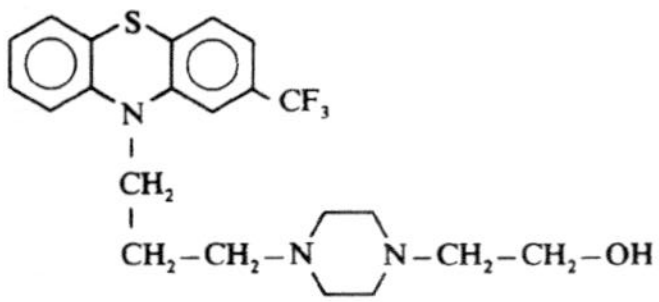	Phenothiazinderivat	Dapotum® (A, CH, D) Lyogen® (A, CH, D) Omca® (D) Lyorodin® (D) Eldoral® (D)	Stark antipsychotisches, wenig sedierendes Neuroleptikum; in niedriger Dosierung leicht anxiolytisch wirksam	0,5–1 mg bzw. 14-tägig 1 Depot-Amp. 2,5 mg		15	JANIRI et al. (1987)
Flurazepam 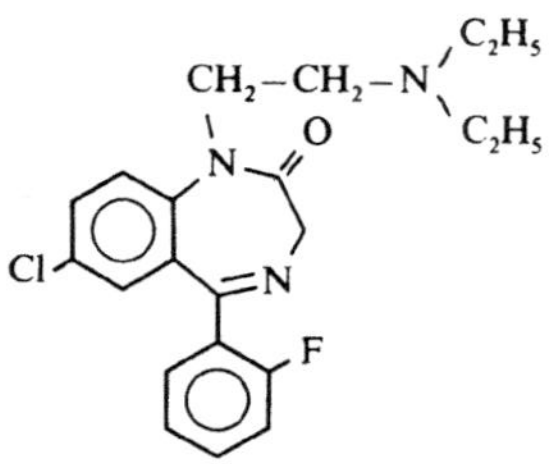	Benzodiazepinderivat	Dalmadorm® (CH, D) Beconerv Neu® (D) Staurodorm Neu® (D) Staurodorm® (A)	Lang wirksames Benzodiazepin-Hypnotikum; Substanz wird nach der Resorption sehr schnell (ca. 1 St.) zu den eigentlich wirksamen Metaboliten mit sehr langer Halbwertszeit umgewandelt; Kumulationsgefahr	15–30 mg	30 mg	50–100 (Met.)	MILLER et al. (1988)

Internat. Freiname (INN, generic name) Chemische Formel	Stoffgruppe	Handelsname (A, CH, D)	Substanzcharakteristik Besondere Hinweise	Übliche durchschnittliche Tagesdosis (Erwachsene)	Äquivalenzdosis (Benzodiazepine)	Eliminationshalbwertszeit (in Stunden)	Übersichts-Literatur
Fluspirilen 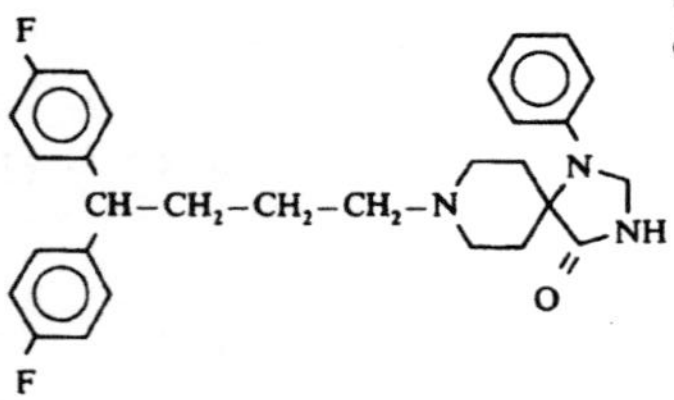	Diphenylbutylpiperidinderivat	Imap® (CH, D)	Stark antipsychotisches Depotneuroleptikum; in niedriger Dosierung als „Wochentranquilizer" eingesetzt	1,5 mg wöchentlich		ca. 7 Tage	LEHMANN et al. (1984) TEGELER et al. (1990)
Hydroxyzin 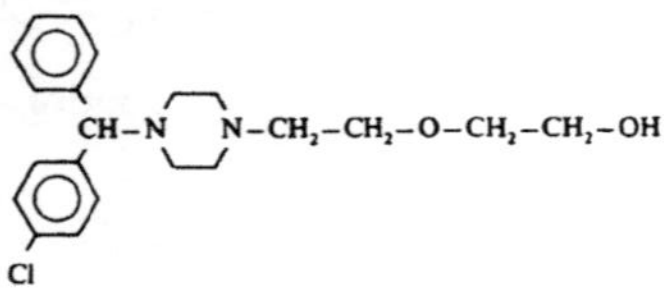	Antihistaminikum	Atarax® (A, CH, D) AH 3 N® (D) Elroquil N® (D)	Histamin-H1-Antagonist mit sedierenden und anxiolytischen Eigenschaften	37,5–75 mg		7–20	LEVANDER et al. (1985) SIMONS et al. (1989)

Internat. Freiname (INN, generic name) Chemische Formel	Stoffgruppe	Handelsname (A, CH, D)	Substanzcharakteristik Besondere Hinweise	Übliche durchschnittliche Tagesdosis (Erwachsene)	Äquivalenzdosis (Benzodiazepine)	Eliminationshalbwertszeit (in Stunden)	Übersichts-Literatur
Hypericum (Johanniskraut)	Phytotherapeutikum	Aristoforat® (D) Cesradyston® (D) Esbericum® (D) Hyperforat® (D) Jarsin® (D) Neuroplant® (D) Psychotonin® M (D) Rephahyval® (D) Turineurin® (D) Psychatrin® (D) Sedariston® (D) Jocapsan® (D) Tonizin® (D) Kira® (D)	Für den aus der Pflanze Hypericum perforatum gewonnenen Extrakt (standardisiert auf den Inhaltsstoff Hypericin) wurden stimmungsaufhellende und antidepressive Wirkungen gefunden; in pharmakologischen Untersuchungen zeigten sich deutlich MAO-hemmende Eigenschaften; typ. Nebenwirkung: Photosensibilisierung	200–900 mg (Trockenextrakt, stand. auf Hypericin)			ALFORD et al. (1992) HÖLZL (1993) DEMISCH et al. (1989)
Kava-Kava	Phytotherapeutikum	Aigin® (D) Antares® (D) Ardeydystin® (D) Cefakava® (D) Kavaform N® (D) Kavatino® (D) Kavasedon® (D) Kavosporal® (D) Laitan® (D) Neuronika® (D) Mosaro® (A)	Pflanzlicher Tranquilizer aus Piper methysticum, der entweder als Kava-Trockenextrakt oder in Form des Inhaltsstoffes Kavain zum Einsatz kommt	60–120 mg (Trockenextrakt, stand. auf Kavapyrone) 150–600 mg (D,L-Kavain)		6–9 (Kavain)	GERSTER und GRACZA (1990) SALETU et al. (1989)

Internat. Freiname (INN, generic name) Chemische Formel	Stoffgruppe	Handelsname (A, CH, D)	Substanzcharakteristik Besondere Hinweise	Übliche durchschnittliche Tagesdosis (Erwachsene)	Äquivalenzdosis (Benzodiazepine)	Eliminationshalbwertszeit (in Stunden)	Übersichts-Literatur
Ketazolam 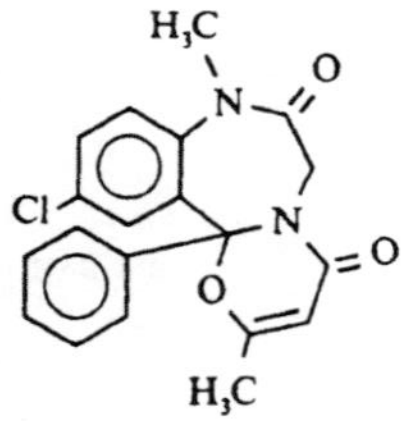	Benzodiazepinderivat	Solatran® (CH)	Lang wirksamer Benzodiazepin-Tranquilizer; „Pro-Drug"; rascher Abbau zu den beiden Hauptmetaboliten Diazepam bzw. Nordazepam	15–30 mg	30 mg	24–90	ANGELINI et al. (1989)
Loprazolam 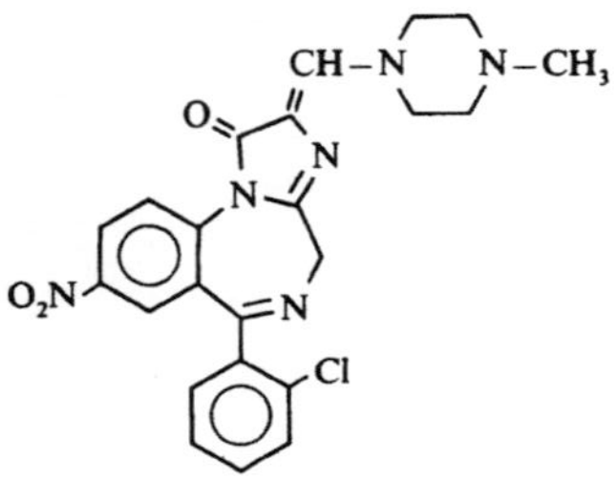	Benzodiazepinderivat	Sonin® (D)	Mittellang wirksames Benzodiazepin-Hypnotikum; rel. langsame Resorption; aktive Metaboliten	0,5–2 mg	1 mg	8–9	CLARK et al. (1986)

Internat. Freiname (INN, generic name) Chemische Formel	Stoff-gruppe	Handelsname (A, CH, D)	Substanz-charakteristik Besondere Hinweise	Übliche durchschnittliche Tagesdosis (Erwachsene)	Äquivalenzdosis (Benzodiazepine)	Eliminationshalbwertszeit (in Stunden)	Übersichts-Literatur
Lorazepam 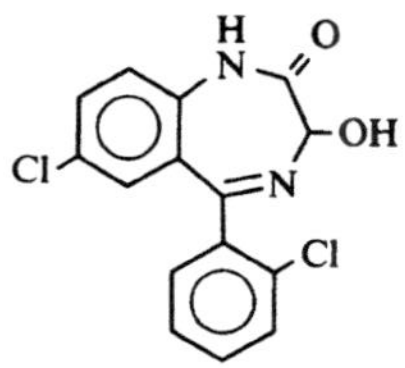	Benzodiazepin-derivat	Tavor® (D) duralozam® (D) Laubeel® (D) Pro Dorm® (D) Punktyl® (A, D) Somagerol® (D) Tolid® (D) Bonatranquan® (D) Merlit® (A) Sedazin® (CH) Temesta® (A, CH)	Starker, rel. rasch wirkender Benzodiazepin-Tranquilizer mit sehr hoher Benzodiazepin-Rezeptoraffinität; keine aktiven Metaboliten; keine signifikanten altersbedingten Veränderungen der Pharmakokinetik; ausgeprägte amnestische Wirkung	1–3 mg	1–2 mg	13–14	Ameer und Greenblatt (1981)
Lormetazepam 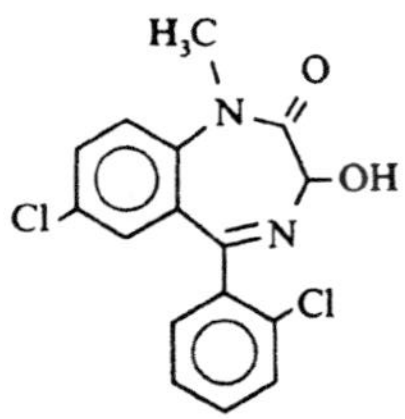	Benzodiazepin-derivat	Noctamid® (A, CH, D) Ergocalm® (D) Loretam® (D) Repocal Lormeta® (D) Loramet® (CH)	Rasch wirkendes Benzodiazepin-Hypnotikum mit mittellanger Halbwertszeit; keine aktiven Metaboliten	0,5–2 mg	1 mg	10–14	Hill und Harry (1983) Kales et al. (1982)
Medazepam 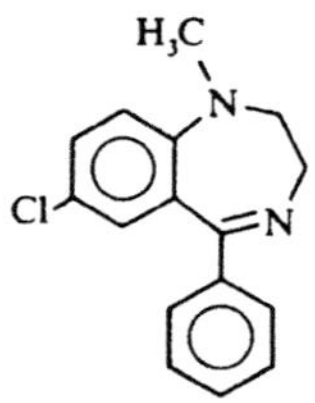	Benzodiazepin-derivat	Rudotel® (D) Nobrium® (CH)	Lang wirksamer Benzodiazepin-Tranquilizer mit aktiven Metaboliten	10–30 mg	30 mg	50–80	Kanto et al. (1982)

Internat. Freiname (INN, generic name) Chemische Formel	Stoff-gruppe	Handelsname (A, CH, D)	Substanz-charakteristik Besondere Hinweise	Übliche durchschnittliche Tagesdosis (Erwachsene)	Äquivalenzdosis (Benzodiazepine)	Eliminationshalbwertszeit (in Stunden)	Übersichts-Literatur
Melperon 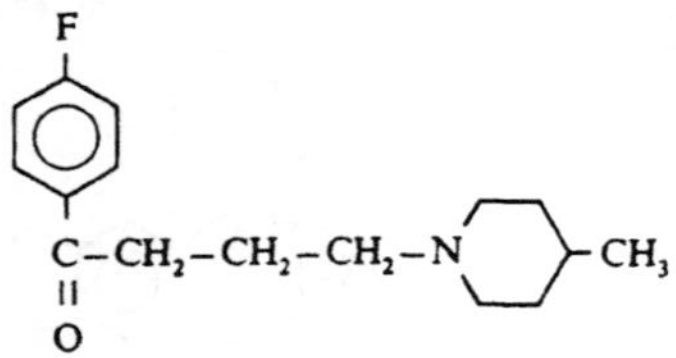	Butyrophenon-derivat	Eunerpan® (D) Buronil® (A) Neuril® (A)	Schwach antipsychotisches Neuroleptikum mit guten sedierenden und schlafanstoßenden Eigenschaften	25–200 mg		3	PÖLDINGER (1984)
Meprobamat 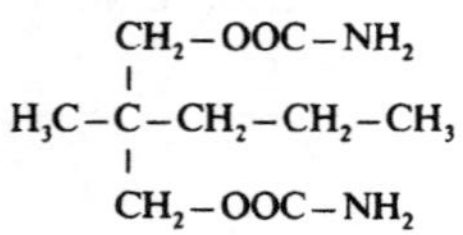	Carbaminsäure-derivat	Visano® (D) Cyrpon® (A) Epikur® (A) Microbamat® (A) Miltaun® (A) Pertranquil® (A) Meprodil® (CH)	Vorläufer der Benzodiazepin-Tranquilizer; besitzt auch muskelrelaxierende Eigenschaften; wegen Toxizität und Mißbrauchspotential heute obsolet	600–1200 mg		6–18	ROACHE und GRIFFITHS (1987)
Metaclazepam 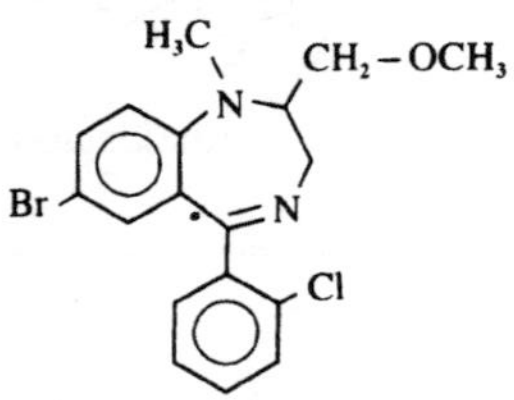	Benzo-diazepin-derivat	Talis® (A, D)	Mittellang wirksamer Benzodiazepin-Tranquilizer mit aktiven Metaboliten	10–15 mg	15 mg	7–23	RUHLAND (1985) LAAKMANN et al. (1989)

Internat. Freiname (INN, generic name) Chemische Formel	Stoffgruppe	Handelsname (A, CH, D)	Substanzcharakteristik Besondere Hinweise	Übliche durchschnittliche Tagesdosis (Erwachsene)	Äquivalenzdosis (Benzodiazepine)	Eliminationshalbwertszeit (in Stunden)	Übersichts-Literatur
Methaqualon 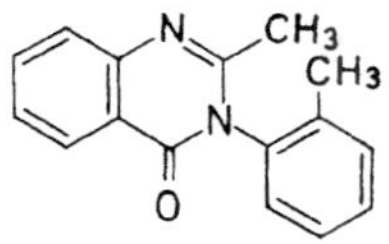	Chinazolinderivat		Hypnotikum mit hohem Suchtpotential; obsolet	150–300 mg		16–32	ORZACK et al. (1988)
Methylpentynol 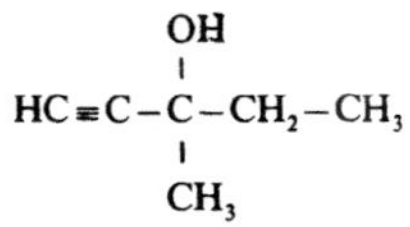	Alkoholderivat	Oblivon® (CH)	Kurz wirksames Sedativum; obsolet	200–600 mg			
Midazolam 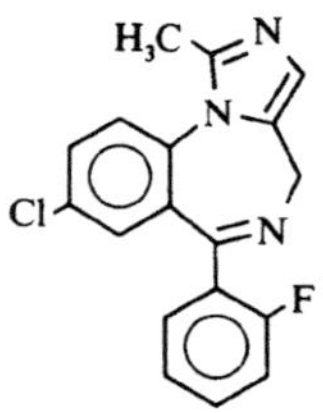	Benzodiazepinderivat	Dormicum® (A, CH, D)	Sehr kurz wirksames Benzodiazepin-Derivat zur Prämedikation bei chirurgischen und diagnostischen Eingriffen bzw. zur Narkoseeinleitung u. -aufrechterhaltung	7,5–15 mg (oral zur Prämedikation)		1,5–2,5	DUNDEE et al. (1984) REVES et al. (1985)
Nitrazepam 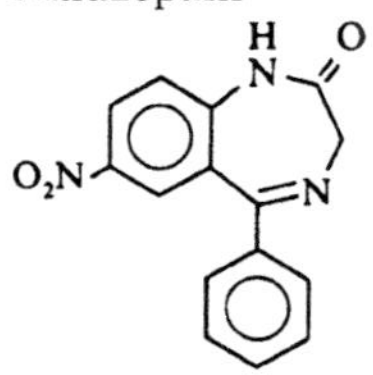	Benzodiazepinderivat	Mogadan® (D) Mogadon® (A, CH) Dormalon® (D) Dormo-Puren®(D) Eatan® N (D) imeson® (CH, D) Novanox® (D) Radedorm® (D)	Langwirksames Benzodiazepin-Hypnotikum mit rel. langsamer Anflutzeit (max. Blutspiegel nach ca. 2 Std.); keine aktiven Metaboliten; variable Bioverfügbarkeit (50–90%)	2,5–5 mg	2,5 mg	20–40	KANGAS und BREIMER (1981) MCALPINE et al. (1984)

Internat. Freiname (INN, generic name) Chemische Formel	Stoff-gruppe	Handelsname (A, CH, D)	Substanz-charakteristik Besondere Hinweise	Übliche durchschnittliche Tagesdosis (Erwachsene)	Äquivalenzdosis (Benzodiazepine)	Eliminationshalbwertszeit (in Stunden)	Übersichts-Literatur
Nordazepam (Desmethyl-diazepam) 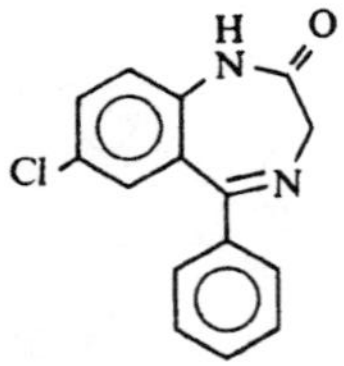	Benzo-diazepin-derivat	Tranxilium N® (D) Vegesan® (CH) Stilny® (A)	Zentraler aktiver Metabolit vieler Benzodiazepine; lange Halbwertszeit; rasche Resorption; Kumulationsgefahr	2,5–15 mg	10 mg	50–90	MERIGUET und SZTERN (1990)
Opipramol 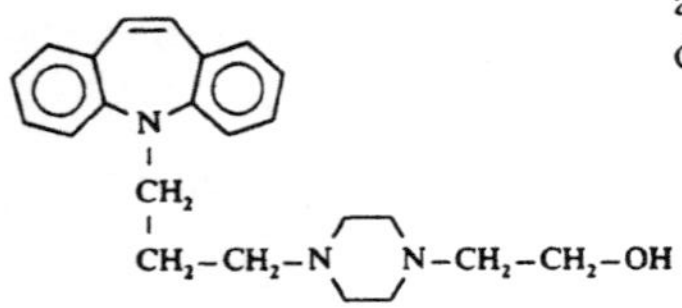	Dibenz-azepin-derivat	Insidon® (A, CH, D)	Den trizyklischen Antidepressiva nahestehende Substanz mit tranquillisierenden Eigenschaften; neurobiochemisch überwiegen dopaminantagonistische und antihistaminerge Wirkungen	50–300 mg		6–9	WENDT et al. (1985)
Oxazepam 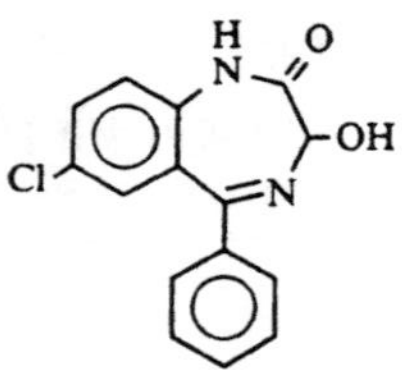	Benzo-diazepin-derivat	Adumbran® (A, D) Azutranquil® (D) durazepam® (D) Noctazepam® (D) Oxa-Puren® (D) Praxiten® (A, D) Sigacalm® (D) Uskan® (CH, D) Anxiolit® (A, CH) Seresta® (CH) Antoderin® (D) Oxahexal® (A)	Mittellang wirksamer Benzodiazepin-Tranquilizer mit rel. langsamer Resorption (max. Blutspiegel nach ca. 2–3 Std.); keine aktiven Metaboliten; Substanz ist Endmetabolit des Abbaus zahlreicher Benzodiazepine	10–50 mg	30 mg	5–15	SALZMAN et al. (1983)

Internat. Freiname (INN, generic name) Chemische Formel	Stoffgruppe	Handelsname (A, CH, D)	Substanzcharakteristik Besondere Hinweise	Übliche durchschnittliche Tagesdosis (Erwachsene)	Äquivalenzdosis (Benzodiazepine)	Eliminationshalbwertszeit (in Stunden)	Übersichts-Literatur
Perazin 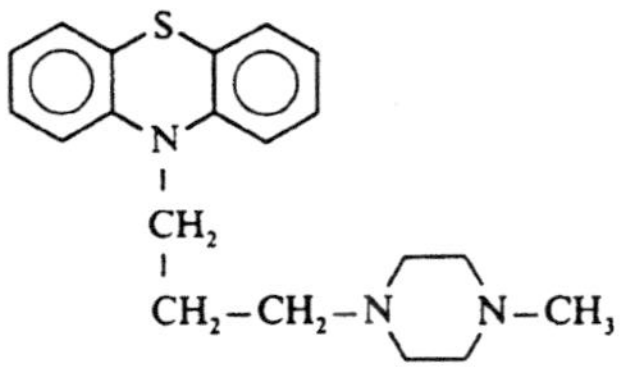	Phenothiazinderivat	Taxilan® (D)	Mittelstark antipsychotisches Neuroleptikum mit guten sedierenden Eigenschaften; niedrig dosiert auch als Tranquilizer eingesetzt	50–150 mg		8–16	HELMCHEN et al. (1988)
Perphenazin 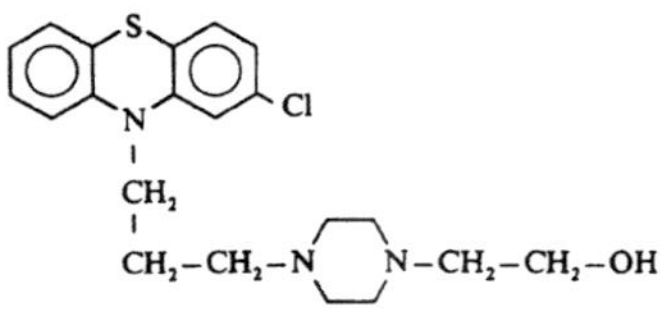	Phenothiazinderivat	Decentan® (A, D) Trilafon® (CH)	Stark antipsychotisches, in niedriger Dosierung sedierendes und antiemetisches Neuroleptikum	4–12 mg		8–12	AYD (1964)
Phenobarbital 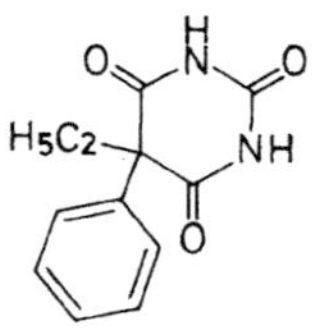	Barbitursäurederivat	Lepinal® (D) Luminal® (CH, D) Nervolitan S® (D) Phenaemal® (D) Valocordin N® (D) Aphenylbarbit® (CH)	Lang wirksames Barbiturat mit erheblicher Kumulationsgefahr; Einsatz als Hypnotikum und Sedativum obsolet	100–200 mg (hypnot. Dosis)		48–144	NELSON et al. (1982) GALLAGHER et al. (1973)

Internat. Freiname (INN, generic name) Chemische Formel	Stoff-gruppe	Handelsname (A, CH, D)	Substanz-charakteristik Besondere Hinweise	Übliche durchschnittliche Tagesdosis (Erwachsene)	Äquivalenzdosis (Benzodiazepine)	Eliminationshalbwertszeit (in Stunden)	Übersichts-Literatur
Pimethixen 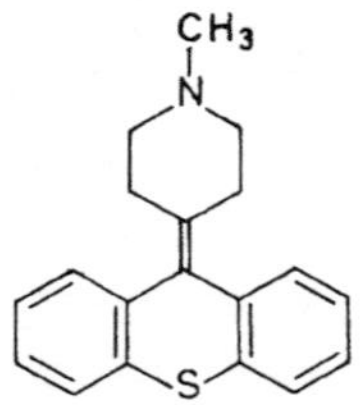	Thioxanthenderivat	Sedosil® (CH)	Neuroleptikum mit überwiegend antihistaminischer Wirkkomponente	3–4,5 mg			NEUHAUS (1976)
Pimozid 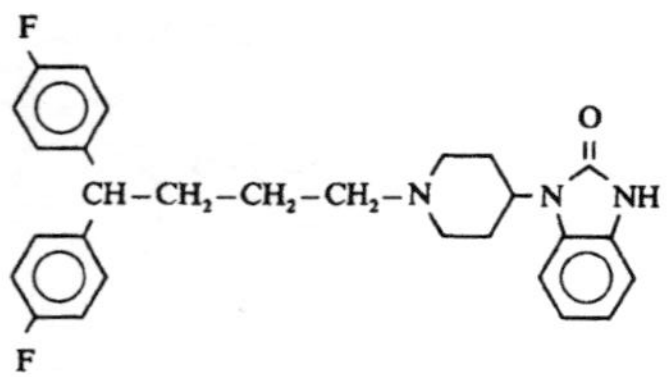	Diphenylbutylpiperidinderivat	Orap® (A, CH, D) Antalon® (D)	Stark antipsychotisches, wenig sedierendes, in niedriger Dosierung evtl. leicht antriebssteigerndes Neuroleptikum	1–2 mg		ca. 55	PINDER et al. (1976)
Pipamperon 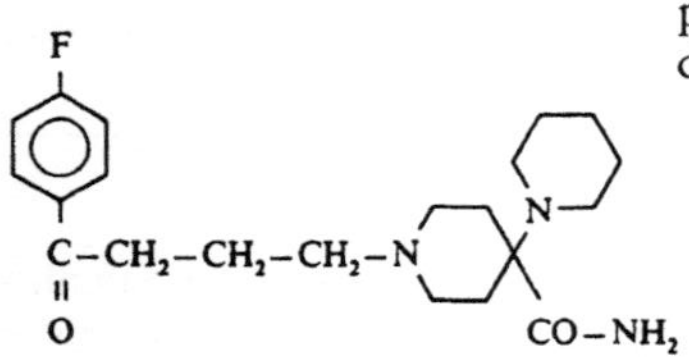	Butyrophenonderivat	Dipiperon® (CH, D)	Schwach antipsychotisches Neuroleptikum mit guten sedierenden und schlafanstoßenden Eigenschaften	40–160 mg		3–4	BRENNER et al. (1984)

Internat. Freiname (INN, generic name) Chemische Formel	Stoffgruppe	Handelsname (A, CH, D)	Substanzcharakteristik Besondere Hinweise	Übliche durchschnittliche Tagesdosis (Erwachsene)	Äquivalenzdosis (Benzodiazepine)	Eliminationshalbwertszeit (in Stunden)	Übersichts-Literatur
Prazepam 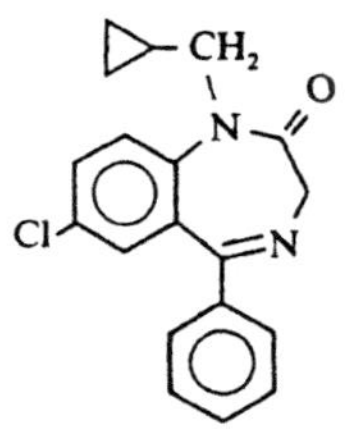	Benzodiazepinderivat	Demetrin® (A, CH, D) Mono Demetrin® (D)	Lang wirksamer Benzodiazepin-Tranquilizer; „Pro-Drug"; fast vollständiger Abbau zum Hauptmetaboliten Nordazepam	20–40 mg	20 mg	50–90	DORMAN (1983)
Promazin 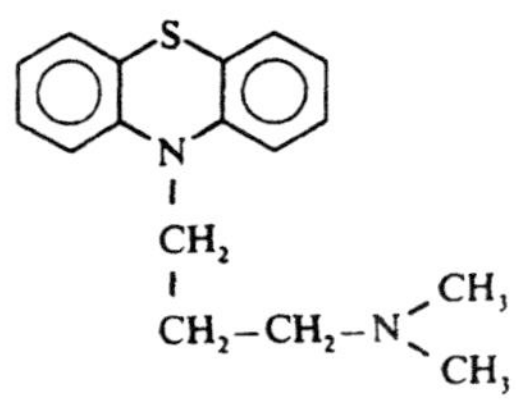	Phenothiazinderivat	Protactyl® (D) Sinophenin® (D) Prazine® (CH)	Stark antihistaminerges Neuroleptikum mit sedierenden und antiemetischen Eigenschaften; geringe antipsychotische Wirkung	25–200 mg		4–29	SHAW und PAGE (1960)
Promethazin 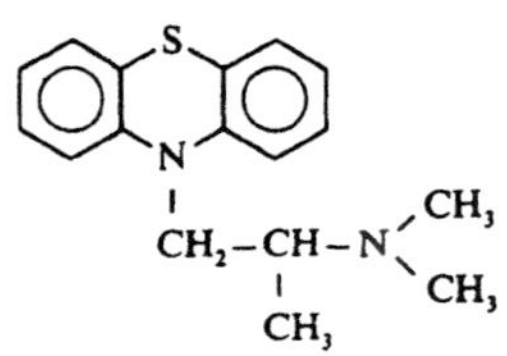	Phenothiazinderivat	Atosil® (D) Eusedon mono® (D) Promkiddi® (D) Prothazin® (D) Phenergan® (A, CH) Sominex® (CH) Closin® (D)	Stark antihistaminerges Neuroleptikum mit sedierenden und antiemetischen Eigenschaften; praktisch keine antipsychotische Wirkung	25–200 mg		8–15	ADAMS und OSWALD (1986)

Internat. Freiname (INN, generic name) Chemische Formel	Stoffgruppe	Handelsname (A, CH, D)	Substanzcharakteristik Besondere Hinweise	Übliche durchschnittliche Tagesdosis (Erwachsene)	Äquivalenzdosis (Benzodiazepine)	Eliminationshalbwertszeit (in Stunden)	Übersichts-Literatur
Prothipendyl 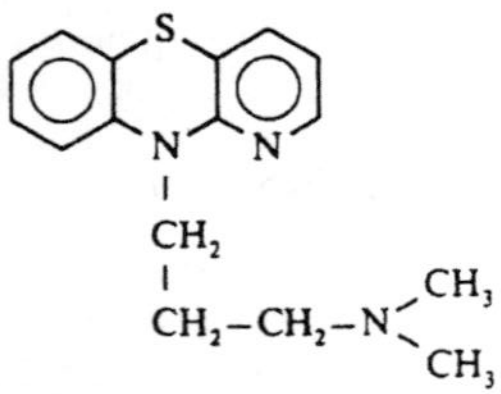	Azaphenothiazinderivat	Dominal® (A, D)	Schwach antipsychotisches Neuroleptikum mit guten sedierenden und schlafanstoßenden Eigenschaften	40–160 mg			Ellenbroek et al. (1992)
Temazepam 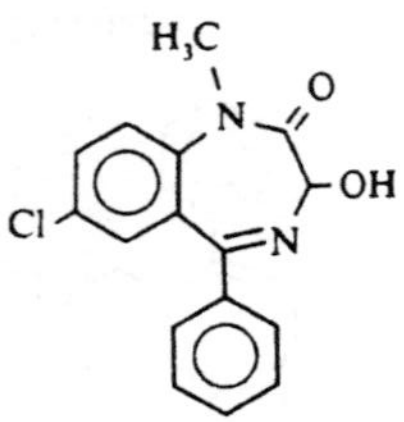	Benzodiazepinderivat	Planum® (CH, D) Remestan® (D) Neodorm SP® (D) Norkotral Tema® (D) Pronervon T® (D) temazep® (D) Normison® (CH) Levanxol® (A)	Mittellang wirksames Benzodiazepin-Hypnotikum mit rascher Resorption; keine aktiven Metaboliten	10–40 mg	20 mg	5–13	Heel et al. (1981)
Tetrabamat	Barbitursäurederivat	Atrium® (CH)	Verbindung der Barbiturate Febarbamat, Difebarbamat und Phenobarbital im Verhältnis von ca. 3 : 2 : 1	600–900 mg		ca. 10 (Febarbamat) 48–144 (Phenobarbital)	Brenner et al. (1984) Aubin et al. (1994)

Internat. Freiname (INN, generic name) Chemische Formel	Stoffgruppe	Handelsname (A, CH, D)	Substanzcharakteristik Besondere Hinweise	Übliche durchschnittliche Tagesdosis (Erwachsene)	Äquivalenzdosis (Benzodiazepine)	Eliminationshalbwertszeit (in Stunden)	Übersichts-Literatur
Tetrazepam 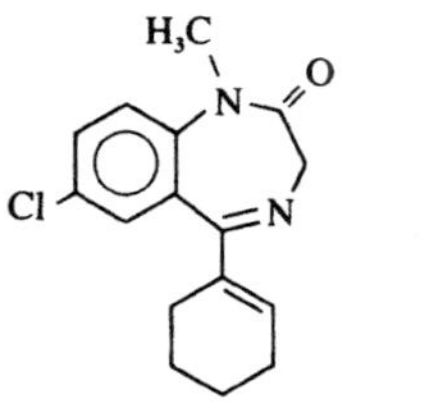	Benzodiazepinderivat	Musaril® (D)	Als Muskelrelaxans eingesetztes Benzodiazepin; auch anxiolytische und sedierende Eigenschaften; mittellang wirksam; aktive Metaboliten	50–150 mg	150 mg	18	KEANE et al. (1988)
Thioridazin 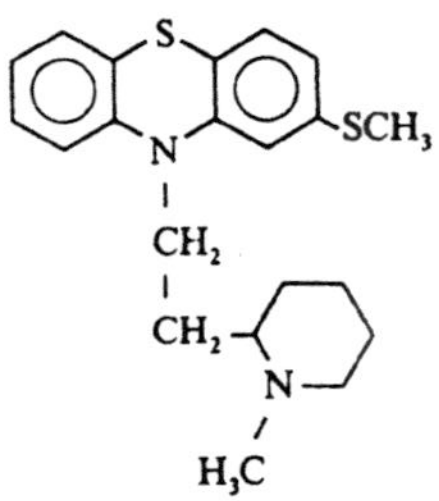	Phenothiazinderivat	Melleril® (A, CH, D) Sonapax® (D)	Schwach antipsychotisches, wenig sedierendes, in niedriger Dosierung leicht anxiolytisch wirkendes Neuroleptikum	30–200 mg		30	STOTSKY (1984) DENCKER und FASTH (1986)
Triazolam 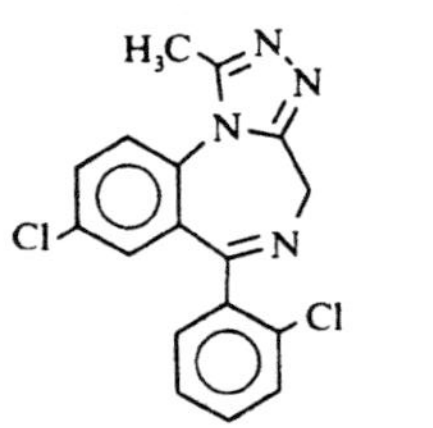	Benzodiazepinderivat	Halcion® (A, CH, D)	Sehr kurz wirksames Benzodiazepin-Hypnotikum mit schneller Anflutzeit und aktiven Metaboliten; cave Dosierungen über 0,25 mg (anterograde Amnesien)	0,125–0,25 mg	0,25 mg	ca. 2–4	PAKES et al. (1981)

Internat. Freiname (INN, generic name) Chemische Formel	Stoffgruppe	Handelsname (A, CH, D)	Substanzcharakteristik Besondere Hinweise	Übliche durchschnittliche Tagesdosis (Erwachsene)	Äquivalenzdosis (Benzodiazepine)	Eliminationshalbwertszeit (in Stunden)	Übersichts-Literatur
Trifluoperazin 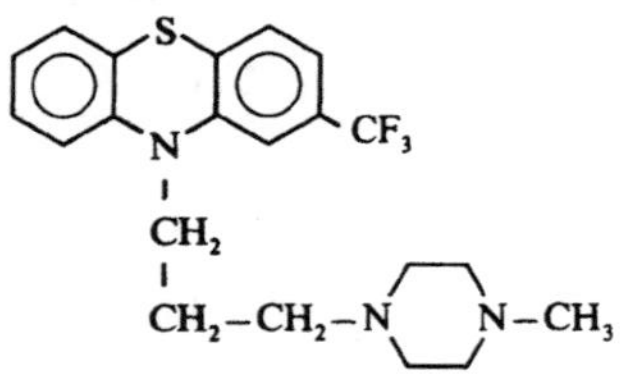	Phenothiazinderivat	Jatroneural® (A, D)	Stark antipsychotisches Neuroleptikum; in niedriger Dosierung auch als Tranquilizer eingesetzt	2–4 mg		12	MENDELS et al. (1986)
Trimipramin 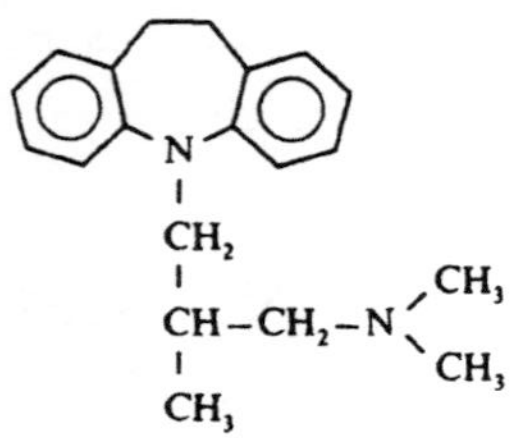	Dibenzazepinderivat	Stangyl® (A, D) Herphonal® (D) Surmontil® (CH)	Trizyklisches Antidepressivum; wird aufgrund fehlender REM-Schlafunterdrückung auch als Hypnotikum eingesetzt	25–100 mg		23	LAPIERRE (1989) FUILLADE et al. (1992)
Zolpidem 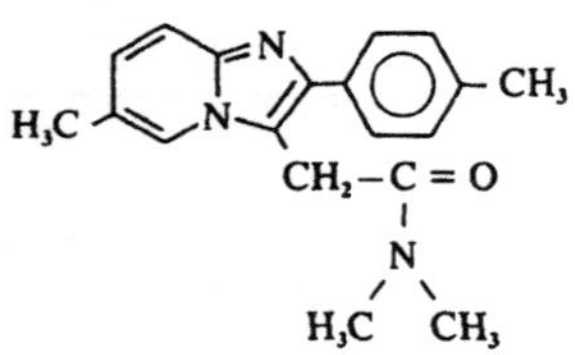	Imidazopyridinderivat	Bikalm® (D) Stilnox® (CH, D) Ivadal® (CH)	Chemisch neuartiges Hypnotikum mit schnellem Wirkungseintritt und kurzer Halbwertszeit; pharmakologische Wirkungen ähnlich denen der Benzodiazepine (Angriffspunkt ist im Bereich des Benzodiazepin-Rezeptors)	5–20 mg		0,7–3,5	LANGTRY und BENFIELD (1990) HOEHNS und PERRY (1993)

Internat. Freiname (INN, generic name) Chemische Formel	Stoffgruppe	Handelsname (A, CH, D)	Substanzcharakteristik Besondere Hinweise	Übliche durchschnittliche Tagesdosis (Erwachsene)	Äquivalenzdosis (Benzodiazepine)	Eliminationshalbwertszeit (in Stunden)	Übersichts-Literatur
Zopiclon 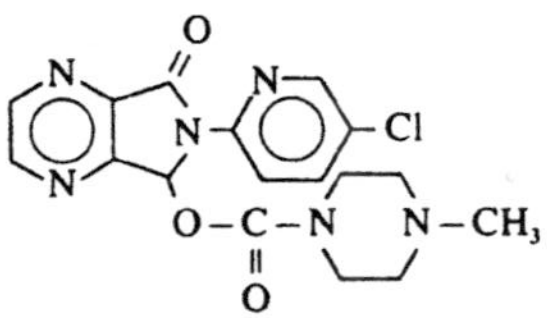	Cyclopyrrolonderivat	Ximovan® (D)	Chemisch neuartiges Hypnotikum mit schnellem Wirkungseintritt und kurzer Halbwertszeit; pharmakologische Wirkungen ähnlich denen der Benzodiazepine (Angriffspunkt ist im Bereich des Benzodiazepin-Rezeptors)	7,5 mg		5	GOA und HEEL (1986) HINDMARCH und MUSCH (1990) WADWORTH und MCTAVISH (1993)

Literatur

ADAMS K, OSWALD I (1986) The hypnotic effects of an antihistamine: promethazine. Br J Clin Pharmacol 22: 715–717

ALFORD C, ROMBAUT N, JONES J, FOLEY S et al. (1992) Acute effects of hydroxyzine on nocturnal sleep and sleep tendency the following day: a C-EEG study. Hum Psychopharmacol 7: 25–35

AMEER B, GREENBLATT DJ (1981) Lorazepam: a review of its clinical pharmacological properties and therapeutic uses. Drugs 21: 161–200

ANGELINI G, BICHISAO E, CATAPANO F et al. (1989) Ketazolam, a new long-acting benzodiazepine, in the treatment of anxious patients. A multicenter study of 2056 patients. Curr Ther Res 45: 294–304

ANSSEAU M, VON FRENCKELL R (1990/91) Controlled comparison of two anxiolytic benzodiazepines, cloxazolam and bromazepam. Neuropsychobiology 24: 25–29

AUBIN HJ, GOLDENBERG F, BENOIT O, GILLET C et al. (1994) Effects of tetrabamate and of diazepam on sleep polygraphy during subacute withdrawal in alcohol-dependent patients. Hum Psychopharmacol 9: 191–195

AYD FJ (1964) Perphenazine: a reappraisal after eight years. Dis Nerv Syst 25: 311–317

BALDERER G, BORBELY A (1985) Effect of valerian on human sleep. Psychopharmacology 87: 406–409

BAREGGI SR, NIELSEN NP, LEVA S et al. (1986) Age-related multiple-dose pharmacokinetics and anxiolytic effects of delorazepam (chlordesmethyldiazepam). Int J Clin Pharmacol Res 6: 309–314

BASKIN SI, ESDALE A (1982) Is chlordiazepoxide the rational choice among benzodiazepines? Pharmacotherapy 2: 110–119

BORBELY AA, YOUMBI-BALDERER G (1988) Effect of diphenhydramine on subjective sleep parameters and on motor activity during bedtime. Clin Pharmacol Ther Toxicol 26: 392–396

BREIMER DD (1977) Clinical pharmacokinetics of hypnotics. Clin Pharmacokinet 2: 93–109

BRENNER HD, ALBERTI L, KELLER F, SCHAFFNER L (1984) Pharmacotherapy of agitational states in psychiatric gerontology: double blind study: febarbamate-pipamperone. Neuropsychobiology 11: 187–190

BROGDEN RN, GOA KL (1991) Flumazenil: a reappraisal of its pharmacological properties and therapeutic efficacy as a benzodiazepine antagonist. Drugs 42: 1061–1089

BROGDEN RN, HEEL RC, SPEIGHT TM et al. (1980) Clobazam: a review of its pharmacological properties and therapeutic use in anxiety. Drugs 20: 161–178

CHAMBAUD P, COCHET E, COPPON M et al. (1986) Clotiazepam dans le traitement de l'anxiete en psychiatrie. Sem Hop 62: 969–972

CLARK BG, JUE SG, DAWSON GW, WARD A (1986) Loprazolam: a preliminary review of its pharmacodynamic and pharmacokinetic properties and therapeutic efficacy in insomnia. Drugs 31: 500–516

DAWSON GW, JUE SG, BROGDEN RN (1984) Alprazolam: a review of its pharmacodynamic properties and efficacy in the treatment of anxiety and depression. Drugs 27: 132–147

DEHLIN O (1986) Hypnotic effect of chlormethiazole in geriatric patients during longterm treatment. Acta Psychiatr Scand 73 [Suppl 329]: 112–115

DEMISCH L, HÖLZL J, GOLLNIK B, KACZMARIK P (1989) Identification of selective MAO-type-A inhibitors in hypericum perforatum (Hyperforat registered). Pharmacopsychiatry 22: 194

DENCKER SJ, FASTH BG (1986) Combination of psychotherapy and drugs in the treatment of neurosis. A controlled comparison of bromazepam and thioridazine. Acta Psychiatr Scand 74: 569–575

DORMAN T (1983) A multi-centre comparison of prazepam and diazepam in the treatment of anxiety. Pharmatherapeutica 3: 433–440

DUNDEE JW, HALLIDAY NJ, HARPER KW et al. (1984) Midazolam: a review of its pharmacological properties and therapeutic use. Drugs 28: 519–543

EISON AS, TEMPLE DL (1986) Buspirone: review of its pharmacology and current perspectives on its mechanism of action. Am J Med 80: 1–9

ELLENBROEK B, PRINSSEN A, COOLS A (1992) The azaphenothiazine prothipendyl is an atypical neuroleptic acting through dopamine D-1 and D-2 receptors. Neurosci Res Commun 11: 155–161

FARRELL K (1986) Benzodiazepines in the treatment of children with epilepsy. Epilepsy 27 [Suppl 1]: 45–51

FAWCETT JA, KRAVITZ HM (1982) Alprazolam: pharmacokinetics, clinical efficacy, and mechanism of action. Pharmacotherapy 2: 243–254

FELGER HL (1971) Chlorprothixene-enforced sleep for newly admitted patients with acute mental decompensation. Dis Nerv Syst 32: 46–51

Ferrillo F, Balestra V, Carta F et al. (1984) Comparison between the central effects of camazepam and temazepam. Computerized analysis of sleep recordings. Neuropsychobiology 11: 72–76

Fontaine R, Chouinard G, Annable L (1984) Bromazepam and diazepam in generalized anxiety: a placebo-controlled study of efficacy and withdrawal. Psychopharmacol Bull 20: 126-127

Fuillade P, Pringuey D, Belugou JL et al. (1992) Trimipramine: acute and lasting effects on sleep in healthy and major depressive subjects. J Affect Disord 24: 135–146

Gallagher BB, Baumel IP, Mattson RH et al. (1973) Primidone, diphenylhydantoin and phenobarbital. Aspects of acute and chronic toxicity. Neurology 23: 145–149

Gerster G, Gracza L (1990) Piper methysticum. therapeutikon 4: 257–266

Goa KL, Heel RC (1986) Zopiclone. A review of its pharmacodynamic and pharmacokinetic properties and therapeutic efficacy as an hypnotic. Drugs 32: 48–65

Goa KL, Ward A (1986) Buspirone. A preliminary review of its pharmacological properties and therapeutic efficacy as an anxiolytic. Drugs 32: 114–129

Graham SR, Day Ro, Lee R et al. (1988) Overdose with chloral hydrate: pharmacologic and therapeutic review. Med J Aust 149: 686–688

Greenblatt DJ, Shader RI, Abernethy DR (1983) Current status of benzodiazepines. N Engl J Med 309: 354–358, 410–415

Heel RC, Brogden RN, Speight TM et al. (1981) Temazepam: a review of its pharmacologial properties and therapeutic efficacy as an hypnotic. Drugs 21: 321–340

Helmchen H, Hippius H, Tölle R (Hrsg) (1988) Therapie mit Neuroleptika – Perazin. Thieme, Stuttgart

Hill RC, Harry TVA (1983) Lormetazepam (Loramet registered): a multicentre assessment of its efficacy and acceptability as a hypnotic in outpatients with sleep disturbances. J Int Med Res 11: 325–332

Hindmarch I, Musch B (eds) (1990) Zopiclone in clinical practice. CNS, London

Hoehns JD, Perry PJ (1993) Zolpidem: a nonbenzodiazepine hypnotic for treatment of insomnia. Clin Pharm 12: 814–828

Holmberg G, Livstedt B (1972) Clinical evaluation of a new benzodiazepine derivate, chlorazepate. Arzneimittelforschung 22: 916–919

Hölzl J (1993) Inhaltsstoffe und Wirkmechanismen des Johanniskrautes. Z Phytother 14: 255–258, 261–264

Huybrechts I (1991) The pharmacology of alprazolam: a review. Clin Ther 13: 100–117

Janiri L, Agnes M, Ciaramella A (1987) Low-dose fluphenazine and detoxification-induced anxiety in opiate addicts. Curr Ther Res Clin Exp 41: 516–524

Kales A, Bixler Eo, Soldatos CR et al. (1982) Dose-response studies of lormetazepam: efficacy, side effects, and rebound insomnia. J Clin Pharmacol 22: 520–530

Kangas L, Breimer DD (1981) Clinical pharmacokinetics of nitrazepam. Clin Pharmacokinet 6: 346–366

Kanto J, Kangas L, Leppanen T (1982) A comparative study of the clinical effects of oral flunitrazepam, medazepam, and placebo. Int J Clin Pharmacol Ther Toxicol 20: 431–433

Karlsson E, Larsson LE, Nilsson K (1993) The effects of prophylactic dixyrazine on postoperative vomiting after two different anaesthetic methods for squint surgery in children. Acta Anaesthesiol Scand 37: 45–48

Keane PE, Simiand J, Morre M, Biziere K (1988) Tetrazepam: a benzodiazepine which dissociates sedation from other benzodiazepine activities I. Psychopharmacological profile in rodents. J Pharmacol Exp Ther 245: 692–698

Kragh-Sorensen P, Holm P, Fynboe C et al. (1990) Bromazepam in generalized anxiety. Randomized, multi-practice comparisons with both chlorprothixene and placebo. Psychopharmacology 100: 383–386

Krieglstein J, Grusla D (1988) Zentral dämpfende Inhaltsstoffe im Baldrian. Dtsch Apotheker Z 128: 2041–2046

Laakmann G, Blaschke D, Hippius H, Schewe S (1989) Double-blind study of metaclazepam versus diazepam treatment of outpatients with anxiety syndrome. Pharmacopsychiatry 22: 120–125

Lader MH, Curry S, Baker WJ (1980) Physiological and psychological effects of clorazepate in man. Br J Clin Pharmacol 9: 83–90

Langley MS, Clissold SP (1988) Brotizolam: a review of its pharmacodynamic and pharmacokinetic properties, and therapeutic efficacy as an hypnotic. Drugs 35: 104–122

Langtry HD, Benfield P (1990) Zolpidem: a review of its pharmacodynamic and pharmacokinetic properties and therapeutic potential. Drugs 40: 291–313

Lapierre YD (1989) A review of trimipramine. 30 years of clinical use. Drugs 38 [Suppl 1]: 17–24

LAUVEN PM, KULKA PJ (1990) Anaesthesia techniques for midazolam and flumazenil: an overview. Acta Anaesthesiol Scand 34: 84–89

LEHMANN E, HASSEL P, THORNER GW, KARRASS W (1984) Alternatives Therapiekonzept zur Behandlung psychosomatischer Beschwerden. Kontrollierte Doppelblind-Prüfung von Fluspirilen versus Bromazepam. Fortschr Med 102: 1033–1036

LEVANDER S, HAGERMARK O, STAHLE M (1985) Peripheral antihistamine and central sedative effects of three H1-receptor antagonists. Eur J Clin Pharmacol 28: 523–529

MATTILA MAK, LARNI HM (1980) Flunitrazepam: a review of its pharmacological properties and therapeutic use. Drugs 20: 353–374

MCALPINE CJ, ANKIER SI, ELLIOTT CS (1984) A multicentre hospital study to compare the hypnotic efficacy of loprazolam and nitrazepam. J Int Med Res 12: 229–237

MENDELS J, KRAJEWSKI TF, HUFFER V et al. (1986) Effective short-term treatment of generalized anxiety disorder with trifluoperazine. J Clin Psychiatry 47: 170–174

MERIGUET C, SZTERN A (1990) Nordazepam, anxiety treatment. Psychol Med 22: 1397–1404

MILLER LG, GREENBLATT DJ, ABERNETHY DR, FRIEDMAN H et al. (1988) Kinetics, brain uptake, and receptor binding characteristics of flurazepam and its metabolites. Psychopharmacology 94: 386–391

NAPOLIELLO MJ, DOMANTAY AG (1991) Buspirone: a worldwide update. Br J Psychiatry 12 [Suppl]: 40–44

NELSON E, POWELL JR, CONRAD K et al. (1982) Phenobarbital pharmacokinetics and bioavailability in adults. J Clin Pharmacol 22: 141–148

NEUHAUS T (1976) BP 400 – ein neues Sedativum für die pädiatrische Praxis. Praxis 65: 1603– 1610

ORZACK MH, FRIEDMAN L, DESSAIN E, BIRD M et al. (1988) Comparative study of the abuse liability of alprazolam, lorazepam, diazepam, methaqualone, and placebo. Int J Addict 23: 449–467

OSTERHEIDER M (1990) Flupentixoldecanoat und Fluspirilen im Vergleich. Münch Med Wochenschr 132 [Suppl]: 10–12

OTT G (1984) Chronische Bromintoxikation. Nervenheilkunde 3: 162–167

PAKES GE, BROGDEN R, HEEL R et al. (1981) Triazolam: a review of its pharmacological properties and therapeutic efficacy in patients with insomnia. Drugs 22: 81–110

PATHY MSJ, BAYER AJ, STOKER MJ (1986) A double-blind comparison of chlormethiazole and temazepam in elderly patients with sleep disturbances. Acta Psychiatr Scand 73 [Suppl 329]: 99–103

PICCIONE P, ZORICK F, LUTZ T et al. (1980) The efficacy of triazolam and chloral hydrate in geriatric insomniacs. J Int Med Res 8: 361–367

PINDER RM, BROGDEN RN, SAWYER PR, SPEIGHT TM et al. (1976) Pimozide: a review of its pharmacological properties and therapeutic uses in psychiatry. Drugs 12: 1–40

PÖLDINGER W (1984) Melperone in low doses in anxious neurotic patients. A double blind placebo-controlled clinical study. Neuropsychobiology 11: 181–186

POLLACK MH (1987) Clonazepam: a review of open clinical trials. J Clin Psychiatry 48 [Suppl]: 12–14

REVES JG, FRAGEN RJ, VINIK HR et al. (1985) Midazolam: pharmacology and use. Anesthesiology 62: 310–324

RICKELS K, GINSBERG J, MORRIS RJ et al. (1984) Doxylamine succinate in insomniac family practice patients: a double-blind study. Curr Ther Res 35: 532–540

RICKELS K, MORRIS RJ, MAURIELLO R et al. (1986) Brotizolam, a triazolothienodiazepine, in insomnia. Clin Pharmacol Ther 40: 293–299

ROACHE JD, GRIFFITHS RR (1987) Lorazepam and meprobamate dose effects in humans: behavioral effects and abuse liability. J Pharmacol Exp Ther 243: 978–988

ROTH T, ROEHRS T, KOSHOREK G et al. (1987) Sedative effects of antihistamines. J Allerg Clin Immunol 60: 94–98

RUHLAND M (1985) Metaclazepam – a new anxiolytic benzodiazepine with selective tolerance and cross tolerance to other benzodiazepines. Pharmacopsychiatry 18: 22–23

SALETU B, KINDSHOFER G, ANDERER P, GRÜNBERGER J (1987) Short-term sleep laboratory studies with cinolazepam in situational insomnia induced by traffic noise. Int J Clin Pharmacol Res 7: 407–418

SALETU B, GRÜNBERGER J, LINZMAYER L, ANDERER P (1989) EEG-brain mapping, psychometric and psychophysiological studies on central effects of kavain – a kava plant derivative. Hum Psychopharmacol 4: 169–190

SALZMAN C, SHADER RI, GREENBLATT DJ et al. (1983) Long v short half-life benzodiazepines in the elderly. Kinetics and clinical effects of diazepam and oxazepam. Arch Gen Psychiatry 40: 293–297

SHAW DL, PAGE JA (1960) A three year review of the pharmacologic properties and clinical performance of promazine. Curr Ther Res 2: 199–226

SIMONOFF EA, STORES G (1987) Controlled trial of trimeprazine tartrate for night waking. Arch Dis Child 62: 253–257

SIMONS KJ, WATSON WT, CHEN XY et al. (1989) Pharmacokinetic and pharmacodynamic studies of the H1-receptor antagonist hydroxyzine in the elderly. Clin Pharmacol Ther 45: 9–14

SJOQVIST F, LASAGNA L (1967) The hypnotic efficacy of doxylamine. Clin Pharmacol Ther 8: 48–54

STOTSKY B (1984) Multicenter study comparing thioridazine with diazepam and placebo in elderly, nonpsychotic patients with emotional and behavioral disorders. Clin Ther 6: 546–559

TEGELER J, LEHMANN E, WEIHER A, HEINRICH K (1990) Safety of long-term neuroleptanxiolysis with fluspirilene 1.5 mg per week. Pharmacopsychiatry 23: 259–264

WADWORTH AN, MCTAVISH D (1993) Zopiclone. A review of its pharmacological properties and therapeutic efficacy as an hypnotic. Drugs Aging 3: 441–459

WENDT G, BINZ U, MÜLLER AA (1985) Opipramol bei Angst und Schlafstörungen – eine Alternative zu Tranquilizern. Med Welt 36: 506–512

Sachverzeichnis

Bände 4 - 6 siehe nächste Seite

Band 4:

Neuroleptika

1992. 44 Abbildungen. IX, 224 Seiten.
Gebunden DM 78,–, öS 546,–. ISBN 3-211-82212-7

Mit Beiträgen von O. Dietmaier, E. Etzersdorfer, J. Fritze, W. Gaebel, C. Haring, K. Heininger, H. Hinterhuber, H. Katschnig, T. Konieczna, P. König, J. Kornhuber, G. Laux, H.J. Möller, H. Rittmannsberger, W. Schöny, S. Sieberns

Band 5:

Parkinsonmittel und Nootropika

1992. 54 Abbildungen. XII, 352 Seiten.
Gebunden DM 92,–, öS 644,–. ISBN 3-211-82213-5

Mit Beiträgen von A. Colzi, M. Da Prada, T. Dierks, O. Dietmaier, P.-A. Fischer, M. Gerlach, F. Gerstenbrand, H. Herrschaft, R. Ihl, R. Kettler, J. Kornhuber, G. Laux, K. Maurer, W. Poewe, H. Przuntek, P. Riederer, E. Schneider, M. Streifler, G. Ulm, H. Wachtel, G. Zürcher

Band 6:

Notfalltherapie, Antiepileptika, Beta-Rezeptorenblocker und sonstige Psychopharmaka

1992. 65 Abbildungen. X, 257 Seiten.
Gebunden DM 86,–, öS 598,–. ISBN 3-211-82326-3

Mit Beiträgen von H. Berzewski, J. Böning, U. Borchard, P. Clarenbach, J. Deckert, O. Dietmaier, C. Eggers, J. Fritze, L. Frölich, W. Fröscher, M. Gastpar, C.H. Gleiter, A. Hartmann, G. Laux, W.E. Platz, H. Przuntek, J. Rimpel, N. Weiner, W. Wesemann

Bei Bezug der Bände 1 - 6: 20 % Preisermäßigung

Preisänderungen vorbehalten

Springer-Verlag Wien New York

Sachsenplatz 4–6, P.O.Box 89, A-1201 Wien · 175 Fifth Avenue, New York, NY 10010, USA
Heidelberger Platz 3, D-14197 Berlin · 3-13, Hongo 3-chome, Bunkyo-ku, Tokyo 113, Japan

Springer-Verlag
und Umwelt

ALS INTERNATIONALER WISSENSCHAFTLICHER VERLAG sind wir uns unserer besonderen Verpflichtung der Umwelt gegenüber bewußt und beziehen umweltorientierte Grundsätze in Unternehmensentscheidungen mit ein.

VON UNSEREN GESCHÄFTSPARTNERN (DRUCKEREIEN, Papierfabriken, Verpackungsherstellern usw.) verlangen wir, daß sie sowohl beim Herstellungsprozeß selbst als auch beim Einsatz der zur Verwendung kommenden Materialien ökologische Gesichtspunkte berücksichtigen.

DAS FÜR DIESES BUCH VERWENDETE PAPIER IST AUS chlorfrei hergestelltem Zellstoff gefertigt und im pH-Wert neutral.

GPSR Compliance

The European Union's (EU) General Product Safety Regulation (GPSR) is a set of rules that requires consumer products to be safe and our obligations to ensure this.

If you have any concerns about our products, you can contact us on ProductSafety@springernature.com

In case Publisher is established outside the EU, the EU authorized representative is:

Springer Nature Customer Service Center GmbH
Europaplatz 3
69115 Heidelberg, Germany

Batch number: 10577878

Printed by Printforce, the Netherlands